中国流域常见水生生物图集

上册

王业耀 等　编著

科学出版社
北京

内 容 简 介

本书是一部介绍我国流域水生生物的图集。主要介绍我国流域水生生物（藻类、底栖动物、浮游动物）的情况，提供了水生生物的名录、图片及物种形态、生活环境、环境指示意义等的内容。

本书适合开展水生生物监测的研究机构和环境监测部门参考阅读。

图书在版编目（CIP）数据

中国流域常见水生生物图集：上下册 / 王业耀等编著. —北京：科学出版社，2020.12

ISBN 978-7-03-062728-5

Ⅰ. ①中…　Ⅱ. ①王…　Ⅲ. ①水生生物－中国－图集　Ⅳ. ①Q17-64

中国版本图书馆CIP数据核字（2019）第242349号

责任编辑：岳漫宇　郝晨扬 / 责任校对：严　娜

责任印制：赵　博 / 封面设计：图阅盛世

科学出版社 出版

北京东黄城根北街16号

邮政编码：100717

http://www.sciencep.com

涿州市般润文化传播有限公司印刷

科学出版社发行　各地新华书店经销

*

2020年12月第　版　开本：787×1092　1/16

2025年1月第三次印刷　印张：67

字数：1 588 000

定价：980.00元（全二册）

（如有印装质量问题，我社负责调换）

《中国流域常见水生生物图集》

编写委员会

主　　任：王业耀

副 主 任：阴　琨　许人骥　金小伟　李旭文　张　峥　伍跃辉

常务编写人员（按姓氏笔画排列）：

于海燕　王业耀　石浚哲　卢　雁　朱正宏　朱冰川　伍跃辉

许人骥　阴　琨　李中宇　李旭文　李爱军　李继影　何文祥

张　峥　张军毅　张晓红　陈　威　陈　桥　陈泽雄　金小伟

郑洪萍　宗雪梅　屈晓萍　胡丹心　胡建林　信　誉　俞　洁

施　择　姜永伟　姚建良　耿军灵　徐东炯　徐杭英　黄　丹

梅卓华　崔文连　熊　晶　熊春妮

编写人员（按姓氏笔画排列）：

丁振军　于宗灵　马芊芊　王　昂　王　聪　王丑明　王绍凯

王艳玲　叶文波　年　冀　朱　翔　朱大明　刘旭东　孙立娥

杜宇峰　李　杨　李　娣　李　媛　李元豪　李共国　杨　敏

肖　竑　吴　洁　吴　蔚　沈　伟　宋惠莹　张　屹　张　翔

张　蕖　张泽达　张海燕　陈　芳　陈志芳　陈鸣渊　陈晓娟

林　淮　周晓燕　周宴敏　赵　然　胡大鹏　胡迪琴　胡树林

胡显安　俞　建　姜　晟　祝翔宇　袁　欣　晁爱敏　徐恒省

高　昕　郭　洁　黄代中　黄钟霆　曹芸燕　望志方　梁敏静

景　明　程芳晋　普海燕　虞　旭　蔡　琨　潘三军　潘双叶

薛媛媛　魏　铮

技术顾问：范亚文　王备新　陈　瑛

参加编写单位

（以参与编写章节顺序排序）

中国环境监测总站
黑龙江省生态环境监测中心
黑龙江省佳木斯生态环境监测中心
黑龙江省齐齐哈尔生态环境监测中心
辽宁省生态环境监测中心
江苏省环境监测中心
江苏省无锡环境监测中心
江苏省苏州环境监测中心
江苏省常州环境监测中心
云南省生态环境监测中心
湖北省生态环境监测中心站
重庆市生态环境监测中心
广东省广州生态环境监测中心站
浙江省杭州生态环境监测中心
江苏省南通环境监测中心
武汉市环境监测中心
浙江省宁波生态环境监测中心
山东省生态环境监测中心
山东省青岛生态环境监测中心
福建省环境监测中心站
浙江省生态环境监测中心
湖南省生态环境监测中心
湖南省洞庭湖生态环境监测中心
江苏省南京环境监测中心
桐庐县环境保护监测站

序

在建设社会主义生态文明的进程中，我国经济正从高速发展向高质量发展转变，发展过程中由于环境污染及资源不合理利用造成了生态系统的破坏，实施切实有效的生态保护措施是解决这一问题的唯一途径。为支撑我国全面高质量发展，实现对生态系统的有效保护，采用科学的监测评价方法，分析水生态系统状态、变化趋势，以及环境破坏对水生态系统的影响，是完成以上目标的重要前提和基础。水生生物监测作为分析水生态系统状态的重要手段，在水环境管理中发挥着越来越突出的作用，如确定水生态环境状态及变化趋势、诊断环境压力的来源及风险、评估防治及恢复措施的有效性等。水生态和水生生物监测与评价所取得的数据，将成为我国各流域水环境管理决策的重要依据。

水生生物监测区别于理化监测的最大特点就是生物物种的鉴定，且该项工作要求技术人员具有丰富的鉴定经验，并熟悉大量基础分类学参考资料。在这些参考资料中，最重要、最关键的工具书无疑就是水生生物图集或图鉴。在相当长的一段时期，我国环境监测人员没有自己的水生生物图集。

20世纪70年代初，我国环境监测工作正式开展，水生生物监测工作也和水质物理化学指标监测同时起步。1986年，国家环境保护局颁布了《环境监测技术规范（第四册）——生物监测（水环境）部分》。1989年，国家环境保护局委托中国环境监测总站组织编写《水生生物监测手册》，监测总站在中国科学院水生生物研究所、中国科学院上海植物生理研究所等科研单位、高等院校及有关环境监测站的大力支持下，于1993年完成该手册的编写工作。《水生生物监测手册》提供了10个水生生物类群的分类检索表，并从检索表中选出各类生物常见种1000多种并手工绘制了图谱，为今后一段时期环境监测人员开展水生生物监测提供了非常必要的支持。

近年来，生态监测与评价逐渐成为水环境研究领域的热点，许多国家已经将其纳入政府的水环境管理体系。2015年，我国发布的《水污染防治行动计划》明确提出，到2020年重点区域水生态环境质量好转和到2030年力争全国水环境质量总体改善，水生态系统功能初步恢复，并提出要提升水生生物监测技术能力支撑，提高环境监管能力。“十二五”期间，中国环境监测总站王业耀同志带领首席科学家团队依托水体污染控制与治理科技重大专项课题“流域水生态环境质量监测与评价研究”，在流域尺度建立适用于河流和湖库的水生生物指标体系、监测方法和质量控制体系上取得突出成绩。课题研究成果先后在全国多个典型流域开展业务化应用示范，收到了良好效果，并积累了大量各流域水系水生生物图谱，这些珍贵的图谱资料成为国家在各流域开展水生生物监测、评估流域水生态环境变化的重要资料。在前期十余年水生态监测评价研究工作积累的基础上，王业耀同志率领的科学家团队进一步吸纳消化全国三十余家科研院所和省市级监测站的水生生物监测工作成果，完成了这本《中国流域常见水生生物图集》。图集以太湖、松花江、辽河、长江部分区段、珠江部分区段、滇池、洱海等重点的流域水系为主，提供了900多个物种的实物照片2000余张，为监测系统的同事提供了一本简单实用的工具书。这本图集的出版作为监测技术研究工作成果的集中体现，正是技术能力提升的最好标志。希望他们再接再厉，继续深入开展研究，在水生态监测工作中发挥更大的作用！

魏复盛

2010年12月

前　言

随着国家和公众对于水资源和水生态环境保护的关注和重视，我国基于对水资源环境的保护启动了专项研究——“水体污染控制与治理科技重大专项”（简称水专项）。“十二五”期间，由中国环境监测总站承担的“流域水生态环境质量监测与评价研究”水专项课题的重点任务和成果是在流域尺度建立适用于河流和湖库的水生生物指标体系、监测方法和质量控制体系；在我国典型流域（辽河、松花江、太湖等）进行业务化应用示范。课题组在以上流域水系积累了大量水生生物图谱，这些图谱已成为各流域开展水生生物监测、评估流域后期水生态环境变化的重要资料。

物种鉴定是水生生物监测的难点，现有权威的鉴定参考书籍，多适用于分类学专业领域，参考鉴定存在较大的困难；此外，同一套著作同时涵盖多个水体、多个生物类群，并全部以显微实图展示的书籍资料还很有限。本书在积累了松花江、辽河、太湖等几大流域水生生物图谱的基础上，同时汇集了监测系统在滇池、洱海、三峡水库、丹江口、珠江（广州段）、嘉陵江（重庆段）等流域水系开展水生生物监测工作时拍摄的藻类、底栖动物和浮游动物三个类群常见的水生生物显微图，经过作者整理编写，形成了一部比较全面的多流域水系水生生物图集，可以作为全国生态环境监测部门及相关领域部门开展水生生物监测工作的有价值的参考书。同时，将环境监测系统在以上流域和水系开展生物监测所记录的水生生物群落状态和变化一并整理汇集成篇，可作为流域水生生物监测的重要参考。

全书分为四篇，两大部分。第一部分为第一篇绪论，介绍各流域水系开展水生生物监测的情况和结果，附水系物种名录；第二部分为第二篇至第四篇，分别介绍藻类、底栖动物、浮游动物三大类群中常见种类，附物种显微图片。全书基于环境监测系统技术人员在开展生物调查和监测中拍摄的显微图片编著而成，共涵盖超过550个属，900余个物种，2000余张显微图片。

全书由中国环境监测总站组织，共25家单位共同编著。本书各流域水系中藻类、底栖动物、浮游动物名录和提供物种图片的人员姓名及第一篇各流域水系绪论编者的姓名均注明在各章节文后，编写人员需对编写的内容负责。第二篇至第四篇编著、校对由以下人员负责：第二篇第十二章蓝藻门由张军毅整体负责，由张军毅、朱冰川分部分校对；第十三章绿藻门由郑洪萍、耿军灵整体负责，由郑洪萍、耿军灵、李继影、熊晶、沈伟分部分校对；第十四章硅藻门由胡建林整体负责，由胡建林、梅卓华分部分校对；第十五章裸藻门由宗雪梅整体负责，由宗雪梅、张晓红分部分校对；第十六章甲藻门、第十七章隐藻门由何文祥负责校对；第十八章金藻门、第十九章黄藻门由熊春妮负责校对。第三篇底栖动物由李中宇、姜永伟负责校对。第四篇第二十五章原生动物由黄丹负责校对；第二十六章轮虫由朱正宏、信誉负责校对；第二十七章枝角类和第二十八章桡足类由姚建良、徐杭英负责校对。王业耀、阴琨负责全书的组织策划、构架和整体内容编排，阴琨负责全书总体执行，王业耀负责技术审定。

本书涉及藻类、底栖动物和浮游动物三个类群的物种形态描述等内容参考藻类志、动物志等多部权威著作，部分图片引用了编著者已经整理出版的书籍。本书作为一部涉及多个生物类群，涵盖多个流域水系的图集，包含了大量物种实图和物种采集地资料，信息量充实，可供在不同流域水系开展水生生物监测的相关人士借鉴参考。

本书编著过程中，技术顾问组专家哈尔滨师范大学范亚文教授、南京农业大学王备新教授、哈尔滨师范大学陈瑛教授从书稿初稿编制，到选图和形成文字描述，一直尽心指导并参与书稿的审校和修改，提出了很多宝贵的修改意见。图稿审定中非常荣幸得到了中国科学院水生生物研究所李仁辉研究员、中国科学院水生生物研究所刘国祥研究员、上海师范大学王全喜教授、中国科学院水生生物研究所冯伟松研究员、中国科学院水生生物研究所虞功亮副研究员、中国科学院水生生物研究所崔永德副研究员、浙江万里学院李公国教授给予的指导和帮助，各位专家学者对书稿的审定和修改提出了非常宝贵的意见。同时，对中国科学院水生生物研究所刘国祥研究员、中国科学院水工程生态研究所马沛明副研究员、福建师范大学庄惠如教授、福建师范大学郑怡教授及福建师范大学卢海生实验师分别在甬江流域及福建闽江、汀江、闽东南诸河流域的图片拍摄和鉴定中给予的帮助，在此一并深表感谢。

由于本书涉及的生物类群较多，当前生物分类体系更新变化较快，受限于作者鉴定基础和显微拍摄设备配置，一些物种图片不尽完美。加之，本书时间较紧，书中疏漏与不足之处在所难免，还望读者能在使用时发现问题及时告知，批评指正，不足之处作者期待在再版中补充完善。

编著者

2019年10月

目　录

第一篇　绪　论

第二篇　藻　类

第三篇　底栖动物

第四篇　浮游动物

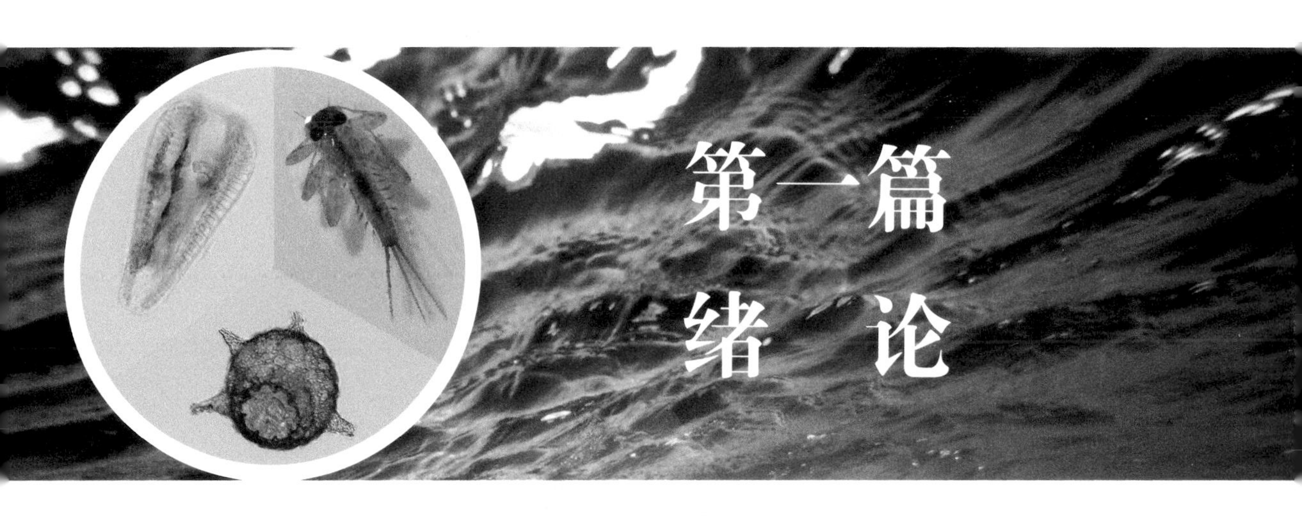

第一篇 绪论

第一章

松花江流域

一、流域水生态环境

（一）流域概况

松花江流域位于我国东北地区的北部，介于北纬41°42′～51°38′、东经119°52′～132°31′之间。流域面积为55.72万km²，地跨内蒙古、吉林、黑龙江和辽宁各省（自治区），有哈尔滨、长春2个省会城市和25个地级市（盟）共98个县（市、区、旗）。

松花江分两源，三岔河以下称松花江，长939km。松花江流域水系发达，支流众多，流域面积超过10 000km²的支流19条。

松花江流域地处温带大陆性季风气候区，多年平均气温为3～5℃，江河封冻期多在11月中下旬，解冻多在4月中旬，冰封期为130～180天，冻层厚度在0.8m以上。

松花江流域有多种多样的自然生态系统，是世界瞩目的三大黑土带之一的中国东北黑土带的重要组成部分，土壤肥沃。

（二）污染特征

松花江流域以有机污染为主，城市附近水域受污染影响明显，中小河流这一现象尤为突出。从1990年以来水质变化分为三个阶段："八五"以后污染加重，工业污染较明显，河流主要污染因子为溶解氧、高锰酸盐指数、化学需氧量和挥发酚，冰封期水体乏氧严重，湖库主要污染因子为高锰酸盐指数和总磷，有超过半数的断面水质属于Ⅴ类或劣Ⅴ类；"十五"期间总体上水质处于波动状态，水质较差；"十一五"以后水质达标率明显呈上升趋势，71.9%的断面水质能够满足其功能区水质目标，冰封期水体乏氧状况明显改善直至消失，总体水质有所好转，平水期水质最好，丰水期水质相对较差。农业源对水质影响日益凸显。

（三）水生态环境状况

松花江流域的水生态环境状况经历了从"八五"以后耐污种类广泛分布，生物多样性单一，污染较重，甚至个别湖库夏秋季节曾出现过"水华"现象，到近年来水生态状况逐渐改善，物种较丰富，尤其是敏感的EPT（襀翅目、蜉蝣目和毛翅目）物种分布广泛，水生态质量“良好”及以上等级的比例逐年增加的变化过程。

二、水生生物分布特征

（一）物种组成特征

“十二五”期间松花江流域黑龙江省部分水生生物物种丰富度较高，共发现底栖动物225个分类单位，隶属于5门8纲25目106科，其中节肢动物门占绝对优势，为71.5%，其余门类占28.5%。各支流源头和松花江干流下游物种丰富，分布着大量的敏感物种（EPT物种）。共发现藻类植物174个分类单位，隶属于9门20纲38目82科157属，其中绿藻门（Chlorophyta）占优势，为68种，占总种数的39%；其次是硅藻门（Bacillariophyta），为50种，占28.7%。

近年来水生生物物种分布发生了可喜的变化，在水质得到改善的同时，生物群落得到了显著恢复。以2012年、2015年和2017年底栖动物为例，底栖动物的种数从2012年的113种增加到2015年的179种和2017年的176种，均以水生昆虫为主（图1-1），种类丰富度有所增加。

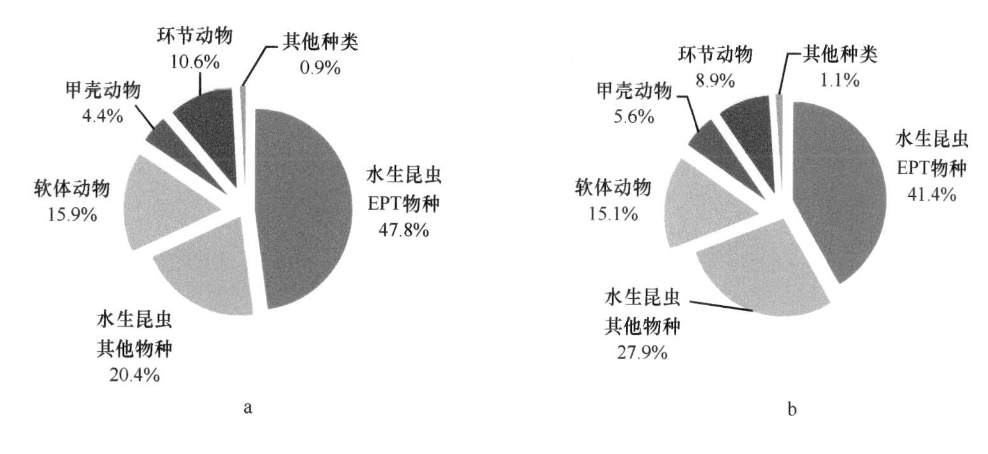

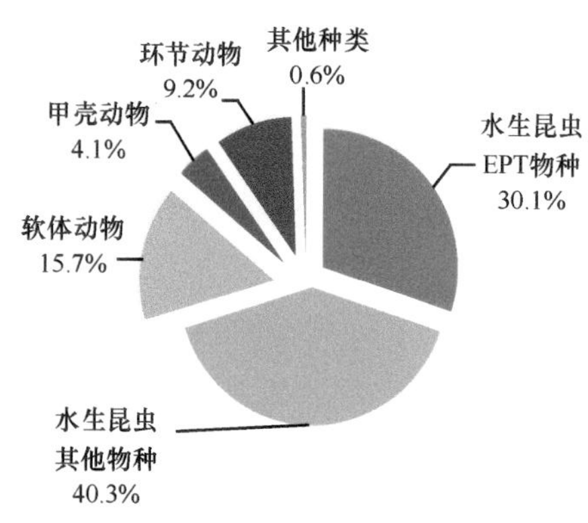

图1-1　2012年（a）、2015年（b）和2017年（c）松花江流域黑龙江省部分底栖动物群落结构图

近年来，松花江水生态环境状况明显改善的区域位于松花江干流的中下游，表现为物种增加较多，种类丰富度显著高于上游。“八五”期间松花江干流下游底栖动物种类、数量均以软体动物为主，其他种很少；近年来种类、数量均以水生昆虫为主，占65%左右，且敏感的EPT物种较多，占35%左右，增加的物种主要集中在蜉蝣目（Ephemeroptera）、襀翅目（Plecoptera）、毛翅目（Trichoptera）等对污染比较敏感的类群，寡毛纲（Oligochacta）、软体动物门（Mollusca）等耐污的物种数量变化不大。结果表明松花江干流下游水生态质量得到明显改善。这主要得益于“十一五”和“十二五”期间实施的节能减排、污染防控等措施取得了明显的效果，枯水期水体乏氧现象消失，水质状况得到显著改善。

（二）丰度变化特征

“十二五”至“十三五”初期，松花江流域黑龙江省部分底栖动物的丰度明显增加，表现为生物密度最大值明显增加，并且增加的种类主要为水生昆虫，尤其是EPT物种增加显著（图1-2），增加显著的断面位于松花江干流下游，表明这些江段水生态质量明显好转。

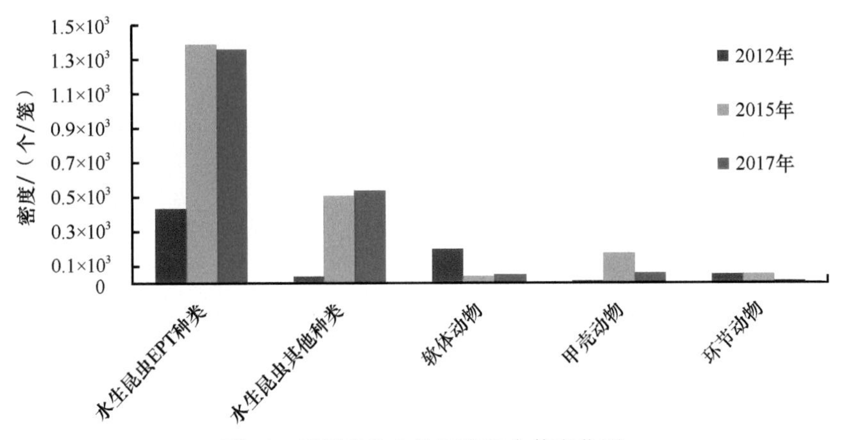

图1-2 底栖动物生物密度最大值变化图

（三）优势种变化情况

“十二五”至“十三五”初期，松花江流域黑龙江省部分底栖动物的优势种出现明显的变化，各源头、松花江干流下游多以EPT物种为优势种，如襀翅目（Plecoptera）的Strophopteryx、蜉蝣目（Ephemeroptera）的等蜉属（*Isonychia*）、小寡脉蜉属（*Oligoneuriella*）和毛翅目（Trichoptera）建巢的*Glossosoma*、*Hydatophylax*、*Ecclisomyia*；其他多数断面以指示中污染状态的物种为优势种，如毛翅目不建巢的物种、双翅目或软体动物；下游多个位点优势种的改变均比较明显，逐步转变成环境敏感的物种。软体动物分布较广泛，甲壳动物和环节动物种类较少，只有个别点位以其为优势种，表明水环境质量较好。而“八五”期间黑龙江省有43.3%的断面以寡毛纲为优势种，其中多数断面寡毛纲物种历年出现的频次＞50%；有30.0%的断面以摇蚊科（Chironomidae）幼虫为优势种，表明早期有机污染严重。

着生藻类优势种类的组成存在一定的差异，松花江干流上游的优势种类一般为硅藻门可以指示中等状态的小环藻属（*Cyclotella*）、针杆藻属（*Synedra*）和直链藻属（*Melosira*），显示水体有轻微污染；而下游的硅藻门植物比例显著增加，且主要优势种类多为指示良好状态的异极藻属（*Gomphonema*）和桥弯藻属（*Cymbella*），显示水体状况明显好于上游，整体处于良好状态。而“八五”期间虽然绝大多数断面以硅藻中指示差的种类为优势种，但也有个别断面以绿藻、蓝藻甚至裸藻中指示极差的种类为优势种，表明早期污染状况较严重，水生态质量处于差和极差的状态。

三、水生态质量变化情况

“十二五”期间松花江流域黑龙江省部分底栖动物综合评价显示绝大多数处于“中等”以上的等级，2015年已有54%的断面处于“良好”或“优秀”等级，水生态质量明显改善。其中松花江干流肇源—哈尔滨段多保持在“中等”状态，佳木斯—同江段多保持在“良好”状态。而“八五”期间流域内个别湖库夏秋季发生蓝藻“水华”的现象，河流生物学评价显示多数处于“差”和“极差”状态，受城市影响较大，松花江干流从上至下以哈尔滨市和佳木斯市为界，均呈现出城市以上河段水生态质量为“差”的状态，城市以下河段为“极差”的状态。水生态质量的变化过程说明近年来在松花江开展的各种防控措施取得了明显的效果，水生态质量显著改善，向着生态和谐的目标更近了一步。

四、水生生物监测概况及物种名录

对松花江流域的生物监测始自20世纪80年代，黑龙江省环境监测中心站及各地市监测站几乎都开展了生物监测；到90年代末开展生物监测的单位逐渐减少，但直到2010年黑龙江省仍持续在嫩江、松花江干流及主要支流开展生物监测，主要开展底栖动物群落，着生藻类、浮游动植物群落等项目，积累了大量的数据。从2011年开始，中国环境监测总站部署黑龙江省、吉林省、内蒙古自治区的13个监测站在松花江流域开展完整的水生生物试点监测，在松花江流域、黑龙江、乌苏里江以及兴凯湖等开展生物监测，包括底栖动物、藻类群落监测和鱼体的污染物残留监测、生长观测等。2015年以后上述区域的生物监测转成专项监测。在以上工作基础上形成了松花江流域常见水生生物名录（表1-1，表1-2），并收集了大量物种图谱。

表1-1 松花江流域常见藻类名录

门	纲	目	科	属	种
硅藻门 Bacillariophyta	羽纹纲 Pennatae	单壳缝目 Monoraphidales	曲壳藻科 Achnanthaceae	卵形藻属 *Cocconeis*	
硅藻门 Bacillariophyta	羽纹纲 Pennatae	单壳缝目 Monoraphidales	曲壳藻科 Achnanthaceae	弯楔藻属 *Rhoicosphenia*	
硅藻门 Bacillariophyta	羽纹纲 Pennatae	管壳缝目 Aulonoraphidinales	窗纹藻科 Epithemiaceae	棒杆藻属 *Rhopalodia*	
硅藻门 Bacillariophyta	羽纹纲 Pennatae	管壳缝目 Aulonoraphidinales	窗纹藻科 Epithemiaceae	窗纹藻属 *Epithemia*	
硅藻门 Bacillariophyta	羽纹纲 Pennatae	管壳缝目 Aulonoraphidinales	菱形藻科 Nitzschiaceae	菱形藻属 *Nitzschia*	谷皮菱形藻 *Nitzschia palea*
硅藻门 Bacillariophyta	羽纹纲 Pennatae	管壳缝目 Aulonoraphidinales	双菱藻科 Surirellaceae	波缘藻属 *Cymatopleura*	
硅藻门 Bacillariophyta	羽纹纲 Pennatae	管壳缝目 Aulonoraphidinales	双菱藻科 Surirellaceae	双菱藻属 *Surirella*	
硅藻门 Bacillariophyta	羽纹纲 Pennatae	双壳缝目 Biraphidinales	桥弯藻科 Cymbellaceae	内丝藻属 *Encyonema*	
硅藻门 Bacillariophyta	羽纹纲 Pennatae	双壳缝目 Biraphidinales	桥弯藻科 Cymbellaceae	桥弯藻属 *Cymbella*	极小桥弯藻 *Cymbella perpusilla*
硅藻门 Bacillariophyta	羽纹纲 Pennatae	双壳缝目 Biraphidinales	桥弯藻科 Cymbellaceae	桥弯藻属 *Cymbella*	膨胀桥弯藻 *Cymbella tumida*
硅藻门 Bacillariophyta	羽纹纲 Pennatae	双壳缝目 Biraphidinales	桥弯藻科 Cymbellaceae	桥弯藻属 *Cymbella*	偏肿桥弯藻 *Cymbella ventricosa*
硅藻门 Bacillariophyta	羽纹纲 Pennatae	双壳缝目 Biraphidinales	桥弯藻科 Cymbellaceae	双眉藻属 *Amphora*	
硅藻门 Bacillariophyta	羽纹纲 Pennatae	双壳缝目 Biraphidinales	异极藻科 Gomphonemaceae	异极藻属 *Gomphonema*	尖顶异极藻 *Gomphonema augur*
硅藻门 Bacillariophyta	羽纹纲 Pennatae	双壳缝目 Biraphidinales	异极藻科 Gomphonemaceae	异极藻属 *Gomphonema*	小形异极藻 *Gomphonema parvulum*
硅藻门 Bacillariophyta	羽纹纲 Pennatae	双壳缝目 Biraphidinales	异极藻科 Gomphonemaceae	异极藻属 *Gomphonema*	缢缩异极藻 *Gomphonema constrictum*
硅藻门 Bacillariophyta	羽纹纲 Pennatae	双壳缝目 Biraphidinales	异极藻科 Gomphonemaceae	异极藻属 *Gomphonema*	窄异极藻 *Gomphonema angustatum*
硅藻门 Bacillariophyta	羽纹纲 Pennatae	双壳缝目 Biraphidinales	舟形藻科 Naviculaceae	布纹藻属 *Gyrosigma*	尖布纹藻 *Gyrosigma acuminatum*
硅藻门 Bacillariophyta	羽纹纲 Pennatae	双壳缝目 Biraphidinales	舟形藻科 Naviculaceae	辐节藻属 *Stauroneis*	
硅藻门 Bacillariophyta	羽纹纲 Pennatae	双壳缝目 Biraphidinales	舟形藻科 Naviculaceae	茧形藻属 *Amphiprora*	
硅藻门 Bacillariophyta	羽纹纲 Pennatae	双壳缝目 Biraphidinales	舟形藻科 Naviculaceae	肋缝藻属 *Frustulia*	
硅藻门 Bacillariophyta	羽纹纲 Pennatae	双壳缝目 Biraphidinales	舟形藻科 Naviculaceae	美壁藻属 *Caloneis*	
硅藻门 Bacillariophyta	羽纹纲 Pennatae	双壳缝目 Biraphidinales	舟形藻科 Naviculaceae	双肋藻属 *Amphipleura*	

续表

门	纲	目	科	属	种
硅藻门 Bacillariophyta	羽纹纲 Pennatae	双壳缝目 Biraphidinales	舟形藻科 Naviculaceae	胸膈藻属 *Mastogloia*	
				羽纹藻属 *Pinnularia*	圆顶羽纹藻 *Pinnularia acrosphaeria*
				长蓖藻属 *Neidium*	
				舟形藻属 *Navicula*	放射舟形藻 *Navicula radiosa*
					简单舟形藻 *Navicula simplex*
					系带舟形藻 *Navicula cincta*
					隐头舟形藻 *Navicula cryptocephala*
		无壳缝目 Araphidiales	脆杆藻科 Fragilariaceae	脆杆藻属 *Fragilaria*	
				等片藻属 *Diatoma*	
				蛾眉藻属 *Ceratoneis*	
				平板藻属 *Tabellaria*	
				星杆藻属 *Asterionella*	华丽星杆藻 *Asterionella formosa*
				针杆藻属 *Synedra*	尖针杆藻 *Synedra acus*
		拟壳缝目 Raphidionales	短缝藻科 Eunotiaceae	短缝藻属 *Eunotia*	
	中心纲 Centricae	根管藻目 Rhizosoleniales	管形藻科 Solenicaceae	根管藻属 *Rhizosolenia*	
		盒形藻目 Biddulphiales	盒形藻科 Biddulphicaceae	半管藻属 *Hemiaulus*	
				盒形藻属 *Biddulphia*	
			角刺藻科 Chaetoceraceae	角刺藻属 *Chaetoceros*	
		圆筛藻目 Coscinodiscales	辐盘藻科 Actinodiscaceae	辐裥藻属 *Actinoptychus*	
			骨条藻科 Skeletonemaceae	骨条藻属 *Skeletonema*	
			角盘藻科 Eupodiscaceae	辐环藻属 *Actinocyclus*	
			圆筛藻科 Coscinodiscaceae	冠盘藻属 *Stephanodiscus*	
				海链藻属 *Thalassiosira*	

续表

门	纲	目	科	属	种
硅藻门 Bacillariophyta	中心纲 Centricae	圆筛藻目 Coscinodiscales	圆筛藻科 Coscinodiscaceae	小环藻属 *Cyclotella*	梅尼小环藻 *Cyclotella meneghiniana*
				直链藻属 *Melosira*	变异直链藻 *Melosira varians*
					颗粒直链藻 *Melosira granulata*
					颗粒直链藻极狭变种 *Melosira granulata* var. *angustissima*
褐藻门 Phaeophyta	褐藻纲 Phaeophyceae	海带目 Laminariales	翅藻科 Alariaceae	昆布属 *Ecklonia*	昆布 *Ecklonia kurome*
			巨藻科 Lessoniaceae	巨藻属 *Macrocystis*	巨藻 *Macrocystis pyrifera*
红藻门 Rhodophyta	红藻纲 Florideophyceae	海索面目 Nemalionales	串珠藻科 Batrachospermaceae	串珠藻属 *Batrachospermum*	
黄藻门 Xanthophyta	黄藻纲 Xanthophyceae	柄球藻目 Mischococcales	柄球藻科 Mischococcaceae	柄球藻属 *Mischococcus*	
			黄管藻科 Ophiocytiaceae	黄管藻属 *Ophiocytium*	
			葡萄藻科 Botryococcaceae	葡萄藻属 *Botryococcus*	
			拟小桩藻科 Characiopsidaceae	拟小桩藻属 *Characiopsis*	
		无隔藻目 Vaucheriales	无隔藻科 Vaucheriaceae	无隔藻属 *Vaucheria*	
		黄丝藻目 Tribonematales	黄丝藻科 Tribonemataceae	黄丝藻属 *Tribonema*	小型黄丝藻 *Tribonema minus*
甲藻门 Dinophyta	甲藻纲 Dinophyceae	多甲藻目 Peridiniales	扁甲藻科 Pyrophacaceae	扁甲藻属 *Pyrophacus*	
			多甲藻科 Peridiniaceae	多甲藻属 *Peridinium*	
			角甲藻科 Ceratiaceae	角甲藻属 *Ceratium*	
			裸甲藻科 Gymnodiniaceae	环沟藻属 *Gyrodinium*	
				薄甲藻属 *Glenodinium*	
				裸甲藻属 *Gymnodinium*	
金藻门 Chrysophyta	黄群藻纲 Synurophyceae	黄群藻目 Synurales	黄群藻科 Synuraceae	黄群藻属 *Synura*	
			鱼鳞藻科 Mallomonadaceae	鱼鳞藻属 *Mallomonas*	
	金藻纲 Chrysophyceae	金藻目 Chrysomonadales	单鞭金藻科 Chromulinaceae	单鞭金藻属 *Chromulina*	

续表

门	纲	目	科	属	种
金藻门 Chrysophyta	金藻纲 Chrysophyceae	色金藻目 Chromulinales	锥囊藻科 Dinobryonaceae	锥囊藻属 *Dinobryon*	
		水树藻目 Hydrurales	水树藻科 Hydruraceae	水树藻属 *Hydrurus*	
		蛰居金藻目 Hibberdiales	金柄藻科 Stylococcaceae	双角藻属 *Bitrichia*	
		硅鞭藻目 Dictyochales	硅鞭藻科 Dictyochaceae	硅鞭藻属 *Dictyocha*	小等刺硅鞭藻 *Dictyocha fibula*
蓝藻门 Cyanophyta	蓝藻纲 Cyanophyceae	颤藻目 Osillatoriales	颤藻科 Oscillatoriaceae	颤藻属 *Oscillatoria*	巨颤藻 *Oscillatoria princes*
					颗粒颤藻 *Oscillatoria granulata*
				螺旋藻属 *Spirulina*	
				鞘丝藻属 *Lyngbya*	
			假鱼腥藻科 Pseudanabaenaceae	细鞘丝藻属 *Leptolyngbya*	
			席藻科 Phormidiaceae	席藻属 *Phormidium*	浅黄席藻 *Phormidium lucidum*
		管胞藻目 Chamaesipho-nales	厚皮藻科 Pleurocapsaceae	厚皮藻属 *Pleurocapsa*	
		念珠藻目 Nostocales	胶须藻科 Rivulariaceae	胶刺藻属 *Gloeotrichia*	
				胶须藻属 *Rivularia*	
			念珠藻科 Nostocaceae	尖头藻属 *Raphidiopsis*	
				念珠藻属 *Nostoc*	
				束丝藻属 *Aphanizomenon*	水华束丝藻 *Aphanizomenon flos-aquae*
				鱼腥藻属 *Anabaena*	固氮鱼腥藻 *Anabaena azotica*
		色球藻目 Chroococcales	管胞藻科 Chamaesiphonaceae	管胞藻属 *Chamaesiphon*	
			平裂藻科 Merismopediaceae	平裂藻属 *Merismopedia*	细小平裂藻 *Merismopedia minima*
				集胞藻属 *Synechocystis*	
			色球藻科 Chroococcaceae	蓝纤维藻属 *Dactylococcopsis*	
				色球藻属 *Chroococcus*	束缚色球藻 *Chroococcus tenax*
					微小色球藻 *Chroococcus minutus*

续表

门	纲	目	科	属	种
蓝藻门 Cyanophyta	蓝藻纲 Cyanophyceae	色球藻目 Chroococcales	色球藻科 Chroococcaceae	色球藻属 *Chroococcus*	粘连色球藻 *Chroococcus cohaerens*
			石囊藻科 Entophysalidaceae	石囊藻属 *Entophysalis*	
			微囊藻科 Microcystaceae	微囊藻属 *Microcystis*	铜绿微囊藻 *Microcystis aeruginosa*
				粘球藻属 *Gloeocapsa*	
		真枝藻目 Stigonematales	真枝藻科 Stigonemataceae	真枝藻属 *Stigonema*	
裸藻门 Euglenophyta	裸藻纲 Euglenophyceae	裸藻目 Euglenales	裸藻科 Euglenaceae	扁裸藻属 *Phacus*	琵鹭扁裸藻 *Phacus platalea*
				柄裸藻属 *Colacium*	囊形柄裸藻 *Colacium vesiculosum*
					树状柄裸藻 *Colacium arbuscula*
				鳞孔藻属 *Lepocinclis*	
				裸藻属 *Euglena*	
				陀螺藻属 *Strombomonas*	剑尾陀螺藻 *Strombomonas ensifera*
				囊裸藻属 *Trachelomonas*	颗粒囊裸藻 *Trachelomonas granulata*
					棘刺囊裸藻 *Trachelomonas hispida*
					尾棘囊裸藻 *Trachelomonas armata*
					旋转囊裸藻 *Trachelomonas volvocina*
绿藻门 Chlorophyta	轮藻纲 Charophyceae	轮藻目 Charales	轮藻科 Characeae	丽藻属 *Nitella*	
				轮藻属 *Chara*	
	绿藻纲 Chlorophyceae	刚毛藻目 Cladophorales	刚毛藻科 Cladophoraceae	根枝藻属 *Rhizoclonium*	
		胶毛藻目 Chaetophorales	胶毛藻科 Chaetophoraceae	胶毛藻属 *Chaetophora*	
				毛枝藻属 *Stigeoclonium*	
				拟细链藻属 *Leptosiropsis*	
				小丛藻属 *Microthamnion*	
				原皮藻属 *Protoderma*	
			鞘毛藻科 Coleochaetaceae	鞘毛藻属 *Coleochaete*	

续表

门	纲	目	科	属	种
绿藻门 Chlorophyta	绿藻纲 Chlorophyceae	绿球藻目 Chlorococcales	卵囊藻科 Oocystaceae	并联藻属 *Quadrigula*	
				浮球藻属 *Planktosphaeria*	
				卵囊藻属 *Oocystis*	椭圆卵囊藻 *Oocystis elliptica*
			绿球藻科 Chlorococcaceae	粗刺藻属 *Acanthosphaera*	
				绿点藻属 *Chlorochytrium*	
				绿球藻属 *Chloroccum*	
			盘星藻科 Pediastraceae	盘星藻属 *Pediastrum*	
			网球藻科 Dictyosphaeraceae	胶网藻属 *Dictyosphaerium*	
			小球藻科 Chlorellaceae	顶棘藻属 *Chodatella*	
				集球藻属 *Palmellococcus*	
				四角藻属 *Tetraëdron*	整齐四角藻 *Tetraëdron regulare*
				蹄形藻属 *Kitchneriella*	肥壮蹄形藻 *Kitchneriella obesa*
				纤维藻属 *Ankistrodesmus*	狭形纤维藻 *Ankistrodesmus angustus*
					针形纤维藻 *Ankistrodesmus acicularis*
				月牙藻属 *Selenastrum*	月牙藻 *Selenastrum bibraianum*
			小桩藻科 Characiaceae	小桩藻属 *Characium*	
			栅藻科 Scenedesmaceae	弓形藻属 *Schroederia*	弓形藻 *Schroederia setigera*
				集星藻属 *Actinastrum*	集星藻 *Actinastrum hantzschii*
				空星藻属 *Coelastrum*	空星藻 *Coelastrum sphaericum*
				芒锥藻属 *Errerella*	
				拟韦斯藻属 *Westellopsis*	
				十字藻属 *Crucigenia*	
				四星藻属 *Tetrastrum*	

续表

门	纲	目	科	属	种
绿藻门 Chlorophyta	绿藻纲 Chlorophyceae	绿球藻目 Chlorococcales	栅藻科 Scenedesmaceae	栅藻属 *Scenedesmus*	二形栅藻 *Scenedesmus dimorphus*
					四尾栅藻 *Scenedesmus quadricauda*
		鞘藻目 Oedogoniales	鞘藻科 Oedogoniaceae	鞘藻属 *Oedogonium*	
		丝藻目 Ulotrichales	丝藻科 Ulotrichaceae	辐丝藻属 *Radiofilum*	
				胶丝藻属 *Gloeotila*	
				克里藻属 *Klebsormidium*	平壁克里藻 *Klebsormidium scopulinum*
				链丝藻属 *Hormidium*	
				裂丝藻属 *Stichococcus*	
				丝藻属 *Ulothrix*	颤丝藻 *Ulothrix oscillatoria*
				针丝藻属 *Raphidonema*	长毛针丝藻 *Raphidonema longiseta*
			筒藻科 Cylindrocapsaceae	筒藻属 *Cylindrocapsa*	
		四孢藻目 Tetrasporales	绿囊藻科 Chlorangiellaceae	绿柄球藻属 *Stylosphaeridium*	
			四孢藻科 Tetrasporaceae	四孢藻属 *Tetraspora*	
		团藻目 Volvocales	红球藻科 Haematococcaceae	红球藻属 *Haematococcus*	
			团藻科 Volvocaceae	空球藻属 *Eudorina*	
				团藻属 *Volvox*	
				实球藻属 *Pandorina*	实球藻 *Pandorina morum*
			壳衣藻科 Phacotaceae	翼膜藻属 *Pteromonas*	戈利翼膜藻近方形变种*Pteromonas golenkiniana* var. *subquadrata*
			衣藻科 Chlamydomonadaceae	扁藻属 *Platymonas*	
				衣藻属 *Chlamydomonas*	
				四鞭藻属 *Carteria*	

续表

<table>
<tr><th>门</th><th>纲</th><th>目</th><th>科</th><th>属</th><th>种</th></tr>
<tr><td rowspan="14">绿藻门
Chlorophyta</td><td rowspan="14">双星藻纲
Zygnemat-
ophyceae</td><td rowspan="13">鼓藻目
Desmidiales</td><td rowspan="13">鼓藻科
Desmidiaceae</td><td>凹顶鼓藻属
Euastrum</td><td></td></tr>
<tr><td>棒形鼓藻属
Gonatozygon</td><td></td></tr>
<tr><td>基纹鼓藻属
Docidium</td><td></td></tr>
<tr><td>角顶鼓藻属
Triploceras</td><td></td></tr>
<tr><td>角星鼓藻属
Staurastrum</td><td></td></tr>
<tr><td>宽带鼓藻属
Pleurotaenium</td><td></td></tr>
<tr><td>裂顶鼓藻属
Tetmemorus</td><td></td></tr>
<tr><td>顶接鼓藻属
Spondylosium</td><td></td></tr>
<tr><td>辐射鼓藻属
Actinotaenium</td><td></td></tr>
<tr><td>鼓藻属
Cosmarium</td><td>近膨胀鼓藻
Cosmarium subtumidum</td></tr>
<tr><td>角丝鼓藻属
Desmidium</td><td></td></tr>
<tr><td>新月藻属
Closterium</td><td>纤细新月藻
Closterium gracile</td></tr>
<tr><td>双星藻目
Zygnematales</td><td>双星藻科
Zygnemataceae</td><td>转板藻属
Mougeotia</td><td></td></tr>
<tr><td>隐藻门
Cryptophyta</td><td>隐藻纲
Cryptophyceae</td><td></td><td>隐鞭藻科
Cryptomonadaceae</td><td>蓝隐藻属
Chroomonas</td><td></td></tr>
</table>

表1-2　松花江流域常见底栖动物名录

<table>
<tr><th>门</th><th>纲</th><th>目</th><th>科</th><th>属</th><th>种</th></tr>
<tr><td rowspan="6">环节动物门
Annelida</td><td rowspan="5">寡毛纲
Oligochaeta</td><td rowspan="5">颤蚓目
Tubificida</td><td rowspan="4">仙女虫科
Naididae</td><td>杆吻虫属
Stylaria</td><td></td></tr>
<tr><td>钩仙女虫属
Uncinais</td><td>双齿钩仙女虫
Uncinais uncinata</td></tr>
<tr><td>水丝蚓属
Limnodrilus</td><td>克拉泊水丝蚓
Limnodrilus claparedeianus</td></tr>
<tr><td>带丝蚓属
Lumbriculus</td><td></td></tr>
<tr><td>颤蚓科
Tubificidae</td><td>尾鳃蚓属
Branchiura</td><td></td></tr>
<tr><td>蛭纲
Hirudinea</td><td>吻蛭目
Rhynchobdellida</td><td>扁（舌）蛭科
Glossiphonidae</td><td>扁（舌）蛭属
Glossiphonia</td><td>宽身舌蛭
Glossiphonia lata</td></tr>
</table>

续表

<table>
<tr><th>门</th><th>纲</th><th>目</th><th>科</th><th>属</th><th>种</th></tr>
<tr><td rowspan="5">环节动物门 Annelida</td><td rowspan="5">蛭纲 Hirudinea</td><td rowspan="3">吻蛭目 Rhynchobdellida</td><td rowspan="3">扁（舌）蛭科 Glossiphonidae</td><td>扁（舌）蛭属 Glossiphonia</td><td>异面舌蛭 Glossiphonia heteroclita</td></tr>
<tr><td>泽蛭属 Helobdella</td><td>宁静泽蛭 Helobdella stagnalis</td></tr>
<tr><td>拟扁蛭属 Hemiclepsis</td><td></td></tr>
<tr><td rowspan="2">无吻蛭目 Arhynchobdellida</td><td rowspan="2">沙蛭科 Salifidae</td><td>巴蛭属 Barbronia</td><td>苇氏巴蛭 Barbronia weberi</td></tr>
<tr><td>类蛭属 Mimobdella</td><td>日本类蛭 Mimobdella japonica</td></tr>
<tr><td rowspan="19">节肢动物门 Arthropoda</td><td rowspan="10">软甲纲 Malacostraca</td><td>端足目 Amphipoda</td><td>钩虾科 Gammaridae</td><td>钩虾属 Gammarus</td><td></td></tr>
<tr><td rowspan="9">十足目 Decapoda</td><td rowspan="2">螯虾科 Cambaridae</td><td rowspan="2">蝲蛄属 Cambaroides</td><td>东北蝲蛄 Cambaroides dauricus</td></tr>
<tr><td>许郎蝲蛄 Cambaroides schrenkii</td></tr>
<tr><td>匙指虾科 Atyidae</td><td></td><td></td></tr>
<tr><td rowspan="6">长臂虾科 Palaemonidae</td><td>小长臂虾属 Palaemonetes</td><td>中华小长臂虾 Palaemonetes sinensis</td></tr>
<tr><td rowspan="3">长臂虾属 Palaemon</td><td>锯齿长臂虾 Palaemon serrifer</td></tr>
<tr><td>宫地长臂虾 Palaemon myadii</td></tr>
<tr><td>秀丽白虾 Palaemon modestus</td></tr>
<tr><td>沼虾属 Macrobrachium</td><td>日本沼虾 Macrobrachium nipponense</td></tr>
<tr style="display:none"></tr>
<tr><td rowspan="9">昆虫纲 Insecta</td><td rowspan="9">半翅目 Hemiptera</td><td>负子蝽科 Belostomatidae</td><td></td><td></td></tr>
<tr><td>盖蝽科 Aphelocheiridae</td><td>盖蝽属 Aphelocheirus</td><td>那霸盖蝽 Aphelocheirus nawae</td></tr>
<tr><td rowspan="2">划蝽科 Corixidae</td><td>小划蝽属 Micronecta</td><td>斑点小划蝽 Micronecta guttata</td></tr>
<tr><td>划椿属 Sigara</td><td>横纹划蝽 Sigara substriata</td></tr>
<tr><td>阔黾蝽科 Veliidae</td><td></td><td></td></tr>
<tr><td>潜蝽科 Naucoridae</td><td>潜蝽属 Naucoris</td><td></td></tr>
<tr><td>黾蝽科 Gerridae</td><td></td><td></td></tr>
<tr><td>跳蝽科 Saldidae</td><td></td><td></td></tr>
</table>

续表

门	纲	目	科	属	种
节肢动物门 Arthropoda	昆虫纲 Insecta	半翅目 Hemiptera	膜蝽科 Hebridae		
			蝎蝽科 Nepidae		
			仰蝽科 Notonectidae		
		蜉蝣目 Ephemeroptera	新蜉科 Neoephemeridae	小河蜉属 *Potomanthellus*	
			褶缘蜉科 Palingeniidae	桑嘎蜉属 *Chankagenesia*	
				禽基蜉属 *Anagenesia*	特异禽基蜉 *Anagenesia paradoxa*
			长跗蜉科 Ametropodidae	长跗蜉属 *Ametropus*	
			越南蜉科 Vietnamellidae	越南蜉属 *Vietnamella*	
			小蜉科 Ephemerellidae	天角蜉属 *Uracanthella*	
				锯形蜉属 *Serratella*	
				小蜉属 *Ephemerella*	
				弯握蜉属 *Drunella*	
				带肋蜉属 *Cincticostella*	赖氏带肋蜉 *Cincticostella levanidovae*
			细裳蜉科 Leptophlebiidae	拟细裳蜉属 *Paraleptophlebia*	
				细裳蜉属 *Leptophlebia*	
				似宽基蜉属 *Choroterpides*	
				宽基蜉属 *Choroterpes*	
				伊氏蜉属 *Isca*	
			细蜉科 Caenidae	刺眼蜉属 *Caenoculis*	
				细蜉属 *Caenis*	中华细蜉 *Caenis sinensis*
					细蜉 *Caenis* sp.
				短尾蜉属 *Brachycercus*	
			四节蜉科 Baetidae	假二翅蜉属 *Pseudocloeon*	
				原二翅蜉属 *Procloeon*	

续表

门	纲	目	科	属	种
节肢动物门 Arthropoda	昆虫纲 Insecta	蜉蝣目 Ephemeroptera	四节蜉科 Baetidae	刺蜉属 *Centroptilum*	
				二翅蜉属 *Cloeon*	
				四节蜉属 *Baetis*	
			拟短丝蜉科（古丝蜉科）Siphluriscidae	拟短丝蜉属（古丝蜉属）*Siphluriscus*	
			河花蜉科 Potamanthidae	河花蜉属 *Potamanthus*	黄河花蜉 *Potamanthus luteus*
			寡脉蜉科 Oligoneuriidae	神寡脉蜉属 *Lachlania*	
				同寡脉蜉属 *Homoeoneuria*	
				小寡脉蜉属 *Oligoneuriella*	
			蜉蝣科 Ephemeridae	五颊蜉属 *Pentagenia*	
				六蜉蝣属 *Hexagenia*	
				蜉蝣属 *Ephemera*	纹蜉蝣 *Ephemera ineata*
					蜉蝣 *Ephemera* sp.
			多脉蜉科 Polymitarcyidae	埃蜉属 *Ephoron*	
			短丝蜉科 Siphlonuridae	短丝蜉属 *Siphlonurus*	
			栉颚蜉科 Ameletidae	栉颚蜉属 *Ameletus*	
			等蜉科 Isonychiidae	等蜉属 *Isonychia*	
			扁蜉科 Heptageniidae	扁蜉属 *Heptagenia*	
				动蜉属 *Cinygma*	
				高翔蜉属 *Epeorus*	
				节扁蜉属 *Arthroplea*	
				似动蜉属 *Cinygmina*	
				微动蜉属 *Cinygmula*	
				溪颏蜉属 *Rhithrogena*	
				赞蜉属 *Paegniodes*	
		襀翅目 Plecoptera	网襀科 Perlodidae	*Diura*	
				巨襀属 *Megarcys*	
				斯卡拉网襀属 *Skwala*	
				同襀属 *Isoperla*	
				狭襀属 *Stavsolus*	

续表

门	纲	目	科	属	种
节肢动物门 Arthropoda	昆虫纲 Insecta	襀翅目 Plecoptera	襀科 Perlidae	新襀属 *Neoperla*	
				钩襀属 *Kamimuria*	
				纯襀属 *Paragnetina*	
				剑襀属 *Agnetina*	
				襟襀属 *Togoperla*	
			叉襀科 Nemouridae	叉襀属 *Nemoura*	
			带襀科 Taeniopterygidae		
			大襀科 Pteronarcyidae	大襀属 *Pteronarcys*	
		毛翅目 Trichoptera	蝶石蛾科 Psychomyiidae	*Lype*	
			短石蛾科 Brachycentridae	短石蛾属 *Brachycentrus*	
			多距石蛾科 Polycentropodidae	缘脉石蛾属 *Plectrocnemia*	
				多距石蛾属 *Polycentropus*	
			舌石蛾科 Glossosomatidae	舌石蛾属 *Glossosoma*	
			石蛾科 Phryganeidae	褐纹石蛾属 *Eubasilissa*	
				Semblis	
			纹石蛾科 Hydropsychidae	*Amphipsyche*	
				Macronematina	
				缺距纹石蛾属 *Potamyia*	
				侧枝纹石蛾属 *Ceratopsyche*	
				短脉纹石蛾属 *Cheumatopsyche*	
				纹石蛾属 *Hydropsyche*	
			弓石蛾科 Arctopsychidae	弓石蛾属 *Arctopsyche*	
			长角石蛾科 Leptoceridae	棕须长角石蛾属 *Mystacides*	
				斑须长角石蛾属 *Oecetis*	
				密毛石蛾属 *Triaenodes*	
			原石蛾科 Rhyacophilidae	原石蛾属 *Rhyacophila*	

续表

门	纲	目	科	属	种
节肢动物门 Arthropoda	昆虫纲 Insecta	毛翅目 Trichoptera	等翅石蛾科 Philopotamidae	窄额等翅石蛾属 *Dolophilodes*	
			沼石蛾科 Limnephilidae	内石蛾属 *Nemotaulius*	
				Ecclisomyia	
				Hydatophylax	
				伪突沼石蛾属 *Pseudostenophylax*	
				双序沼石蛾属 *Dicosmoecus*	
				褐翅石蛾属 *Anabolia*	
		鞘翅目 Coleoptera	步甲科 Carabidae		
			豉甲科 Gyrinidae		
			龙虱科 Dytiscidae	灰龙虱属 *Eretes*	
			球甲科 Microsporidae		
			水甲科 Hygrobiidae		
			长角泥甲科 Elmidae		
			象甲科 Curculionidae		
			牙甲科 Hydrophilidae	牙甲属 *Hydrophilus*	
			隐翅虫科 Staphylinidae		
			沼甲科 Helodidae		
			沼梭科 Haliplidae	*Peltodytes*	
		蜻蜓目 Odonata	春蜓科 Gomphidae	施春蜓属 *Sieboldius*	艾氏施春蜓 *Sieboldius albardae*
				异春蜓属 *Anisogomphus*	
				大春蜓属 *Macrogomphus*	
				东方春蜓属 *Orientogomphus*	
				日春蜓属 *Nihonogomphus*	
				蛇纹春蜓属 *Ophiogomphus*	

续表

门	纲	目	科	属	种
节肢动物门 Arthropoda	昆虫纲 Insecta	蜻蜓目 Odonata	春蜓科 Gomphidae	硕春蜓属 *Megalogomphus*	
			大蜓科 Cordulegastridae	大蜓属 *Cordulegaster*	
			蜻科 Libellulidae	赤蜻属 *Sympetrum*	秋赤蜻 *Sympetrum frequens*
			蟌科 Coenagrionidae		
			色蟌科 Calopterygidae	艳色蟌属 *Neurobasis*	
				色蟌属 *Calopteryx*	
			丝蟌科 Lestidae	丝蟌属 *Lestes*	
			伪蜻科 Corduliidae	毛伪蜻属 *Epitheca*	
			伪蜻科 Corduliidae		
		双翅目 Diptera	蠓科 Ceratopogonidae		
			大蚊科 Tipulidae	*Pilaria*	
				克氏大蚊属 *Nippotipula*	
				双大蚊属 *Dicranota*	
				棘膝大蚊属 *Holorusia*	
				朝大蚊属 *Antocha*	
			蚋科 Simuliidae		
			食蚜蝇科 Syrphidae		
			水虻科 Stratiomyidae	水虻属 *Stratiomys*	
			水蝇科 Ephydridae		
			摇蚊科 Chironomidae	摇蚊属 *Chironomus*	喜盐摇蚊 *Chironomus salinarius*
					黄色羽摇蚊 *Chironomus flaviplumus*
				多足摇蚊属 *Polypedilum*	短角多足摇蚊 *Polypedilum breviantenratum*
					膨大多足摇蚊 *Polypedilum convictum*

续表

门	纲	目	科	属	种
节肢动物门 Arthropoda	昆虫纲 Insecta	双翅目 Diptera	摇蚊科 Chironomidae	多足摇蚊属 *Polypedilum*	小云多足摇蚊 *Polypedilum nubeculosum*
					白角多足摇蚊 *Polypedilum albicorne*
					鲜艳多足摇蚊 *Polypedilum lactum*
				浪突摇蚊属 *Zalutschia*	
				齿斑摇蚊属 *Stictochironomus*	秋月齿斑摇蚊 *Stictochironomus akizukii*
				流粗腹摇蚊属 *Rheopelopia*	斑点流粗腹摇蚊 *Rheopelopia maculipennis*
				沟粗腹摇蚊属 *Trissopelopia*	高沟粗腹摇蚊 *Trissopelopia longimana*
				雕翅摇蚊属 *Glyptotendipes*	
				寡角摇蚊属 *Diamesa*	
				菱附摇蚊属 *Clinotanypus*	
				裸须摇蚊属 *Propsilocerus*	
				前突摇蚊属 *Procladius*	
				隐摇蚊属 *Cryptochironomus*	
				长跗摇蚊属 *Tanytarsus*	
		广翅目 Megaloptera	泥蛉科 Sialidae		
	蛛形纲 Arachnida	真螨目 Acariformes			
		蜘蛛目 Araneida			
软体动物门 Mollusca	瓣鳃纲 Lamellibranchia	真瓣鳃目 Eulamellibranchia	蚌科 Unionidae	冠蚌属 *Cristaria*	褶纹冠蚌 *Cristaria plicata*
				矛蚌属 *Lanceolaria*	
				无齿蚌属 *Anodonta*	背角无齿蚌 *Anodonta woodiana*
				珠蚌属 *Unio*	圆顶珠蚌 *Unio douglasiae*
				帆蚌属 *Hyriopsis*	三角帆蚌 *Hyriopsis cumingii*
			球蚬科 Sphaeriidae	球蚬属 *Sphaerium*	湖球蚬 *Sphaerium lacustre*

续表

门	纲	目	科	属	种
软体动物门 Mollusca	瓣鳃纲 Lamellibranchia	真瓣鳃目 Eulamellibranchia	球蚬科 Sphaeriidae	球蚬属 *Sphaerium*	日本球蚬 *Sphaerium japonicum*
	腹足纲 Gastropoda	基眼目 Basommatophora	扁卷螺科 Planorbidae	旋螺属 *Gyraulus*	白旋螺 *Gyraulus albus*
					凸旋螺 *Gyraulus convexiusculus*
				圆扁螺属 *Hippeutis*	
			钉螺科 Hydrobiidae	钉螺属 *Oncomelania*	
				拟钉螺属 *Tricula*	
			狭口螺科 Stenothyridae		
			椎实螺科 Lymnaeidae	椎实螺属 *Lymnaea*	小椎实螺 *Austropeplea ollula*
					静水椎实螺 *Lymnaea stagnalis*
				萝卜螺属 *Radix*	耳萝卜螺 *Radix auricularia*
					椭圆萝卜螺 *Radix swinhoei*
					小土蜗 *Galba pervia*
					卵萝卜螺 *Radix ovata*
		中腹足目 Mesogastropoda	豆螺科 Bithyniidae	沼螺属 *Parafossarulus*	纹沼螺 *Parafossarulus striatulus*
				豆螺属 *Bithynia*	
			肋蜷科 Plenroseridae	短沟蜷属 *Semisulcospira*	放逸短沟蜷 *Semisulcospira libertina*
					黑龙江短沟蜷 *Semisulcospira amurensis*
					色带短沟蜷 *Semisulcospira mandarina*
			田螺科 Viviparidae	环棱螺属 *Bellamya*	梨形环棱螺 *Bellamya purificata*
				田螺属 *Viviparus*	东北田螺 *Viviparus chui*
				圆田螺属 *Cipangopaludina*	乌苏里圆田螺 *Cipangopaludina ussuriensis*
					中华圆田螺 *Cipangopaludina cathayensis*
					胀肚圆田螺 *Cipangopaludina ventricosa*

绪论作者

黑龙江省生态环境监测中心　李中宇　赵　然

底栖动物图片和名录提供者

黑龙江省生态环境监测中心　李中宇

黑龙江省佳木斯生态环境监测中心　胡显安　郭　洁

藻类图片提供者

黑龙江省齐齐哈尔生态环境监测中心　周宴敏　袁　欣

藻类名录提供者

黑龙江省生态环境监测中心　于宗灵

第二章

辽河流域

一、流域水生态环境

（一）流域概况

辽河流域是我国七大流域之一，是国家重点治理的“三河三湖”之一，由辽河、浑河、太子河、大辽河、大凌河和小凌河6条主要河流及其支流组成，辽宁省内流域面积为9.49万km^2，分布着14个省辖市，集聚着3000万人口，是新中国工业的摇篮，国家振兴东北老工业基地的核心区域，承载着辽宁、吉林等省经济社会发展的巨大资源和环境压力。辽河流域属于典型北方缺水流域，流经城市工业化程度高，水资源被过度开发利用，地表水利用率达80%以上，地下水利用率亦达40%以上。辽河流域是“十二五”期间国家水体污染控制与治理科技重大专项实施的10个重点流域之一。

辽河由西辽河和东辽河汇合而成，西辽河发源于河北省七老图山脉的光头山，流经河北、内蒙古、吉林三省（自治区），东辽河发源于吉林省辽源市萨哈岭山，西辽河和东辽河两条河流在辽宁省铁岭市福德店附近汇合成为辽河干流，辽宁省内全长523km，由北向西南流经铁岭、沈阳和盘锦等地后入渤海辽东湾。辽河主要支流有招苏台河、清河、柴河等19条。浑河发源于清原满族自治县（清原县）滚马岭，流经清原、新宾、抚顺、沈阳、辽中、辽阳、海城、台安等市县，全长415km，上游建有大伙房水库，浑河属于典型的受控河流。浑河主要支流有苏子河、社河、蒲河、细河等15条。太子河上游分南北两支，以北支为长，发源于新宾满族自治县（新宾县）红石砬子，南支发源于本溪满族自治县（本溪县）草帽顶子山，两支流在本溪县马家崴子汇合后成为太子河干流，全长413km，流经工业较为发达的本溪、辽阳和鞍山3个城市，上游建有观音阁水库，是本溪等城市的饮用水水源地，中游建有参窝水库，为工业用水和灌溉用水水源，在本溪和辽阳段有近10个橡胶坝调节水量。太子河主要支流有细河、柳壕河、北沙河、南沙河、运粮河、海城河等9条。大辽河是浑河、太子河在三岔河处汇合而成，为感潮河流，主要流经盘锦市大洼区和营口市，在营口市入渤海辽东湾，全长95km。凌河流域由大、小凌河及其支流组成。大凌河上游分南西两支，南支发源于建昌县水泉沟，西支发源于河北省平泉市水泉沟，两支于喀喇沁左翼蒙古族自治县（喀左县）大城子镇东南相会，全长447km，流经朝阳、北票、义县，于凌海市的南圈河和南井子之间注入渤海。大凌河有细河、牤牛河、凉水河3条主要支流。小凌河发源于朝阳市瓦房子镇牛粪洞子，全长206km，流经朝阳和锦州两市后注入渤海，主要支流为女儿河。

（二）污染特征

辽河流域属于季节性、受控型河流，水资源匮乏，枯水期河道内基本无自然径流，沿途城市密集、工业集中，排污量大，集中体现了我国重化工业密集的老工业基地结构性、区域性污染特征，过度开发使辽河流域水质综合污染指数曾列七大流域第二位，2005年干流化学需氧量和氨氮年均值超V类标准点位比例分别达到34.6%、84.6%，城市段水质污染突出，氨氮为首要污染指标，个别点位挥发酚、阴离子表面活性剂超标。

2008年以来，辽宁省加大了辽河流域治理及生态恢复的工作力度，辽河流域水环境质量得到显著改善。辽河流域治理分为三个阶段：第一阶段是“十一五”期间，围绕重点难点问题实施了“三大工程”，即以造纸企业整治为核心的工业点源治理工程，以提高城镇生活污水处理率为目标的污水厂建设工程，以支流河整治为抓手的生态治理工程。2011年，辽河干流首次实现了全部消灭劣V类水体（按化学需氧量评价）的目标。第二阶段从2011年开始，全力实施了“三大战役”，即辽河治理攻坚战、“大浑太”（大辽河、浑河、太子河）治理歼灭战和凌河治理阻击战，从全流域、全指标改善水质角度统筹解决存在的问题，到2012年底，辽河流域由重度、中度污染好转为轻度污染。第三阶段是2013年以来，以“稳水质、保达标”为宗旨，充分发挥项目治污效益，采取各项综合性管理措施，实现河流断面水质稳定达标。

（三）水生态环境状况

辽河流域水生态状况从“十一五”，经“十二五”至今，总体呈现逐步转好的趋势。底栖动物和藻类物种丰富度逐年提升，底栖动物以节肢动物门的水生昆虫为绝对优势类群，藻类一直稳定以绿藻-硅藻为绝对优势类群。浑河和太子河上游地区的生物多以指示清洁的敏感性水生昆虫为优势种，部分中下游以指示有机污染较重的门类为优势种。目前，辽河流域水生态状况整体为清洁-中污染状态，浑河、太子河、大凌河和小凌河、鸭绿江上游和中游水生态质量较好，为清洁-轻污染状态；下游地区尤其是河口地区处于中污染状态。

二、流域水生生物多样性

（一）水生生物分布特征

1. 物种组成特征

辽河流域共发现底栖动物5门9纲24目102科125属300种，其中节肢动物门的水生昆虫最多，有254种，占总种数的84.7%；其次为软体动物20种，占6.7%；环节动物14种，占4.7%；其他节肢动物10种，占3.3%；扁形动物和线形动物各1种，均占0.3%，见图2-1。共发现藻类8门10纲22目43科94属202种（含亚种），分别隶属于蓝藻门、绿藻门、硅藻门、裸藻门、甲藻门、隐藻门、金藻门和黄藻门。其中硅藻门种类最多，有81种（含亚种），占总种数的40.1%；其次为绿藻门72种，占35.6%；蓝藻门19种，占9.4%；裸藻门17种，占8.4%；甲藻门5种，占2.5%；黄藻门4种，占2.0%；隐藻门3种，占1.5%；金藻门1种，占0.5%。见图2-2。

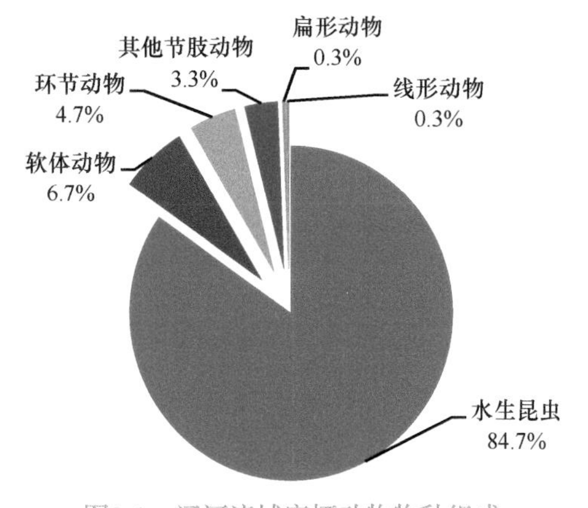

图2-1　辽河流域底栖动物物种组成

图2-2　辽河流域藻类物种组成

“十一五”期间共检出底栖动物84种，藻类153种；“十二五”期间共检出底栖动物143种，藻类202种；“十二五”检出的底栖动物和藻类种数明显多于“十一五”，见图2-3。近年来，随着辽河流域水质的改善，水生生物多样性不断增加。

年际检出的底栖动物和藻类种类数略有波动，但整体呈上升趋势。以2011～2017年为例，检出底栖动物种数最多的年份为2014年的99种，最少的为2012年的40种；检出藻类种数最多的年份为2015年的202种，最少的为2017年的114种。2011～2017年辽河流域检出的底栖动物和藻类种数比较见图2-4。

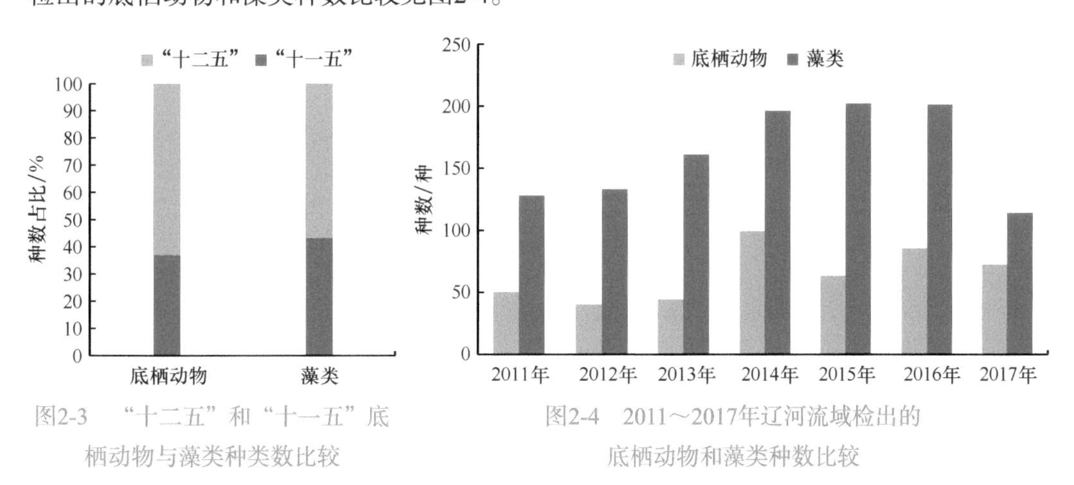

图2-3　“十二五”和“十一五”底栖动物与藻类种类数比较

图2-4　2011～2017年辽河流域检出的底栖动物和藻类种数比较

辽河流域分布的底栖动物以水生昆虫为主，以襀翅目、毛翅目、蜉蝣目、双翅目蚋科等为代表的清洁水体指示类群广泛分布在浑河、太子河、凌河和鸭绿江上游地区；以半翅目、蜻蜓目、螺类、蚌类和蛭类为代表的轻污染-中污染水体指示类群广泛分布在辽河上、中、下游，浑河、太子河、大凌河中游及鸭绿江中下游地区；以环节动物寡毛类、摇蚊亚科和直突摇蚊亚科为代表的重度有机污染指示类群则多分布在河流下游及河口地区。藻类以硅藻、绿藻和蓝藻为主，上游地区主要分布硅藻门的小环藻、桥弯藻、异极藻，绿藻门的鼓藻，以及隐藻门、金藻门和甲藻门的部分类群，中下游地区则广泛分布着针杆藻、等片藻、舟形藻、栅藻、颤藻和裸藻等各种类群的藻类。

2. 丰度变化特征

“十二五”期间，辽河流域底栖动物生物密度为8～7.7×10^4个/m^2，其中水生昆虫、环节动物和软体动物三个优势门类平均占比分别为85.7%、6.6%和3.3%，其他类群占4.4%。“十二五”至“十三五”初期，水生昆虫所占比例呈上升趋势，环节动物尤其是寡毛类呈下降趋势，见图2-5。浑河和太子河上游地区水生昆虫尤其是蜉蝣目、襀翅目和毛翅目的种类生物密度较高，部分点位占比高达90%以上，而部分中下游有机污染较为严重的支流河段环节动物水丝蚓的生物密度较高。

“十二五”期间，着生藻类生物密度为4.69×10^4～6.53×10^6ind./cm^2，其中绿藻门、硅藻门、裸藻门和蓝藻门4个优势门类平均占比分别为39.3%、38.0%、9.1%和8.7%，其余门类占比4.9%。“十二五”至“十三五”初期，藻类丰度的分布状况没有发生明显变化，一直稳定为绿藻-硅藻占绝对优势类群的分布结构，见图2-6。

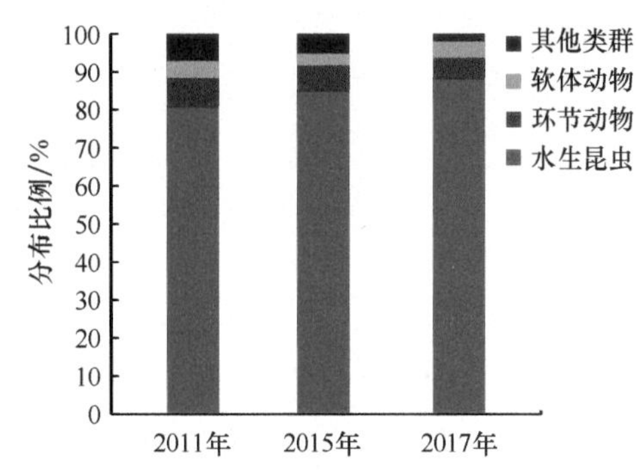

图2-5 2011～2017年底栖动物生物密度分布比例

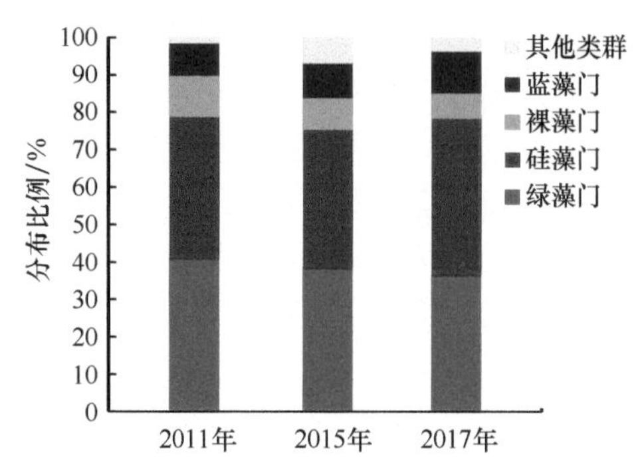

图2-6 2011～2017年着生藻类生物密度分布比例变化

3. 优势种变化情况

2011～2017年，辽河流域各河段底栖动物优势种出现较大变化，从2013年开始，各河段优势种多样性呈显著增加趋势，从2015年开始，清洁水体的指示物种短脉纹石蚕开始出现并在其后2年的部分河段连续成为优势种，表明辽河流域水质明显改善。藻类优势种变化不大，各河段藻类多样性均比较丰富，这也体现了藻类尤其是河流硅藻对环境具有较强的适应性，多数种类在全流域均有分布。应用藻类多样性指数开展的辽河流域水质评价结果表明，辽河全流域呈清洁-轻污染状态。2011～2017年辽河流域底栖动物和藻类优势种变化情况见表2-1。

续表

门	纲	目	科	属	种
蓝藻门 Cyanophyta	蓝藻纲 Cyanophyceae	色球藻目 Chroococcales	平裂藻科 Merismopediaceae	平裂藻属 *Merismopedia*	细小平裂藻 *Merismopedia minima*
					旋折平裂藻 *Merismopedia convolute*
				隐球藻属 *Aphanocapsa*	
			色球藻科 Chroococcaceae	色球藻属 *Chroococcus*	束缚色球藻 *Chroococcus tenax*
					湖沼色球藻 *Chroococcus limneticus*
			微囊藻科 Microcystaceae	微囊藻属 *Microcystis*	水华微囊藻 *Microcystis flos-aquae*
					铜绿微囊藻 *Microcystis aeruginosa*
		颤藻目 Osillatoriales	颤藻科 Oscillatoriaceae	颤藻属 *Oscillatoria*	断裂颤藻 *Oscillatoria fraca*
					爬行颤藻 *Oscillatoria animalis*
				鞘丝藻属 *Lyngbya*	希罗鞘丝藻 *Lyngbya hieronymusii*
			席藻科 Phormidiaceae	浮丝藻属 *Planktothrix*	
		念珠藻目 Nostocales	念珠藻科 Nostocaceae	念球藻属 *Nostoc*	
				鱼腥藻属 *Anabaena*	
				长孢藻属 *Dolichospermum*	伯氏长孢藻 *Dolichospermum bergii*
绿藻门 Chlorophyta	绿藻纲 Chlorophyceae	团藻目 Volvocales	团藻科 Volvocaceae	空球藻属 *Eudorina*	空球藻 *Eudorina elegans*
				盘藻属 *Gonium*	聚盘藻 *Gonium sociale*
				实球藻属 *Pandorina*	实球藻 *Pandorina morum*
				团藻属 *Volvox*	美丽团藻 *Volvox aureus*
			衣藻科 Chlamydomonadaceae	四鞭藻属 *Carteria*	胡氏四鞭藻 *Carteria huberi*
					球四鞭藻 *Carteria globulosa*
				衣藻属 *Chlamydomonas*	单胞衣藻分离变种 *Chlamydomonas monadina* var. *separatus*
					近环形衣藻 *Chlamydomonas subannulata*

续表

门	纲	目	科	属	种
绿藻门 Chlorophyta	绿藻纲 Chlorophyceae	团藻目 Volvocales	衣藻科 Chlamydomonadaceae	衣藻属 *Chlamydomonas*	马拉蒙衣藻 *Chlamydomonas maramuresensis*
					球衣藻 *Chlamydomonas globosa*
		四孢藻目 Tetrasporales	胶球藻科 Coccomyxaceae	纺锤藻属 *Elakatothrix*	纺锤藻 *Elakatothrix gelatinosa*
		绿球藻目 Chlorococcales	卵囊藻科 Oocystaceae	卵囊藻属 *Oocystis*	波吉卵囊藻 *Oocystis borgei*
				球囊藻属 *Sphaerocystis*	球囊藻 *Sphaerocystis schroeteri*
			绿球藻科 Chlorococcaceae	微芒藻属 *Micractinium*	微芒藻 *Micractinium pusillum*
				多芒藻属 *Golenkinia*	多芒藻 *Golenkinia radiata*
			盘星藻科 Pediastraceae	盘星藻属 *Pediastrum*	双射盘星藻 *Pediastrum biradiatum*
					短棘盘星藻 *Pediastrum boryanum*
					二角盘星藻 *Pediastrum duplex*
					单角盘星藻 *Pediastrum simplex*
					单角盘星藻具孔变种 *Pediastrum simplex* var. *duodenarium*
					四角盘星藻 *Pediastrum tetras*
			网球藻科 Dictyosphaeraceae	网球藻属 *Dictyosphaerium*	美丽网球藻 *Dictyosphaerium pulchellum*
			小球藻科 Chlorellaceae	小球藻属 *Chlorella*	小球藻 *Chlorella vulgaris*
				纤维藻属 *Ankistrodesmus*	针形纤维藻 *Ankistrodesmus acicularis*
					镰形纤维藻 *Ankistrodesmus falcatus*
					镰形纤维藻奇异变种 *Ankistrodesmus falcatus* var. *mirabilis*
					狭形纤维藻 *Ankistrodesmus angustus*
				顶棘藻属 *Chodatella*	四刺顶棘藻 *Chodatella quadriseta*
				四角藻属 *Tetraëdron*	微小四角藻 *Tetraëdron minimum*
					整齐四角藻扭曲变种 *Tetraëdron regulare* var. *torsum*
				蹄形藻属 *Kirchneriella*	肥壮蹄形藻 *Kirchneriella obesa*
				月牙藻属 *Selenastrum*	纤细月牙藻 *Selenastrum gracile*

续表

门	纲	目	科	属	种
绿藻门 Chlorophyta	绿藻纲 Chlorophyceae	绿球藻目 Chlorococcales	小桩藻科 Characiaceae	弓形藻属 *Schroederia*	拟菱形弓形藻 *Schroederia nitzschioides*
					弓形藻 *Schroederia setigera*
			栅藻科 Scenedesmaceae	集星藻属 *Actinastrum*	河生集星藻 *Actinastrum fluviatile*
				空星藻属 *Coelastrum*	网状空星藻 *Coelastrum reticulatum*
					小空星藻 *Coelastrum microporum*
				十字藻属 *Crucigenia*	顶锥十字藻 *Crucigenia apiculata*
					四角十字藻 *Crucigenia quadrata*
					四足十字藻 *Crucigenia tetrapedia*
				四星藻属 *Tetrastrum*	异刺四星藻 *Tetrastrum heterocanthum*
				栅藻属 *Scenedesmus*	盘状栅藻 *Scenedesmus disciformis*
					奥波莱栅藻 *Scenedesmus opoliensis*
					二形栅藻 *Scenedesmus dimorphus*
					球刺栅藻 *Scenedesmus capitato-aculeatus*
					尖细栅藻 *Scenedesmus acuminatus*
					四尾栅藻 *Scenedesmus quadricauda*
					斜生栅藻 *Scenedesmus obliquus*
					布那迪栅藻 *Scenedesmus bernardii*
		丝藻目 Ulotrichales	丝藻科 Ulotrichaceae	丝藻属 *Ulothrix*	近缢丝藻 *Ulothrix subconstricta*
			微孢藻科 Microsporaceae	微孢藻属 *Microspora*	丛毛微孢藻 *Microspora floccose*
					短缩微孢藻 *Microspora abbreviate*
		胶毛藻目 Chaetophorales	胶毛藻科 Chaetophoraceae	毛枝藻属 *Stigeoclonium*	池生毛枝藻 *Stigeoclonium stagnatile*

续表

门	纲	目	科	属	种
绿藻门 Chlorophyta	绿藻纲 Chlorophyceae	鞘藻目 Oedogoniales	鞘藻科 Oedogoniaceae	鞘藻属 *Oedogonium*	
	双星藻纲 Zygnematophyceae	双星藻目 Zygnematales	双星藻科 Zygnemataceae	水绵属 *Spirogyra*	
		鼓藻目 Desmidiales	鼓藻科 Desmidiaceae	鼓藻属 *Cosmarium*	钝鼓藻 *Cosmarium obtusatum*
					肾形鼓藻 *Cosmarium reniforme*
				角星鼓藻属 *Staurastrum*	纤细角星鼓藻 *Staurastrum gracile*
				新月藻属 *Closterium*	项圈新月藻 *Closterium moniliforum*
硅藻门 Bacillariophyta	中心纲 Centricae	圆筛藻目 Coscinodiscales	圆筛藻科 Coscinodiscaceae	直链藻属 *Melosira*	变异直链藻 *Melosira varians*
					颗粒直链藻 *Melosira granulata*
					颗粒直链藻极狭变种 *Melosira granulate* var. *angustissima*
					颗粒直链藻极狭变种螺旋变型 *Melosira granulata* var. *angustissima* f. *spiralis*
				浮生直链藻属 *Aulacoseira*	*Aulacoseria subarctica*
				小环藻属 *Cyclotella*	梅尼小环藻 *Cyclotella meneghiniana*
				冠盘藻属 *Stephanodiscus*	
	羽纹纲 Pennatae	无壳缝目 Araphidiales	脆杆藻科 Fragilariaceae	针杆藻属 *Synedra*	尖针杆藻 *Synedra acus*
					爆裂针杆藻 *Synedra rumpens*
					爆裂针杆藻梅尼变种 *Synedra rumpens* var. *meneghiniana*
					头端针杆藻 *Synedra capitata*
					肘状针杆藻缢缩变种 *Synedra ulna* var. *constracta*
				星杆藻属 *Asterionella*	华丽星杆藻 *Asterionella formosa*

续表

门	纲	目	科	属	种
硅藻门 Bacillariophyta	羽纹纲 Pennatae	无壳缝目 Araphidiales	脆杆藻科 Fragilariaceae	扇形藻属 *Meridion*	环状扇形藻 *Meridion circulare*
				平板藻属 *Tabellaria*	绒毛平板藻 *Tabellaria flocculosa*
				蛾眉藻属 *Ceratoneis*	弧形蛾眉藻 *Ceratoneis arcus*
					弧形蛾眉藻双头变种 *Ceratoneis arcus* var. *amphioxys*
				等片藻属 *Diatoma*	纤细等片藻 *Diatoma tenue*
				脆杆藻属 *Fragilaria*	钝脆杆藻 *Fragilaria capucina*
					钝脆杆藻披针形变种 *Fragilaria capucina* var. *lanceolata*
					变绿脆杆藻 *Fragilaria virescens*
					变绿脆杆藻头端变种 *Fragilaria virescens* var. *capitata*
					羽纹脆杆藻 *Fragilaria pinnata*
					沃切里脆杆藻远距变种 *Fragilaria vaucheriae* var. *distans*
		拟壳缝目 Raphidionales	短缝藻科 Eunotiaceae	短缝藻属 *Eunotia*	月形短缝藻 *Eunotia lunaris*
		双壳缝目 Biraphidinales	舟形藻科 Naviculaceae	舟形藻属 *Navicula*	长圆舟形藻 *Navicula oblonga*
					类嗜盐舟形藻 *Navicula halophilioides*
					扁圆舟形藻 *Navicula placentula*
					放射舟形藻柔弱变种 *Navicula radiosa* var. *tenella*
					尖头舟形藻含糊变种 *Navicula cuspidata* var. *ambigua*
					嗜苔藓舟形藻疏线变种 *Navicula bryophila* var. *paucistriata*
				羽纹藻属 *Pinnularia*	分歧羽纹藻 *Pinnularia divergens*
					间断羽纹藻 *Pinnularia interrupta*

续表

门	纲	目	科	属	种
硅藻门 Bacillariophyta	羽纹纲 Pennatae	双壳缝目 Biraphidinales	舟形藻科 Naviculaceae	羽纹藻属 *Pinnularia*	中狭羽纹藻 *Pinnularia mesolepta*
				双壁藻属 *Diploneis*	卵圆双壁藻 *Diploneis ovalis*
					卵圆双壁藻长圆变种 *Diploneis ovalis* var. *oblongella*
				肋缝藻属 *Frustulia*	
				辐节藻属 *Stauroneis*	双头辐节藻 *Stauroneis anceps*
				美壁藻属 *Caloneis*	偏肿美壁藻 *Caloneis ventricosa*
				布纹藻属 *Gyrosigma*	锉刀布纹藻 *Gyrosigma scalproides*
					库津布纹藻 *Gyrosigma kuetzingii*
			桥弯藻科 Cymbellaceae	双眉藻属 *Amphora*	卵圆双眉藻 *Amphora ovalis*
				桥弯藻属 *Cymbella*	埃伦桥弯藻 *Cymbella ehrenbergii*
					膨胀桥弯藻 *Cymbella tumida*
					箱形桥弯藻 *Cymbella cistula*
					新月形桥弯藻 *Cymbella cymbiformis*
					切断形桥弯藻 *Cymbella excisiformis*
					偏肿桥弯藻西里西亚变种 *Cymbella ventricosa* var. *silesiaca*
				内丝藻属 *Encynema*	平卧内丝藻 *Encyonema prostratum*
				瑞氏藻属 *Reimeria*	波状瑞氏藻 *Reimeria sinuata*
			异极藻科 Gomphonemaceae	异极藻属 *Gomphonema*	缠结异极藻 *Gomphonema intricatum*
					短纹异极藻 *Gomphonema abbreviatum*
					尖异极藻 *Gomphonema acuminatum*

续表

门	纲	目	科	属	种
硅藻门 Bacillariophyta	羽纹纲 Pennatae	双壳缝目 Biraphidinales	异极藻科 Gomphonemaceae	异极藻属 *Gomphonema*	尖异极藻花冠变种 *Gomphonema acuminatum* var. *coronatum*
					塔形异极藻 *Gomphonema turris*
					具球异极藻 *Gomphonema sphaerophorum*
					偏肿异极藻 *Gomophonema ventricosum*
					纤细异极藻 *Gomphonema gracile*
					缢缩异极藻 *Gomphonema constrictum*
					小型异极藻 *Gomphonema parvulum*
				异楔藻属 *Gomphoneis*	*Gomphoneis olivaceum*
		单壳缝目 Monoraphidinales	曲壳藻科 Achnanthaceae	卵形藻属 *Cocconeis*	扁圆卵形藻多孔变种 *Cocconeis placentula* var. *euglypta*
				曲壳藻属 *Achnanthes*	
				平面藻属 *Planothidium*	披针平面藻 *Planothidium lanceolatum*
		管壳缝目 Aulonoraphidinales	双菱藻科 Surirellaceae	双菱藻属 *Surirella*	粗壮双菱藻 *Surirella robusta*
					卵形双菱藻 *Surirella ovate*
					线形双菱藻 *Surirella linearis*
					窄双菱藻 *Surirella angusta*
				波缘藻属 *Cymatopleura*	草鞋形波缘藻 *Cymatopleura solea*
					椭圆波缘藻 *Gymatopleura elliptica*
			菱形藻科 Nitzschiaceae	菱形藻属 *Nitzchia*	谷皮菱形藻 *Nitzschia palea*
					近线形菱形藻 *Nitzschia sublinearis*
					类 S 形菱形藻 *Nitzschia sigmoidea*
					Nitzschia soratensis

续表

门	纲	目	科	属	种
硅藻门 Bacillariophyta	羽纹纲 Pennatae	管壳缝目 Aulonoraphidinales	菱形藻科 Nitzschiaceae	盘杆藻属 *Tryblionella*	*Tryblionella hungarica*
			窗纹藻科 Epithemiaceae	窗纹藻属 *Epithemia*	鼠形窗纹藻 *Epithemia sorex*
甲藻门 Dinophyta	甲藻纲 Dinophyceae	多甲藻目 Peradiniales	裸甲藻科 Gymnodiniaceae	薄甲藻属 *Glenodinium*	
				裸甲藻属 *Gymnodinium*	裸甲藻 *Gymnodinium aeruginosum*
			沃氏甲藻科 Woloszynskiaceae	沃氏甲藻属 *Woloszynskia*	伪沼泽沃氏甲藻 *Woloszynskia pseudopalustris*
			多甲藻科 Peridiniaceae	多甲藻属 *Peridinium*	楯形多甲藻 *Peridinium umbonatum*
				拟多甲藻属 *Peridiniopsis*	坎宁顿拟多甲藻 *Peridiniopsis cunningtonii*
			角甲藻科 Ceratiaceae	角甲藻属 *Ceratium*	角甲藻 *Ceratium hirundinella*
隐藻门 Cryptophyta	隐藻纲 Cryptophyceae		隐鞭藻科 Cryptomonadaceae	蓝隐藻属 *Chroomonas*	具尾蓝隐藻 *Chroomonas caudate*
				隐藻属 *Cryptomonas*	啮蚀隐藻 *Cryptomonas erosa*
					卵形隐藻 *Cryptomonas ovata*
裸藻门 Euglenophyta	裸藻纲 Euglenophyceae	裸藻目 Euglenales	双鞭藻科 Eutreptiaceae	双鞭藻属 *Eutreptia*	普蒂双鞭藻 *Eutreptia pertyi*
			裸藻科 Euglenaceae	扁裸藻属 *Phacus*	梨形扁裸藻 *Phacus pyrum*
				柄裸藻属 *Colacium*	囊形柄裸藻 *Colacium vesiculosum*
				鳞孔藻属 *Lepocinclis*	喙状鳞孔藻 *Lepocinclis platfairiana*
					秋鳞孔藻 *Lepocinclis autumnalis*
				裸藻属 *Euglena*	带形裸藻 *Euglena ehrenbergii*
					绿色裸藻 *Euglena viridis*
					梭形裸藻 *Euglena acus*
					纤细裸藻 *Euglena gracilis*
					血红裸藻 *Euglena sanguinea*

续表

门	纲	目	科	属	种
裸藻门 Euglenophyta	裸藻纲 Euglenophyceae	裸藻目 Euglenales	裸藻科 Euglenaceae	囊裸藻属 *Trachelomonas*	糙纹囊裸藻 *Trachelomonas scabra*
					矩圆囊裸藻 *Trachelomonas oblonga*
					芒刺囊裸藻 *Trachelomonas spinulosa*
金藻门 Chrysophyta	金藻纲 Chrysophyceae	色金藻目 Chromulinales	椎囊藻科 Dinobryonaceae	锥囊藻属 *Dinobryon*	密集锥囊藻 *Dinobryon sertularia*
黄藻门 Xanthophyta	黄藻纲 Xanthophyceae	柄球藻目 Mischococcales	黄管藻科 Ophiocytiaceae	黄管藻属 *Ophiocytium*	头状黄管藻 *Ophiocytium capitatum*
		黄丝藻目 Tribonematales	黄丝藻科 Tribonemataceae	黄丝藻属 *Tribonema*	

表2-3 辽河流域常见底栖动物名录

门	纲	目	科	属	种
节肢动物门 Arthropoda	昆虫纲 Insecta	蜉蝣目 Ephemeroptera	多脉蜉科 Polymitarcyidae	埃蜉属 *Ephoron*	希氏埃蜉 *Ephoron shigae*
			蜉蝣科 Ephemeridae	蜉蝣属 *Ephemera*	东方蜉 *Ephemera orientalis*
					台湾蜉 *Ephemera formosana*
					华丽蜉 *Ephemera pulcherrima*
					条纹蜉 *Ephemera strigata*
			河花蜉科 Potamanthidae	河花蜉属 *Potamanthus*	黄河花蜉 *Potamanthus luteus*
				红纹蜉属 *Rhoenanthus*	
			细裳蜉科 Leptophlebiidae	宽基蜉属 *Choroterpes*	三叉宽基蜉 *Choroterpes trifurcate*
			小蜉科 Ephemerellidae	锐利蜉属 *Ephacerella*	长尾锐利蜉 *Ephacerella longicaudata*
				小蜉属 *Ephemerella*	安图小蜉 *Ephemerella antuensis*
					小蜉 *Ephemerella* sp.
				天角蜉属 *Uracanthella*	红天角蜉 *Uracanthella rufa*
				弯握蜉属 *Drunella*	柳杉弯握蜉 *Drunella cryptomeria*

续表

门	纲	目	科	属	种
节肢动物门 Arthropoda	昆虫纲 Insecta	蜉蝣目 Ephemeroptera	小蜉科 Ephemerellidae	弯握蜉属 *Drunella*	针刺弯握蜉 *Drunella aculea*
					三刺弯握蜉 *Drunella trispina*
					蚬夷三刺弯握蜉 *Drunella trispina ezoensis*
				带肋蜉属 *Cincticostella*	契氏带肋蜉 *Cincticostella tshernovae*
					黑带肋蜉 *Cincticostella nigra*
			细蜉科 Caenidae	细蜉属 *Caenis*	
			短丝蜉科 Siphlonuridae	短丝蜉属 *Siphlonurus*	湖生短丝蜉 *Siphlonurus lacustris*
			栉颚蜉科 Ameletidae	栉颚蜉属 *Ameletus*	山地栉颚蜉 *Ameletus montanus*
			四节蜉科 Baetidae	刺翅蜉属 *Centroptilum*	羽翼刺翅蜉 *Centroptilum pennulatum*
				花翅蜉属 *Baetiella*	日本花翅蜉 *Baetiella japonica*
				四节蜉属 *Baetis*	
				原二翅蜉属 *Procloeon*	
			扁蜉科 Heptageniidae	高翔蜉属 *Epeorus*	宽叶高翔蜉 *Epeorus latifolium*
					弯钩高翔蜉 *Epeorus curvatulus*
				扁蚴蜉属 *Ecdyonurus*	雅丝扁蚴蜉 *Ecdyonurus yoshidae*
					德拉扁蚴蜉 *Ecdyonurus dracon*
					桃碧扁蚴蜉 *Ecdyonurus tobiironis*
				微动蜉属 *Cinygmula*	
				扁蜉属 *Heptagenia*	
		襀翅目 Plecoptera	卷襀科 Leuctridae	长卷襀属 *Perlomyia*	
			绿襀科 Chloroperlidae	长绿襀属 *Sweltsa*	
			叉襀科 Nemouridae	叉襀属 *Nemoura*	

续表

门	纲	目	科	属	种
节肢动物门 Arthropoda	昆虫纲 Insecta	襀翅目 Plecoptera	大襀科 Pteronarcyidae	大襀属 *Pteronarcys*	萨哈林大襀 *Pteronarcys sachalina*
			网襀科 Perlodidae	巨襀属 *Megarcys*	黄褐巨襀 *Megarcys ochracea*
				同襀属 *Isoperla*	阿萨同襀 *Isoperla asakawae*
				阿襀属 *Tadamus*	科恩阿襀 *Tadamus kohnonis*
			襀科 Perlidae	纯襀属 *Paragnetina*	
				铗襀属 *Oyamla*	
				新襀属 *Neoperla*	日新襀 *Neoperla niponensis*
				钩襀属 *Kamimurla*	管钩襀 *Kamimuria tibialis*
			黑襀科 Capniidae	黑襀属 *Capnia*	
		毛翅目 Trichoptera	原石蛾科 Rhyacophilidae	原石蛾属 *Rhyacophila*	纳维原石蛾 *Rhyacophila narvae*
					黑头原石蛾 *Rhyacophila nigrocephala*
					突异原石蛾 *Rhyacophila lata*
					隐缩原石蛾 *Rhyacophila retracta*
					短头原石蛾 *Rhyacophila brevicephala*
			螯石蛾科 Hydrobiosidae	竖毛螯石蛾属 *Apsilochorema*	白条石蛾 *Apsilochorema sutchanum*
			角石蛾科 Stenopsychidae	角石蛾属 *Stenopsyche*	条纹角石蛾 *Stenopsyche marmorata*
					色氏角石蛾 *Stenopsyche sauteri*
			齿角石蛾科 Odontoceridae	裸齿角石蛾属 *Psilotreta*	木曾裸齿角石蛾 *Psilotreta kisoensis*
			瘤石蛾科 Goeridae	瘤石蛾属 *Goera*	日本瘤石蛾 *Goera japonica*
			纹石蛾科 Hydropsychidae	短脉纹石蛾属 *Cheumatopsyche*	短线短脉纹石蛾 *Cheumatopsyche brevilineata*
				长角纹石蛾属 *Macrostemum*	卡罗长角纹石蛾 *Macrostemum carolina*

续表

门	纲	目	科	属	种
节肢动物门 Arthropoda	昆虫纲 Insecta	毛翅目 Trichoptera	纹石蛾科 Hydropsychidae	纹石蛾属 *Hydropsyche*	
			沼石蛾科 Limnephilidae	*Hydatophlax*	黑纹水石蛾 *Hydatophlax nigrovittatus*
				内石蛾属 *Nemotaulius*	埃莫内石蛾 *Nemotaulius admorsus*
				异步石蛾属 *Asynarchus*	
				新叶石蛾属 *Neophylax*	日新叶石蛾 *Neophylax japonicas*
			石蛾科 Phryganeidae	*Semis*	
			长角石蛾科 Leptoceridae	棕须长角石蛾属 *Mystacides*	
				突长角石蛾属 *Ceraclea*	津氏突长角石蛾 *Ceraclea tsudai*
			小石蛾科 Hydroptilidae	小石蛾属 *Hydroptila*	
			舌石蛾科 Glossosomatidae	舌石蛾属 *Glossosoma*	
			鳞石蛾科 Lepidostomatidae	条鳞石蛾属 *Goerodes*	日本条鳞石蛾 *Goerodes japonicas*
				鳞石蛾属 *Lepidostoma*	黄纹鳞石蛾 *Lepidostoma flavum*
			短石蛾科 Brachycentridae	小短石蛾属 *Micrasema*	
			蝶石蛾科 Psychomyiidae	蝶石蛾属 *Psychomyia*	黄蝶石蛾 *Psychomyia flavida*
			细翅石蛾科 Molannidae	细翅石蛾属 *Molanna*	暗色细翅石蛾 *Molanna moesta*
		双翅目 Diptera	摇蚊科 Chironomidae	无突摇蚊属 *Ablabesmyia*	长铗无突摇蚊 *Ablabesmyia longistyla*
					费塔无突摇蚊 *Ablabesmyia phatta*
				壳粗腹摇蚊属 *Conchapelopia*	
				大粗腹摇蚊属 *Macropelopia*	拟杂色大粗腹摇蚊 *Macropelopia paranebulosa*
				纳塔摇蚊属 *Natarsia*	斑点纳塔摇蚊 *Natarsia punctata*
				前突摇蚊属 *Procladius*	花翅前突摇蚊 *Procladius choreus*

续表

门	纲	目	科	属	种
节肢动物门 Arthropoda	昆虫纲 Insecta	双翅目 Diptera	摇蚊科 Chironomidae	流粗腹摇蚊属 *Rheopelopia*	斑点流粗腹摇蚊 *Rheopelopia maculipennis*
				长足摇蚊属 *Tanytarsus*	刺铗长足摇蚊 *Tanypus punctipennis*
					长足摇蚊 *Tanytarsus* sp.
				特突摇蚊属 *Thienemannimyia*	盖氏特突摇蚊 *Thienemannimyia geijskesi*
					合铗特突摇蚊 *Thienemannimyia fuscipes*
				北绿摇蚊属 *Boreochlus*	西氏北绿摇蚊 *Boreochlus thienemani*
				寡角摇蚊属 *Diamesa*	泽尼寡角摇蚊 *Diamesa zernyi*
				寡角摇蚊属 *Diamesa*	稀见寡角摇蚊 *Diamesa insignipes*
				似波摇蚊属 *Sympotthastia*	高田似波摇蚊 *Sympotthastia takatensis*
				单寡角摇蚊属 *Monodiamesa*	尼提达单寡角摇蚊 *Monodiamesa nitida*
				异环足摇蚊属 *Acricotopus*	亮异环足摇蚊 *Acricotopus lucens*
				心突摇蚊属 *Cardiocladius*	端心突摇蚊 *Cardiocladius capucinus*
				环足摇蚊属 *Cricotopus*	三束环足摇蚊 *Cricotopus trifascia*
					三带环足摇蚊 *Cricotopus trifasciatus*
					双线环足摇蚊 *Cricotopus bicinctus*
					三轮环足摇蚊 *Cricotopus triannulatus*
					白色环足摇蚊 *Cricotopus albiforceps*
				双突摇蚊属 *Diplocladius*	
				真开氏摇蚊属 *Eukiefferiella*	伊尔克真开氏摇蚊 *Eukiefferiella ilkleyensis*

续表

门	纲	目	科	属	种
节肢动物门 Arthropoda	昆虫纲 Insecta	双翅目 Diptera	摇蚊科 Chironomidae	真开氏摇蚊属 *Eukiefferiella*	亮铗真开氏摇蚊 *Eukiefferiella claripennis*
				骑蜉摇蚊属 *Epoicocladius*	蜉蝣骑蜉摇蚊 *Epoicocladius ephemerae*
				异三突摇蚊属 *Heterotrisso cladius*	软异三突摇蚊 *Heterotrissocladius marcidus*
				水摇蚊属 *Hydrobaenus*	近藤水摇蚊 *Hydrobaenus kondoi*
				施密摇蚊属 *Krenosmittia*	弯松施密摇蚊 *Krenosmittia camptophieps*
				沼摇蚊属 *Limnophyes*	单毛沼摇蚊 *Limnophyes asquamatus*
				矮突摇蚊属 *Nanocladius*	双色矮突摇蚊 *Nanocladius dichromus*
				拟麦锤摇蚊属 *Parametrionemus*	刺拟脉锤摇蚊 *Parametrionemus stylatus*
				伪施密摇蚊属 *Pseudosittia*	
				裸须摇蚊属 *Propsilocerus*	红裸须摇蚊 *Propsilocerus akamusi*
				趋流摇蚊属 *Rheocricotopus*	散趋流摇蚊 *Rheocricotopus effuses*
					钢灰趋流摇蚊 *Rheocricotopus chalybeatus*
				特维摇蚊 *Tvetenia*	塔马特维摇蚊 *Tvetenia tamafulva*
				底栖摇蚊 *Benthalia*	分离底栖摇蚊 *Benthalia dissidens*
				摇蚊属 *Chironomus*	猛摇蚊 *Chironomus acerbiphilus*
					墨黑摇蚊 *Chironomus anthracinus*
					溪流摇蚊 *Chironomus riparius*
					黄色羽摇蚊 *Chironomus flaviplumus*

续表

门	纲	目	科	属	种
节肢动物门 Arthropoda	昆虫纲 Insecta	双翅目 Diptera	摇蚊科 Chironomidae	摇蚊属 *Chironomus*	中华摇蚊 *Chironomus sinicus*
				枝角摇蚊属 *Cladopelma*	平铗枝角摇蚊 *Cladopelma edwardsi*
				枝长跗摇蚊属 *Cladotanytarsus*	残枝长跗摇蚊 *Cladotanytarsus mancus*
					范德枝长跗摇蚊 *Cladotanytarsus vanderwulpi*
				隐摇蚊属 *Cryptochironomus*	凹铗隐摇蚊 *Cryptochironomus defectus*
					喙隐摇蚊 *Cryptochironomus rostratus*
				弯铗摇蚊属 *Cryptotendipes*	弯铗摇蚊 *Cryptotendipes* sp.
					亮黑弯铗摇蚊 *Cryptotendipes nigronitens*
				拟隐摇蚊属 *Demicrypto-chironomus*	缺损拟隐摇蚊 *Demicrypto-chironomus vulneratus*
				二叉摇蚊属 *Dicrotendipes*	叶二叉摇蚊 *Dicrotendipes lobifer*
				雕翅摇蚊属 *Glyptotendipes*	德永雕翅摇蚊 *Glyptotendipes tokunagai*
					浅白雕翅摇蚊 *Glyptotendipes pallens*
					柔嫩雕翅摇蚊 *Glyptotendipes cauliginellus*
				哈摇蚊属 *Hamischia*	暗肩哈摇蚊 *Hamischia fuscimana*
				基弗摇蚊属 *Kiefferulus*	
				林摇蚊属 *Lipiniella*	马德林摇蚊 *Lipiniella moderata*
				倒毛摇蚊属 *Microtendipes*	绿倒毛摇蚊 *Microtendipes chloris*
				小突摇蚊属 *Micropsectra*	中禅小突摇蚊 *Micropsectra chuzeprima*

续表

门	纲	目	科	属	种
节肢动物门 Arthropoda	昆虫纲 Insecta	双翅目 Diptera	摇蚊科 Chironomidae	乌烈摇蚊属 *Olecryptotendipes*	伦氏乌烈摇蚊 *Olecryptotendipes lenzi*
				明摇蚊属 *Phaenopsectra*	黄明摇蚊 *Phaenopsectra flavipes*
				拟枝角摇蚊属 *Paracladopelma*	长方拟枝角摇蚊 *Paracladopelma undine*
				多足摇蚊属 *Polypedilum*	鲜艳多足摇蚊 *Polypedilum laetum*
					小云多足摇蚊 *Polypedilum nubeculosum*
					马速达多足摇蚊 *Polypedilum masudai*
					梯形多足摇蚊 *Polypedilum scalaenum*
					云集多足摇蚊 *Polypedilum nubifer*
					步行多足摇蚊 *Polypedilum pedestre*
					拟踵突多足摇蚊 *Polypedilum paraviceps*
					白角多足摇蚊 *Polypedilum albicorne*
				流长跗摇蚊属 *Rheotanytarsus*	苔流长跗摇蚊 *Rheotanytarsus muscicola*
				罗摇蚊属 *Robackia*	毛尾罗摇蚊 *Robackia pilicauda*
				萨摇蚊属 *Saetheria*	瑞斯萨摇蚊 *Saetheria ressi*
				齿斑摇蚊属 *Stictochironomus*	俊才齿斑摇蚊 *Stictochironomus juncai*
					斯蒂齿斑摇蚊 *Stictochironomus sticticus*
				长跗摇蚊属 *Tanytarsus*	台湾长跗摇蚊 *Tanytarsus formosanus*
					渐变长跗摇蚊 *Tanytarsus mendax*

续表

门	纲	目	科	属	种
节肢动物门 Arthropoda	昆虫纲 Insecta	双翅目 Diptera	蚋科 Simuliidae	原蚋属 *Prosimulium*	辽宁原蚋 *Prosimulium liaoningense*
				蚋属 *Simulium*	新宾纺蚋 *Simulium xinbinense*
					角逐蚋 *Simulium aemulum*
			毛蠓科 Psychodidae	毛蠓属 *Psychoda*	星斑毛蠓 *Psychoda alternate*
				池畔蠓属 *Telmatoscopus*	白斑池畔蠓 *Telmatoscopus albipunctatud*
			蠓科 Ceratopogonidae	库蠓属 *Culicoides*	
			伪鹬虻科 Athericidae	苏伪鹬虻属 *Suragina*	蓝苏伪鹬虻 *Suragina caerulescens*
			虻科 Tabanidae	瘤虻属 *Hybomitra*	毛头瘤虻 *Hybomitra hirticeps*
			长足虻科 Dolichopodidae	针长足虻属 *Rhaphium*	
			水虻科 Stratiomyidae	水虻属 *Stratiomyia*	
				扁角水虻属 *Hermetia*	亮斑扁角水虻 *Hermetia illucens*
			大蚊科 Tipulidae	双大蚊属 *Dicranota*	
				黑大蚊属 *Hexatoma*	
				解大蚊属 *Llisia*	
				巨吻沼蚊属 *Antocha*	双叉巨吻沼蚊 *Antocha bifida*
				大蚊属 *Tipula*	
			伪蚊科 Tanyderidae	原伪蚊属 *Protanyderus*	
			丽蝇科 Calliphoridae	带绿蝇属 *Hemipyrellia*	瘦叶带绿蝇 *Hemipyrellia ligurriens*
			蝇科 Muscidae	血蝇属 *Haematobia*	扰血蝇 *Haematobia irritans*
				家蝇属 *Musca*	家蝇 *Musca domestica*
				厕蝇属 *Fannia*	灰腹厕蝇 *Fannia scalaris*
			食蚜蝇科 Syrphidae	管蚜蝇属 *Eristalis*	

续表

门	纲	目	科	属	种
节肢动物门 Arthropoda	昆虫纲 Insecta	双翅目 Diptera	幽蚊科 Culicidae	幽蚊属 *Chaoborus*	
			网蚊科 Blepharoceridae	斐网蚊属 *Philorus*	
		鞘翅目 Coleoptera	龙虱科 Dytiscidae	真龙虱属 *Cybister*	日本真龙虱 *Cybister japonicus*
					真龙虱 *Cybister* sp.
				斑龙虱属 *Rhantus*	小雀斑龙虱 *Rhantus suturalis*
				异爪龙虱属 *Hyphydrus*	日本异爪龙虱 *Hyphydrus japonicus*
				山龙虱属 *Oreodytes*	善游山龙虱 *Oreodytes natrix*
				斑孔龙虱属 *Nebrioporus*	细带斑孔龙虱 *Nebrioporus hostilis*
				粒龙虱属 *Laccophilus*	圆眼粒龙虱 *Laccophilus difficilis*
				端毛龙虱属 *Agabus*	日本端毛龙虱 *Agabus japonicas*
				龙虱属 *Dytiscus*	
				豹斑龙虱属 *Liodessus*	
			牙甲科 Hydrophilidae	牙甲属 *Hydrophilus*	尖叶牙甲 *Hydrophilus acuminatus*
				尖音牙甲属 *Berosus*	
				苍白牙甲属 *Enochrus*	
			步甲科 Carabidae	青步甲属 *Chlaenius*	
				细胫步甲属 *Agonum*	点刻细胫步甲 *Agonum impressum*
			泥甲科 Dryopidae	长泥甲属 *Elmomorphus*	短脚长泥甲 *Elmomorphus brevicornis*
			叶甲科 Chrysomelidae	小萤叶甲属 *Galerucella*	
			象甲科 Curculionidae	稻象甲属 *Echinocnemus*	
				水象甲属 *Lissorhoptrus*	稻水象甲 *Lissorhoptrus oryzophilus*
			隐翅甲科 Staphylinidae	隐翅甲属 *Xantuorinus*	

续表

门	纲	目	科	属	种
节肢动物门 Arthropoda	昆虫纲 Insecta	鞘翅目 Coleoptera	沼梭科 Haliplidae	沼梭属 *Haliplus*	
			长角泥甲科 Elmidae	假爱菲泥甲属 *Pseudamophilus*	日假爱菲泥甲 *Pseudamophilus japonicas*
			扁泥甲科 Psephenidae	纯扁泥甲属 *Mataeopsephus*	
				真扁泥甲属 *Eubrianax*	
				肖扁泥甲属 *Psephenoides*	
		蜻蜓目 Odonata	大蜓科 Cordulegasteridae	圆臀大蜓属 *Anotogaster*	巨圆臀大蜓 *Anotogaster sieboldii*
					双斑圆臀大蜓 *Anotogaster kuchenbeiseri*
			蜓科 Aeschnidae	伟蜓属 *Anax*	麻斑伟蜓 *Anax panybeus*
					黑纹伟蜓 *Anax nigrofasciatus*
				翠蜓属 *Anaciaeschna*	碧翠蜓 *Anaciaeschna jaspidea*
			春蜓科 Gomphidae	亚春蜓属 *Asiagomphus*	梅拉亚春蜓 *Asiagomphus melaenops*
				扩腹春蜓属 *Stylurus*	纳戈扩腹春蜓 *Stylurus nagoyanus*
				施春蜓属 *Sieboldius*	艾氏施春蜓 *Sieboldius albardae*
				异春蜓属 *Anisogomphus*	马奇异春蜓 *Anisogomphus maacki*
				戴春蜓属 *Davidius*	
				钩尾春蜓属 *Onychogomphus*	绿钩尾春蜓 *Onychogomphus viridicostus*
				叶蜓属 *Ictinogomphus*	小春蜓 *Ictinogomphus rapax*
			伪蜻科 Corduliidae	金光伪蜻属 *Somatochlora*	格氏金光伪蜻 *Somatochlora graeseri*
			蜻科 Libellulidae	多纹蜻属 *Deielia*	异色多纹蜻 *Deielia phaon*
				灰蜻属 *Orthetrum*	白尾灰蜻 *Orthetrum albistylum*
				黄蜻属 *Pantala*	黄蜻 *Pantala flavescens*

续表

门	纲	目	科	属	种
节肢动物门 Arthropoda	昆虫纲 Insecta	蜻蜓目 Odonata	蜻科 Libellulidae	宽腹蜻属 *Lyriothemis*	华丽宽腹蜻 *Lyriothemis elegantissima*
				赤蜻属 *Sympetrum*	小黄赤蜻 *Sympetrum kunckeli*
					秋赤蜻 *Sympetrum frequens*
			大伪蜻科 Macromiidae	丽大伪蜻属 *Epophthalmia*	闪蓝丽大蜻 *Epophthalmia elegans*
			色蟌科 Calopterygidae	色蟌属 *Calopteryx*	黑色蟌 *Calopteryx atratum*
					条纹色蟌 *Calopteryx virgo*
				绿色蟌属 *Mnais*	柳条绿色蟌 *Mnais strigata*
			蟌科 Coenagrionidae	尾蟌属 *Cercion*	六纹尾蟌 *Cercion sexlineatum*
					七条尾蟌 *Cercion plagiosum*
					隼尾蟌 *Cercion hieroglyphicum*
					蓝纹尾蟌 *Cercion calamorum*
				异痣蟌属 *Ischnura*	东亚异痣蟌 *Ischnura asiatica*
					褐斑异痣蟌 *Ischnura senegalensis*
					二色异痣蟌 *Ischnura labata*
				绿蟌属 *Enallagma*	翠纹绿蟌 *Enallagma deserti*
				狭翅蟌属 *Aciagrion*	赭狭翅蟌 *Aciagrion hisopa*
			扇蟌科 Platycnemididae	狭扇蟌属 *Copera*	黑狭扇蟌 *Copera tokyoensis*
		半翅目 Hemiptera	黾蝽科 Gerridae	黾蝽属 *Gerris*	水黾蝽 *Gerris paludum*
			跳蝽科 Saldidac	跳蝽属 *Saldula*	朝鲜跳蝽 *Saldula koreana*
					黑跳蝽 *Saldula saltatoria*
			盖蝽科 Aphelocheiridae	盖蝽属 *Aphelocheirus*	那霸盖蝽 *Aphelocheirus nawae*
			潜蝽科 Naucoridae	潜蝽属 *Ilyocoris*	尖翅潜蝽 *Ilyocoris exclamationis*

续表

门	纲	目	科	属	种
节肢动物门 Arthropoda	昆虫纲 Insecta	半翅目 Hemiptera	蝎蝽科 Nepidae	长蝎蝽属 *Laccotrephes*	日本长蝎蝽 *Laccotrephes japonensis*
节肢动物门 Arthropoda	昆虫纲 Insecta	半翅目 Hemiptera	蝎蝽科 Nepidae	螳蝎蝽属 *Ranatra*	中华螳蝎蝽 *Ranatra chinensis*
节肢动物门 Arthropoda	昆虫纲 Insecta	半翅目 Hemiptera	负子蝽科 Belostomatidae	负子蝽属 *Diplonychus*	锈色负子蝽 *Diplonychus rusticus*
节肢动物门 Arthropoda	昆虫纲 Insecta	半翅目 Hemiptera	划蝽科 Corixidae	划椿属 *Sigara*	横纹划蝽 *Sigara substriata*
节肢动物门 Arthropoda	昆虫纲 Insecta	半翅目 Hemiptera	划蝽科 Corixidae	小划蝽属 *Micronecta*	斑点小划蝽 *Micronecta guttata*
节肢动物门 Arthropoda	昆虫纲 Insecta	半翅目 Hemiptera	仰蝽科 Notonectidae	仰蝽属 *Notonecta*	中华黑纹仰蝽 *Notonecta chinensis*
节肢动物门 Arthropoda	昆虫纲 Insecta	鳞翅目 Lepidoptera	螟蛾科 Pyralidae	塘水螟属 *Elophila*	棉塘水螟 *Elophila interruptalis*
节肢动物门 Arthropoda	昆虫纲 Insecta	广翅目 Megaloptera	齿蛉科 Corydalidae	星齿蛉属 *Protohermes*	格氏星齿蛉 *Protohermes grandis*
节肢动物门 Arthropoda	软甲纲 Malacostraca	十足目 Decapoda	长臂虾科 Palaemonidae	白虾属 *Palaemon*	秀丽白虾 *Palaemon modestus*
节肢动物门 Arthropoda	软甲纲 Malacostraca	十足目 Decapoda	长臂虾科 Palaemonidae	小长臂虾属 *Palaemonetes*	中华小长臂虾 *Palaemonetes sinensis*
节肢动物门 Arthropoda	软甲纲 Malacostraca	十足目 Decapoda	长臂虾科 Palaemonidae	沼虾属 *Macrobrachium*	日本沼虾 *Macrobrachium nipponense*
节肢动物门 Arthropoda	软甲纲 Malacostraca	十足目 Decapoda	匙指虾科 Atyidae	米虾属 *Caridina*	中华齿米虾 *Caridina denticulate sinensis*
节肢动物门 Arthropoda	软甲纲 Malacostraca	十足目 Decapoda	螯虾科 Cambaridae	蝲蛄属 *Cambaroides*	东北蝲蛄 *Cambaroides dauricus*
节肢动物门 Arthropoda	软甲纲 Malacostraca	十足目 Decapoda	方蟹科 Grapsidae	绒螯蟹属 *Eriocheir*	中华绒螯蟹 *Eriocheir sinensis*
节肢动物门 Arthropoda	软甲纲 Malacostraca	十足目 Decapoda	方蟹科 Grapsidae	厚蟹属 *Helice*	天津厚蟹 *Helice tientsinensis*
节肢动物门 Arthropoda	软甲纲 Malacostraca	等足目 Isopoda	浪漂水虱科 Cirolanidae	浪漂水虱属 *Cirolana*	哈氏浪漂水虱 *Cirolana harfordi*
节肢动物门 Arthropoda	软甲纲 Malacostraca	等足目 Isopoda	团水虱科 Sphaeromidae	著名团水虱属 *Gnorimos-phaeroma*	雷伊著名团水虱 *Gnorimosphaeroma rayi*
节肢动物门 Arthropoda	软甲纲 Malacostraca	端足目 Amphipoda	钩虾科 Gammaridae	异钩虾属 *Anisogammarus*	
软体动物门 Mollusca	腹足纲 Gastropoda	中腹足目 Mesogastropoda	田螺科 Viviparidae	圆田螺属 *Cipangopaludina*	中国圆田螺 *Cipangopaludina chinensis*
软体动物门 Mollusca	腹足纲 Gastropoda	中腹足目 Mesogastropoda	田螺科 Viviparidae	环棱螺属 *Bellamya*	梨形环棱螺 *Bellamya purificata*
软体动物门 Mollusca	腹足纲 Gastropoda	中腹足目 Mesogastropoda	短沟蜷科 Plenroseridae	短沟蜷属 *Semisulcospira*	方格短沟蜷 *Semisulcospira cancellata*

续表

门	纲	目	科	属	种
软体动物门 Mollusca	腹足纲 Gastropoda	中腹足目 Mesogastropoda	豆螺科 Bithyniidae	沼螺属 *Parafossarulus*	纹沼螺 *Parafossarulus striatulus*
		基眼目 Basommatophora	椎实螺科 Lymnaeidae	萝卜螺属 *Radix*	耳萝卜螺 *Radix auricularia*
					椭圆萝卜螺 *Radix swinhoei*
					直缘萝卜螺 *Radix clessini*
					卵萝卜螺 *Radix ovata*
					狭萝卜螺 *Radix lagotis*
				土蜗属 *Galba*	小土蜗 *Galba pervia*
			扁卷螺科 Planorbidae	旋螺属 *Gyraulus*	白旋螺 *Gyraulus albus*
			膀胱螺科 Physidae	膀胱螺属 *Physa*	泉膀胱螺 *Physa fontinalis*
		柄眼目 Stylommatophora	琥珀螺科 Succineidae	琥珀螺属 *Succinea*	展开琥珀螺 *Succinea evoluta*
	瓣鳃纲 Lamellibranchia	蚌目 Unionoida	蚌科 Unionidae	无齿蚌属 *Anodonta*	背角无齿蚌 *Anodonta woodiana*
					具角无齿蚌 *Anodonta angula*
					蚶形无齿蚌 *Anodonta arcaeformis*
				珠蚌属 *Unio*	圆顶珠蚌 *Unio douglasiae*
		帘蛤目 Veneroida	蚬科 Corbiculidae	蚬属 *Corbicula*	河蚬 *Corbicula fluminea*
					闪蚬 *Corbicula nitens*
			球蚬科 Sphaeriidae	球蚬属 *Sphaerium*	湖球蚬 *Sphaerium lacustre*
环节动物门 Annelida	寡毛纲 Oligochaeta	颤蚓目 Tubificida	仙女虫科 Naididae	仙女虫属 *Nais*	参差仙女虫 *Nais variabilis*
			颤蚓科 Tubificidae	尾鳃蚓属 *Branchiura*	苏氏尾鳃蚓 *Branchiura sowerbyi*
				水丝蚓属 *Limnodrilus*	霍甫水丝蚓 *Limnodrilus hoffmeisteri*
					奥特开水丝蚓 *Limnodrilus udekemianus*

续表

门	纲	目	科	属	种
环节动物门 Annelida	寡毛纲 Oligochaeta	颤蚓目 Tubificida	颤蚓科 Tubificidae	水丝蚓属 *Limnodrilus*	克拉泊水丝蚓 *Limnodrilus claparedianus*
					瑞士水丝蚓 *Limnodrilus helveticus*
					巨毛水丝蚓 *Limnodrilus grandisetosus*
				河蚓属 *Rhyacodrilus*	中华河蚓 *Rhyacodrilus sinicus*
	多毛纲 Polychaeta	游走目 Errantia	沙蚕科 Nereidae	围沙蚕属 *Perinereis*	
	蛭纲 Hirudinea	颚蛭目 Gnathobdellida	医蛭科 Hirudinidae	金线蛭属 *Whitmania*	宽体金线蛭 *Whitmania pigra*
		咽蛭目 Pharyngobdellida	石蛭科 Herpobdellidae	石蛭属 *Herpobdella*	八目石蛭 *Herpobdella octoculata*
			沙蛭科 Salifidae	巴蛭属 *Barbronia*	苇氏巴蛭 *Barbronia weberi*
		吻蛭目 Rhynchobdellida	扁（舌）蛭科 Glossiphonidae	扁（舌）蛭属 *Glossiphonia*	宽身舌蛭 *Glossiphonia lata*
				泽蛭属 *Helobdella*	宁静泽蛭 *Helobdella stagnalis*
线形动物门 Nematomorpha	铁线虫纲 Gordioida	铁线虫目 Gordioidea	铁线虫科 Gordiidae	铁线虫属 *Gordius*	铁线虫 *Gordius aquaticus*
扁形动物门 Platyhel- minthes	涡虫纲 Turbellaria	三肠目 Tricladida	三角涡虫科 Dugesiidae	三角涡虫属 *Dugesia*	日本三角涡虫 *Dugesia japonica*

绪论作者

辽宁省生态环境监测中心　姜永伟　卢　雁

图片和名录提供者

辽宁省生态环境监测中心　姜永伟　卢　雁　丁振军　李　杨

第三章

太湖流域

一、流域水生态环境

（一）流域概况

太湖流域位于北亚热带与中亚热带的过渡地带，地处长江三角洲的南缘太湖平原。目前，太湖流域总面积约为36 900km^2，其中水域面积占太湖流域总面积的16%左右；全湖平均水深约为1.9m，最大水深约为2.6m，湖岸线长400km，正常水位时的总面积达到2427.8km^2。目前，太湖流域已成为中国经济社会最发达、最具活力、发展速度最快的地区之一，在中国经济发展中具有举足轻重的战略地位。

（二）污染特征

20世纪90年代以来，随着太湖流域工业化、城市化进程的加速和经济的高速发展，太湖的水环境形势愈加严峻，湖泊水体中氮、磷等营养物质含量过高，加之夏季湖水温度升高，蓝藻水华暴发现象不断增多，给太湖地区的经济建设和人民生活带来了巨大的影响经过20多年的努力，太湖水污染的研究及治理已经取得了阶段性的成果：初步了解了太湖湖体水质下降的成因、对点源和面源污染源均采取了一定的控制、对部分湖区开展了生态恢复措施、避免了生态质量加剧恶化，部分区域水质和生态环境质量得到明显改善。

（三）水生态环境状况

太湖流域底栖动物物种多样性处于一般状态，浮游动物和浮游植物多样性处于较丰富状态。由于周边城镇化建设，人类活动干扰愈发严重，水生态环境状况逐渐恶化。湖面开阔，风浪作用明显，水-沉积物界面处于不稳定状态，极易引发沉积物内源污染，加之吞吐性差，换水周期较长，水体富营养化程度较高，夏季蓝藻水华时有发生。太湖是典型的大型浅水湖泊，大部分区域底质均为淤泥；仅贡湖、胥湖、东太湖等少量区域分布有大型维管植物。太湖流域水网密集水生生物资源十分丰富，流域内大型水库密布，且多数为饮用水水源地，保障周边城镇居民及生产生活用水。国家对太湖水污染防治高度重视，将其列入全国水污染防治的“三河三湖”重点地区，“十一五”及“十二五”

期间，太湖水污染防治与生态修复被列入国家重大科技专项“水污染控制技术与治理工程”计划。特别是2016年，江苏省人民政府批复发布《江苏省太湖流域水生态环境功能区划（试行）》，江苏省环境保护厅发布《关于印发<太湖流域（江苏）水生态健康评估技术规程（试行）>等技术文件的通知》，进一步加强对太湖流域水生态环境的管理和保护。虽然太湖蓝藻水华问题依然严峻，但太湖部分类群已经出现较为明显的恢复性改善。

二、流域水生生物多样性

太湖流域主要调查了长荡湖、滆湖和太湖三个湖泊，它们分别代表了太湖流域上游、中游和下游湖泊水体。

1. 物种组成特征

2011年，太湖流域共采集到底栖动物27种，优势种为寡毛类（Oligochaeta）的霍甫水丝蚓（*Limnodrilus hoffmeisteri*），占总密度的39.7%，优势种密度为116个/m^2，其中软体动物（Mollusca）7种、寡毛类5种、摇蚊类（Chironomid）8种、甲壳动物（Crustacean）4种、其他类3种。共采集到浮游植物258种，其中蓝藻门（Cyanophyta）33种、绿藻门（Chlorophyta）111种、硅藻门（Bacillariophyta）90种、隐藻门（Cryptophyta）4种、甲藻门（Pyrrophyta）6种、裸藻门（Euglenophyta）14种，优势种为蓝藻门（Cyanophyta）的平裂藻（*Merismopedia* sp.），占总密度的22.0%，优势种密度为679万cell/L。共采集到浮游动物77种，优势种为似铃壳虫（*Tintinnopsis* sp.），占总密度的17.6%，优势种密度为514个/L，其中原生动物（Protozoa）24种、轮虫（Rotifera）23种、枝角类（Cladocera）22种、桡足类（Copepods）8种。

2015年，太湖流域共采集到底栖动物53种，其中水生昆虫16种（摇蚊类15种、其他类1种）、甲壳类4种、软体动物18种、多毛类3种、蛭类（Clitellata）2种、线形动物（Nematomorpha）1种、寡毛类9种，优势种为软体动物的河蚬（*Corbicula fluminea*），占总密度的46.5%，优势种密度为46个/m^2。共采集到浮游植物198种，优势种为蓝藻门的微囊藻（*Microcystis* sp.），占52.3%，优势种密度为1926万cell/L，其中蓝藻门41种、绿藻门79种、硅藻门62种、隐藻门4种、甲藻门3种、裸藻门（Euglenophyta）8种、金藻门（Chrysophyta）1种。共采集到浮游动物106种，优势种为长圆砂壳虫（*Difflugia oblonga*），占总密度的22.9%，优势种密度为1664个/L，其中原生动物12种、轮虫51种、枝角类26种、桡足类17种。

2017年，太湖流域共采集到底栖动物55种，其中摇蚊类11种、甲壳类4种、软体动物21种、多毛类7种、蛭类2种、线形动物1种、寡毛类9种，优势种为寡毛类的霍甫水丝蚓，占总密度的27.8%，101个/m^2。共采集到浮游植物246种，优势种为蓝藻门的微囊藻（*Microcystis* sp.），占总密度的45.7%，优势种密度为5274万cell/L，其中蓝藻门

49种、绿藻门107种、硅藻门63种、隐藻门3种、甲藻门8种、裸藻门13种、金藻门3种。共采集到浮游动物70种，优势种为砂壳虫（*Difflugia* sp.），占总密度的39.5%，优势种密度为2025个/L，其中原生动物11种、轮虫33种、枝角类13种、桡足类13种。

“十二五”初期（2011年）、“十二五”末期（2015年）及2017年，底栖动物物种组成变化情况如图3-1和图3-2所示。2011～2017年，底栖动物种数从2011年的27种增加到2017年的55种，种类丰富度明显增加，增加的物种集中在软体动物和多毛类，表明太湖流域水生态环境质量在逐步改善。

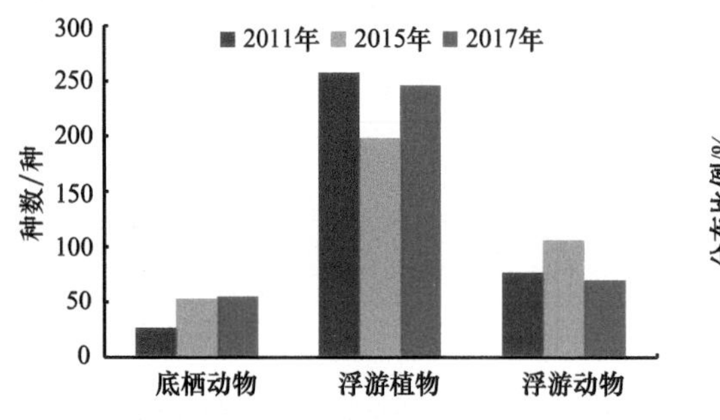

图3-1 2011～2017年水生生物种数的变化

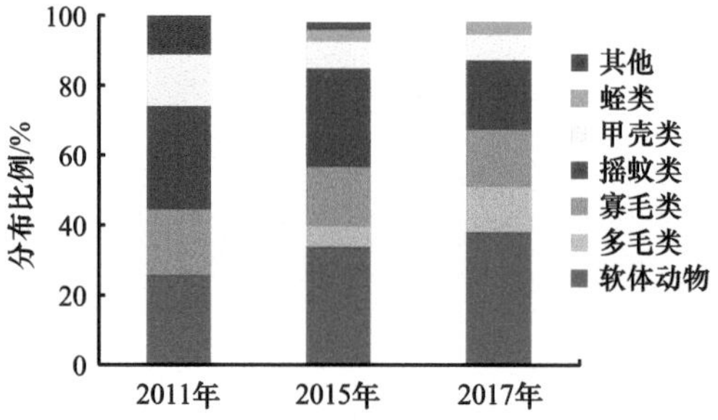

图3-2 2011～2017年底栖动物物种分布比例变化

浮游植物和浮游动物种数略有波动，其中2015年浮游植物物种数有所下降、浮游动物种数有所上升（图3-3，图3-4）。“十二五”初期，太湖流域开始对湖泊围网养殖进行拆除整治，导致水体悬浮物浓度上升，水质透明度下降，使水体透光率降低，不利于浮游植物的生长。围网养殖的拆除某种程度上降低了水体中鱼类的总密度，从而导致捕食浮游植物的浮游动物种数的增加，也会导致浮游植物的减少。而随着拆除工作完成，湖泊水体逐渐恢复平静，浮游植物种数在逐渐恢复。蓝藻门和绿藻门的分布比例有所增加，轮虫在浮游动物物种中的分布比例有所上升，原生动物和枝角类的分布比例有所下降。

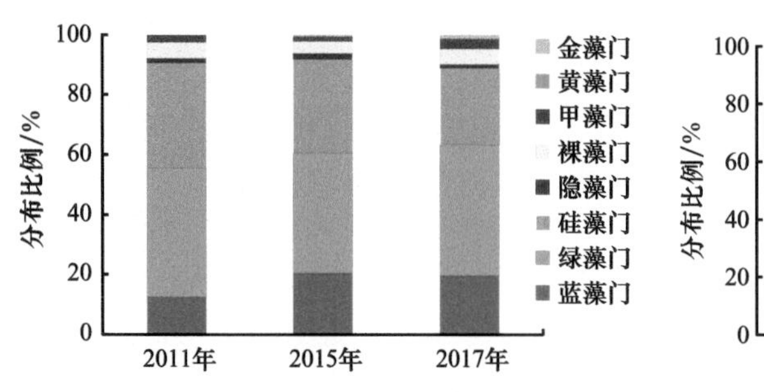

图3-3 2011～2017年浮游植物物种分布比例

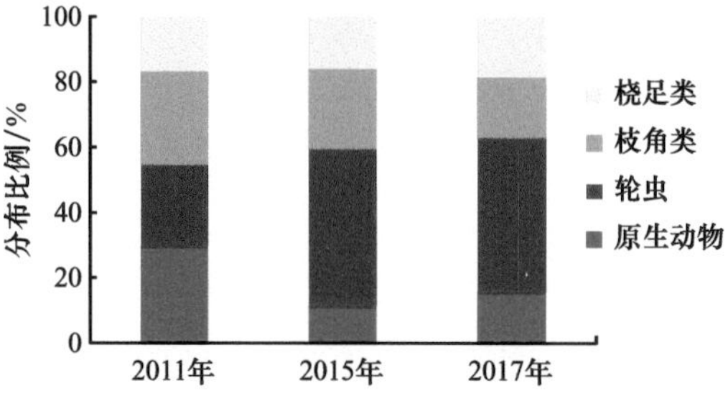

图3-4 2011～2017年浮游动物物种分布比例变化

2. 丰度变化特征

自“十二五”初期（2011年）到“十三五”初期（2017年），太湖流域的物种丰度也出现不同程度的变化（图3-5～图3-7）。

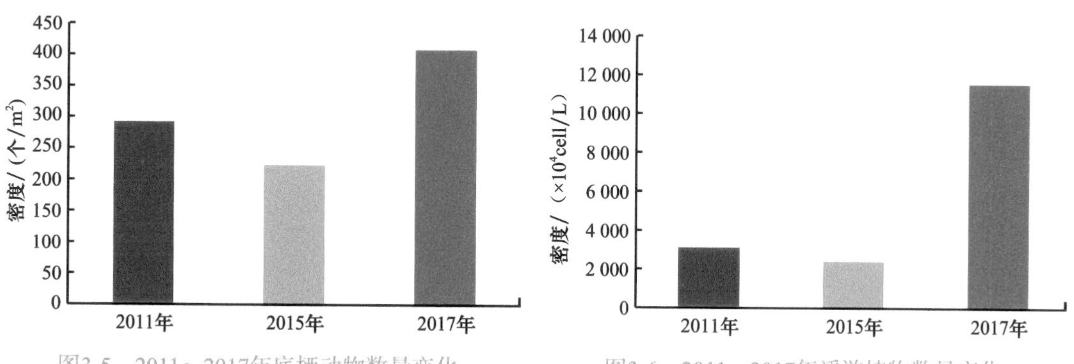

图3-5　2011～2017年底栖动物数量变化　　图3-6　2011～2017年浮游植物数量变化

太湖流域底栖动物的数量从2011年的292个/m^{2}增加到2017年的408个/m^2，底栖动物的数量明显增加。太湖流域浮游植物的丰度从2011年的3.1×10^{7}cell/L增加到2017年的1.2×10^8 cell/L，浮游植物的数量明显增加。浮游动物的数量从2011年的2.9×10^{3}个/L增加到2017年的5.1×10^{3}个/L，浮游动物的数量明显增加。同时，以浮游动物为例，耐污类群轮虫数量的分布比例也出现明显的下降（图3-8），已由2011年的54.2%下降到2017年的10.2%，轮虫群数量在减少，原生动物类群数量在增加，这表明经过水质综合污染防治，水生生物群落结构有所恢复。

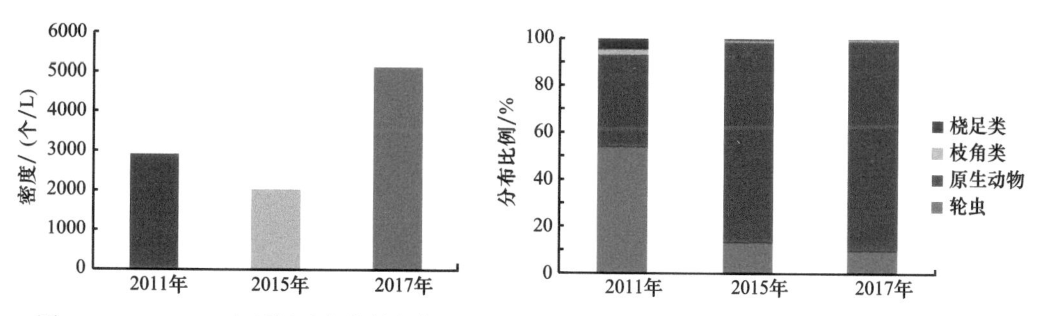

图3-7　2011～2017年浮游动物数量变化　　图3-8　2011～2017年浮游动物密度分布比例变化

3. 优势种变化情况

2011～2017年，太湖流域底栖动物优势种的变化较为显著，重污染指示类群寡毛类的丰度和占比出现非常显著的下降。2011年太湖流域上游长荡湖、中游滆湖和下游太湖的第一优势种均为寡毛类的霍甫水丝蚓（指示重度污染）。至2017年，上游长荡湖底栖动物优势种为弯铗摇蚊（*Cryptotendipes* sp.）（指示中度污染），下游太湖优势种转变为软体动物的河蚬。太湖流域上下游湖体水环境质量和水生态环境都已出现不同程度的改善与恢复，部分湖体底栖动物变化显著。

表3-1 2011～2017年太湖流域上下游湖泊底栖动物优势物种变化情况

	2011年	2015年	2017年
长荡湖	霍甫水丝蚓	绒铗长足摇蚊	弯铗摇蚊属一种
太湖	霍甫水丝蚓	河蚬	河蚬
环境指示意义	重度污染	中度污染	中度污染

三、水生生物监测概况及物种名录

20世纪80年代在太湖开展了生物监测。2011年起，开展太湖湿地生态地面专项监测，在太湖布设监测点位共153个，监测指标涵盖生态景观、水质、底泥、空气、气象和水生生物六大类。2016年起，开展了太湖流域共49个水生态环境功能分区研究工作。此后，进一步在太湖流域开展了以分子生物学为基础的浮游植物、浮游动物、底栖动物及鱼类快速水生生物鉴定技术方法研究，建立了太湖流域水生生物物种分子生物学数据库。在已有工作基础上，对太湖流域水生生物种类组成、优势种及流域生态健康状况进行评价分析，并整理出太湖流域常见水生生物物种名录（表3-2，表3-3）和物种图谱。

表3-2 太湖流域常见藻类名录

门	纲	目	科	属	种
蓝藻门 Cyanophyta	蓝藻纲 Cyanophyceae	色球藻目 Chroococcales	聚球藻科 Synechococcaceae	聚球藻属 *Synechococcus*	
				隐杆藻属 *Aphanothece*	窗格隐杆藻 *Aphanothece clathrata*
			平裂藻科 Merismopediaceae	平裂藻属 *Merismopedia*	优美平裂藻 *Merismopedia elegans*
					银灰平裂藻 *Merismopedia glauca*
					点形平裂藻 *Merismopedia punctata*
					旋折平裂藻 *Merismopedia convolute*
					微小平裂藻 *Merismopedia tenuissima*
				隐球藻属 *Aphanocapsa*	微小隐球藻 *Aphanocapsa delicatissima*
					细小隐球藻 *Aphanocapsa elachista*
					美丽隐球藻 *Aphanocapsa pulchra*

续表

门	纲	目	科	属	种
蓝藻门 Cyanophyta	蓝藻纲 Cyanophyceae	色球藻目 Chroococcales	平裂藻科 Merismopediaceae	腔球藻属 *Coelosphaerium*	纳氏腔球藻 *Coelosphaerium naegeliaum*
					居氏腔球藻 *Coelosphaerium kutzingianum*
			色球藻科 Chroococcaceae	色球藻属 *Chroococcus*	湖沼色球藻 *Chroococcus limneticus*
					微小色球藻 *Chroococcus minutus*
					光辉色球藻 *Chroococcus splendidus*
					束缚色球藻 *Chroococcus tenax*
			微囊藻科 Microcystaceae	微囊藻属 *Microcystis*	铜绿微囊藻 *Microcystis aeruginosa*
					放射微囊藻 *Microcystis botrys*
					坚实微囊藻 *Microcystis firma*
					水华微囊藻 *Microcystis flos-aquae*
					鱼害微囊藻 *Microcystis ichthyoblabe*
					挪氏微囊藻 *Microcystis novacekii*
					片状微囊藻 *Microcystis panniformis*
					假丝微囊藻 *Microcystis pseudofilamentosa*
					史密斯微囊藻 *Microcystis smithii*
					绿色微囊藻 *Microcystis viridis*
					惠氏微囊藻 *Microcystis wesenbergii*
				粘球藻属 *Gloeocapsa*	
		颤藻目 Osillatoriales	颤藻科 Oscillatoriaceae	颤藻属 *Oscillatoria*	阿氏颤藻 *Oscillatoria agardhii*
					阿那颤藻 *Oscillatoria annae*
					皮质颤藻 *Oscillatoria cortiana*
					双点颤藻 *Oscillatoria geminata*

续表

门	纲	目	科	属	种
蓝藻门 Cyanophyta	蓝藻纲 Cyanophyceae	颤藻目 Osillatoriales	颤藻科 Oscillatoriaceae	颤藻属 *Oscillatoria*	颗粒颤藻 *Oscillatoria granulata*
					湖泊颤藻 *Oscillatoria lacustris*
					泥泞颤藻 *Oscillatoria limosa*
					钝头颤藻 *Oscillatoria obtusa*
					简单颤藻 *Oscillatoria simplicissima*
					钻头颤藻 *Oscillatoria terebriformis*
				鞘丝藻属 *Lyngbya*	马氏鞘丝藻 *Lyngbya martensiana*
				螺旋藻属 *Spirulina*	
			假鱼腥藻科 Pseudanabaenaceae	假鱼腥藻属 *Pseudanabaena*	项圈形假鱼腥藻 *Pseudanabaena moniliformis*
					沃龙假鱼腥藻 *Pseudanabaena voronichinii*
				细鞘丝藻属 *Leptolyngbya*	
			席藻科 Phormidiaceae	浮丝藻属 *Planktothrix*	浮丝藻 *Planktothrix* sp.
					阿氏浮丝藻 *Planktothrix agardhii*
					螺旋浮丝藻 *Planktothrix spiroides*
				拟浮丝藻属 *Planktothricoides*	拉氏拟浮丝藻 *Planktothricoides raciborskii*
		念珠藻目 Nostocales	念珠藻科 Nostocaceae	尖头藻属 *Raphidiopsis*	弯形尖头藻 *Raphidiopsis curvata*
				拟柱孢藻属 *Cylindrospermopsis*	拉氏拟柱胞藻 *Cylindrospermopsis raciborskii*
				束丝藻属 *Aphanizomenon*	水华束丝藻 *Aphanizomenon flos-aquae*
				矛丝藻属 *Cuspidothrix*	依沙矛丝藻 *Cuspidothrixi ssatschenkoi*
				长孢藻属 *Dolichospermum*	近亲长孢藻 *Dolichospermum affinis*
					真紧密长孢藻 *Dolichospermum eucompacta*

续表

门	纲	目	科	属	种
蓝藻门 Cyanophyta	蓝藻纲 Cyanophyceae	念珠藻目 Nostocales	念珠藻科 Nostocaceae	长孢藻属 *Dolichospermum*	卷曲长孢藻 *Dolichospermum circinalis*
					水华长孢藻 *Dolichospermum flos-aquae*
					史密斯长孢藻 *Dolichospermum smithii*
					螺旋长孢藻 *Dolichospermum spiroides*
金藻门 Chrysophyta	金藻纲 Chrysophyceae	色金藻目 Chromulinales	色金藻科 Chromulinaceae	单鞭金藻属 *Chromulina*	
			锥囊藻科 Dinobryonaceae	锥囊藻属 *Dinobryon*	圆筒形锥囊藻 *Dinobryon cylindricum*
					分歧锥囊藻 *Dinobryon divergens*
					密集锥囊藻 *Dinobryon sertularia*
	黄群藻纲 Synurophyceae	黄群藻目 Synurales	鱼鳞藻科 Mallomonadaceae	鱼鳞藻属 *Mallomonas*	具尾鱼鳞藻 *Mallomonas caudate*
			黄群藻科 Synuraceae	黄群藻属 *Synura*	黄群藻 *Synura uvella*
黄藻门 Xanthophyta	黄藻纲 Xanthophyceae	柄球藻目 Mischococcales	黄管藻科 Ophiocytiaceae	黄管藻属 *Ophiocytium*	头状黄管藻 *Ophiocytium capitatum*
		黄丝藻目 Tribonematales	黄丝藻科 Tribonemataceae	黄丝藻属 *Tribonema*	
	针胞藻纲 Raphidophyceae			膝口藻属 *Gonyostomum*	膝口藻 *Gonyostomum semen*
硅藻门 Bacillariophyta	中心纲 Centricae	圆筛藻目 Coscinodiscales	圆筛藻科 Coscinodiscaceae	直链藻属 *Melosira*	颗粒直链藻 *Melosira granulata*
					变异直链藻 *Melosira varians*
					颗粒直链藻极狭变种 *Melosira granulata* var. *angustissima*
					颗粒直链藻极狭变种螺旋变型 *Melosira granulata* var. *angustissima* f. *spiralis*
					变异直链藻 *Melosira varians*
				浮生直链藻属 *Aulacoseira*	
				小环藻属 *Cyclotella*	扭曲小环藻 *Cyclotella comta*
					库津小环藻 *Cyclotella kuetzingiana*
					梅尼小环藻 *Cyclotella meneghiniana*
					眼斑小环藻 *Cyclotella ocellata*

续表

门	纲	目	科	属	种
硅藻门 Bacillariophyta	中心纲 Centricae	圆筛藻目 Coscinodiscales	圆筛藻科 Coscinodiscaceae	小环藻属 *Cyclotella*	具星小环藻 *Cyclotella stelligera*
				圆筛藻属 *Coscinodiscus*	
		根管藻目 Rhizosoleniales	管形藻科 Solenicaceae	根管藻属 *Rhizosolenia*	长刺根管藻 *Rhizosolenia longiseta*
		盒形藻目 Biddulphiales	盒形藻科 Biddulphiaceae	四棘藻属 *Attheya*	扎卡四棘藻 *Attheya zachariasi*
	羽纹纲 Pennatae	无壳缝目 Araphidiales	脆杆藻科 Fragilariaceae	平板藻属 *Tabellaria*	
				扇形藻属 *Meridion*	环状扇形藻 *Meridion circulare*
				脆杆藻属 *Fragilaria*	短线脆杆藻 *Fragilaria brevistriata*
					钝脆杆藻 *Fragilaria capucina*
					克罗顿脆杆藻 *Fragilaria crotonensis*
					狭幅节脆杆藻 *Fragilaria leptostauron*
				针杆藻属 *Synedra*	尖针杆藻 *Synedra acus*
					两头针杆藻 *Synedra amphicephala*
					美小针杆藻 *Synedra pulchella*
					平片针杆藻 *Synedra tabulata*
					平片针杆藻具喙变种 *Synedra tabulata* var. *rostrata*
					肘状针杆藻 *Synedraulna*
					肘状针杆藻二头变种 *Synedraulna* var. *biceps*
					肘状针杆藻缢缩变种 *Synedra ulna* var. *constracta*
				星杆藻属 *Asterionella*	美丽星杆藻 *Asterionella formosa*
		拟壳缝目 Raphidionales	短缝藻科 Eunotiaceae	短缝藻属 *Eunotia*	弧形短缝藻 *Eunotia arcus*
					月形短缝藻 *Eunotia lunaris*
					蓖形短缝藻 *Eunotia pectinalis*
					蓖形短缝藻较小变种 *Eunotia pectinalis* var. *minor*

续表

门	纲	目	科	属	种
硅藻门 Bacillariophyta	羽纹纲 Pennatae	拟壳缝目 Raphidionales	短缝藻科 Eunotiaceae	短缝藻属 *Eunotia*	强壮短缝藻 *Eunotia valida*
		双壳缝目 Biraphidinales	舟形藻科 Naviculaceae	布纹藻属 *Gyrosigma*	尖布纹藻 *Gyrosigma acuminatum*
					渐狭布纹藻 *Gyrosigma attenuatum*
					波罗的海布纹藻中华变种 *Gyrosigma balticum* var. *sinensis*
					扭转布纹藻帕尔开变种 *Gyrosigma distortum* var. *parkeri*
					片状布纹藻 *Gyrosigma fasciola*
					长尾布纹藻 *Gyrosigma macrum*
					库津布纹藻 *Gyrosigma kuetzingii*
					松柏布纹藻 *Gyrosigma peisonis*
					斯潘塞布纹藻 *Gyrosigma spencerii*
				双壁藻属 *Diploneis*	卵圆双壁藻 *Diploneis ovalis*
					美丽双壁藻 *Diploneis puella*
				长蓖藻属 *Neidium*	伸长长蓖藻较小变种 *Neidium productum* var. *minor*
				肋缝藻属 *Frustulia*	类菱形肋缝藻萨克森变种波缘变型 *Frustulia rhomboides* var. *saxonica* f. *undulata*
					普通肋缝藻 *Frustulia vulgaris*
				美壁藻属 *Caloneis*	偏肿美壁藻 *Caloneis ventricosa*
				辐节藻属 *Stauroneis*	双头辐节藻 *Stauroneis anceps*
					紫心辐节藻宽角变型 *Stauroneis phoenicenteron* f. *angulata*
					史密斯辐节藻 *Stauroneis smithii*
				羽纹藻属 *Pinnularia*	弯羽纹藻 *Pinnularia gibba*
					间断羽纹藻 *Pinnularia interrupta*
					大羽纹藻 *Pinnularia major*

续表

门	纲	目	科	属	种
硅藻门 Bacillariophyta	羽纹纲 Pennatae	双壳缝目 Biraphidinales	舟形藻科 Naviculaceae	羽纹藻属 *Pinnularia*	中狭羽纹藻 *Pinnularia mesolepta*
					细条羽纹藻 *Pinnularia microstauron*
					著名羽纹藻 *Pinnularia nobilis*
					微绿羽纹藻 *Pinnularia viridis*
					羽纹藻 *Pinnularia* sp.
				舟形藻属 *Navicula*	英吉利舟形藻 *Navicula anglica*
					系带舟形藻 *Navicula cincta*
					尖头舟形藻含糊变种 *Navicula cuspidata* var. *ambigua*
					短小舟形藻 *Navicula exigua*
					弯月形舟形藻 *Navicula menisculus*
					扁圆舟形藻 *Navicula placentula*
					瞳孔舟形藻小头变种 *Navicula pupula* var. *capitata*
					放射舟形藻 *Navicula radiosa*
					喙头舟形藻 *Navicula rhynchocephala*
					舍恩菲尔德舟形藻 *Navicula schoenfeldii*
					简单舟形藻 *Navicula simplex*
					微绿舟形藻 *Navicula viridula*
				柳条藻属 *Craticula*	柳条藻 *Craticula cuspidata*
				双肋藻属 *Amphipleura*	明晰双肋藻 *Amphipleura pellucida*
				异菱藻属 *Anomoeoneis*	具球异菱藻 *Anomoeoneis sphaerophora*
			桥弯藻科 Cymbellaceae	双眉藻属 *Amphora*	卵圆双眉藻 *Amphora ovalis*
				桥弯藻属 *Cymbella*	近缘桥弯藻 *Cymbella affinis*
					两头桥弯藻 *Cymbella amphicephala*

续表

门	纲	目	科	属	种
硅藻门 Bacillariophyta	羽纹纲 Pennatae	双壳缝目 Biraphidinales	桥弯藻科 Cymbellaceae	桥弯藻属 *Cymbella*	欣顿桥弯藻 *Cymbella cantonatii*
					尖头桥弯藻 *Cymbella cuspidate*
					新月形桥弯藻 *Cymbella cymbiformis*
					埃伦桥弯藻 *Cymbella ehrenbergii*
					胡斯特桥弯藻 *Cymbella hustedtii*
					平滑桥弯藻 *Cymbella laevis*
					微细桥弯藻 *Cymbella parva*
					细小桥弯藻 *Cymbella pusilla*
					膨胀桥弯藻 *Cymbella tumida*
				内丝藻属 *Encyonema*	
				弯肋藻属 *Cymbopleura*	
			异极藻科 Gomphonemaceae	异极藻属 *Gomphonema*	尖异极藻 *Gomphonema acuminatum*
					尖异极藻花冠变种 *Gomphonema acuminatum* var. *coronatum*
					窄异极藻 *Gomphonema angustatum*
					尖顶异极藻 *Gomphonema augur*
					缢缩异极藻头状变种 *Gomphonema constrictum* var. *capitatum*
					纤细异极藻 *Gomphonema gracile*
					小型异极藻 *Gomphonema parvulum*
					具球异极藻 *Gomphonema sphaerophorum*
					塔形异极藻 *Gomphonema turris*
		单壳缝目 Monoraphidinales	曲壳藻科 Achnanthaceae	卵形藻属 *Cocconeis*	扁圆卵形藻 *Cocconeis placentula*
					扁圆卵形藻多孔变种 *Cocconeisplacentula* var. *euglypta*

续表

门	纲	目	科	属	种
硅藻门 Bacillariophyta	羽纹纲 Pennatae	单壳缝目 Monoraphidinales	曲壳藻科 Achnanthaceae	曲壳藻属 *Achnanthes*	细小曲壳藻 *Achnanthes gracillina*
		管壳缝目 Aulonoraphidinales	窗纹藻科 Epithemiaceae	棒杆藻属 *Rhopalodia*	弯棒杆藻 *Rhopalodia gibba*
				窗纹藻属 *Epithemia*	膨大窗纹藻 *Epithemia turgida*
			菱形藻科 Nitzschiaceae	菱板藻 *Hantzschia*	双尖菱板藻 *Hantzschia amphioxys*
				菱形藻属 *Nitzschia*	针形菱形藻 *Nitzschia acicularis*
					两栖菱形藻 *Nitzschia amphibia*
					克劳氏菱形藻 *Nitzschia clausii*
					新月菱形藻 *Nitzschia closterium*
					线形菱形藻 *Nitzschia linearis*
					洛伦菱形藻细弱变种 *Nitzschia lorenziana* var. *subtilis*
					钝头菱形藻 *Nitzschia obtusa*
					谷皮菱形藻 *Nitzschia palea*
					奇异菱形藻 *Nitzschia paradoxa*
					反曲菱形藻 *Nitzschia reversa*
					弯菱形藻 *Nitzschia sigma*
					类 S 形菱形藻 *Nitzschia sigmoidea*
			双菱藻科 Surirellaceae	波缘藻属 *Cymatopleura*	草鞋形波缘藻 *Cymatopleura solea*
					草鞋形波缘藻顶锥变种 *Cymatopleura solea* var. *apiculata*
				双菱藻属 *Surirella*	二列双菱藻 *Surirella biseriata*
					端毛双菱藻 *Surirella capronii*
					线形双菱藻 *Surirella linearis*
					卵形双菱藻 *Surirella ovate*
					粗壮双菱藻 *Surirella robusta*

续表

门	纲	目	科	属	种
硅藻门 Bacillariophyta	羽纹纲 Pennatae	管壳缝目 Aulonoraphidinales	双菱藻科 Surirellaceae	双菱藻属 *Surirella*	粗壮双菱藻华彩变种 *Surirella robusta* var. *splendida*
隐藻门 Cryptophyta	隐藻纲 Cryptophyceae		隐鞭藻科 Cryptomonadaceae	蓝隐藻属 *Chroomonas*	尖尾蓝隐藻 *Chroomonas acuta*
				逗隐藻属 *Komma*	具尾逗隐藻 *Komma caudata*
				隐藻属 *Cryptomonas*	啮蚀隐藻 *Cryptomonas erosa*
					马索隐藻 *Cryptomonas marssonii*
					卵形隐藻 *Cryptomonas ovata*
甲藻门 Dinophyta	甲藻纲 Dinophyceae	多甲藻目 Peridiniales	裸甲藻科 Gymnodiniaceae	裸甲藻属 *Gymnodinium*	
				薄甲藻属 *Glenodinium*	
			沃氏甲藻科 Woloszynskiaceae	沃氏甲藻属 *Woloszynskia*	
			多甲藻科 Peridiniaceae	多甲藻属 *Peridinium*	二角多甲藻 *Peridinium bipes*
					微小多甲藻 *Peridinium pusillum*
				拟多甲藻属 *Peridiniopsis*	柯维拟多甲藻 *Peridiniopsis kevei*
					倪氏拟多甲藻 *Peridiniopsis niei*
					佩纳形拟多甲藻 *Peridiniopsis penardiforme*
			角甲藻科 Ceratiaceae	角甲藻属 *Ceratium*	角甲藻 *Ceratium hirundinella*
裸藻门 Euglenophyta	裸藻纲 Euglenophyceae	裸藻目 Euglenales	裸藻科 Euglenaceae	裸藻属 *Euglena*	梭形裸藻 *Euglena acus*
					尾裸藻 *Euglena caudata*
					带形裸藻 *Euglena ehrenbergii*
					纤细裸藻 *Euglena gracilis*
					尖尾裸藻 *Euglena oxyuris*
					多形裸藻 *Euglena polymorpha*
					血红裸藻 *Euglena sanguinea*
					三棱裸藻 *Euglena tripteris*
					绿色裸藻 *Euglena viridis*
				囊裸藻属 *Trachelomonas*	棘刺囊裸藻 *Trachelomonas hispida*

续表

门	纲	目	科	属	种
裸藻门 Euglenophyta	裸藻纲 Euglenophyceae	裸藻目 Euglenales	裸藻科 Euglenaceae	囊裸藻属 *Trachelomonas*	齿领囊裸藻 *Trachelomonas lefevrei*
					矩圆囊裸藻 *Trachelomonas oblonga*
					旋转囊裸藻 *Trachelomonas volvocina*
				陀螺藻属 *Strombomonas*	剑尾陀螺藻 *Strombomonas ensifera*
					河生陀螺藻 *Strombomonas fluviatilis*
				扁裸藻属 *Phacus*	尖尾扁裸藻 *Phacus acuminatus*
					旋形扁裸藻 *Phacus helicoides*
					长尾扁裸藻 *Phacus longicauda*
					梨形扁裸藻 *Phacus pyrum*
					扭曲扁裸藻 *Phacus tortus*
					三棱扁裸藻 *Phacus triqueter*
					钩状扁裸藻 *Phacus hamatus*
绿藻门 Chlorophyta	绿藻纲 Chlorophyceae	团藻目 Volvocales	衣藻科 Chlamydom- onadaceae	衣藻属 *Chlamydomonas*	球衣藻 *Chlamydomonas globosa*
					布朗衣藻 *Chlamydomonas braunii*
				绿梭藻属 *Chlorogonium*	华美绿梭藻 *Chlorogonium elegans*
					长绿梭藻 *Chlorogonium elongatum*
				四鞭藻属 *Carteria*	
			壳衣藻科 Phacotaceae	球粒藻属 *Coccomonas*	球粒藻 *Coccomonas orbicularis*
				壳衣藻属 *Phacotus*	透镜壳衣藻 *Phacotus lenticularis*
				翼膜藻属 *Pteromonas*	尖角翼膜藻 *Pteromonas aculeata*
					尖角翼膜藻奇形变种 *Pteromonas aculeata* var. *mirifica*
					具角翼膜藻竹田变种 *Pteromonas angulosa* var. *takedana*
			团藻科 Volvocaceae	盘藻属 *Gonium*	美丽盘藻 *Gonium formosum*

续表

门	纲	目	科	属	种
绿藻门 Chlorophyta	绿藻纲 Chlorophyceae	团藻目 Volvocales	团藻科 Volvocaceae	实球藻属 *Pandorina*	实球藻 *Pandorina morum*
				空球藻属 *Eudorina*	空球藻 *Eudorina elegans*
				杂球藻属 *Pleodorina*	杂球藻 *Pleodorina californica*
				团藻属 *Volvox*	非洲团藻 *Volvox africanus*
					美丽团藻 *Volvox aureus*
		四孢藻目 Tetrasporales	胶球藻科 Coccomyxaceae	纺锤藻属 *Elakatothrix*	纺锤藻 *Elakatothrix gelatinosa*
		绿球藻目 Chlorococcales	绿球藻科 Chlorococcaceae	多芒藻属 *Golenkinia*	疏刺多芒藻 *Golenkinia paucispina*
				微芒藻属 *Micractinium*	微芒藻 *Micractinium pusillum*
					博恩微芒藻 *Micractinium bornhemiensis*
				缢带藻属 *Desmatractum*	具盖缢带藻 *Desmatractum indutum*
				拟多芒藻属 *Golenkiniopsis*	微细拟多芒藻 *Golenkiniopsis parvula*
					拟多芒藻 *Golenkiniopsis solitaria*
			小桩藻科 Characiaceae	小桩藻属 *Characium*	湖生小桩藻 *Characium limneticum*
				弓形藻属 *Schroederia*	拟菱形弓形藻 *Schroederia nitzschioides*
					弓形藻 *Schroederia setigera*
					硬弓形藻 *Schroederia robusta*
			小球藻科 Chlorellaceae	小球藻属 *Chlorella*	椭圆小球藻 *Chlorella ellipsoidea*
					小球藻 *Chlorella vulgaris*
				顶棘藻属 *Chodatella*	柯氏顶棘藻 *Chodatella chodatii*
					纤毛顶棘藻 *Chodatella ciliata*
					柠檬形顶棘藻 *Chodatella citriformis*
					日内瓦顶棘藻 *Chodatella genevensis*
					长刺顶棘藻 *Chodatella longiseta*
					四刺顶棘藻 *Chodatella quadriseta*
					十字顶棘藻 *Chodatella wratislaviensis*

续表

门	纲	目	科	属	种
绿藻门 Chlorophyta	绿藻纲 Chlorophyceae	绿球藻目 Chlorococcales	小球藻科 Chlorellaceae	四角藻属 *Tetraëdron*	二叉四角藻 *Tetraëdron bifurcatum*
					具尾四角藻 *Tetraëdron caudatum*
					小形四角藻 *Tetraëdron gracile*
					戟形四角藻 *Tetraëdron hastatum*
					微小四角藻 *Tetraëdron minimum*
					三角四角藻 *Tetraëdron trigonum*
					三角四角藻小形变种 *Tetraëdron trigonum* var. *gracile*
					三叶四角藻 *Tetraëdron trilobulatum*
					膨胀四角藻 *Tetraëdron tumidulum*
				多突藻属 *Polyedriopsis*	多突藻 *Polyedriopsis spinulosa*
				拟新月藻属 *Closteriopsis*	拟新月藻 *Closteriopsis longissima*
				纤维藻属 *Ankistrodesmus*	针形纤维藻 *Ankistrodesmus acicularis*
					狭形纤维藻 *Ankistrodesmus angustus*
					镰形纤维藻 *Ankistrodesmus falcatus*
					螺旋纤维藻 *Ankistrodesmus spiralis*
				月牙藻属 *Selenastrum*	月牙藻 *Selenastrum bibraianum*
					纤细月牙藻 *Selenastrum gracile*
				蹄形藻属 *Kirchneriella*	扭曲蹄形藻 *Kirchneriella contorta*
					蹄形藻 *Kirchneriella lunaris*
					肥壮蹄形藻 *Kirchneriella obesa*
				四棘藻属 *Treubaria*	多刺四棘藻 *Treubaria euryacantha*
					施氏四棘藻 *Treubaria schmidlei*
					刺四棘藻 *Treubaria setigera*

续表

门	纲	目	科	属	种
绿藻门 Chlorophyta	绿藻纲 Chlorophyceae	绿球藻目 Chlorococcales	小球藻科 Chlorellaceae	四棘藻属 *Treubaria*	四棘藻 *Treubaria triappendiculata*
				棘球藻属 *Chinosphaerella*	
				单针藻属 *Monoraphidium*	奇异单针藻 *Monoraphiclium arcuatum*
					加勒比单针藻 *Monoraphiclium caribeum*
					弓形单针藻 *Monoraphidium arcuatum*
					卷曲单针藻 *Monoraphidium circinale*
					戴伯单针藻 *Monoraphidium dybowskii*
					格里佛单针藻 *Monoraphidium griffithii*
					科马克单针藻 *Monoraphidium komarkovae*
					细小单针藻 *Monoraphidium minutum*
			卵囊藻科 Oocystaceae	浮球藻属 *Planktosphaeria*	胶状浮球藻 *Planktosphaeria gelatinosa*
				并联藻属 *Quadrigula*	湖生并联藻 *Quadrigula lacustris*
				卵囊藻属 *Oocystis*	波吉卵囊藻 *Oocystis borgei*
					湖生卵囊藻 *Oocystis lacustris*
					细小卵囊藻 *Oocystis pusilla*
					菱形卵囊藻 *Oocystis rhomboidea*
					水生卵囊藻 *Oocystis submarina*
					单生卵囊藻 *Oocystis solitaria*
				肾形藻属 *Nephrocytium*	肾形藻 *Nephrocytium agardhianum*
				球囊藻属 *Sphaerocystis*	
				辐球藻属 *Radiococcus*	浮游辐球藻 *Radiococcus planktonicus*
			网球藻科 Dictyosphaeraceae	网球藻属 *Dictyosphaerium*	网球藻 *Dictyosphaerium ehrenbergianum*
					美丽网球藻 *Dictyosphaerium pulchellum*

续表

门	纲	目	科	属	种
绿藻门 Chlorophyta	绿藻纲 Chlorophyceae	绿球藻目 Chlorococcales	盘星藻科 Pediastraceae	盘星藻属 *Pediastrum*	短棘盘星藻 *Pediastrum boryanum*
					短棘盘星藻长角变种 *Pediastrum boryanum* var. *longicorne*
					二角盘星藻 *Pediastrum duplex*
					二角盘星藻大孔变种 *Pediastrum duplex* var. *clathratum*
					二角盘星藻冠状变种 *Pediastrum duplex* var. *clathratum*
					二角盘星藻纤细变种 *Pediastrum duplex* var. *gracillimum*
					二角盘星藻网状变种 *Pediastrum duplex* var. *reticulatum*
					二角盘星藻山西变种 *Pediastrum duplex* var. *shanxiensis*
					钝角盘星藻 *Pediastrum obtusum*
					单角盘星藻 *Pediastrum simplex*
					单角盘星藻对突变种 *Pediastrum simplex* var. *biwause*
					单角盘星藻具孔变种 *Pediastrum simplex* var. *duodenarium*
					单角盘星藻粒刺变种 *Pediastrum simplex* var. *echinulatum*
					单角盘星藻斯氏变种 *Pediastrum simplex* var. *sturmii*
					四角盘星藻 *Pediastrum tetras*
					四角盘星藻四齿变种 *Pediastrum tetras* var. *tetraodon*
			栅藻科 Scenedesmaceae	栅藻属 *Scenedesmus*	多棘栅藻 *Scenedesmus abundans*
					尖细栅藻 *Scenedesmus acuminatus*
					尖锐栅藻 *Scenedesmus acutus*

续表

门	纲	目	科	属	种
绿藻门 Chlorophyta	绿藻纲 Chlorophyceae	绿球藻目 Chlorococcales	栅藻科 Scenedesmaceae	栅藻属 *Scenedesmus*	被甲栅藻 *Scenedesmus armatus*
					伯纳德栅藻 *Scenedesmus aculeolatus*
					双尾栅藻 *Scenedesmus bicaudatus*
					加勒比栅藻 *Scenedesmus caribeanus*
					瘤脊栅藻 *Scenedesmus circumfusus*
					二形栅藻 *Scenedesmus dimorphus*
					爪哇栅藻 *Scenedesmus javaensis*
					单列栅藻 *Scenedesmus linearis*
					钝形栅藻交错变种 *Scenedesmus obtusus* var. *alternans*
					奥波莱栅藻 *Scenedesmus opoliensis*
					裂孔栅藻 *Scenedesmus perforatus*
					隆顶栅藻 *Scenedesmus protuberans*
					龙骨栅藻 *Scenedesmus carinatus*
					四尾栅藻 *Scenedesmus quadricauda*
					史密斯栅藻 *Scenedesmus smithii*
				韦斯藻属 *Westella*	丛球韦斯藻 *Westella botryoides*
				四星藻属 *Tetrastrum*	华丽四星藻 *Tetrastrum elegans*
					单棘四星藻 *Tetrastrum hastiferum*
					异刺四星藻 *Tetrastrum heterocanthum*
					短刺四星藻 *Tetrastrum staurogeniaeforme*
				十字藻属 *Crucigenia*	顶锥十字藻 *Crucigenia apiculata*
					十字十字藻 *Crucigenia crucifera*
					分向十字藻 *Crucigenia divergens*

续表

门	纲	目	科	属	种
绿藻门 Chlorophyta	绿藻纲 Chlorophyceae	绿球藻目 Chlorococcales	栅藻科 Scenedesmaceae	十字藻属 *Crucigenia*	铜钱十字藻 *Crucigenia fenestrata*
					不整齐十字藻 *Crucigenia irregularis*
					华美十字藻 *Crucigenia lauterbornii*
					四角十字藻 *Crucigenia quadrata*
					方形十字藻 *Crucigenia rectangularis*
					四足十字藻 *Crucigenia tetrapedia*
					多形十字藻 *Crucigenia variabilis*
				双月藻属 *Dicloster*	双月藻 *Dicloster acuatus*
				集星藻属 *Actinastrum*	河生集星藻 *Actinastrum fluviatile*
					集星藻 *Actinastrum hantzschii*
				空星藻属 *Coelastrum*	坎布空星藻 *Coelastrum cambricum*
					小空星藻 *Coelastrum microporum*
					网状空星藻 *Coelastrum reticulatum*
		丝藻目 Ulotrichales	丝藻科 Ulotrichaceae	丝藻属 *Ulothrix*	柱状丝藻 *Ulothrix cylindricum*
					微细丝藻 *Ulothrix subtilis*
				双胞藻属 *Geminella*	小双胞藻 *Geminella minor*
				游丝藻属 *Planctonema*	
				克里藻属 *Klebsormidium*	溪生克里藻 *Klebsormidium rivulare*
			微孢藻科 Microsporaceae	微孢藻属 *Microspora*	维利微孢藻 *Microspora willeana*
		胶毛藻目 Chaetophorales	胶毛藻科 Chaetophoraceae	毛枝藻属 *Stigeoclonium*	池生毛枝藻 *Stigeoclonium stagnatile*
		鞘藻目 Oedogoniales	鞘藻科 Oedogoniaceae	鞘藻属 *Oedogonium*	
	双星藻纲 Zygnematophyceae	双星藻目 Zygnematales	中带鼓藻科 Mesotaniaceae	中带鼓藻属 *Mesotaenium*	中带鼓藻 *Mesotaenium endlicherianum*
			双星藻科 Zygnemataceae	转板藻属 *Mougeotia*	微细转板藻 *Mougeotia parvula*
				水绵属 *Spirogyra*	

续表

门	纲	目	科	属	种
绿藻门 Chlorophyta	双星藻纲 Zygnematophyceae	鼓藻目 Desmidiales	鼓藻科 Desmidiaceae	棒形鼓藻属 *Gonatozygon*	棒形鼓藻 *Gonatozygon monotaenium*
				柱形鼓藻属 *Penium*	圆柱形鼓藻 *Penium cylindrus*
				新月藻属 *Closterium*	锐新月藻 *Closterium acerosum*
					针状新月藻 *Closterium aciculare*
					埃伦新月藻 *Closterium ehrenbergii*
					纤细新月藻 *Closterium gracile*
					中型新月藻 *Closterium intermedium*
					库津新月藻 *Closterium kuetzingii*
					项圈新月藻 *Closterium moniliforum*
					反曲新月藻 *Closterium sigmoideum*
					弓形新月藻 *Closterium toxon*
					小新月藻 *Closterium venus*
				宽带鼓藻属 *Pleurotaenium*	大宽带鼓藻 *Pleurotaenium maximum*
				凹顶鼓藻属 *Euastrum*	华美凹顶鼓藻 *Euastrum elegans*
				鼓藻属 *Cosmarium*	短鼓藻 *Cosmarium abbreviatum*
					具角鼓藻 *Cosmariu mangulosum*
					双眼鼓藻 *Cosmarium bioculatum*
					双眼鼓藻扁变种 *Cosmarium bioculatum* var. *depressum*
					平滑显著鼓藻 *Cosmarium levinotabile*
					圆鼓藻 *Cosmarium circulare*
					扁鼓藻 *Cosmarium depressum*
					颗粒鼓藻 *Cosmarium granatum*
					凹凸鼓藻 *Cosmarium impressulum*

续表

门	纲	目	科	属	种
绿藻门 Chlorophyta	双星藻纲 Zygnematophyceae	鼓藻目 Desmidiales	鼓藻科 Desmidiaceae	鼓藻属 *Cosmarium*	梅尼鼓藻 *Cosmarium meneghinii*
					新地岛鼓藻 *Cosmarium novae-semliae*
					钝鼓藻 *Cosmarium obtusatum*
					厚皮鼓藻 *Cosmariumpachydermum*
					菜豆形鼓藻 *Cosmarium phaseolus*
					伪弱小鼓藻 *Cosmarium pseudoexiguum*
					四方鼓藻不平直变种 *Cosmarium quadratulum* var. *aplanatum*
					方鼓藻 *Cosmarium quadrum*
					雷尼鼓藻 *Cosmarium regnellii*
					肾形鼓藻 *Cosmarium reniforme*
					近颗粒鼓藻 *Cosmarium subgranatum*
					近膨胀鼓藻 *Cosmarium subtumidum*
					着色鼓藻 *Cosmarium tinctum*
					特平鼓藻 *Cosmarium turpinii*
					痘斑鼓藻 *Cosmarium variolatum*
				角星鼓藻属 *Staurastrum*	珍珠角星鼓藻 *Staurastrum margaritaceum*
					纤细角星鼓藻 *Staurastrum gracile*
					四角角星鼓藻 *Staurastrum tetracerum*
					四角角星鼓藻四角变种三角形变型 *Staurastrum tetracerum* var. *tetracerum* f. *trigona*
				叉星鼓藻属 *Staurodesmus*	
				多棘鼓藻属 *Xanthidium*	
				顶接鼓藻属 *Spondylosium*	

表3-3 太湖流域常见底栖动物名录

门	纲	目	科	属	种
环节动物门 Annelida	蛭纲 Hirudinea	吻蛭目 Rhynchobdellida	扁（舌）蛭科 Glossiphonidae	扁（舌）蛭属 *Glossiphonia*	
				泽蛭属 *Helobdella*	
				拟扁蛭属 *Hemiclepsis*	
		咽蛭目 Pharyngobdellida	石蛭科 Herpobdellidae	石蛭属 *Herpobdella*	
			沙蛭科 Salifidae	巴蛭属 *Barbronia*	
		颚蛭目 Gnathobdellida	医蛭科 Hirudinidae	金线蛭属 *Whitmania*	
	多毛纲 Polychaeta	游走目 Errantia	沙蚕科 Nereididae	齿吻沙蚕属 *Nephthys*	
				疣吻沙蚕属 *Tylorrhynchus*	
		缨鳃虫目 Sabellida	缨鳃虫科 Sabellidae		
			丝鳃虫科 Cirratulidae	独毛虫属 *Tharyx*	多丝独毛虫 *Tharyx multifilis*
		小头虫目 Capitellida	小头虫科 Capitellidae		
	寡毛纲 Oligochaeta	线蚓目 Enchytraeida	线蚓科 Enchytraeidae		
		颤蚓目 Tubificida	颤蚓科 Tubificidae	尾鳃蚓属 *Branchiura*	苏氏尾鳃蚓 *Branchiura sowerbyi*
				水丝蚓属 *Limnodrilus*	巨毛水丝蚓 *Limnodrilus grandisetosus*
					霍甫水丝蚓 *Limnodrilus hoffmeisteri*
					克拉泊水丝蚓 *Limnodrilus claparedianus*
				颤蚓属 *Tubifex*	正颤蚓 *Tubifex tubifex*
				管水蚓属 *Aulodrilus*	前囊管水蚓 *Aulodrilus prothecatus*
					多毛管水蚓 *Aulodrilus pluriseta*
					皮氏管水蚓 *Aulodrilus pigueti*

门	纲	目	科	属	种
环节动物门 Annelida	寡毛纲 Oligochaeta	颤蚓目 Tubificida	颤蚓科 Tubificidae	单孔蚓属 *Monopylephorus*	
				头鳃蚓属 *Branchiodrilus*	
			仙女虫科 Naididae	管盘虫属 *Aulophorus*	
				小吻盲虫属 *Pristinella*	
				尾盘虫属 *Dero*	
				仙女虫属 *Nais*	普通仙女虫 *Nais communis*
					参差仙女虫 *Nais variabilis*
					豹行仙女虫 *Nais pardalis*
					简明仙女虫 *Nais pardalis*
				杆吻虫属 *Stylaria*	
				毛腹虫属 *Chaetogaster*	
			单向蚓科 Haplotaxidae		
			带丝蚓科 Lumbriculidae	带丝蚓属 *Lumbriculus*	夹杂带丝蚓 *Lumbriculus variegatum*
节肢动物门 Arthropoda	昆虫纲 Insecta	双翅目 Diptera	摇蚊科 Chironomidae	菱跗摇蚊属 *Clinotanypus*	
			长足摇蚊亚科 Tanypodinae	长足摇蚊属 *Tanypus*	长足摇蚊 *Tanypus* sp.
					中国长足摇蚊 *Tanypus chinensis*
					刺铗长足摇蚊 *Tanypus punctipennis*
					绒铗长足摇蚊 *Tanypus villipennis*
				腹长足摇蚊属 *Coelotanypus*	
				前突摇蚊属 *Procladius*	前突摇蚊 *Procladius* sp.
					花翅前突摇蚊 *Procladius choreus*
				流粗腹摇蚊属 *Rheopelopia*	

续表

门	纲	目	科	属	种
节肢动物门 Arthropoda	昆虫纲 Insecta	双翅目 Diptera	长足摇蚊亚科 Tanypodinae	纳塔摇蚊属 *Natarsia*	
				沟粗腹摇蚊属 *Trissopelopia*	
				大粗腹摇蚊属 *Macropelopia*	
				无突摇蚊属 *Ablabesmyia*	
			摇蚊科 Chironomidae	拟长跗摇蚊属 *Paratanytarsus*	
			摇蚊亚科 Chironominae	长跗摇蚊属 *Tanytarsus*	
				雕翅摇蚊属 *Glyptotendipes*	德永雕翅摇蚊 *Glyptotendipes tokunagai*
					浅白雕翅摇蚊 *Glyptotendipes pallens*
					侧叶雕翅摇蚊 *Glyptotendipes lobiferus*
				摇蚊属 *Chironomus*	羽摇蚊 *Chironomus plumosus*
					溪流摇蚊 *Chironomus riparius*
					苍白摇蚊 *Chironomus pallidivittatus*
				二叉摇蚊属 *Dicrotendipes*	
				多足摇蚊属 *Polypedilum*	梯形多足摇蚊 *Polypedilum scalaenum*
					等齿多足摇蚊 *Polypedilum fallax*
				小摇蚊属 *Microchironomus*	
				隐摇蚊属 *Cryptochironomus*	
				弯铗摇蚊属 *Cryptotendipes*	
				枝角摇蚊属 *Cladopelma*	翠绿枝角摇蚊 *Cladopelma viridulus*
				内摇蚊属 *Endochironomus*	伸展内摇蚊 *Endochironomus tendens*
				流长跗摇蚊属 *Rheotanytarsus*	
				枝长跗摇蚊属 *Cladotanytarsus*	

续表

门	纲	目	科	属	种
节肢动物门 Arthropoda	昆虫纲 Insecta	双翅目 Diptera	摇蚊亚科 Chironominae	拟枝角摇蚊属 *Paracladopelma*	
				齿斑摇蚊属 *Stictochironomus*	
				恩非摇蚊属 *Einfeldia*	
				凯氏摇蚊属 *Kiefferulus*	
				倒毛摇蚊属 *Microtendipes*	
				肛齿摇蚊属 *Neozavrelia*	
				小突摇蚊属 *Micropsectra*	
				沼摇蚊属 *Limnophyes*	
				异摇蚊属 *Xenochironomus*	
				拟摇蚊属 *Parachironomus*	
			摇蚊科 Chironomidae	裸须摇蚊属 *Propsilocerus*	红裸须摇蚊 *Propsilocerus akamusi*
			直突摇蚊亚科 Orthocladiinae	趋流摇蚊属 *Rheocricotopus*	
				直突摇蚊属 *Orthocladius*	
				矮突摇蚊属 *Nanocladius*	
				拟毛突摇蚊属 *Parachaetocladius*	
				水摇蚊属 *Hydrobaenus*	
				环足摇蚊属 *Cricotopus*	
			大蚊科 Tipulidae	大蚊属 *Tipula*	
				巨吻沼蚊属 *Antocha*	
			细蚊科 Dixidae	细蚊属 *Dixa*	
			蠓科 Ceratopogonidae		
			毛蠓科 Psychodidae		

续表

门	纲	目	科	属	种
节肢动物门 Arthropoda	昆虫纲 Insecta	双翅目 Diptera	长足虻科 Dolichopodidae	锥长足虻属 *Rhaphium*	
			水虻科 Stratiomyidae		
			蚋科 Simuliidae		
			舞虻科 Empididae		
			虻科 Tabanidae		
		蜻蜓目 Odonata	蟌科 Coenagrionidae	尾蟌属 *Paracercion*	
			隼蟌科 Chlorocyphidae	圣鼻蟌属 *Aristocypha*	
			丝蟌科 Lestidae	丝蟌属 *Lestes*	
				印丝蟌属 *Indolestes*	
			山蟌科 Megapodagrionidae		
			溪蟌科 Euphaeidae		
			色蟌科 Calopterygidae		
			春蜓科 Gomphidae	新叶春蜓属 *Sinictinogomphus*	
				硕春蜓属 *Megalogomphus*	
				环尾春蜓属 *Lamelligomphus*	
				细钩春蜓属 *Sinictinogomphus*	
				弯尾春蜓属 *Melligomphus*	
			大蜓科 Cordulegastridae		
			蜓科 Aeshnidae	绿蜓属 *Aeschnophlebia*	
				多棘蜓属 *Polycanthagyna*	
				头蜓属 *Cephalaeschna*	
			蜻科 Libellulidae		

续表

门	纲	目	科	属	种
节肢动物门 Arthropoda	昆虫纲 Insecta	蜻蜓目 Odonata	大伪蜻科 Macromiidae	丽大伪蜻属 *Epophthalmia*	
				弓蜻属 *Macromia*	
			伪蜻科 Corduliidae	金光伪蜻属 *Somatochlora*	
		蜉蝣目 Ephemeroptera	细蜉科 Caenidae	细蜉属 *Caenis*	中华细蜉 *Caenis sinensis*
			四节蜉科 Baetidae	二翅蜉属 *Cloeon*	
			小蜉科 Ephemerellidae	小蜉属 *Ephemerella*	
				大鳃蜉属 *Torleya*	
			扁蜉科 Heptageniidae	扁蜉属 *Heptagenia*	
				似动蜉属 *Cinygmina*	
				短鳃蜉属 Thaleryosphyrus	
			细裳蜉科 Leptophlebiidae	宽基蜉属 *Choroterpes*	
				似宽基蜉属 *Choroterpides*	
				细裳蜉属 *Leptophlebia*	
				柔裳蜉属 *Habrophlebiodes*	
			短丝蜉科 Siphlonuridae	短丝蜉属 *Siphlonurus*	
			鲎蜉科 Prosopistomatidae		
			新蜉科 Neoephemeridae	小河蜉属 *Potamanthellus*	
			长跗蜉科 Ametropodidae	长跗蜉属 *Ametropus*	
			等蜉科 Isonychiidae		
			蜉蝣科 Ephemeridae	蜉蝣属 *Ephemera*	
		毛翅目 Trichoptera	小石蛾科 Hydroptilidae		
			细翅石蛾科 Molannidae		

续表

门	纲	目	科	属	种
节肢动物门 Arthropoda	昆虫纲 Insecta	毛翅目 Trichoptera	纹石蛾科 Hydropsychidae	短脉纹石蛾属 *Cheumatopsyche*	
				多型纹石蛾属 *Polymorphanisus*	
				腺纹石蛾属 *Diplectrona*	
				多距纹石蛾属 *Potamyia*	
			径石蛾科（长须石蛾科）Ecnomidae		
			等翅石蛾科 Philopotamidae		
			瘤石蛾科 Goeridae		
			剑石蛾科 Xiphocentronidae		
			沼石蛾科 Limnephilidae		
			长角石蛾科 Leptoceridae		
			舌石蛾科 Glossosomatidae		
			齿角石蛾科 Odontoceridae		
			乌石蛾科（黑管石蛾科）Uenoidae		
			拟石蛾科 Phryganopsychidae		
			畸距石蛾科 Dipseudopsidae		
			多距石蛾科 Polycentropodidae		
			枝石蛾科 Calamoceratidæ	异距枝石蛾属 *Anisocentropus*	
			毛石蛾科 Sericostomatidae		
		襀翅目 Plecoptera	襀科 Perlidae	纯襀属 *Paragnetina*	
			绿襀科 Chloroperlidae		
		鳞翅目 Lepidoptera	螟蛾科 Pyralidae	塘水螟属 *Elophila*	
				斑水螟属 *Eoophyla*	

续表

门	纲	目	科	属	种
节肢动物门 Arthropoda	昆虫纲 Insecta	广翅目 Megaloptera	齿蛉科（鱼蛉科）Corydalidae	星齿蛉属 *Protohermes*	
				斑鱼蛉属 *Neochauliodes*	
		半翅目 Hemiptera	负子蝽科 Belostomatidae		
			划蝽科 Corixidae		
			黾蝽科 Gerridae	黾蝽属 *Gerris*	
			阔黾科 Veliidae		
			固头蝽科 Pleidae		
			仰蝽科 Notonectidae		
		鞘翅目 Coleoptera	豉甲科 Gyrinidae		
			龙虱科 Dytiscidae		
			小粒龙虱科 Noteridae		
			泥甲科 Dryopidae		
			长角泥甲科 Elmidae		
			扁泥甲科 Psephenidae		
			牙甲科 Hydrophilidae	水龟虫属 *Hydrocassis*	
			沼梭科 Haliplidae		
			叶甲科 Chrysomelidae		
			隐翅甲科 Staphylinidae		
			萤科 Lampyridae		
		脉翅目 Neuroptera	水蛉科 Sisyridae		
		弹尾目 Collembola			
	蛛形纲 Arachnida	真螨目 Acariformes	水螨科 Hydrachnellae		

续表

门	纲	目	科	属	种
节肢动物门 Arthropoda	蛛形纲 Arachnida	蜘蛛目 Araneae	水蛛科 Argyronetidae	水蛛属 *Argyroneta*	
	软甲纲 Malacostraca	等足目 Isopoda	花尾水虱科 Anthuridae	杯尾水虱属 *Cythura*	
			球鼠妇科 Armadillidiidae	球鼠妇属 *Armadillidium*	
			栉水虱科 Asellidae		
		十足目 Decapoda	长臂虾科 Palaemonidae	白虾属 *Exopalaemon*	秀丽白虾 *Exopalaemon modestus*
				沼虾属 *Macrobrachium*	日本沼虾 *Macrobrachium nipponense*
					细螯沼虾 *Macrobrachium superbum*
				小长臂虾属 *Palaemonetes*	
				长臂虾属 *Palaemon*	
			方额总科 Brachyrhyncha		
			尖额总科 Oxyrhyncha		
			蜘蛛蟹科 Majidae		
			华溪蟹科 Sinopotamidae		
			匙指虾科 Atyidae	米虾属 *Caridina*	
				新米虾属 *Neocaridina*	
			螯虾科 Cambaridae	螯虾属 *Cambarus*	克氏原螯虾 *Cambarus clakii*
		端足目 Amphipoda	钩虾科 Gammaridae	钩虾属 *Gammarus*	
			畸钩虾科 Aoridae	大螯蜚属 *Grandidierella*	太湖大螯蜚 *Grandidierella taihuensis*
			蜾蠃蜚科 Corophiidae		
软体动物门 Mollusca	腹足纲 Gastropoda	基眼目 Basommatophora	椎实螺科 Lymnaeidae	萝卜螺属 *Radix*	椭圆萝卜螺 *Radix swinhoei*
					尖萝卜螺 *Radix acuminata*

续表

门	纲	目	科	属	种
软体动物门 Mollusca	腹足纲 Gastropoda	基眼目 Basommatophora	椎实螺科 Lymnaeidae	萝卜螺属 *Radix*	折叠萝卜螺 *Radix plicatula*
					耳萝卜螺 *Radix auricularia*
					卵萝卜螺 *Radix ovata*
					狭萝卜螺 *Radix lagotis*
				土蜗属 *Galba*	小土蜗螺 *Galba pervia*
			扁蜷螺科 Planorbidae	隔扁螺属 *Segmentina*	
				圆扁螺属 *Hippeutis*	大脐圆扁螺 *Hippeutis umbilicalis*
					尖口圆扁螺 *Hippeutis cantori*
				旋螺属 *Gyraulus*	凸旋螺 *Gyraulus convexiusculus*
				多脉扁螺属 *Polypylis*	
			膀胱螺科 Physidae	膀胱螺属 *Physa*	
		中腹足目 Mesogastropoda	短沟蜷科 Plenroseridae	短沟蜷属 *Semisulcospira*	方格短沟蜷 *Semisulcospira cancellata*
					格氏短沟蜷 *Semisulcospira gredleri*
					放逸短沟蜷 *Semisulcospira libertina*
			狭口螺科 Stenothyirdae	狭口螺属 *Stenothyra*	光滑狭口螺 *Stenothyra glabra*
			豆螺科 Bithyniidae	涵螺属 *Alocinma*	长角涵螺 *Alocinma longicornis*
				沼螺属 *Parafossarulus*	纹沼螺 *Parafossarulus striatulus*
					大沼螺 *Parafossarulus eximius*
				豆螺属 *Bithynia*	赤豆螺 *Bithynia fuchsiana*
					檞豆螺 *Bithynia misella*
			田螺科 Viviparidae	环棱螺属 *Bellamya*	梨形环棱螺 *Bellamya purificata*
					铜锈环棱螺 *Bellamya aeruginosa*

续表

门	纲	目	科	属	种
软体动物门 Mollusca	腹足纲 Gastropoda	中腹足目 Mesogastropoda	田螺科 Viviparidae	环棱螺属 *Bellamya*	角形环棱螺 *Bellamya angularis*
					方形环棱螺 *Bellamya quadrata*
				河螺属 *Rivularia*	
				圆田螺属 *Cipangopaludina*	中国圆田螺 *Cipangopaludina chinensis*
	瓣鳃纲 Lamelli-branchia	蚌目 Unionoida	蚌科 Unionidae	丽蚌属 *Lamprotula*	背瘤丽蚌 *Lamprotula leai*
				扭蚌属 *Arconaia*	扭蚌 *Arconaia lanceolata*
				珠蚌属 *Unio*	圆顶珠蚌 *Unio douglasiae*
				矛蚌属 *Lanceolaria*	短褶矛蚌 *Lanceo laria grayana*
					三型矛蚌 *Lanceolaria triformis*
					剑状矛蚌 *Lanceolaria gladiola*
					真柱状矛蚌 *Lanccolaria eucylindrica*
				冠蚌属 *Cristaria*	褶纹冠蚌 *Cristaria plicata*
				帆蚌属 *Hyriopsis*	三角帆蚌 *Hyriopsis cumingii*
				无齿蚌属 *Anodonta*	背角无齿蚌 *Anodonta woodiana*
					具角无齿蚌 *Anodonta angula*
					舟形无齿蚌 *Anodonta euscaphys*
					光滑无齿蚌 *Anodonta tucida*
				裂嵴蚌属 *Schistodesmus*	射线裂嵴蚌 *Schistodesmus lampreyanus*
				楔蚌属 *Cuneopsis*	
		帘蛤目 Veneroida	蚬科 Corbiculidae	蚬属 *Corbicula*	闪蚬 *Corbicula nitens*
					河蚬 *Corbicula fluminea*

续表

门	纲	目	科	属	种
软体动物门 Mollusca	瓣鳃纲 Lamellibranchia	帘蛤目 Veneroida	蚬科 Corbiculidae	蚬属 *Corbicula*	刻纹蚬 *Corbicula largillierti*
			球蚬科 Sphaeriidae	湖球蚬属 *Sphaerium*	湖球蚬 *Sphaerium lacustre*
			截蛏科 Solecurtidae	淡水蛏属 *Novaculina*	中国淡水蛏 *Novaculina chinensis*
		贻贝目 Mytioida	贻贝科 Mytilidae	股蛤属 *Limnoperna*	湖沼股蛤 *Limnoperna lacustris*
纽形动物门 Nemertinea					
线形动物门 Nematomorpha	铁线虫纲 Gordioida	铁线虫目 Gordioidea			
扁形动物门 Platyhelminthes	涡虫纲 Tubellaria				

绪论作者

江苏省环境监测中心　李　娣　蔡　琨　姜　晟　李旭文

图片和名录提供者

藻类

江苏省无锡环境监测中心　石浚哲　张军毅　朱冰川　吴　蔚

江苏省苏州环境监测中心[a] 李继影　高　昕　徐恒省　景　明　陈志芳

（a. 编者同时提供苏州各湖泊图片）

底栖动物

江苏省常州环境监测中心　张　翔　陈　桥　徐东炯　张海燕　沈　伟

第四章

滇池流域

一、流域水生态环境

（一）流域概况

滇池位于云南省昆明市主城西南，是云贵高原湖面最大的淡水湖泊，在1886.5m水位下，平均水深4.4m，面积309km^2，蓄水量12.9亿m^3。滇池北端的海埂堤坝将滇池分割为北部的草海和南部的外海，外海是滇池的主体部分，面积和水量分别占全湖的97%、98%。常年注入滇池的主要河流有20多条，草海、外海各有一出口，草海水经沙河、外海水经海口河汇入螳螂川，最终流入金沙江。滇池流域面积2920km^2，属于北亚热带湿润季风气候，冬无严寒、夏无酷暑、冬干夏湿、干湿分明。

（二）污染特征

滇池是流域内城市及农村生产、生活污染物的唯一受纳体，流域内的人口增长和经济社会发展给滇池造成了长期超过环境承载力的外源营养负荷，并在湖底淤积形成高水平的内源营养负荷。20世纪80年代末以来，滇池水体已处于中度富营养状态、劣Ⅴ类水质，总氮、总磷、化学需氧量等指标一直处于较高水平，经过长期治理，2016年以后，滇池水质监测评价结果才总体达到Ⅴ类水质。

（三）水生态环境状况

经历长达几十年的高强度生态破坏和污染排放后，滇池水生态系统退化严重，由20世纪50年代的轻度富营养快速发展至20世纪90年代的中度和重度富营养，底泥淤积严重，水生植被显著萎缩，土著鱼类大量绝迹，浮游藻类数量显著增长，富营养化及蓝藻水华频发成为当前滇池水生态环境的突出问题。

从“九五”时期开始，滇池已被列入国家重点治理流域。“十一五”以来，对滇池的治理跳出了点源污染治理的范畴，逐步形成科学系统的治湖思路，环湖截污、外流域引水、入湖河道整治、农村面源污染治理、生态修复与建设、生态清淤等一系列力度空前的工程措施陆续实施并发挥作用，2016年以后滇池水质出现好转。

二、流域水生生物多样性

1. 物种组成特征

2015～2016年，滇池全湖共鉴定出浮游藻类8门68属160种及变种，其中，绿藻门（Chlorophyta）种数最多，有31属84种及变种，分别占总属数和总种数的45.6%、52.5%；其次是蓝藻门（Cyanophyta），有14属33种及变种，分别占总属数和总种数的20.6%、20.6%；再次是硅藻门（Bacillariophyta），有14属29种及变种，分别占总属数和总种数的20.6%、18.1%；金藻门（Chrysophyta）的种类最少，仅有1属1种，分别占总属数和总种数的1.5%、0.6%。

2015～2016年对滇池全湖的调查，共鉴定出浮游动物61属81种，其中，原生动物25属26种，占总种数的32.1%；轮虫12属21种，占25.9%；枝角类10属15种，占18.5%；桡足类14属19种，占23.5%。枝角类的溞属（*Daphnia*）、网纹溞属（*Ceriodaphnia*）、象鼻溞属（*Bosmina*）、盘肠溞属（*Chydorus*），桡足类的剑水蚤属（*Cyclops*）、哲水蚤属（*Calanus*），轮虫的龟甲轮属（*Keratella*），原生动物类的狭盗虫属（*Stribilidium*）、钟虫属（*Vorticella*）等为高频出现种类。

2015～2016年对滇池外海湖中8个国控点位大型底栖动物的调查中，共鉴定出十多种常见种类，分别是摇蚊科的羽摇蚊（*Chironomus plumosus*）、长足摇蚊（*Tanypus* sp.）两个种，寡毛纲的霍甫水丝蚓（*Limnodrilus hoffmeisteri*）、克拉伯水丝蚓（*limnodrilus claparedeianus*）、巨毛水丝蚓（*Limnodrilus grandisetosus*）、奥特开水丝蚓（*Limnodrilus amblysetus*）、正颤蚓（*Tubifex tubifex*）、苏氏尾鳃蚓（*Branchiura sowerbyi*）、湖沼管水蚓（*Aulodrilus limnobius*）、多毛管水蚓（*Aulodrilus pluriseta*）等种类，这十多个种类都是耐受污染能力极强的种类，采样期间仍可见到采用其他方式捕获的螺蛳（*Margarya melanioides*）、日本沼虾（*Macrobrachium nipponense*）等种类，即使考虑到采样范围（皆为敞水区，未涉及近岸湖滨带）及采样工具（1/16m^2彼得逊采泥器）的局限性，所采集到的种类也并不丰富。

1956年以来滇池水生生物群落的物种构成发生了显著变化。以浮游藻类为例，属的数量从1956～1963年的100个属，减少至1982～1983年的81个属，再减少至2015～2016年的68个属（图4-1）；种数由1956～1963年的186种，增加到1982～1983年的205种，再减少至2015～2016年160种（图4-2）；同时，一些水质较好的指示物种在1956～1963年的调查中被大量检出，但在1982～1983年调查中被认为已经绝迹（如轮藻门的种类），2000～2015年金藻门的锥囊藻属在外海从未检出，浮游藻类种类构成的多样性下降，一些适应清洁水体的种类消失，耐污种类增加；浮游动物、底栖动物群落也呈现出富营养化湖泊的典型特征，水生生物种类构成的这一变化与同时期滇池生态破坏及富营养化进程几乎是同步发生的，推断水生生物群落发生显著变化的时间节点应在“七五”时期之后，这一时期也正是滇池富营养化快速发展的时期。经过“九五”时期以来，特别是“十一五”时期以来的持续治理，滇池水质逐步发生好转，局部区域的水生生物群落构成也发生了变化，如2018年前后金藻门的锥囊藻属在草海曾被短时期大量检出，但全湖藻类生物量水平仍旧很高，除冬季天气较冷的几个月外，全年多数时候依然具备发生蓝藻水华的风险。

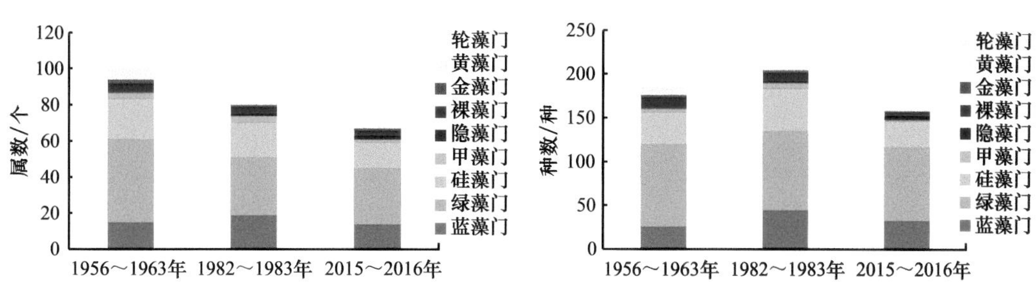

图4-1 “一五”时期以来滇池浮游藻类属数的变化　图4-2 “一五”时期以来滇池浮游藻类种数的变化

2. 丰度变化特征

（1）浮游藻类

2015～2016年，滇池外海浮游藻类丰度的年度均值为2.0×10^8cell/L（图4-3）。根据多年调查，滇池外海浮游藻类存在显著的季节波动，一般冬末春初浮游藻类丰度最低，随着3月以后气温逐步升高，藻类丰度逐步增长，至夏季的6月达到极高水平，在秋季藻类丰度会稍有回落，但总体上夏秋季节维持较高水平，至秋末冬初随着气温的明显下降，藻类丰度才明显回落。

滇池流域常年盛行西南风，在全年的多数时候，处于主导风向下风向处的滇池外海北部的晖湾、罗家营区域往往是全湖浮游藻类丰度最高的区域，尤以晖湾为甚，如2015年6月，晖湾的藻类丰度达6.5×10^8cell/L；但若采样期间风向为北风或偏北风，则丰度最高的区域可能在南部或中部区域，即风向对滇池外海浮游藻类丰度的空间分布有重要影响。

藻类丰度的构成方面，以门为分类单元，年度均值占比分别为蓝藻门89.8%、绿藻门9.3%、硅藻门0.5%、其他0.4%，即蓝藻门在数量上占绝对优势，其次为绿藻门、硅藻门，其他藻类占比极低。以属为分类单元，微囊藻属占比最大，年度均值为81.0%。

（2）浮游动物

2015～2016年，滇池外海浮游动物丰度的年度均值为1.1×10^4ind./L，且存在显著的季节波动，秋冬季节较高，冬春季节较低（图4-4）。原生动物在浮游动物丰度中占比最高，年平均占比为93.1%，轮虫为5.6%，枝角类为0.8%，桡足类为0.5%。浮游动物的空间分布未发现存在明显规律。

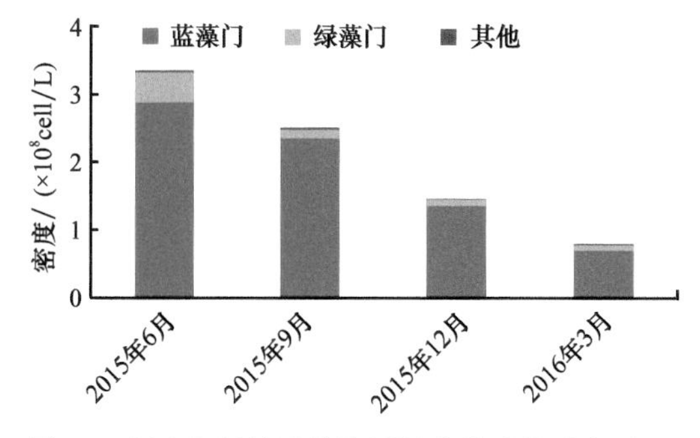

图4-3 调查期间滇池外海浮游藻类季节动态（以门为统计单元）

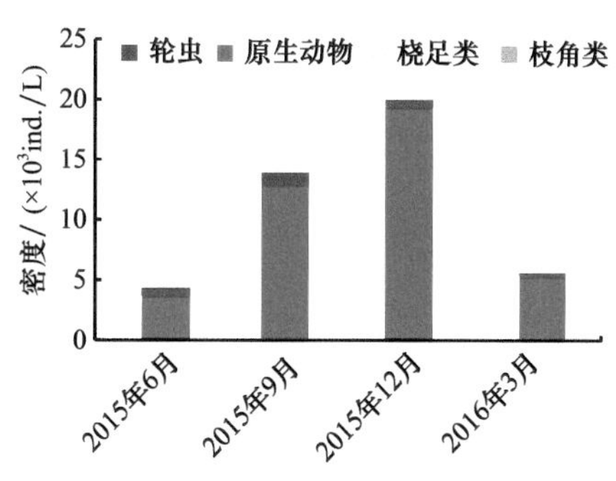

图4-4 调查期间滇池外海浮游动物季节动态

（3）底栖动物

2015～2016年，滇池外海底栖动物丰度的年度均值为237.5ind./m^2，季节变化明显，一般夏季最高，秋冬季降低，春季回升。

底栖动物的丰度构成方面，主要类别的占比为水丝蚓属＞颤蚓属＞摇蚊属＞尾鳃蚓属，分别占52%、35%、11%、1%；其他类别的丰度占比极低，可见，滇池外海底栖动物主要由耐污能力极强的水丝蚓属和摇蚊属等种类构成，其中尤以霍甫水丝蚓（*Limnodrilus hoffmeisteri*）、羽摇蚊（*Chironomus plumosus*）最为常见。不同季节底栖动物的空间分布格局不同，未发现明显规律。

滇池水生生物群落丰度的变化与水生态环境的变化具有较强的一致性。以浮游藻类为例，1956年以来藻类丰度逐步增长，20世纪90年代，全湖藻类丰度已经达到每升上亿个细胞的水平，在此后的多次调查中，藻类丰度始终处于高位运行，且蓝藻门及蓝藻门的微囊藻属在数量上占绝对优势，夏秋季节暴发严重蓝藻水华的风险较高，成为影响滇池水环境治理的突出问题（表4-1）。近年来一系列应急处置措施的采用，在一定程度上降低了滇池北岸水华发生的严重程度。

表4-1 20世纪60年代以来滇池浮游藻类群落变化

阶段	藻类丰度	浮游藻类群落特征
1956～1963年	较低的藻类生物量，所有区域的个体数都不超过1.0×10^{6}个/L	蓝藻门、绿藻门、硅藻门在数量上占优势；金藻门的锥囊藻属、轮藻门的种类在局部水域有较多发现
20世纪70年代末及1982年、1983年	藻类生物量明显提高，外海、草海中浮游藻类的丰度分别为5.0×10^{6}个/L、1.5×10^{7}个/L	绿藻门、硅藻门、蓝藻门在数量上仍占优势，金藻门的锥囊藻属尚有发现，但轮藻门几乎绝迹
2001～2002年	滇池外海全湖浮游藻类丰度的年度均值为1.6×10^{8}cell/L，全年多数时间的浮游藻类密度都高于1.0×10^{8}cell/L	蓝藻门及蓝藻门的微囊藻属（*Microcystis*）在细胞数量上占优势，两者占总细胞数的比例分别为83.0%、75.9%，其中尤以铜绿微囊藻（*M. aeruginosa*）最多，其次是惠氏微囊藻（*M. wesenbergii*）；未发现金藻门的锥囊藻属、轮藻门的种类
2012年	5月、12月滇池全湖（外海和草海）平均藻类密度分别为1.4×10^{8}个/L、2.2×10^{8}个/L	外海在数量上占优势的为蓝藻门、绿藻门，两次调查平均占比分别为87.0%、12.0%，其中，尤以微囊藻属占绝对优势比例；草海在数量上占优势的为绿藻门、蓝藻门，两次调查平均占比分别为47.6%、34.5%，微囊藻属藻类仍然是数量最多的种类；未发现金藻门的锥囊藻属、轮藻门的种类
2015～2016年	滇池外海浮游藻类丰度年度均值为2.0×10^{8}cell/L	蓝藻门、绿藻门、硅藻门在数量上占优势，这三个门在年度藻类丰度年度均值的占比分别为89.8%、9.3%、0.5%；其中，尤以微囊藻属细胞的占比最大，4次调查均值为81.0%，其次为栅藻属、鱼腥藻属、束丝藻属，占比分别为7.9%、3.2%、3.2%

注：①2001～2002年的丰度值依据李原等（2005）同步完成的水华蓝藻数据换算得出。②藻类丰度分别使用了个体数和细胞数两个单位，这是由于20世纪90年代以来数量上占绝对优势的微囊藻属的个体往往是由成百上千个细胞组成，为了准确反映藻类生物量，藻类计数在20世纪90年代以后采用了细胞数

3. 优势种变化情况

20世纪90年代末以来，滇池浮游藻类以蓝藻门的微囊藻属为绝对优势类群，其丰度的年均值基本维持在每升水上亿个细胞的水平。同时，原生动物成为占浮游动物主导

优势的类群，其密度的年均值长年接近或达到每升水上万个细胞的水平。底栖动物以水丝蚓属（*Limnodrilus*）的霍甫水丝蚓（*Limnodrilus hoffmeisteri*）、颤蚓属（*Tubifex*）的正颤蚓（*Tubifex tubifex*）、尾鳃蚓属（*Branchiura*）的苏氏尾鳃蚓（*Branchiura sowerbyi*）及摇蚊属（*Chironomus*）的羽摇蚊（*Chironomus plumosus*）等为主要优势种类，这些都是耐受污染能力极强的种类。浮游藻类、浮游动物、底栖动物优势种类的构成及变化表明，至少自20世纪90年代末期以来，滇池已经进入并长期维持较高的富营养水平。

三、水生生物监测概况及物种名录

滇池流域的生物监测工作始于1989年，陆续开展了浮游藻类、浮游动物、底栖动物三个项目的监测，监测水体包括流域内的滇池、云龙水库、松华坝水库等三个湖库，浮游植物、底栖动物的监测频次为每季度一次，浮游动物的监测频次为每年两次。依托多年工作的积累，整理出滇池流域常见水生生物物种名录（表4-2～表4-4）和物种图谱。

表4-2 滇池流域常见藻类名录

门	纲	目	科	属
蓝藻门 Cyanophyta	蓝藻纲 Cyanophyceae	色球藻目 Chroococcales	平裂藻科 Merismopediaceae	平裂藻属 *Merismopedia*
				小雪藻属 *Snowella*
				乌龙藻属 *Woronichinia*
				隐球藻属 *Aphanocapsa*
			色球藻科 Chroococcaceae	色球藻属 *Chroococcus*
				集胞藻属 *Synechocystis*
				蓝纤维藻属 *Dactylococcopsis*
			微囊藻科 Microcystaceae	微囊藻属 *Microcystis*
		颤藻目 Oscillatoriales	颤藻科 Oscillatoriaceae	颤藻属 *Oscillatoria*
			假鱼腥藻科 Pseudanabaenaceae	假鱼腥藻属 *Pseudanabaena*
			席藻科 Phormidiaceae	席藻属 *Phormidium*
		念珠藻目 Nostocales	念珠藻科 Nostocaceae	拟柱孢藻属 *Cylindrospermopsis*
				束丝藻属 *Aphanizomenon*
				鱼腥藻属 *Anabaena*

续表

门	纲	目	科	属
绿藻门 Chlorophyta	绿藻纲 Chlorophyceae	团藻目 Volvocales	衣藻科 Chlamydomonadaceae	衣藻属 *Chlamydomonas*
			团藻科 Volvocaceae	实球藻属 *Pandorina*
				空球藻属 *Eudorina*
		绿球藻目 Chlorococcales	绿球藻科 Chlorococcaceae	多芒藻属 *Golenkinia*
			小桩藻科 Characiaceae	弓形藻属 *Schroederia*
			小球藻科 Chlorellaceae	顶棘藻属 *Chodatella*
				四角藻属 *Tetraëdron*
				月牙藻属 *Selenastrum*
				小球藻属 *Chlorella*
				蹄形藻属 *Kirchneriella*
				纤维藻属 *Ankistrodesmus*
			卵囊藻科 Oocystaceae	卵囊藻属 *Oocystis*
				肾形藻属 *Nephrocytium*
				并联藻属 *Quadrigula*
				球囊藻属 *Sphaerocystis*
			网球藻科 Dictyosphaeraceae	网球藻属 *Dictyosphaerium*
				四球藻属 *Tetrachlorella*
			四棘藻科 Treubariaceae	四棘藻属 *Treubaria*
			盘星藻科 Pediastraceae	盘星藻属 *Pediastrum*
			栅藻科 Scenedesmaceae	十字藻属 *Crucigenia*
				四星藻属 *Tetrastrum*
				栅藻属 *Scenedesmus*

续表

门	纲	目	科	属
绿藻门 Chlorophyta	绿藻纲 Chlorophyceae	绿球藻目 Chlorococcales	栅藻科 Scenedesmaceae	微芒藻属 *Micractinium*
				集星藻属 *Actinastrum*
				空星藻属 *Coelastrum*
		丝藻目 Ulotrichales	丝藻科 Ulotrichaceae	丝藻属 *Ulothrix*
	双星藻纲 Zygnematophyceae	双星藻目 Zygnematales	双星藻科 Zygnemataceae	转板藻属 *Mougeotia*
				水绵属 *Spirogyra*
		鼓藻目 Desmidiales	鼓藻科 Desmidiaceae	新月藻属 *Closterium*
				鼓藻属 *Cosmarium*
				角星鼓藻属 *Staurastrum*
硅藻门 Bacillariophyta	中心纲 Centricae	圆筛藻目 Coscinodiscales	圆筛藻科 Coscinodiscaceae	直链藻属 *Melosira*
				小环藻属 *Cyclotella*
				冠盘藻属 *Stephanodiscus*
	羽纹纲 Pennatae	无壳缝目 Araphidiales	脆杆藻科 Fragilariaceae	等片藻属 *Diatoma*
				脆杆藻属 *Fragilaria*
				针杆藻属 *Synedra*
		双壳缝目 Biraphidinales	舟形藻科 Naviculaceae	羽纹藻属 *Pinnularia*
				舟形藻属 *Navicula*
			桥弯藻科 Cymbellaceae	双眉藻属 *Amphora*
				桥弯藻属 *Cymbella*
			异极藻科 Gomphonemaceae	异极藻属 *Gomphonema*
		单壳缝目 Monoraphidinales	曲壳藻科 Achnanthaceae	卵形藻属 *Cocconeis*

续表

门	纲	目	科	属
硅藻门 Bacillariophyta	羽纹纲 Pennatae	管壳缝目 Aulonoraphidinales	窗纹藻科 Epithemiaceae	窗纹藻属 *Epithemia*
			菱形藻科 Nitzschiaceae	菱形藻属 *Nitzschia*
裸藻门 Euglenophyta	裸藻纲 Euglenophyceae	裸藻目 Euglenales	裸藻科 Euglenaceae	裸藻属 *Euglena*
				囊裸藻属 *Trachelomonas*
				扁裸藻属 *Phacus*
甲藻门 Dinophyta	甲藻纲 Dinophyceae	多甲藻目 Peridiniales	多甲藻科 Peridiniaceae	多甲藻属 *Peridinium*
			角甲藻科 Ceratiaceae	角甲藻属 *Ceratium*
隐藻门 Cryptophyta	隐藻纲 Cryptophyceae		隐鞭藻科 Cryptomonadaceae	蓝隐藻属 *Chroomonas*
				隐藻属 *Cryptomonas*
金藻门 Chrysophyta	黄群藻纲 Synurophyceae	黄群藻目 Synurales	黄群藻科 Synuraceae	黄群藻属 *Synura*
黄藻门 Xanthophyta	黄藻纲 Xanthophyceae	黄丝藻目 Tribonematales	黄丝藻科 Tribonemataceae	黄丝藻属 *Tribonema*

表4-3 滇池流域常见底栖动物名录

门	纲	目	科	属	种
节肢动物门 Arthropoda	昆虫纲 Insecta	双翅目 Diptera	摇蚊科 Chironomidae	长足摇蚊属 *Tanypus*	
				摇蚊属 *Chironomus*	羽摇蚊 *Chironomus plumosus*
	软甲纲 Malacostraca	十足目 Decapoda	长臂虾科 Palaemonidae	沼虾属 *Macrobrachium*	日本沼虾 *Macrobrachium nipponense*
软体动物门 Mollusca	腹足纲 Gastropoda	中腹足目 Mesogastropoda	田螺科 Viviparidae	螺蛳属 *Margarya*	螺蛳 *Margarya melanioides*
环节动物门 Annelida	寡毛纲 Oligochaeta	颤蚓目 Tubificida	颤蚓科 Tubificidae	水丝蚓属 *Limnodrilus*	霍甫水丝蚓 *Limnodrilus hoffmeisteri*
					奥特开水丝蚓 *Limnodrilus udekemianus*
					克拉伯水丝蚓 *limnodrilus claparedianus*
					巨毛水丝蚓 *Limnodrilus grandisetosus*
				尾鳃蚓属 *Branchiura*	苏氏尾鳃蚓 *Branchiura sowerbyi*
				颤蚓属 *Tubifex*	正颤蚓 *Tubifex tubifex*
				管水蚓属 *Aulodrilus*	多毛管水蚓 *Aulodrilus pluriseta*
					湖沼管水蚓 *Aulodrilus limnobius*

表4-4 滇池流域常见浮游动物名录

门	纲	目	科	属
原生动物 Protozoa	根足纲 Rhizopodea	变形目 Amoebida	盘变形科 Discamoebidae	映毛虫属 *Cinetochilum*
		表壳目 Arcellinida	表壳科 Arcellidae	表壳虫属 *Arcella*
			砂壳科 Diffiugiidae	匣壳虫属 *Centropyxis*
				砂壳虫属 *Difflugia*
			茄壳科 Hyalospheniidae	茄壳虫属 *Hyalosphenia*
			鳞壳科 Euglyphidae	鳞壳虫属 *Euglypha*
		网足目 Gromiida	曲颈虫科 Cyphoderiidae	曲颈虫属 *Cyphoderia*
	动基片纲 Kinetofragmi-nophira	刺钩目 Haptorida	栉毛科 Didiniidae	栉毛虫属 *Didinium*
				睥睨虫属 *Askenasia*
			圆口科 Tracheliidae	圆口虫属 *Trachelius*
		侧口目 Pleurostomatida	裂口科 Amphileptidae	半眉虫属 *Hemiophrys*
		篮口目 Nassulida	篮口科 Nassulidae	篮口虫属 *Nassula*
		核残目 Karyorelictida	喙纤科 Loxodidae	喙纤虫属 *Loxodes*
		肾形目 Colpodida	肾形科 Colpodidae	肾形虫属 *Colpoda*
	寡膜纲 Oilgophymen-ophora	膜口目 Hymenostomatida	草履虫科 Parameciidae	草履虫属 *Paramecium*
		盾纤毛目 Scuticociliatida	帆口科 Pleuronematidae	帆口虫属 *Pleuronema*
		缘毛目 Peritrichida	钟形科 Vorticellidae	钟虫属 *Vorticella*
				独缩虫属 *Carchesium*
			累枝科 Epistylidae	累枝虫属 *Epistylis*
	多膜纲 Polymenophora	异毛目 Heterotrichida	喇叭科 Stentoridae	喇叭虫属 *Stentor*
		寡毛目 Oligotrichida	弹跳虫科 Halteriidae	弹跳虫属 *Halteria*
			急游科 Strombidiidae	急游虫属 *Strombidium*

续表

门	纲	目	科	属
原生动物 Protozoa	多膜纲 Polymenophora	寡毛目 Oligotrichida	侠盗科 Strobilidiidae	侠盗虫属 *Strobilidium*
			铃壳科 Codonellidae	似铃壳虫属 *Tintinnopsis*
		下毛目 Hypotrichida	尖毛科 Oxytrichidae	楯纤虫属 *Aspidisca*
线形动物门 Nematomorpha	轮虫 Rotifera	单巢目 Monogononta	猪吻轮科 Dicranophoridae	猪吻轮属 *Dicranophorus*
			臂尾轮科 Brachionidae	臂尾轮属 *Brachionus*
				龟甲轮属 *Keratella*
				叶轮属 *Notholca*
				须足轮属 *Euchlanis*
			腔轮科 Lecanidae	腔轮属 *Lecane*
			晶囊轮科 Asplanchnidae	晶囊轮属 *Asplanchna*
			椎轮科 Notommatidae	椎轮属 *Notommata*
			鼠轮科 Trichocercidae	异尾轮属 *Trichocerca*
			疣毛轮科 Synchaetidae	多肢轮属 *Polyarthra*
			镜轮科 Testudinellidae	三肢轮属 *Filinia*
				泡轮属 *Pompholyx*
节肢动物门 Arthropoda	甲壳纲 Crustacea	栉足目 Ctenopoda	仙达溞科 Sididae	秀体溞属 *Diaphanosoma*
		异足目 Anomopoda	溞科 Daphniidae	溞属 *Daphnia*
				网纹溞属 *Ceriodaphnia*
			象鼻溞科 Bosminidae	象鼻溞属 *Bosmina*
				基合溞属 *Bosminopsis*
			粗毛溞科 Macrothricidae	粗毛溞属 *Macrothrix*
			盘肠溞科 Chydoridae	大尾溞属 *Leydigia*
				平直溞属 *Pleuroxus*

续表

门	纲	目	科	属
节肢动物门 Arthropoda	甲壳纲 Crustacea	异足目 Anomopoda	盘肠溞科 Chydoridae	盘肠溞属 *Chydorus*
				伪盘肠溞属 *Pseudochydorus*
		哲水蚤目 Calanoida	胸刺水蚤科 Centropagidae	华哲水蚤属 *Sinocalanus*
			伪镖水蚤科 Pseudodiaptomidae	许水蚤属 *Schmackeria*
			镖水蚤科 Diaptomidae	荡镖水蚤属 *Neutrodiaptomus*
				叶镖水蚤属 *Phyllodiaptomus*
		剑水蚤目 Cyclopoida	剑水蚤科 Cyclopidae	剑水蚤属 *Cyclops*
				中剑水蚤属 *Mesocyclops*
				温剑水蚤属 *Thermocyclops*
				沙居剑水蚤属 *Psammophilocyclops*
				小剑水蚤属 *Microcyclops*
				刺剑水蚤属 *Acanthocyclops*
				后剑水蚤属 *Metacyclops*
				大剑水蚤属 *Macrocyclops*
				近剑水蚤属 *Tropocyclops*
				外剑水蚤属 *Ectocyclops*

绪论作者

云南省生态环境监测中心 李爱军 施 择 朱 翔

图片和名录提供者

云南省生态环境监测中心 李爱军 普海燕

第五章

洱海流域

一、流域水生态环境

（一）流域概况

洱海位于云南省大理市主城东北，是云南第二大淡水湖泊，隶属澜沧江水系。湖体位于北纬25°25′～26°16′、东经99°32′～100°27′，呈南北狭长形。长42.5km，平均宽5.8km，当湖面高程1974m（海防高程）时面积251km^2，容积2.53×10^{9}m^3，平均水深10.2m。湖盆较封闭，换水周期约为760天。洱海流域面积2565km^2，属于亚热带高原季风气候，多年平均降水量1048mm，多年平均气温15.1℃，主要入湖河流有弥苴河、波罗江等及苍山十八溪等大小溪流，出流仅西洱河，汇入漾濞江，最终注入澜沧江。

（二）污染特征

洱海是大理市主要的饮用水水源地，20世纪70年代以前，水质良好、水生生物资源丰富、风景优美。随着社会经济发展、人口压力增加、农业面源污染加重及不合理的开发利用，洱海水生态系统明显退化，20世纪80年代中期达到中营养状态，20世纪90年代之后由中营养向中-富营养状态演变，1996年以来已多次发生分布面积较广的蓝藻水华。2001年以前洱海全湖多处于Ⅱ类水质，2003年下降为Ⅲ类，此后水质总体在Ⅱ、Ⅲ类之间波动，超标时段主要集中在6～11月的夏秋季节（雨季），超标项主要为总磷，其次为化学需氧量，冬春季节（旱季）水质相对较好。

二、水生态环境状况

当前，洱海浮游藻类丰度年均值已达到每升水1000多万个细胞的水平，浮游藻类种类构成丰富，优势种类较多，没有单优势种；浮游动物丰度较高，已接近每升水5000个的水平，其中原生动物在数量上占绝对优势；底栖动物种类构成多样性下降，霍甫水丝蚓、摇蚊属幼虫在数量上占绝对优势；大理裂腹鱼等洱海特有的多种土著鱼类难觅踪迹；大型水生植被明显萎缩，但近岸浅水区域沉水、挺水、浮叶等大型水生维管束植物依旧茂盛，显示水环境质量仍相对较好，但底泥淤积日益严重，且表层大多为黑灰色，正处于由水质清洁的良好草型湖泊生态系统向水质恶化的藻型湖泊生态系统演变的阶段。

“十五”时期以来，洱海的保护治理日益受到重视，保护力度逐步加大，特别是2017年1月启动的洱海抢救性保护治理行动，云南省大理白族自治州（大理州）决心以壮士断腕的勇气治理洱海，洱海的水生态系统保护和恢复进入了一个全新的阶段。

三、流域水生生物多样性

1. 物种组成特征

2013～2014年，洱海共鉴定出浮游藻类8门94属168种及变种，其中，绿藻门种数最多，为93种，占总种数的55.3%；蓝藻门次之，为40种，占23.8%；硅藻门23种，占13.7%；裸藻门4种，占2.4%；甲藻门3种，占1.8%；金藻门和隐藻门均为2种，各占1.2%；黄藻门1种，占0.6%（图5-1）。洱海浮游藻类常见种类主要有蓝藻门的微囊藻属（*Microcystis*）、束丝藻属（*Aphanizomenon*）、鱼腥藻属（*Anabaena*），绿藻门的栅藻属（*Scenedesmus*）、卵囊藻属（*Oocystis*）、转板藻属（*Mougeotia*）、盘星藻属（*Pediastrum*）、十字藻属（*Crucigenia*）、月牙藻属（*Selenastrum*）、丝藻属（*Ulothrix*）、顶棘藻属（*Chodatella*）、鼓藻属（*Cosmarium*）、空星藻属（*Coelastrum*）、弓形藻属（*Schroederia*）、新月藻属（*Closterium*），硅藻门的直链藻属（*Melosira*）、小环藻属（*Cyclotella*）、脆杆藻属（*Fragilaria*）、星杆藻属（*Asterionella*）、羽纹硅藻属（*Pinnularia*），甲藻门的角甲藻属（*Ceratium*）、多甲藻属（*Peridinium*），金藻门的锥囊藻属（*Dinobryon*），隐藻门的隐藻属（*Cryptomonas*）、蓝隐藻属（*Chroomonas*），裸藻门的裸藻属（*Euglena*）等属种。

2013～2014年，洱海浮游动物共鉴定出53属85种，其中，原生动物14属20种，占种数的23.5%；轮虫15属22种，占25.9%；枝角类8属17种，占20.0%；桡足类16属26种，占30.6%（图5-2）。常见种类主要包括枝角类的溞属（*Daphnia*）、网纹溞属（*Ceriodaphnia*）、裸腹溞属（*Moina*）、象鼻溞属（*Bosmina*）、盘肠溞属（*Chydorus*）等种类，桡足类的猛水蚤（*Harpacticoida* sp.）、剑水蚤（*Cyclopoidea* sp.）、哲水蚤（*Calanoida* sp.）、无节幼体（nauplius larva）等种类，轮虫的鞍甲轮属（*Lepadella*）、臂尾轮属（*Brachionus*）、须足轮属（*Euchlanis*）、龟甲轮属（*Keratella*）、单趾轮属（*Monostyla*）、晶囊轮属（*Asplanchna*）、异尾轮属（*Trichocerca*）、多肢轮属（*Polyarthra*）、疣毛轮属（*Synchaeta*）、巨腕轮属（*Pedalia*）、三肢轮属（*Filinia*）等种类，原生动物类的砂壳虫属（*Difflugia*）、似铃壳虫属（*Tintinnopsis*）、狭盗虫属（*Stribilidium*）、钟虫属（*Vorticella*）、后毛虫属（*Opisthotricha*）等种类。

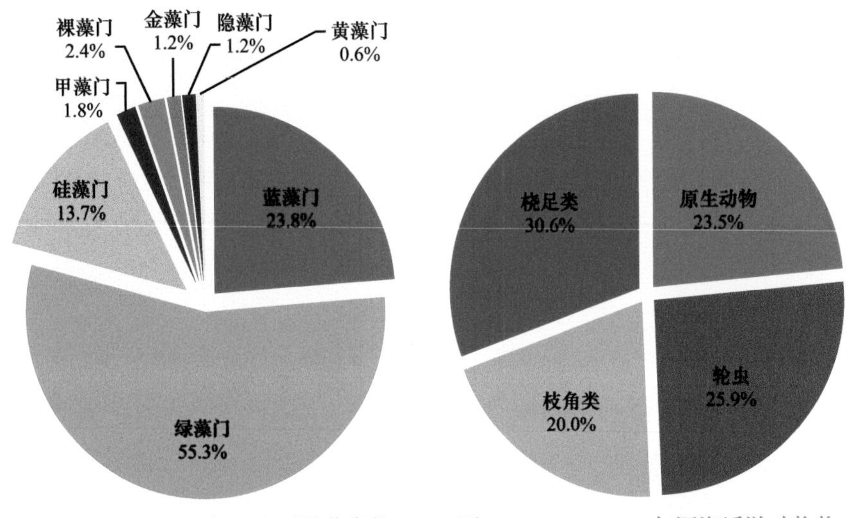

图5-1 2013～2014年洱海浮游藻类物种组成　　图5-2 2013～2014年洱海浮游动物物种组成

2013～2014年，在洱海敞水区的国控、省控监测点位采集底栖动物样品，共记录到环节动物门（Annelida）、节肢动物门（Arthropoda）、软体动物门（Mollusca）等3个门约21属33种，其中，寡毛类14种，占种数的42.4%；昆虫纲12种，占36.4%；腹足纲5种，占15.2%；瓣鳃纲2种，占6.0%（图5-3）。霍甫水丝蚓（*Limnodrilus hoffmeisteri*）、正颤蚓（*Tubifex tubifex*）、苏氏尾鳃蚓（*Branchiura sowerbyi*）、羽摇蚊（*Chironomus plumosus*）幼虫、湖沼管水蚓（*Aulodrilus limnobius*）、坦氏泥蚓（*Ilyodrilus templetoni*）等为高频出现种类，其中尤以霍甫水丝蚓出现频率最高，在每个点位都会发现。鉴于采样点位未涉及湖滨带，采样工具也仅有彼得逊采泥器，所采集和鉴定出的种类会偏少。

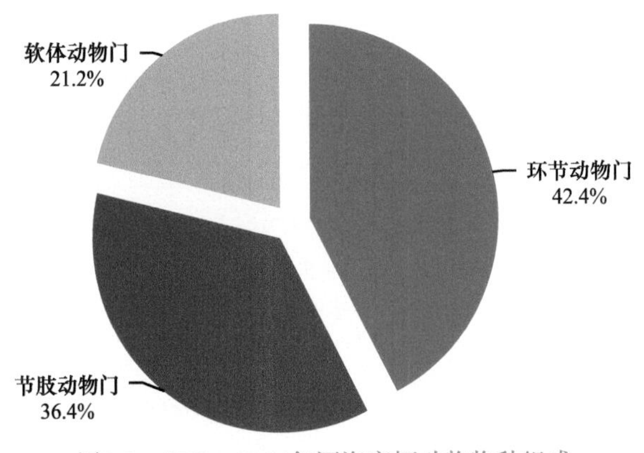

图5-3 2013～2014年洱海底栖动物物种组成

整体上，1985～2014年的30年间洱海水生生物的物种组成发生了显著变化，这与30年来洱海水生态破坏和环境污染的加剧相呼应。以浮游藻类为例，1985～1986年的调查中共鉴定出8门89属192种，而2013年的调查中共鉴定出8门94属168种，浮游藻类的物种组成发生显著变化，其中，蓝藻门的物种数显著增加，从26种增长为40种；硅藻门种数显著减少，从57种减少为23种（图5-4）。

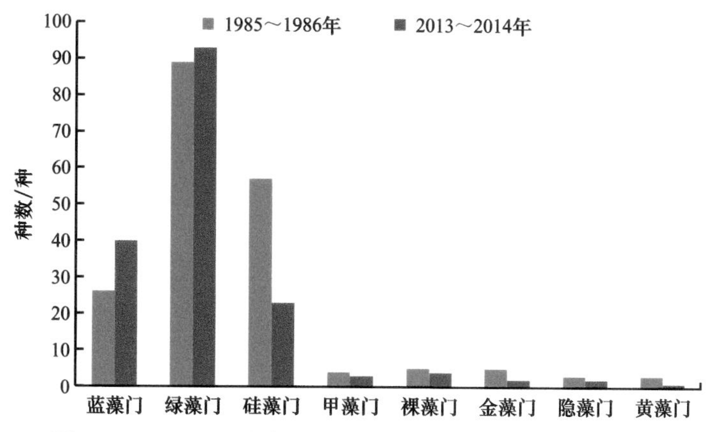

图5-4 1985～1986年与2013～2014年洱海浮游藻类种数变化

2. 丰度变化特征

（1）浮游藻类

2013～2014年，洱海浮游藻类丰度的年均值为1.9×10^{7}cell/L，浮游藻类丰度的季节波动较大，一般春季（3～5月）较低，夏季（6～8月）逐步增长，至秋季（9～11月）达到全年的最高值，冬季（12月至翌年2月）则回落。藻类丰度的构成方面，以门为分类单元，蓝藻门、绿藻门、硅藻门、其他门藻类的细胞占比分别为46%、43%、9%、2%；以属为分类单元，基于细胞数的微囊藻属丰度占比最高，为45%，蓝藻门及蓝藻门的微囊藻属是丰度占比最大的类群，绿藻门及绿藻门的丝藻属丰度占比也比较高。

综合多年监测结果，在藻类丰度较高的季节（一般为秋季），全湖藻类丰度一般达到或超过2.0×10^{7}cell/L，藻类生物量已处于较高水平，受风向、湖流等因素的影响，浮游藻类向部分湖区聚集，特别是洱海南、北近岸及部分湖湾内，藻类丰度更可能达到或超过5.0×10^{7}cell/L，极易在这些区域湖面聚集形成絮状、条带状、面状的藻类水华。

（2）浮游动物

2013～2014年，洱海浮游动物丰度的年均值为4.7×10^{3}ind./L，浮游动物丰度的季节变化较大，秋季、冬季相对较高，春季、夏季较低。浮游动物的四大类群中，原生动物是浮游动物丰度的最主要组成部分，占浮游动物丰度的94.8%，轮虫、枝角类、桡足类占浮游动物丰度比例较小，对浮游动物总密度的季节波动影响很小。

（3）底栖动物

2013～2014年，洱海底栖动物丰度的年度平均值为542.2ind./m^2，且季节间波动较大，大体上，春季、秋季较高，冬季、夏季较低。

各门在底栖动物丰度占比中的排序为环节动物门≥节肢动物门≥软体动物门，其中，环节动物门、节肢动物门占比分别为77.7%、16.6%，环节动物门中尤以水丝蚓属在数量上占绝对优势，占环节动物门数量的76.6%。

30年来洱海水生生物丰度发生显著变化，其中，浮游藻类丰度增长显著，从1985～1986年的3.5×10^5ind./L增长至2013～2014年的超过1.0×10^6ind./L的水平，根据国内普遍采用的基于藻类个体数的水体营养分级，洱海全湖已从中营养（3.0×10^5～1.0×10^6ind./L）发展至富营养（＞1.0×10^6ind./L）；浮游动物丰度也增长显著，从1997年的171.2ind./L增长至2013～2014年的4.7×10^3ind./L，这一数量上的显著增长主要源于原生动物从105ind./L增长至4.5×10^3ind./L；底栖动物丰度显著降低，从1997年的1.2×10^3ind./m^2减少至2013～2014年的542.2 ind./m^2（图5-5）。浮游藻类、浮游动物丰度的显著增长和底栖动物丰度的显著降低都同样表明，1985年至今，洱海水体营养化程度在加深，所受污染在加重。

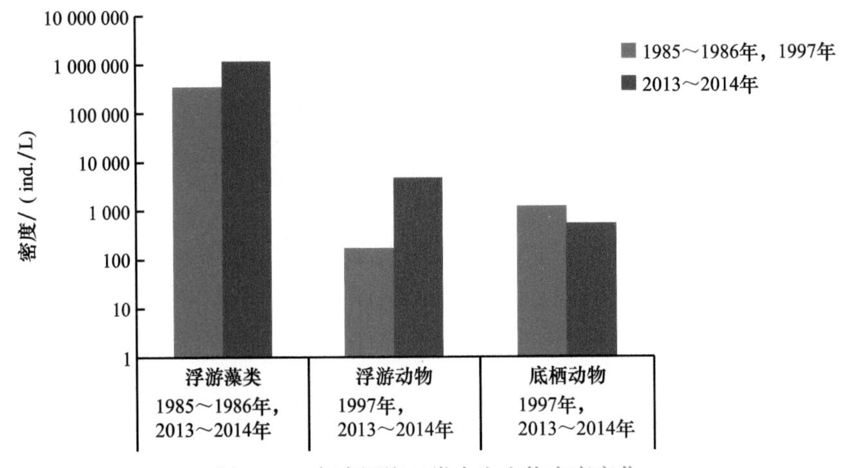

图5-5 30年来洱海三类水生生物丰度变化

3. 优势种变化情况

2013～2014年，以季节为频次的监测结果表明，洱海浮游藻类中优势属至少有14个，其中，蓝藻门有1属，绿藻门有4属，硅藻门有5属，隐藻门有2属，金藻门有1属，裸藻门有1属。微囊藻属、转板藻属、小环藻属、隐藻属在每个季节都是优势属，栅藻属、蓝隐藻属在三个季节为优势属，卵囊藻属、丝藻属、锥囊藻属在两个季节为优势属，直链藻属、脆杆藻属、星杆藻属、羽纹藻属、裸藻属在一个季节为优势属。夏季、春季的优势属数量相对较多，秋季、冬季的优势属数量相对较少。浮游藻类优势类群以硅藻门、绿藻门优势属最多，没有种类占绝对优势地位，蓝藻门及其微囊藻属虽然为调查期间洱海优势度及生物量占比都较大的藻类，但蓝藻门的种类没有成为占绝对优势的类群，表明洱海浮游藻类物种多样性仍较为丰富。

2013～2014年，以季节为频次的监测结果表明，洱海浮游动物中优势属有8个（优势度$Y\geq0.02$），分别为轮虫的龟甲轮属（*Keratella*）、晶囊轮属（*Asplanchna*）、异尾轮属（*Trichocerca*）、多肢轮属（*Polyarthra*）和原生动物的砂壳虫属（*Difflugia*）、狭盗虫属（*Stribilidium*）、钟虫属（*Vorticella*）、后毛虫属（*Opisthotricha*），枝角类、桡足类没有种类成为优势属，主要因为其丰度占比极低。

2013～2014年，以季节为频次的监测结果表明，洱海底栖动物中有水丝蚓属（*Lim-*

nodrilus）、颤蚓属（*Tubifex*）、泥蚓属（*Ilyodrilus*）、尾鳃蚓属（*Branchiura*）、摇蚊属（*Chironomus*）、环棱螺属（*Bellamya*）等6个属成为优势属，分属于3个门，其中，水丝蚓属在每个季节都是优势属，摇蚊属在3个季节的调查中成为优势属，尾鳃蚓属在两个季节的调查中成为优势属，颤蚓属、泥蚓属、环棱螺属分别在一个季节的调查中成为优势属。水丝蚓属的优势度在每次调查中都最大，且远远高于其他5个优势属的优势度之和，说明水丝蚓属为调查期间洱海底栖动物的绝对优势类群，其中，尤以霍甫水丝蚓（*Limnodrilus hoffmeisteri*）最为常见。

30年来，洱海水生生物各类群优势种同样发生了显著变化。以浮游藻类为例，在1985～1986年的调查中以不耐污和敏感种类占优势；而在2013～2014年的调查中，优势度最高的类群依次为微囊藻属、卵囊藻属、小环藻属、蓝隐藻属等，它们都是富营养水体的常见指示种类，并且微囊藻属不仅优势度较高，在数量上亦占比最大，表明洱海已由清洁水体发展至富营养化水体。以底栖动物为例，在1997年的调查中，底栖动物优势种类为螺蛳、河蚬、苏氏尾鳃蚓等，而在2013-2014年的调查中，原有的这三类中仅有苏氏尾鳃蚓仍为优势种类，优势度最高的是水丝蚓属，其丰度占比亦为最高，达60.3%，其次为摇蚊属，在已有的各类底栖动物耐污值赋值规则中，这两类的耐污值达9.0以上，表明当前的洱海污染程度已经明显甚于20世纪80年代。

四、水生生物监测概况及物种名录

洱海流域的生物监测工作始于1985年，重点开展了浮游藻类一个项目，除洱海以外，同一流域内的茈碧湖、大理西湖、海西海、剑川剑湖等4个湖泊近年来也已纳入例行监测范围。其中，洱海监测频次为每月一次，茈碧湖、西湖、海西海、剑川剑湖、西洱河闸门监测频次为逢单月监测。结合多年工作的积累，整理出洱海流域常见水生生物物种名录（表5-1～表5-3）和物种图谱。

表5-1 洱海流域常见藻类名录

门	纲	目	科	属
蓝藻门 Cyanophyta	色球藻纲 Chroococcophyceae	色球藻目 Chroococcales	聚球藻科 Synechococcaceae	隐杆藻属 *Aphanothece*
			平裂藻科 Merismopediaceae	平裂藻属 *Merismopedia*
				乌龙藻属 *Woronichinia*
				隐球藻属 *Aphanocapsa*
			色球藻科 Chroococcaceae	色球藻属 *Chroococcus*
				集胞藻属 *Synechocystis*
				蓝纤维藻属 *Dactylococcopsis*

续表

门	纲	目	科	属
蓝藻门 Cyanophyta	色球藻纲 Chroococcophyceae	色球藻目 Chroococcales	色球藻科 Chroococcaceae	束球藻属 *Gomphosphaeria*
				棒胶藻属 *Rhabdogloea*
				粘球藻属 *Gloeocapsa*
			微囊藻科 Microcystaceae	微囊藻属 *Microcystis*
		颤藻目 Oscillatoriales	颤藻科 Oscillatoriaceae	颤藻属 *Oscillatoria*
				鞘丝藻属 *Lyngbya*
			假鱼腥藻科 Pseudanabaenaceae	假鱼腥藻属 *Pseudanabaena*
			席藻科 Phormidiaceae	浮丝藻属 *Planktothrix*
		念珠藻目 Nostocales	念球藻科 Nostocaceae	尖头藻属 *Raphidiopsis*
				拟柱胞藻属 *Cylindrospermopsis*
				束丝藻属 *Aphanizomenon*
				鱼腥藻属 *Anabaena*
				项圈藻属 *Anabaenopsis*
				念珠藻属 *Nostoc*
绿藻门 Chlorophyta	绿藻纲 Chlorophyceae	团藻目 Volvocales	衣藻科 Chlamydomonadaceae	衣藻属 *Chlamydomonas*
				绿梭藻属 *Chlorogonium*
			团藻科 Volvocaceae	实球藻属 *Pandorina*
				空球藻属 *Eudorina*
				团藻属 *Volvox*
		四孢藻目 Tetrasporales	胶球藻科 Coccomyxaceae	纺锤藻属 *Elakatothrix*
		绿球藻目 Chlorococcales	绿球藻科 Chlorococcaceae	多芒藻属 *Golenkinia*
				绿球藻属 *Chlorococcum*
			小桩藻科 Characiaceae	弓形藻属 *Schroederia*

续表

门	纲	目	科	属
绿藻门 Chlorophyta	绿藻纲 Chlorophyceae	绿球藻目 Chlorococcales	小球藻科 Chlorellaceae	小球藻属 *Chlorella*
				顶棘藻属 *Chodatella*
				四角藻属 *Tetraëdron*
				纤维藻属 *Ankistrodesmus*
				月牙藻属 *Selenastrum*
				蹄形藻属 *Kirchneriella*
				棘球藻属 *Echinosphaerella*
			卵囊藻科 Oocystaceae	并联藻属 *Quadrigula*
				卵囊藻属 *Oocystis*
				肾形藻属 *Nephrocytium*
				小箍藻属 *Trochiscia*
				胶囊藻属 *Gloeocystis*
				球囊藻属 *Sphaerocystis*
			网球藻科 Dictyosphaeraceae	网球藻属 *Dictyosphaerium*
				四球藻属 *Tetrachlorella*
			水网藻科 Hydrodictyaceae	水网藻属 *Hydrodictyon*
			盘星藻科 Pediastraceae	盘星藻属 *Pediastrum*
			栅藻科 Scenedesmaceae	栅藻属 *Scenedesmus*
				四星藻属 *Tetrastrum*
				十字藻属 *Crucigenia*
				双形藻属 *Dimorphococcus*
				集星藻属 *Actinastrum*
				空星藻属 *Coelastrum*

续表

门	纲	目	科	属
绿藻门 Chlorophyta	绿藻纲 Chlorophyceae	丝藻目 Ulotrichales	丝藻科 Ulotrichaceae	丝藻属 *Ulothrix*
				针丝藻属 *Raphidonema*
				克里藻属 *Klebsormidium*
				双胞藻属 *Geminella*
			微孢藻科 Microsporaceae	微孢藻属 *Microspora*
		胶毛藻目 Chaetophorales	鞘毛藻科 Coleochaetaceae	鞘毛藻属 *Coleochaete*
	双星藻纲 Zygnematophyceae	双星藻目 Zygnematales	双星藻科 Zygnemataceae	转板藻属 *Mougeotia*
				水绵属 *Spirogyra*
		鼓藻目 Desmidiales	鼓藻科 Desmidiaceae	棒形鼓藻属 *Gonatozygon*
				新月藻属 *Closterium*
				鼓藻属 *Cosmarium*
				角星鼓藻属 *Staurastrum*
硅藻门 Bacillariophyta	中心纲 Centricae	圆筛藻目 Coscinodiscales	圆筛藻科 Coscinodiscaceae	直链藻属 *Melosira*
				小环藻属 *Cyclotella*
				冠盘藻属 *Stephanodiscus*
	羽纹纲 Pennatae	无壳缝目 Araphidiales	脆杆藻科 Fragilariaceae	平板藻属 *Tabellaria*
				等片藻属 *Diatoma*
				脆杆藻属 *Fragilaria*
				针杆藻属 *Synedra*
				星杆藻属 *Asterionella*
		双壳缝目 Biraphidinales	舟形藻科 Naviculaceae	布纹藻属 *Gyrosigma*
				双壁藻属 *Diploneis*
				辐节藻属 *Stauroneis*
				羽纹藻属 *Pinnularia*

续表

门	纲	目	科	属
硅藻门 Bacillariophyta	羽纹纲 Pennatae	双壳缝目 Biraphidinales	舟形藻科 Naviculaceae	舟形藻属 *Navicula*
				胸膈藻属 *Mastogloia*
			桥弯藻科 Cymbellaceae	桥弯藻属 *Cymbella*
		单壳缝目 Monoraphidales	曲壳藻科 Achnanthaceae	卵形藻属 *Cocconeis*
				曲壳藻属 *Achnanthes*
		管壳缝目 Aulonoraphidinales	窗纹藻科 Epithemiaceae	窗纹藻属 *Epithemia*
			菱形藻科 Nitzschiaceae	菱形藻属 *Nitzschia*
裸藻门 Euglenophyta	裸藻纲 Euglenophyceae	裸藻目 Euglenales	裸藻科 Euglenaceae	裸藻属 *Euglena*
				囊裸藻属 *Trachelomonas*
				扁裸藻属 *Phacus*
甲藻门 Dinophyta	甲藻纲 Dinophyceae	多甲藻目 Peridiniales	多甲藻科 Peridiniaceae	多甲藻属 *Peridinium*
			角甲藻科 Ceratiaceae	角甲藻属 *Ceratium*
隐藻门 Cryptophyta	隐藻纲 Cryptophyceae		隐鞭藻科 Cryptomonadaceae	隐藻属 *Cryptomonas*
				蓝隐藻属 *Chroomonas*
金藻门 Chrysophyta	金藻纲 Chrysophyceae	色金藻目 Chromulinales	锥囊藻科 Dinobryonaceae	锥囊藻属 *Dinobryon*
	黄群藻纲 Synurophyceae	黄群藻目 Synurales	黄群藻科 Synuraceae	黄群藻属 *Synura*
黄藻门 Xanthophyta	黄藻纲 Xanthophyceae	黄丝藻目 Tribonematales	黄丝藻科 Tribonemataceae	黄丝藻属 *Tribonema*

表5-2 洱海流域常见底栖动物名录

门	纲	目	科	属	种
节肢动物门 Arthropoda	昆虫纲 Insecta	双翅目 Diptera	摇蚊科 Chironomidae	前突摇蚊属 *Procladius*	
				摇蚊属 *Chironomus*	羽摇蚊 *Chironomus plumosus*
				长跗摇蚊属 *Tanytarsus*	

续表

门	纲	目	科	属	种
软体动物门 Mollusca	腹足纲 Gastropoda	中腹足目 Mesogastropoda	田螺科 Viviparidae	圆田螺属 *Cipangopaludina*	中国圆田螺 *Cipangopaludina chinensis*
					中华圆田螺 *Cipangopaludina cathayensis*
				环棱螺属 *Bellamya*	梨形环棱螺 *Bellamya purificata*
					方形环棱螺 *Bellamya quadrata*
	瓣鳃纲 Lamellibranchia	帘蛤目 Veneroida	蚬科 Corbiculidae	蚬属 *Corbicula*	刻纹蚬 *Corbicula largillierti*
环节动物门 Annelida	寡毛纲 Oligochaeta	颤蚓目 Tubificida	颤蚓科 Tubificidae	水丝蚓属 *Limnodrilus*	霍甫水丝蚓 *Limnodrilus hoffmeisteri*
					奥特开水丝蚓 *Limnodrilus udekemianus*
					克拉伯水丝蚓 *limnodrilus claparedianus*
					巨毛水丝蚓 *Limnodrilus grandisetosus*
				尾鳃蚓属 *Branchiura*	苏氏尾鳃蚓 *Branchiura sowerbyi*
				颤蚓属 *Tubifex*	正颤蚓 *Tubifex tubifex*
				管水蚓属 *Aulodrilus*	多毛管水蚓 *Aulodrilus pluriseta*
					湖沼管水蚓 *Aulodrilus limnobius*
				泥蚓属 *Ilyodrilus*	坦氏泥蚓 *Ilyodrilus templetoni*

表5-3 洱海流域常见浮游动物名录

门	纲	目	科	属
原生动物 Protozoa	根足纲 Rhizopodea	变形目 Amoebida	变形虫科 Amoebidae	变形虫属 *Amoeba*

续表

门	纲	目	科	属
原生动物 Protozoa	根足纲 Rhizopodea	变形目 Amoebida	棘变形虫科 Acanthamoebidae	棘变形虫属 *Acanthamoeba*
		表壳目 Arcellinida	表壳科 Arcellidae	表壳虫属 *Arcella*
			砂壳科 Diffiugiidae	砂壳虫属 *Difflugia*
	辐足纲 Actinopodea	太阳目 Actinophryida	太阳科 Actinophryidae	太阳虫属 *Actinophrys*
	寡膜纲 Oilgophymenophora	膜口目 Hymenostomatida	草履科 Parameciidae	草履虫属 *Paramecium*
		缘毛目 Peritrichida	钟形科 Vorticellidae	钟虫属 *Vorticella*
			累枝科 Epistylidae	累枝虫属 *Epistylis*
				后毛虫属 *Opisthotricha*
	多膜纲 Polymenophora	寡毛目 Oligotrichida	急游科 Strombidiidae	急游虫属 *Strombidium*
			侠盗科 Strobilidiidae	侠盗虫属 *Strobilidium*
			筒壳虫科 Tintinnidiidae	筒壳虫属 *Tintinnidium*
			铃壳科 Codoncllidac	似铃壳虫属 *Tintinnopsis*
		异毛目 Heterotrichida	旋口虫科 Spirostomidae	旋口虫属 *Spirostomum*
线形动物门 Nematomorpha	轮虫 Rotifera	单巢目 Monogononta	臂尾轮科 Brachionidae	鞍甲轮属 *Lepadella*
				臂尾轮属 *Brachionus*
				龟甲轮属 *Keratella*
				须足轮属 *Euchlanis*
				水轮属 *Epiphanes*
			腔轮科 Lecanidae	腔轮属 *Lecane*
				单趾轮属 *Monostyla*
			晶囊轮科 Asplanchnidae	晶囊轮属 *Asplanchna*
			鼠轮科 Trichocercidae	异尾轮属 *Trichocerca*
			疣毛轮科 Synchaetidae	多肢轮属 *Polyarthra*
				疣毛轮属 *Synchaeta*
			镜轮科 Testudinellidae	巨腕轮属 *Pedalia*

续表

门	纲	目	科	属
线形动物门 Nematomorpha	轮虫 Rotifera	单巢目 Monogononta	镜轮科 Testudinellidae	三肢轮属 *Filinia*
				泡轮属 *Pompholyx*
			聚花轮科 Conochilidae	聚花轮属 *Conochilus*
			腹尾轮科 Gastropodidae	无柄轮属 *Ascomorpha*
节肢动物门 Arthropoda	甲壳纲 Crustacea	栉足目 Ctenopoda	仙达溞科 Sididae	秀体溞属 *Diaphanosoma*
		异足目 Anomopoda	溞科 Daphniidae	溞属 *Daphnia*
				网纹溞属 *Ceriodaphnia*
			裸腹溞科 Moinidae	裸腹溞属 *Moina*
			象鼻溞科 Bosminidae	象鼻溞属 *Bosmina*
			盘肠溞科 Chydoridae	尖额溞属 *Alona*
				盘肠溞属 *Chydorus*
				弯尾溞属 *Camptocercus*
		哲水蚤目 Calanoida	胸刺水蚤科 Centropagidae	华哲水蚤属 *Sinocalanus*
			镖水蚤科 Diaptomidae	荡镖水蚤属 *Neutrodiaptomus*
				新镖水蚤属 *Neodiaptomus*
				叶镖水蚤属 *Phyllodiaptomus*
		剑水蚤目 Cyclopoida	剑水蚤科 Cyclopidae	真剑水蚤属 *Eucyclops*
				剑水蚤属 *Cyclops*
				中剑水蚤属 *Mesocyclops*
				温剑水蚤属 *Thermocyclops*
				沙居剑水蚤属 *Psammophilocyclops*
				小剑水蚤属 *Microcyclops*
				刺剑水蚤属 *Acanthocyclops*

续表

门	纲	目	科	属
节肢动物门 Arthropoda	甲壳纲 Crustacea	剑水蚤目 Cyclopoida	剑水蚤科 Cyclopidae	后剑水蚤属 *Metacyclops*
				大剑水蚤属 *Macrocyclops*
				近剑水蚤属 *Tropocyclops*
		猛水蚤目 Harpacticoida	猛水蚤科 Harpacticidae	拟猛水蚤属 *Harpacticella*
				棘猛水蚤属 *Attheyella*

绪论作者

云南省生态环境监测中心　李爱军　施　择　朱　翔

图片和名录提供者

云南省生态环境监测中心　李爱军　普海燕

第六章

三峡库区（湖北段）

一、流域水生态环境

（一）三峡库区（湖北段）概况

三峡库区及其支流[简称三峡库区（湖北段）]指湖北省宜昌市所辖的秭归县和兴山县长江支流香溪河水域，以及恩施土家族苗族自治州（恩施州）所辖的巴东县长江支流神农溪水域。香溪河位于湖北省西部，全长97.3km，是流经湖北兴山与秭归的最大河流，流域降水和水力资源均十分丰富；神农溪全长60km，是湖北省巴东县长江北岸的一条常流性溪流，向南穿行注入浩浩长江。

三峡库区及其支流为沿岸的农业灌溉提供丰富的水源，同时三峡水电站的建成为华中、华东、西南等地区提供电力，对长江沿岸经济繁荣、促进经济发展、平衡东西差异产生巨大的作用；同时三峡库区具备的航运、养殖、旅游等综合效益，在经济发展中具有重要意义。

（二）污染特征

随着三峡库区及其支流周边工业化、城市化进程的加速和经济的高速发展，流域企业工业污水、城镇和农村生活污水、农业肥料和农药等水体的直接或者间接排入对库区及支流造成一定污染。

（三）水生态环境状况

三峡库区及其支流水生态状况在“十二五”至“十三五”期间基本保持不变。2014～2017年，丹江口库区浮游植物和浮游动物优势种的变化不明显，主要由轻度污染-中度污染指示种类组成。浮游植物优势种主要由蓝藻门（Cyanophyta）藻类组成，浮游动物优势种主要由体型较小的多种原生动物（Protozoa）组成。

二、流域水生生物多样性

1. 种类组成特征

2014年，在三峡库区及其支流共采集到浮游植物104种（属），其中绿藻门（Chlorophyta）47种、硅藻门（Bacillariophyta）25种、蓝藻门18种、裸藻门（Euglenophyta）5种、隐藻门（Cryptophyta）4种、甲藻门（Dinophyta）4种和金藻门（Chrysophyta）1种。优势种为隐藻门的蓝隐藻（*Chroomonas* sp.），优势种密度为4.36×10^6cell/L。共采集到浮游动物65种（属），优势种为王氏似铃壳虫（*Tintinnopsis wangi*），优势种密度为462个/L，其中原生动物25种、轮虫（Rotifera）25种、枝角类（Cladocera）9种、桡足类（Copepoda）6种。

2015年，在三峡库区及其支流共采集到浮游植物87种（属），优势种为蓝藻门的微囊藻（*Microcystis* sp.），优势种密度为5.2×10^5cell/L，其中绿藻门34种、硅藻门22种、蓝藻门17种、隐藻门8种、裸藻门4种和金藻门2种。共采集到浮游动物50种（属），优势种为温剑水蚤（*Thermocyclops* sp.），优势种密度为3198个/L，其中原生动物16种、轮虫19种、枝角类6种、桡足类9种。

2017年，在三峡库区及其支流共采集到浮游植物62种（属），优势种为伪鱼腥藻（*Pseudanabaena* sp.），优势种密度为2.9×10^5cell/L，其中绿藻门26种、蓝藻门14种、硅藻门11种、隐藻门6种、裸藻门4种和金藻门1种。共采集到浮游动物36种（属），优势种为游仆虫（*Euplotes* sp.）优势种密度为126个/L，其中原生动物8种、轮虫12种、枝角类8种、桡足类8种。

“十二五”期间（2014～2015年）和“十三五”期间（2017年）浮游植物种类组成变化情况如图6-1和图6-2所示，浮游动物种类组成变化情况如图6-1和图6-3所示。浮游植物种（属）数从2014年的104种（属）减少到2017年的62种（属），种类减少有一定波动，表明三峡库区及其支流水生态环境质量有一定变化。浮游动物种数变化趋势与浮游植物的类似。一方面由于前期2014年生物样品采样频率较2017年的高，对样品浮游生物种类的鉴定结果有直接影响，同时由于水库及其支流周边工业、农业等生产生活污水一定程度上直接或间接对水体造成污染，同时包括河流底质中营养盐的释放对水体造成的二次污染，使得三峡库区及其支流水生生物群落结构受到一定影响。

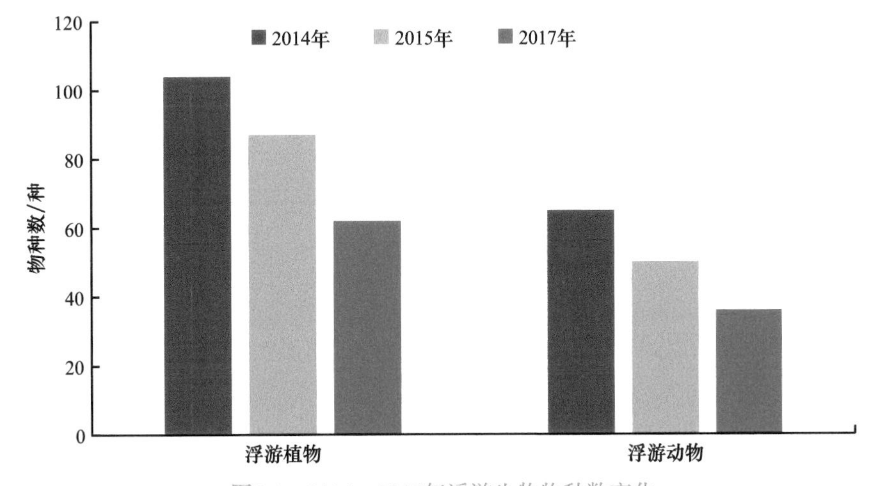

图6-1　2014～2017年浮游生物物种数变化

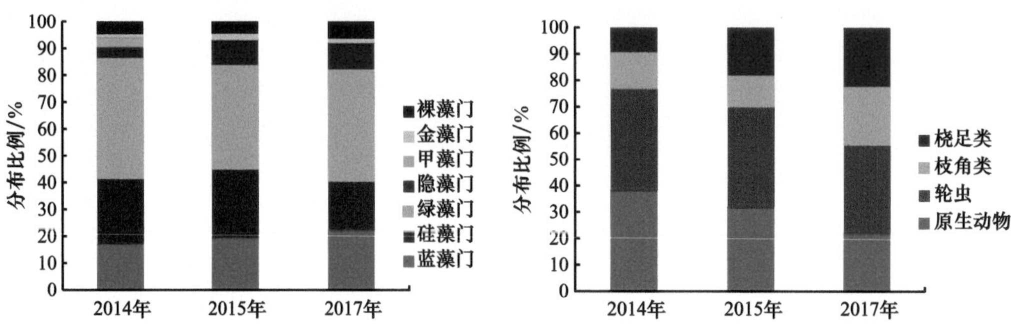

图6-2 2014～2017年浮游植物物种分布变化　　图6-3 2014～2017年浮游动物物种分布变化

2014～2017年浮游植物种类组成变化不大，主要由蓝藻门、绿藻门和硅藻门藻类组成；同时浮游动物种类的组成变化不明显，主要由原生动物和轮虫（即小型浮游动物）组成。

2. 丰度变化特征

自“十二五”末期（2014年）到“十三五”初期（2017年），三峡库区及其支流浮游生物丰度也出现不同程度的变化。

三峡库区及其支流藻类的丰度从2014年的9.14×10^6cell/L减少到2017年的1.43×10^6cell/L，浮游植物的数量明显减少；浮游植物主要由蓝藻门、硅藻门、绿藻门和隐藻门藻类组成，且蓝藻门藻类密度占绝对优势（图6-4～图6-6）。说明该段水体可能存在富营养化趋势。

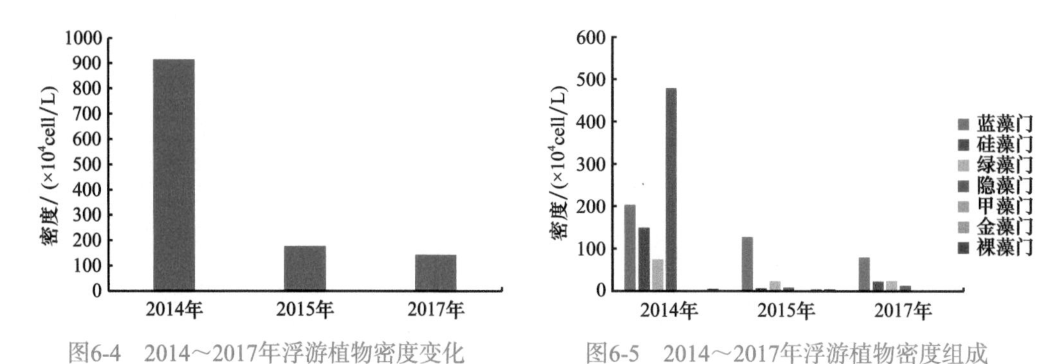

图6-4 2014～2017年浮游植物密度变化　　图6-5 2014～2017年浮游植物密度组成

浮游动物的数量从2014年的3155个/L减少到2017年的210个/L。从浮游动物组成看，2014年和2017年浮游动物主要由个体较小、数量较多的原生动物和轮虫组成，2015年浮游动物密度组成主要由体型较小的原生动物和体型较大的枝角类两类组成且优势种类由个体较大的轮虫和桡足类组成，群落结构发生了较大变化（图6-7～图6-9）。浮游动物捕食浮游植物，一定程度上会抑制浮游植物的大量生长，而低密度的浮游动物有利于藻类的繁殖。

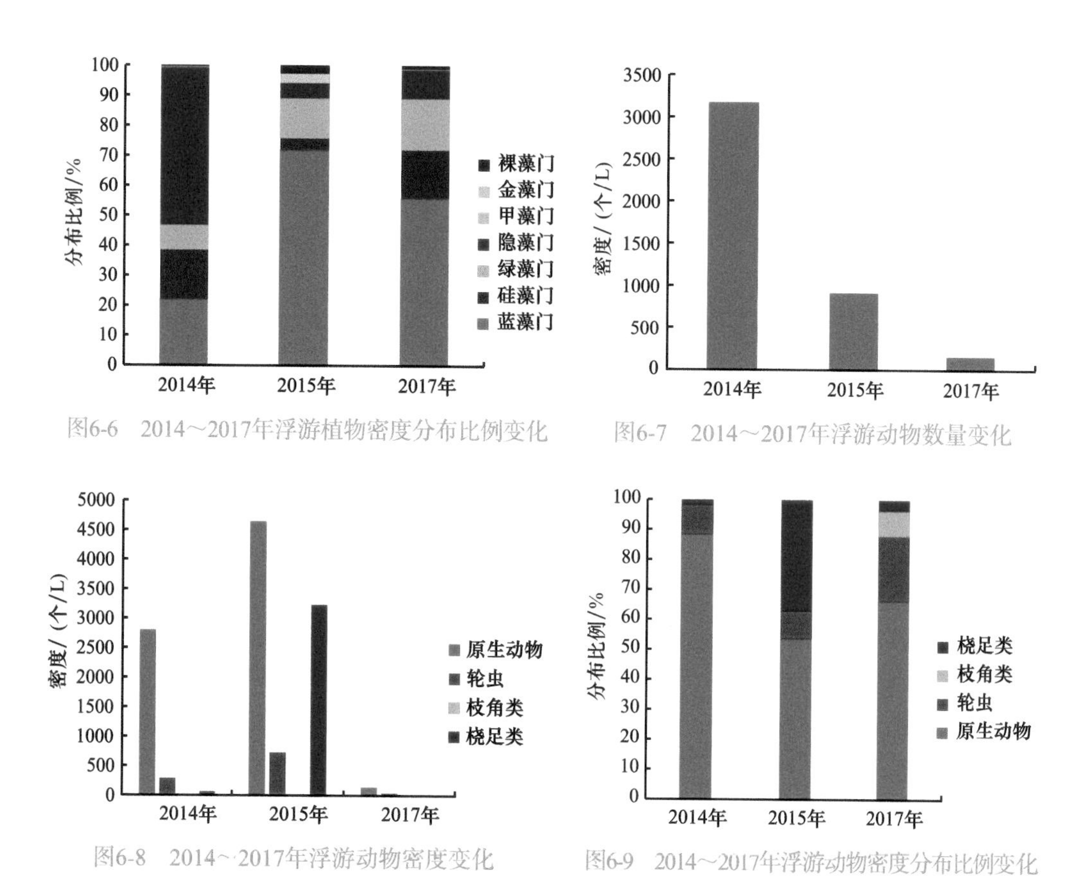

图6-6　2014～2017年浮游植物密度分布比例变化

图6-7　2014～2017年浮游动物数量变化

图6-8　2014～2017年浮游动物密度变化

图6-9　2014～2017年浮游动物密度分布比例变化

3. 优势种变化情况

2014～2017年，三峡库区及其支流浮游植物和浮游动物优势种组成变化不明显，主要由轻度污染-中度污染指示种类组成。浮游植物优势种主要由蓝藻门和绿藻门藻类组成，浮游动物优势种主要由体型较小的多种原生动物组成，2014～2017年浮游动物优势种数量有减少趋势，同时其总密度呈现出减少的情况。2014～2017年浮游植物和浮游动物优势种变化情况见表6-1。

表6-1　2014～2017年三峡库区及其支流浮游植物和浮游动物优势种变化情况

年份	优势种名称	
	浮游植物	浮游动物
2014 年	蓝隐藻 *Chroomonas* sp. 小环藻 *Cyclotella* sp. 微囊藻 *Microcystis* sp. 色球藻 *Chroococcus* sp. 卵形隐藻 *Cryptomonas ovata* 鱼腥藻 *Anabaena* sp.	王氏似铃壳虫 *Tintinnopsis wangi* 武装尾毛虫 *Urotricha armatus* 淡水筒壳虫 *Tintinnidium fluviatile* 钟虫 *Vorticella* sp. 长圆膜袋虫 *Cyclidium oblongum* 膜袋虫 *Cyclidium* sp.

续表

年份	优势种名称	
	浮游植物	浮游动物
2014 年	小球藻 *Cyclotella* sp.	陀螺侠盗虫 *Strobilidium velox* 小筒壳虫 *Tintinnidium pusillum* 缘板龟甲轮虫 *Keratella ticinensis* 旋回侠盗虫 *Strobilidium gyrans* 直半眉虫 *Hemiophrys procera* 蚤中缢虫 *Mesodinium pulex* 小单环栉毛虫 *Didinium balbianiinanum* 圆钵砂壳虫 *Difflugia urceolata*
2015 年	微囊藻 *Microcystis* sp. 弯形小尖头藻 *Raphidiopsis curvata* 螺旋鱼腥藻 *Anabaena spiroides* 伪鱼腥藻 *Pseudanabaena* sp. 小型色球藻 *Chroococcus minor* 小球藻 *Chlorella* sp. 鱼腥藻 *Anabaena* sp. 黄群藻 *Synura urella* 鱼形裸藻 *Euglena pisciformis*	温剑水蚤 *Thermocyclops* sp. 淡水筒壳虫 *Tintinnidium fluviatile* 小筒壳虫 *Tintinnidium pusillum* 多肢轮虫 *Polyarthra* sp. 双叉尾毛虫 *Urotricha furcata* 旋回侠盗虫 *Strobilidium gyrans* 弹跳虫 *Halteria* sp. 砂壳虫 *Difflugia* sp. 钟虫 *Vorticella* sp.
2017 年	伪鱼腥藻 *Pseudanabaena* sp. 阿氏颤藻 *Oscillatoria agardhii* 小球藻 *Chlorella* sp. 小环藻 *Cyclotella* sp. 中华小尖头藻 *Raphidiopsis sinensia* 鱼腥藻 *Anabaena* sp. 啮蚀隐藻 *Cryptomonas erosa* 微囊藻 *Microcystis* sp. 颗粒直链藻 *Melosira granulata* 双列栅藻 *Scenedesmus bijuga*	游仆虫 *Euplotes* sp. 角突臂尾轮虫 *Brachionus angularis* 圆形盘肠溞 *Chydorus sphaericus* 卵形彩胃轮虫 *Chromogaster ovalis* 王氏似铃壳虫 *Tintinnopsis wangi* 管叶虫 *Trachelophyllum* sp.

三、水生生物监测概况及物种名录

三峡库区（湖北段）及其支流的水生生物监测内容包括浮游动物、浮游植物等。在已有工作基础上，对三峡库区（湖北段）及其支流水生生物种类组成、优势种及流域进行生物学评价分析，并整理出常见水生生物物种名录（表6-2～表6-4）和物种图谱。

表6-2　三峡库区（湖北段）及其支流常见藻类名录

门	纲	目	科	属	种
蓝藻门 Cyanophyta	蓝藻纲 Cyanophyceae	颤藻目 Osillatoriales	颤藻科 Oscillatoriaceae	颤藻属 *Oscillatoria*	阿氏颤藻 *Oscillatoria agardhii*
					断裂颤藻 *Oscillatoria fraca*
				螺旋藻属 *Spirulina*	
				鞘丝藻属 *Lyngbya*	螺旋鞘丝藻 *Lyngbya contorta*
			席藻科 Phormidiaceae	席藻属 *Phormidium*	小席藻 *Phormidium tenue*
		念珠藻目 Nostocales	念珠藻科 Nostocaceae	念珠藻属 *Nostoc*	
				束丝藻属 *Aphanizomenon*	
				假鱼腥藻属 *Pseudanabaena*	
				尖头藻属 *Raphidiopsis*	弯形尖头藻 *Raphidiopsis curvata*
					中华尖头藻 *Raphidiopsis sinensia*
				鱼腥藻属 *Anabaena*	螺旋鱼腥藻 *Anabaena spiroides*
		色球藻目 Chroococcales	平裂藻科 Merismopediaceae	平裂藻属 *Merismopedia*	点形平裂藻 *Merismopedia punctata*
					微小平裂藻 *Merismopedia tenuissima*
					优美平裂藻 *Merismopedia elegans*
			色球藻科 Chroococcaceae	蓝纤维藻属 *Dactylococcopsis*	针晶蓝纤维藻 *Dactylococcopsis rhaphidioides*
					针状蓝纤维藻 *Dactylococcopsis acicularis*
				色球藻属 *Chroococcus*	小型色球藻 *Chroococcus minor*
				束球藻属 *Gomphosphaeria*	
				星球藻属 *Asterocapsa*	
			微囊藻科 Microcystaceae	微囊藻属 *Microcystis*	不定微囊藻 *Microcystis incerta*
硅藻门 Bacillariophyta	羽纹纲 Pennatae	单壳缝目 Monoraphidales	曲壳藻科 Achnantheaceae	卵形藻属 *Cocconeis*	
				曲壳藻属 *Achnanthes*	

续表

门	纲	目	科	属	种
硅藻门 Bacillariophyta	羽纹纲 Pennatae	管壳缝目 Aulonoraphidinales	菱形藻科 Nitzschiaceae	菱形藻属 *Nitzschia*	帽状菱形藻 *Nitzschia palea*
					泉生菱形藻 *Nitzschia fonticola*
					新月菱形藻 *Nitzschia closterium*
					针状菱形藻 *Nitzschia acicularis*
				拟菱形藻属 *Nitzschiella*	新月拟菱形藻 *Nitzschiella closterium*
			双菱藻科 Surirellaceae	波缘藻属 *Cymatopleura*	
				双菱藻属 *Surirella*	
		双壳缝目 Biraphidinales	桥弯藻科 Cymbellaceae	桥弯藻属 *Cymbella*	
				双眉藻属 *Amphora*	
			异极藻科 Gomphonemaceae	异极藻属 *Gomphonema*	微细异极藻 *Gomphonema parrulum*
				异极藻属 *Gomphonema*	
			舟形藻科 Naviculaceae	布纹藻属 *Gyrosigma*	
				辐节藻属 *Stauroneis*	辐节藻 *Stauroneis* sp.
					双头辐节藻 *Stauroneis anceps*
				肋缝藻属 *Frustulia*	
				羽纹藻属 *Pinnularia*	间断羽纹藻 *Pinnularia interrupta*
				舟形藻属 *Navicula*	喙头舟形藻 *Navicula rhynchocephala*
					隐头舟形藻 *Navicula cryptocephala*
		无壳缝目 Araphidionales	脆杆藻科 Fragilariaceae	脆杆藻属 *Fragilaria*	
				等片藻属 *Diatoma*	
				星杆藻属 *Asterionella*	
				针杆藻属 *Synedra*	放射针杆藻 *Synedra berolineasis*
					尖针杆藻 *Synedra acus*
					肘状针杆藻 *Synedra ulna*
					针杆藻 *Synedra* sp.
			平板藻科 Tabellariaceae	楔形藻属 *Licmophora*	

续表

门	纲	目	科	属	种
硅藻门 Bacillariophyta	中心纲 Centricae	圆筛藻目 Coscinodiscales	圆筛藻科 Coscinodiscaceae	小环藻属 *Cyclotella*	梅尼小环藻 *Cyclotella meneghiniana*
					小环藻 *Cyclotella* sp.
				圆筛藻属 *Coscinodiscus*	
				直链藻属 *Melosira*	变异直链藻 *Melosira varians*
					颗粒直链藻 *Melosira granulata*
				冠盘藻属 *Stephanodiscus*	
隐藻门 Cryptophyta	隐藻纲 Cryptophyceae		隐鞭藻科 Cryptomonadaceae	蓝隐藻属 *Chroomonas*	尖尾蓝隐藻 *Chroomonas acuta*
				隐藻属 *Cryptomonas*	卵形隐藻 *Cryptomonas ovata*
					啮蚀隐藻 *Cryptomonas erosa*
				蓝胞藻属 *Cyanomonas*	天蓝胞藻 *Cyanomonas coerulea*
甲藻门 Dinophyta	甲藻纲 Dinophyceae	多甲藻目 Peridiniales	裸甲藻科 Gymnodiniaceae	裸甲藻属 *Glenodinium*	
				薄甲藻属 *Glenodinium*	
			多甲藻科 Peridiniaceae	多甲藻属 *Peridinium*	
				拟多甲藻属 *Peridiniopsis*	
			角甲藻科 Ceratiaceae	角甲藻属 *Ceratium*	飞燕角甲藻 *Ceratium hirundinella*
裸藻门 Euglenophyta	裸藻纲 Euglenophyceae	裸藻目 Euglenales	裸藻科 Euglenaceae	扁裸藻属 *Phacus*	哑铃扁裸藻 *Phacus peteloti*
					长尾扁裸藻虫形变种 *Phacus longicauda* var. *insecta*
				陀螺藻属 *Strombomonas*	
				裸藻属 *Euglena*	尖尾裸藻 *Euglena axyuris*
					梭形裸藻 *Euglena acus*
					鱼形裸藻 *Euglena pisciformis*
绿藻门 Chlorophyta	葱绿藻纲 Prasinophyceae	多毛藻目 Polyblepharidales	多毛藻科 Polyblepharidaceae	塔胞藻属 *Pyramidomonas*	娇柔塔胞藻 *Pyramidomonas delicatula*
	绿藻纲 Chlorophyceae	团藻目 Volvocales	壳衣藻科 Phacotaceae	壳衣藻属 *Phacotus*	透镜壳衣藻 *Phacotus lenticularis*

续表

门	纲	目	科	属	种
绿藻门 Chlorophyta	绿藻纲 Chlorophyceae	团藻目 Volvocales	团藻科 Volvocaceae	团藻属 *Volvox*	
				实球藻属 *Pandorina*	
				空球藻属 *Eudorina*	
			衣藻科 Chlamydomon-adaceae	衣藻属 *Chlamydomonas*	德巴衣藻 *Chlamydomonas debaryana*
					球衣藻 *Chlamydomonas globosa*
					小球衣藻 *Chlamydomonas microsphaera*
		四孢藻目 Tetrasporales	胶球藻科 Coccomyxaceae	纺锤藻属 *Elakatothrix*	纺锤藻 *Elakatothrix gelatinosa*
		绿球藻目 Chlorococcales	绿球藻科 Chlorococcaceae	绿球藻属 *Chlorococcum*	
				微芒藻属 *Micractinium*	
			小桩藻科 Characiaceae	弓形藻属 *Schroederia*	螺旋弓形藻 *Schroederia spiralis*
					拟菱形弓形藻 *Schroederia nitzschioides*
					硬弓形藻 *Schroederia robusta*
			小球藻科 Chlorellaceae	小球藻属 *Chlorella*	普通小球藻 *Chlorella vulgaris*
				集球藻属 *Palmellococcus*	
				四角藻属 *Tetraëdron*	微小四角藻 *Tetraëdron minimum*
					三角四角藻 *Tetraëdron trigonum*
					具尾四角藻 *Tetraëdron caudatum*
					三叶四角藻 *Tetraëdron trilobulatum*
					整齐四角藻砧形变种 *Tetraëdron regulare* var. *incus*
				月牙藻属 *Selenastrum*	
				顶棘藻属 *Chodatella*	
				四棘藻属 *Treubaria*	粗刺四棘藻 *Treubaria crassispina*

续表

门	纲	目	科	属	种
绿藻门 Chlorophyta	绿藻纲 Chlorophyceae	绿球藻目 Chlorococcales	小球藻科 Chlorellaceae	蹄形藻属 *Kirchneriella*	
			卵囊藻科 Oocystaceae	并联藻属 *Quadrigula*	
				纤维藻属 *Ankistrodesmus*	镰形纤维藻 *Ankistrodesmus falcatus*
					针形纤维藻 *Ankistrodesmus acicularis*
				卵囊藻属 *Oocystis*	湖生卵囊藻 *Oocystis lacustris*
			卵囊藻科 Oocystaceae	卵囊藻属 *Oocystis*	波吉卵囊藻 *Oocystis borgei*
			盘星藻科 Pediastraceae	盘星藻属 *Pediastrum*	双射盘星藻 *Pediastrum biradiatum*
			栅藻科 Scenedesmaceae	栅藻属 *Scenedesmus*	二形栅藻 *Scenedesmus dimorphus*
					双列栅藻 *Scenedesmus bijuga*
					斜生栅藻 *Scenedesmus obliquus*
					齿牙栅藻 *Scenedesmus denticulatus*
					龙骨栅藻 *Scenedesmus carinatus*
				十字藻属 *Crucigenia*	四足十字藻 *Crucigenia tetrapedia*
				韦斯藻属 *Westella*	丛球韦斯藻 *Westella botryoides*
				拟韦斯藻属 *Westellopsis*	线形拟韦斯藻 *Westellopsis linearis*
			网球藻科 Dictyosphaeraceae	网球藻属 *Dictyosphaerium*	美丽网球藻 *Dictyosphaerium pulchellum*
			栅藻科 Scenedesmaceae	空星藻属 *Coelastrum*	小孢空星藻 *Coelastrum microporum*
		丝藻目 Ulotrichales	丝藻科 Ulotrichaceae	针丝藻属 *Raphidonema*	
				丝藻属 *Ulothrix*	最细丝藻 *Ulothrix tenuissima*
				游丝藻属 *Planctonema*	
		鞘藻目 Oedogoniales	鞘藻科 Oedogoniaceae	鞘藻属 *Oedocladium*	
	双星藻纲 Zygnematophyceae	双星藻目 Zygnematales	双星藻科 Zygnemataceae	转板藻属 *Mougeotia*	

续表

门	纲	目	科	属	种
绿藻门 Chlorophyta	双星藻纲 Zygnematophyceae	鼓藻目 Desmidiales	鼓藻科 Desmidiaceae	角星鼓藻属 *Staurastrum*	
				棒形鼓藻属 *Gonatozygon*	
				新月藻属 *Closterium*	纤细新月藻 *Closterium gracile*
				鼓藻属 *Cosmarium*	

表6-3 三峡库区（湖北段）及其支流常见底栖动物名录

门	纲	目	科	属	种
环节动物门 Annelida	寡毛纲 Oligochaeta	颤蚓目 Tubificidae	仙女虫科 Naididae	仙女虫属 *Nais*	
			颤蚓科 Tubificidae	水丝蚓属 *Limnodrilus*	霍甫水丝蚓 *Limnodrilus hoffmeisteri*
					克拉泊水丝蚓 *Limnodrilus claparedianus*
				尾鳃蚓属 *Branchiura*	苏氏尾鳃蚓 *Branchiura sowerbyi*
				颤蚓属 *Tubifex*	正颤蚓 *Tubifex tubifex*
	蛭纲 Hirudinea				
软体动物门 Mollusca	腹足纲 Gastropoda	中腹足目 Mesogastropoda	田螺科 Viviparidae	环棱螺属 *Bellamya*	
			豆螺科 Bithyniidae	沼螺属 *Parafossarulus*	纹沼螺 *Parafossarulus striatulus*
		基眼目 Basommatophora	椎实螺科 Lymnaeidae	萝卜螺属 *Radix*	
			扁蜷螺科 Planorbidae	旋螺属 *Gyraulus*	凸旋螺 *Gyraulus convexiusculus*
				圆扁螺属 *Hippeutis*	
节肢动物门 Arthropoda	昆虫纲 Insecta	蜉蝣目 Ephemeroptera	蜉蝣科 Ephemeridae	蜉蝣属 *Ephemera*	
			四节蜉科 Baetidae	四节蜉属 *Baetis*	
		双翅目 Diptera	摇蚊科 Chironomidae	长足摇蚊属 *Tanypus*	
				前突摇蚊属 *Procladius*	
				环足摇蚊属 *Cricotopus*	
				直突摇蚊属 *Orthocladius*	

续表

门	纲	目	科	属	种
节肢动物门 Arthropoda	昆虫纲 Insecta	双翅目 Diptera	摇蚊科 Chironomidae	摇蚊属 *Chironomus*	
				小摇蚊属 *Microchironomus*	
				多足摇蚊属 *Polypedilum*	
				隐摇蚊属 *Cryptochironomus*	
				齿斑摇蚊属 *Stictochironomus*	
				流长跗摇蚊属 *Rheotanytarsus*	
				二叉摇蚊属 *Dicrotendipes*	

表6-4　三峡库区（湖北段）及其支流常见浮游动物名录

门	纲	目	科	属	种
纤毛虫门 Ciliophora	动基片纲 Kinetofragm-inophira	前口目 Prostomatida	板壳科 Colepidae	板壳虫属 *Coleps*	
			裸口科 Holophryidae	裸口虫属 *Holophrya*	筒裸口虫 *Holophrya simples*
			前管科 Prorodonidae	前管虫属 *Prorodon*	绿色前管虫 *Prorodon virides*
					片齿前管虫 *Prorodon platyodon*
		侧口目 Pleurostomatida	裂口虫科 Amphileptidae	半眉虫属 *Hemiophrys*	
		钩刺目 Haptorida	栉毛科 Didiniidae	中缢虫属 *Mesodinium*	蚤中缢虫 *Mesodinium pulex*
				栉毛虫属 *Didinium*	小单环栉毛虫 *Didinium balbianiinanum*
				睥睨虫属 *Askenasia*	团睥睨虫 *Askenasia volvox*
			斜口科 Enchelyidae	瓶口虫属 *Lagynophrya*	回缩瓶口虫 *Lagynophrya retractilis*
	多膜纲 Polymenophora	寡毛目 Oligotrichida	急游科 Strombidiidae	急游虫属 *Strombidium*	绿急游虫 *Strombidium viride*
				尾毛虫属 *Urotricha*	双叉尾毛虫 *Urotricha furcata*
					武装尾毛虫 *Urotricha armatus*

续表

<table>
<tr><th>门</th><th>纲</th><th>目</th><th>科</th><th>属</th><th>种</th></tr>
<tr><td rowspan="20">纤毛虫门
Ciliophora</td><td rowspan="12">多膜纲
Polymenophora</td><td rowspan="7">寡毛目
Oligotrichida</td><td rowspan="2">侠盗科
Strobilidiidae</td><td rowspan="2">侠盗虫属
Strobilidium</td><td>旋回侠盗虫
Strobilidium gyrans</td></tr>
<tr><td>陀螺侠盗虫
Strobilidium velox</td></tr>
<tr><td rowspan="2">筒壳虫科
Tintinnidiidae</td><td rowspan="2">筒壳虫属
Tintinnidium</td><td>淡水筒壳虫
Tintinnidium fluviatile</td></tr>
<tr><td>小筒壳虫
Tintinnidium pusillum</td></tr>
<tr><td rowspan="2">铃壳科
Codonellidae</td><td rowspan="2">似铃壳虫属
Tintinnopsis</td><td>王氏似铃壳虫
Tintinnopsis wangi</td></tr>
<tr><td>锥形似铃壳虫
Tintinnopsis conus</td></tr>
<tr><td>弹跳科
Halteriidae</td><td>弹跳虫属
Halteria</td><td></td></tr>
<tr><td rowspan="2">异毛目
Heterotrichida</td><td>喇叭科
Stentoridae</td><td>喇叭虫属
Stentor</td><td></td></tr>
<tr><td>小袋科
Bursariidae</td><td>纤毛虫属
Ciliophora</td><td></td></tr>
<tr><td rowspan="11">寡膜纲
Oilgophy-
menophora</td><td rowspan="2">缘毛目
Peritrichida</td><td>钟形科
Vorticellidae</td><td>钟虫属
Vorticella</td><td></td></tr>
<tr><td>累枝科
Epistylididae</td><td>累枝虫属
Epistylis</td><td></td></tr>
<tr><td rowspan="2">盾纤毛目
Scuticociliatida</td><td>帆口科
Pleuronematidae</td><td>膜袋虫属
Cyclidium</td><td></td></tr>
<tr><td>梳纤科
Ctedoctematidae</td><td>梳纤虫属
Ctedoctema</td><td>前顶梳纤虫
Ctedoctema acanthocrypta</td></tr>
<tr><td>膜口目
Hymenostomatida</td><td>草履虫科
Parameciidae</td><td>草履虫属
Paramecium</td><td></td></tr>
</table>

<table>
<tr><td rowspan="7">肉足亚门
Sarcodina</td><td rowspan="7">根足纲
Rhizopodea</td><td rowspan="2">变形目
Amoebida</td><td>变形虫科
Amoebidae</td><td>变形虫属
Amoeba</td><td>变形虫
Amoeba proteus</td></tr>
<tr><td>盘变形科
Discamoebidae</td><td>蒲变虫属
Vannella</td><td>平足蒲变虫
Vannella platypodia</td></tr>
<tr><td rowspan="5">表壳目
Arcellinida</td><td rowspan="4">砂壳科
Difflugiidae</td><td rowspan="3">砂壳虫属
Difflugia</td><td>圆钵砂壳虫
Difflugia urceolata</td></tr>
<tr><td>长圆砂壳虫
Difflugia oblonga</td></tr>
<tr><td>尖顶砂壳虫
Difflugia acuminata</td></tr>
<tr><td>匣壳虫属
Centropyxis</td><td>针棘匣壳虫
Centropyxis aculeata</td></tr>
<tr><td>表壳科
Arcellidae</td><td>表壳虫属
Arcella</td><td></td></tr>
</table>

续表

门	纲	目	科	属	种
线形动物门 Nematomorpha	轮虫 Rotifera	单巢目 Monogononta	椎轮科 Notommatidae	巨头轮属 *Cephalodella*	小链巨头轮虫 *Cephalodella catellina*
			疣毛轮科 Synchaetidae	多肢轮属 *Polyarthra*	针簇多肢轮虫 *Pofyarthra trigla*
			臂尾轮科 Brachionidae	龟纹轮属 *Anuraeopsis*	裂痕龟纹轮虫 *Anuraeopsis fissa*
				龟甲轮属 *Keratella*	缘板龟甲轮虫 *Keratella ticinensis*
					螺形龟甲轮虫 *Keratella cochlearis*
					曲腿龟甲轮虫 *Keratella valga*
				叶轮属 *Notholca*	
			臂尾轮科 Brachionidae	臂尾轮属 *Brachionus*	角突臂尾轮虫 *Brachionus angularis*
					剪形臂尾轮虫 *Brachionus forficula*
					萼花臂尾轮虫 *Brachionus calyciflorus*
					蒲达臂尾轮虫 *Brachionus budapestiensis*
					壶状臂尾轮虫 *Brachionus urceus*
				须足轮属 *Euchlanis*	
			鼠轮科 Trichocercidae	同尾轮属 *Diurella*	
				异尾轮属 *Trichocerca*	暗小异尾轮虫 *Trichocerca pusilla*
					长刺异尾轮虫 *Trichocerca longiseta*
			疣毛轮科 Synchaetidae	疣毛轮属 *Synchaeta*	
			晶囊轮科 Asplanchnidae	晶囊轮属 *Asplanchna*	
			镜轮科 Testudinellidae	三肢轮属 *Filinia*	较大三肢轮虫 *Filinia major*
			腔轮科 Lecanidae	腔轮属 *Lecane*	月形腔轮虫 *Lecane buna*
				单趾轮属 *Monostyla*	尖趾单趾轮虫 *Monostyla closterocerca*
		双巢目 Digononta	旋轮科 Philodinidae	旋轮属 *Philodina*	

续表

门	纲	目	科	属	种
节肢动物门 Arthropoda	枝角类 Cladocera	异足目 Anomopoda	象鼻溞科 Bosminidae	象鼻溞属 *Bosmina*	长额象鼻溞 *Bosmina longirostris*
			裸腹溞科 Moinidae	裸腹溞属 *Moina*	
			盘肠溞科 Chydoridae	尖额溞属 *Alona*	
				盘肠溞属 *Chydorus*	卵形盘肠溞 *Chydorus ovalis*
				锐额溞属 *Alonella*	
			溞科 Daphnidae	溞属 *Daphnia*	
				低额溞属 *Simocephlaus*	
				船卵溞属 *Scapholeberis*	
				网纹蚤属 *Ceriodaphnia*	
		栉足目 Ctenopoda	仙达溞科 Sididae	秀体溞属 *Diaphanosoma*	无节幼体 nauplius
					桡足幼体 copepodid
	桡足类 Copepoda	剑水蚤目 Cyclopoida	剑水蚤科 Cyclopidae	剑水蚤属 *Cyclops*	
		哲水蚤目 Calanoida	胸刺水蚤科 Centropagidae	华哲水蚤属 *Sinocalanus*	

绪论作者

湖北省生态环境监测中心站 黄 丹 熊 晶 望志方

图片和名录提供者

湖北省生态环境监测中心站 黄 丹 熊 晶 望志方

第七章

丹江口水库

一、流域水生态环境

（一）丹江口水库概况

丹江口水库位于汉江中上游，分布于湖北省丹江口市和河南省南阳市，水库面积近1000km^2，多年平均入库水量为394.8亿m^3，水库来水量大部分来自汉江和汉江的支流丹江。丹江口水库具有防洪、发电、灌溉、航运、养殖、旅游等综合效益，在中国经济发展中具有举足轻重的战略地位。

（二）污染特征

随着丹江口水库周边工业化、城市化进程的加速和经济的高速发展，水库周边企业工业污水、城镇和农村生活污水、农业肥料和农药、生产养殖等污水直接或者间接排入，对丹江口水库水质产生一定影响。通过开展污染防治工作，一定程度上控制了丹江口库区及周边点源和面源污染源。

（三）水生态环境状况

丹江口水库水生态状况在“十二五”至“十三五”期间总体基本保持不变。2014～2017年，丹江口库区浮游植物和浮游动物优势种变化不明显，主要由轻度污染-中度污染指示种类组成。浮游植物优势种主要由蓝藻门（Cyanophyta）、绿藻门（Chlorophyta）和硅藻门（Bacillariophyta）藻类组成，浮游动物优势种主要由体型较小的原生动物（Protozoa）和轮虫（Rotifera）组成。

二、水生生物多样性

1. 种类组成特征

2014年，在丹江口水库共采集到浮游植物90种（属），其中蓝藻门20种、绿藻门38种、硅藻门15种、金藻门（Chrysophyta）5种，隐藻门（Cryptophyta）4种，甲藻门（Dinophyta）4种，裸藻门（Euglenophyta）3种，黄藻门（Xanthophyta）1种，优势种为蓝藻门的假鱼腥藻（*Pseudanabaena* sp.），优势种密度为2.98×10^5cell/L。共采集到浮游动物47种（属），优势种为双环栉毛虫（*Didinium nasufum*）密度为1000个/L，其中原生动物19种、轮虫（Rotifera）17种、枝角类（Cladocera）7种、桡足类（Copepoda）4种。

2015年，在丹江口水库共采集到浮游植物84种（属），优势种为硅藻门的针杆藻（*Synedra* sp.），优势种密度为8.02×10^5cell/L，其中绿藻门36种、硅藻门20种、蓝藻门14种、隐藻门5种、裸藻门5种、金藻门2种和甲藻门2种。共采集到浮游动物36种（属），优势种为变形虫（*Amoeba* sp.），密度为187.5个/L，其中原生动物14种、轮虫9种、枝角类6种、桡足类7种。

2017年，在丹江口水库共采集到浮游植物74种（属），优势种为弯形小尖头藻（*Raphidiopsis curvata*），密度为2.5×10^5cell/L，其中蓝藻门16种、绿藻门34种、硅藻门14种、隐藻门3种、甲藻门3种、裸藻门3种和金藻门1种。共采集到浮游动物36种（属），优势种为广布多肢轮虫（*Polyarthra vulgaris*）密度为25个/L，其中原生动物7种、轮虫10种、枝角类9种、桡足类10种。

“十二五”（2014～2015年）至“十三五”期间（2017年），浮游植物种类组成变化情况如图7-1和图7-2所示，浮游动物物种组成变化情况如图7-1和图7-3所示。

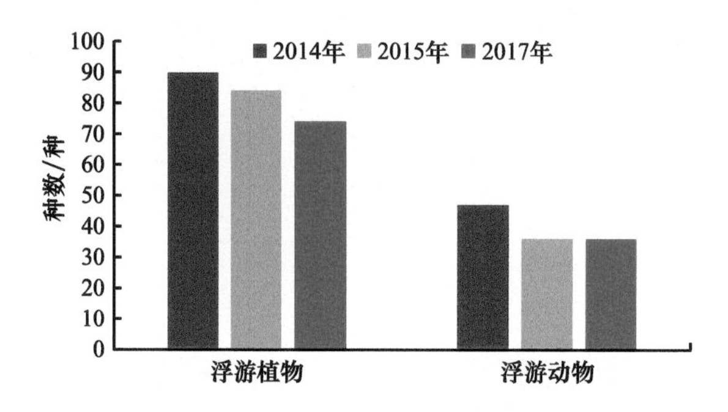

图7-1 2014～2017年浮游生物种数变化

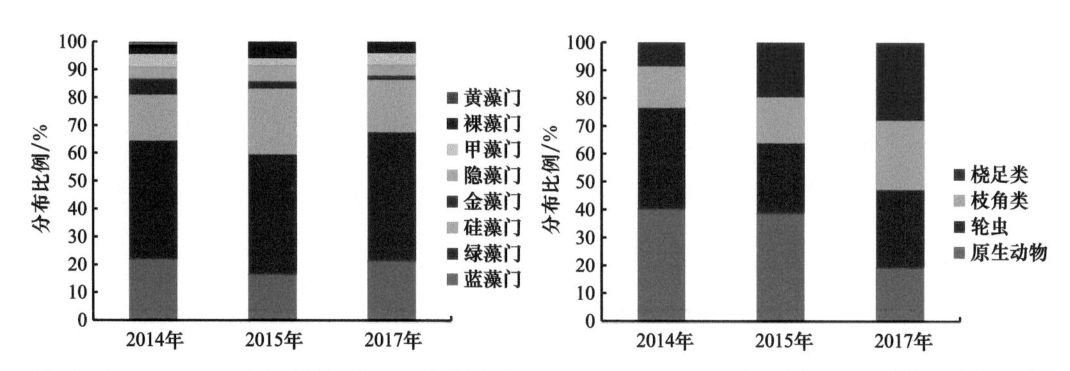

图7-2 2014～2017年浮游植物物种分布比例变化 图7-3 2014～2017年浮游动物物种分布比例变化

浮游植物种数从2014年的90种减少到到2017年的74种，种数量略微减少，同时浮游动物种数略有波动，表明丹江口库区水生态环境有一定变化。由于丹江口水库受周边旅游、生活污水、围网养殖等因素影响，丹江口水体受到一定污染，水生生物群落结构受到一定影响。“十二五”末期和“十三五”初期，丹江口流域对湖库围网养殖进行拆除整治，一定程度上减少了丹江口水库的污染来源。

2. 丰度变化特征

自“十二五”末期（2014年）到“十三五”初期（2017年），丹江口库区浮游生物丰度也出现不同程度的变化。

丹江口水库藻类的丰度从2014年的1.7×10^6cell/L增加到2017年的2.2×10^6cell/L，浮游植物的密度明显增加；浮游植物主要由蓝藻门、硅藻门和绿藻门藻类组成，且蓝藻门藻类密度占绝对优势（图7-4～图7-6），说明丹江口水库水质可能存在富营养化趋势。

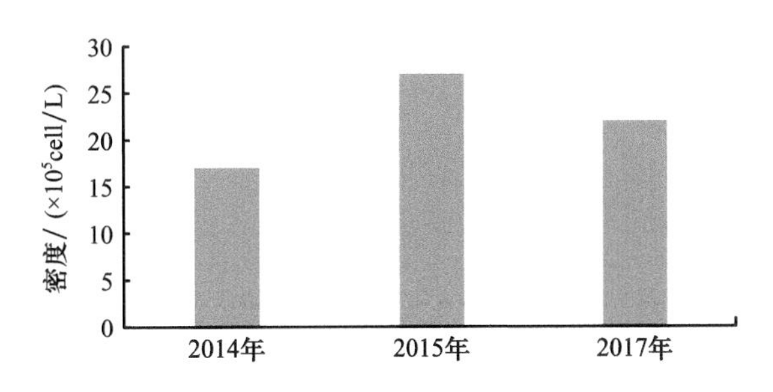

图7-4　2014～2017年浮游植物密度变化

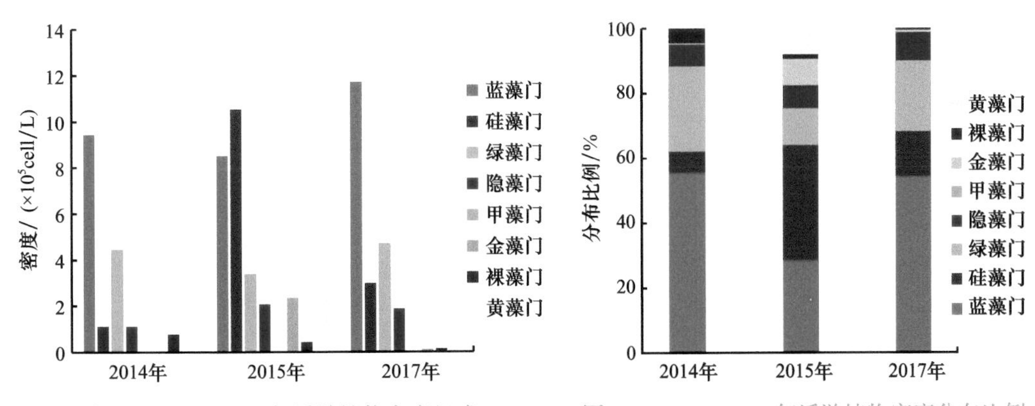

图7-5　2014～2017年浮游植物密度组成

图7-6　2014～2017年浮游植物密度分布比例变化

浮游动物的数量从2014年的3172个/L减少到2017年的159个/L，浮游动物的数量明显减少。从浮游动物组成看，2014～2015年浮游动物主要由个体较小、数量较多的原生动物组成，2017年的分析结果显示原生动物和枝角类较少，优势种类由轮虫和个体较大的桡足类组成，群落结构发生了较大变化（图7-7～图7-9）。浮游动物捕食浮游植物，一定程度上会抑制浮游植物的大量生长，而低密度的浮游动物有利于藻类的繁殖。

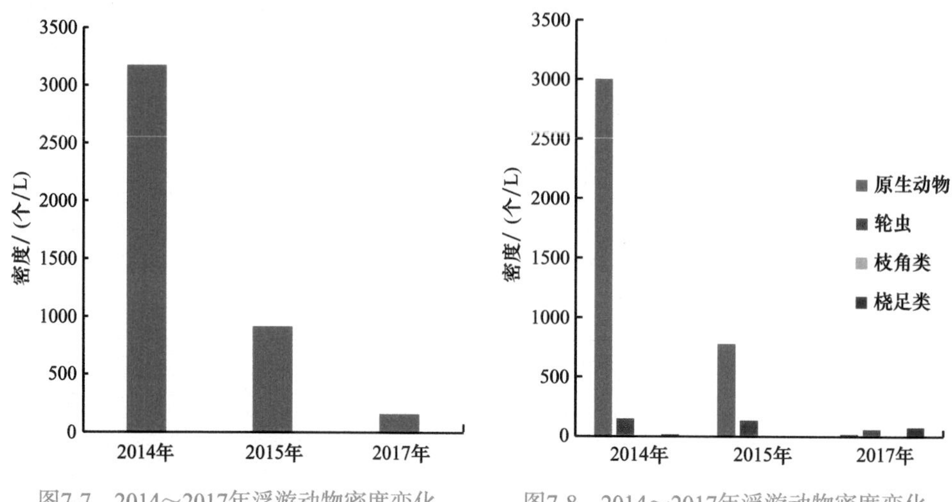

图7-7 2014～2017年浮游动物密度变化　　图7-8 2014～2017年浮游动物密度变化

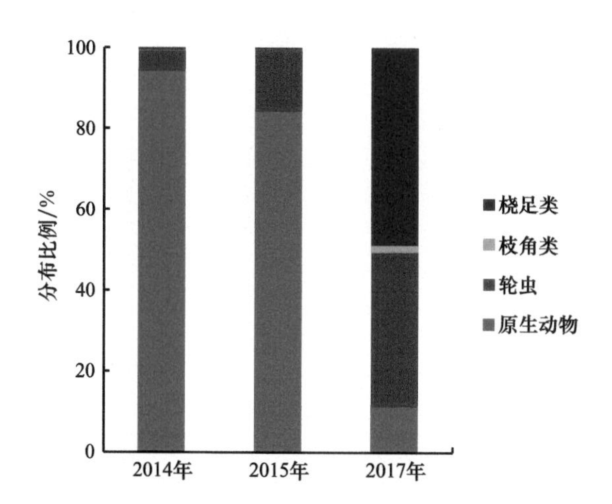

图7-9 2014～2017年浮游动物密度分布比例变化

3. 优势种变化情况

2014～2017年，丹江口库区浮游植物和浮游动物优势种的变化不明显，主要由轻度污染-中度污染指示种类组成。浮游植物优势种主要由蓝藻门、绿藻门和硅藻门藻类组成；2014年和2015年浮游动物优势种主要由体型较小的原生动物和轮虫组成，2017年浮游动物优势种种数减少，同时其总密度呈现出减少的情况。2014～2017年丹江口水库浮游植物和浮游动物优势种变化情况见表7-1。

表7-1 2014～2017年丹江口库区浮游植物和浮游动物优势种变化情况

年份	优势种名称	
	浮游植物	浮游动物
2014年	假鱼腥藻 *Pseudanabaena* sp. 小席藻 *Anabaena tenue* 小环藻 *Cyclotella* sp. 不定微囊藻 *Microcystis incerta* 颗粒直链藻 *Melosira granulata* 德巴衣藻 *Chlamydomonas debaryana* 啮蚀隐藻 *Cryptomonas erosa* 卵形隐藻 *Cryptomonas ovata* 双列栅藻 *Scenedesmus bijugatus* 小环藻 *Cyclotella* sp. 针杆藻 *Synedra* sp. 美丽胶网藻 *Dictyosphaerium pulchellum*	双环栉毛虫 *Didinium nasutum* 旋回侠盗虫 *Strobilidium gyrans* 双叉尾毛虫 *Urotricha furcate* 武装尾毛虫 *Urotricha armatus* 王氏似铃壳虫 *Tintinnopsis wangi* 蚤中缢虫 *Mesodinium pulex* 小单环栉毛虫 *Didinium balbianiinanum*
2015年	针杆藻 *Synedra* sp. 假鱼腥藻 *Pseudanabaena* sp. 锥囊藻 *Dinobryon* sp. 小环藻 *Cyclotella* sp. 弯形小尖头藻 *Raphidiopsis curvata* 蓝隐藻 *Chroomonas* sp. 尖针杆藻 *Synedra acus* 啮蚀隐藻 *Cryptomonas erosa* 双列栅藻 *Scenedesmus bijuga*	变形虫 *Amoeba* sp. 旋回侠盗虫 *Strobilidium gyrans* 疣毛轮虫 *Synchaeta* sp. 淡水筒壳虫 *Tintinnidium fluviatile* 绿急游虫 *Strombidium viride* 膜袋虫 *Cyclidium* sp. 似铃壳虫 *Tintinnopsis* sp. 半眉虫 *Hemiophrys* sp. 砂壳虫 *Difflugia* sp. 表壳虫 *Arcella* sp. 刺胞虫 *Acanthocystis* sp.
2017年	弯形小尖头藻 *Raphidiopsis curvata* 假鱼腥藻 *Pseudanabaena* sp. 微囊藻 *Microcystis* sp. 鱼腥藻 *Anabaena* sp. 小球藻 *Chlorella* sp. 颗粒直链藻 *Melosira granulata* 蓝隐藻 *Chroomonas* sp. 小环藻 *Cyclotella* sp. 色球藻 *Chroococcus* sp. 点形平裂藻 *Merismopedia punctata* 啮蚀隐藻 *Cryptomonas erosa* 二形栅藻 *Scenedesmus dimorphus* 优美平裂藻 *Merismopedia elegans*	广布多肢轮虫 *Polyarthra vulgaris* 螺形龟甲轮虫 *Keratella cochlearis* 卵形彩胃轮虫 *Chromogaster ovalis* 瘤棘砂壳虫 *Difflugia tuberspinifera* 球形砂壳虫 *Difflugia globulosa* 纤毛虫 *Ciliophora* sp. 等刺异尾轮虫 *Trichocerca similis*

三、水生生物监测概况及物种名录

丹江口水库共布设12个生物群落采样点位，水生生物监测指标包括浮游植物、浮游动物和底栖动物等。在已有工作基础上，对丹江口水库水生生物种类组成、优势种及流域生态健康状况进行评价分析，并整理出丹江口水库常见水生生物物种名录（表7-2～表7-4）和物种图谱。

表7-2 丹江口水库常见藻类名录

门	纲	目	科	属	种
蓝藻门 Cyanophyta	蓝藻纲 Cyanophyceae	色球藻目 Chroococcales	色球藻科 Chroococcaceae	蓝纤维藻属 *Dactylococcopsis*	
			微囊藻科 Microcystaceae	微囊藻属 *Microcystis*	
		颤藻目 Osillatoriales	颤藻科 Oscillatoriaceae	颤藻属 *Oscillatoria*	
			假鱼腥藻科 Pseudanabaenaceae	假鱼腥藻属 *Pseudanabaena*	
		念珠藻目 Nostocales	念珠藻科 Nostocaceae	鱼腥藻属 *Anabaena*	卷曲鱼腥藻 *Anabaena circinalis*
					螺旋鱼腥藻 *Anabaena spiroides*
绿藻门 Chlorophyta	绿藻纲 Chlorophyceae	团藻目 Volvocales	团藻科 Volvocaceae	空球藻属 *Eudorina*	
				实球藻属 *Pandorina*	实球藻 *Pandorina morum*
				团藻属 *Volvox*	
		绿球藻目 Chlorococcales	绿球藻科 Chlorococcaceae	微芒藻属 *Micractinium*	微芒藻 *Micractinium pusillum*
			盘星藻科 Pediastraceae	盘星藻属 *Pediastrum*	双射盘星藻 *Pediastrum biradiatum*
					单角盘星藻 *Pediastrum simplex*
			网球藻科 Dictyosphaeraceae	网球藻属 *Dictyosphaerium*	
			小球藻科 Chlorellaceae	顶棘藻属 *Chodatella*	
				四角藻属 *Tetraëdron*	微小四角藻 *Tetraëdron minimum*
					三角四角藻 *Tetraëdron trigonum*
				月牙藻属 *Selenastrum*	小形月牙藻 *Selenastrum minutum*
			小桩藻科 Characiaceae	弓形藻属 *Schroederia*	拟菱形弓形藻 *Schroederia nitzschioides*
					弓形藻 *Schroederia setigera*
			栅藻科 Scenedesmaceae	空星藻属 *Coelastrum*	小孢空星藻 *Coelastrum microporum*
				十字藻属 *Crucigenia*	四角十字藻 *Crucigenia quadrata*
					四足十字藻 *Crucigenia tetrapedia*

续表

门	纲	目	科	属	种
绿藻门 Chlorophyta	绿藻纲 Chlorophyceae	绿球藻目 Chlorococcales	栅藻科 Scenedesmaceae	栅藻属 *Scenedesmus*	四尾栅藻 *Scenedesmus quadricauda*
	双星藻纲 Zygnematophyceae	鼓藻目 Desmidiales	鼓藻科 Desmidiaceae	角星鼓藻属 *Staurastrum*	
				新月藻属 *Closterium*	纤细新月藻 *Closterium gracile*
硅藻门 Bacillariophyta	中心纲 Centricae	圆筛藻目 Coscinodiscales	圆筛藻科 Coscinodiscaceae	直链藻属 *Melosira*	颗粒直链藻 *Melosira granulata*
				小环藻属 *Cyclotella*	
	羽纹纲 Pennatae	无壳缝目 Araphidiales	脆杆藻科 Fragilariaceae	针杆藻属 *Synedra*	尖针杆藻 *Stnedra acus*
					放射针杆藻 *Synedra actinastroides*
				等片藻属 *Diatoma*	
				脆杆藻属 *Fragilaria*	
		双壳缝目 Biraphidinales	舟形藻科 Naviculaceae	舟形藻属 *Navicula*	
				辐节藻属 *Stauroneis*	双头辐节藻 *Stauroneis anceps*
			桥弯藻科 Cymbellaceae	桥弯藻属 *Cymbella*	
			异极藻科 Gomphonemaceae	异极藻属 *Gomphonema*	
		管壳缝目 Aulonoraphidinales	双菱藻科 Surirellaceae	双菱藻属 *Surirella*	
				波缘藻属 *Cymatopleura*	
			菱形藻科 Nitzschiaceae	菱形藻属 *Nitzschia*	谷皮菱形藻 *Nitzschia palea*
隐藻门 Cryptophyta	隐藻纲 Cryptophyceae		隐鞭藻科 Cryptomonadaceae	隐藻属 *Cryptomonas*	啮蚀隐藻 *Cryptomonas erosa*
裸藻门 Euglenophyta	裸藻纲 Euglenophyceae	裸藻目 Euglenales	裸藻科 Euglenaceae	裸藻属 *Euglena*	梭形裸藻 *Euglena acus*
				囊裸藻属 *Trachelomonas*	
金藻门 Chrysophyta	黄群藻纲 Synurophyceae	黄群藻目 Synurales	黄群藻科 Synuraceae	黄群藻属 *Synura*	黄群藻 *Synura uvella*

表7-3 丹江口水库常见底栖动物物名录

门	纲	目	科	属	种
环节动物门 Annelida	寡毛纲 Oligochaeta	颤蚓目 Tubificida	仙女虫科 Naididae	仙女虫属 *Nais*	
				头鳃蚓属 *Branchiodrilus*	
				水丝蚓属 *Limnodrilus*	霍甫水丝蚓 *Limnodrilus hoffmeisteri*
					克拉泊水丝蚓 *Limnodrilus claparedianus*
					巨毛水丝蚓 *Limnodrilus grandisetosus*
				尾鳃蚓属 *Branchiura*	苏氏尾鳃蚓 *Branchiura sowerbyi*
				盘丝蚓属 *Bothrioneurum*	维窦夫盘丝蚓 *Bothrioneurum vejdovskyanum*
				管水蚓属 *Aulodrilus*	
				颤蚓属 *Tubifex*	正颤蚓 *Tubifex tubifex*
	蛭纲 Hirudinea				
软体动物门 Mollusca	腹足纲 Gastropoda	中腹足目 Mesogastropoda	田螺科 Viviparidae	环棱螺属 *Bellamya*	
			豆螺科 Bithyniidae	沼螺属 *Parafossarulus*	纹沼螺 *Parafossarulus striatulus*
		基眼目 Basommatophora	椎实螺科 Lymnaeidae	萝卜螺属 *Radix*	
			扁蜷螺科 Planorbidae	旋螺属 *Gyraulus*	凸旋螺 *Gyraulus convexiusculus*
				圆扁螺属 *Hippeutis*	
节肢动物门 Arthropoda	昆虫纲 Insecta	蜉蝣目 Ephemeroptera	蜉蝣科 Ephemeridae	蜉蝣属 *Ephemera*	
		毛翅目 Trichoptera	纹石蛾科 Hydropsychidae		
		双翅目 Diptera	蠓科 Ceratopogonidae		
			摇蚊科 Chironomidae	长足摇蚊属 *Tanypus*	
				前突摇蚊属 *Procladius*	
				环足摇蚊属 *Cricotopus*	
				直突摇蚊属 *Orthocladius*	
				摇蚊属 *Chironomus*	
				小摇蚊属 *Microchironomus*	

续表

门	纲	目	科	属	种
节肢动物门 Arthropoda	昆虫纲 Insecta	双翅目 Diptera	摇蚊科 Chironomidae	多足摇蚊属 *Polypedilum*	
				隐摇蚊属 *Cryptochironomus*	
				齿斑摇蚊属 *Stictochironomus*	
				流长跗摇蚊属 *Rheotanytarsus*	
				二叉摇蚊属 *Dicrotendipes*	
线形动物门 Nematomorpha					

表7-4　丹江口水库常见浮游动物物名录

门	纲	目	科	属	种
纤毛虫门 Ciliophora	动基片纲 Kinetofragminophira	前口目 Prostomatida	前管科 Prorodonidae	斜板虫属 *Plagiocampa*	黑斜板虫 *Plagiocampa atra*
			前管科 Prorodonidae	前管虫属 *Prorodon*	绿色前管虫 *Prorodon virides*
					片齿前管虫 *Prorodon platyodon*
			板壳科 Colepidae	板壳虫属 *Coleps*	
		刺钩目 Haptorida	栉毛科 Didiniidae	中缢虫属 *Mesodinium*	蚤中缢虫 *Mesodinium pulex*
				栉毛虫属 *Didinium*	小单环栉毛虫 *Didinium balbianiinanum*
					双环栉毛虫 *Didinium nasutum*
				睥睨虫属 *Askenasia*	团睥睨虫 *Askenasia volvox*
			斜口科 Enchelyidae	瓶口虫属 *Lagynophrya*	锥形瓶口虫 *Lagynophrya mucicola*
					回缩瓶口虫 *Lagynophrya retractilis*
		篮口目 Nassulida	篮口科 Nassulidae	篮口虫属 *Nassula*	
		侧口目 Pleurostomatida	裂口虫科 Amphileptidae	半眉虫属 *Hemiophrys*	纺锤半眉虫 *Hemiophrys fusidens*
					直半眉虫 *Hemiophrys procera*
					敏捷半眉虫 *Hemiophrys agilis*
				漫游虫属 *Litonotus*	
		肾形目 Colpodida	肾形科 Colpodidae	肾形虫属 *Colpoda*	

续表

门	纲	目	科	属	种
纤毛虫门 Ciliophora	多膜纲 Polymenophora	寡毛目 Oligotrichida	侠盗科 Strobilidiidae	侠盗虫属 *Strobilidium*	旋回侠盗虫 *Strobilidium gyrans*
					陀螺侠盗虫 *Strobilidium velox*
			喇叭科 Stentoridae	喇叭虫属 *Stentor*	
			急游科 Strombidiidae	尾毛虫属 *Urotricha*	双叉尾毛虫 *Urotricha furcate*
					武装尾毛虫 *Urotricha armatus*
				急游虫属 *Strombidium*	绿急游虫 *Strombidium viride*
			筒壳虫科 Tintinnidiidae	筒壳虫属 *Tintinnidium*	淡水筒壳虫 *Tintinnidium fluviatile*
					小筒壳虫 *Tintinnidium pusillum*
					蒽茨筒壳虫 *Tintinnidium entzii*
			铃壳科 Codonellidae	似铃壳虫属 *Tintinnopsis*	王氏似铃壳虫 *Tintinnopsis wangi*
					锥形似铃壳虫 *Tintinnopsis conus*
		下毛目 Hypotrichida	尖毛科 Keronidae	尖毛虫属 *Oxytricha*	
	寡膜纲 Oilgophy-menophora	盾纤毛目 Scuticociliatida	帆口科 Pleuronematidae	帆口虫属 *Pleuronema*	冠帆口虫 *Pleuronema cornatum*
				膜袋虫属 *Cyclidium*	苔藓膜袋虫 *Cyclidium muscicola*
			膜袋科 Cyclidiidae	发袋虫属 *Cristigera*	小发袋虫 *Cristigera minuta*
		缘毛目 Peritrichida	钟形科 Vorticellidae	钟虫属 *Vorticella*	
		膜口目 Hymenost-omatida	草履虫科 Parameciidae	草履虫属 *Paramecium*	
肉足亚门 Sarcodina	根足纲 Rhizopodea	变形目 Amoebida	盘变形科 Discamoebidae	三足虫属 *Trinema*	斜口三足虫 *Trinema enchelys*
				藤胞虫属 *Hedriocystis*	网藤胞虫 *Hedriocystis reticnlata*
				蒲变虫属 *Vannella*	平足蒲变虫 *Vannella plapodia*
			变形虫科 Amoebidae	梨壳虫属 *Nebela*	齿口梨壳虫 *Nebela dentistoma*
				变形虫属 *Amoeba*	变形虫 *Amoeba proteus*
			马氏科 Mayorellidae	马氏虫属 *Mayorella*	扇形马氏虫 *Mayorella penardi*

续表

门	纲	目	科	属	种
肉足亚门 Sarcodina	根足纲 Rhizopodea	表壳目 Arcellinida	砂壳科 Difflugiidae	砂壳虫属 *Difflugia*	长圆砂壳虫 *Difflugia oblonga*
					尖顶砂壳虫 *Difflugia acuminata*
					褐砂壳虫 *Difflugia aveilana*
					冠冕砂壳虫 *Difflugia corona*
					圆钵砂壳虫 *Difflugia urceolata*
				匣壳虫属 *Centropyxis*	
			表壳科 Arcellidae	表壳虫属 *Arcella*	
	辐足纲 Actinopodea	太阳目 Actinophryida	太阳科 Actinophryidae	太阳虫属 *Actinophrys*	
				刺胞虫属 *Acanthocystis*	
线形动物门 Nemat-omorpha	轮虫 Rotifera	单巢目 Monogononta	椎轮科 Notommatidae	巨头轮属 *Cephalodella*	小链巨头轮虫 *Cephalodella catellina*
			疣毛轮科 Synchaetidae	疣毛轮属 *Synchaeta*	
				皱甲轮属 *Ploesoma*	郝氏皱甲轮虫 *Ploesoma hudsoni*
				多轮属 *Polyarthra*	针簇多肢轮虫 *Polyarthra trigla*
			臂尾轮科 Brachionidae	龟甲轮属 *Keratella*	缘板龟甲轮虫 *Keratella ticinensis*
					螺形龟甲轮虫 *Keratella cochlearis*
					曲腿龟甲轮虫 *Keratella valga*
				臂尾轮属 *Brachionus*	角突臂尾轮虫 *Brachionus angularis*
					剪形臂尾轮虫 *Brachionus forficula*
					裂足臂尾轮虫 *Brachionus diversicornis*
					萼花臂尾轮虫 *Brachionus calyciflorus*
					蒲达臂尾轮虫 *Brachionus budapestiensis*
					壶状臂尾轮虫 *Brachionus urceus*
					尾突臂尾轮虫 *Brachionus caudatus*
				龟纹轮属 *Anuraeopsis*	裂痕龟纹轮虫 *Anuraeopsis fissa*

续表

门	纲	目	科	属	种
线形动物门 Nemat- omorpha	轮虫 Rotifera	单巢目 Monogononta	臂尾轮科 Brachionidae	须足轮属 *Euchlanis*	
				叶轮属 *Notholca*	
				鞍甲轮属 *Lepadella*	盘状鞍甲轮虫 *Lepadella patella*
			鼠轮科 Trichocercidae	异尾轮属 *Trichocerca*	暗小异尾轮虫 *Trichocerca pusilla*
					长刺异尾轮虫 *Trichocerca longiseta*
				同尾轮属 *Diurella*	田奈同尾轮虫 *Diurella dixonnuttalli*
			晶囊轮科 Asplanchnidae	晶囊轮属 *Asplanchna*	
				囊足轮属 *Asplanchnopus*	
			腔轮科 Lecanidae	腔轮属 *Lecane*	月形腔轮虫 *Lecane luna*
					凹顶腔轮虫 *Lecane papuana*
				单趾轮属 *Monostyla*	尖趾单趾轮虫 *Monostyla closterocerca*
			镜轮科 Testudinellidae	三肢轮属 *Filinia*	迈氏三肢轮虫 *Filinia major*
					臂三肢轮虫 *Filinia brachiata*
					跃进三肢轮虫 *Filinia passa*
			胶鞘轮科 Collothecidae	胶鞘轮属 *Collotheca*	
		双巢目 Digononta	旋轮科 Philodinidae	旋轮属 *Philodina*	
				轮虫属 *Rotaria*	
			柔轮科 Lindiidae	柔轮属 *Lindia*	截头柔轮虫 *Lindia truncata*
节肢动物门 Arthropoda	甲壳纲 Crustacea	异足目 Anomopoda	溞科 Daphnidae	网纹溞属 *Ceriodaphnia*	
				低额溞属 *Simocephlaus*	
				溞属 *Daphnia*	
			象鼻溞科 Bosminidae	象鼻溞属 *Bosmina*	长额象鼻溞 *Bosmina longirostris*
			裸腹溞科 Moinidae	裸腹溞属 *Moina*	

续表

门	纲	目	科	属	种
节肢动物门 Arthropoda	甲壳纲 Crustacea	异足目 Anomopoda	盘肠溞科 Chydoridae	尖额溞属 *Alona*	矩形尖额溞 *Alona rectangula*
				盘肠溞属 *Chydorus*	卵形盘肠溞 *Chydorus ovalis*
				锐额溞属 *Alonella*	
		栉足目 Ctenopoda	仙达溞科 Sididae	秀体溞属 *Diaphanosoma*	无节幼体 nauplius
					桡足幼体 copepodid
		剑水蚤目 Cyclopoida	剑水蚤科 Cyclopidae	剑水蚤属 *Cyclops*	

绪论作者

湖北省生态环境监测中心站　黄　丹　熊　晶　望志方

图片和名录提供者

湖北省生态环境监测中心站　黄　丹　熊　晶　望志方

第八章

嘉陵江流域（重庆段）

一、流域水生态环境

（一）流域概况

嘉陵江，因流经陕西凤县东北嘉陵谷而得名。发源于秦岭北麓的陕西省凤县代王山。干流流经陕西省、甘肃省、四川省、重庆市，在重庆市朝天门汇入长江。主要支流有八渡河、西汉水、白龙江、渠江、涪江等。全长1345km，流域面积近16万km^2，是长江支流中长度仅次于雅砻江，流量仅次于岷江的大河。

嘉陵江重庆段地势为西、北、东高，东南面最低。上源地跨秦巴山地，河流穿行于秦岭、摩天岭、米仓山等崇山峻岭之中，山川起伏达400～1000m。由于河谷深切，形成峡谷，水流湍急。在广元市朝天镇附近，干流横切海拔900～1100m的剑门山，形成清风峡和明月峡，有“嘉陵江上小瞿塘”之称。广元市昭化以上为嘉陵江上游段，河道长357km，平均比降3.8‰，不少地段河谷为“V”形，坡谷坡度达40°以上，支沟或溪流出口处多有冲积锥或洪积扇，暴雨一到，经常诱发崩塌、滑坡、泥石流等自然灾害。到昭化镇一带河谷渐宽，水流开始迂回，河床中有卵石漫滩出现，河岸有断续延伸的阶地。昭化镇至合川为中游段，长633km。由于位于四川盆地丘陵区，比降大为减小，平均比降0.3‰。河道自上而下逐渐开阔，水面宽70～400m。这段河段的特色是河曲发育，大小有29个，素有“九曲回肠”之称。中游段河谷宽300～800m，呈浅凹形或不对称的“U”形，河床多为卵石、砂砾所覆盖，间或有基岩出露。合川以下至河口段为下游段，流经东部盆地、岭谷地带，河谷宽400～600m，水面宽150～400m，比降0.2‰～0.3‰。流域内降水充沛，植被覆盖率低，水土流失严重，河水含沙量大。

嘉陵江（重庆段）大部分属于亚热带湿润季风气候。上游山区冬季寒冷，霜雪较多，又多风暴；中下游多盆地，冬季温暖多雾，霜雪少见。春、夏季，流域内降雨自东向西移动，若遇季风弱而迟时，则在西部往往会形成春旱和初夏干旱天气。流域内年降水量在1000mm以上，其中50%集中在7～9月。

嘉陵江（重庆段）多年平均径流量为698.8亿m^3，主要集中在汛期5～10月，汛期干流水量占全年径流量的75%～83%。嘉陵江洪水主要发生在汛期。年最大洪峰多发生在7～9月，尤以7月出现机会最多，洪水历时单峰3～5天，复峰可达7～12天，峰顶持续时间大约4h。

渠江是嘉陵江左岸最大的支流，发源于川陕两省交界处的铁船山，全长723km，流域面积为38 500km^2，占全流域面积的25%，河口多年平均流量为750m^3/s。渠江流域气候温和，雨量充沛，属于中亚热带湿润气候，年降水量为1014～1253mm。

涪江是仅次于渠江的嘉陵江水系的重要支流之一，发源于四川省平武县，长约670km，流域面积为3.6万km^2，多年平均径流量为572m^3/s。涪江流域属于亚热带湿润性气候，多年平均气温为14.7～18.2℃。多年平均降水量在1200mm。

（二）污染特征

嘉陵江是长江流域所有支流中流域面积最大，长度仅次于雅砻江的大河，是重庆市重要的饮用水水源地。“十二五”期间嘉陵江流域（重庆段）水质良好，水质保持稳定，2011～2016年全部达到Ⅱ类。主要污染指标为化学需氧量、总磷和氨氮等。

（三）水生态环境状况

嘉陵江流域（重庆段）水生态状况目前整体保持较好。“十二五”期间浮游植物密度整体呈现上升趋势，与2011年相比上升了一个数量级；群落结构为硅藻-隐藻-甲藻格局。隐藻门和甲藻门的相对密度逐年上升，硅藻门的相对密度显著下降。多样性指数表明嘉陵江浮游植物群落结构较为复杂，浮游植物分布格局的差异逐渐增大。

二、流域水生生物多样性

目前开展水生生物调查的为嘉陵江（重庆段），开展区域包括上游嘉陵江水系重要支流涪江、渠江及汇入长江之前的干流全流域。

1. 物种组成特征

“十二五”期间嘉陵江流域（重庆段）共发现藻类161种，分布于硅藻门（Bacillariophyta）、绿藻门（Chlorophyta）、蓝藻门（Cyanophyta）、裸藻门（Euglenophyta）、隐藻门（Cryptophyta）、甲藻门（Pyrrophyta）和金藻门（Chrysophyta）7门。其中绿藻门、硅藻门、蓝藻门的种数分别占总数的40.7%、34.1%、10.2%，其余门类占15.0%（图8-1）。

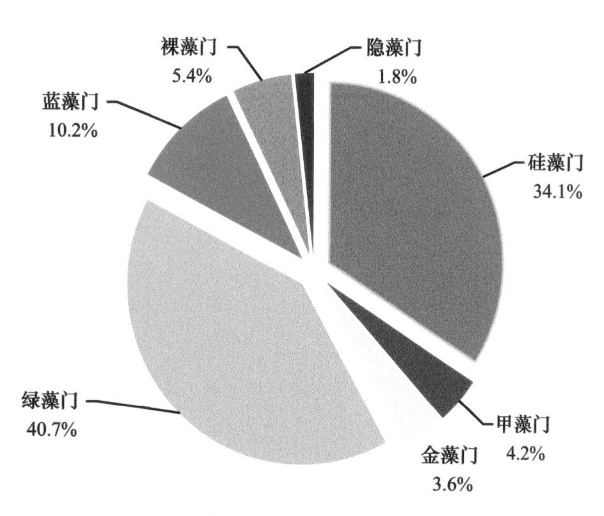

图8-1　浮游植物种数

整体上，“十二五”期间嘉陵江流域（重庆段）整体的物种丰富度比较高，这与“十一五”到“十二五”期间的流域保护措施和防治计划的实施密切相关。

嘉陵江流域（重庆段）的浮游植物种数有上升的趋势，上升幅度不大。属于优势门类的硅藻门分布比例略有上升，已由2011年的41.0%上升到2017年的46.9%，而绿藻门的分布比例则略有下降，由2011年的38.6%下降到2017年的35.4%（图8-2，图8-3）。

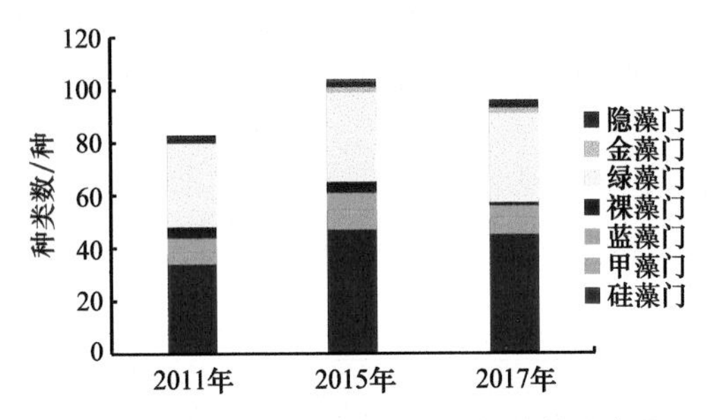

图8-2 2011～2017年浮游植物物种数的变化

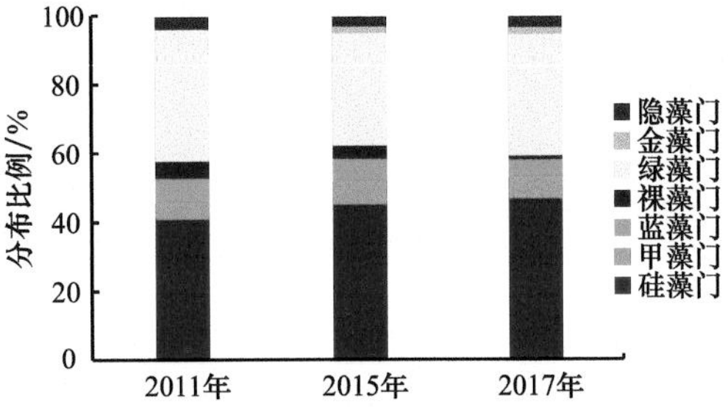

图8-3 2011～2017年浮游植物物种分布比例变化

2011年该流域的浮游植物种数仅为83种左右，分别占2015年和2017年物种数的79.8%和86.5%，说明“十二五”期间，在水质得到改善的同时，生物物种丰富度也得到了一定程度的恢复。增加的物种主要集中在硅藻门，由2011年的34种增加到2017年的45种，增加的多为指示寡污-中污的物种；其次为绿藻门，由2011年的32种增加到2017年的34种。

2. 丰度变化特征

“十二五”期间嘉陵江流域（重庆段）藻类平均丰度为3.4×10^5cell/L，其中隐藻门、甲藻门、硅藻门几个优势门类密度占比分别为45.8%、24.1%、22.4%，其余门类占比为7.7%。

自“十二五”初期（2011年）到“十三五”初期（2017年），嘉陵江流域（重庆段）的不同门类物种丰度也出现不同程度的变化（图8-4）。嘉陵江流域（重庆段）藻类的丰度维持在10^5cell/L量级（1.6×10^5 ～7.3×10^5cell/L）。优势门类硅藻门的分布比例出现了明显下降（图8-4），已由2011年的47.4%下降到2017年的16.0%，而甲藻门、隐藻门的分布比例则出现了明显上升，由2011年的5.6%、41.2%分别上升到2017年的17.3%、62.8%。

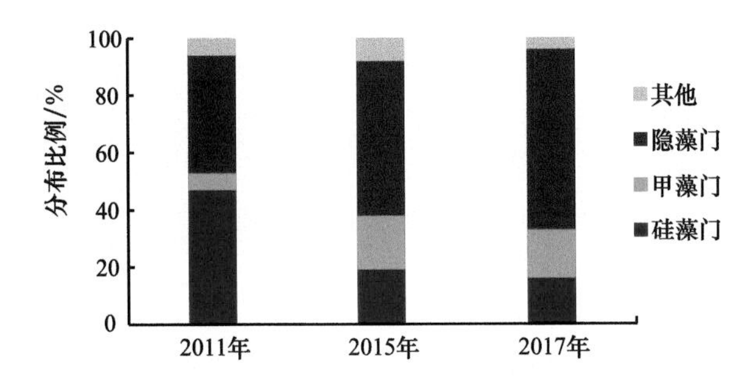

图8-4 2011～2017年藻类密度分布比例变化

硅藻门、甲藻门、隐藻门的细胞密度占浮游植物细胞总密度的89%以上，群落结构为硅藻-隐藻-甲藻格局，且隐藻门、甲藻门密度明显升高，隐藻门逐渐成为第一优势门类。2011～2012年硅藻占据第一优势；自2012年起，甲藻门和隐藻门的相对密度明显增加，到2013年，硅藻门的相对密度显著下降，隐藻门的相对密度逐年上升，并跃升为第一优势门类，此时嘉陵江（重庆段）藻类群落结构为隐藻-甲藻-硅藻型。2016年至今硅藻门的相对密度进一步下降，隐藻门和甲藻门的密度持续显著上升，并跃升为优势门类。

3. 优势种变化情况

"十二五"至"十三五"初期，嘉陵江流域（重庆段）各类群优势种同样出现明显的变化。2011～2013年，隐藻门和硅藻门几乎为全年优势种，春季甲藻门优势种的优势度逐渐增加，而蓝藻门和绿藻门的优势种主要集中在夏秋两季。2015年硅藻门和隐藻门依旧为全年优势种，但硅藻门的优势种种类大幅减少，隐藻门的优势度进一步增加且并未出现蓝藻门和绿藻门种类。2017年优势种种数较上一年略有减少，硅藻门和隐藻门依旧为全年优势种，甲藻门为春季优势种，全年依旧未出现蓝藻门和绿藻门优势种。

"十二五"初期，2012年的春季优势种只有4种，分别为变异直链藻（*Melosira varians*）、倪氏拟多甲藻（*Peridiniopsis niei*）、具尾逗隐藻（*Komma caudata*）和啮蚀隐藻（*Cryptomonas erosa*），其中倪氏拟多甲藻的优势度最高，其细胞密度占总密度的59.4%；随后优势种种类略有增加，至2015年春季，已由2012年的4种增加到8种，倪氏拟多甲藻和具尾逗隐藻的优势不变，其细胞密度分别占总密度的25.5%、24.7%，新增硅藻门的汉斯冠盘藻（*Stephanodiscus hantzschii*）、舟形藻（*Navicula* sp.）以及几种拟多甲藻，主要为指示水体清洁到轻污染的种类，共占总密度的37.0%；2017年春季的优势种种类较2015年相比略有下降，但具尾逗隐藻和倪氏拟多甲藻依然保持优势且优势度较高，其细胞密度分别占总密度的38.3%、27.3%（图8-5）。生物群落组成的这种变化某种程度上表明了目前嘉陵江水生态状况自"十二五"初期至今维持相对良好的状态，且呈现出继续稳步向好的趋势。

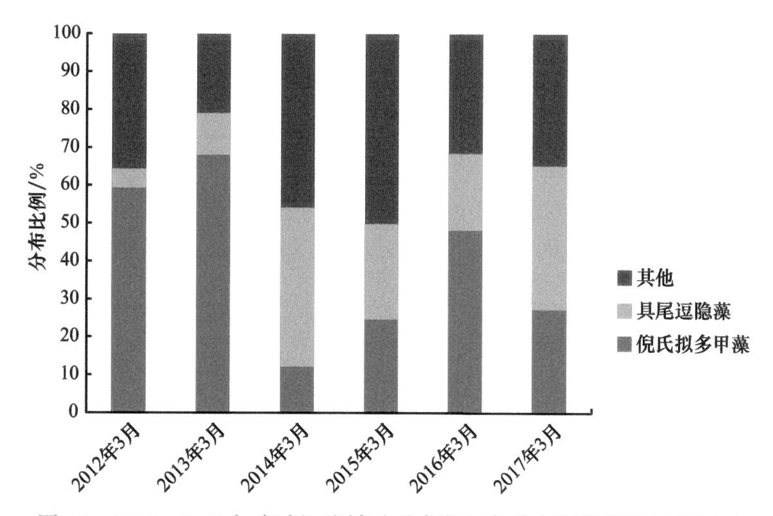

图8-5　2012～2017年嘉陵江流域（重庆段）春季主要优势种变化情况

三、水生生物监测概况及物种名录

对嘉陵江流域（重庆段）的浮游生物监测工作始于“十二五”期间，重点开展浮游植物监测，监测频次为每季度一次。嘉陵江流域（重庆段）常见藻类名录见表8-1。

表8-1 嘉陵江流域（重庆段）常见藻类名录

门	纲	目	科	属	种
蓝藻门 Cyanophyta	蓝藻纲 Cyanophyceae	色球藻目 Chroococcales	平裂藻科 Merismopediaceae	平裂藻属 *Merismopedia*	
			色球藻科 Chroococcaceae	色球藻属 *Chroococcus*	
			微囊藻科 Microcystaceae	微囊藻属 *Microcystis*	
		颤藻目 Osillatoriales	颤藻科 Oscillatoriaceae	颤藻属 *Oscillatoria*	巨颤藻 *Oscillatoria princeps*
					阿氏颤藻 *Oscillatoria agardhii*
				鞘丝藻属 *Lyngbya*	
			假鱼腥藻科 Pseudanabaenaceae	泽丝藻属 *Limnothrix*	
			博氏藻科 Boriziaceae	柯孟藻属 *Komvophoron*	
		念珠藻目 Nostocales	念珠藻科 Nostocaceae	尖头藻属 *Raphidiopsis*	
				拟柱孢藻属 *Cylindrospermopsis*	拟柱胞藻 *Cylindrospermopsis raciborskii*
				念珠藻属 *Nostoc*	
				项圈藻属 *Anabaenopsis*	
				鱼腥藻属 *Anabeana*	
绿藻门 Chlorophyta	绿藻纲 Chlorophyceae	团藻目 Volvocales	衣藻科 Chlamydomonadaceae	衣藻属 *Chlamydomonas*	
				绿梭藻属 *Chlorogonium*	
			壳衣藻科 Phacotaceae	壳衣藻属 *Phacotus*	
				翼膜藻属 *Pteromonas*	尖角翼膜藻原变种 *Pteromonas aculeata* var. *aculeata*
			团藻科 Volvocaceae	实球藻属 *Pandorina*	实球藻 *Pandorina morum*
				空球藻属 *Eudorina*	空球藻 *Eudorina elegans*
		绿球藻目 Chlorococcaceae	绿球藻科 Chlorococcaceae	微芒藻属 *Micractinium*	微芒藻 *Micractinium pusillum*

续表

门	纲	目	科	属	种
绿藻门 Chlorophyta	绿藻纲 Chlorophyceae	绿球藻目 Chlorococcaceae	小桩藻科 Characiaceae	小桩藻属 *Characium*	湖生小桩藻 *Characium limneticum*
				弓形藻属 *Schroederia*	硬弓形藻 *Schroederia robusta*
					弓形藻 *Schroederia setigera*
					螺旋弓形藻 *Schroederia spiralis*
			小球藻科 Chlorellaceae	顶棘藻属 *Chodatella*	四刺顶棘藻 *Chodatella quadriseta*
				四角藻属 *Tetraëdron*	具尾四角藻 *Tetraëdron caudatum*
					微小四角藻 *Tetraëdron minimum*
				纤维藻属 *Ankistrodesmus*	针形纤维藻 *Ankistrodesmus acicularis*
					狭形纤维藻 *Ankistrodesmus angustus*
					镰形纤维藻 *Ankistrodesmus falcatus*
					镰形纤维藻奇异变种 *Ankistrodesmus falcatus* var. *mirabilis*
					卷曲纤维藻 *Ankistrodesmus convolutus*
				月牙藻属 *Selenastrum*	纤细月牙藻 *Selenastrum gracile*
					小形月牙藻 *Selenastrum minutum*
				蹄形藻属 *Kirchneriella*	肥壮蹄形藻 *Kirchneriella obesa*
			卵囊藻科 Oocystaceae	卵囊藻属 *Oocystis*	湖生卵囊藻 *Oocystis lacustis*
				肾形藻属 *Nephrocytium*	新月肾形藻 *Nephrocytium lunatum*
			网球藻科 Dictyosphaeraceae	网球藻属 *Dictyosphaerium*	网球藻 *Dictyosphaerium ehrenbergianum*
			盘星藻科 Pediastraceae	盘星藻属 *Pediastrum*	短棘盘星藻 *Pediastrum boryanum*
					单角盘星藻 *Pediastrum simplex*

续表

门	纲	目	科	属	种
绿藻门 Chlorophyta	绿藻纲 Chlorophyceae	绿球藻目 Chlorococcaceae	盘星藻科 Pediastraceae	盘星藻属 *Pediastrum*	单角盘星藻具孔变种 *Pediastrum simplex* var. *duodenarium*
绿藻门 Chlorophyta	绿藻纲 Chlorophyceae	绿球藻目 Chlorococcaceae	盘星藻科 Pediastraceae	盘星藻属 *Pediastrum*	四角盘星藻 *Pediastrum tetras*
绿藻门 Chlorophyta	绿藻纲 Chlorophyceae	绿球藻目 Chlorococcaceae	盘星藻科 Pediastraceae	盘星藻属 *Pediastrum*	双射盘星藻 *Pediastrum biradiatum*
绿藻门 Chlorophyta	绿藻纲 Chlorophyceae	绿球藻目 Chlorococcaceae	栅藻科 Scenedesmaceae	栅藻属 *Scenedesmus*	二形栅藻 *Scenedesmus dimorphus*
绿藻门 Chlorophyta	绿藻纲 Chlorophyceae	绿球藻目 Chlorococcaceae	栅藻科 Scenedesmaceae	栅藻属 *Scenedesmus*	斜生栅藻 *Scenedesmus obliquus*
绿藻门 Chlorophyta	绿藻纲 Chlorophyceae	绿球藻目 Chlorococcaceae	栅藻科 Scenedesmaceae	栅藻属 *Scenedesmus*	奥波莱栅藻 *Scenedesmus opoliensis*
绿藻门 Chlorophyta	绿藻纲 Chlorophyceae	绿球藻目 Chlorococcaceae	栅藻科 Scenedesmaceae	栅藻属 *Scenedesmus*	四尾栅藻 *Scenedesmus quadricauda*
绿藻门 Chlorophyta	绿藻纲 Chlorophyceae	绿球藻目 Chlorococcaceae	栅藻科 Scenedesmaceae	栅藻属 *Scenedesmus*	多棘栅藻 *Scenedesmus spinosus*
绿藻门 Chlorophyta	绿藻纲 Chlorophyceae	绿球藻目 Chlorococcaceae	栅藻科 Scenedesmaceae	栅藻属 *Scenedesmus*	被甲栅藻 *Scenedesmus armatus*
绿藻门 Chlorophyta	绿藻纲 Chlorophyceae	绿球藻目 Chlorococcaceae	栅藻科 Scenedesmaceae	栅藻属 *Scenedesmus*	双对栅藻 *Scenedesmus bijuga*
绿藻门 Chlorophyta	绿藻纲 Chlorophyceae	绿球藻目 Chlorococcaceae	栅藻科 Scenedesmaceae	栅藻属 *Scenedesmus*	弯曲栅藻 *Scenedesmus arcuatus*
绿藻门 Chlorophyta	绿藻纲 Chlorophyceae	绿球藻目 Chlorococcaceae	栅藻科 Scenedesmaceae	栅藻属 *Scenedesmus*	丰富栅藻不对称变种 *Scenedesmus abundans* var. *asymmetrica*
绿藻门 Chlorophyta	绿藻纲 Chlorophyceae	绿球藻目 Chlorococcaceae	栅藻科 Scenedesmaceae	栅藻属 *Scenedesmus*	齿牙栅藻 *Scenedesmus denticulatus*
绿藻门 Chlorophyta	绿藻纲 Chlorophyceae	绿球藻目 Chlorococcaceae	栅藻科 Scenedesmaceae	四星藻属 *Tetrastrum*	华丽四星藻 *Tetrastrum elegans*
绿藻门 Chlorophyta	绿藻纲 Chlorophyceae	绿球藻目 Chlorococcaceae	栅藻科 Scenedesmaceae	四星藻属 *Tetrastrum*	异刺四星藻 *Tetrastrum heterocanthum*
绿藻门 Chlorophyta	绿藻纲 Chlorophyceae	绿球藻目 Chlorococcaceae	栅藻科 Scenedesmaceae	四星藻属 *Tetrastrum*	短刺四星藻 *Tetrastrum staurogeniaeforme*
绿藻门 Chlorophyta	绿藻纲 Chlorophyceae	绿球藻目 Chlorococcaceae	栅藻科 Scenedesmaceae	四星藻属 *Tetrastrum*	孔纹四星藻 *Tetrastrum punctatum*
绿藻门 Chlorophyta	绿藻纲 Chlorophyceae	绿球藻目 Chlorococcaceae	栅藻科 Scenedesmaceae	十字藻属 *Crucigenia*	顶椎十字藻 *Crucigenia apiculata*
绿藻门 Chlorophyta	绿藻纲 Chlorophyceae	绿球藻目 Chlorococcaceae	栅藻科 Scenedesmaceae	十字藻属 *Crucigenia*	四角十字藻 *Crucigenia quadrata*
绿藻门 Chlorophyta	绿藻纲 Chlorophyceae	绿球藻目 Chlorococcaceae	栅藻科 Scenedesmaceae	十字藻属 *Crucigenia*	四足十字藻 *Crucigenia tetrapedia*

续表

门	纲	目	科	属	种
绿藻门 Chlorophyta	绿藻纲 Chlorophyceae	绿球藻目 Chlorococcaceae	栅藻科 Scenedesmaceae	集星藻属 *Actinastrum*	河生集星藻 *Actinastrum fluviatile*
				空星藻属 *Coelastrum*	小空星藻 *Coelastrum microporum*
		丝藻目 Ulotrichales	丝藻科 Ulotrichaceae	丝藻属 *Ulothrix*	
	双星藻纲 Zygnematophyceae	双星藻目 Zygnematales	双星藻科 Zygnemataceae	水绵属 *Spirogyra*	
		鼓藻目 Desmidiales	鼓藻科 Desmidiaceae	新月藻属 *Closterium*	纤细新月藻 *Closterium gracile*
					项圈新月藻 *Closterium moniliforum*
					小新月藻 *Closterium venus*
				鼓藻属 *Cosmarium*	
				角星鼓藻属 *Staurastrum*	
	葱绿藻纲 Prasinophyceae	多毛藻目 Polyblepharidales	多毛藻科 Polyblepharidaceae	塔胞藻属 *Pyramimonas*	
硅藻门 Bacillariophyta	中心纲 Centricae	圆筛藻目 Coscinodiscales	圆筛藻科 Coscinodiscaceae	直链藻属 *Melosira*	变异直链藻 *Melosira varians*
					颗粒直链藻 *Melosira granulata*
					颗粒直链藻极狭变种 *Melosira granulata* var. *angustissima*
					颗粒直链藻极狭变种螺旋变型 *Melosira granulata* var. *angustissima* f. *spiralis*
					意大利直链藻 *Melosira italica*
				小环藻属 *Cyclotella*	
				冠盘藻属 *Stephanodiscus*	汉斯冠盘藻 *Stephanodiscus hantzschii*
		盒形藻目 Biddulphiales	盒形藻科 Biddulphicaceae	四棘藻属 *Attheya*	
	羽纹纲 Pennatae	无壳缝目 Araphidiales	脆杆藻科 Fragilariaceae	等片藻属 *Diatoma*	纤细等片藻 *Diatoma tenue*
					普通等片藻 *Diatoma vulgare*

续表

门	纲	目	科	属	种
硅藻门 Bacillariophyta	羽纹纲 Pennatae	无壳缝目 Araphidiales	脆杆藻科 Fragilariaceae	脆杆藻属 *Fragilaria*	钝脆杆藻中狭变种 *Fragilaria capucina* var. *mesolepta*
硅藻门 Bacillariophyta	羽纹纲 Pennatae	无壳缝目 Araphidiales	脆杆藻科 Fragilariaceae	针杆藻属 *Synedra*	尖针杆藻 *Synedra acusvar*
硅藻门 Bacillariophyta	羽纹纲 Pennatae	无壳缝目 Araphidiales	脆杆藻科 Fragilariaceae	针杆藻属 *Synedra*	两头针杆藻 *Synedra amphicephala*
硅藻门 Bacillariophyta	羽纹纲 Pennatae	无壳缝目 Araphidiales	脆杆藻科 Fragilariaceae	针杆藻属 *Synedra*	平片针杆藻 *Synedra tabulata*
硅藻门 Bacillariophyta	羽纹纲 Pennatae	无壳缝目 Araphidiales	脆杆藻科 Fragilariaceae	星杆藻属 *Asterionella*	华丽星杆藻 *Asterionella formosa*
硅藻门 Bacillariophyta	羽纹纲 Pennatae	双壳缝目 Biraphidinales	舟形藻科 Naviculaceae	布纹藻属 *Gyrosigma*	尖布纹藻 *Gyrosigma acuminatum*
硅藻门 Bacillariophyta	羽纹纲 Pennatae	双壳缝目 Biraphidinales	舟形藻科 Naviculaceae	布纹藻属 *Gyrosigma*	斯潘塞布纹藻 *Gyrosigma spencerii*
硅藻门 Bacillariophyta	羽纹纲 Pennatae	双壳缝目 Biraphidinales	舟形藻科 Naviculaceae	布纹藻属 *Gyrosigma*	细布纹藻 *Gyrosigma kiitzingii*
硅藻门 Bacillariophyta	羽纹纲 Pennatae	双壳缝目 Biraphidinales	舟形藻科 Naviculaceae	双壁藻属 *Diploneis*	卵圆双壁藻长圆变种 *Diploneis ovalis* var. *oblongella*
硅藻门 Bacillariophyta	羽纹纲 Pennatae	双壳缝目 Biraphidinales	舟形藻科 Naviculaceae	双壁藻属 *Diploneis*	椭圆双壁藻 *Diploneis elliptica*
硅藻门 Bacillariophyta	羽纹纲 Pennatae	双壳缝目 Biraphidinales	舟形藻科 Naviculaceae	辐节藻属 *Stauroneis*	双头辐节藻 *Stauroneis anceps*
硅藻门 Bacillariophyta	羽纹纲 Pennatae	双壳缝目 Biraphidinales	舟形藻科 Naviculaceae	辐节藻属 *Stauroneis*	矮小辐节藻 *Stauroneis pygmaea*
硅藻门 Bacillariophyta	羽纹纲 Pennatae	双壳缝目 Biraphidinales	舟形藻科 Naviculaceae	辐节藻属 *Stauroneis*	辐节藻 *Stauroneis* sp.
硅藻门 Bacillariophyta	羽纹纲 Pennatae	双壳缝目 Biraphidinales	舟形藻科 Naviculaceae	羽纹藻属 *Pinnularia*	
硅藻门 Bacillariophyta	羽纹纲 Pennatae	双壳缝目 Biraphidinales	舟形藻科 Naviculaceae	舟形藻属 *Navicula*	双头舟形藻 *Navicula dicephala*
硅藻门 Bacillariophyta	羽纹纲 Pennatae	双壳缝目 Biraphidinales	舟形藻科 Naviculaceae	舟形藻属 *Navicula*	尖头舟形藻 *Navicula cuspidate*
硅藻门 Bacillariophyta	羽纹纲 Pennatae	双壳缝目 Biraphidinales	舟形藻科 Naviculaceae	茧形藻属 *Amphiporoa*	
硅藻门 Bacillariophyta	羽纹纲 Pennatae	双壳缝目 Biraphidinales	桥弯藻科 Cymbellaceae	双眉藻属 *Amphora*	卵圆双眉藻 *Amphora ovalis*
硅藻门 Bacillariophyta	羽纹纲 Pennatae	双壳缝目 Biraphidinales	桥弯藻科 Cymbellaceae	桥弯藻属 *Cymbella*	近缘桥弯藻 *Cymbella affinis*
硅藻门 Bacillariophyta	羽纹纲 Pennatae	双壳缝目 Biraphidinales	桥弯藻科 Cymbellaceae	桥弯藻属 *Cymbella*	膨胀桥弯藻 *Cymbella tumida*
硅藻门 Bacillariophyta	羽纹纲 Pennatae	双壳缝目 Biraphidinales	桥弯藻科 Cymbellaceae	桥弯藻属 *Cymbella*	细小桥弯藻 *Cymbella pusilla*
硅藻门 Bacillariophyta	羽纹纲 Pennatae	双壳缝目 Biraphidinales	桥弯藻科 Cymbellaceae	桥弯藻属 *Cymbella*	箱形桥弯藻 *Cymbella cistula*

续表

门	纲	目	科	属	种
硅藻门 Bacillariophyta	羽纹纲 Pennatae	双壳缝目 Biraphidinales	桥弯藻科 Cymbellaceae	桥弯藻属 *Cymbella*	偏肿桥弯藻 *Cymbella ventricosa*
			异极藻科 Gomphonemaceae	异极藻属 *Gomphonema*	短纹异极藻 *Gomphonema abbreniatum*
					缩缢异极藻 *Gomphonema constrictum*
					小型异极藻 *Gomphonema parvulum*
					窄异极藻 *Gomphonema angustatum*
					窄异极藻延长变种 *Gomphonema angustatum* var. *productum*
		单壳缝目 Monoraphidales	曲壳藻科 Achnantheaceae	卵形藻属 *Cocconeis*	扁圆卵形藻 *Cocconeis placentula*
				曲壳藻属 *Achnanthes*	
				弯楔藻属 *Rhoicosphenia*	弯形弯楔藻 *Rhoicosphenia curvata*
		管壳缝目 Aulonoraphidinales	菱形藻科 Nitzschiaceae	菱形藻属 *Nitzschia*	谷皮菱形藻 *Nitzschia palea*
			双菱藻科 Surirellaceae	波缘藻属 *Cymatopleura*	草鞋形波缘藻 *Cymatopleura solea*
					椭圆波缘藻 *Cymatopleura elliptica*
				双菱藻属 *Surirella*	粗壮双菱藻 *Surirella robusta*
					线形双菱藻 *Surirella linearis*
					窄双菱藻 *Surirella anguatata*
裸藻门 Euglenophyta	裸藻纲 Euglenophyceae	裸藻目 Euglenales	裸藻科 Euglenaceae	裸藻属 *Euglena*	绿色裸藻 *Euglena viridis*
					膝曲裸藻 *Euglena geniculata*
				囊裸藻属 *Trachelomonas*	
				陀螺藻属 *Strombomonas*	剑尾陀螺藻 *Strombomonas ensifera*
				鳞孔藻属 *Lepocinclis*	秋鳞孔藻 *Lepocinclis autumnalis*

续表

门	纲	目	科	属	种
裸藻门 Euglenophyta	裸藻纲 Euglenophyceae	裸藻目 Euglenales	裸藻科 Euglenaceae	扁裸藻属 *Phacus*	梨形扁裸藻 *Phacus pyrum*
					具瘤扁裸藻 *Phacus suecicus*
甲藻门 Dinophyta	甲藻纲 Dinophyceae	多甲藻目 Peridiniales	裸甲藻科 Gymnodiniaceae	裸甲藻属 *Gymnodinium*	
			多甲藻科 Perdiniaceae	多甲藻属 *Peridinium*	
				拟多甲藻属 *Peridiniopsis*	倪氏拟多甲藻 *Peridiniopsis niei*
					佩氏拟多甲藻 *Peridiniopsis penardii*
					凯氏拟多甲藻 *Peridiniopsis kevei*
			角甲藻科 Ceratiaceae	角甲藻属 *Ceratium*	
隐藻门 Cryptophyta	隐藻纲 Cryptophyceae		隐鞭藻科 Cryptomonadaceae	蓝隐藻属 *Chroomonas*	具尾逗隐藻 *Komma caudata*
				隐藻属 *Cryptomonas*	啮蚀隐藻 *Cryptomonas erosa*
					马索隐藻 *Cryptomonas marssonii*
金藻门 Chrysophyta	金藻纲 Chrysophyceae	色金藻目 Chromulinales	色金藻科 Chromulinaceae	色金藻属 *Chromulina*	卵形色金藻 *Chromulina ovalia*
			锥囊藻科 Dinobryonaceae	锥囊藻属 *Dinobryon*	
			棕鞭藻科 Ochromonadaceae	棕鞭藻属 *Ochromonas*	
	黄群藻纲 Synurophyceae	黄群藻目 Synurales	鱼鳞藻科 Mallomonadaceae	鱼鳞藻属 *Mallomonas*	具尾鱼鳞藻 *Mallomonas caudata*
			黄群藻科 Synuraceae	黄群藻属 *Synuraceae*	

绪论作者

重庆市生态环境监测中心 杨 敏 马芊芊

图片和名录提供者

重庆市生态环境监测中心 杨 敏 马芊芊

第九章

珠江流域（广州段）

一、流域水生态环境

（一）流域概况

珠江流域地处亚热带，北回归线横贯流域中部，气候温和，常年多雨，水资源丰富。珠江由东江、北江和西江等三大河流组成，经由八大口门入海。珠江流域（广州段）水域自上游鸦岗至下游莲花山，主干流全程约78km，包括西航道、前航道、后航道和黄埔航道，经虎门、蕉门、洪奇沥和横门四大口门入海。

（二）污染特征

珠江流域（广州段）同时受到点源和面源排放的污染，包括水体沉积物内源释放、江面航运排放、南海潮汐涨退、江水昼夜回荡等多方面影响，污染物在水体中的滞留时间相对较长，对水生生物有较大影响。其中，西航道上游连接流溪河和白坭河，接纳花都、从化、白云等区工农业废水和居民生活污水，通过西南涌、水口涌、花地涌、平洲水道等接纳佛山、南海和三水等地区来水；前航道接纳北片城区居民生活污水和工业废水；后航道接纳海珠、番禺两区居民生活污水和工业废水；黄埔航道接纳黄埔、开发区、东莞、增城、惠州等地工农业废水和居民生活污水。

从“七五”到“十五”的20年间河段水质基本上按前后十年分为两个污染阶段，呈现恶化趋稳定态势，污染较为严重的水体主要分布在硬颈海-黄沙-东塱-猎德水域范围，整体上属于城市有机污染类型。近年来，广州市政府大力开展多项水环境综合整治工作，流域水环境质量得到逐年改善。

（三）水生态环境状况

近年来的监测结果表明，珠江流域（广州段）浮游藻类、着生藻类、浮游动物物种丰富，周丛原生动物、底栖动物物种较为丰富。珠江流域（广州段）属于感潮河段，近几十年来，未出现明显的富营养化和水华现象；水中的底质主要是砂质和泥质，上游水生植物较为丰富，中段水生植物较为贫乏；目前，珠江流域（广州段）已不作为饮用水水源地；近十年来，广州市政府开展了广州市水污染防治行动计划等生态保护计划或措施。

二、流域水生生物多样性

1. 物种组成特征

“十一五”到“十二五”期间，在珠江流域（广州段）共发现底栖动物9种，分布于环节动物门（Annelida）、软体动物门（Mollusca）2个门。其中，环节动物门的种数占总数的77.8%，其余门类占22.2%。在该流域发现浮游动物3个大类，桡足类（Copepoda）5种、枝角类（Cladocera）7种、轮虫（Rotifera）34种。其中，轮虫占总数的73.9%，枝角类占总数的15.2%，桡足类占总数的10.9%。在该流域发现藻类87属121种，分别隶属于6个门。其中，绿藻门（Chlorophyta）占总数的47.1%、硅藻门（Bacillariophyta）占总数的28.1%、蓝藻门（Cyanophyta）占总数的16.5%、其他门占总数的8.3%（图9-1～图9-3）。

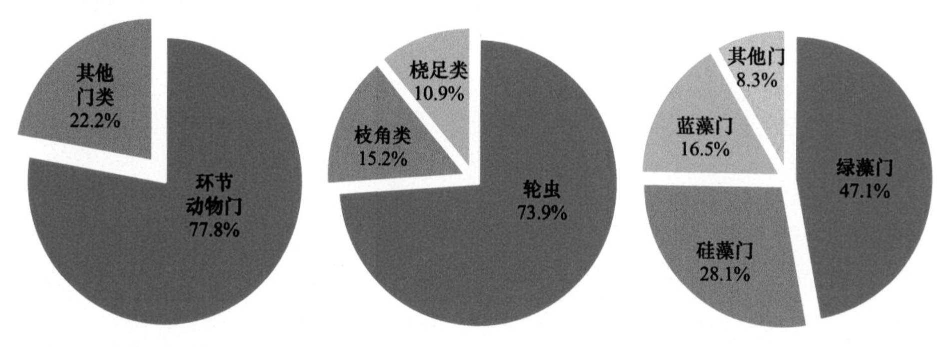

图9-1 底栖动物物种组成 图9-2 浮游动物物种组成 图9-3 浮游藻类物种组成

“十一五”到“十二五”期间，珠江流域（广州段）物种丰富度总体比较高，与广州市政府大力开展水环境综合整治工作、水环境质量逐年改善密切相关。

“十二五”初期（2011年）、“十二五”末期（2015年）及2017年，珠江流域（广州段）的物种种类相对稳定。底栖动物的物种数基本保持稳定，从2011年的8种（属）增加到2017年的10种（属），种类丰富度有一定程度的增加，集中在软体动物门。着生藻类的种类丰富度基本保持稳定，从2011的26属增加到2017年的30属。

查阅早期站内监测报告，1987年该流域的底栖动物数量为34种属，1994年该流域的底栖动物数量仅为18种属，2007年该流域的底栖动物数量仅为8种属，2017年该流域的底栖动物数量为10种属（图9-4）。从“七五”到“十二五”的30年间河段水生生物经历了锐减到逐渐恢复的过程，可见经过水质综合污染防治，在水质得到改善的同时，水生生物有所恢复。

2. 丰度变化特征

“十二五”期间珠江流域（广州段）底栖动物平均数量为6.3×10^3个/m^2，其中寡毛类占优势。着生藻类平均丰度（密度）为2.02×10^5cell/cm^2，其中绿藻门（Chlorophyta）、硅藻门（Bacillariophyta）、蓝藻门（Cyanophyta）几个优势门类密度占比分别为36%、25%和15%，其余门类占比24%。

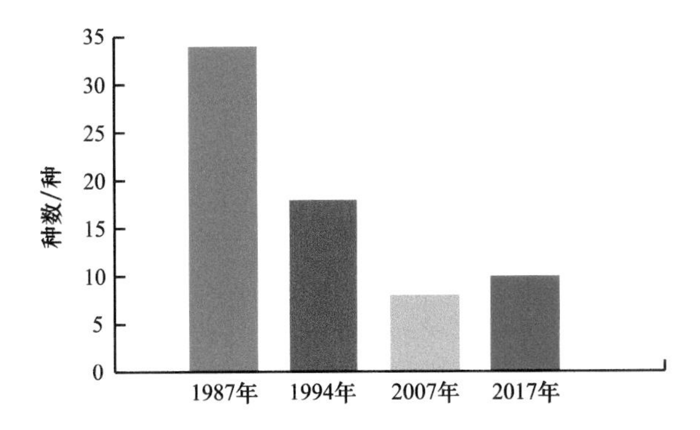

图9-4　1987～2017年底栖动物物种种数的变化

自“十二五”初期（2011年）到“十三五”初期（2017年），珠江流域（广州段）的物种丰度也出现不同程度的变化（图9-5，图9-6）。珠江流域（广州段）底栖动物的数量从2011年的7.1×10^3个/m^{2}到2015年的4.4×10^3个/m^2，再到2017年的4.8×10^3个/m^2，底栖动物的数量经历了先减少后逐步增加的过程。着生藻类的丰度维持在2.2×10^5～7.5×10^5cell/cm^2，没有发生较大的变化。

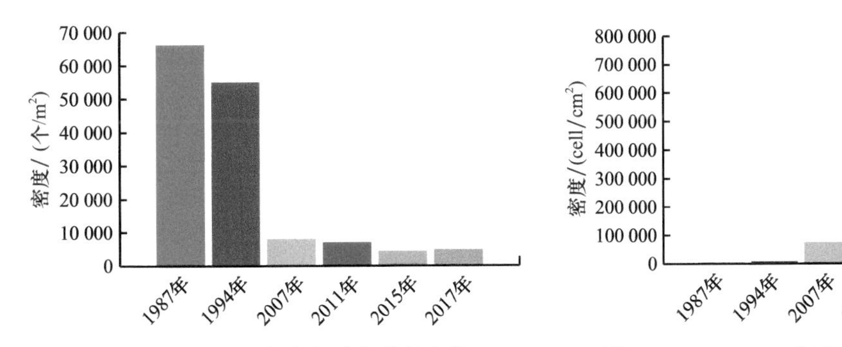

图9-5　1987～2017年底栖动物数量变化

图9-6　1987～2017年着生藻类数量变化

查阅早期站内监测报告，1987年底栖动物数量为6.6×10^4个/m^2，1994年底栖动物数量为5.5×10^4个/m^2，2007年底栖动物数量为8.1×10^3个/m^2，2015年底栖动物数量为4.4×10^3个/m^2，至2017年底栖动物数量为4.8×10^3个/m^2。1987年着生藻类丰度为5.5×10^3cell/cm^2，1994年着生藻类丰度为8.6×10^3cell/cm^2，2007年着生藻类丰度为7.6×10^4cell/cm^2，2015年着生藻类丰度为4.5×10^5cell/cm^2，至2017年着生藻类丰度为2.2×10^5cell/cm^2。自2007年起藻类的丰度明显增加，藻类的物种量有显著恢复；另外，底栖动物的数量明显减少，而其优势物种集中在指示重污染的寡毛类，表明这些耐污物种的数量出现显著的下降，可见经过“十一五”和“十二五”的污染防治，在水质得到改善的同时，水生生物有所恢复。

3. 优势种变化情况

“七五”至“十三五”初期，珠江流域（广州段）底栖动物优势种没有明显变化，着生藻类优势种逐步由指示中度-重度污染的种类向指示轻度污染种类转变（表9-1）。1987年，珠江流域（广州段）各断面底栖动物群落优势种除最上游和最下游以外，均是寡毛类的水丝蚓属（*Limnodrilus*）、管水蚓属（*Aulodrilus*）、颤蚓属（*Tubifex*），上游、下游优势种分别是蚬属（Corbicula）、短鳃蹄毛虫（*Pseudopolydora paucibranchiata*）。1997年，珠江流域（广州段）各断面底栖动物群落优势种除下游一个断面是河蛤以外，其他均是水丝蚓属。2007年，珠江流域（广州段）的底栖动物群落优势种为水丝蚓属、蚬属。上游和下游两个断面的优势种由蚬属和水丝蚓属组成，其他断面均为水丝蚓属。但从2007年开展治理工作后，以上耐污种的数量出现了大幅度的减少。

表9-1 1987～2017年珠江流域（广州段）藻类优势种变化情况

	1987 年	1997 年	2007 年	2017 年
优势种	直链藻属（*Melosira*） 小球藻属（*Chlorella*）	毛枝藻属 （*Stigeoclonium*）	毛枝藻属 （*Stigeoclonium*）	刚毛藻属（*Cladophora*）
环境指示意义	中度 - 重度污染	中度污染	中度污染	轻度污染

珠江流域（广州段）着生藻类优势种主要为硅藻门和绿藻门的毛枝藻属（*Stigeoclonium*）。20世纪80年代珠江流域（广州段）各断面着生藻类优势种主要为指示中度-重度污染的绿藻门的小球藻属（*Chlorella*）和硅藻门的直链藻属（*Melosira*），偶有在下游入海口以指示中度污染的绿藻门毛枝藻属占优势。20世纪90年代后期，逐渐变化为全河段分别由池生毛枝藻（*Stigeoclonium stagnatile*）或硅藻门占优势。2007年，各断面基本均以指示中度污染的毛枝藻属占优势。经过10年的污染治理，到2017年，主要的优势物种转变为指示轻度污染的绿藻门的刚毛藻属（*Cladophora*），这些物种的变化一定程度上表明了治理显现出的效果。

三、水生生物监测概况及物种名录

珠江流域（广州段）自1982年开展水生生物监测至今，共布设10个断面，从上游广州佛山交界处直至珠江入海口，每年的枯水期（1月）和丰水期（7月）对着生藻类、周丛原生动物、底栖动物进行监测。2007年开展了“珠江广州河段水域生物多样性研究”，分别在6月、7月、9月对浮游植物、浮游动物、着生藻类、周丛原生动物、底栖动物进行监测，对珠江广州河段水生生物种类组成，优势种及水域生态健康状态进行分析，形成了珠江流域（广州段）常见水生生物名录（表9-2～表9-4），收集了大量物种图谱。

表9-2　珠江流域（广州段）常见藻类名录

门	纲	目	科	属	种
蓝藻门 Cyanophyta	蓝藻纲 Cyanophyceae	色球藻目 Chroococcales	平裂藻科 Merismopediaceae	平裂藻属 *Merismopedia*	
				腔球藻属 *Coelosphaerium*	
				小雪藻属 *Snowella*	
				束球藻属 *Gomphosphaeria*	湖生束球藻 *Gomphosphaeria lacustris*
			色球藻科 Chroococcaceae	色球藻属 *Chroococcus*	
			微囊藻科 Microcystaceae	微囊藻属 *Microcystis*	铜绿微囊藻 *Microcystis aeruginosa*
					惠氏微囊藻 *Microcystis wesenbergii*
				粘球藻属 *Gloeocapsa*	
		颤藻目 Osillatoriales	颤藻科 Oscillatoriaceae	颤藻属 *Oscillatoria*	巨颤藻 *Oscillatoria princeps*
				螺旋藻属 *Spirulina*	
				鞘丝藻属 *Lyngbya*	
			假鱼腥藻科 Pseudanabaenaceae	泽丝藻属 *Limnothrix*	
				假鱼腥藻 *Pseudanabaena*	
				细鞘丝藻属 *Leptolyngbya*	
				浮鞘丝藻属 *Planktolyngbya*	
			席藻科 Phormidiaceae	席藻属 *phormidium*	
				浮丝藻属 *Planktothrix*	螺旋浮丝藻 *Planktothrix spiroides*
		念珠藻目 Nostocales	念珠藻科 Nostocaceae	长孢藻属 *Dolichospermum*	
金藻门 Chrysophyta	黄群藻纲 Synurophyceae	黄群藻目 Synurales	鱼鳞藻科 Mallomonadaceae	鱼鳞藻属 *Mallomonas*	
硅藻门 Bacillariophyta	中心纲 Centricae	圆筛藻目 Coscinodiscales	圆筛藻科 Coscinodiscaceae	直链藻属 *Melosira*	变异直链藻 *Melosira varians*
					颗粒直链藻 *Melosira granulata*
					颗粒直链藻极狭变种 *Melosira granulata* var. *angustissima*

续表

门	纲	目	科	属	种
硅藻门 Bacillariophyta	中心纲 Centricae	圆筛藻目 Coscinodiscales	圆筛藻科 Coscinodiscaceae	直链藻属 *Melosira*	颗粒直链藻极狭变种螺旋变型 *Melosira ambigua* f. *spiralis*
				小环藻属 *Cyclotella*	扭曲小环藻 *Cyclotella comta*
					梅尼小环藻 *Cyclotella meneghiniana*
				圆筛藻属 *Coscinodiscus*	
		盒形藻目 Biddulphiales	盒形藻科 Biddulphicaceae	四棘藻属 *Attheya*	扎卡四棘藻 *Attheya zachariasi*
	羽纹纲 Pennatae	无壳缝目 Araphidiales	脆杆藻科 Fragilariaceae	等片藻属 *Diatoma*	
				脆杆藻属 *Fragilaria*	钝脆杆藻 *Fragilaria capucina*
					中型脆杆藻 *Fragilaria intermedia*
				针杆藻属 *Synedra*	肘状针杆藻 *Synedra ulna*
					近缘针杆藻 *Synedra affinis*
				星杆藻属 *Asterionella*	日本星杆藻 *Asterionella japonica*
		双壳缝目 Biraphidinales	舟形藻科 Naviculaceae	辐节藻属 *Stauroneis*	尖辐节藻 *Stauroneis acuta*
				羽纹藻属 *Pinnularia*	
				舟形藻属 *Navicula*	
			桥弯藻科 Cymbellaceae	桥弯藻属 *Cymbella*	
			异极藻科 Gomphonemaceae	异极藻属 *Gomphonema*	窄异极藻延长变种 *Gomphonema angustatum* var. *productum*
		单壳缝目 Monoraphidales	曲壳藻科 Achnanthaceae	卵形藻属 *Cocconeis*	
				曲壳藻属 *Achnanthes*	小型曲壳藻 *Achnanthes minutissima*
		管壳缝目 Aulonoraphidinales	菱形藻科 Nitzschiaceae	菱形藻属 *Nitzschia*	两栖菱形藻 *Nitzschia amphibia*
					类 S 形菱形藻 *Nitzschia sigmoidea*
			双菱藻科 Surirellaceae	双菱藻属 *Surirella*	线形双菱藻 *Surirella linearis*

续表

门	纲	目	科	属	种
隐藻门 Cryptophyta	隐藻纲 Cryptophyceae		隐鞭藻科 Cryptomonadaceae	蓝隐藻属 *Chroomonas*	
				隐藻属 *Cryptomonas*	
甲藻门 Dinophyta	甲藻纲 Dinophyceae	多甲藻目 Peridiniales	裸甲藻科 Gymnodiniaceae	薄甲藻属 *Glenodinium*	
			多甲藻科 Perdiniaceae	多甲藻属 *Peridinium*	沃尔多甲藻 *Peridinium volzii*
裸藻门 Euglenophyta	裸藻纲 Euglenophyceae	裸藻目 Euglenales	裸藻科 Euglenaceae	裸藻属 *Euglena*	梭形裸藻 *Euglena acus*
					尖尾裸藻 *Euglena oxyuris*
				囊裸藻 *Trachelomonas*	
				陀螺藻 *Strombomonas*	
				扁裸藻属 *Phacus*	
绿藻门 Chlorophyta	绿藻纲 Chlorophyceae	团藻目 Volvocales	衣藻科 Chlamydom-onadaceae	衣藻属 *Chlamydomonas*	
			团藻科 Volvocaceae	实球藻属 *Pandorina*	
				空球藻属 *Eudorina*	空球藻 *Eudorina elegans*
				杂球藻属 *Pleodorina*	
				团藻属 *Volvox*	球团藻 *Volvox globator*
		四孢藻目 Tetrasporales	四集藻科 Palmellaceae	四集藻属 *Palmella*	
		绿球藻目 Chlorococcales	绿球藻科 Chlorococcaceae	绿球藻属 *Chlorococcum*	
				微芒藻属 *Micractinium*	微芒藻 *Micractinium pusillum*
				多芒藻属 *Golenkinia*	多芒藻 *Golenkinia radiata*
			小桩藻科 Characiaceae	小桩藻属 *Characium*	
				弓形藻属 *Schroederia*	
			小球藻科 Chlorellaceae	小球藻属 *Chlorella*	小球藻 *Chlorella vulgaris*
				四角藻属 *Tetraëdron*	微小四角藻 *Tetraëdron minimum*

续表

门	纲	目	科	属	种
绿藻门 Chlorophyta	绿藻纲 Chlorophyceae	绿球藻目 Chlorococcales	小球藻科 Chlorellaceae	月牙藻属 *Selenastrum*	
				蹄形藻属 *Kirchneriella*	
			卵囊藻科 Oocystaceae	卵囊藻属 *Oocystis*	湖生卵囊藻 *Oocystis lacustris*
					单生卵囊藻 *Oocystis solitaria*
				肾形藻属 *Nephrocytium*	肾形藻 *Nephrocytium agardhianum*
			网球藻科 Dictyosphaeraceae	网球藻属 *Dictyosphaerium*	美丽网球藻 *Dictyosphaerium pulchellum*
			盘星藻科 Pediastraceae	盘星藻属 *Pediastrum*	二角盘星藻 *Pediastrum duplex*
					二角盘星藻纤细变种 *Pediastrum duplex* var. *gracillimum*
					单角盘星藻 *Pediastrum simplex*
					四角盘星藻 *Pediastrum tetras*
			栅藻科 Scenedesmaceae	栅藻属 *Scenedesmus*	尖细栅藻 *Scenedesmus acuminatus*
					龙骨栅藻 *Scenedesmus carinatus*
					二形栅藻 *Scenedesmus dimorphus*
					斜生栅藻 *Scenedesmus obliquus*
					四尾栅藻 *Scenedesmus quadricauda*
					盘状栅藻 *Scenedesmus disciformis*
					双对栅藻 *Scenedesmus bijuga*
					丰富栅藻 *Scenedesmus abundans*
					齿牙栅藻 *Scenedesmus denticulatus*
					栅藻 *Scenedesmus* sp.
				韦斯藻属 *Westella*	丛球韦斯藻 *Westella botryoides*

续表

门	纲	目	科	属	种
绿藻门 Chlorophyta	绿藻纲 Chlorophyceae	绿球藻目 Chlorococcales	栅藻科 Scenedesmaceae	四星藻属 *Tetrastrum*	异刺四星藻 *Tetrastrum heterocanthum*
					短刺四星藻 *Tetrastrum staurogeniaeforme*
				十字藻属 *Crucigenia*	顶锥十字藻 *Crucigenia apiculata*
					四足十字藻 *Crucigenia tetrapedia*
				集星藻属 *Actinastrum*	集星藻 *Actinastrum hantzschii*
				空星藻属 *Coelastrum*	小空星藻 *Coelastrum microporum*
					网状空星藻 *Coelastrum reticulatum*
		丝藻目 Ulotrichales	丝藻科 Ulotrichaceae	丝藻属 *Ulothrix*	
				尾丝藻属 *Uronema*	尾丝藻 *Uronema confervicolum*
		石莼目 Ulvales	石莼科 Ulvaceae	浒苔属 *Enteromorpha*	肠浒苔 *Enteromorpha intestinalis*
		胶毛藻目 Chaetophorales	胶毛藻科 Chaetophoraceae	胶毛藻属 *Chaetophora*	
				毛枝藻属 *Stigeoclonium*	
		刚毛藻目 Cladophorales	刚毛藻科 Cladophoraceae	刚毛藻属 *Cladophora*	
				根枝藻属 *Rhizoclonium*	
				基枝藻属 *Basicladia*	
	双星藻纲 Zygnematophyceae	双星藻目 Zygnematales	双星藻科 Zygnemataceae	转板藻属 *Mougeotia*	
				水绵属 *Spirogyra*	
		鼓藻目 Desmidiales	鼓藻科 Desmidiaceae	新月藻属 *Closterium*	
				鼓藻属 *Cosmarium*	
				角星鼓藻属 *Staurastrum*	浮游角星鼓藻 *Staurastrum planctonicum*
					六角角星鼓藻 *Staurastrum sexangulare*

表9-3 珠江流域（广州段）常见浮游动物名录

门	纲	目	科	属	种
原生动物 Protozoa	根足纲 Rhizopodea	表壳目 Arcellinida	表壳科 Arcellidae	表壳虫属 *Arcella*	弯凸表壳虫 *Arcella gibbosa*
					大口表壳虫 *Arcella megastoma*
			砂壳科 Difflugiidae	匣壳虫属 *Centropyxis*	针棘匣壳虫 *Centropyxis aculeate*
				砂壳虫属 *Difflugia*	
	动基片纲 Kinetofragm-inophorea	前口目 Prostomatida	裸口科 Holophryidae	裸口虫属 *Holophrya*	
		侧口目 Pleurostomatida	裂口虫科 Amphileptidae	漫游虫属 *Litonotus*	
	寡膜纲 Oligophy-menophorea	膜口目 Hymenostomatida	草履虫科 Parameciidae	草履虫属 *Paramecium*	尾草履虫 *Paramecium caudatum*
		缘毛目 Peritrichida	钟形科 Vorticellidae	钟虫属 *Vorticella*	
				独缩虫属 *Carchesium*	螅状独缩虫 *Carchesium polypinum*
			累枝科 Epistylidae	累枝虫属 *Epistylis*	瓶累枝虫 *Epistylis urceolata*
					褶累枝虫 *Epistylis plicatilis*
			鞘居科 Vaginicoliidae	靴纤虫属 *Cothurnia*	
			盖虫科 Opercularia	盖虫属 *Opercularis*	圆筒盖虫 *Opercularis cylindrata*
	多膜纲 Polymenophora	异毛目 Heterotrichida	喇叭科 Stentoridae	喇叭虫属 *Stentor*	
		寡毛目 Oligotrichida	侠盗科 Strobilidiidae	侠盗虫属 *Strobilidium*	
			铃壳科 Codonellidae	似铃壳虫属 *Tintinnopsis*	江苏似铃壳虫 *Tintinnopsis kiangsuensis*
					王氏似铃壳虫 *Tintinnopsis wangi*
线形动物门 Nemat-omorpha	轮虫 Rotifera	双巢目 Digononta	旋轮科 Philodinidae	轮虫属 *Rotaria*	长足轮虫 *Rotaria neptunia*
					转轮虫 *Rotaria rotatoria*
				旋轮属 *Philodina*	巨环旋轮虫 *Philodina megalotrocha*

续表

门	纲	目	科	属	种
线形动物门 Nematomorpha	轮虫 Rotifera	单巢目 Monogononta	臂尾轮科 Brachionidae	臂尾轮属 *Brachionus*	角突臂尾轮虫 *Brachionus angularis*
					萼花臂尾轮虫 *Brachionus calyciflorus*
					剪形臂尾轮虫 *Brachionus forficula*
					方形臂尾轮虫 *Brachionus quadridentatus*
					壶状臂尾轮虫 *Brachionus urceolaris*
					镰形臂尾轮虫 *Brachionus falcatus*
					尾突臂尾轮虫 *Brachionus caudatus*
					裂足臂尾轮虫 *Brachionus diversicornis*
					Brachionus murphyi
				水轮属 *Epiphanes*	粗足水轮虫 *Epiphanes macrourus*
				平甲轮属 *Plationus*	四角平甲轮虫 *Plationus quadricornis*
					十指平甲轮虫 *Plationus patulus*
				龟纹轮属 *Anuraeopsis*	裂痕龟纹轮虫 *Anuraeopsis fissa*
				龟甲轮属 *Keratella*	螺形龟甲轮虫 *Keratella cochlearis*
					热带龟甲轮虫 *Keratella tropica*
			腔轮科 Lecanidae	腔轮属 *Lecane*	囊形腔轮虫 *Lecane bulla*
					华美腔轮虫 *Lecane elegans*
					无甲腔轮虫 *Lecane inermis*
					月形腔轮虫 *Lecane luna*
			晶囊轮科 Asplanchnidae	晶囊轮属 *Asplanchna*	卜氏晶囊轮虫 *Asplanchna brightwelli*

续表

门	纲	目	科	属	种
线形动物门 Nematomorpha	轮虫 Rotifera	单巢目 Monogononta	鼠轮科 Trichocercidae	异尾轮属 *Trichocerca*	刺盖异尾轮虫 *Trichocerca capucina*
					暗小异尾轮虫 *Trichocerca pusilla*
					对棘异尾轮虫 *Trichocerca stylata*
			疣毛轮科 Synchaetidae	多肢轮属 *Polyarthra*	广生多肢轮虫 *Polyarthra vulgaris*
				疣毛轮属 *Synchaeta*	尖尾疣毛轮虫 *Synchaeta stylata*
			镜轮科 Testudinellidae	巨腕轮属 *Pedalia*	奇异巨腕轮虫 *Pedalia mira*
				三肢轮属 *Filinia*	长三肢轮虫 *Filinia longiseta*
					西式三肢轮虫 *Filinia novaezealandiae*
					脾状三肢轮虫 *Filinia opoliensis*
			聚花轮科 Conochilidae	聚花轮属 *Conochilus*	叉角聚花轮虫 *Conochilus dossuarius*
节肢动物门 Arthropoda	枝角类 Cladocera	异足目 Anomopoda	溞科 Daphnidae	低额溞属 *Simocephlaus*	活泼泥溞 *Ilyocryptus agilis*
				网纹溞属 *Ceriodaphnia*	角突网纹溞 *Ceriodaphnia cornuta*
			裸腹溞科 Moinidae	裸腹溞属 *Moina*	微型裸腹溞 *Moina micrura*
			象鼻溞科 Bosminidae	象鼻溞属 *Bosmina*	长额象鼻溞 *Bosmina longirostris*
				基合溞属 *Bosminopsis*	颈沟基合溞 *Bosminopsis deitersi*
		栉足目 Ctenopoda	仙达溞科 Sididae	秀体溞属 *Diaphanosoma*	短尾秀体溞 *Diaphanosoma brachyurum*
					长肢秀体溞 *Diaphanosoma leuchtenbergianum*
	桡足类 Copepoda	哲水蚤目 Calanoida	伪镖水蚤科 Pseudodiaptomidae	许水蚤属 *Schmackeria*	球状许水蚤 *Schmackeria forbesi*
			镖水蚤科 Diaptomidae	叶镖水蚤属 *Phyllodiaptomus*	舌状叶镖水蚤 *Phyllodiaptomus tunguidus*
		剑水蚤目 Cyclopoida	剑水蚤科 Cyclopidae	中剑水蚤属 *Mesocyclops*	温中剑水蚤 *Mesocyclops thermocyclopoides*

续表

门	纲	目	科	属	种
节肢动物门 Arthropoda	桡足类 Copepoda	剑水蚤目 Cyclopoida	剑水蚤科 Cyclopidae	温剑水蚤属 *Thermocyclops*	蒙古温剑水蚤 *Thermocyclops mongolicus*
					台湾温剑水蚤 *Thermocyclops taihokuensis*

表9-4 珠江流域（广州段）常见底栖动物名录

门	纲	目	科	属	种
环节动物门 Annelida	寡毛纲 Oligochaeta	颤蚓目 Tubificida	颤蚓科 Tubificidae	管水蚓属 *Aulodrilus*	多毛管水蚓 *Aulodrilus pluriseta*
				尾鳃蚓属 *Branchiura*	苏氏尾鳃蚓 *Branchiura sowerbyi*
				水丝蚓属 *Limnodrilus*	霍甫水丝蚓 *Limnodrilus hoffmeisteri*
					奥特开水丝蚓 *Limnodrilus udekemianus*
					克拉泊水丝蚓 *Limnodrilus claparedianus*
					巨毛水丝蚓 *Limnodrilus grandisetosus*
				颤蚓属 *Tubifex*	正颤蚓 *Tubifex tubifex*
					中华河蚓 *Rhyacodrilus sinicus*
				头鳃蚓属 *Branchiodrilus*	
	多毛纲 Polychaeta	游走目 Errantia	齿吻沙蚕科 Nephtyidae	齿吻沙蚕属 *Nephthys*	
软体动物门 Mollusca	腹足纲 Gastropoda	中腹足目 Mesogastropoda	豆螺科 Bithyniidae	沼螺属 *Parafossarulus*	大沼螺 *Parafossarulus eximius*
			狭口螺科 Stenothyirdae	狭口螺属 *Stenothyra*	光滑狭口螺 *Stenothyra glabra*
			田螺科 Viviparidae	环棱螺属 *Bellamya*	梨形环棱螺 *Bellamya purificata*
					铜锈环棱螺 *Bellamya aeruginosa*
				圆田螺属 *Cipangopaludina*	中国圆田螺 *Cipangopaludina chinensis*

续表

门	纲	目	科	属	种
软体动物门 Mollusca	腹足纲 Gastropoda	中腹足目 Mesogastropoda	瓶螺科 Ampullariidae	福螺属 *Pomacea*	福寿螺 *Pomacea canaliculata*
	瓣鳃纲 Lamellibranchia	蚌目 Unionoida	蚌科 Unionidae	无齿蚌属 *Anodonta*	
		帘蛤目 Veneroida	蚬科 Corbiculidae	蚬属 *Corbicula*	河蚬 *Corbicula fluminea*
		贻贝目 Mytioida	贻贝科 Mytilidae	股蛤属 *Limnoperna*	湖沼股蛤（淡水壳菜） *Limnoperna lacustris*
节肢动物门 Arthropoda	软甲纲 Malacostraca	十足目 Decapoda	长臂虾科 Palaemonidae	沼虾属 *Macrobrachium*	
		端足目 Amphipoda	钩虾科 Gammaridae	钩虾属 *Gammarus*	
	昆虫纲 Insecta	双翅目 Diptera	摇蚊科 Chironomidae	雕翅摇蚊属 *Glyptotendipes*	

绪论作者

广东省广州生态环境监测中心站　陈泽雄　熊春妮　何文祥　张　藥　胡丹心　胡迪琴
朱大明　宋惠莹　肖　竑　梁敏静　潘三军

图片和名录提供者

广东省广州生态环境监测中心站　陈泽雄　熊春妮　何文祥　张　藥　朱大明　林　淮
年　冀

第十章

钱塘江流域（杭州段）

一、流域水生态环境

（一）流域概况

钱塘江是浙江省最大的河流，以北源新安江起算，河长589km；以南源衢江上游马金溪起算，河长522km。自源头起，流经今安徽省南部和浙江省，流域面积为$5.56\times10^4km^2$，经杭州湾注入东海，较大的支流有兰江、婺江、分水江、浦阳江、曹娥江和渌渚江。钱塘江流域临近中国东南沿海，位于亚热带季风气候区，平均温度为17℃，年平均降水量为1600mm，其中4～6月多雨，降水量约占全年的50%。

（二）污染特征

钱塘江流域水质较好，杭州区域内（包括部分兰江段、新安江段、富春江段和杭州段）全部达到或优于Ⅲ类水质要求。区域主要污水纳管率较高，主要河道也不设污水处理厂出水口，水体污染物主要来源于上游输入和部分农业面源污染。

（三）水生态环境状况

钱塘江水系是杭州及其周边地区的主要饮用水源。浙江省政府制定了《钱塘江流域综合规划》，结合“五水共治”、“三江两岸”和“拥江发展”等工作全面推进水资源保护和污染综合治理。目前钱塘江流域（杭州段）藻类物种丰富，其中以硅藻中的小环藻属（*Cyclotella*）为主。2016年夏季，因上游衢江蓝藻暴发，钱塘江流域兰江段、部分新安江段、部分富春江段出现较为严重的水华情况，杭州段未受明显影响。

二、流域水生生物多样性

在钱塘江流域（杭州段）开展的水生生物监测，主要在富阳下游水域。

1. 物种组成特征

“十二五”期间，在钱塘江流域杭州段共发现浮游动物9种，分布于节肢动物门甲壳纲桡足类（Copepoda）、节肢动物门甲壳纲枝角类（Cladocera）。其中，桡足类和枝角类的种数分别占总数的67%和33%（图10-1）。

“十二五”期间钱塘江流域（杭州段）共发现藻类42种，分布于绿藻门（Chlorophyta）、硅藻门（Bacillariophyta）、蓝藻门（Cyanophyta）、裸藻门（Euglenophyta）、隐藻门（Cryptophyta）、甲藻门（Pyrrophyta）和金藻门（Chrysophyta）。其中绿藻门、硅藻门、蓝藻门的种数分布占总数的40%、24%、17%，其余门类占19%（图10-2，图10-3）。

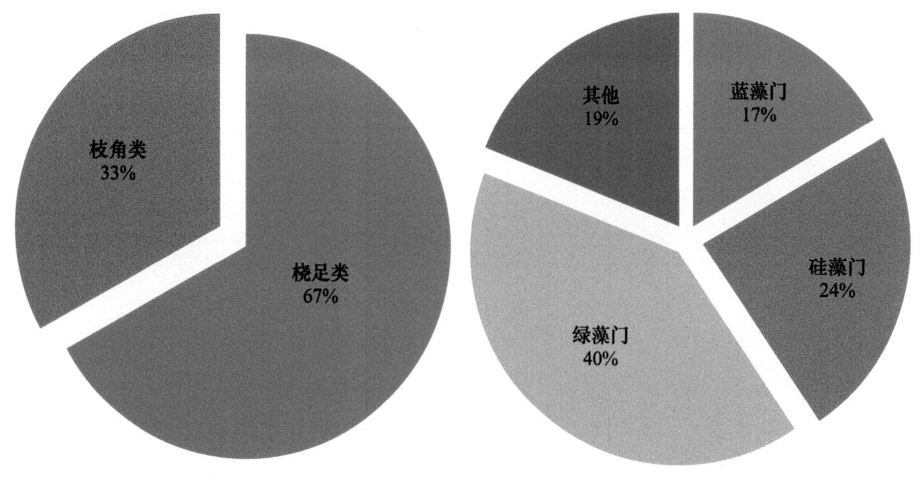

图10-1 浮游动物物种组成　　图10-2 藻类物种组成

上游河段发现7门38种；下游河段发现6门35种，上下游物种丰富程度差别不大。2011～2017年，钱塘江流域（杭州段）浮游动物和藻类的种类多样性变化不大（图10-4），藻类优势门类的分布比例也变化不大（图10-3）。

钱塘江流域（杭州段）是杭州的主要饮用水源，并不作为主要的城市污水受纳水体，受城市污水影响较小，因而上下游、各时段物种多样性差别不大。

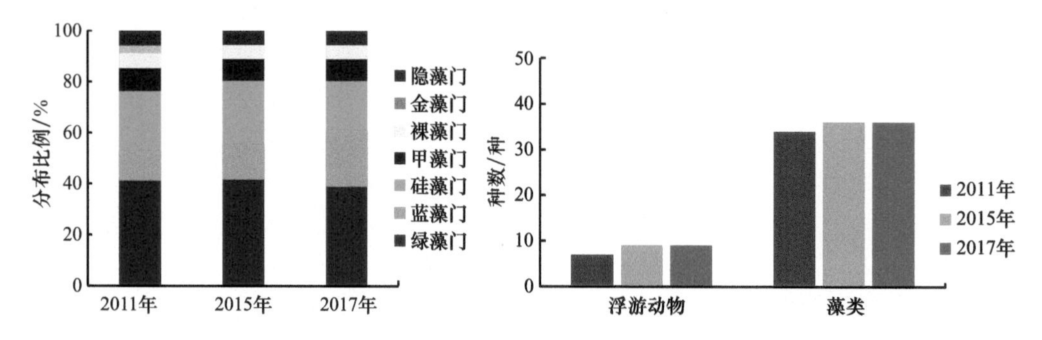

图10-3 2011～2017年藻类物种分布比例变化　　图10-4 2011～2017年浮游动物和藻类种数的变化

2. 丰度变化特征

“十二五”期间钱塘江流域（杭州段）浮游动物平均丰度为0.26个/L，其中桡足类0.22个/L、枝角类0.04个/L。藻类平均丰度为7.8×10^5个/L，其中硅藻门、绿藻门、隐藻门几个优势门类密度占比分别为49%、25%和18%，其余门类占比8%。上游河段藻类平均丰度为7.9×10^5个/L，下游河段为7.7×10^5个/L，上下游的藻类丰度区别不大。

自“十二五”初期（2011年）到“十三五”初期（2017年），钱塘江流域（杭州段）的物种丰度出现不同程度的变化（图10-5，图10-6）。钱塘江流域（杭州段）浮游动物丰度从2011年、2015年的0.26个/L左右增加至2017年的0.7ind./L。藻类丰度年际变化较大，2011年为1.2×10^6个/L，2015年下降为5.0×10^5个/L，2017年上升到8.8×10^5个/L。

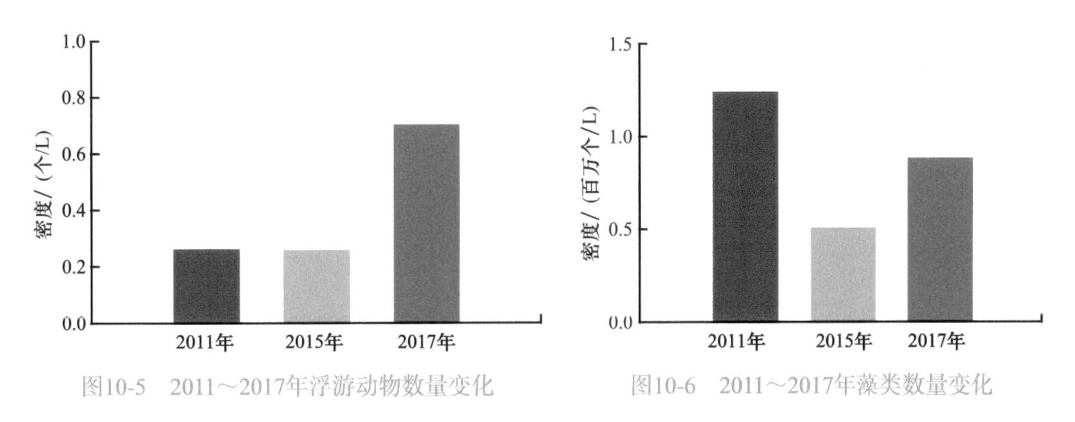

图10-5　2011～2017年浮游动物数量变化　　图10-6　2011～2017年藻类数量变化

同时，以藻类为例，优势门类绿藻门的密度分布比例也出现明显的下降（图10-7），已由2011年的38%下降到2017年的11%，硅藻门的密度分布比例有所上升，由2011年的40%上升到2017年的61%。

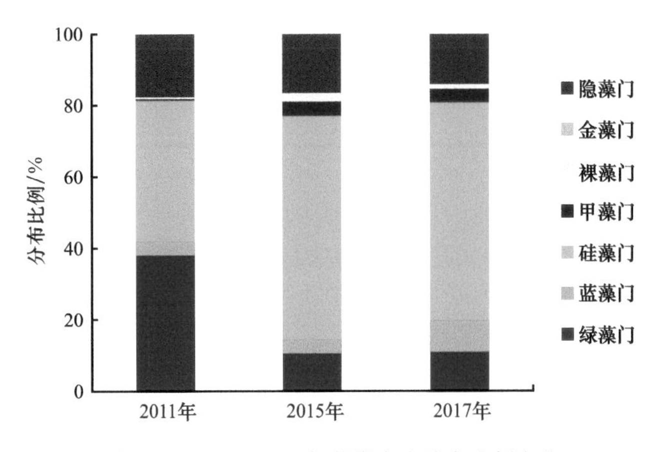

图10-7　2011～2017年藻类密度分布比例变化

3. 优势种变化情况

“十二五”至“十三五”初期，钱塘江流域（杭州段）各类群优势种变化不明显。2011年以硅藻门中的小环藻属（*Cyclotella*）、绿藻门中的栅藻属（*Scenedesmus*）和隐藻门中的隐藻属（*Cryptomonas*）为优势种；2015年以硅藻门中的小环藻、针杆藻属（*Synedra*）和隐藻门中的隐藻为优势种；2017年以小环藻、栅藻和隐藻为优势种。不同河段优势种的空间差异不大，以藻类为例，上下游河段均以小环藻为主要优势种。浮游动物由2011年以汤匙华哲水蚤（*Sinocalanus dorrii*）为优势种，逐步转变为2017年的汤匙华哲水蚤、拟猛水蚤属（*Harpacticella*）和长额象鼻溞（*Bosmina longirostris*）。

三、水生生物监测概况及物种名录

从“十一五”开始，开展了对钱塘江流域杭州段的生物监测工作，包括浮游植物和浮游动物，监测频次为每季度一次，主要监测点位为钱塘江流域（杭州段）的重要饮用水源地。因2016年夏季上游蓝藻水华暴发，对钱塘江全流域开展预警监测，监测项目为叶绿素a和浮游植物，监测频次为每月一次，夏季为每周一次，同时开展钱塘江流域上游水华风险研究。在该工作基础上，整理出钱塘江流域（杭州段）常见水生生物物种名录（表10-1，表10-2）和物种图谱。

表10-1 钱塘江流域（杭州段）常见藻类名录

门	纲	目	科	属	种
硅藻门 Bacillariophyta	羽纹纲 Pennatae	单壳缝目 Monoraphidales	曲壳藻科 Achnanthaceae	曲壳藻属 *Achnanthes*	
		管壳缝目 Aulonoraphidinales	菱形藻科 Nitzschiaceae	菱形藻属 *Nitzschia*	
			双菱藻科 Surirellaceae	波缘藻属 *Cymatopleura*	
				双菱藻属 *Surirella*	
		双壳缝目 Biraphidinales	桥弯藻科 Cymbellaceae	桥弯藻属 *Cymbella*	
				双眉藻属 *Amphora*	
			异极藻科 Gomphonemaceae	异极藻属 *Gomphonema*	
			舟形藻科 Naviculaceae	布纹藻属 *Gyrosigma*	
				辐节藻属 *Stauroneis*	

续表

门	纲	目	科	属	种
硅藻门 Bacillariophyta	羽纹纲 Pennatae	双壳缝目 Biraphidinales	舟形藻科 Naviculaceae	羽纹藻属 *Pinnularia*	
				舟形藻属 *Navicula*	
		无壳缝目 Asaphidiales	脆杆藻科 Fragilariaceae	脆杆藻属 *Fragilaria*	
				等片藻属 *Diatoma*	
				星杆藻属 *Asterionella*	华丽星杆藻 *Asterionella formosa*
				针杆藻属 *Synedra*	
	中心纲 Centricae	圆筛藻目 Coscinodiscales	圆筛藻科 Coscinodiscaceae	直链藻属 *Melosira*	
				冠盘藻属 *Stephanodiscus*	
				小环藻属 *Cyclotella*	
		盒形藻目 Biddulphiales	盒形藻科 Biddulphicaceae	四棘藻属 *Attheya*	
甲藻门 Dinophyta	甲藻纲 Dinophyceae	多甲藻目 Peridiniales	多甲藻科 Peridiniaceae	多甲藻属 *Peridinium*	
			裸甲藻科 Gymnodiniaceae	薄甲藻属 *Glenodinium*	
				裸甲藻属 *Gymnodinium*	
金藻门 Chrysophyta	金藻纲 Chrysophyceae	色金藻目 Chromulinales	锥囊藻科 Dinobryonaceae	锥囊藻属 *Dinobryon*	
蓝藻门 Cyanophyta	蓝藻纲 Cyanophyceae	颤藻目 Osillatoriales	颤藻科 Oscillatoriaceae	颤藻属 *Oscillatoria*	
				鞘丝藻属 *Lyngbya*	
			伪鱼腥藻科 Pseudanabaenaceae	伪鱼腥藻属 *Pseudanabaena*	
			席藻科 Phormidiaceae	浮丝藻属 *Planktothrix*	
				拟浮丝藻属 *Planktothricoides*	
		念珠藻目 Nostocales	念珠藻科 Nostocaceae	尖头藻属 *Raphidiopsis*	
		色球藻目 Chroococcales	平裂藻科 Merismopediaceae	平裂藻属 *Merismopedia*	
			色球藻科 Chroococcaceae	色球藻属 *Chroococcus*	

续表

门	纲	目	科	属	种
蓝藻门 Cyanophyta	蓝藻纲 Cyanophyceae	色球藻目 Chroococcales	微囊藻科 Microcystaceae	微囊藻属 *Microcystis*	铜绿微囊藻 *Microcystis aeruginosa*
					水华微囊藻 *Microcystis flos-aquae*
					鱼害微囊藻 *Microcystis ichthyoblabe*
					惠氏微囊藻 *Microcystis wesenbergii*
裸藻门 Euglenophyta	裸藻纲 Euglenophyceae	裸藻目 Euglenales	裸藻科 Euglenaceae	裸藻属 *Euglena*	
				囊裸藻属 *Trachelomonas*	
				扁裸藻属 *Phacus*	
绿藻门 Chlorophyta	双星藻纲 Zygnematophyceae	鼓藻目 Desmidiales	鼓藻科 Desmidiaceae	鼓藻属 *Cosmarium*	
				新月藻属 *Closterium*	
		双星藻目 Zygnematales	双星藻科 Zygnemataceae	转板藻属 *Mougeotia*	六角转板藻 *Mougeotia sexangularis*
	绿藻纲 Chlorophyceae	绿球藻目 Chlorococcales	卵囊藻科 Oocystaceae	卵囊藻属 *Oocystis*	
			盘星藻科 Pediastraceae	盘星藻属 *Pediastrum*	单角盘星藻 *Pediastrum simplex*
					四角盘星藻 *Pediastrum tetras*
					盘星藻 *Pediastrum biradiatum*
			小球藻科 Chlorellaceae	蹄形藻属 *Kirchneriella*	
				小球藻属 *Chlorella*	
				纤维藻属 *Ankistrodesmus*	
				四角藻属 *Tetraëdron*	
				四棘藻属 *Treubaria*	

续表

门	纲	目	科	属	种
绿藻门 Chlorophyta	绿藻纲 Chlorophyceae	绿球藻目 Chlorococcales	小球藻科 Chlorellaceae	月牙藻属 *Selenastrum*	
			小桩藻科 Characiaceae	弓形藻属 *Schroederia*	弓形藻 *Schroederia setigera*
			栅藻科 Scenedesmaceae	集星藻属 *Actinastrum*	
				空星藻属 *Coelastrum*	小空星藻 *Coelastrum microporum*
				十字藻属 *Crucigenia*	
				四星藻属 *Tetrastrum*	
				栅藻属 *Scenedesmus*	
			绿球藻科 Chlorococcaceae	绿球藻属 *Chlorococcum*	
		团藻目 Volvocales	团藻科 Volvocaceae	空球藻属 *Eudorina*	空球藻 *Eudorina elegans*
				实球藻属 *Pandorina*	实球藻 *Pandorina morum*
				盘藻属 *Gonium*	
				团藻属 *Volvox*	
		团藻目 Volvocales	衣藻科 Chlamydomonadaceae	绿梭藻属 *Chlorogonium*	
				四鞭藻属 *Carteria*	
				衣藻属 *Chlamydomonas*	
隐藻门 Cryptophyta	隐藻纲 Cryptophyceae		隐鞭藻科 Cryptomonadaceae	蓝隐藻属 *Chroomonas*	
				隐藻属 *Cryptomonas*	

表10-2　钱塘江流域（杭州段）常见浮游动物名录

门	纲	目	科	属	种
节肢动物门 Arthropoda	桡足类 Copepoda	哲水蚤目 Calanoida	胸刺水蚤科 Centropagidae	华哲水蚤属 *Sinocalanus*	汤匙华哲水蚤 *Sinocalanus dorrii*
			伪镖水蚤科 Pseudodiaptomidae	许水蚤属 *Schmackeria*	球状许水蚤 *Schmackeria forbesi*
					模糊许水蚤 *Schmackeria dubia*

续表

门	纲	目	科	属	种
节肢动物门 Arthropoda	桡足类 Copepoda	剑水蚤目 Cyclopoida	剑水蚤科 Cyclopidae	中剑水蚤属 *Mesocyclops*	广布中剑水蚤 *Mesocyclops leuckarti*
					北碚中剑水蚤 *Mesocyclops pehpeiensis*
				剑水蚤属 *Cyclops*	英勇剑水蚤 *Cyclops strennus*
		猛水蚤目 Harpacticoida	猛水蚤科 Harpacticidae	拟猛水蚤属 *Harpacticella*	湖泊拟猛水蚤 *Harpacticella lacustris*
	枝角类 Cladocera	异足目 Anomopoda	象鼻溞科 Bosminidae	象鼻溞属 *Bosmina*	长额象鼻溞 *Bosmina longirostris*
				基合溞属 *Bosminopsis*	颈沟基合溞 *Bosminopsis deitersi*
			裸腹溞科 Moinidae	裸腹溞属 *Moina*	
			溞科 Daphnidae	溞属 *Daphnia*	隆线溞 *Daphnia Ctenodaphnia carinata*
		栉足目 Ctenopoda	仙达溞科 Sididae	秀体溞属 *Diaphanosoma*	长肢秀体溞 *Diaphanosoma leuchtenbergianum*

绪论作者

浙江杭州生态环境监测中心 王 昂 陈鸣渊 吴 洁 陈 芳 曹芸燕

图片和名录提供者

浙江杭州生态环境监测中心 王 昂 陈鸣渊 吴 洁 陈 芳 曹芸燕

第十一章

其他水系

一、长江流域（南通段）

（一）流域水生态环境

1. 流域概况

长江流域（南通段）位于长江下游，属于北亚热带和暖温带季风气候，气候温和，四季分明。

2. 污染特征

长江流域（南通段）总体水质较好，在Ⅱ、Ⅲ类之间，是城市饮用水水源地。主要污染物指标为总磷。主要污染源为城镇污水处理厂、沿江仓储码头、化工园区等。

3. 水生态环境状况

长江流域（南通段）有丰富的生物资源，是中华绒螯蟹蟹苗、日本鳗鲡苗等多种经济鱼类以及部分珍稀鱼类的索饵场、产卵场和育幼场，目前已建长江口北支湿地（省级）自然保护区。长江干流未出现明显环境问题，但近年来总磷浓度逐渐升高，成为影响水质的主要污染物。2016年南通市政府印发了《长江流域（南通段）生态环境保护工作方案》。

（二）流域水生生物多样性

（1）物种组成特征

“十二五”期间长江流域（南通段）共发现藻类124种（属），分布于绿藻门（Chlorophyta）、硅藻门（Bacillariophyta）、蓝藻门（Cyanophyta）、裸藻门（Euglenophyta）、隐藻门（Cryptophyta）、甲藻门（Pyrrophyta）、金藻门（Chrysophyta）7门。其中硅藻门、绿藻门、蓝藻门的种数分别占总数的38.0%、30.6%、14.5%，其余门类占16.9%（图11-1）。

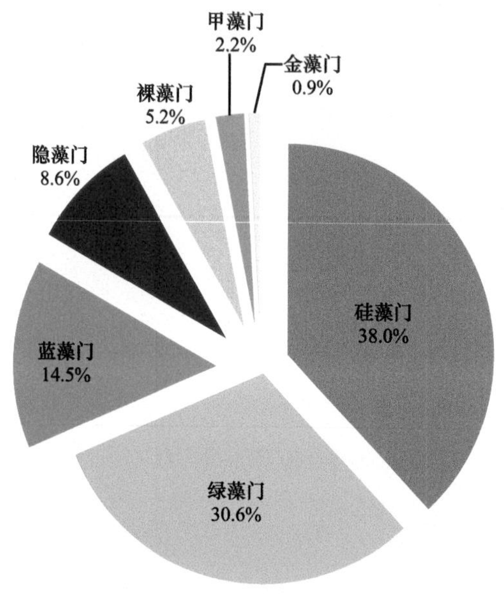

图11-1 藻类物种组成

“十二五”期间，长江流域（南通段）藻类物种数整体上呈现上升趋势，物种组成变化不大（图11-2，图11-3）。

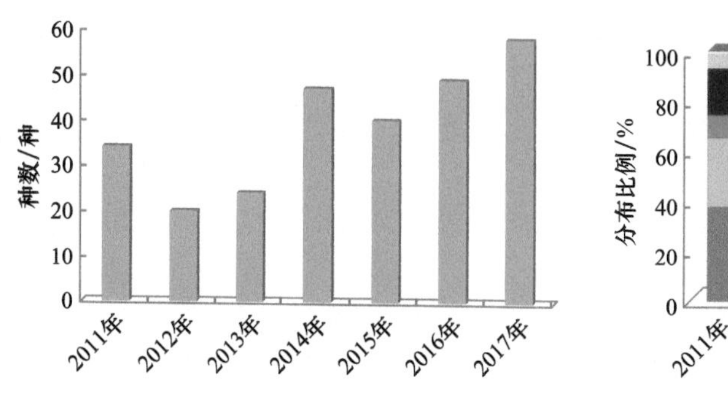

图11-2 2011～2017年藻类物种数的变化

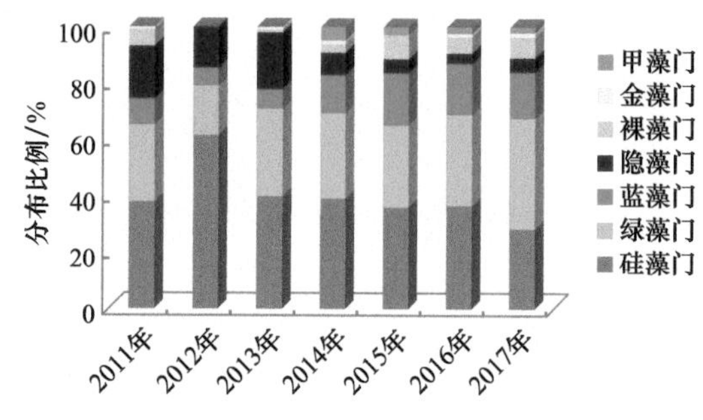

图11-3 2011～2017年藻类物种分布比例变化

“十二五”期间长江流域（南通段）共发现浮游动物41种（属），以原生动物（Protozoa）、轮虫（Rotifera）为主，其中原生动物占67.0%，轮虫占30.2%，桡足类（Copepoda）和枝角类（Cladocera）占2.9%（图11-4）。物种种数近几年有增加趋势，物种组成中轮虫、桡足类和枝角类近几年有增加趋势（图11-5，图11-6）。

“十二五”期间长江流域（南通段）共发现底栖动物16种（属），主要为环节动物门（Annelida）、软体动物门（Mollusca），其中环节动物门占61.4%，软体动物门占37.9%，节肢动物门占0.7%，物种数年际变化较大，各门类物种分布无显著变化（图11-7～图11-9）。

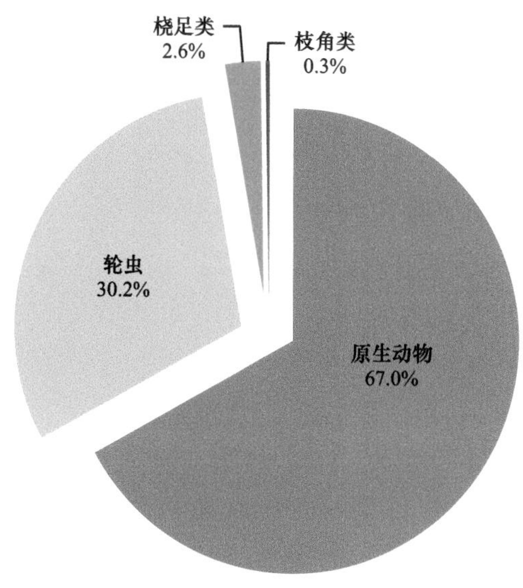

图11-4　浮游动物物种组成

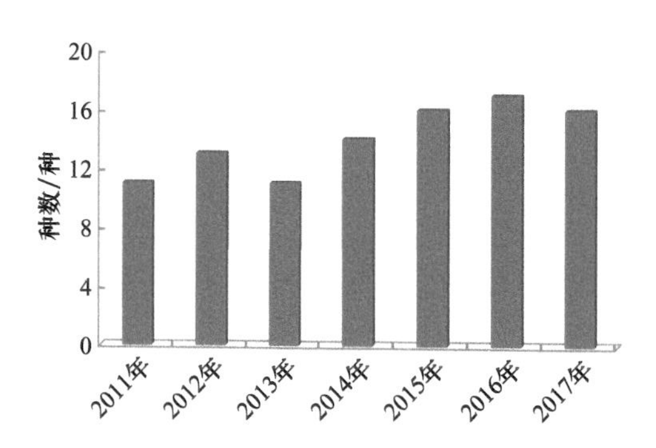

图11-5　2011～2017年浮游动物物种数的变化

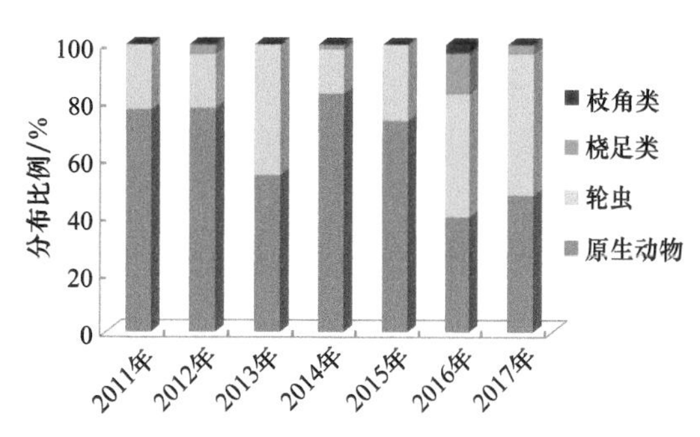

图11-6　2011～2017年浮游动物物种分布比例变化

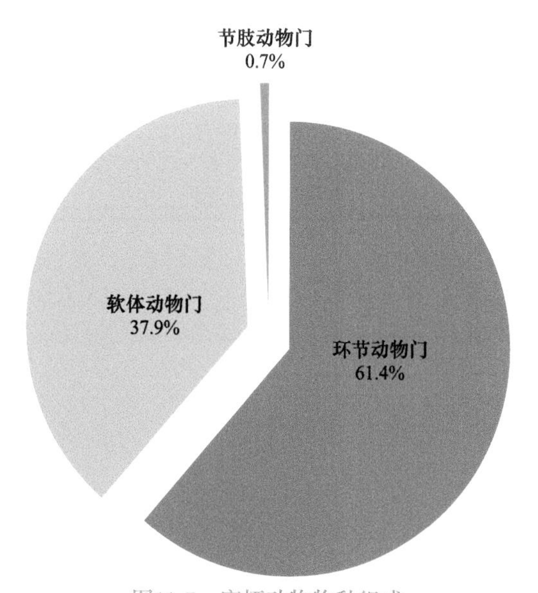

图11-7　底栖动物物种组成

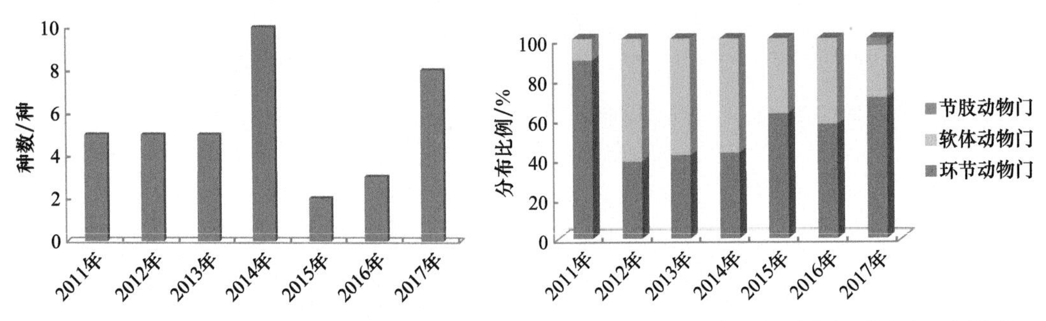

图11-8 2011～2017年底栖动物物种数的变化　　图11-9 2011～2017年底栖动物物种分布比例变化

（2）丰度变化特征

“十二五”期间长江流域（南通段）藻类平均丰度为2.8×10^4ind./L，其中隐藻门（Cryptophyta）、硅藻门（Bacillariophyta）、甲藻门（Pyrrophyta）几个优势门类密度占比分别为43.0%、34.7%和8.1%，其余门类占比14.2%（图11-10）。

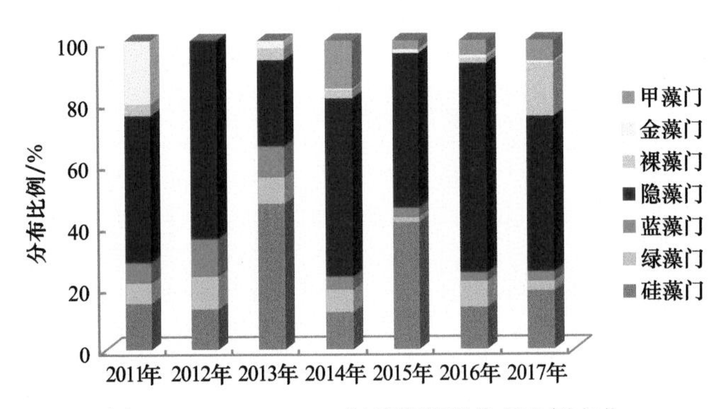

图11-10 2011～2017年藻类密度分布比例变化

“十二五”期间长江流域（南通段）浮游动物平均丰度为1.2×10^3ind./L，其中原生动物密度占比为73.0%，轮虫密度占比为21.2%，桡足类和枝角类密度占比为5.8%。浮游动物数量呈现先增加后减少的趋势，2015年为最高峰。浮游动物各门类密度分布比例以原生动物为主（图11-11）。

“十二五”期间长江流域（南通段）底栖动物平均密度为3.6×10^2个/m^2，其中环节动物门、软体动物门、节肢动物门密度占比分别为45.6%、45.2%、9.2%，近几年底栖动物密度有减少趋势。而从物种分布比例可以看出，环节动物门密度分布比例有所降低，软体动物门密度分布比例有上升趋势（图11-12）。

（3）优势种变化情况

“十二五”前半段主要以直链藻属（*Melosira*）、卵形隐藻（*Cryptomons ovata*）为优势种，后半段至今以直链藻属（*Melosira*）、小环藻属（*Cyclotella*）为优势种，藻类优势种密度近几年有下降趋势。浮游动物优势种主要为急游虫属（*Strombidium*）、筒壳虫属（*Tintinnidium*）等，年际变化较大。浮游动物优势种密度有逐年下降趋势。

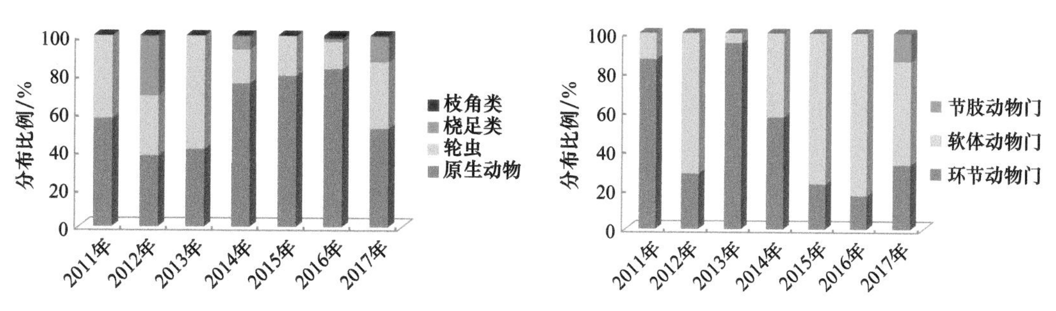

图11-11 2011～2017年浮游动物密度分布比例变化　图11-12 2011～2017年底栖动物密度分布比例变化

底栖动物优势种主要为颤蚓属（*Tubifex*）、环棱螺属（*Bellamya*）。2011年以指示重度污染的寡毛类颤蚓属为首要优势种，自2014年以后，颤蚓属的数量出现显著下降，首要优势种逐渐转变为指示中度污染的软体动物门的环棱螺属，同时颤蚓属的相对丰度显著下降。同时，优势种总密度也呈逐年下降趋势，某种程度上表明长江水生态状况有呈现好转的态势。

（三）水生生物物种名录

长江流域（南通段）常见水生生物名录见表11-1～表11-3。

表11-1 长江流域（南通段）常见藻类名录

门	纲	目	科	属	种
蓝藻门 Cyanophyta	蓝藻纲 Cyanophyceae	色球藻目 Chroococcales	平裂藻科 Merismopediaceae	平裂藻属 *Merismopedia*	优美平裂藻 *Merismopedia elegans*
					银灰平裂藻 *Merismopedia glauca*
			微囊藻科 Microcystaceae	微囊藻属 *Microcystis*	
		颤藻目 Osillatoriales	颤藻科 Oscillatoriaceae	颤藻属 *Oscillatoria*	
			席藻科 Phormidiaceae	浮丝藻属 *Planktothrix*	螺旋浮丝藻 *Planktothrix spiroides*
		念珠藻目 Nostocales	念珠藻科 Nostocaceae	尖头藻属 *Raphidiopsis*	弯形尖头藻 *Raphidiopsis curvata*
绿藻门 Chlorophyta	绿藻纲 Chlorophyceae	团藻目 Volvocales	团藻科 Volvocaceae	盘藻属 *Gonium*	美丽盘藻 *Gonium formosum*
				空球藻属 *Eudorina*	空球藻 *Eudorina elegans*
		绿球藻目 Chlorococcales	小桩藻科 Characiaceae	弓形藻属 *Schroederia*	弓形藻 *Schroederia setigera*

续表

门	纲	目	科	属	种
绿藻门 Chlorophyta	绿藻纲 Chlorophyceae	绿球藻目 Chlorococcales	小球藻科 Chlorcllaccac	顶棘藻属 *Chodatella*	十字顶棘藻 *Chodatella wratislaviensis*
				四角藻属 *Tetraëdron*	三角四角藻 *Tetraëdron trigonum*
					三角四角藻小型变种 *Tetraëdron trigonum* var. *gracile*
			盘星藻科 Pediastraceae	盘星藻属 *Pediastrum*	二角盘星藻 *Pediastrum duplex*
					二角盘星藻纤细变种 *Pediastrum duplex* var. *gracillimum*
			盘星藻科 Pediastraceae	盘星藻属 *Pediastrum*	单角盘星藻具孔变种 *Pediastrum simplex* var. *duodenarium*
			栅藻科 Scenedesmaceae	栅藻属 *Scenedesmus*	二形栅藻 *Scenedesmus dimorphus*
					四尾栅藻 *Scenedesmus quadricauda*
				十字藻属 *Crucigenia*	四角十字藻 *Crucigenia quadrata*
				集星藻属 *Actinastrum*	集星藻 *Actinastrum hantzschii*
	双星藻纲 Zygnematophyceae	鼓藻目 Desmidiales	鼓藻科 Desmidiaceae	角星鼓藻属 *Staurastrum*	
硅藻门 Bacillariophyta	中心纲 Centricae	圆筛藻目 Coscinodiscales	圆筛藻科 Coscinodiscaceae	直链藻属 *Melosira*	颗粒直链藻 *Melosira granulata*
				小环藻属 *Cyclotella*	
	羽纹纲 Pennatae	无壳缝目 Araphidiales	脆杆藻科 Fragilariaceae	脆杆藻属 *Fragilaria*	
				针杆藻属 *Synedra*	尖针杆藻 *Synedra acus*
					肘状针杆藻 *Synedra ulna*
				等片藻属 *Diatoma*	
				星杆藻属 *Asterionella*	华丽星杆藻 *Asterionella formosa*

续表

门	纲	目	科	属	种
硅藻门 Bacillariophyta	羽纹纲 Pennatae	双壳缝目 Biraphidinales	舟形藻科 Naviculaceae	布纹藻属 *Gyrosigma*	库津布纹藻 *Gyrosigma kuetzingii*
				双壁藻属 *Diploneis*	卵圆双壁藻 *Diploneis ovalis*
				舟形藻属 *Navicula*	简单舟形藻 *Navicula simplex*
			桥弯藻科 Cymbellaceae	桥弯藻属 *Cymbella*	膨胀桥弯藻 *Cymbella tumida*
			异极藻科 Gomphonemaceae	异极藻属 *Gomphonema*	塔形异极藻 *Gomphonema turris*
		管壳缝目 Aulonoraphidinales	双菱藻科 Surirellaceae	双菱藻属 *Surirella*	
裸藻门 Euglenophyta	裸藻纲 Euglenophyceae	裸藻目 Euglenales	裸藻科 Euglenaceae	裸藻属 *Euglena*	血红裸藻 *Euglena sanguinea*
				陀螺藻属 *Strombomonas*	剑尾陀螺藻 *Strombomonas ensifera*
				扁裸藻属 *Phacus*	钩状扁裸藻 *Phacus hamatus*
					长尾扁裸藻 *Phacus longicauda*
甲藻门 Dinophyta	甲藻纲 Dinophyceae	多甲藻目 Peradiniales	多甲藻科 Peridiniaceae	多甲藻属 *Peridinium*	微小多甲藻 *Peridinium pusillum*
隐藻门 Cryptophyta	隐藻纲 Cryptophyceae		隐鞭藻科 Cryptomonadaceae	蓝隐藻属 *Chroomonas*	尖尾蓝隐藻 *Chroomonas acuta*
				隐藻属 *Cryptomonas*	啮蚀隐藻 *Cryptomonas erosa*
金藻门 Chrysophyta	金藻纲 Chrysophyceae	色金藻目 Chromulinales	锥囊藻科 Dinobryonaceae	锥囊藻属 *Dinobryon*	

表11-2 长江流域（南通段）常见底栖动物名录

门	纲	目	科	属	种
环节动物门 Annelida	寡毛纲 Oligochaeta	颤蚓目 Tubificida	仙女虫科 Naididae	癞皮虫属 *Slavina*	多突癞皮虫 *Slavina appendiculata*
			颤蚓科 Tubificidae	尾鳃蚓属 *Branchiura*	苏氏尾鳃蚓 *Branchiura sowerbyi*
				水丝蚓属 *Limnodrilus*	
				颤蚓属 *Tubifex*	
	多毛纲 Polychaeta	沙蚕目 Nereidida	齿吻沙蚕科 Nephtyidae	齿吻沙蚕属 *Nephthys*	

续表

门	纲	目	科	属	种
节肢动物门 Arthropoda	昆虫纲 Insecta	双翅目 Diptera	摇蚊科 Chironomidae	摇蚊属 *Chironomus*	
软体动物门 Mollusca	腹足纲 Gastropoda	中腹足目 Mesogastropoda	田螺科 Viviparidae	环棱螺属 *Bellamya*	梨形环棱螺 *Bellamya purificata*
					铜锈环棱螺 *Bellamya aeruginosa*
					方形环棱螺 *Bellamya quadrata*
					绘环棱螺 *Bellamya limnophila*
				圆田螺属 *Cipangopaludina*	中国圆田螺 *Cipangopaludina chinensis*
					中华圆田螺 *Cipangopaludina cathayensis*
	瓣鳃纲 Lamellibranchia	蚌目 Unionoida	蚌科 Unionidae	冠蚌属 *Cristaria*	褶纹冠蚌 *Cristaria plicata*
		帘蛤目 Veneroida	蚬科 Corbiculidae	蚬属 *Corbicula*	河蚬 *Corbicula fluminea*

表11-3 长江流域（南通段）常见浮游动物名录

门	纲	目	科	属	种
原生动物 Protozoa	纤毛虫门 Ciliophryida	缘毛目 Peritrichida	钟虫科 Vorticellidae	钟虫属 *Vorticella*	
		异毛目 Heterotrichida	侠盗科 Strobilidiidae	侠盗虫属 *Strobilidium*	
		寡毛目 Oligotrichida	铃壳科 Codonellidae	似铃壳虫属 *Tintinnopsis*	
		前口目 Prostomatida	急游科 Strombidiidae	急游虫属 *Strombidium*	
线形动物门 Nematomorpha	轮虫 Rotifera	单巢目 Monogononta	臂尾轮科 Brachionidae	臂尾轮属 *Brachionus*	角突臂尾轮虫 *Brachionus angularis*
					萼花臂尾轮虫 *Brachionus calyciflorus*
					镰形臂尾轮虫 *Brachionus falcatus*
					尾突臂尾轮虫 *Brachionus caudatus*
				龟甲轮属 *Keratella*	
			晶囊轮科 Asplanchnidae	晶囊轮属 *Asplanchna*	
			疣毛轮科 Synchaetidae	多肢轮属 *Polyarthra*	广生多肢轮虫 *Polyarthra vulgaris*

续表

门	纲	目	科	属	种
线形动物门 Nematomorpha	轮虫 Rotifera	单巢目 Monogononta	鼠轮科 Trichocercidae	异尾轮属 *Trichocerca*	
			镜轮科 Testudinellidae	三肢轮属 *Filinia*	长三肢轮虫 *Filinia longiseta*
节肢动物门 Arthropoda	桡足类 Copepoda	剑水蚤目 Cyclopoida	剑水蚤科 Cyclopidae	真剑水蚤属 *Eucyclops*	

绪论作者

江苏省南通环境监测中心　朱正宏　信　誉

图片和名录提供者

江苏省南通环境监测中心　朱正宏　信　誉

二、长江流域（武汉段）

（一）流域水生态环境

1. 流域概况

长江流域（武汉段）由西南向东北方向横贯武汉市，至白浒山附近出境，全长约145km。由沌口算起流经中心城区江段长约60km。江道较直，水深、量大、江面宽1100～1200m。汉口水文站历年水位平均值为19.15m，最高水位为29.73m（1954年），最低水位为10.08m；历年平均流量为23 500m^3/s；历年平均径流量为7428亿m^3。历年长江含沙量平均为0.61kg/m^3。水质为重碳酸钙型矿化淡水，是武汉市重要的工业供水源和饮用水源之一。

2. 污染特征

长江流域（武汉段）沿江设置4个水生生物监测点位，在每年春秋季开展监测。长江流域（武汉段）水质稳定保持在Ⅱ类、Ⅲ类之间，水质状况为优良，达到地表水环境功能区标准的要求，未出现超标监测项目。

3. 水生态环境状况

长江流域（武汉段）浮游植物以硅藻门（Bacillariophyta）为主，其次为蓝藻门（Cyanophyta）、绿藻门（Chlorophyta）等。硅藻门中以小环藻属（*Cyclotella*）、脆杆藻属（*Fragilaria*）、针杆藻属（*Synedra*）、直链藻属（*Melosira*）居多，蓝藻门中以平裂藻属（*Merismopedia*）、微囊藻属（*Microcystis*）、颤藻属（*Oscillatoria*）居多，绿藻门中的盘星藻属（*Pediastrum*）、栅藻属（*Scenedesmus*）也较常见。

（二）流域水生生物多样性

（1）物种组成特征

“十二五”期间，长江流域（武汉段）浮游植物检出5门23属，分别隶属于蓝藻门、绿藻门、硅藻门、裸藻门、隐藻门。其中硅藻门种类最多，占65%；绿藻门占16%；蓝藻门占12%；裸藻门占4%，隐藻门占3%（图11-13）。

长江流域（武汉段）浮游动物检出4类25属，分别为枝角类（Cladocera）、桡足类（Copepoda）、轮虫（Rotifera）、原生动物（Protozoa）。其中枝角类占11%，桡足类占22%，轮虫占26%，原生动物占41%（图11-14）。

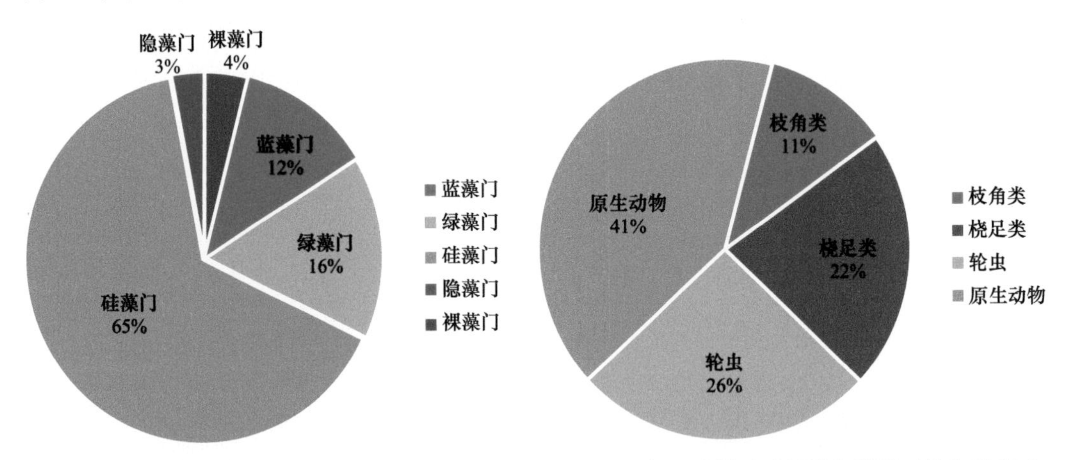

图11-13 长江流域（武汉段）浮游植物物种组成　　图11-14 长江流域（武汉段）浮游动物物种组成

“十二五”期间，长江流域（武汉段）浮游植物和浮游动物物种数量保持稳定，变化不大。

“十二五”初期（2011年）、“十二五”末期（2015年）及2017年，长江流域（武汉段）浮游生物种类发生了一些变化。浮游植物检出种属数2011～2015年略有增加，基本保持稳定，2017年明显增加，种属数由2015年的23属增加到35属，绿藻门的比例有所上升，硅藻门的比例下降。浮游动物的物种数从2015年以后出现显著增加，由16属增加到2017年的29属（图11-15～图11-17）。

（2）丰富度变化特征

“十二五”期间，长江流域（武汉段）浮游植物平均检出密度为7.38×10^5个/L。2011～2017年，浮游植物密度呈下降趋势，浮游动物密度在2015年较高，2017年有所减少（图11-18）。

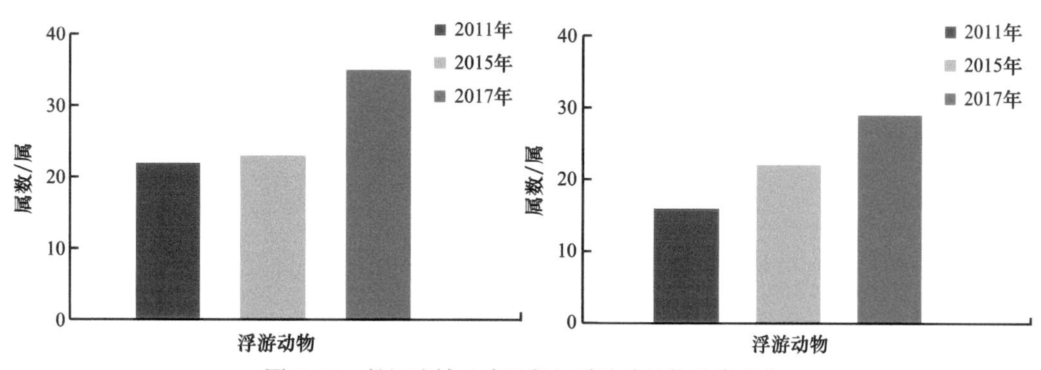

图11-15　长江流域（武汉段）浮游动植物种类变化

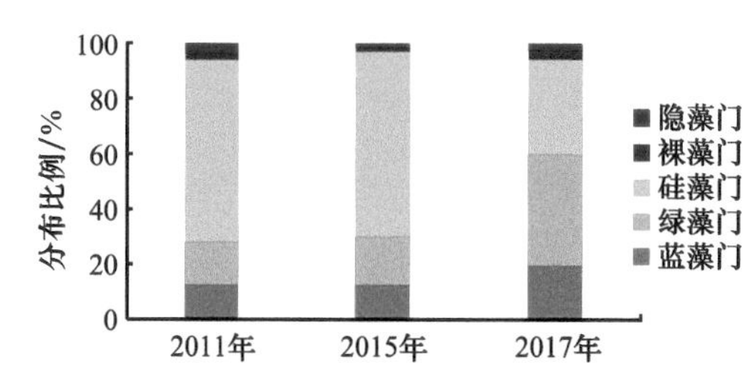

图11-16　2011年、2015年、2017年长江流域（武汉段）浮游植物种类分布比例变化

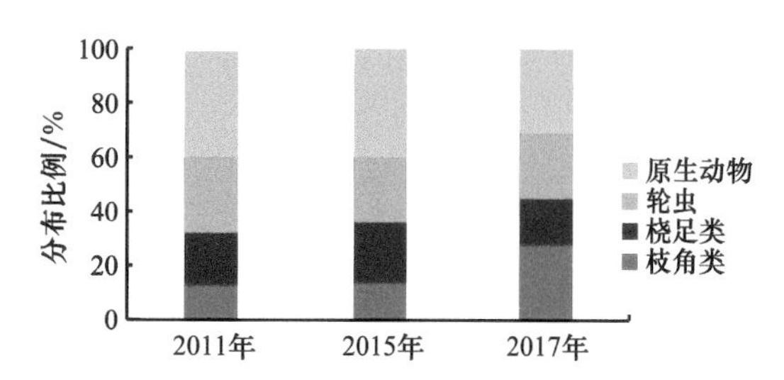

图11-17　2011年、2015年、2017年长江流域（武汉段）浮游动物种类分布比例变化

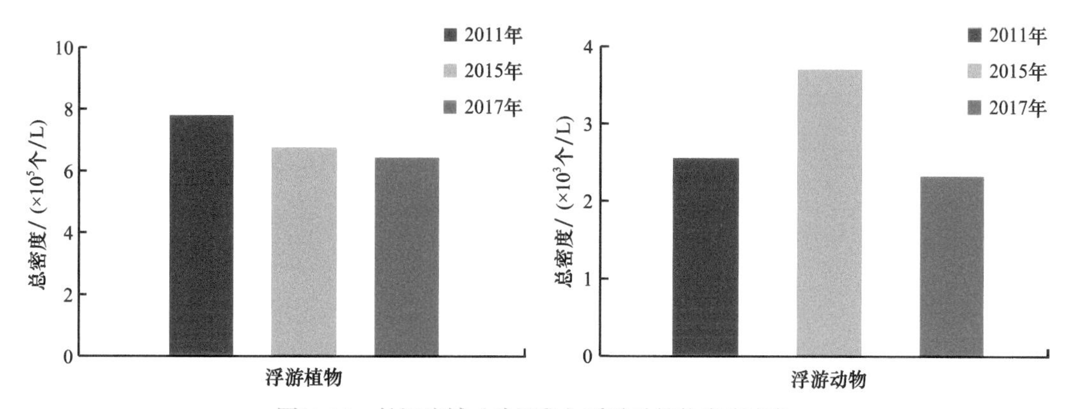

图11-18　长江流域（武汉段）浮游动植物密度变化

（3）优势种变化情况

长江流域（武汉段）浮游藻类优势种主要为硅藻门中的针杆藻属、小环藻属，均为轻污染-中污染指示种类。2011～2017年，优势种变化不大，2017年绿藻门中的盘星藻属略有增加。

浮游动物优势种主要为原生动物中的急游虫属（*Strombidium*）、筒壳虫属（*Tintinnidium*），轮虫中的多肢轮属（*Polyarthra*）、臂尾轮属（*Brachionus*）等，均为轻污染-中污染指示种类。2011～2017年优势种类无明显变化。

（三）水生生物物种名录

长江流域（武汉段）及东湖常见水生生物名录见表11-4和表11-5。

表11-4 长江流域（武汉段）及东湖常见藻类名录

<table>
<tr><th>门</th><th>纲</th><th>目</th><th>科</th><th>属</th></tr>
<tr><td rowspan="13">硅藻门
Bacillariophyta</td><td rowspan="11">羽纹纲
Pennatae</td><td rowspan="2">单壳缝目
Monoraphidinales</td><td rowspan="2">曲壳藻科
Achnanthaceae</td><td>卵形藻属
Cocconeis</td></tr>
<tr><td>曲壳藻属
Achnanthes</td></tr>
<tr><td>管壳缝目
Aulonoraphidinales</td><td>菱形藻科
Nitzschiaceae</td><td>菱形藻属
Nitzschia</td></tr>
<tr><td rowspan="5">双壳缝目
Biraphidinales</td><td>桥弯藻科
Cymbellaceae</td><td>桥弯藻属
Cymbella</td></tr>
<tr><td>异极藻科
Gomphonemaceae</td><td>异极藻属
Gomphonema</td></tr>
<tr><td rowspan="3">舟形藻科
Naviculaceae</td><td>布纹藻属
Gyrosigma</td></tr>
<tr><td>羽纹藻属
Pinnularia</td></tr>
<tr><td>舟形藻属
Navicula</td></tr>
<tr><td rowspan="3">无壳缝目
Araphidiales</td><td rowspan="3">脆杆藻科
Fragilariaceae</td><td>星杆藻属
Asterionella</td></tr>
<tr><td>脆杆藻属
Fragilaria</td></tr>
<tr><td>针杆藻属
Synedra</td></tr>
<tr><td rowspan="2">中心纲
Centricae</td><td rowspan="2">圆筛藻目
Coscinodiscales</td><td rowspan="2">圆筛藻科
Coscinodiscaceae</td><td>直链藻属
Melosira</td></tr>
<tr><td>小环藻属
Cyclotella</td></tr>
<tr><td rowspan="3">甲藻门
Dinophyta</td><td rowspan="3">甲藻纲
Dinophyceae</td><td rowspan="3">多甲藻目
Peridiniales</td><td>多甲藻科
Peridiniaceae</td><td>多甲藻属
Peridinium</td></tr>
<tr><td>角甲藻科
Ceratiaceae</td><td>角甲藻属
Ceratium</td></tr>
<tr><td>裸甲藻科
Gymnodiniaceae</td><td>裸甲藻属
Gymnodinium</td></tr>
<tr><td rowspan="2">金藻门
Chrysophyta</td><td>金藻纲
Chrysophyceae</td><td>色金藻目
Chromulinales</td><td>锥囊藻科
Dinobryonaceae</td><td>锥囊藻属
Dinobryon</td></tr>
<tr><td>黄群藻纲
Synurophyceae</td><td>黄群藻目
Synurales</td><td>黄群藻科
Synuraceae</td><td>黄群藻属
Synura</td></tr>
<tr><td rowspan="2">蓝藻门
Cyanophyta</td><td rowspan="2">蓝藻纲
Cyanophyceae</td><td rowspan="2">颤藻目
Osillatoriales</td><td rowspan="2">颤藻科
Oscillatoriaceae</td><td>颤藻属
Oscillatoria</td></tr>
<tr><td>鞘丝藻属
Lyngbya</td></tr>
</table>

续表

门	纲	目	科	属
蓝藻门 Cyanophyta	蓝藻纲 Cyanophyceae	颤藻目 Osillatoriales	颤藻科 Oscillatoriaceae	假鱼腥藻属 *Pseudanabaena*
			席藻科 Phormidiaceae	浮丝藻属 *Planktothrix*
		念珠藻目 Nostocales	念珠藻科 Nostocaceae	长孢藻属 *Dolichospermum*
				束丝藻属 *Aphanizomenon*
				尖头藻属 *Raphidiopsis*
		色球藻目 Chroococcales	平裂藻科 Merismopediaceae	平裂藻属 *Merismopedia*
			微囊藻科 Microcystaceae	微囊藻属 *Microcystis*
			色球藻科 Chroococcaceae	色球藻属 *Chroococcus*
裸藻门 Euglenophyta	裸藻纲 Euglenophyceae	裸藻目 Euglenales	裸藻科 Euglenaceae	裸藻属 *Euglena*
				囊裸藻属 *Trachelomonas*
				扁裸藻属 *Phacus*
绿藻门 Chlorophyta	双星藻纲 Zygnematophyceae	鼓藻目 Desmidiales	鼓藻科 Desmidiaceae	鼓藻属 *Cosmarium*
				角星鼓藻属 *Staurastrum*
				新月藻属 *Closterium*
	绿藻纲 Chlorophyceae	绿球藻目 Chlorococcales	卵囊藻科 Oocystaceae	卵囊藻属 *Oocystis*
				浮球藻属 *Planktosphaeria*
				并联藻属 *Quadrigula*
			盘星藻科 Pediastraceae	盘星藻属 *Pediastrum*
			小球藻科 Chlorellaceae	蹄形藻属 *Kirchneriella*
				纤维藻属 *Ankistrodesmus*
				小球藻属 *Chlorella*
				四角藻属 *Tetraëdron*
			小桩藻科 Characiaceae	弓形藻属 *Schroederia*
			栅藻科 Scenedesmaceae	集星藻属 *Actinastrum*

续表

门	纲	目	科	属
绿藻门 Chlorophyta	绿藻纲 Chlorophyceae	绿球藻目 Chlorococcales	栅藻科 Scenedesmaceae	空星藻属 *Coelastrum*
				十字藻属 *Crucigenia*
				韦斯藻属 *Westella*
				栅藻属 *Scenedesmus*
			绿球藻科 Chlorococcaceae	多芒藻属 *Golenkinia*
				微芒藻属 *Micractinium*
		团藻目 Volvocales	团藻科 Volvocaceae	团藻属 *Volvox*
			衣藻科 Chlamydomonadaceae	衣藻属 *Chlamydomonas*
		丝藻目 Ulotrichales	丝藻科 Ulotrichaceae	丝藻属 *Ulothrix*
隐藻门 Chlorophyta	隐藻纲 Cryptophyceae		隐鞭藻科 Cryptomonadaceae	蓝隐藻属 *Chroomonas*
				隐藻属 *Cryptomonas*

表11-5 长江流域（武汉段）及东湖常见浮游动物名录

门	纲	目	科	属
原生动物 Protozoa	肉足亚门 Sarcodina	变形目 Amoebida	变形虫科 Amoebidae	变形虫属 *Amoeba*
		表壳目 Arcellinida	砂壳科 Difflugiidae	砂壳虫属 *Difflugia*
		太阳目 Actinophryida	太阳科 Actinophryidae	太阳虫属 *Actinophrys*
	纤毛虫门 Ciliophryida	寡毛目 Oligotrichida	筒壳虫科 Tintinnidiidae	筒壳虫属 *Tintinnidium*
			弹跳虫科 Halteriidae	弹跳虫属 *Halteria*
			侠盗科 Strobilidiidae	侠盗虫属 *Strobilidium*
			急游科 Strombidiidae	急游虫属 *Strombidium*
		缘毛目 Peritrichida	钟形科 Vorticellidae	钟虫属 *Vorticella*
		前口目 Prostomatida	急游科 Strombidiidae	急游虫属 *Strombidium*
		异毛目 Heterotrichida	喇叭科 Stentoridae	喇叭虫属 *Stentor*
		侧口目 Pleurostomatida	裂口虫科 Amphileptidae	漫游虫属 *Litonotus*

续表

门	纲	目	科	属
原生动物 Protozoa	轮虫 Rotifera	单巢目 Monogononta	镜轮科 Testudinellidae	三肢轮属 *Filinia*
			晶囊轮科 Asplanchnidae	晶囊轮属 *Asplanchna*
			臂尾轮科 Brachionidae	臂尾轮属 *Brachionus*
				龟甲轮属 *Keratella*
			疣毛轮科 Synchaetidae	多肢轮属 *Polyarthra*
			鼠轮科 Trichocercidae	异尾轮属 *Trichocerca*
	枝角类 Cladocera	异足目 Anomopoda	象鼻溞科 Bosminidae	象鼻溞属 *Bosmina*
				基合溞属 *Bosminopsis*
			盘肠溞科 Chydoridae	平直溞属 *Pleuroxus*
				盘肠溞属 *Chydorus*
				尖额溞属 *Alona*
			溞科 Daphniidae	溞属 *Daphnia*
				船卵溞属 *Scapholeberis*
				网纹溞属 *Ceriodaphnia*
		栉足目 Ctenopoda	仙达溞科 Sididae	秀体溞属 *Diaphanosoma*
	桡足类 Copepoda	剑水蚤目 Cyclopoida	剑水蚤科 Cyclopidae	中剑水蚤属 *Mesocyclops*
				剑水蚤属 *cyclops*
				温剑水蚤属 *Thermocyclops*
		哲水蚤目 Calanoida	伪镖水蚤科 Pseudodiaptomidae	许水蚤属 *Schmackeria*
			胸刺水蚤科 Centropagidae	华哲水蚤属 *Sinocalanus*
			镖水蚤科 Diaptomidae	新镖水蚤属 *Neodiaptomus*

绪论作者

武汉市环境监测中心　李　媛　李元豪

图片和名录提供者

武汉市环境监测中心　李　媛　李元豪

三、甬江流域

（一）流域水生态环境

1.流域概况

甬江流域位于浙东低山丘陵东北部，属于东南沿海诸河中相对独立的流域，流域因甬江而得名，整个流域均在浙江省宁波市。流域内水系主要包括甬江水系和独流入海水系。

甬江水系主要由姚江、奉化江及甬江干流组成，流域面积为4518km^2。姚江发源于四明山夏家岭，汇入甬江前建有大闸，以阻咸蓄淡，大闸多年平均开闸时间占全年总时间的8%，因此，姚江基本属于封闭或半封闭性河流；奉化江发源于四明山东麓的秀尖山，有剡江、县江、东江和鄞江四大支流；甬江干流起自姚江和奉化江在宁波三江口汇合处至镇海大小游山入海口。

甬江为感潮河流，咸潮一般可达奉化江的石碶、栎社附近，干旱季节咸潮可上溯到鄞江镇、肖镇、西坞等地。甬江的径流量仅占落潮流量的5%～23%。甬江水系的大小河网在汇入甬江前均有堰闸节制，起蓄淡防咸作用。因此宁波地区的平原河网属于封闭或半封闭状态，水体流动性较差。

除甬江水系外，还有独流入海的大嵩江（鄞州）、小浃江（鄞州、北仑）、岩泰河（北仑）、芦江（北仑）、白溪（宁海）、凫溪（宁海）、颜公河（宁海）、南大河（象山）、东大河（象山）以及广布慈溪市的由南向北汇入杭州湾的河网。

北部姚江水系多年平均径流深最小，为619.8mm；中部奉化江水系为788.5mm；南部宁海、象山一带港湾山丘径流深最大，为831.7mm。全市地表水年总径流量为67.24亿m^2。全市有众多的湖泊、水库。东钱湖是浙江省最大的内陆湖，集水面积为89km^2，正常蓄水量为4429万m^2。全市建有亭下、皎口、横山、白溪、溪下、周公宅等多座大中型水库和百余个小型水库。

甬江流域属于北亚热带季风气候区，四季分明，温暖湿润，光照充足，雨量丰沛。冬季以晴冷干燥天气为主，春季雨水增多，初夏多阴雨天气，称梅雨期。7～9月天气晴热少雨，是洪涝、风暴潮灾害主要发生期。9月以后气温逐渐下降，雨量锐减。流域多年平均气温为16.2℃，平均日照时数为1900～2100h，全流域多年平均雨日为160天，年无霜期平均为203天，流域内多年平均年降水量为1300～1700mm。

2.污染特征

“十二五”期间，甬江流域各水系水质定性评价多为良好至轻度污染，部分水系均有不同程度的好转，主要污染物为石油类、化学需氧量、氨氮和生化需氧量，污染指标高锰酸盐指数、氨氮、总磷浓度呈逐年下降趋势。但平原河网水质仍普遍较差，慈溪河网持续重度污染，鄞州河网维持中度污染。市控以上断面优良水质比例、功能达标率分别比“十一五”末期提高8.7个百分点和18.8个百分点，劣Ⅴ类水质比例下降7.4个百分点。但流域内市控以上断面优良率和功能达标率还在低位徘徊，入海、入河支流、城区景观用水河道及部分河网水质较差，氨氮、总磷等污染治理难度大，污染还较重。

3. 水生态环境状况

甬江流域水生态系统上游以大中型水库居多，下游为感潮河流。因此淡水生态环境以上游大中型水库为主，其中多数作为饮用水水源地，营养状态指数以中营养为主。“十二五”期间，甬江流域发生过多起水体变色事件，主要为藻类异常增殖引起的水华事件。因此甬江流域的水生生物多样性研究对象以藻类为主。

2011～2015年甬江流域35个主要饮用水水源地中共有9个湖库型饮用水源地发生过11起水华事件，占水源地总数的25.7%。根据监测结果，水华优势种类以硅藻为主，蓝藻其次，其中蓝藻门的铜绿微囊藻为有毒种类，35个饮用水水源地中有3个水源地发生蓝藻水华，占总数的8.6%。从季节分布来看，水华事件主要集中于春夏季（5～7月），有害水华主要发生于夏季（6月、7月、9月）。从区域分布来看，甬江流域北部区域饮用水水源地水华发生的频次高于南部区域。

（二）水华藻类特征

1. 常见藻类水华种类

（1）微囊藻水华

危害最大、发生频率较高的蓝藻水华，常以铜绿微囊藻（*Microcystis aeruginosa*）为优势种。2011年象山浮礁渡、鄞州横溪水库，2012年、2013年英雄水库等3个水源地共发生4起大面积的微囊藻水华事件，占总数的8.6%（图11-19）。

（2）链状弯壳藻水华

链状弯壳藻（*Achnanthidium catenatum*）为宁波最常见水华种类（图11-20），链状弯壳藻属于硅藻门，是春季亚热带地区水库、湖泊的常见种类，无生物毒性。2011年5月奉化横山水库、2012年5月余姚大池墩水库，2014年5月慈溪窖湖水库、2015年6月慈溪外杜湖水库相继发生过该水华，由预警监测结果可见，链状弯壳藻水华主要发生于春季（5～6月），水华暴发时水体呈均匀的黄褐色，用肉眼就能观察到明显的水华现象。

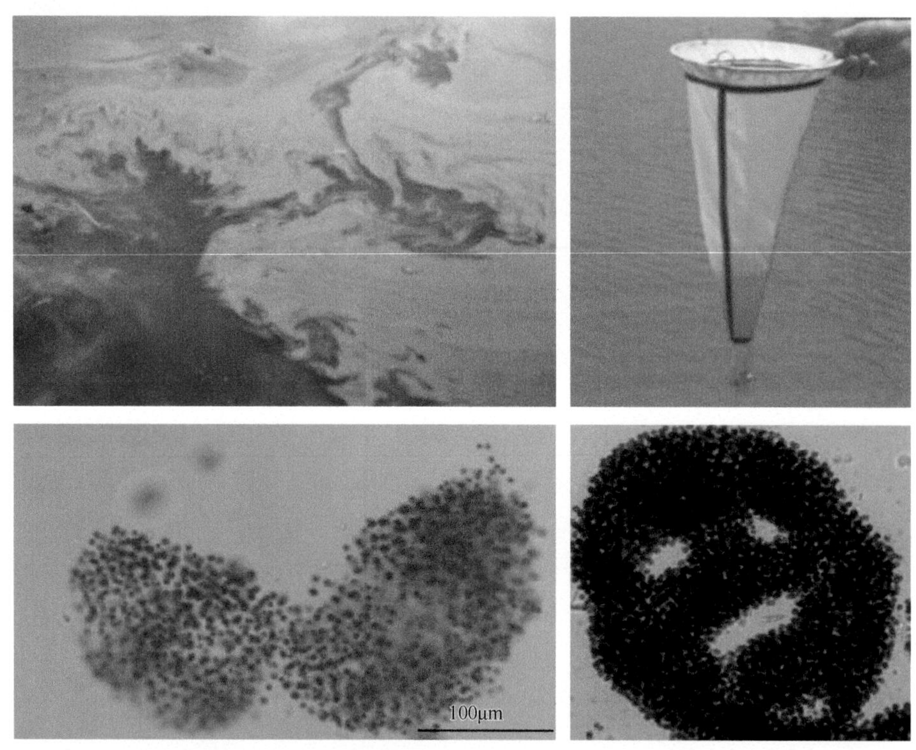

图11-19 2012年英雄水库微囊藻水华现场和显微照片

图11-20 链状弯壳藻水华现场和显微照片（2011年横山水库）

（3）针杆藻水华

除链状弯壳藻外，针杆藻（*Synedra* sp.）水华（图11-21）常见于宁波中富营养化湖库，针杆藻也属于硅藻门。2013年10月余姚大池墩水库，2014年7月慈溪凤浦湖水库，2015年5月慈溪长溪水库等曾相继暴发过针杆藻水华。

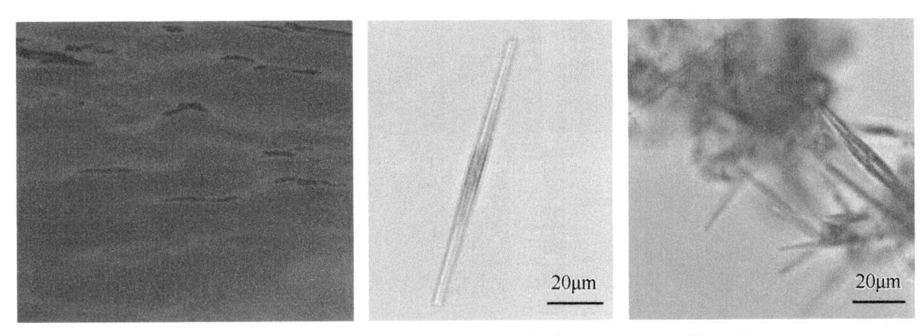

图11-21 针杆藻水华现场和显微照片（2013年大池墩水库）

2. 水华的时空变化特征

“十二五”期间，每年均有水华事件发生，其中2011年最多，共3起，如图11-22所示。所有水华事件中，以产毒微囊藻为优势种的有害水华事件有4起。

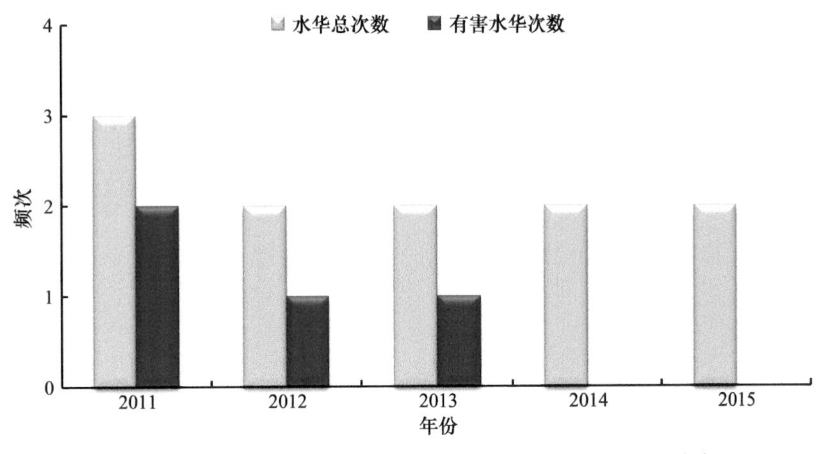

图11-22 2011～2015年宁波市主要饮用水水源地水华年度分布图

从季节分布看，水华事件主要集中于春末夏初5～7月，以硅藻或蓝藻为主，占水华事件总数的81.8%；有害水华主要发生于夏季6～9月（图11-23）。总体来看，甬江流域北部区域饮用水水源地水华发生的频次高于南部区域。

（三）水生生物监测概况及物种名录

对甬江流域的水生生物监测自2007年甬江水系重要支流姚江暴发大范围的蓝藻水华开始，继而建立了甬江流域藻类水华预警监测机制，每年5～10月，在甬江流域上游各乡镇级以上水库均会开展藻类水华预警监测，主要监测藻类。在以上工作基础上，整理出甬江流域常见水生生物物种名录（表11-6）和物种图谱。

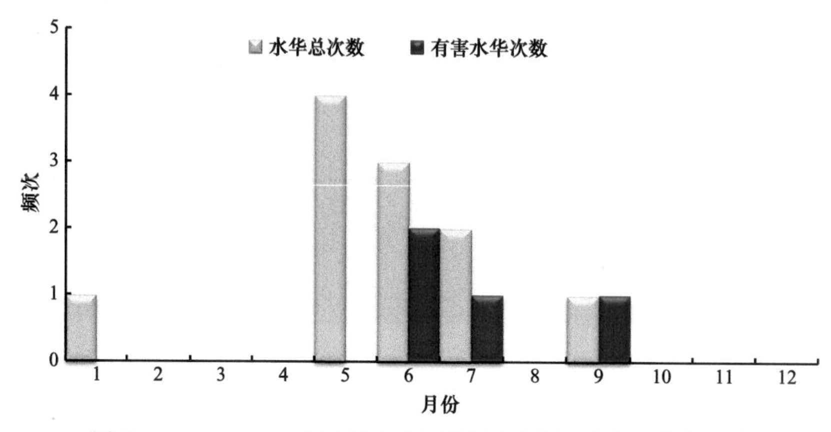

图11-23　2011～2015年宁波市主要饮用水水源地水华季节分布图

表11-6　甬江流域常见藻类名录

门	纲	目	科	属	种
蓝藻门 Cyanophyta	蓝藻纲 Cyanophyceae	色球藻目 Chroococcales	平裂藻科 Merismopediaceae	平裂藻属 *Merismopedia*	旋折平裂藻 *Merismopedia convolute*
			微囊藻科 Microcystaceae	微囊藻属 *Microcystis*	铜绿微囊藻 *Microcystis aeruginosa*
					惠氏微囊藻 *Microcystis wesenbergii*
					鱼害微囊藻 *Microcystis ichthyoblabe*
					史密斯微囊藻 *Microcystis smithii*
		颤藻目 Osillatoriales	颤藻科 Osillatoriales	颤藻属 *Oscillatoria*	
			伪鱼腥藻科 Pseudanabaenaceae	假鱼腥藻属 *Pseudanabaena*	
		念珠藻目 Nostocales	念珠藻科 Nostocaceae	拟柱孢藻属 *Cylindrospermopsis*	拟柱胞藻 *Cylindrospermopsis raciborskii*
				束丝藻属 *Aphanizomenon*	
				鱼腥藻属 *Anabeana*	水华鱼腥藻 *Anabaena flos-aquae*
					鱼腥藻 *Anabeana* sp.1

续表

门	纲	目	科	属	种
蓝藻门 Cyanophyta	蓝藻纲 Cyanophyceae	念珠藻目 Nostocales	念珠藻科 Nostocaceae	鱼腥藻属 *Anabeana*	鱼腥藻 *Anabeana* sp. 2
					鱼腥藻 *Anabeana* sp. 3
金藻门 Chrysophyta	金藻纲 Chrysophyceae	色金藻目 Chromulinales	锥囊藻科 Dinobryonaceae	锥囊藻属 *Dinobryon*	密集锥囊藻 *Dinobryon sertularia*
	黄群藻纲 Synurophyceae	黄群藻目 Synurales	黄群藻科 Synuraceae	黄群藻属 *Synura*	黄群藻 *Synura uvella*
硅藻门 Bacillariophyta	中心纲 Centricae	圆筛藻目 Coscinodiscales	圆筛藻科 Coscinodiscaceae	直链藻属 *Melosira*	变异直链藻 *Melosira varians*
					颗粒直链藻 *Melosira granulata*
				沟链藻属 *Aulacoseira*	颗粒沟链藻 *Aulacoseira granulata*
				小环藻属 *Cyclotella*	
				冠盘藻属 *Stephanodiscus*	
	羽纹纲 Pennatae	无壳缝目 Araphidiales	脆杆藻科 Fragilariaceae	等片藻属 *Diatoma*	
				脆杆藻属 *Fragilaria*	脆杆藻 *Fragilaria* sp.
					钝脆杆藻 *Fragilaria capucina*
				针杆藻属 *Synedra*	
				星杆藻属 *Asterionella*	华丽星杆藻 *Asterionella formosa*
		双壳缝目 Biraphidinales	舟形藻科 Naviculaceae	布纹藻属 *Gyrosigma*	
				舟形藻属 *Navicula*	
				茧形藻属 *Amphiporoa*	翼茧形藻 *Amphiprora alata*
			桥弯藻科 Cymbellaceae	桥弯藻属 *Cymbella*	
			异极藻科 Gomphonemaceae	异极藻属 *Gomphonema*	
		单壳缝目 Monoraphidinales	曲壳藻科 Achnanthaceae	弯壳藻属 *Achnanthidium*	链状弯壳藻 *Achnanthidium catenatum*

续表

门	纲	目	科	属	种
硅藻门 Bacillariophyta	羽纹纲 Pennatae	管壳缝目 Aulonoraphidinales	菱形藻科 Nitzschiaceae	菱形藻属 *Nitzschia*	菱形藻 *Nitzschia* sp. 1
					菱形藻 *Nitzschia* sp. 2
隐藻门 Cryptophyta	隐藻纲 Cryptophyceae		隐鞭藻科 Cryptomonadaceae	隐藻属 *Cryptomonas*	卵形隐藻 *Cryptomonas ovata*
				红胞藻属 *Rhodomonas*	湖沼红胞藻 *Rhodomonas lacustris*
甲藻门 Dinophyta	甲藻纲 Dinophyceae	多甲藻目 Peridiniales	多甲藻科 Peridiniaceae	多甲藻属 *Peridinium*	二角多甲藻 *Peridinium bipes*
				拟多甲藻属 *Peridiniopsis*	倪氏拟多甲藻 *Peridiniopsis niei*
			角甲藻科 Ceratiaceae	角甲藻属 *Ceratium*	角甲藻 *Ceratium hirundinella*
裸藻门 Euglenophyta	裸藻纲 Euglenophyceae	裸藻目 Euglenales	裸藻科 Euglenaceae	裸藻属 *Euglena*	近轴裸藻 *Euglena proxima*
				扁裸藻属 *Phacus*	
绿藻门 Chlorophyta	绿藻纲 Chlorophyceae	团藻目 Volvocales	衣藻科 Chlamydomonadaceae	衣藻属 *Chlamydomonas*	肾形衣藻 *Chlamydomonas nephriodea*
					马拉蒙衣藻 *Chlamydomonas maramuresensis*
			团藻科 Volvocaceae	团藻属 *Volvox*	美丽团藻 *Volvox aureus*
				实球藻属 *Pandorina*	实球藻 *Pandorina morum*
		四孢藻目 Tetrasporales	胶球藻科 Coccomyxaceae	纺锤藻属 *Elakatothrix*	纺锤藻 *Elakatothrix gelatinosa*
		绿球藻目 Chlorococcales	绿球藻科 Chlorococcaceae	多芒藻属 *Golenkinia*	多芒藻 *Golenkinia radiata*
			小球藻科 Chlorellaceae	纤维藻属 *Ankistrodesmus*	狭形纤维藻 *Ankistrodesmus angustus*
				顶棘藻属 *Chodatella*	长刺顶棘藻 *Chodatella longiseta*
				四棘藻属 *Treubaria*	粗刺四棘藻 *Treubaria crassispina*

续表

门	纲	目	科	属	种
绿藻门 Chlorophyta	绿藻纲 Chlorophyceae	绿球藻目 Chlorococcales	小球藻科 Chlorellaceae	月牙藻属 *Selenastrum*	纤细月牙藻 *Selenastrum gracile*
					小形月牙藻 *Selenastrum minutum*
			网球藻科 Dictyosphaeraceae	胶网藻属 *Dictyosphaerium*	美丽胶网藻 *Dictyosphaerium pulchellum*
			水网藻科 Hydrodictyaceae	水网藻属 *Hydrodictyon*	水网藻 *Hydrodictyon reticulatum*
			盘星藻科 Pediastraceae	盘星藻属 *Pediastrum*	短棘盘星藻 *Pediastrum boryanum*
					单角盘星藻具孔变种 *Pediastrum simplex* var. *duodenarium*
			盘星藻科 Pediastraceae	盘星藻属 *Pediastrum*	四角盘星藻四齿变种 *Pediastrum tetras* var. *tetradon*
			栅藻科 Scenedesmaceae	栅藻属 *Scenedesmus*	齿牙栅藻 *Scenedesmus denticulatus*
					尖细栅藻 *Scenedesmus acuminatus*
					四尾栅藻 *Scenedesmus quadricauda*
					弯曲栅藻 *Scenedesmus arcuatus*
					斜生栅藻 *Scenedesmus obliquus*
				十字藻属 *Crucigenia*	四足十字藻 *Crucigenia tetrapedia*
				空星藻属 *Coelastrum*	空星藻 *Coelastrum sphaericum*
		鞘藻目 Oedogoniales	鞘藻科 Oedogoniaceae	鞘藻属 *Oedogonium*	
	双星藻纲 Zygnematophyceae	双星藻目 Zygnematales	双星藻科 Zygnemataceae	转板藻属 *Mougeotia*	
				水绵属 *Spirogyra*	

续表

门	纲	目	科	属	种
绿藻门 Chlorophyta	双星藻纲 Zygnematophyceae	鼓藻目 Desmidiales	鼓藻科 Desmidiaceae	鼓藻属 *Cosmarium*	光泽鼓藻 *Cosmarium candianum*

绪论作者

浙江省宁波生态环境监测中心 胡建林 杜宇峰 叶文波 屈晓萍

图片和名录提供者

浙江省宁波生态环境监测中心 胡建林 屈晓萍 潘双叶 张泽达 胡大鹏 周晓燕 祝翔宇

四、山东半岛流域（崂山水库）

（一）流域概况

1. 崂山水库概况

山东半岛，也称胶东半岛，是中国第一大半岛，位于山东省，东北面半岛三面临海。山东半岛突出于黄海、渤海之间，隔渤海湾与辽东半岛遥遥相对，东部与韩国隔海相望。青岛市位于山东半岛东南侧，地理坐标为北纬35°35′～37°09′，东经119°30′～121°00′。崂山水库位于青岛市城阳区夏庄街道（原崂山县夏庄镇），地处山东省青岛市崂山省级自然保护区内，库区大部分位于保护区的试验区，小部分位于缓冲区。崂山水库是一座中型水库，是青岛市区主要饮用水水源地之一，担负着城市供水和防汛两大工作任务。崂山水库又名月子口水库，位于白沙河中游，地理坐标东经120°28′，北纬36°16′。水库在小风口山和张普山之间筑坝，腰截白沙河，大坝长672m，高26m，库内最大水深为24.5m，水库东西长约5km，平均宽度约1km，汇水面积为5km^2，流域面积为99.6km^2，总库容量为5955万m^3。水库工程于1958年9月动工修建，1959年基本建成。

崂山水库所属区域属于北温带海洋季风区域，四季变化和季风进退都比较明显，具有雨水丰富、年温适中、冬无严寒、夏无酷暑、气候温和的特点。崂山区域内有白沙河（崂山水库上游）、张村河、南九水河等18条主要河流，以巨峰延伸的各大山脊为分水岭，沿山谷呈放射状扩展分布，属于季节性河流，除汛期外，多数河流平时干枯断流，其特点是短小、坡陡、流急、直流入海。白沙河为崂山区最大的河流，发源于崂山最高峰巨峰北麓的“天乙泉”，流经北九水、卧龙村、大崂村、乌衣巷村、凉泉村进入崂山水库，最终注入胶州湾，区内流程17km，流域面积为55.6km^2。

2. 污染特征

21世纪以来，随着青岛市城市规模的不断扩大、经济的快速发展，崂山水库库区水环境容量的承载能力受到挑战。“十一五”末期至“十二五”初期崂山水库水体呈现轻度富营养化，主要超标因子为总氮、总磷。随着崂山水库周边环境治理力度的加强，污水收集系统与管网建设不断升级，农村生活污水、农田面源污染等得到有效控制。2016年12月1日起实施的《青岛市崂山风景区条例》，为水源地的保护和管理提供了法律保障，近年来水库水体基本处于中营养水平。

3. 水生态环境状况

崂山水库绿藻门（Chlorophyta）和硅藻门（Bacillariophyta）物种比较丰富。该水库的主要环境问题是在部分时段存在富营养化，夏秋季节问题比较突出。青岛市非常重视饮用水水源地环境综合治理和安全防护工作，严格水源地环境管理，加强水源地环境预警和应急监测能力建设，定期监测分析饮用水水源地水质；加强对重点饮用水水源地环境执法检查，严查影响水源地水质安全的违法排污和生态破坏行为。

（二）流域水生生物多样性

（1）物种组成特征

2015年崂山水库共检出浮游植物115种，分属于绿藻门、硅藻门、蓝藻门（Cyanophyta）、裸藻门（Euglenophyta）、隐藻门（Cryptophyta）、甲藻门（Pyrrophyta）、黄藻门（Xanthophyta）和金藻门（Chrysophyta）8门。其中绿藻门、硅藻门和蓝藻门的浮游植物种数分别占总种数的39.0%、32.2%和8.5%，其余门类占20.3%。在水库出口发现浮游植物7门81种，在水库中心发现7门74种，水库中心和水库出口的种类组成无明显差异。崂山水库是深水型、山峡人工水库，底质为砂石质，水库位于山东省青岛市崂山省级自然保护区内，库区周边植被覆盖率较高，生态环境优美，水环境质量良好，适宜水生生物生长，因此整个库区生物丰富度较高。

从优势种来看，2015年3月为脆杆藻属（*Fragilaria*）和针杆藻（*Synedra* sp.），7月为小席藻（*Phormidium tenue*）和小环藻属（*Cyclotella*），8月是小席藻、小环藻属和隐藻属（*Cryptomonas*），10月是小席藻、小环藻属和变异直链藻（*Melosiravarians* sp.）。

从1988年开始对崂山水库浮游植物开展监测，其营养状态为中等偏贫营养，绿藻和硅藻为优势种群。浮游植物优势种是指示中污染-轻污染的柱状栅列藻（*Scenedesmusbijuga* sp.）和直链藻（*Melosira* sp.），以及指示轻污染-清洁的角星鼓藻（*Staurastrum* sp.）（轻污染）、脆杆藻（*Fragilaria* sp.）（轻污染-清洁）和少量甲藻（轻污染-清洁）。

“十二五”期间，崂山水库的浮游植物种类发生了一些变化（图11-24）。2011～2015年蓝藻门种数为10～25种，呈减少趋势；2011年绿藻门为36种，2014年为34种，其余3个年份种数增多，最多的为2012年，共48种；硅藻门种数呈现波动变化，为

28～47种，以2013年最多，达47种；其他门类藻类种类也呈现波动变化，无明显规律性。2011～2014年崂山水库水质类别均为Ⅲ类，2015年水质类别为Ⅱ类，说明水质呈现好转趋势，与蓝藻种群的变化趋势指示结论相一致。

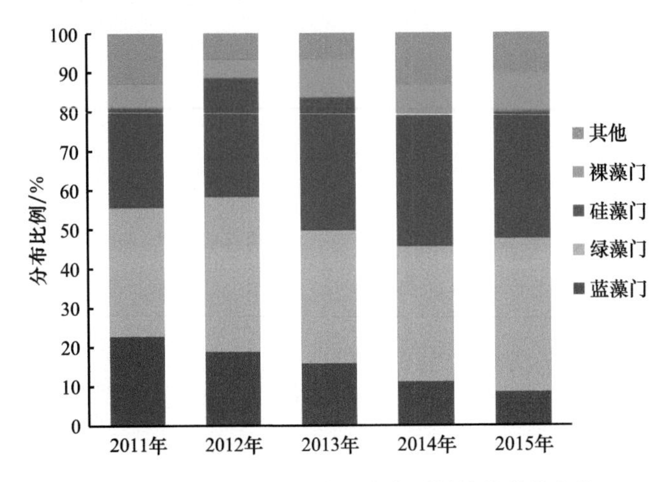

图11-24 2011～2015年崂山水库浮游植物种类变化

（2）丰度变化特征

2015年崂山水库藻类平均丰度为4.52×10^{6}ind./L，其中绿藻门、硅藻门和蓝藻门丰度占比分别为12%、34%和30%，其余门类占比为24%。从季节变化来看，8月藻类丰度最高，为7.16×10^{6}ind./L，其次为7月，丰度为7.01×10^{6}ind./L，3月藻类丰度最低。2015年崂山水库藻类丰度统计结果如图11-25所示。

2011～2015年崂山水库藻类丰度也出现了不同程度的变化（图11-26），总体呈升高的趋势，从2011年的1.55×10^{6}ind./L增加到2014年的5.50×10^{6}ind./L，2015年又下降为4.52×10^{6}ind./L，浮游植物的丰度总体呈显著增加趋势。绿藻门和蓝藻门物种所占比例也显著升高（图11-26），由2011年的35%升高到2015年的43%，说明"十二五"期间依然存在蓝藻和绿藻的藻华风险。

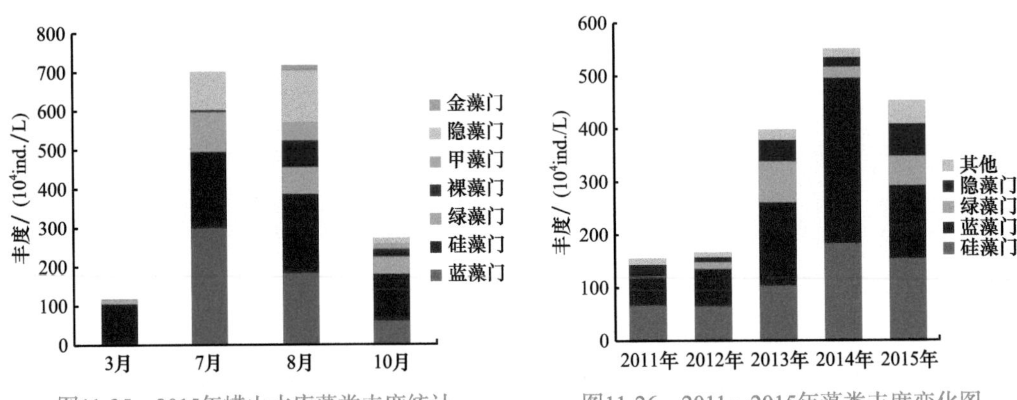

图11-25 2015年崂山水库藻类丰度统计

图11-26 2011～2015年藻类丰度变化图

（3）优势种变化情况

“十二五”期间，崂山水库春季以硅藻门的针杆藻属和脆杆藻属为优势种，指示轻污染-清洁水体；夏季优势种为蓝藻门的纤细席藻，指示轻污染水体；“十二五”初期，崂山水库秋季优势种为指示轻污染-清洁的尖针杆藻，后期逐步转变为纤细席藻、脆杆藻和小环藻等，同样为指示轻污染-清洁的种类。

总体而言，“十二五”期间，崂山水库稳定以各类指示轻污染-清洁的物种为优势种，表明水环境质量保持比较好的稳定状态，未发生明显变化。

（三）水生生物监测概况及物种名录

崂山水库水生生物监测起步较早，开始于1988年，每年（5月、8月）对浮游植物和底栖动物开展两次监测。2000年左右，为更加全面了解水库全年水生生物群落变化情况并监控夏季水华，将监测时间调整为每年的3月、5月、7月、8月和10月。在前期工作基础上，整理出崂山水库常见水生生物物种名录（表11-7）和物种图谱。

表11-7　崂山水库常见藻类名录

门	纲	目	科	属	种
蓝藻门 Cyanophyta	蓝藻纲 Cyanophyceae	色球藻目 Chroococcales	平裂藻科 Merismopediaceae	平裂藻属 *Merismopedia*	微小平裂藻 *Merismopedia tenuissima*
			微囊藻科 Microcystaceae	微囊藻属 *Microcystis*	铜绿微囊藻 *Microcystis aeruginosa*
					边缘微囊藻 *Microcystis marginata*
		颤藻目 Osillatoriales	颤藻科 Oscillatoriaceae	颤藻属 *Oscillatoria*	断裂颤藻 *Oscillatoria fraca*
					小颤藻 *Oscillatoria tenuis*
				螺旋藻属 *Spirulina*	大螺旋藻 *Spirulina major*
			席藻科 Phormidiaceae	浮丝藻属 *Planktothrix*	螺旋浮丝藻 *Planktothrix spiroides*
				席藻属 *Phormidium*	小席藻 *Phormidium tenue*
		念珠藻目 Nostocales	念珠藻科 Nostocaceae	尖头藻属 *Raphidiopsis*	弯形尖头藻 *Raphidiopsis curvata*
				矛丝藻属 *Cuspidothrix*	依沙矛丝藻 *Cuspidothrix issatschenkoi*
				长孢藻属 *Dolichospermum*	近亲长孢藻 *Dolichospermum affinis*

续表

门	纲	目	科	属	种
蓝藻门 Cyanophyta	蓝藻纲 Cyanophyceae	念珠藻目 Nostocales	念珠藻科 Nostocaceae	鱼腥藻属 *Anabaena*	类颤藻鱼腥藻 *Anabaena oscillarioides*
					螺旋鱼腥藻 *Anabaena spiroides*
					筒形鱼腥藻 *Anabaena doliolum*
				拟鱼腥藻属 *Anabaenopsis*	环圈拟鱼腥藻 *Anabaenopsis circularis*
绿藻门 Chlorophyta	绿藻纲 Chlorophyceae	绿球藻目 Chlorococcales	绿球藻科 Chlorococcaceae	多芒藻属 *Golenkinia*	多芒藻 *Golenkinia radiata*
				双细胞藻属 *Dicellula*	双细胞藻 *Dicellula geminata*
				绿球藻属 *Chlorococcum*	
			小桩藻科 Characiaceae	弓形藻属 *Schroederia*	硬弓形藻 *Schroederia robusta*
					弓形藻 *Schroederia setigera*
					螺旋弓形藻 *Schroederia spiralis*
			小球藻科 Chlorellaceae	四角藻属 *Tetraëdron*	整齐四角藻 *Tetraëdron regulare*
				月牙藻属 *Selenastrum*	纤细月牙藻 *Selenastrum gracile*
			卵囊藻科 Oocystaceae	浮球藻属 *Planktosphaeria*	胶状浮球藻 *Planktosphaeria gelatinosa*
				卵囊藻属 *Oocystis*	波吉卵囊藻 *Oocystis borgei*
			盘星藻科 Pediastraceae	盘星藻属 *Pediastrum*	双射盘星藻 *Pediastrum biradiatum*
					短棘盘星藻长角变种 *Pediastrum boryanum* var. *longicorne*
					二角盘星藻 *Pediastrum duplex*
					二角盘星藻纤细变种 *Pediastrum duplex* var. *gracillimum*
					单角盘星藻 *Pediastrum simplex*
					单角盘星藻具孔变种 *Pediastrum simplex* var. *duodenarium*

续表

门	纲	目	科	属	种
绿藻门 Chlorophyta	绿藻纲 Chlorophyceae	绿球藻目 Chlorococcales	盘星藻科 Pediastraceae	盘星藻属 *Pediastrum*	单角盘星藻粒刺变种 *Pediastrum simplex* var. *echinulatum*
					四角盘星藻四齿变种 *Pediastrum tetras* var. *tetraodon*
			栅藻科 Scenedesmaceae	栅藻属 *Scenedesmus*	龙骨栅藻 *Scendesmus carinatus*
					二形栅藻 *Scenedesmus dimorphus*
					凸头状栅藻 *Scenedesmus producto-capitatus*
					四尾栅藻 *Scenedesmus quadricauda*
					弯曲栅藻 *Scenedesmus arcuatus*
					锯齿栅藻 *Scenedesmus serratus*
				韦斯藻属 *Westella*	丛球韦斯藻 *Westella botryoides*
				十字藻属 *Crucigenia*	铜钱形十字藻 *Crucigenia fenestrata*
					四角十字藻 *Crucigenia quadrata*
				集星藻属 *Actinastrum*	河生集星藻 *Actinastrum fluviatile*
				空星藻属 *Coelastrum*	小空星藻 *Coelastrum microporum*
					网状空星藻 *Coelastrum reticulatum*
		团藻目 Volvocales	衣藻科 Chlamydomonadaceae	衣藻属 *Chlamydomonas*	
			壳衣藻科 Phacotaceae	壳衣藻属 *Phacotus*	透镜壳衣藻 *Phacotus lenticularis*
				翼膜藻属 *Pteromonas*	
			团藻科 Volvocaceae	实球藻属 *Pandorina*	实球藻 *Pandorina morum*
				空球藻属 *Eudorina*	空球藻 *Eudorina elegans*
				团藻属 *Volvox*	

续表

门	纲	目	科	属	种
绿藻门 Chlorophyta	绿藻纲 Chlorophyceae	丝藻目 Ulotrichales	丝藻科 Ulotrichaceae	丝藻属 *Ulothrix*	
	双星藻纲 Zygnematophyceae	双星藻目 Zygnematales	双星藻科 Zygnemataceae	转板藻属 *Mougeotia*	
				水绵属 *Spirogyra*	
				双星藻属 *Zygnema*	
		鼓藻目 Desmidiales	鼓藻科 Desmidiaceae	新月藻属 *Closterium*	纤细新月藻 *Closterium gracile*
				鼓藻属 *Cosmarium*	厚皮鼓藻 *Cosmarium pachydermun*
					胡瓜鼓藻 *Cosmarium cucumis*
					美丽鼓藻 *Cosmarium formosulum*
				角星鼓藻属 *Staurastrum*	纤细角星鼓藻 *Staurastrum gracile*
					奇异角星鼓藻 *Staurastrum paradoxum*
					光角星鼓藻 *Staurastrum muticum*
硅藻门 Bacillariophyta	中心纲 Centricae	圆筛藻目 Coscinodiscales	圆筛藻科 Coscinodiscaceae	直链藻属 *Melosira*	变异直链藻 *Melosira varians*
					颗粒直链藻 *Melosira granulata*
					颗粒直链藻极狭变种 *Melosira granulate* var. *angustissima*
		根管藻目 Rhizosoleniales	管形藻科 Solenicaceae	根管藻属 *Rhizosolenia*	长刺根管藻 *Rhizosolenia longiseta*
		盒形藻目 Biddulphiales	盒形藻科 Biddulphicaceae	四棘藻属 *Attheya*	扎卡四棘藻 *Attheya zachariasi*
	羽纹纲 Pennatae	无壳缝目 Araphidiales	脆杆藻科 Fragilariaceae	平板藻属 *Tabellaria*	窗格平板藻 *Tabellaria fenestrata*
				脆杆藻属 *Fragilaria*	钝脆杆藻 *Fragilaria capucina*
					克罗顿脆杆藻 *Fragilaria crotonensis*
				针杆藻属 *Synedra*	尖针杆藻 *Synedra acus*
					肘状针杆藻 *Synedra ulna*

续表

门	纲	目	科	属	种
硅藻门 Bacillariophyta	羽纹纲 Pennatae	无壳缝目 Araphidiales	脆杆藻科 Fragilariaceae	针杆藻属 *Synedra*	肘状针杆二头变种 *Synedra ulna* var. *biceps*
				星杆藻属 *Asterionella*	华丽星杆藻 *Asterionella formosa*
		双壳缝目 Biraphidinales	舟形藻科 Naviculaceae	布纹藻属 *Gyrosigma*	库津布纹藻 *Gyrosigma kuetzingii*
				双壁藻属 *Diploneis*	卵圆双壁藻 *Diploneis ovalis*
				美壁藻属 *Caloneis*	舒曼美壁藻 *Caloneis schumanniana*
				辐节藻属 *Stauroneis*	双头辐节藻 *Stauroneis anceps*
				羽纹藻属 *Pinnularia*	微绿羽纹藻 *Pinnularia viridis*
					大羽纹藻 *Pinnularia major*
				舟形藻属 *Navicula*	双头舟形藻 *Navicula dicephala*
					喙头舟形藻 *Navicula rhynchocephala*
			桥弯藻科 Cymbellaceae	双眉藻属 *Amphora*	卵圆双眉藻 *Amphora ovalis*
				桥弯藻属 *Cymbella*	膨胀桥弯藻 *Cymbella tumida*
					箱形桥弯藻 *Cymbella cistula*
			异极藻科 Gomphonemaceae	异极藻属 *Gomphonema*	
		管壳缝目 Aulonoraphidinales	菱形藻科 Nitzschiaceae	菱形藻属 *Nitzschia*	近线形菱形藻 *Nitzschia sublinearis*
					丝状菱形藻 *Nitzschia filiformis*
					类 S 形菱形藻 *Nitzschia sigmoidea*
					菱形藻 *Nitzschia* sp.
			双菱藻科 Surirellaceae	波缘藻属 *Cymatopleura*	草鞋形波缘藻 *Cymatopleura solea*
					椭圆波缘藻 *Cymatopleura elliptica*
				双菱藻属 *Surirella*	粗壮双菱藻 *Surirella robusta*
					粗壮双菱藻华彩变种 *Surirella robusta* var. *splendida*

续表

门	纲	目	科	属	种
硅藻门 Bacillariophyta	羽纹纲 Pennatae	管壳缝目 Aulonoraphidi- nales	双菱藻科 Surirellaceae	双菱藻属 *Surirella*	线形双菱藻 *Surirella linearis*
					美丽双菱藻 *Surirella elegans*
裸藻门 Euglenophyta	裸藻纲 Euglenophyceae	裸藻目 Euglenales	双鞭藻科 Eutreptiaceae	多形藻属 *Distigma*	变异多形藻 *Distigma proteus*
			裸藻科 Euglenaceae	裸藻属 *Euglena*	尾裸藻 *Euglena caudata*
					梭形裸藻 *Euglena acus*
					尖尾裸藻 *Euglena oxyuris*
					三棱裸藻 *Euglena tripteris*
					刺鱼状裸藻 *Euglena gasterosteus*
				囊裸藻属 *Trachelomonas*	芒刺囊裸藻 *Trachelomonas spinulosa*
					棘刺囊裸藻 *Trachelomonas hispida*
					颗粒囊裸藻 *Trachelomonas granulata*
				陀螺藻属 *Strombomonas*	剑尾陀螺藻 *Strombomonas ensifera*
				扁裸藻属 *Phacus*	哑铃扁裸藻 *Phacus peteloti*
					旋形扁裸藻 *Phacus helicoides*
					长尾扁裸藻 *Phacus longicauda*
					梨形扁裸藻 *Phacus pyrum*
					扁裸藻 *Phacus* sp.
甲藻门 Dinophyta	甲藻纲 Dinophyceae	多甲藻目 Peridiniales	裸甲藻科 Gymnodiniaceae	裸甲藻属 *Gymnodinium*	钟形裸甲藻 *Gymnodinium mitratum*
				薄甲藻属 *Glenodinium*	薄甲藻 *Glenodinium pulvisculus*
			多甲藻科 Peridiniaceae	多甲藻属 *Peridinium*	二角多甲藻 *Peridiniumbipes wskyi*
					埃尔多甲藻 *Peridinium elpatiewskyi*

续表

门	纲	目	科	属	种
甲藻门 Dinophyta	甲藻纲 Dinophyceae	多甲藻目 Peridiniales	多甲藻科 Peridiniaceae	多甲藻属 *Peridinium*	带多甲藻 *Peridinium zonatum*
				拟多甲藻属 *Peridiniopsis*	坎宁顿拟多甲藻 *Peridiniopsis cunningtonii*
			角甲藻科 Ceratiaceae	角甲藻属 *Ceratium*	角甲藻 *Ceratium hirundinella*
隐藻门 Cryptophyta	隐藻纲 Cryptophyceae		隐鞭藻科 Cryptomonadaceae	蓝隐藻属 *Chroomonas*	尖尾蓝隐藻 *Chroomonas acuta*
				隐藻属 *Cryptomonas*	卵形隐藻 *Cryptomonas ovata*
					啮蚀隐藻 *Cryptomonas erosa*
金藻门 Chrysophyta	金藻纲 Chrysophyceae	色金藻目 Chromulinales	锥囊藻科 Dinobryonaceae	锥囊藻属 *Dinobryon*	密集锥囊藻 *Dinobryon sertularia*
黄藻门 Xanthophyta	黄藻纲 Xanthophyceae	黄丝藻目 Tribonematales	黄丝藻科 Tribonemataceae	黄丝藻属 *Tribonema*	小型黄丝藻 *Tribonema minus*

绪论作者

山东省生态环境监测中心 宗雪梅 王 聪 王绍凯

山东省青岛生态环境监测中心 王艳玲 张晓红 崔文连

图片和名录提供者

山东省生态环境监测中心 宗雪梅 王 聪

山东省青岛生态环境监测中心 张晓红 孙立娥 刘旭东

五、其他水系名录

（一）福建闽江流域、汀江流域、闽东南诸河流域

福建闽江流域、汀江流域、闽东南诸河流域的常见藻类名录见表11-8～表11-10。

表11-8 闽江流域常见藻类名录

门	纲	目	科	属	种
蓝藻门 Cyanophyta	蓝藻纲 Cyanophyceae	色球藻目 Chroococcales	聚球藻科 Synechococcaceae	棒条藻属 *Rhabdoderma*	
				隐杆藻属 *Aphanothece*	窗格隐杆藻 *Aphanothece clathrata*
					隐杆藻 *Aphanothece* sp.
			平裂藻科 Merismopediaceae	平裂藻属 *Merismopedia*	

续表

门	纲	目	科	属	种
蓝藻门 Cyanophyta	蓝藻纲 Cyanophyceae	色球藻目 Chroococcales	平裂藻科 Merismopediaceae	束球藻属 *Gomphosphaeria*	
				乌龙藻属 *Woronichinia*	赖格乌龙藻 *Woronichinia naegeliana*
				隐球藻属 *Aphanocapsa*	细小隐球藻 *Aphanocapsa elachista*
					隐球藻 *Aphanocapsa* sp.
			色球藻科 Chroococcaceae	色球藻属 *Chroococcus*	湖沼色球藻 *Chroococcus limneticus*
					色球藻 *Chroococcus* sp.
					微小色球藻 *Chroococcus minutus*
			微囊藻科 Microcystaceae	微囊藻属 *Microcystis*	不定微囊藻 *Microcystis incerta*
					惠氏微囊藻 *Microcystis wesenbergii*
					假丝微囊藻 *Microcystis pseudofilamentosa*
					坚实微囊藻 *Microcystis firma*
					挪氏微囊藻 *Microcystis novacekii*
					放射微囊藻 *Microcystis botrys*
					史密斯微囊藻 *Microcystis smithii*
					水华微囊藻 *Microcystis flos-aquae*
					铜绿微囊藻 *Microcystis aeruginosa*
					鱼害微囊藻 *Microcystis ichthyoblabe*
		颤藻目 Osillatoriales	颤藻科 Oscillatoriaceae	颤藻属 *Oscillatoria*	小颤藻 *Oscillatoria tenuis*
					颤藻 *Oscillatoria* sp.
				鞘丝藻属 *Lyngbya*	
			假鱼腥藻科 Pseudanabaenaceae	假鱼腥藻属 *Pseudanabaena*	
				细鞘丝藻属 *Leptolyngbya*	
				泽丝藻属 *Limnothrix*	

续表

门	纲	目	科	属	种
蓝藻门 Cyanophyta	蓝藻纲 Cyanophyceae	颤藻目 Osillatoriales	席藻科 Phormidiaceae	浮丝藻属 *Planktothrix*	阿氏浮丝藻 *Planktothrix agardhii*
					螺旋浮丝藻 *Planktothrix spiroides*
				拟浮丝藻属 *Planktothricoides*	
		念珠藻目 Nostocales	胶须藻科 Rivulariaceae	胶须属 *Rivularia*	
			念珠藻科 Nostocaceae	尖头藻属 *Raphidiopsis*	弯形尖头藻 *Raphidiopsis curvata*
					中华小尖头藻 *Raphidiopsis sinensia*
				拟柱孢藻属 *Cylindrospermopsis*	拟柱胞藻 *Cylindrospermopsis raciborskii*
				束丝藻属 *Aphanizomenon*	水华束丝藻 *Aphanizomenon flos-aquae*
				矛丝藻属 *Cuspidothrix*	依沙矛丝藻 *Cuspidothrix issatschenkoi*
				长孢藻属 *Dolichospermum*	卷曲长孢藻 *Dolichospermum circinalis*
					螺旋长孢藻 *Dolichospermum spiroides*
					水华长孢藻 *Dolichospermum flos-aquae*
					史密斯长孢藻 *Dolichospermum smithii*
绿藻门 Chlorophyta	绿藻纲 Chlorophyceae	团藻目 Volvocales	衣藻科 Chlamydomonadaceae	衣藻属 *Chlamydomonas*	
				拟球藻属 *Sphaerellopsis*	
				绿梭藻属 *Chlorogonium*	华美绿梭藻 *Chlorogonium elegans*
					长绿梭藻 *Chlorogonium elongatum*
			壳衣藻科 Phacotaceae	球粒藻属 *Coccomonas*	

续表

门	纲	目	科	属	种
绿藻门 Chlorophyta	绿藻纲 Chlorophyceae	团藻目 Volvocales	壳衣藻科 Phacotaceae	异形藻属 *Dysmorphococcus*	多变异形藻 *Dysmorphococcus variabilis*
				翼膜藻属 *Pteromonas*	
			团藻科 Volvocaceae	盘藻属 *Gonium*	
				实球藻属 *Pandorina*	实球藻 *Pandorina morum*
				空球藻属 *Eudorina*	空球藻 *Eudorina elegans*
				杂球藻属 *Pleodorina*	杂球藻 *Pleodorina californica*
				团藻属 *Volvox*	球团藻 *Volvox globator*
		四孢藻目 Tetrasporales	胶球藻科 Coccomyxaceae	纺锤藻属 *Elakatothrix*	
				胶球藻属 *Coccomyxa*	
			四孢藻科 Tetrasporaceae	四胞藻属 *Tetraspora*	湖生四孢藻 *Tetraspora lacustris*
		绿球藻目 Chlorococcales	绿球藻科 Chlorococcaceae	微芒藻属 *Micractinium*	
				多芒藻属 *Golenkinia*	多芒藻 *Golenkinia radiata*
			小桩藻科 Characiaceae	弓形藻属 *Schroederia*	弓形藻 *Schroederia setigera*
					拟菱形弓形藻 *Schroederia nitzschioides*
					硬弓形藻 *Schroederia robusta*
			小球藻科 Chlorellaceae	小球藻属 *Chlorella*	
				顶棘藻属 *Chodatella*	极毛顶棘藻 *Chodatella cilliata*
					四刺顶棘藻 *Chodatella quadriseta*
					纤毛顶棘藻 *Chodatella ciliata*
					盐生顶棘藻 *Chodatella subsalsa*
					长刺顶棘藻 *Chodatella longiseta*
				四角藻属 *Tetraëdron*	二叉四角藻 *Tetraëdron bifurcatum*

续表

门	纲	目	科	属	种
绿藻门 Chlorophyta	绿藻纲 Chlorophyceae	绿球藻目 Chlorococcales	小球藻科 Chlorellaceae	四角藻属 *Tetraëdron*	戟形四角藻腭状变种 *Tetraëdron hastatum* var. *palatinum*
					具尾四角藻 *Tetraëdron caudatum*
					膨胀四角藻 *Tetraëdron tumidulum*
					浮游四角藻 *Tetraëdron planktonicum*
					小形四角藻 *Tetraëdron gracile*
					三角四角藻 *Tetraëdron trigonum*
					三叶四角藻 *Tetraëdron trilobulatum*
					微小四角藻 *Tetraëdron minimum*
					整齐四角藻砧形变种 *Tetraëdron regulare* var. *incus*
				拟新月藻属 *Closteriopsis*	拟新月藻 *Closteriopsis longissima*
				纤维藻属 *Ankistrodesmus*	卷曲纤维藻 *Ankistrodesmus convolutus*
					镰形纤维藻 *Ankistrodesmus falcatus*
					镰形纤维藻奇异变种 *Ankistrodesmus falcatus* var. *mirabilis*
					狭形纤维藻 *Ankistrodesmus angustus*
					针形纤维藻 *Ankistrodesmus acicularis*
				月牙藻属 *Selenastrum*	端尖月牙藻 *Selenastrum westii*
					纤细月牙藻 *Selenastrum gracile*
					小形月牙藻 *Selenastrum minutum*
				蹄形藻属 *Kirchneriella*	扭曲蹄形藻 *Kirchneriella contorta*
					蹄形藻 *Kirchneriella lunaris*
				四棘藻属 *Treubaria*	粗刺四棘藻 *Treubaria crassispina*

续表

门	纲	目	科	属	种
绿藻门 Chlorophyta	绿藻纲 Chlorophyceae	绿球藻目 Chlorococcales	小球藻科 Chlorellaceae	四棘藻属 *Treubaria*	四棘藻 *Treubaria triappendiculata*
					多刺四棘藻 *Treubaria euryacantha*
				棘球藻属 *Echinosphaerella*	棘球藻 *Echinosphaerella limnetica*
			卵囊藻科 Oocystaceae	并联藻属 *Quadrigula*	
				胶星藻属 *Gloeoactinium*	
				卵囊藻属 *Oocystis*	波吉卵囊藻 *Oocystis borgei*
					湖生卵囊藻 *Oocystis lacustris*
				肾形藻属 *Nephrocytium*	
				球囊藻属 *Sphaerocystis*	
			网球藻科 Dictyosphaeraceae	网球藻属 *Dictyosphaerium*	美丽网球藻 *Dictyosphaerium pulchellum*
					网球藻 *Dictyosphaerium ehrenbergianum*
			葡萄藻科 Botryococcaceae	葡萄藻属 *Botryococcus*	葡萄藻 *Botryococcus braunii*
			盘星藻科 Pediastraceae	盘星藻属 *Pediastrum*	单角盘星藻 *Pediastrum simplex*
					单角盘星藻具孔变种 *Pediastrum simplex* var. *duodenarium*
					短棘盘星藻 *Pediastrum boryanum*
					短棘盘星藻长角变种 *Pediastrum boryanum* var. *longicorne*
					短棘盘星藻波缘变种 *Pediastrum boryanum* var. *undulatum*
					二角盘星藻 *Pediastrum duplex*
					二角盘星藻大孔变种 *Pediastrum duplex* var. *clathratum*
					二角盘星藻纤细变种 *Pediastrum duplex* var. *gracillimum*

续表

门	纲	目	科	属	种
绿藻门 Chlorophyta	绿藻纲 Chlorophyceae	绿球藻目 Chlorococcales	盘星藻科 Pediastraceae	盘星藻属 *Pediastrum*	双射盘星藻 *Pediastrum biradiatum*
					盘星藻长角变种 *Pediastrum biradiatum* var. *longecornutum*
					四角盘星藻 *Pediastrum tetras*
					盘星藻 *Pediastrum* sp.
			栅藻科 Scenedesmaceae	栅藻属 *Scenedesmus*	奥波莱栅藻 *Scenedesmus opoliensis*
					巴西栅藻 *Scenedesum brasiliensis*
					齿牙栅藻 *Scenedesms denticulatus*
					多棘栅藻 *Scenedesmus spinosus*
					双尾栅藻 *Scenedesmus bicaudatus*
					二形栅藻 *Scenedesmus dimorphus*
					古氏栅藻 *Scenedesmus gutwinskii*
					丰富栅藻 *Scenedesmus abundans*
					尖细栅藻 *Scenedesmus acuminatus*
					钝形栅藻交错变种 *Scenedesmus obtusus* var. *alternans*
					多齿栅藻 *Scenedesmus polydenticulatus*
					裂孔栅藻 *Scenedesmus perforatus*
					龙骨栅藻 *Scenedesmus carinatus*
					双对栅藻 *Scenedesmus bijuga*
					四尾栅藻 *Scenedesmus quadricauda*
					椭圆栅藻 *Scenedesmus ovalternus*
					盘状栅藻 *Scenedesmus disciformis*
					斜生栅藻 *Scenedesmus obliquus*
					爪哇栅藻 *Scenedesmus javaensis*

续表

门	纲	目	科	属	种
绿藻门 Chlorophyta	绿藻纲 Chlorophyceae	绿球藻目 Chlorococcales	栅藻科 Scenedesmaceae	韦斯藻属 *Westella*	丛球韦斯藻 *Westella botryoides*
				四星藻属 *Tetrastrum*	华丽四星藻 *Tetrastrum elegans*
					平滑四星藻 *Tetrastrum glabrum*
					异刺四星藻 *Tetrastrum heterocanthum*
				十字藻属 *Crucigenia*	顶锥十字藻 *Crucigenia apiculata*
					四角十字藻 *Crucigenia quadrata*
					四足十字藻 *Crucigenia tetrapedia*
					铜钱形十字藻 *Crucigenia fenestrata*
					直角十字藻 *Crucigenia rectangularis*
				双形藻属 *Dimorphococcus*	月形双形藻 *Dimorphococcus lunatus*
				集星藻属 *Actinastrum*	河生集星藻 *Actinastrum fluviatile*
					集星藻 *Actinastrum hantzschii*
				空星藻属 *Coelastrum*	空星藻 *Coelastrum sphaericum*
					立方体形空星藻 *Coelastrum cubicum*
					网状空星藻 *Coelastrum reticulatum*
					小空星藻 *Coelastrum microporum*
		丝藻目 Ulotrichales	丝藻科 Ulotrichaceae	丝藻属 *Ulothrix*	
				胶丝藻属 *Gloeotila*	
				游丝藻属 *Planctonema*	
		胶毛藻目 Chaetophorales	胶毛藻科 Chaetophoraceae	毛枝藻属 *Stigeoclonium*	
		鞘藻目 Oedogoniales	鞘藻科 Oedogoniaceae	鞘藻属 *Oedogonium*	
				毛鞘藻属 *Bulbochaete*	

续表

门	纲	目	科	属	种
绿藻门 Chlorophyta	双星藻纲 Zygnemat-ophyceae	双星藻目 Zygnematales	中带鼓藻科 Mesotaniaceae	中带鼓藻属 *Mesotaenium*	
				梭形鼓藻属 *Netrium*	
			双星藻科 Zygnemataceae	转板藻属 *Mougeotia*	
				水绵属 *Spirogyra*	
		鼓藻目 Desmidiales	鼓藻科 Desmidiaceae	棒形鼓藻属 *Gonatozygon*	多毛棒形鼓藻 *Gonatozygon pilosum*
					基纳汉棒形鼓藻 *Gonatozygon kinahani*
				柱形鼓藻属 *Penium*	
				新月藻属 *Closterium*	库津新月藻 *Closterium kuetzingii*
					披针新月藻 *Closterium lanceolatum*
					锐新月藻 *Closterium acerosum*
					微小新月藻 *Closterium parvulum*
					细新月藻 *Closterium macilentum*
					纤细新月藻 *Closterium gracile*
					线痕新月藻 *Closterium lineatum*
				宽带鼓藻属 *Pleurotaenium*	节球宽带鼓藻 *Pleurotaenium nodosum*
				凹顶鼓藻属 *Euastrum*	斯里兰卡凹顶鼓藻 *Euastrum ceylanicum*
					小齿凹顶鼓藻 *Euastrum denticulatum*
				微星鼓藻属 *Micrasterias*	辐射微星鼓藻 *Micrasterias radiata*
					十字微星鼓藻 *Micrasterias cruxmelitensis*
				辐射鼓藻属 *Actinotaenium*	葫芦辐射鼓藻 *Actinotaenium cucurbitinum*
				鼓藻属 *Cosmarium*	扁鼓藻 *Cosmarium depressum*
					短鼓藻 *Cosmarium abbreviatum*

续表

门	纲	目	科	属	种
绿藻门 Chlorophyta	双星藻纲 Zygnematophyceae	鼓藻目 Desmidiales	鼓藻科 Desmidiaceae	鼓藻属 *Cosmarium*	光泽鼓藻 *Cosmarium candianum*
					厚皮鼓藻 *Cosmarium pachydermum*
					近前膨胀鼓藻 *Cosmarium subprotumidum*
					雷尼鼓藻 *Cosmarium regnellii*
					梅尼鼓藻 *Cosmarium meneghinii*
					美丽鼓藻 *Cosmarium formosulum*
					双眼鼓藻 *Cosmarium bioculatum*
					项圈鼓藻 *Cosmarium moniliforme*
				角星鼓藻属 *Staurastrum*	成对角星鼓藻 *Staurastrum gemelliparum*
					短刺角星鼓藻 *Staurastrum aculeatum*
					钝角角星鼓藻 *Staurastrum retusum*
					肥壮角星鼓藻 *Staurastrum pingue*
					光角星鼓藻 *Staurastrum muticum*
					尖刺角星鼓藻 *Staurastrum apiculatum*
					近缘角星鼓藻 *Staurastrum connatum*
					颗粒角星鼓藻 *Staurastrum punctulatum*
					两裂角星鼓藻 *Staurastrum bifidum*
					六臂角星鼓藻 *Staurastrum senarium*
					六角角星鼓藻 *Staurastrum sexangulare*
					膨胀角星鼓藻 *Staurastrum dilatatum*
					四角角星鼓藻 *Staurastrum tetracerum*

续表

门	纲	目	科	属	种
绿藻门 Chlorophyta	双星藻纲 Zygnematophyceae	鼓藻目 Desmidiales	鼓藻科 Desmidiaceae	角星鼓藻属 *Staurastrum*	索塞角星鼓藻 *Staurastrum sonthalianum*
					弯曲角星鼓藻 *Staurastrum inflexum*
					纤细角星鼓藻 *Staurastrum gracile*
					珍珠角星鼓藻 *Staurastrum margaritaceum*
				叉星鼓藻属 *Staurodesmus*	具小角叉星鼓藻 *Staurodesmus corniculatus*
					芒状叉星鼓藻 *Staurodesmus aristiferus*
					平卧叉星鼓藻 *Staurodesmus dejectus*
					平卧叉星鼓藻尖刺变种 *Staurodesmus dejectus* var. *apiculatus*
				多棘鼓藻属 *Xanthidium*	美丽多棘鼓藻 *Xanthidium pulchrum*
				圆丝鼓藻属 *Hyalotheca*	裂开圆丝鼓藻 *Hyalotheca dissiliens*
				泰林鼓藻属 *Teilingia*	颗粒泰林鼓藻 *Teilingia granulata*
				顶接鼓藻属 *Spondylosium*	平顶顶接鼓藻 *Spondylosium planum*
硅藻门 Bacillariophyta	中心纲 Centricae	圆筛藻目 Coscinodiscales	圆筛藻科 Coscinodiscaceae	直链藻属 *Melosira*	变异直链藻 *Melosira varians*
					颗粒直链藻 *Melosira granulata*
					颗粒直链藻极狭变种 *Melosira granulata* var. *angustissima*
					颗粒直链藻极狭变种螺旋变型 *Melosira granulata* var. *angustissima* f. *spiralis*
					远距直链藻 *Melosira listans*
					朱吉直链藻 *Melosira juergensi*
				小环藻属 *Cyclotella*	具星小环藻 *Cyclotella stelligera*
					梅尼小环藻 *Cyclotella meneghiniana*

续表

门	纲	目	科	属	种
硅藻门 Bacillariophyta	中心纲 Centricae	根管藻目 Rhizosoleniales	管形藻科 Solenicaceae	根管藻属 *Rhizosolenia*	长刺根管藻 *Rhizosolenia longiseta*
		盒形藻目 Biddulphiales	盒形藻科 Biddulphicaceae	四棘藻属 *Attheya*	扎卡四棘藻 *Attheya zachariasi*
				水链藻属 *Hydrosera*	黄埔水链藻 *Hydrosera whampoensis*
	羽纹纲 Pennatae	无壳缝目 Araphidiales	脆杆藻科 Fragilariaceae	平板藻属 *Tabellaria*	窗格平板藻 *Tabellaria fenestrata*
					绒毛平板藻 *Tabellaria flocculosa*
				等片藻属 *Diatoma*	普通等片藻 *Diatoma vulgare*
				脆杆藻属 *Fragilaria*	钝脆杆藻 *Fragilaria capucina*
					连结脆杆藻 *Fragilaria construens*
				针杆藻属 *Synedra*	柏诺林针杆藻 *Synedra berolinensis*
					放射针杆藻 *Synedra actinastroides*
					尖针杆藻 *Synedra acus*
					尖针杆藻极狭变种 *Synedra acus* var. *angustissina*
					近缘针杆藻 *Synedra affinis*
					尾针杆藻 *Synedra rumpens*
					肘状针杆藻 *Synedra ulna*
					肘状针杆藻狭细变种 *Synedra ulna* var. *danica*
				星杆藻属 *Asterionella*	华丽星杆藻 *Asterionella formosa*
		拟壳缝目 Raphidionales	短缝藻科 Eunotiaceae	短缝藻属 *Eunotia*	蓖形短缝藻 *Eunotia pectinalis*
					强壮短缝藻 *Eunotia valida*
					锯形短缝藻 *Eunotia serra*
					月形短缝藻 *Eunotia lunaris*
		双壳缝目 Biraphidinales	舟形藻科 Naviculaceae	布纹藻属 *Gyrosigma*	尖布纹藻 *Gyrosigma acuminatum*

续表

门	纲	目	科	属	种
硅藻门 Bacillariophyta	羽纹纲 Pennatae	双壳缝目 Biraphidinales	舟形藻科 Naviculaceae	肋缝藻属 *Frustulia*	菱形肋缝藻 *Frustulia rhomboides*
					普通肋缝藻 *Frustulia vulgaris*
				美壁藻属 *Caloneis*	偏肿美壁藻 *Caloneis ventricosa*
				辐节藻属 *Stauroneis*	尖辐节藻 *Stauroneis acuta*
				羽纹藻属 *Pinnularia*	弯羽纹藻 *Pinnularia gibba*
					间断羽纹藻 *Pinnularia interrupta*
					微绿羽纹藻 *Pinnularia viridis*
					细条羽纹藻 *Pinnularia microstauron*
					中狭羽纹藻 *Pinnularia mesolepta*
				舟形藻属 *Navicula*	扁圆舟形藻 *Navicula placentula*
					短小舟形藻 *Navicula exigua*
					放射舟形藻 *Navicula radiosa*
					喙头舟形藻 *Navicula rhynchocephala*
					双头舟形藻 *Navicula dicephala*
					简单舟形藻 *Navicula simplex*
					椭圆舟形藻 *Navicula sclonfellii*
					小型舟形藻 *Navicula minuscula*
					隐头舟形藻 *Navicula cryptocephala*
				双肋藻属 *Amphipleura*	明晰双肋藻 *Amphipleura pellucida*
				鞍型藻属 *Sellaphora*	瞳孔鞍型藻 *Sellaphora pupula*
			桥弯藻科 Cymbellaceae	双眉藻属 *Amphora*	
				桥弯藻属 *Cymbella*	极小桥弯藻 *Cymbella perpusilla*

续表

门	纲	目	科	属	种
硅藻门 Bacillariophyta	羽纹纲 Pennatae	双壳缝目 Biraphidinales	桥弯藻科 Cymbellaceae	桥弯藻属 *Cymbella*	近缘桥弯藻 *Cymbella affinis*
					膨大桥弯藻 *Cymbella turgidula*
					膨胀桥弯藻 *Cymbella tumida*
					披针形桥弯藻 *Cymbella lanceolata*
					偏肿桥弯藻 *Cymbella ventricosa*
					平滑桥弯藻 *Cymbella laevis*
					箱形桥弯藻 *Cymbella cistula*
					新月桥弯藻 *Cymbella cymbiformis*
			异极藻科 Gomphonemaceae	异极藻属 *Gomphonema*	尖顶异极藻 *Gomphonema augur*
					尖异极藻 *Gomphonema acuminatum*
					塔形异极藻 *Gomphonema turris*
					具球异极藻 *Gomphonema sphaerophorum*
					纤细异极藻 *Gomphonema gracile*
					小型异极藻 *Gomphonema parvulum*
					缢缩异极藻 *Gomphonema onstrictum*
					窄异极藻 *Gomphonema ngustatum*
					窄异极藻延长变种 *Gomphonema angustatum* var. *productum*
		单壳缝目 Monoraphidales	曲壳藻科 Achnanthaceae	卵形藻属 *Cocconeis*	扁圆卵形藻 *Cocconeis placentula*
				曲壳藻属 *Achnanthes*	膨胀曲壳藻 *Achnanthes tumescens*
					线形曲壳藻 *Achnanthes linearis*
		管壳缝目 Aulonoraphidinales	窗纹藻科 Epithemiaceae	棒杆藻属 *Rhopalodia*	弯棒杆藻 *Rhopalodia gibba*

续表

门	纲	目	科	属	种
硅藻门 Bacillariophyta	羽纹纲 Pennatae	管壳缝目 Aulonoraphidinales	菱形藻科 Nitzschiaceae	菱板藻属 *Hantzschia*	双尖菱板藻 *Hantzshia amphioxys*
				菱形藻属 *Nitzschia*	池生菱形藻 *Nitzschia stagnorum*
					弯菱形藻 *Nitzschia sigma*
					针形菱形藻 *Nitzschia acicularis*
			双菱藻科 Surirellaceae	双菱藻属 *Surirella*	粗壮双菱藻 *Surirella robusta*
					端毛双菱藻 *Surirella capronii*
					线形双菱藻 *Surirella linearis*
					螺旋双菱藻 *Surirella spiralis*
裸藻门 Euglenophyta	裸藻纲 Euglenophyceae	裸藻目 Euglenales	裸藻科 Euglenaceae	裸藻属 *Euglena*	尖尾裸藻 *Euglena oxyuris*
					三棱裸藻 *Euglena tripteris*
					梭形裸藻 *Euglena acus*
					尾裸藻 *Euglena caudata*
					易变裸藻 *Euglena mutabilis*
				囊裸藻属 *Trachelomonas*	糙纹囊裸藻 *Trachelomonas scabra*
					湖生囊裸藻 *Trachelomonas lacustris*
					棘刺囊裸藻 *Trachelomonas hispida*
					截头囊裸藻 *Trachelomonas abrupta*
					矩圆囊裸藻 *Trachelomonas oblonga*
					密集囊裸藻 *Trachelomonas crebea*
					相似囊裸藻 *Trachelomonas similis*
					旋转囊裸藻 *Trachelomonas volvocina*
				陀螺藻属 *Strombomonas*	
				鳞孔藻属 *Lepocinclis*	

续表

门	纲	目	科	属	种
裸藻门 Euglenophyta	裸藻纲 Euglenophyceae	裸藻目 Euglenales	裸藻科 Euglenaceae	扁裸藻属 *Phacus*	宽扁裸藻 *Phacus pleuronectes*
					长尾扁裸藻 *Phacus longicauda*
甲藻门 Dinophyta	甲藻纲 Dinophyceae	多甲藻目 Peridiniales	裸甲藻科 Gymnodiniaceae	裸甲藻属 *Gymnodinium*	
				薄甲藻属 *Glenodinium*	
			多甲藻科 Perdiniaceae	多甲藻属 *Peridinium*	楯形多甲藻 *Peridinium umbonatum*
					二角多甲藻 *Peridinium bipes*
					二角多甲藻神秘变种 *Peridinium bipes* var. *occultatum*
					微小多甲藻 *Peridinium pusillum*
				拟多甲藻属 *Peridiniopsis*	坎宁顿拟多甲藻 *Peridiniopsis cunningtonii*
			角甲藻科 Ceratiaceae	角甲藻属 *Ceratium*	角甲藻 *Ceratium hirundinella*
					拟二叉角甲藻 *Ceratium furcoides*
隐藻门 Cryptophyta	隐藻纲 Cryptophyceae		隐鞭藻科 Cryptomonadaceae	蓝隐藻属 *Chroomonas*	尖尾蓝隐藻 *Chroomonas acuta*
				隐藻属 *Cryptomonas*	倒卵形隐 *Cryptomonas obovata*
					卵形隐藻 *Cryptomonas ovata*
					啮蚀隐藻 *Cryptomonas erosa*
					马索隐藻 *Cryptomonas marssonii*
				弯隐藻属 *Campylomonas*	反曲弯隐藻 *Campylomonas reflexa*
金藻门 Chrysophyta	金藻纲 Chrysophyceae	色金藻目 Chromulinales	锥囊藻科 Dinobryonaceae	锥囊藻属 *Dinobryon*	分歧锥囊藻 *Dinobryon divergens*
					圆筒形锥囊藻沼泽变种 *Dinobryon cylindricum* var. *palustrem*
					长锥形锥囊藻 *Dinobryon bavaricum*
				金杯藻属 *Kephyrion*	岸生金杯藻 *Kephyrion littorale*

续表

门	纲	目	科	属	种
金藻门 Chrysophyta	金藻纲 Chrysophyceae	色金藻目 Chromulinales	锥囊藻科 Dinobryonaceae	金杯藻属 *Kephyrion*	饱满金杯藻 *Kephyrion impletum*
					浮游金杯藻 *Kephyrion planctonicum*
					卵形金杯藻 *Kephyrion ovale*
				附钟藻属 *Epipyxis*	
				金粒藻属 *Chrysococcus*	淡红金粒藻 *Chrysococcus rufescens*
	黄群藻纲 Synurophyceae	黄群藻目 Synurales	鱼鳞藻科 Mallomonadaceae	鱼鳞藻属 *Mallomonas*	具尾鱼鳞藻 *Mallomonas caudate*
			黄群藻科 Synuraceae	黄群藻属 *Synura*	
黄藻门 Xanthophyta	黄藻纲 Xanthophyceae	黄丝藻目 Tribonematales	黄丝藻科 Tribonemataceae	黄丝藻属 *Tribonema*	

表11-9 闽东南诸河流域常见藻类名录

门	纲	目	科	属	种
蓝藻门 Cyanophyta	蓝藻纲 Cyanophyceae	色球藻目 Chroococcales	聚球藻科 Synechococcaceae	棒条藻属 *Rhabdoderma*	
				隐杆藻属 *Aphanothece*	
			平裂藻科 Merismopediaceae	平裂藻属 *Merismopedia*	点形平裂藻 *Merismopedia punctata*
				束球藻属 *Gomphosphaeria*	
				乌龙藻属 *Woronichinia*	赖格乌龙藻 *Woronichinia naegeliana*
				小雪藻属 *Snowella*	
				隐球藻属 *Aphanocapsa*	细小隐球藻 *Aphanocapsa elachista*
			色球藻科 Chroococcaceae	色球藻属 *Chroococcus*	湖泊色球藻 *Chroococcus limneticus*
					微小色球藻 *Chroococcus minutus*
			微囊藻科 Microcystaceae	微囊藻属 *Microcystis*	惠氏微囊藻 *Microcystis wesenbergii*
					坚实微囊藻 *Microcystis firma*

续表

门	纲	目	科	属	种
蓝藻门 Cyanophyta	蓝藻纲 Cyanophyceae	色球藻目 Chroococcales	微囊藻科 Microcystaceae	微囊藻属 *Microcystis*	挪氏微囊藻 *Microcystis novacekii*
					放射微囊藻 *Microcystis botrys*
					史密斯微囊藻 *Microcystis smithii*
					铜绿微囊藻 *Microcystis aeruginosa*
					鱼害微囊藻 *Microcystis ichthyoblabe*
		颤藻目 Osillatoriales	颤藻科 Oscillatoriaceae	颤藻属 *Oscillatoria*	巨颤 *Oscillatoria princes*
				鞘丝藻属 *Lyngbya*	
			假鱼腥藻科 Pseudanabaenaceae	贾丝藻 *Jaaginema*	
				假鱼腥藻属 *Pseudanabaena*	
				细鞘丝藻属 *Leptolyngbya*	
				泽丝藻属 *Limnothrix*	
			席藻科 Phormidiaceae	浮丝藻属 *Planktothrix*	阿氏浮丝藻 *Planktothrix agardhii*
					螺旋浮丝藻 *Planktothrix spiroides*
				拟浮丝藻属 *Planktothricoides*	
		念珠藻目 Nostocales	胶须藻科 Rivulariaceae	胶须属 *Rivularia*	
			念珠藻科 Nostocaceae	尖头藻属 *Raphidiopsis*	弯形尖头藻 *Raphidiopsis curvata*
				拟柱孢藻属 *Cylindrospermopsis*	拟柱孢藻 *Cylindrospermopsis raciborskii*
				束丝藻属 *Aphanizomenon*	水华束丝藻 *Aphanizomenon flos-aquae*
				矛丝藻属 *Cuspidothrix*	依沙矛丝藻 *Cuspidothrix issatschenkoi*
				长孢藻属 *Dolichospermum*	卷曲长孢藻 *Dolichospermum circinalis*

续表

门	纲	目	科	属	种
绿藻门 Chlorophyta	绿藻纲 Chlorophyceae	团藻目 Volvocales	衣藻科 Chlamydomonadaceae	衣藻属 *Chlamydomonas*	
				拟球藻属 *Sphaerellopsis*	
				绿梭藻属 *Chlorogonium*	长绿梭藻 *Chlorogonium elongatum*
				四鞭藻属 *Carteria*	
			壳衣藻科 Phacotaceae	球粒藻属 *Coccomonas*	
				异形藻属 *Dysmorphococcus*	多变异形藻 *Dysmorphococcus variabilis*
				翼膜藻属 *Pteromonas*	尖角翼膜藻 *Pteromonas aculeata*
			团藻科 Volvocaceae	空球藻属 *Eudorina*	空球藻 *Eudorina elegans*
				实球藻属 *Pandorina*	实球藻 *Pandorina morum*
		四孢藻目 Tetrasporales	胶球藻科 Coccomyxaceae	纺锤藻属 *Elakatothrix*	
		绿球藻目 Chlorococcales	绿球藻科 Chlorococcaceae	微芒藻属 *Micractinium*	
				多芒藻属 *Golenkinia*	多芒藻 *Golenkinia radiata*
			小桩藻科 Characiaceae	小桩藻属 *Characium*	
				弓形藻属 *Schroederia*	弓形藻 *Schroederia setigera*
					螺旋弓形藻 *Schroederia spiralis*
					拟菱形弓形藻 *Schroederia nitzschioides*
			小球藻科 Chlorellaceae	小球藻属 *Chlorella*	
				顶棘藻属 *Chodatella*	四刺顶棘藻 *Chodatella quadriseta*
					长刺顶棘藻 *Chodatella longiseta*
				四角藻属 *Tetraëdron*	二叉四角藻 *Tetraëdron bifurcatum*
					戟形四角藻腭状变种 *Tetraëdron hastatum* var. *palatinum*

续表

门	纲	目	科	属	种
绿藻门 Chlorophyta	绿藻纲 Chlorophyceae	绿球藻目 Chlorococcales	小球藻科 Chlorellaceae	四角藻属 *Tetraëdron*	具尾四角藻 *Tetraëdron caudatum*
					膨胀四角藻 *Tetraëdron tumidulum*
					不正四角藻 *Tetraëdron enorme*
					小形四角藻 *Tetraëdron gracile*
					浮游四角藻 *Tetraëdron planktonicum*
					三角四角藻 *Tetraëdron trigonum*
					三叶四角藻 *Tetraëdron trilobulatum*
					微小四角藻 *Tetraëdron minimum*
					整齐四角藻 *Tetraëdron regulare*
					整齐四角藻扭曲变种 *Tetraëdron regulare* var. *torsum*
					整齐四角藻砧形变种 *Tetraëdron regulare* var. *incus*
				拟新月藻属 *Closteriopsis*	拟新月藻 *Closteriopsis longissima*
				纤维藻属 *Ankistrodesmus*	镰形纤维藻 *Ankistrodesmus falcatus*
					螺旋纤维藻 *Ankistrodesmus spiralis*
					狭形纤维藻 *Ankistrodesmus angustus*
					针形纤维藻 *Ankistrcdesmus acicularis*
				月牙藻属 *Selenastrum*	端尖月牙藻 *Selenastrum westii*
					纤细月牙藻 *Selenastrum gracile*
					小形月牙藻 *Selenastrum minutum*

续表

门	纲	目	科	属	种
绿藻门 Chlorophyta	绿藻纲 Chlorophyceae	绿球藻目 Chlorococcales	小球藻科 Chlorellaceae	蹄形藻属 *Kirchneriella*	扭曲蹄形藻 *Kirchneriella contorta*
					蹄形藻 *Kirchneriella lunaris*
				四棘藻属 *Treubaria*	粗刺四棘藻 *Treubaria crassispina*
					四棘藻 *Treubaria triappendiculata*
			卵囊藻科 Oocystaceae	并联藻属 *Quadrigula*	
				胶星藻属 *Gloeoactinium*	
				卵囊藻属 *Oocystis*	波吉卵囊藻 *Oocystis borgei*
					湖生卵囊藻 *Oocystis lacustris*
				肾形藻属 *Nephrocytium*	新月肾形藻 *Nephrocytium lunatum*
				球囊藻属 *Sphaerocystis*	
			网球藻科 Dictyosphaeraceae	网球藻属 *Dictyosphaerium*	美丽网球藻 *Dictyosphaerium pulchellum*
					网球藻 *Dictyosphaerium ehrenbergianum*
			葡萄藻科 Botryococcaceae	葡萄藻属 *Botryococcus*	葡萄藻 *Botryococcus braunii*
			盘星藻科 Pediastraceae	盘星藻属 *Pediastrum*	单角盘星藻 *Pediastrum simplex*
					单角盘星藻具孔变种 *Pediastrum simplex* var. *duodenarium*
					二角盘星藻 *Pediastrum duplex*
					二角盘星藻大孔变种 *Pediastrum duplex* var. *clathratum*
					二角盘星藻纤细变种 *Pediastrum duplex* var. *gracillimum*
					盘星藻长角变种 *Pediastrum biradiatum* var. *longecornutum*

续表

门	纲	目	科	属	种
绿藻门 Chlorophyta	绿藻纲 Chlorophyceae	绿球藻目 Chlorococcales	盘星藻科 Pediastraceae	盘星藻属 *Pediastrum*	四角盘星藻 *Pediastrum tetras*
			栅藻科 Scenedesmaceae	栅藻属 *Scenedesmus*	奥波莱栅藻 *Scenedesmus opoliensis*
					巴西栅藻 *Scenedesum brasiliensis*
					齿牙栅藻 *Scenedesmus denticulatus*
					多棘栅藻 *Scenedesmus spinosus*
					双尾栅藻 *Scenedesmus bicaudatus*
					二形栅藻 *Scenedesmus dimorphus*
					古氏栅藻 *Scenedesmus gutwinskii*
					丰富栅藻 *Scenedesmus abundans*
					尖细栅藻 *Scenedesmus acuminatus*
					多齿栅藻 *Scenedesmus polydenticulatus*
					颗粒栅藻 *Scenedesmus granulatus*
					裂孔栅藻 *Scenedesmus perforatus*
					龙骨栅藻 *Scenedesmus carinatus*
					双对栅藻 *Scenedesmus bijuga*
					四尾栅藻 *Scenedesmus quadricauda*
					凸头状栅藻 *Scenedesmus producto-capitatus*
					盘状栅藻 *Scenedesmus disciformis*
					爪哇栅藻 *Scenedesmus javaensis*
				韦斯藻属 *Westella*	丛球韦斯藻 *Westella botryoides*
				四星藻属 *Tetrastrum*	短刺四星藻 *Tetrastrum staurogeniaeforme*
					华丽四星藻 *Tetrastrum elegans*

续表

门	纲	目	科	属	种
绿藻门 Chlorophyta	绿藻纲 Chlorophyceae	绿球藻目 Chlorococcales	栅藻科 Scenedesmaceae	四星藻属 *Tetrastrum*	平滑四星藻 *Tetrastrum glabrum*
绿藻门 Chlorophyta	绿藻纲 Chlorophyceae	绿球藻目 Chlorococcales	栅藻科 Scenedesmaceae	四星藻属 *Tetrastrum*	异刺四星藻 *Tetrastrum heterocanthum*
绿藻门 Chlorophyta	绿藻纲 Chlorophyceae	绿球藻目 Chlorococcales	栅藻科 Scenedesmaceae	十字藻属 *Crucigenia*	顶锥十字藻 *Crucigenia apiculata*
绿藻门 Chlorophyta	绿藻纲 Chlorophyceae	绿球藻目 Chlorococcales	栅藻科 Scenedesmaceae	十字藻属 *Crucigenia*	四角十字藻 *Crucigenia quadrata*
绿藻门 Chlorophyta	绿藻纲 Chlorophyceae	绿球藻目 Chlorococcales	栅藻科 Scenedesmaceae	十字藻属 *Crucigenia*	四足十字藻 *Crucigenia tetrapedia*
绿藻门 Chlorophyta	绿藻纲 Chlorophyceae	绿球藻目 Chlorococcales	栅藻科 Scenedesmaceae	十字藻属 *Crucigenia*	铜钱十字藻 *Crucigenia fenestrata*
绿藻门 Chlorophyta	绿藻纲 Chlorophyceae	绿球藻目 Chlorococcales	栅藻科 Scenedesmaceae	十字藻属 *Crucigenia*	直角十字藻 *Crucigenia rectangularis*
绿藻门 Chlorophyta	绿藻纲 Chlorophyceae	绿球藻目 Chlorococcales	栅藻科 Scenedesmaceae	集星藻属 *Actinastrum*	河生集星藻 *Actinastrum fluviatile*
绿藻门 Chlorophyta	绿藻纲 Chlorophyceae	绿球藻目 Chlorococcales	栅藻科 Scenedesmaceae	集星藻属 *Actinastrum*	集星藻 *Actinastrum hantzschii*
绿藻门 Chlorophyta	绿藻纲 Chlorophyceae	绿球藻目 Chlorococcales	栅藻科 Scenedesmaceae	空星藻属 *Coelastrum*	空星藻 *Coelastrum sphaericum*
绿藻门 Chlorophyta	绿藻纲 Chlorophyceae	绿球藻目 Chlorococcales	栅藻科 Scenedesmaceae	空星藻属 *Coelastrum*	立方体形空星藻 *Coelastrum cubicum*
绿藻门 Chlorophyta	绿藻纲 Chlorophyceae	绿球藻目 Chlorococcales	栅藻科 Scenedesmaceae	空星藻属 *Coelastrum*	网状空星藻 *Coelastrum reticulatum*
绿藻门 Chlorophyta	绿藻纲 Chlorophyceae	绿球藻目 Chlorococcales	栅藻科 Scenedesmaceae	空星藻属 *Coelastrum*	小空星藻 *Coelastrum microporum*
绿藻门 Chlorophyta	绿藻纲 Chlorophyceae	绿球藻目 Chlorococcales	栅藻科 Scenedesmaceae	空星藻属 *Coelastrum*	长鼻空星藻 *Coelastrum proboscideum*
绿藻门 Chlorophyta	绿藻纲 Chlorophyceae	丝藻目 Ulotrichales	丝藻科 Ulotrichaceae	丝藻属 *Ulothrix*	
绿藻门 Chlorophyta	绿藻纲 Chlorophyceae	丝藻目 Ulotrichales	丝藻科 Ulotrichaceae	胶丝藻属 *Gloeotila*	
绿藻门 Chlorophyta	绿藻纲 Chlorophyceae	胶毛藻目 Chaetophorales	胶毛藻科 Chaetophoraceae	毛枝藻属 *Stigeoclonium*	
绿藻门 Chlorophyta	绿藻纲 Chlorophyceae	鞘藻目 Oedogoniales	鞘藻科 Oedogoniaceae	鞘藻属 *Oedogonium*	
绿藻门 Chlorophyta	绿藻纲 Chlorophyceae	鞘藻目 Oedogoniales	鞘藻科 Oedogoniaceae	毛鞘藻属 *Bulbochaete*	
绿藻门 Chlorophyta	双星藻纲 Zygnematophyceae	双星藻目 Zygnematales	中带鼓藻科 Mesotaniaceae	中带鼓藻属 *Mesotaenium*	
绿藻门 Chlorophyta	双星藻纲 Zygnematophyceae	双星藻目 Zygnematales	中带鼓藻科 Mesotaniaceae	梭形鼓藻属 *Netrium*	

续表

门	纲	目	科	属	种
绿藻门 Chlorophyta	双星藻纲 Zygnematophyceae	双星藻目 Zygnematales	双星藻科 Zygnemataceae	转板藻属 *Mougeotia*	
				水绵属 *Spirogyra*	
		鼓藻目 Desmidiales	鼓藻科 Desmidiaceae	棒形鼓藻属 *Gonatozygon*	
				柱形鼓藻属 *Penium*	珍珠柱形鼓藻 *Penium margaritaceum*
				新月藻属 *Closterium*	库津新月藻 *Closterium kuetzingii*
					锐新月藻 *Closterium acerosum*
					微小新月藻 *Closterium parvulum*
					细新月藻 *Closterium macilentum*
					纤细新月藻 *Closterium gracile*
				凹顶鼓藻属 *Euastrum*	小齿凹顶鼓藻 *Euastrum denticulatum*
				微星鼓藻属 *Micrasterias*	辐射微星鼓藻 *Micrasterias radiata*
				辐射鼓藻属 *Actinotaenium*	葫芦辐射鼓藻 *Actinotaenium cucurbitinum*
				鼓藻属 *Cosmarium*	扁鼓藻 *Cosmarium depressum*
					短鼓藻 *Cosmarium abbreviatum*
					钝鼓藻 *Cosmarium obtusatum*
					光泽鼓藻 *Cosmarium candianum*
					近前膨胀鼓藻 *Cosmarium subprotumidum*
					雷尼鼓藻 *Cosmarium regnellii*
					梅尼鼓藻 *Cosmarium meneghinii*
					三叶鼓藻 *Cosmarium trilobulatum*
					双眼鼓藻 *Cosmarium bioculatum*
					项圈鼓藻 *Cosmarium moniliforme*

续表

门	纲	目	科	属	种
绿藻门 Chlorophyta	双星藻纲 Zygnematophyceae	鼓藻目 Desmidiales	鼓藻科 Desmidiaceae	鼓藻属 *Cosmarium*	圆鼓藻 *Cosmarium circulare*
					爪哇鼓藻 *Cosmarium javanicum*
					珍珠鼓藻 *Cosmarium margaritatum*
				角星鼓藻属 *Staurastrum*	成对角星鼓藻 *Staurastrum gemelliparum*
					钝角角星鼓藻 *Staurastrum retusum*
					肥壮角星鼓藻 *Staurastrum pingue*
					光角星鼓藻 *Staurastrum muticum*
					近环棘角星鼓藻 *Staurastrum subcyclacanthum*
					两裂角星鼓藻 *Staurastrum bifidum*
					六角角星鼓藻 *Staurastrum sexangulare*
					四角角星鼓藻 *Staurastrum tetracerum*
					弯曲角星鼓藻 *Staurastrum inflexum*
					威尔角星鼓藻 *Staurastrum willsii*
					纤细角星鼓藻 *Staurastrum gracile*
				叉星鼓藻属 *Staurodesmus*	短棘叉星鼓藻 *Staurodesmus brevispina*
					芒状叉星鼓藻 *Staurodesmus aristiferus*
					平卧叉星鼓藻 *Staurodesmus dejectus*
					平卧叉星鼓藻尖刺变种 *Staurodesmus dejectus* var. *apiculatus*
				多棘鼓藻属 *Xanthidium*	美丽多棘鼓藻 *Xanthidium pulchrum*
				泰林鼓藻属 *Teilingia*	颗粒泰林鼓藻 *Teilingia granulate*

续表

门	纲	目	科	属	种
绿藻门 Chlorophyta	双星藻纲 Zygnematophyceae	鼓藻目 Desmidiales	鼓藻科 Desmidiaceae	顶接鼓藻属 *Spondylosium*	平顶顶接鼓藻 *Spondylosium planum*
					项圈顶接鼓藻 *Spondylosium moniliforme*
硅藻门 Bacillariophyta	中心纲 Centricae	圆筛藻目 Coscinodiscales	圆筛藻科 Coscinodiscaceae	直链藻属 *Melosira*	变异直链藻 *Melosira varians*
					颗粒直链藻 *Melosira granulata*
					颗粒直链藻极狭变种 *Melosira granulata* var. *angustissima*
					颗粒直链藻极狭变种螺旋变型 *Melosira granulata* var. *angustissima* f. *spiralis*
					远距直链藻 *Melosira listans*
				小环藻属 *Cyclotella*	具星小环藻 *Cyclotella stelligera*
					梅尼小环藻 *Cyclotella meneghiniana*
				冠盘藻属 *Stephanodiscus*	
		根管藻目 Rhizosoleniales	管形藻科 Solenicaceae	根管藻属 *Rhizosolenia*	长刺根管藻 *Rhizosolenia longiseta*
					根管藻 *Rhizosolenia* sp.
		盒形藻目 Biddulphiales	盒形藻科 Biddulphicaceae	四棘藻属 *Attheya*	扎卡四棘藻 *Attheya zachariasi*
				水链藻属 *Hydrosera*	黄埔水链藻 *Hydrosera whampoensis*
	羽纹纲 Pennatae	无壳缝目 Araphidiales	脆杆藻科 Fragilariaceae	平板藻属 *Tabellaria*	窗格平板藻 *Tabellaria fenestrata*
					绒毛平板藻 *Tabellaria flocculosa*
				脆杆藻属 *Fragilaria*	钝脆杆藻 *Fragilaria capucina*
					连结脆杆藻 *Fragilaria construens*
				针杆藻属 *Synedra*	柏诺林针杆藻 *Synedra berolinensis*
					放射针杆藻 *Synedra actinastroides*
					尖针杆藻 *Synedra acus*

续表

门	纲	目	科	属	种
硅藻门 Bacillariophyta	羽纹纲 Pennatae	无壳缝目 Araphidiales	脆杆藻科 Fragilariaceae	针杆藻属 *Synedra*	尖针杆藻极狭变种 *Synedra acus* var. *angustissina*
					近缘针杆藻 *Synedra affinis*
					尾针杆藻 *Synedra rumpens*
					肘状针杆藻 *Synedra ulna*
					肘状针杆藻狭细变种 *Synedra ulna* var. *danica*
				星杆藻属 *Asterionella*	华丽星杆藻 *Asterionella formosa*
		拟壳缝目 Raphidionales	短缝藻科 Eunotiaceae	短缝藻属 *Eunotia*	蓖形短缝藻 *Eunotia pectinalis*
					极小短缝藻 *Eunotia perpusilla*
					月形短缝藻 *Eunotia lunaris*
		双壳缝目 Biraphidinales	舟形藻科 Naviculaceae	布纹藻属 *Gyrosigma*	
				双壁藻属 *Diploneis*	美丽双壁藻 *Diploneis puella*
				肋缝藻属 *Frustulia*	菱形肋缝藻 *Frustulia rhomboides*
					普通肋缝藻 *Frustulia vulgaris*
				羽纹藻属 *Pinnularia*	微绿羽纹藻 *Pinnularia viridis*
				舟形藻属 *Navicula*	短小舟形藻 *Navicula exigua*
					放射舟形藻 *Navicula radiosa*
					喙头舟形藻 *Navicula rhynchocephala*
					双头舟形藻 *Navicula dicephala*
					瞳孔舟形藻 *Navicula pupula*
					微型舟形藻 *Navicula minima*
					小型舟形藻 *Navicula minuscula*
					隐头舟形藻 *Navicula cryptocephala*

续表

门	纲	目	科	属	种
硅藻门 Bacillariophyta	羽纹纲 Pennatae	双壳缝目 Biraphidinales	舟形藻科 Naviculaceae	双肋藻属 *Amphipleura*	明晰双肋藻 *Amphipleura pellucida*
				鞍型藻属 *Sellaphora*	瞳孔鞍型藻 *Sellaphora pupula*
			桥弯藻科 Cymbellaceae	双眉藻属 *Amphora*	卵形双眉藻 *Amphora ovalis*
				桥弯藻属 *Cymbella*	极小桥弯藻 *Cymbella perpusilla*
					膨大桥弯藻 *Cymbella turgida*
					膨胀桥弯藻 *Cymbella tumida*
					偏肿桥弯藻 *Cymbella ventricosa*
					平滑桥弯藻 *Cymbella laevis*
					箱形桥弯藻 *Cymbella cistula*
					新月桥弯藻 *Cymbella cymbiformis*
			异极藻科 Gomphonemaceae	异极藻属 *Gomphonema*	具球异极藻 *Gomphonema sphaerophorum*
					纤细异极藻 *Gomphonema gracile*
					小型异极藻 *Gomphonema parvulum*
					缢缩异极藻 *Gomphonema constrictum*
					窄异极藻 *Gomphonema angustatum*
					窄异极藻延长变种 *Gomphonema angustatum* var. *productum*
		单壳缝目 Monoraphidales	曲壳藻科 Achnanthaceae	卵形藻属 *Cocconeis*	扁圆卵形藻 *Cocconeis placentula*
				曲壳藻属 *Achnanthes*	短小曲壳藻 *Achnanthes exigua*
					披针形曲壳藻 *Achnanthes lanceolata*
					线形曲壳藻 *Achnanthes linearis*

续表

门	纲	目	科	属	种
硅藻门 Bacillariophyta	羽纹纲 Pennatae	管壳缝目 Aulonoraphidinales	菱形藻科 Nitzschiaceae	菱板藻属 *Hantzschia*	双尖菱板藻小头变型 *Hantzschia amphioxys* f. *capitata*
					长菱板藻 *Hantzschia elongate*
				菱形藻属 *Nitzschia*	奇异菱形藻 *Nitzschia paradoxa*
					弯菱形藻 *Nitzschia sigma*
					针形菱形藻 *Nitzschia acus*
			双菱藻科 Surirellaceae	双菱藻属 *Surirella*	粗壮双菱藻 *Surirella robusta*
					螺旋双菱藻 *Surirella spiralis*
					线形双菱藻 *Surirella linearis*
裸藻门 Euglenophyta	裸藻纲 Euglenophyceae	裸藻目 Euglenales	裸藻科 Euglenaceae	裸藻属 *Euglena*	尖尾裸藻 *Euglena oxyuris*
					三棱裸藻 *Euglena tripteris*
					三星裸藻 *Euglena tritella*
					梭形裸藻 *Euglena acus*
					尾裸藻 *Euglena caudata*
				囊裸藻属 *Trachelomonas*	糙纹囊裸藻 *Trachelomonas scabra*
					湖生囊裸藻 *Trachelomonas lacustris*
					棘刺囊裸藻 *Trachelomonas hispida*
					矩圆囊裸藻 *Trachelomonas oblonga*
					螺肋囊裸藻 *Trachelomonas spiricostatum*
					芒刺囊裸藻 *Trachelomonas spinulosa*
					密刺囊裸藻 *Trachelomonas sydneyensis*

续表

门	纲	目	科	属	种
裸藻门 Euglenophyta	裸藻纲 Euglenophyceae	裸藻目 Euglenales	裸藻科 Euglenaceae	囊裸藻属 *Trachelomonas*	尾棘囊裸藻 *Trachelomonas armata*
					旋转囊裸藻 *Trachelomonas volvocina*
				陀螺藻属 *Strombomonas*	皱囊陀螺藻 *Strombomonas tambowika*
				扁裸藻属 *Phacus*	长尾扁裸藻 *Phacus longicauda*
甲藻门 Dinophyta	甲藻纲 Dinophyceae	多甲藻目 Peridiniales	裸甲藻科 Gymnodiniaceae	裸甲藻属 *Gymnodinium*	
				薄甲藻属 *Glenodinium*	
			多甲藻科 Perdiniaceae	多甲藻属 *Peridinium*	二角多甲藻 *Peridinium bipes*
					二角多甲藻神秘变种 *Peridinium bipes* var. *occultatum*
					微小多甲藻 *Peridinium pusillum*
				拟多甲藻属 *Peridiniopsis*	
			角甲藻科 Ceratiaceae	角甲藻属 *Ceratium*	角甲藻 *Ceratium hirundinella*
					拟二叉角甲藻 *Ceratium furcoides*
隐藻门 Cryptophyta	隐藻纲 Cryptophyceae		隐鞭藻科 Cryptomonadaceae	蓝隐藻属 *Chroomonas*	尖尾蓝隐藻 *Chroomonas acuta*
				隐藻属 *Cryptomonas*	卵形隐藻 *Cryptomonas ovata*
					啮蚀隐藻 *Cryptomonas erosa*
					吻状隐藻 *Cryptomonas rostrata*
					马索隐藻 *Cryptomonas marsonii*
				弯隐藻属 *Campylomonas*	反曲弯隐藻 *Campylomonas reflexa*
金藻门 Chrysophyta	金藻纲 Chrysophyceae	色金藻目 Chromulinales	锥囊藻科 Dinobryonaceae	锥囊藻属 *Dinobryon*	分歧锥囊藻 *Dinobryon divergens*
					圆筒形锥囊藻沼泽变种 *Dinobryon cylindricum* var. *palustrem*

续表

门	纲	目	科	属	种
金藻门 Chrysophyta	金藻纲 Chrysophyceae	色金藻目 Chromulinales	锥囊藻科 Dinobryonaceae	锥囊藻属 *Dinobryon*	长锥形锥囊藻 *Dinobryon bavaricum*
				金杯藻属 *Kephyrion*	岸生金杯藻 *Kephyrion littorale*
					饱满金杯藻 *Kephyrion impletum*
					北方金杯藻 *Kephyrion boreale*
					浮游金杯藻 *Kephyrion planctonicum*
					卵形金杯藻 *Kephyrion ovale*
				附钟藻属 *Epipyxis*	
				金粒藻属 *Chrysococcus*	淡红金粒藻 *Chrysococcus rufescens*
	黄群藻纲 Synurophyceae	黄群藻目 Synurales	鱼鳞藻科 Mallomonadaceae	鱼鳞藻属 *Mallomonas*	具尾鱼鳞藻 *Mallomonas caudate*
			黄群藻科 Synuraceae	黄群藻属 *Synura*	黄群藻 *Synura uvella*
黄藻门 Xanthophyta	针胞藻纲 Raphidophyceae			膝口藻属 *Gonyostomum*	扁形膝口藻 *Gonyostomum depressum*

表11-10 汀江流域常见藻类名录

门	纲	目	科	属	种
蓝藻门 Cyanophyta	蓝藻纲 Cyanophyceae	色球藻目 Chroococcales	聚球藻科 Synechococcaceae	棒条藻属 *Rhabdoderma*	
				隐杆藻属 *Aphanothece*	窗格隐杆藻 *Aphanothece clathrata*
			平裂藻科 Merismopediaceae	平裂藻属 *Merismopedia*	
				束球藻属 *Gomphosphaeria*	
				乌龙藻属 *Woronichinia*	赖格乌龙藻 *Woronichinia naegeliana*
				隐球藻属 *Aphanocapsa*	细小隐球藻 *Aphanocapsa elachista*
			色球藻科 Chroococcaceae	色球藻属 *Chroococcus*	
			微囊藻科 Microcystaceae	微囊藻属 *Microcystis*	铜绿微囊藻 *Microcystis aeruginosa*

续表

门	纲	目	科	属	种
蓝藻门 Cyanophyta	蓝藻纲 Cyanophyceae	颤藻目 Osillatoriales	颤藻科 Oscillatoriaceae	颤藻属 *Oscillatoria*	
				鞘丝藻属 *Lyngbya*	
			假鱼腥藻科 Pseudanabaenaceae	假鱼腥藻属 *Pseudanabaena*	
			席藻科 Phormidiaceae	浮丝藻属 *Planktothrix*	螺旋浮丝藻 *Planktothrix spiroides*
		念珠藻目 Nostocales	念珠藻科 Nostocaceae	尖头藻属 *Raphidiopsis*	弯形尖头藻 *Raphidiopsis curvata*
				拟柱孢藻属 *Cylindrospermopsis*	拟柱孢藻 *Cylindrospermopsis raciborskii*
				束丝藻属 *Aphanizomenon*	水华束丝藻 *Aphanizomenon flos-aquae*
绿藻门 Chlorophyta	绿藻纲 Chlorophyceae	团藻目 Volvocales	衣藻科 Chlamydom-onadaceae	衣藻属 *Chlamydomonas*	
			团藻科 Volvocaceae	空球藻属 *Eudorina*	空球藻 *Eudorina elegans*
					胶刺空球藻 *Eudorina echidna*
				实球藻属 *Pandorina*	实球藻 *Pandorina morum*
		四孢藻目 Tetrasporales	胶球藻科 Coccomyxaceae	纺锤藻属 *Elakatothrix*	
			四孢藻科 Tetrasporaceae	四胞藻属 *Tetraspora*	湖生四孢藻 *Tetraspora lacustris*
		绿球藻目 Chlorococcales	小桩藻科 Characiaceae	弓形藻属 *Schroederia*	弓形藻 *Schroederia setigera*
			小球藻科 Chlorellaceae	小球藻属 *Chlorella*	
				顶棘藻属 *Chodatella*	
				四角藻属 *Tetraëdron*	二叉四角藻 *Tetraëdron bifurcatum*
					具尾四角藻 *Tetraëdron caudatum*
					微小四角藻 *Tetraëdron minimum*
				拟新月藻属 *Closteriopsis*	拟新月藻 *Closteriopsis longissima*
				纤维藻属 *Ankistrodesmus*	镰形纤维藻 *Ankistrodesmus falcatus*
					螺旋纤维藻 *Ankistrodesmus spiralis*

续表

门	纲	目	科	属	种
绿藻门 Chlorophyta	绿藻纲 Chlorophyceae	绿球藻目 Chlorococcales	小球藻科 Chlorellaceae	纤维藻属 *Ankistrodesmus*	狭形纤维藻 *Ankistrodesmus angustus*
					针形纤维藻 *Ankistrcdesmus acicularis*
				月牙藻属 *Selenastrum*	纤细月牙藻 *Selenastrum gracile*
					小形月牙藻 *Selenastrum minutum*
				蹄形藻属 *Kirchneriella*	扭曲蹄形藻 *Kirchneriella contorta*
					蹄形藻 *Kirchneriella lunaris*
				四棘藻属 *Treubaria*	粗刺四棘藻 *Treubaria crassispina*
			卵囊藻科 Oocystaceae	并联藻属 *Quadrigula*	
				胶星藻属 *Gloeoactinium*	
				卵囊藻属 *Oocystis*	波吉卵囊藻 *Oocystis borgei*
				肾形藻属 *Nephrocytium*	
				球囊藻属 *Sphaerocystis*	
			网球藻科 Dictyosphaeraceae	网球藻属 *Dictyosphaerium*	网球藻 *Dictyosphaerium ehrenbergianum*
			盘星藻科 Pediastraceae	盘星藻属 *Pediastrum*	单角盘星藻 *Pediastrum simplex*
					单角盘星藻具孔变种 *Pediastrum simplex* var. *duodenarium*
					二角盘星藻 *Pediastrum duplex*
					二角盘星藻大孔变种 *Pediastrum duplex* var. *clathratum*
					二角盘星藻纤细变种 *Pediastrum duplex* var. *gracillimum*
			栅藻科 Scenedesmaceae	栅藻属 *Scenedesmus*	齿牙栅藻 *Scenedesmus denticulatus*
					多棘栅藻 *Scenedesmus spinosus*
					二形栅藻 *Scenedesmus dimorphus*

续表

门	纲	目	科	属	种
绿藻门 Chlorophyta	绿藻纲 Chlorophyceae	绿球藻目 Chlorococcales	栅藻科 Scenedesmaceae	栅藻属 *Scenedesmus*	厚顶栅藻 *Scenedesmus incrassatulus*
					尖细栅藻 *Scenedesmus acuminatus*
					多齿栅藻 *Scenedesmus polydenticulatus*
					双对栅藻 *Scenedesmus bijuga*
					四尾栅藻 *Scenedesmus quadricauda*
					阿库栅藻 *Scenedesmus acunae*
				韦斯藻属 *Westella*	丛球韦斯藻 *Westella botryoides*
				四星藻属 *Tetrastrum*	平滑四星藻 *Tetrastrum glabrum*
					异刺四星藻 *Tetrastrum heterocanthum*
				十字藻属 *Crucigenia*	顶锥十字藻 *Crucigenia apiculata*
					四角十字藻 *Crucigenia quadrata*
					四足十字藻 *Crucigenia tetrapedia*
					铜钱十字藻 *Crucigenia fenestrata*
					直角十字藻 *Crucigenia rectangularis*
				空星藻属 *Coelastrum*	空星藻 *Coelastrum sphaericum*
		丝藻目 Ulotrichales	丝藻科 Ulotrichaceae	丝藻属 *Ulothrix*	
		鞘藻目 Oedogoniales	鞘藻科 Oedogoniaceae	鞘藻属 *Oedogonium*	
	双星藻纲 Zygnematophyceae	双星藻目 Zygnematales	双星藻科 Zygnemataceae	转板藻属 *Mougeotia*	
		鼓藻目 Desmidiales	鼓藻科 Desmidiaceae	棒形鼓藻属 *Gonatozygon*	
				凹顶鼓藻属 *Euastrum*	华美凹顶鼓藻 *Euastrum elegans*
				鼓藻属 *Cosmarium*	项圈鼓藻 *Cosmarium moniliforme*
				角星鼓藻属 *Staurastrum*	钝角角星鼓藻 *Staurastrum retusum*

续表

门	纲	目	科	属	种
绿藻门 Chlorophyta	双星藻纲 Zygnematophyceae	鼓藻目 Desmidiales	鼓藻科 Desmidiaceae	角星鼓藻属 *Staurastrum*	六角角星鼓藻 *Staurastrum sexangulare*
					四角角星鼓藻 *Staurastrum tetracerum*
					纤细角星鼓藻 *Staurastrum gracile*
				叉星鼓藻属 *Staurodesmus*	平卧叉星鼓藻 *Staurodesmus dejectus*
				圆丝鼓藻属 *Hyalotheca*	裂开圆丝鼓藻 *Hyalotheca dissiliens*
				泰林鼓藻属 *Teilingia*	颗粒泰林鼓藻 *Teilingia granulate*
硅藻门 Bacillario-phyta	中心纲 Centricae	圆筛藻目 Coscinodiscales	圆筛藻科 Coscinodiscaceae	直链藻属 *Melosira*	变异直链藻 *Melosira varians*
					颗粒直链藻 *Melosira granulata*
					颗粒直链藻极狭变种 *Melosira granulata* var. *angustissima*
					颗粒直链藻极狭变种螺旋变型 *Melosira granulata* var. *angustissima* f. *spiralis*
					远距直链藻 *Melosira listans*
				小环藻属 *Cyclotella*	具星小环藻 *Cyclotella stelligera*
					梅尼小环藻 *Cyclotella meneghiniana*
				冠盘藻属 *Stephanodiscus*	
		根管藻目 Rhizosoleniales	管形藻科 Solenicaceae	根管藻属 *Rhizosolenia*	长刺根管藻 *Rhizosolenia longiseta*
		盒形藻目 Biddulphiales	盒形藻科 Biddulphicaceae	四棘藻属 *Attheya*	扎卡四棘藻 *Attheya zachariasi*
				水链藻属 *Hydrosera*	黄埔水链藻 *Hydrosera whampoensis*
	羽纹纲 Pennatae	无壳缝目 Araphidiales	脆杆藻科 Fragilariaceae	脆杆藻属 *Fragilaria*	钝脆杆藻 *Fragilaria capucina*
					连结脆杆藻 *Fragilaria construens*
				针杆藻属 *Synedra*	尖针杆藻 *Synedra acus*

续表

门	纲	目	科	属	种
硅藻门 Bacillario-phyta	羽纹纲 Pennatae	无壳缝目 Araphidiales	脆杆藻科 Fragilariaceae	针杆藻属 *Synedra*	尖针杆藻极狭变种 *Synedra acus* var. *angustissina*
					近缘针杆藻 *Synedra affinis*
					尾针杆藻 *Synedra rumpens*
					肘状针杆藻 *Synedra ulna*
				星杆藻属 *Asterionella*	华丽星杆藻 *Asterionella formosa*
		双壳缝目 Biraphidinales	舟形藻科 Naviculaceae	布纹藻属 *Gyrosigma*	
				肋缝藻属 *Frustulia*	菱形肋缝藻 *Frustulia rhomboides*
				羽纹藻属 *Pinnularia*	微绿羽纹藻 *Pinnularia viridis*
				舟形藻属 *Navicula*	短小舟形藻 *Navicula exigua*
					喙头舟形藻 *Navicula rhynchocephala*
				双肋藻属 *Amphipleura*	明晰双肋藻 *Amphipleura pellucida*
				鞍型藻属 *Sellaphora*	瞳孔鞍型藻 *Sellaphora pupula*
			桥弯藻科 Cymbellaceae	桥弯藻属 *Cymbella*	近缘桥弯藻 *Cymbella affinis*
					膨胀桥弯藻 *Cymbella tumida*
					平滑桥弯藻 *Cymbella laevis*
					微细桥弯藻 *Cymbella parva*
					箱形桥弯藻 *Cymbella cistula*
			异极藻科 Gomphonemaceae	异极藻属 *Gomphonema*	纤细异极藻 *Gomphonema gracile*
					小型异极藻 *Gomphonema parvulum*
					缢缩异极藻 *Gomphonema constrictum*
					窄异极藻 *Gomphonema angustatum*

续表

门	纲	目	科	属	种
硅藻门 Bacillario-phyta	羽纹纲 Pennatae	单壳缝目 Monoraphidales	曲壳藻科 Achnanthaceae	卵形藻属 *Cocconeis*	扁圆卵形藻 *Cocconeis placentula*
				曲壳藻属 *Achnanthes*	
裸藻门 Euglenophyta	裸藻纲 Euglenophyceae	裸藻目 Euglenales	裸藻科 Euglenaceae	裸藻属 *Euglena*	
				囊裸藻属 *Trachelomonas*	矩圆囊裸藻 *Trachelomonas oblonga*
					旋转囊裸藻 *Trachelomonas volvocina*
甲藻门 Dinophyta	甲藻纲 Dinophyceae	多甲藻目 Peridiniales	裸甲藻科 Gymnodiniaceae	薄甲藻属 *Glenodinium*	
			多甲藻科 Perdiniaceae	多甲藻属 *Peridinium*	二角多甲藻神秘变种 *Peridinium bipes* var. *occultatum*
					二角多甲藻 *Peridinium bipes*
					微小多甲藻 *Peridinium pusillum*
				拟多甲藻属 *Peridiniopsis*	坎宁顿拟多甲藻 *Peridiniopsis cunningtonii*
			角甲藻科 Ceratiaceae	角甲藻属 *Ceratium*	角甲藻 *Ceratium hirundinella*
					拟二叉角甲藻 *Ceratium furcoides*
隐藻门 Cryptophyta	隐藻纲 Cryptophyceae		隐鞭藻科 Cryptomonadaceae	蓝隐藻属 *Chroomonas*	尖尾蓝隐藻 *Chroomonas acuta*
				隐藻属 *Cryptomonas*	卵形隐藻 *Cryptomonas ovata*
					啮蚀隐藻 *Cryptomonas erosa*
					马索隐藻 *Cryptomonas marsonii*
					吻状隐藻 *Cryptomonas rostrata*
金藻门 Chrysophyta	金藻纲 Chrysophyceae	色金藻目 Chromulinales	锥囊藻科 Dinobryonaceae	锥囊藻属 *Dinobryon*	分歧锥囊藻 *Dinobryon divergens*
					圆筒形锥囊藻沼泽变种 *Dinobryon cylindricum* var. *palustrem*

绪论作者

福建省环境监测中心站　郑洪萍　耿军灵

图片和名录提供者

福建省环境监测中心站　郑洪萍　耿军灵

（二）浙江各淡水水源地

浙江各淡水水源地常见浮游动物名录见表11-11。

表11-11 浙江各淡水水源地常见浮游动物名录

门	纲	目	科	属	种
原生动物 Protozoa	根足纲 Rhizopodea	表壳目 Arcellinida	表壳科 Arcellidae	表壳虫属 *Arcella*	半圆表壳虫 *Arcella hemisphaerica*
					弯凸表壳虫 *Arcella gibbosa*
					盘状表壳虫 *Arcella discoides*
			砂壳科 Difflugiidae	葫芦虫属 *Cucurbitella*	杂葫芦虫 *Cucurbitella mespiliformis*
				砂壳虫属 *Difflugia*	瘤棘砂壳虫 *Difflugia tuberspinifera*
					湖沼砂壳虫 *Difflugia limnetica*
					瓶砂壳虫 *Difflugia urceolata*
					球砂壳虫 *Difflugia globulosa*
					琵琶砂壳虫 *Difflugia biwae*
					木兰砂壳虫 *Difflugia mulanensis*
					乳头砂壳虫 *Difflugia mammillaris*
	寡膜纲 Oilgophymenophora	膜口目 Hymenostomatida	草履科 Parameciidae	草履虫属 *Paramecium*	尾草履虫 *Paramecium caudatum*
		缘毛目 Peritrichida	钟形科 Vorticellidae	钟虫属 *Vorticella*	
				独缩虫属 *Carchesium*	螅状独缩虫 *Carchesium polypinum*
			累枝科 Epistylidae	累枝虫属 *Epistylis*	瓶累枝虫 *Epistylis urceolata*
					褶累枝虫 *Epistylis plicatilis*
	多膜纲 Polymenophora	异毛目 Heteraotrichida	喇叭科 Stentoridae	喇叭虫属 *Stentor*	多态喇叭虫 *Stentor polymorphrus*
		寡毛目 Oligotrichida	筒壳虫科 Tintinnidiidae	麻铃虫属 *Leprotintinnus*	淡水麻铃虫 *Leprotintinnus fluviatile*

续表

门	纲	目	科	属	种
肉足亚门 Sarcodina	多膜纲 Polymenophora	寡毛目 Oligotrichida	铃壳科 Codonellidae	似铃壳虫属 *Tintinnopsis*	江苏似铃壳虫 *Tintinnopsis kiangsuensis*
					樽形似铃壳虫 *Tintinnopsis potiformis*
					钵杵似铃壳虫 *Tintinnopsis subpistillum*
					长筒似铃壳虫 *Tintinnopsis longus*
					恩茨似铃壳虫 *Tintinnopsis entzii*
					雷殿似铃壳虫 *Tintinnopsis leidyi*
					王氏似铃壳虫 *Tintinnopsis wangi*
					中华似铃壳虫 *Tintinnopsis sinensis*
					安徽似铃壳虫 *Tintinnopsis anhuiensis*
		下毛目 Hypotrichida	尖毛科 Oxytrichidae	棘尾虫属 *Stylonychia*	贻贝棘尾虫 *Stylonychia mytilus*
线形动物门 Nematomorpha	轮虫 Rotifera	双巢目 Digononta	旋轮科 Philodinidae	轮虫属 *Rotaria*	橘色轮虫 *Rotaria citrina*
					长足轮虫 *Rotaria neptunia*
		单巢目 Monogononta	猪吻轮科 Dicranophoridae	猪吻轮属 *Dicranophorus*	
			臂尾轮科 Brachionidae	鞍甲轮属 *Lepadella*	盘状鞍甲轮虫 *Lepadella patella*
				鬼轮属 *Trichotria*	截头鬼轮虫 *Trichotria truncata*
					方块鬼轮虫 *Trichotria tetractis*
				臂尾轮属 *Brachionus*	角突臂尾轮虫 *Brachionus angularis*
					萼花臂尾轮虫 *Brachionus calyciflorus*
					剪形臂尾轮虫 *Brachionus forficula*
					蒲达臂尾轮虫 *Brachionus budapestiensis*

续表

门	纲	目	科	属	种
线形动物门 Nematomorpha	轮虫 Rotifera	单巢目 Monogononta	臂尾轮科 Brachionidae	臂尾轮属 *Brachionus*	方形臂尾轮虫 *Brachionus quadridentatus*
					壶状臂尾轮虫 *Brachionus urceus*
					镰状臂尾轮虫 *Brachiouns falcatus*
					尾突臂尾轮虫 *Brachionus caudatus*
					裂足臂尾轮虫 *Brachionus diversicornis*
				平甲轮属 *Plationus*	十指平甲轮虫 *Plationus patulus*
				龟纹轮属 *Anuraeopsis*	裂痕龟纹轮虫 *Anuraeopsis fissa*
				龟甲轮属 *Keratella*	螺形龟甲轮虫 *Keratella cochlearis*
					矩形龟甲轮虫 *Keratella quadrata*
					曲腿龟甲轮虫 *Keratella valga*
			腔轮科 Lecanidae	腔轮属 *Lecane*	长圆刻纹腔轮虫 *Lecane signifera ploenensis*
					真胫腔轮虫 *Lecane eutarsa*
					四齿腔轮虫 *Lecane quadridentata*
					尖爪腔轮虫 *Lecane cornuta*
					尖角腔轮虫 *Lecane* (*Monostyla*) *hamata*
					囊形腔轮虫 *Lecane bulla*
					梨形腔轮虫 *Lecane pyriformis*
			晶囊轮科 Asplanchnidae	晶囊轮属 *Asplanchna*	
			鼠轮科 Trichocercidae	异尾轮属 *Trichocerca*	等刺异尾轮虫 *Trichocerca stylata*
					纤巧异尾轮虫 *Trichocerca tenuior*
					圆筒异尾轮虫 *Trichocerca cylindrica*
					刺盖异尾轮虫 *Trichocerca capucina*

续表

门	纲	目	科	属	种
线形动物门 Nematomorpha	轮虫 Rotifera	单巢目 Monogononta	疣毛轮科 Synchaetidae	多肢轮属 *Polyarthra*	广生多肢轮虫 *Polyarthra vulgaris*
					真翅多肢轮虫 *Polyarthra euryptera*
				疣毛轮属 *Synchaeta*	尖尾疣毛轮虫 *Synchaeta stylata*
					梳状疣毛轮虫 *Synchaeta pectinata*
				皱甲轮属 *Ploesoma*	郝氏皱甲轮虫 *Ploesoma hudsoni*
					截头皱甲轮虫 *Ploesoma truncatum*
			镜轮科 Testudinellidae	巨腕轮属 *Pedalia*	奇异巨腕轮虫 *Pedalia mira*
				三肢轮属 *Filinia*	长三肢轮虫 *Filinia longiseta*
					泛热三肢轮虫 *Filinia camasecla*
					端生三肢轮虫 *Filinia terminalis*
					脾状三肢轮虫 *Filinia opoliensis*
			聚花轮科 Conochilidae	聚花轮属 *Conochilus*	独角聚花轮虫 *Conochilus unicornis*
				拟聚花轮属 *Conochiloides*	叉角拟聚花轮虫 *Conochiloides dossuarius*
节肢动物门 Arthropoda	枝角类 Cladocera	单足目 Haplopoda	薄皮溞科 Leptodoridae	薄皮溞属 *Leptodora*	透明薄皮溞 *Leptodora kindti*
		栉足目 Ctenopoda	仙达溞科 Sididae	秀体溞属 *Diaphanosoma*	短尾秀体溞 *Diaphanosoma brachyurum*
					长肢秀体溞 *Diaphanosoma leuchtenbergianum*
		异足目 Anomopoda	溞科 Daphniidae	溞属 *Daphnia*	大型溞 *Daphnia magna*
					鹦鹉溞 *Daphnia psittacea*
					隆线溞 *Daphnia carinata*
					蚤状溞 *Daphnia pulex*

续表

门	纲	目	科	属	种
节肢动物门 Arthropoda	枝角类 Cladocera	异足目 Anomopoda	溞科 Daphniidae	溞属 *Daphnia*	盔形透明溞 *Daphnia hyalina* forma *galeata*
					僧帽溞 *Daphnia cucullata*
				低额溞属 *Simocephalus*	老年低额溞 *Simocephalus vetulus*
				网纹溞属 *Ceriodaphnia*	角突网纹溞 *Ceriodaphnia cornuta*
				船卵溞属 *Scapholeberis*	平突船卵溞 *Scapholeberis mucronata*
					壳纹船卵溞 *Scapholeberis kingi*
			裸腹溞科 Moinidae	裸腹溞属 *Moina*	微型裸腹溞 *Moina micrura*
					多刺裸腹溞 *Moina macrocopa*
			象鼻溞科 Bosminidae	象鼻溞属 *Bosmina*	长额象鼻溞 *Bosmina longirostris*
					简弧象鼻溞 *Bosmina coregoni*
					脆弱象鼻溞 *Bosmina fatalis*
				基合溞属 *Bosminopsis*	颈沟基合溞 *Bosminopsis deitersi*
			粗毛溞科 Macrothricidae	泥溞属 *Ilyocryptus*	活泼泥溞 *Ilyocryptus agilis*
			盘肠溞科 Chydoridae	大尾溞属 *Leydigia*	无刺大尾溞 *Leydigia acanthocercoides*
				尖额溞属 *Alona*	方形尖额溞 *Alona quadrangularis*
					点滴尖额溞 *Alona guttata*
				异尖额溞属 *Disparalona*	吻状异尖额溞 *Disparalona rostrata*
				平直溞属 *Pleuroxus*	光滑平直溞 *Pleuroxus laevis*
					钩足平直溞 *Pleuroxus hamulatus*
				盘肠溞属 *Chydorus*	圆形盘肠溞 *Chydorus sphaericus*

续表

门	纲	目	科	属	种
节肢动物门 Arthropoda	桡足类 Copepoda	哲水蚤目 Calanoida	胸刺水蚤科 Centropagidae	华哲水蚤属 *Sinocalanus*	汤匙华哲水蚤 *Sinocalanus dorrii*
			伪镖水蚤科 Pseudodiaptomidae	许水蚤属 *Schmackeria*	球状许水蚤 *Schmackeria forbesi*
					指状许水蚤 *Schmackeria inopinus*
					火腿许水蚤 *Schmackeria poplesia*
			镖水蚤科 Diaptomidae	荡镖水蚤属 *Neutrodiaptomus*	特异荡镖水蚤 *Neutrodiaptomus incongruens*
				新镖水蚤属 *Neodiaptomus*	右突新镖水蚤 *Neodiaptomus schmackeri*
		剑水蚤目 Cyclopoida	剑水蚤科 Cyclopidae	真剑水蚤属 *Eucyclops*	锯缘真剑水蚤 *Eucyclops serrulatus*
				剑水蚤属 *Cyclops*	近邻剑水蚤 *Cyclops vicinus*
				中剑水蚤属 *Mesocyclops*	广布中剑水蚤 *Mesocyclops leuckarti*
				温剑水蚤属 *Thermocyclops*	台湾温剑水蚤 *Thermocyclops taihokuensis*
					短尾温剑水蚤 *Thermocyclops brevifurcatus*
					透明温剑水蚤 *Thermocyclops hyalinus*

绪论作者

浙江省生态环境监测中心　徐杭英　俞　洁　于海燕　俞　建　晁爱敏　魏　铮

浙江万里学院　李共国

图片和名录提供者

浙江省生态环境监测中心　徐杭英　俞　洁　于海燕　俞　建　晁爱敏　魏　铮

浙江万里学院　李共国

（三）湘　　江

湘江水系常见浮游动物名录见表11-12。

表11-12 湘江水系常见浮游动物名录

门	纲	目	科	属	种
原生动物 Protozoa	根足纲 Rhizopodea	表壳目 Arcellinida	表壳科 Arcellidae	表壳虫属 *Arcella*	大口表壳虫 *Arcella megastoma*
					普通表壳虫 *Arcella vulgaris*
					半圆表壳虫 *Arcella hemisphaerica*
			砂壳科 Difflugiidae	圆壳虫属 *Cyclopyxis*	表壳圆壳虫 *Cyclopyxis arcelloides*
					宽口圆壳虫 *Cyclopyxis eurostoms*
				砂壳虫属 *Difflugia*	球形砂壳虫 *Difflugia globulosa*
					瓶砂壳虫 *Difflugia urceolata*
					冠砂壳虫 *Difflugia corona*
					褐砂壳虫 *Difflugia avellana*
					长圆砂壳虫 *Difflugia oblonga*
				匣壳虫属 *Centropyxis*	针棘匣壳虫 *Centorpyxis aculeata*
					旋匣壳虫 *Centorpyxis aerophila*
			鳞壳科 Euglyphidae	鳞壳虫属 *Euglypha*	蜂巢鳞壳虫 *Euglypha alveolata*
					矛状鳞壳虫 *Euglypha laevis*
					结节鳞壳虫 *Euglypha tuberculata*
			梨壳科 Nebelidae	梨壳虫属 *Nebela*	颈梨壳虫 *Nebela collaris*
		变形目 Amoebida	变形虫科 Amoebidae	毛变形虫属 *Trichamoeba*	绒毛变形虫 *Trichamoeba villosa*
				囊变形虫属 *Saccamoeba*	珊瑚囊变形虫 *Saccamoeba gongornia*
				变形虫属 *Amoeba*	泥生变形虫 *Amoeba limicola*
			马氏科 Mayorellidae	马氏虫属 *Mayorella*	步履马氏虫 *Mayorella ambulans*

续表

门	纲	目	科	属	种
原生动物 Protozoa	动基片纲 Kinetofragm-inophira	前口目 Prostomatida	板壳科 Colepidae	板壳虫属 *Coleps*	毛板壳虫 *Coleps hirtus*
			裸口科 Holophryidae	裸口虫属 *Holophrya*	腔裸口虫 *Holophrya atra*
					简裸口虫 *Holophrya simplex*
		刺钩目 Haptorida	斜口科 Enchelyidae	瓶口虫属 *Lagynophrya*	锥形瓶口虫 *Lagynophrya conifera*
		篮口目 Nassulida	篮口科 Nassulidae	篮口虫属 *Nassula*	金色篮口虫 *Nassula aurea*
		肾形目 Colpodida	肾形科 Colpodidae	肾形虫属 *Colpoda*	似肾形虫 *Colpoda simulans*
				豆形虫属 *Colpidium*	肾形豆形虫 *Colpidium colpoda*
	寡膜纲 Oligophy-menophorea	膜口目 Hymenostomatida	草履科 Parameciidae	草履虫属 *Paramecium*	尾草履虫 *Paramecium caudatum*
		缘毛目 Peritrichida	钟形科 Vorticellidae	钟虫属 *Vorticella*	春钟虫 *Vorticella vernalis*
					钟形钟虫 *Vorticella campanula*
					点钟虫 *Vorticella picta*
					似钟虫 *Vorticella similis*
			累枝科 Epistylidae	累枝虫属 *Epistylis*	瓶累枝虫 *Epistylis urceolata*
					浮游累枝虫 *Epistylis rotans*
	多膜纲 Polymenophora	异毛目 Heterotrichida	喇叭科 Stentoridae	喇叭虫属 *Stentor*	天蓝喇叭虫 *Stentor coeruleus*
		寡毛目 Oligotrichida	侠盗科 Strobilidiidae	侠盗虫属 *Stribilidium*	旋回侠盗虫 *Stribilidium gyrans*
			弹跳虫科 Halteriidae	弹跳虫属 *Halteria*	大弹跳虫 *Halteria grandinella*
			急游科 Strombidiidae	斜板虫属 *Plagiocampa*	多变斜板虫 *Plagiocampa mutabilis*
			铃壳科 Codonellidae	似铃壳虫属 *Tintinnopsis*	中华似铃壳虫 *Tintinnopsis sinensis*
					王氏似铃壳虫 *Tintinnopsis wangi*
					雷殿似铃壳虫 *Tintinnopsis leidyi*

续表

门	纲	目	科	属	种
原生动物 Protozoa	多膜纲 Polymenophora	下毛目 Hypotrichida	楯纤科 Aspidiscidae	楯纤虫属 *Aspidisca*	有肋楯纤虫 *Aspidisca costata*
线形动物门 Nematomorpha	轮虫 Rotifera	单巢目 Monogononta	臂尾轮科 Brachionidae	臂尾轮属 *Brachionus*	尾突臂尾轮虫 *Brachionus caudatus*
					蒲达臂尾轮虫 *Brachionus budapestiensis*
					角突臂尾轮虫 *Brachionus angularis*
					壶状臂尾轮虫 *Brachionus urceus*
					镰形臂尾轮虫 *Brachionus falcatus*
					剪形臂尾轮虫 *Brachionus forficula*
					矩形臂尾轮虫 *Brachionus leydigi*
					方形臂尾轮虫 *Brachionus quadridentatus*
					裂足臂尾轮虫 *Brachionus diversicornis*
					萼花臂尾轮虫 *Brachionus calyciflorus*
					褶皱臂尾轮虫 *Brachionus plicatilis*
					花篋臂尾轮虫 *Brachionus capsuliflorus*
				鞍甲轮属 *Lepadella*	卵形鞍甲轮虫 *Lepadella ovalis*
					盘状鞍甲轮虫 *Lepadella patella*
				须足轮属 *Euchlanis*	竖琴须足轮虫 *Euchlanis lyra*
					大肚须足轮虫 *Testudinella dilatata*
				水轮属 *Epiphanes*	椎尾水轮虫 *Epiphanes senta*
					棒状水轮虫 *Epiphanes clavulatus*

续表

门	纲	目	科	属	种
线形动物门 Nematomorpha	轮虫 Rotifera	单巢目 Monogononta	臂尾轮科 Brachionidae	龟甲轮属 *Keratella*	矩形龟甲轮虫 *Keratella quadrata*
					曲腿龟甲轮虫 *Keratella valga*
					螺形龟甲轮虫 *Keratella cochlearis*
					十字龟甲轮虫 *Keratella cruciformis*
				龟纹轮属 *Anuraeopsis*	裂痕龟纹轮虫 *Anuraeopsis fissa*
				叶轮属 *Notholca*	唇形叶轮虫 *Notholca labis*
				鬼轮属 *Trichotria*	方块鬼轮虫 *Trichotria tetractis*
				平甲轮属 *Platyias*	四角平甲轮虫 *Platyias quadricornis*
					十指平甲轮虫 *Platyias patulus*
			鼠轮科 Trichocercidae	异尾轮属 *Trichocerca*	圆筒异尾轮虫 *Trichocerca cylindrica*
					纵长异尾轮虫 *Trichocerca elongata*
					长刺异尾轮虫 *Trichocerca longiseta*
					暗小异尾轮虫 *Trichocerca pusilla*
					冠饰异尾轮虫 *Trichocerca lophoessa*
					刺盖异尾轮虫 *Trichocerca capucina*
					罗氏异尾轮虫 *Trichocerca rousseleti*
					韦氏异尾轮虫 *Trichocerca weberi*
					等刺异尾轮虫 *Trichocerca similis*
					鼠异尾轮虫 *Trichocerca rattus*

续表

门	纲	目	科	属	种
线形动物门 Nematomorpha	轮虫 Rotifera	单巢目 Monogononta	晶囊轮科 Asplanchnidae	晶囊轮属 *Asplanchna*	前节晶囊轮虫 *Asplachna priodonta*
					西氏晶囊轮虫 *Asplachna priodonta*
					卜氏晶囊轮虫 *Asplachna brightwelli*
					盖氏晶囊轮虫 *Asplanchna girodi*
			疣毛轮科 Synchaetidae	多肢轮属 *Polyarthra*	长肢多肢轮虫 *Polyarthra dolichoptera*
					小多肢轮虫 *Polyarthra minor*
					广布多肢轮虫 *Polyarthra vulgaris*
					针簇多肢轮虫 *Polyarthra trigla*
				疣毛轮属 *Synchaeta*	长圆疣毛轮虫 *Synchaeta oblonga*
					梳状疣毛轮虫 *Synchaeta pectinata*
				皱甲轮属 *Ploesoma*	郝氏皱甲轮虫 *Ploesoma hudsoni*
			椎轮科 Notommatidae	巨头轮属 *Cephalodella*	小链巨头轮虫 *Cephalodella exigna*
					尾棘巨头轮虫 *Cephalodella sterea*
				腹尾轮属 *Gastropus*	腹足腹尾轮虫 *Gastropus hyplopus*
					柱足腹尾轮虫 *Gastropus stylifer*
			狭甲轮科 Colurellidae	狭甲轮属 *Colurella*	钝角狭甲轮虫 *Colurella obtusa*
					爱德里亚狭甲轮虫 *Colurella adriatica*
					钩状狭甲轮虫 *Colurella uncinata*
			腔轮科 Lecanidae	单趾轮属 *Monostyla*	梨形单趾轮虫 *Monostyla pyriformis*
					囊形单趾轮虫 *Monostyla bulla*

续表

门	纲	目	科	属	种
线形动物门 Nematomorpha	轮虫 Rotifera	单巢目 Monogononta	腔轮科 Lecanidae	腔轮属 *Lecane*	月形腔轮虫 *Lecane buna*
					蹄形腔轮虫 *Lecane ungulata*
			聚花轮科 Conochilidae	聚花轮属 *Conochilus*	独角聚花轮虫 *Conochilus unicornis*
					叉角聚花轮虫 *Conochilus dossuarius*
			镜轮科 Testudinellidae	镜轮属 *Testudinella*	盘镜轮虫 *Testudinella patina*
					微凸镜轮虫 *Testudinella mucronata*
				三肢轮属 *Filinia*	长三肢轮虫 *Filinia longisela*
					小三肢轮虫 *Filinia minuta*
					脾状三肢轮虫 *Filinia opoliensis*
				六腕轮属 *Hexarthra*	奇异六腕轮虫 *Hexarthra mira*
				泡轮属 *Pompholyx*	扁平泡轮虫 *Pompholyx complanata*
		双巢目 Digononta	旋轮科 Philodinidae	旋轮属 *Philodina*	巨环旋轮虫 *Philodina megalotrocha*
节肢动物门 Arthropoda	甲壳纲 Crustacea	异足目 Anomopoda	象鼻溞科 Bosminidae	象鼻溞属 *Bosmina*	长额象鼻溞 *Bosmina longirostris*
					简弧象鼻溞 *Bosmina coregoni*
					脆弱象鼻溞 *Bosmina fatalis*
				基合溞属 *Bosminopsis*	颈沟基合溞 *Bosminopsis deitersi*
			盘肠溞科 Chydoridae	盘肠溞属 *Chydorus*	卵形盘肠溞 *Chydorus ovalis*
					圆形盘肠溞 *Chydorus sphaericus*
				尖额溞属 *Alona*	方形尖额溞 *Alona quadrongularia*
					矩形尖额溞 *Alona rectangular*
					广西尖额溞 *Alona kwangsiensis*

续表

门	纲	目	科	属	种
节肢动物门 Arthropoda	甲壳纲 Crustacea	异足目 Anomopoda	盘肠溞科 Chydoridae	弯尾溞属 *Camptocercus*	直额弯尾溞 *Camptocercus rectirostris*
			裸腹溞科 Moinidae	裸腹溞属 *Moina*	微型裸腹溞 *Moina micrura*
					多刺裸腹溞 *Moina macrocopa*
					近亲裸腹溞 *Moina affinis*
					直额裸腹溞 *Moina rectirostris*
			溞科 Daphnidae	溞属 *Daphnia*	大型溞 *Daphnia magna*
					僧帽溞 *Daphnia cucullata*
					隆线溞 *Daphnia carinata*
					短钝溞 *Daphnia obtusa*
				船卵溞属 *Scapholeberis*	平突船卵溞 *Scapholeberis mucronata*
				低额溞属 *Simocephalus*	拟老年低额溞 *Simocephalus vetuloides*
					棘爪低额溞 *Simocephalus exspinosus*
			大眼溞科 Polyphemidae	大眼溞属 *Polyphemus*	虱形大眼溞 *Polyphemus pediculus*
		栉足目 Ctenopoda	仙达溞科 Sididae	秀体溞属 *Diaphanosoma*	短尾秀体溞 *Diaphanosoma brachyurum*
					长肢秀体溞 *Diaphanosoma leuchtenbergianum*
					多刺秀体溞 *Diaphanosoma sarsi*
		剑水蚤目 Cyclopoida	剑水蚤科 Cyclopidae	真剑水蚤属 *Eucyclops*	如愿真剑水蚤 *Eucyclops speratus*
					大尾真剑水蚤 *Eucyclops macruroides*
				大剑水蚤属 *Macrocyclops*	棕色大剑水蚤 *Macrocyclops fuscus*

续表

门	纲	目	科	属	种
节肢动物门 Arthropoda	甲壳纲 Crustacea	剑水蚤目 Cyclopoida	剑水蚤科 Cyclopidae	大剑水蚤属 *Macrocyclops*	白色大剑水蚤 *Macrocyclops albidus*
					闻名大剑水蚤 *Macrocyclops distinctus*
				中剑水蚤属 *Mesocyclops*	广布中剑水蚤 *Mesocyclops leuckarti*
				剑水蚤属 *Cyclops*	近邻剑水蚤 *Cyclops vicinus*
				近剑水蚤属 *Tropocyclops*	绿色近剑水蚤 *Tropocyclops prasinus*
				小剑水蚤属 *Microcyclops*	跨立小剑水蚤 *Microcyclops varicans*
				温剑水蚤属 *Thermocyclops*	透明温剑水蚤 *Thermocyclops hyalinus*
					短尾温剑水蚤 *Thermocyclops brevifurcatus*
					粗壮温剑水蚤 *Thermocyclops dybowskii*
					等刺温剑水蚤 *Thermocyclop kawamurai*
					虫宿温剑水蚤 *Thermocyclop vermifer*
				拟剑水蚤属 *Paracyclops*	毛饰拟剑水蚤 *Paracyclops fimbriatus*
				窄腹剑水蚤属 *Limnoithona*	中华窄腹剑水蚤 *Limnoithona sinensis*
		哲水蚤目 Calanoida	胸刺水蚤科 Centropagidae	华哲水蚤属 *Sinocalanus*	中华华哲水蚤 *Sinocalanus sinensis*
					汤匙华哲水蚤 *Sinocalanus dorrii*

绪论作者

湖南省生态环境监测中心　黄钟霆　胡树林

湖南省洞庭湖生态环境监测中心　黄代中　王丑明　张　屹

图片和名录提供者

湖南省生态环境监测中心　黄钟霆　胡树林

湖南省洞庭湖生态环境监测中心　黄代中　王丑明　张　屹

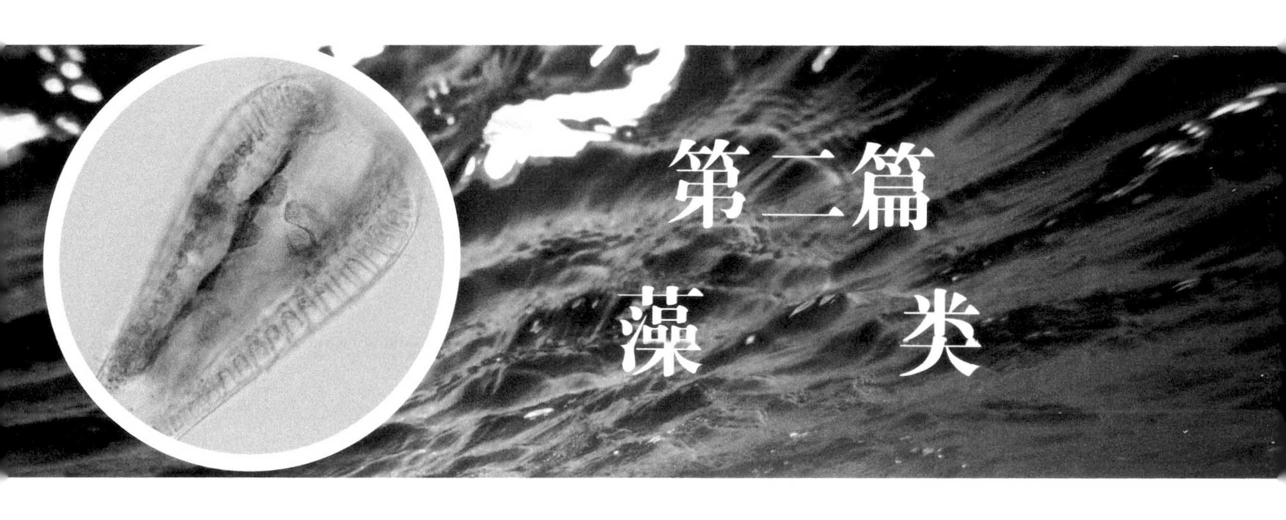

第二篇 藻类

第十二章

蓝藻门（Cyanophyta）

蓝藻个体为单细胞、群体和丝状体。蓝藻属于原核生物，故又称为蓝细菌；蓝藻细胞不含色素体结构，色素均匀地散在细胞的原生质内。色素成分主要为叶绿素a、β胡萝卜素、藻胆素。藻胆素是蓝藻的特征色素，个体通常呈蓝色或蓝绿色。同化产物主要是蓝藻淀粉。蓝藻细胞都不具鞭毛。蓝藻细胞壁内层纤维素和外层是胶质外被，以果胶质为主。外被在有些种类中很稠密，有相当的厚度，有明显的层理。有的蓝藻种类则没有层理，含水程度极高，以致不易观察到。相邻细胞的外被可相溶，外被中有时具棕、红、灰等非光合作用色素。细胞壁上含有黏质缩氨肽，这是蓝藻区别于其他藻类的特征之一。蓝藻不具真正的细胞核，原生质体分为外围的色素区和中央区两部分。中央区在细胞中央，色素区在中央区周围，含有各种色素、蓝藻淀粉和气囊等。气囊（又称伪空泡）是一些蓝藻细胞内具有的气泡，在光学显微镜下呈黑色、红色或紫色，可使蓝藻个体漂浮。

蓝藻的分布区域很广，淡水、海水、内陆盐水、湿地、沙漠上都有。从高温温泉到冰雪上均可生存，在温暖和营养物含量较高的水体中较多。蓝藻一般喜高温、好强光，喜高pH和静水，主要在淡水中生长，成为淡水中重要的浮游植物，在温暖的季节里常大量繁殖形成“水华”。在我国南方几乎一年四季都可以见到由蓝藻形成的“水华”。在水体的垂直采集地一般表层较多，具有气囊的蓝藻更是如此。形成水华的蓝藻主要有微囊藻属（*Microcystis*）、长孢藻属（*Dolichospermum*）、束丝藻属（*Aphanizomenon*）、假鱼腥藻属（*Pseudanabaena*）、拟柱胞藻属（*Cylindrospermopsis*）、节球藻属（*Nodularia*）、鞘丝藻属（*Lyngbya*）等。其中微囊藻水华极为常见，它是水体富营养化的标志，蓝藻水华发生时，散发腥臭味，夜间大量消耗水中溶解氧，死亡后释放出的蓝藻毒素、羟胺或硫化氢对水生动物和人体有毒，破坏生态平衡，危害渔业，也使水的其他利用价值降低。蓝藻中的有些种类具有固氮能力，特别是具有异形胞的种类。有的蓝藻可食用，如发菜，它是我国的特产，出口外销。螺旋藻营养丰富，含有18种人体所需的氨基酸，以及维生素和微量元素。

本门仅有1纲，即蓝藻纲（Cyanophyceae）。

一、蓝藻纲（Cyanophyceae）

特征与“门”相同。

（一）色球藻目（Chroococcales）

本目包括所有的单细胞和群体类型，未形成细胞间有生理上相互联系的、真正的丝状体，但有的细胞具极性或复杂群体中有细胞分化；细胞呈球形、卵形、杆状、不规则形态，罕见纺锤形。具极性的细胞是由非极性的类型演化而来的。单细胞极性化趋向或群体细胞排列成假丝状体以及具极性群体的形成是简单蓝藻的演化趋向。非极性的和极性的类型可以作为分“科”的标准，与细胞分裂方式作为分科标准是一致的。

本目蓝藻与其他蓝藻一样，细胞壁由3层组成，为革兰氏阴性。细胞壁外包裹的胶质包被是可变的，是有用的分类特征，它虽然不是细胞壁组成部分，但其形态、结构、分层、稳定性及沉淀物是“种”或“属”的特征。

气囊的存在和具气囊的漂浮类群气囊聚集的形态、大小和位置是有价值的分类学特征，特别有助于对种间和属间分类单位的界定。

（1）细胞分裂方式

所有蓝藻细胞的分裂方式本质上是相同的，都是细胞壁向内呈同心圆式凹入，将原生质体分成两部分的双分式。

分裂有如下3种方式。

（i）简单双分式。分裂的母细胞分成两个相等的部分。这种分裂方式又有3种形式：①分裂面与细胞主轴成直角；②具两个相互垂直的分裂面；③具3个相互垂直的分裂面。由于分裂面的不同形成不同形态的藻体。

（ii）不对称双分式。实际上是前一种方式分裂面的变型，通常分裂面远离细胞中部。在具极性的类群（如Chamaesiphonaceae）中，分裂面通常出现在管状细胞上端，分裂形成的子细胞外生孢子与基部分离，子细胞形态与其他对称双分式形成的小的子细胞略有不同。

（iii）不规则双分式。与前面两种分裂方式的区别在于分裂面对细胞主轴而言是无规则的，子细胞长成接近母细胞的大小，但常在长成接近母细胞形态前就开始下一次细胞分裂。这种分裂方式常在群体类群中出现。

（2）繁殖

本目除细胞分裂形成子细胞外，还产生两种孢子进行繁殖。

（i）外生孢子。外生孢子是由异极不对称双分裂形成的。外生孢子形成后通常与母细胞（通常着生的部分）分离，然后附着在基质上长成成熟的个体。外生孢子可以是单个的或几个排成列的或为三维立体的群体类型。

（ii）微孢子和小孢子。小孢子过去称为内生孢子，微孢子在胶质包被内产生，而小孢子在坚实的鞘内形成，这两种孢子都是在原生质体分裂前母细胞的DNA连续多次复制，然后原生质体同时连续多次分裂形成的。孢子由母细胞壁胶化或破裂释放。有性生殖仅在某些细胞类型中发现细胞间有DNA交换的现象。

Komarek和Anagnnostidis系统蓝藻门仅设1纲，色球藻目包括11科，我国报道10科。

1. 聚球藻科（Synechococcaceae）

细胞单生或细胞为不规则排列的胶群体，或者多少在胶被中向一个方向排列，有时形成假丝状；胶质群体无结构，不定形；但有的属为球形群体，细胞分布在胶被的周边或胶质柄的内侧或末端；有的属细胞周围具有特殊的胶被。细胞罕见圆球形，通常呈略为明显的延长形、宽卵形、卵形、椭圆形、纺锤形、圆柱形（似杆状）到几乎呈“丝状的”。

（1）棒条藻属（*Rhabdoderma*）

形态特征：单细胞或分裂后2个至多个细胞排成一列，有时为不规则群体；细胞椭圆形或圆柱形，直，两端钝圆；胶被均匀，无色，膜状；细胞以横分裂进行繁殖。

采集地：福建闽江流域、闽东南诸河流域、汀江流域。

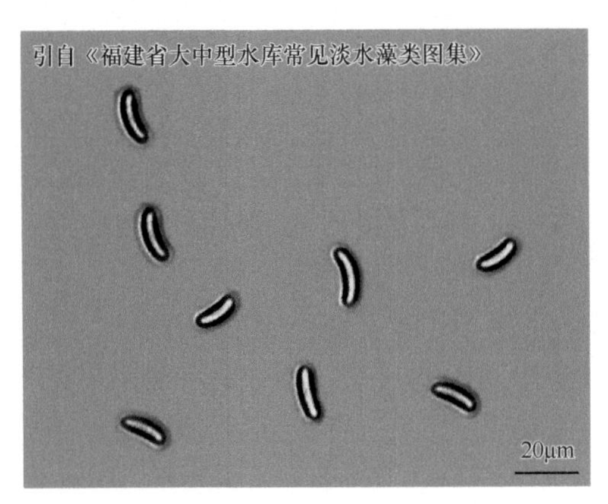

棒条藻（*Rhabdoderma* sp.）

（2）聚球藻属（*Synechococcus*）

形态特征：单细胞或两个细胞相连，很少为多细胞的群体；细胞圆柱形、卵形或椭圆形，直而不弯曲，两端宽圆；不具胶被或具极薄的、不易观察到的胶被；原生质体均匀，蓝绿色或深绿色，有时具微小颗粒；细胞以横分裂进行繁殖，仅一个分裂面。

采集地：苏州各湖泊。

（3）隐杆藻属（*Aphanothece*）

形态特征：植物团块是由少数或多数细胞聚集成的不定形胶质群体；群体球形或不规则；群体胶被均匀，透明而宽厚，或较薄、无色，或有时在群体边缘呈黄色或棕黄色；大多数种类的个体胶被彼此融合而不分层，或有时分层；细胞杆状、椭圆形或圆筒形，细胞内含物大多数均匀，无颗粒体，淡蓝绿色至亮蓝绿色。我国已记载13种。

采集地：苏州各湖泊、福建闽江流域、闽东南诸河流域、汀江流域、辽河流域。

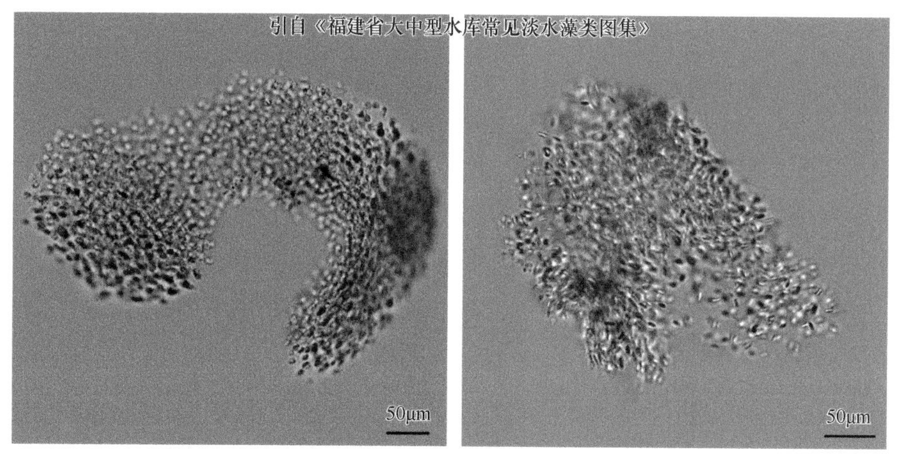

采自福建闽江流域、闽东南诸河流域、汀江流域

隐杆藻（*Aphanothece* sp.）

1）窗格隐杆藻（*Aphanothece clathrata*）

形态特征：植物团块有浮游型及底栖型两类；浮游型为微观的，底栖型则较大，二者幼年时均为椭圆形，老时为不规则网状，胶被无色透明；细胞细长，圆桶形，直或略弯曲，在群体中分布较密集；细胞直径为0.6～0.7（～1）μm；细胞原生质体蓝绿色。

生境：常见于湖泊、水库等水体中。

采集地：苏州各湖泊、辽河流域。

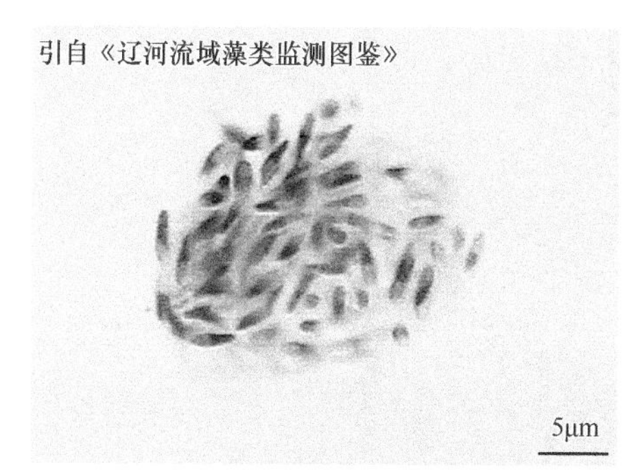

A. 采自辽河流域

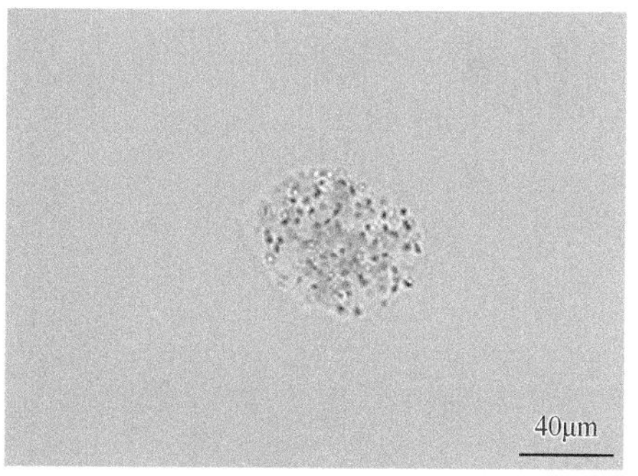

B. 采自苏州各湖泊

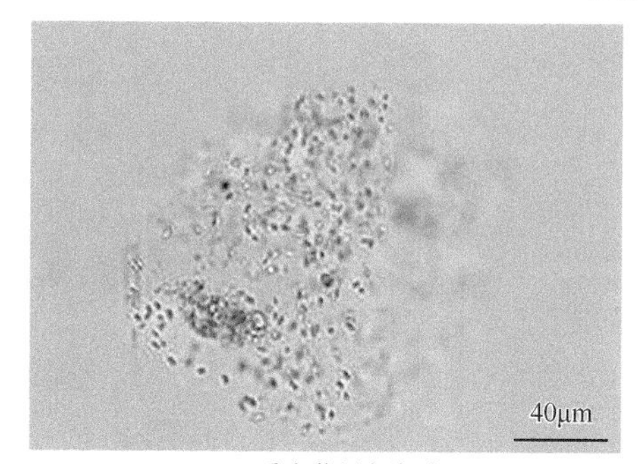

C. 采自苏州各湖泊

窗格隐杆藻（*Aphanothece clathrata*）

2. 平裂藻科（Merismopediaceae）

植物体为不规则扁平的（由单层细胞组成的管状的）或圆球形胶群体，胶质多数无色、无结构，但有时在圆球形群体中有特殊的中央位的柄状系统发育；圆形细胞有时或常常具简单的薄的个体胶被；细胞圆球形、倒卵形、卵形或杆状；以双分式进行细胞分裂，常常具2个相互垂直的分裂面，子细胞在达到原来细胞的形态和大小前进行下一次分裂；罕见单细胞；非常罕见产生微孢子，群体繁殖以断裂方式进行。

（1）平裂藻属（*Merismopedia*）

形态特征：植物体小型、浮游，为一层细胞厚的平板状群体，群体方形或长方形。细胞球形或椭圆形，内含物均匀，少数具伪空泡或微小颗粒。群体中细胞排列整齐，通常两个细胞为一对，两队为一组，四个小组为一群，许多小群集合成大群体，群体中的细胞数目不定，小群体细胞多为32～64个，大群体细胞多可达数百个以至数千个；细胞浅蓝绿色、亮绿色，少数为玫瑰红色至紫蓝色；原生质体均匀；细胞有两个相互垂直的分裂面，群体以细胞分裂和群体断裂的方式繁殖。

生境：本属多为浮游性藻类，零散地分布于水中，不形成优势种。本属种类虽然微小，但在各种淡水水体中都有发现。

采集地：东湖、太湖流域、苏州各湖泊、福建闽江流域、闽东南诸河流域、汀江流域、松花江流域、长江流域（南通段）、辽河流域、珠江流域（广州段）。

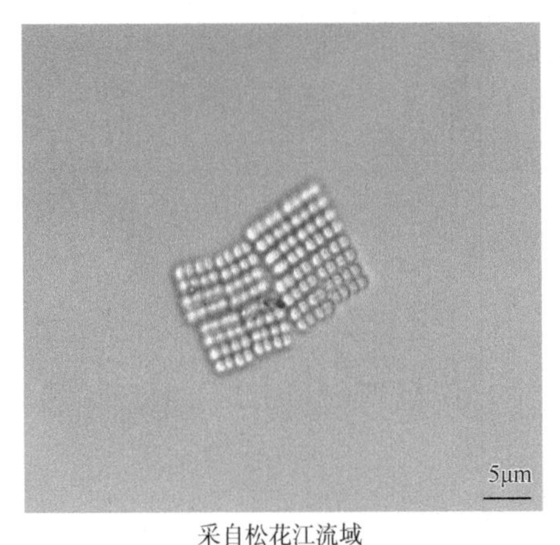

采自松花江流域

平裂藻（*Merismopedia* sp. 1）

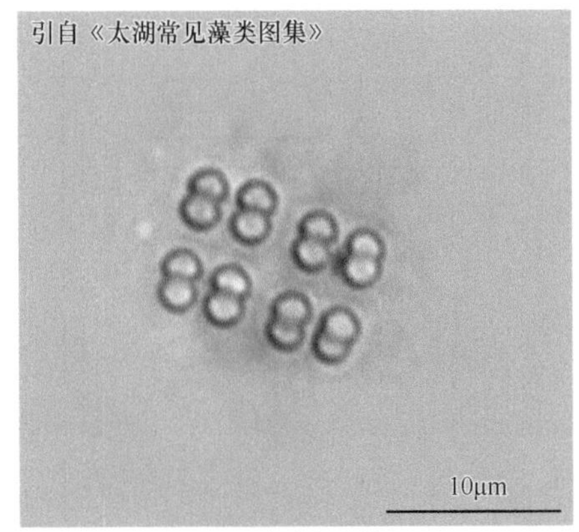

采自太湖流域

平裂藻（*Merismopedia* sp. 2）

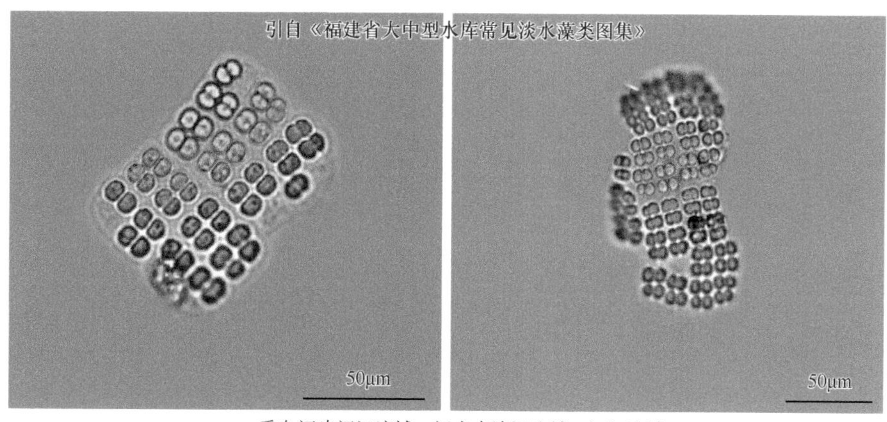

采自福建闽江流域、闽东南诸河流域、汀江流域

平裂藻（*Merismopedia* sp. 3）

1）优美平裂藻（*Merismopedia elegans*）

形态特征：藻体大小不等，小者由16个细胞组成，大者由上百个甚至4500个以上的细胞组成，宽达数厘米；细胞椭圆形，排列紧密，宽5.0～7.0μm，长7.0～9.0μm。

采集地：苏州各湖泊、长江流域（南通段）。

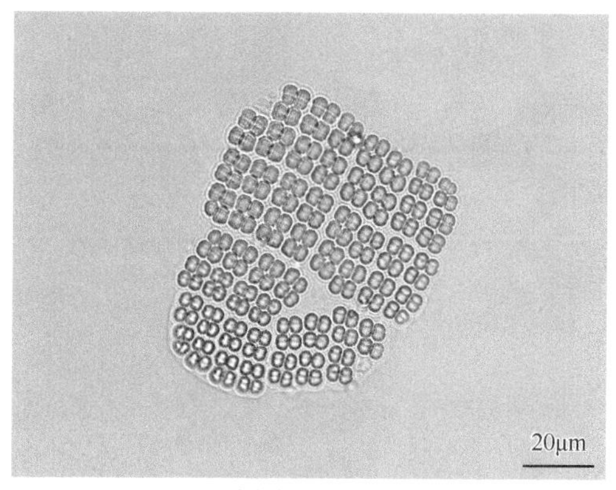

采自苏州各湖泊

优美平裂藻（*Merismopedia elegans*）

2）银灰平裂藻（*Merismopedia glauca*）

形态特征：藻体小，由32～128个细胞组成的群体；细胞排列紧密而整齐，细胞间隙较小，胶被均匀不明显；细胞球形、半球形，直径为3.0～6.0μm。

采集地：苏州各湖泊、长江流域（南通段）、珠江流域（广州段）。

3）点形平裂藻（*Merismopedia punctate*）

形态特征：群体微小，一般由8～16～32～64个细胞组成；群体中的细胞密贴或稀松，但都排列成十分整齐的行列；细胞球形、宽卵形或半球形，直径为2.3～3.5μm；原生质体均匀，淡蓝绿色或蓝绿色。

生境：生长于湖泊及各种静止水体中，为浮游藻类，数量少。在潮湿的和水流经过的岩石上也有生存。

采集地：辽河流域。

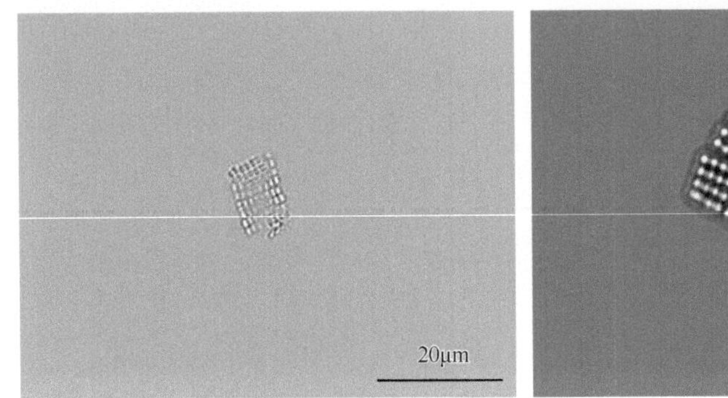

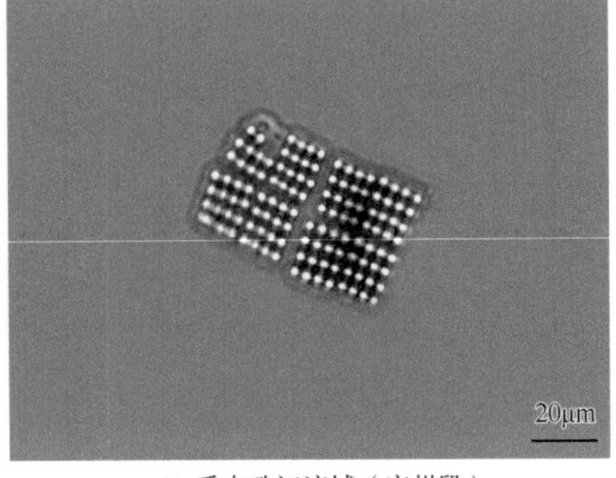

A. 采自苏州各湖泊　　B. 采自珠江流域（广州段）

银灰平裂藻（*Merismopedia glauca*）

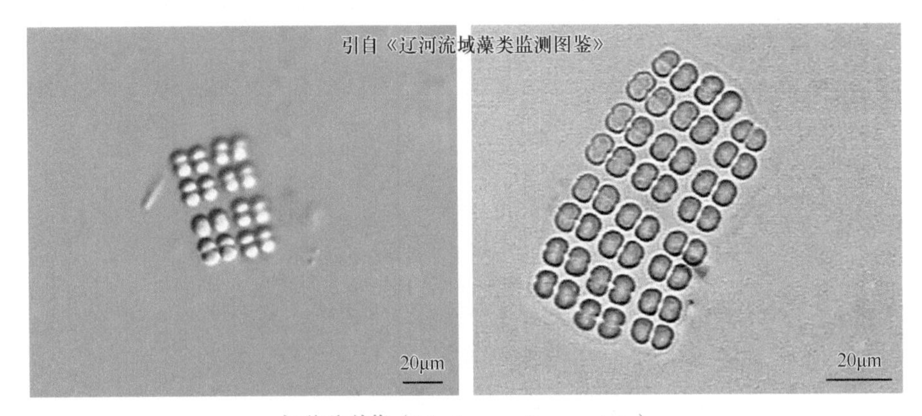

点形平裂藻（*Merismopedia punctate*）

4）旋折平裂藻（*Merismopedia convolute*）

形态特征：群体较大，有时肉眼可见，呈板状或叶片状；幼年期群体平整，之后因细胞不断分裂而逐渐增大面积，其群体可弯曲甚至边缘部卷折；细胞球形、半球形或长圆形，直径为（4～）4.2～5（～5.2）μm，高（4～）8～9μm；原生质体均匀，蓝绿色。

生境：一般生长于各种静水水体，如湖泊、池塘、水洼和稻田中，繁殖旺盛时，可在水面形成橄榄绿色的膜层，漂浮于水面，但常混杂于其他藻类间，数量也少。

采集地：辽河流域。

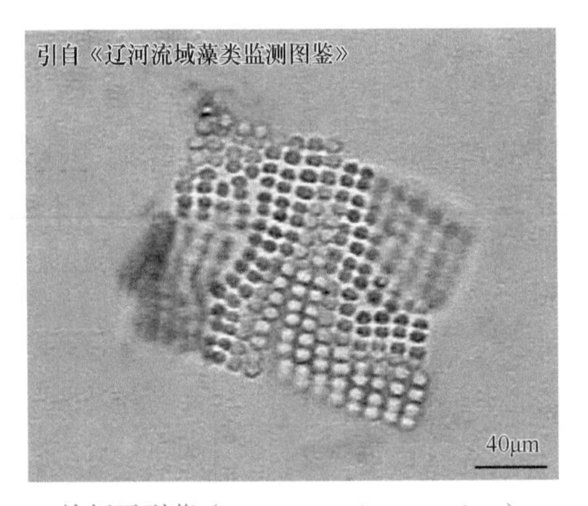

旋折平裂藻（*Merismopedia convolute*）

（2）束球藻属（*Gomphosphaeria*）

形态特征：群体球形或不规则，常由小群体组成，有时具不明显的、水合性的胶被，自由漂浮；中央具辐射状的胶柄系统，有时在群体中部与群体胶被融合，柄宽度常比细胞窄，细胞位于柄的末端，具窄的个体胶被，细胞长形、倒卵形或棒状，细胞分裂后平行排列，形成特征性的心形形态；单个细胞或常两个细胞彼此分离约一定距离，并呈心形联合；有时彼此略呈放射状排列；细胞在群体表面为互相垂直的两个连续分裂。以群体解聚进行繁殖。

采集地：福建闽江流域、闽东南诸河流域、汀江流域。

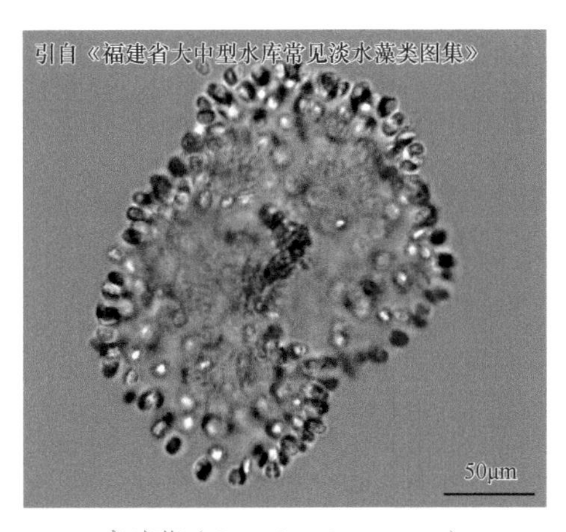

束球藻（*Gomphosphaeria* sp.）

（3）乌龙藻属（*Woronichinia*）

形态特征：自由漂浮。藻群体略为球形、肾形或椭圆形，通常由2～4个亚群体组成肾形或心形复合体；群体具无色、较透明胶被，胶被离群体边缘较窄，为5～10μm；群体中央具辐射状或平行的分枝状胶质柄，细胞胶质柄常常向外延伸形成类似管道状物，也使得胶被变厚，形成透明的放射层。细胞为长卵形、宽卵形或椭圆形，罕见圆球形；细胞分裂后彼此分离，呈辐射状排列在群体周边，但在老群体中细胞排列较为密集；细胞在群体周边为互相垂直的两个面连续分裂，以群体解聚或群体中释放单个细胞的方式进行繁殖。该属的某些种类会产生藻毒素。

采集地：福建闽江流域、闽东南诸河流域、汀江流域。

1）赖格乌龙藻（*Woronichinia naegeliana*）

形态特征：群体球形、椭圆形、肾形或不规则心形，通常由多个小群体组成复合体，群体面扭曲，不处于1个平面；群体外胶被厚，无色或微黄色，较模糊，胶被离细胞群体边缘较窄，为5～10μm；细胞蓝绿色，具气囊，卵形或椭圆形，长6.1～7.7μm，平均为（6.8±0.35）μm，宽3.1～5.5μm，平均为（4.6±0.48）μm，长宽比为1.23～2.25，平均为1.51±0.18；细胞呈辐射状较紧密地单层排列在群体外围，细胞末端具不易见的管状胶质柄，其与细胞等宽，在老群体中易溶解；胶质柄在群体中央呈放射状分布，细胞胶质柄常常向外延伸形成类似管道状物，也使得胶被变厚，形成透明的放射层。

生境：该种分布广泛，为常见种，温带地区常见。普遍分布于富营养化湖泊和池塘，有时也形成水华。

采集地：福建闽江流域、闽东南诸河流域、汀江流域。

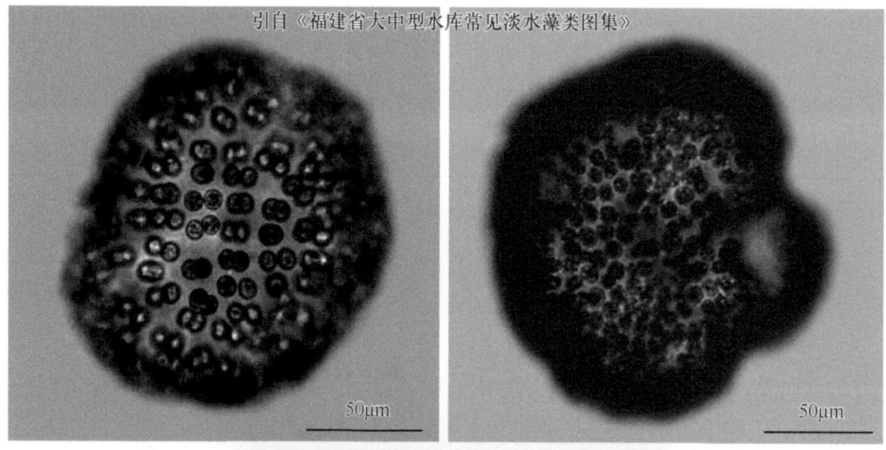

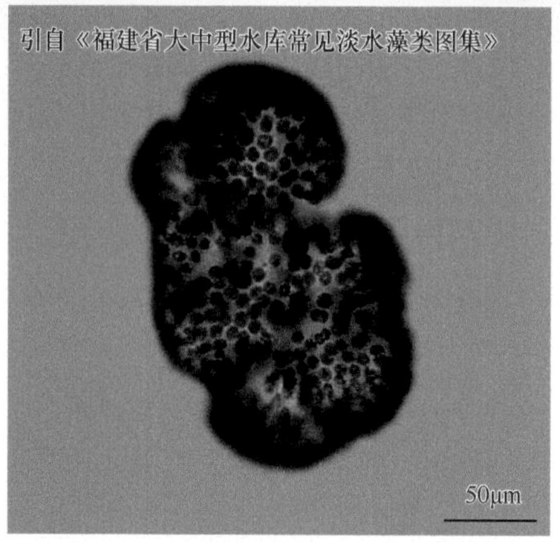

赖格乌龙藻（*Woronichinia naegeliana*）

（4）小雪藻属（*Snowella*）

形态特征：群体略为圆球形或不规则卵形，罕见复合群体，具明显或不明显的、同质的、无色的宽的胶被；具丝状的胶质柄，从群体中央辐射状伸出，柄略为假双叉分枝，有时呈簇状；细胞圆球形或略呈长形，彼此分离，位于柄的末端，并不严格限于群体周边一层；细胞仅2个分裂面，连续分裂的群体解聚甚至呈单细胞进行繁殖。该属的某些种类会产生藻毒素。

小雪藻（*Snowella* sp.）

采集地：福建闽江流域、闽东南诸河流域、汀江流域。

（5）隐球藻属（*Aphanocapsa*）

形态特征：植物体是由2个至多数细胞组成的群体，群体呈球形、卵形、椭圆形或不规则形，小的仅在显微镜下才能见到，大的可达几厘米，肉眼可见；群体胶被厚而柔软，无色或者黄色、棕色或蓝绿色；细胞球形，常常2个或者4个细胞一组分布于群体中，每组间有一定的距离；个体胶被不明显，或仅有痕迹；原生质体均匀，无假空胞，浅蓝色、亮蓝色或灰蓝色；细胞有3个分裂面。该属的某些种类会产生藻毒素。我国已记载16种3个变种。

采集地：苏州各湖泊、福建闽江流域、闽东南诸河流域、汀江流域、辽河流域。

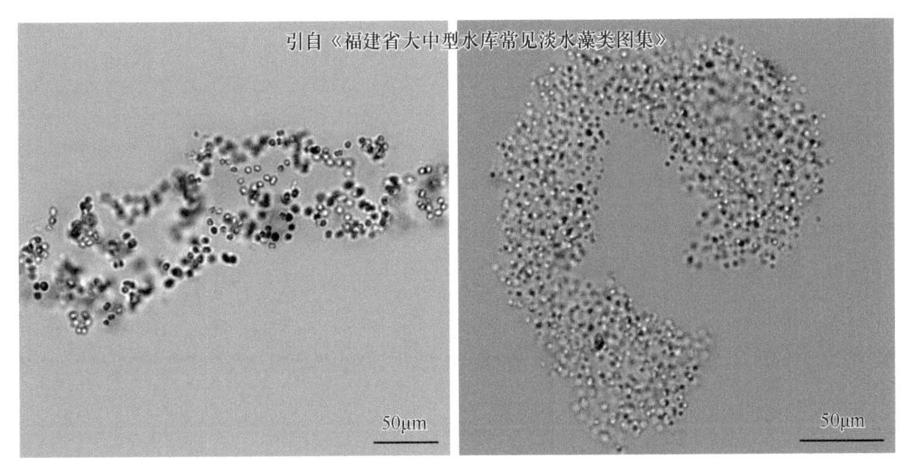

采自福建闽江流域、闽东南诸河流域、汀江流域

隐球藻（*Aphanocapsa* sp.）

1）细小隐球藻（*Aphanocapsa elachista*）

形态特征：群体球形、卵形或椭圆形；公共胶被无色，质均匀，往往溶解，细胞球形，单独存在或成对，许多细胞及小群体被包围在公共胶被内；细胞内的原生质体均匀，蓝绿色，无颗粒体；细胞直径为1.5～2μm。

生境：湖沼、池塘中常见。

采集地：苏州各湖泊。

2）美丽隐球藻（*Aphanocapsa pulchra*）

形态特征：植物团块黏滑、柔软，蓝绿色，附着于基质上，或漂浮于水中，后者的团块大都为球形或卵形；团块由许多球形的群体组成；这些群体中的细胞，有的单独存在，有的两两成对，其中单独存在的比较多，成对的少，彼此并不紧贴；公共胶被坚固，透明无色，均匀；细胞球形，直径为3.5～6.5μm，质均匀，淡蓝绿色。

生境：水生，漂浮及附着在其他物体上。

采集地：苏州各湖泊。

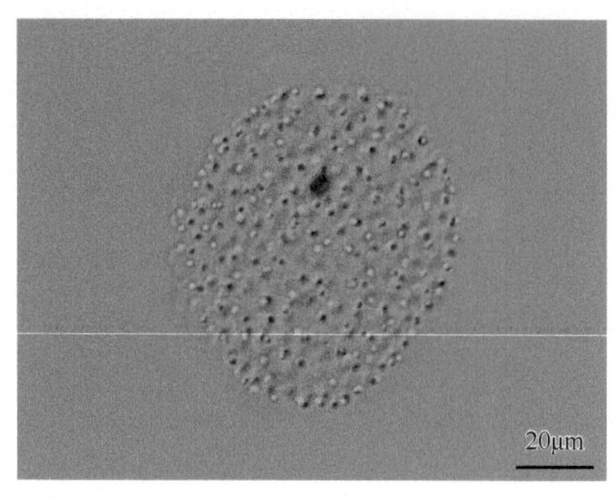

细小隐球藻（*Aphanocapsa elachista*）

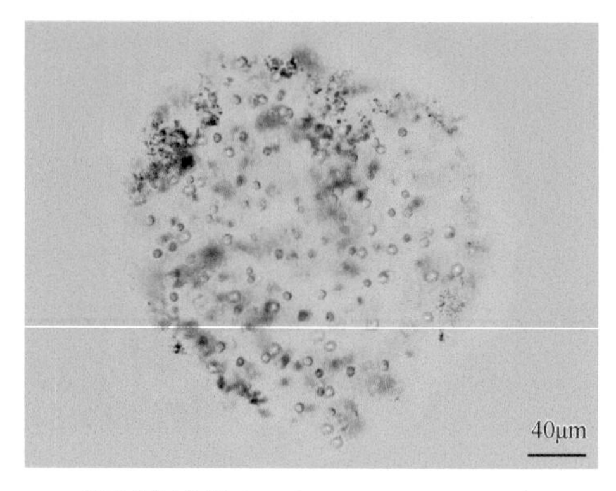

美丽隐球藻（*Aphanocapsa pulchra*）

3. 色球藻科（Chroococcaceae）

植物体球形，群体，罕见单生，主要为不规则联合，或多或少似堆积的胶质，常为微小的，由少数细胞组成，罕见多细胞的、不规则圆球形群体或成群，罕见短列的，成簇彼此密集的或（罕见）彼此远离的；群体有时聚合成大型的垫状或片层；在老群体中，细胞排列方式是可变的；胶质薄，水溶性或坚硬的、分层的、胶化的；细胞圆球形、卵形、肾形、半球形、钝圆形、多角形，或形态不规则。

（1）色球藻属（*Chroococcus*）

形态特征：植物体少数为单细胞，多数为2～6个甚至更多（很少超过64个或128个）细胞组成的群体；群体胶被较厚，均匀或分层，透明或黄褐色、红色、紫蓝色；细胞球形或半球形，个体细胞胶被均匀或分层；原生质体均匀或具有颗粒，灰色、淡蓝绿色、蓝绿色、橄榄绿色、黄色或褐色，气囊有或无；细胞有3个分裂面。

采集地：太湖流域、苏州各湖泊、福建闽江流域、闽东南诸河流域、汀江流域、珠江流域（广州段）、松花江流域、辽河流域。

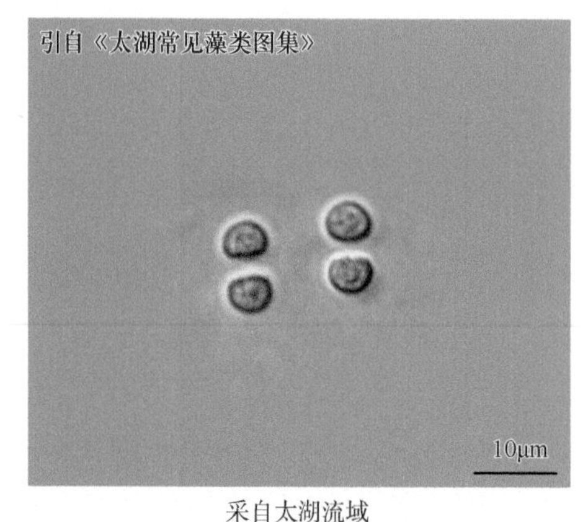

采自太湖流域

色球藻（*Chroococcus* sp. 1）

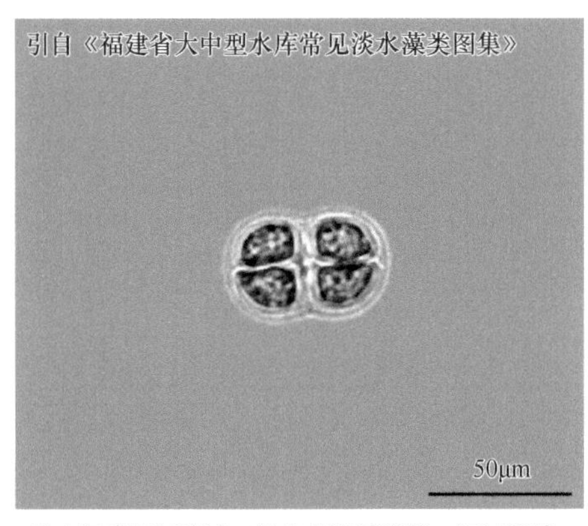

采自福建闽江流域、闽东南诸河流域、汀江流域

色球藻（*Chroococcus* sp. 2）

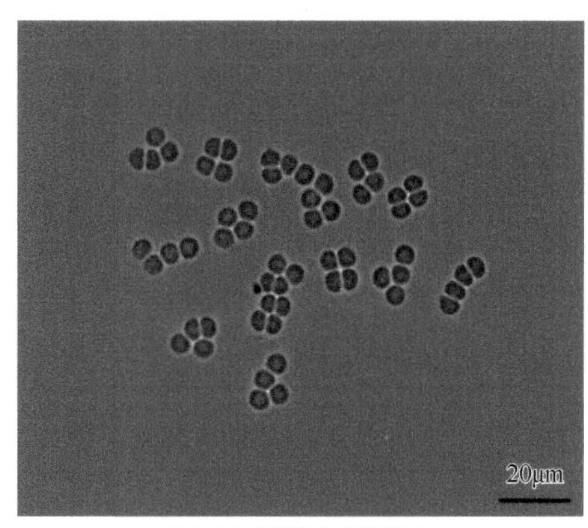

采自珠江流域（广州段）

色球藻（*Chroococcus* sp. 3）

1）湖沼色球藻（*Chroococcus limneticus*）

形态特征：植物体为由4～32个或更多细胞组成的群体，群体胶被厚而无色，透明无层理；群体中细胞往往2～4个成一小群，小群体的胶被薄而明显；细胞球形、半球形或长圆形，直径7～12μm，包括胶被可达13μm；原生质体均匀，灰色或淡橄榄绿色，有时具气囊。

生境：生长于各种大型水体中。

采集地：苏州各湖泊。

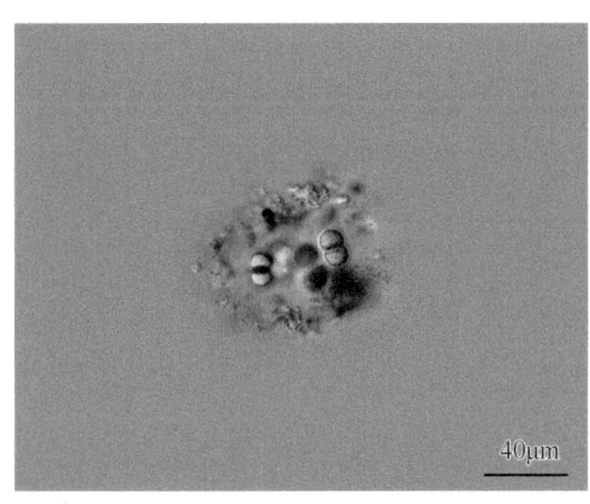

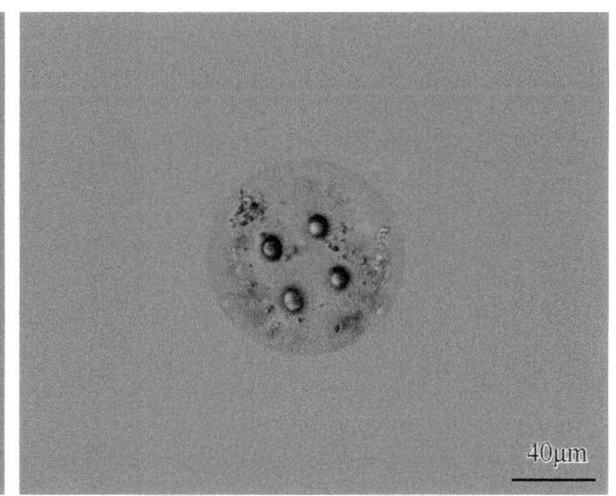

湖沼色球藻（*Chroococcus limneticus*）

2）微小色球藻（*Chroococcus minutus*）

形态特征：群体由2～4个细胞组成圆球形或长圆形胶质体，胶被透明无色，不分层；群体中部往往收缢，细胞球形、亚球形，直径为（3～）7～10μm，包括胶被7～15μm；原生质体均匀或具少数颗粒体。

生境：生长于静止或流动的各种水体中，如池塘、湖泊、高山的寒泉、温泉（25.6～34.5℃）及盐泽地区，成为浮游藻，也能在滴水岩石以及瀑布溅水处生长。也发现有亚气生类型，但不是优势种。

采集地：苏州各湖泊。

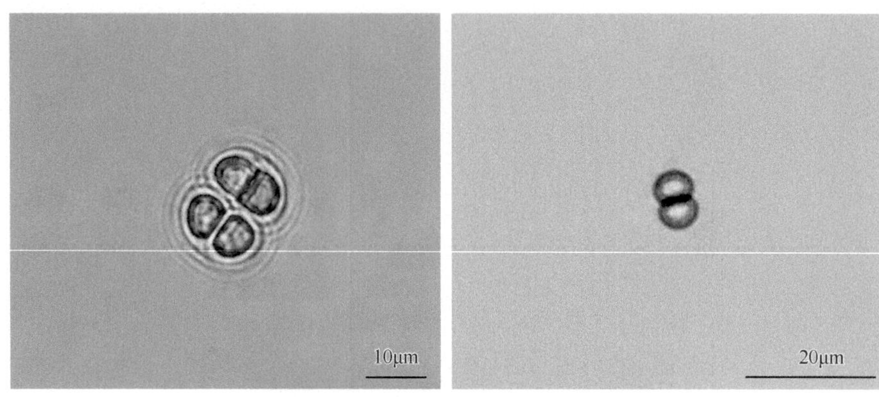

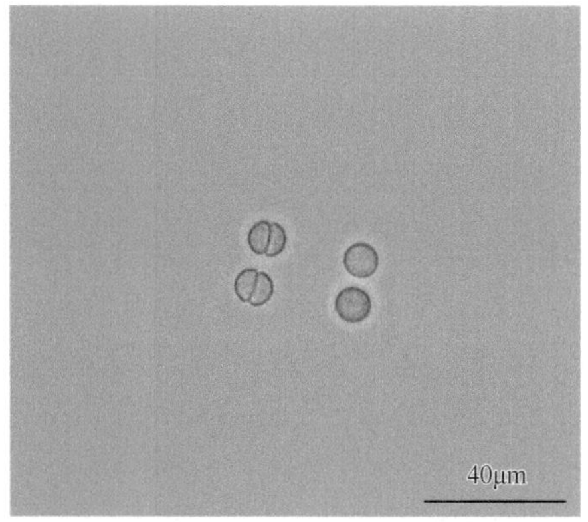

微小色球藻（*Chroococcus minutus*）

3）束缚色球藻（*Chroococcus tenax*）

形态特征：植物团块由2～4个细胞组成，群体胶被无色、黄色或黄褐色，厚而坚固，厚达2.5～4μm；具有2～4层明显的层理；细胞为半球形，直径16～21μm；细胞原生质体橄榄绿色或黄绿色，具有稀疏的颗粒。

生境：生长在潮湿岩石、静止水体、溪流中，常混生在其他藻类中，不是优势种。

采集地：辽河流域、苏州各湖泊、松花江流域。

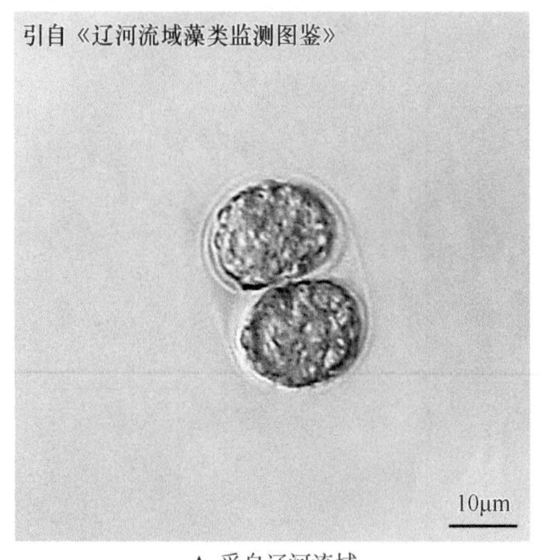

A. 采自辽河流域

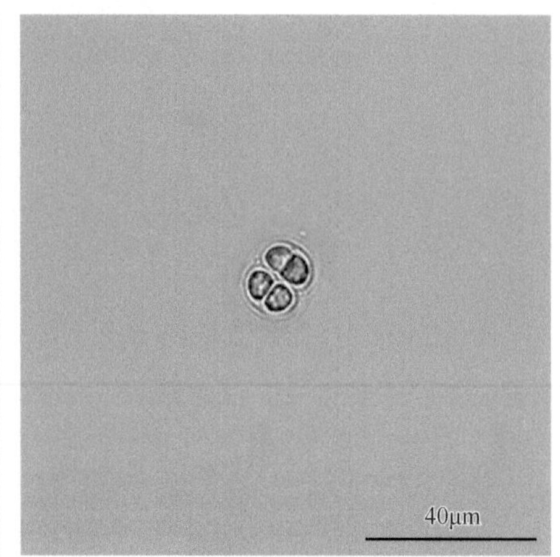

B. 采自苏州各湖泊

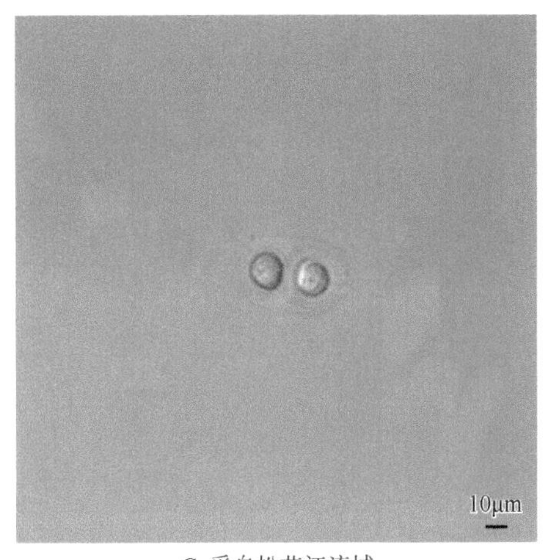

C. 采自松花江流域

束缚色球藻（*Chroococcus tenax*）

4. 微囊藻科（Microcystaceae）

群体，细胞在胶群体中无规则或三面相互垂直地排列，具或不具个体胶被；细胞圆球形，分裂后为半球形，具或不具气囊，胶被同质或呈特殊的胶质形态，细胞常具分层胶被；细胞互相垂直的3个面规则地进行连续分裂，以群体解聚进行繁殖；有时产生微孢子。

（1）微囊藻属（*Microcystis*）

形态特征：通常由细胞聚集组成或由细胞聚集成亚群体，再组成群体；群体微小或大型，自由漂浮。形态为球形、椭圆形、不规则分叶状或长带状，某些种类为不规则树枝状；细胞松散或紧密、规则或不规则地排列在1个共同的胶被中；胶被无色或微黄绿色，坚固或仅具模糊的薄层，轮廓模糊或清楚；胶被紧贴或不紧贴细胞；有的种类表面有明显的折光；单个细胞没有胶被，内含气囊；细胞球形或近球形，分裂时细胞为半球形；某些种类的细胞壁S层有六边形亚结构；细胞以二分裂形式进行繁殖，有3个垂直分裂面；繁殖时群体瓦解为小的细胞群或独立的单个细胞。

生境：有些种的采集地普遍，不仅分布在温带的池塘或湖泊，热带的水体里也有分布。微囊藻是湖泊及池塘中主要有机质的制造者。有些种具有毒性。该属的某些种类会产生藻毒素，如铜绿微囊藻（*Microcystis aeruginosa*）、鱼害微囊藻（*Microcystis ichthyoblabe*）等。

采集地：东湖、太湖流域、滇池流域、丹江口水库、苏州各湖泊、福建闽江流域、闽东南诸河流域、汀江流域、甬江流域、辽河流域、松花江流域、山东半岛流域（崂山水库）、嘉陵江流域（重庆段）。

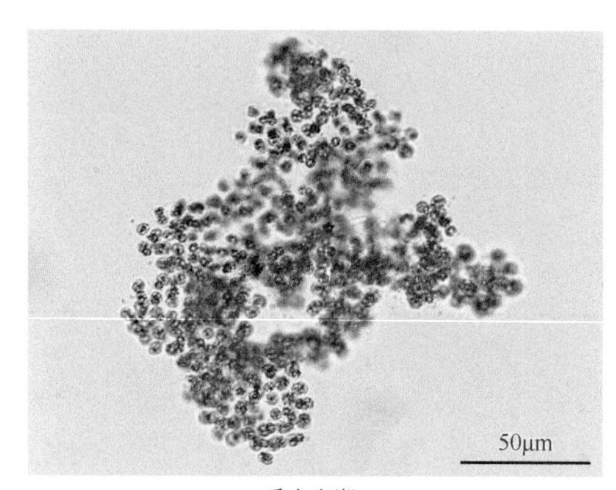

采自东湖

微囊藻（*Microcystis* sp.）

1）水华微囊藻（*Microcystis flos-aquae*）

形态特征：植物团块黑绿色或碧绿色，由许多群体集合而成，肉眼可见，是各种水体中常见的浮游性蓝藻；群体球形、椭圆形或不规则形，成熟的群体不穿孔，不开裂；群体胶被均匀，但不十分明显；细胞球形，直径为3～7μm，密集；原生质体蓝绿色，有或无气囊。

生境：漂浮生活于各种水体中，生长旺盛时形成水华。

采集地：太湖流域、福建闽江流域、闽东南诸河流域、汀江流域。

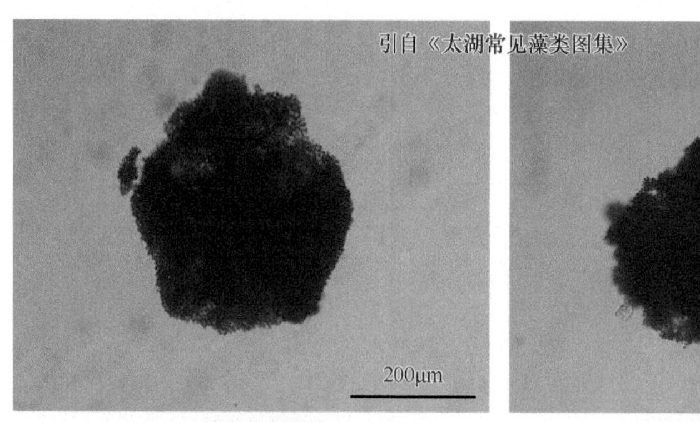

A. 采自太湖流域

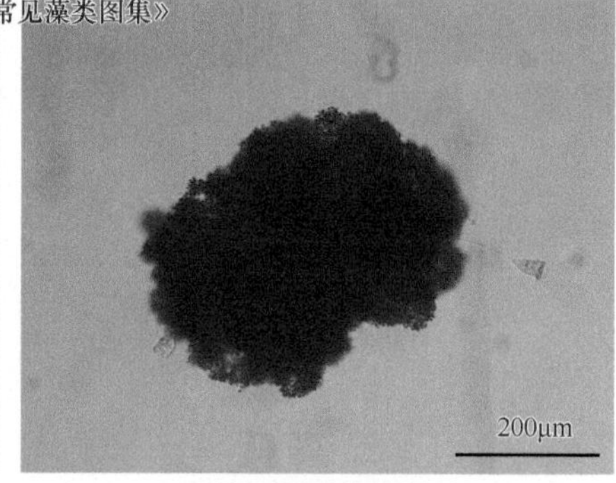

B. 采自太湖流域

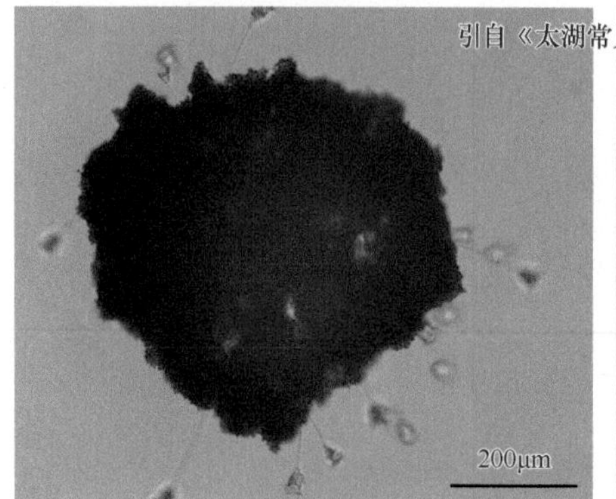

C. 采自太湖流域

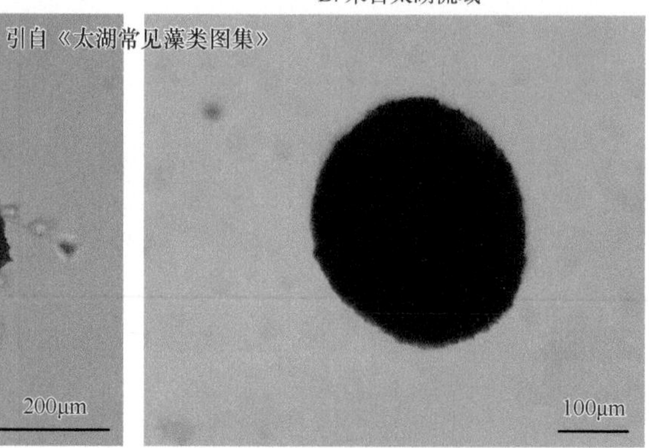

D. 采自太湖流域

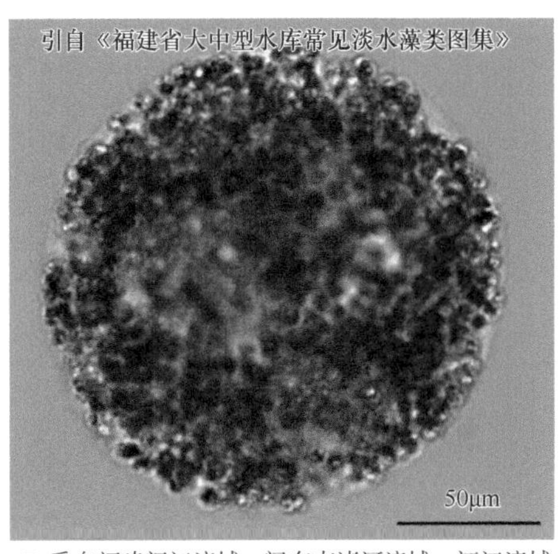

E. 采自福建闽江流域、闽东南诸河流域、汀江流域

水华微囊藻（*Microcystis flos-aquae*）

2）鱼害微囊藻（*Microcystis ichthyoblabe*）

形态特征：自由漂浮；群体蓝绿色或棕黄色，团块较小，不定形、海绵状，可形成肉眼可见的群体；不形成叶状，但有时在少数成熟的群体中可见不明显穿孔；胶被透明易溶解、不明显、无色或微黄绿色、无折光；胶被密贴细胞群体边缘；胶被内细胞排列不紧密，常聚集为多个小细胞群；细胞小，球形，直径为2.3～5.6μm，平均为（3.7±0.44）μm；细胞原生质体蓝绿色或棕黄色，有气囊。

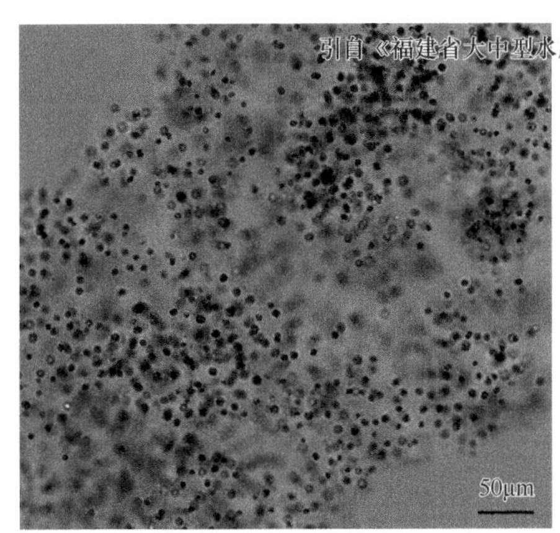

A. 采自福建闽江流域、闽东南诸河流域、汀江流域

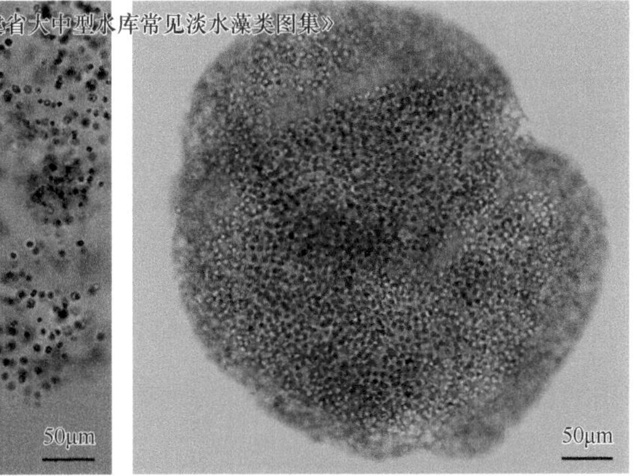

B. 采自福建闽江流域、闽东南诸河流域、汀江流域

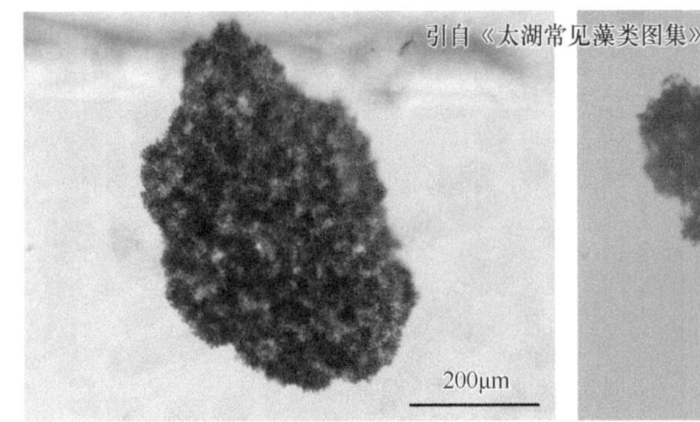

C. 采自太湖流域

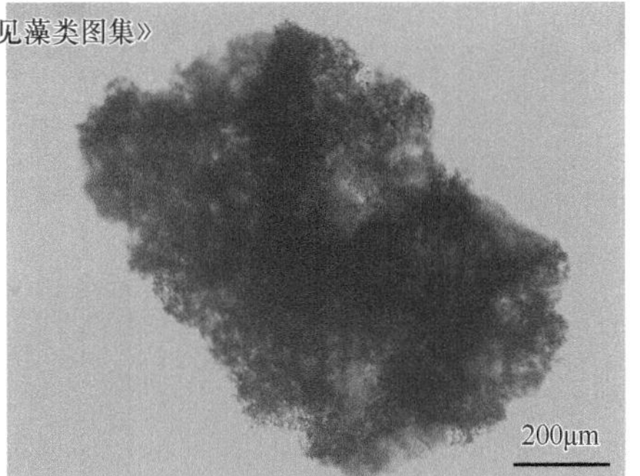

D. 采自太湖流域

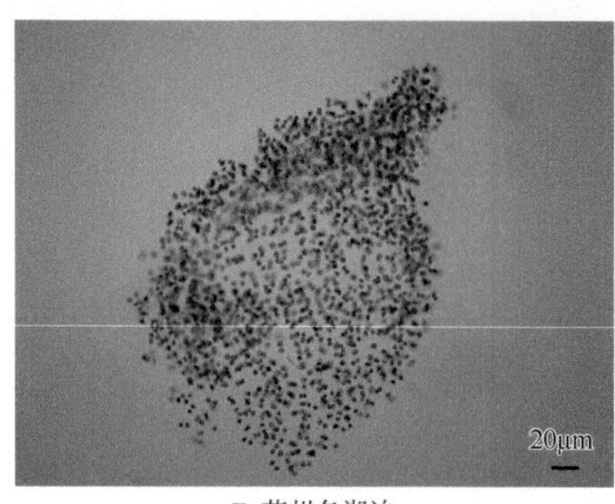

E. 苏州各湖泊

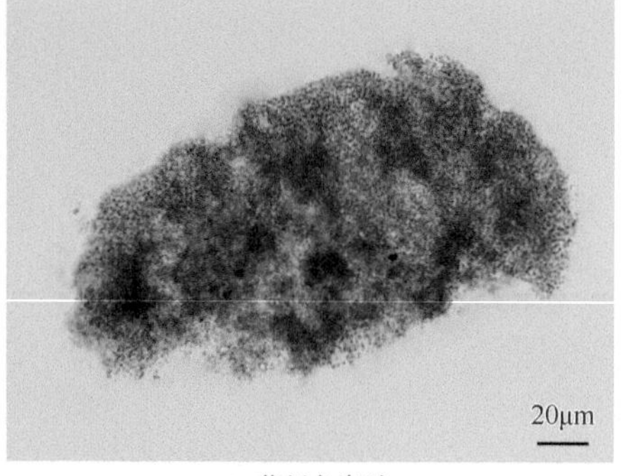

F. 苏州各湖泊

鱼害微囊藻（*Microcystis ichthyoblabe*）

生境：淡水，在中营养型或略富营养型水体中生长，能形成水华。温带地区北部更常见。

采集地：福建闽江流域、闽东南诸河流域、汀江流域、太湖流域、苏州各湖泊。

3）铜绿微囊藻（*Microcystis aeruginosa*）

形态特征：自由漂浮；植物团块大型，肉眼可见，橄榄绿色或污绿色，幼时球形、椭圆形，中实；成熟后为中空的囊状体，随着群体的不断增长，胶被的某些区域破裂或穿孔，使群体呈窗格状的囊状体或不规则的裂片状网状体；群体最后破裂成不规则的、大小不一的裂片；此裂片又可成长为1个窗格状群体；群体胶被质地均匀，无层理，透明无色，明显，但边缘部高度水化；细胞球形、近球形，直径为3～7μm；群体中细胞分布均匀又密贴；原生质体灰绿色、蓝绿色、亮绿色、灰褐色，多数具气囊。

生境：浮游性藻类，生长于各种水体中，夏季繁盛时，形成水华，也生于潮湿的滴水流过的岩石上。淡水、咸淡水、漂浮于富营养化水体中，为主要的水华蓝藻物种。

采集地：太湖流域、苏州各湖泊、福建闽江流域、闽东南诸河流域、汀江流域、山东半岛流域（崂山水库）。

引自《太湖常见藻类图集》

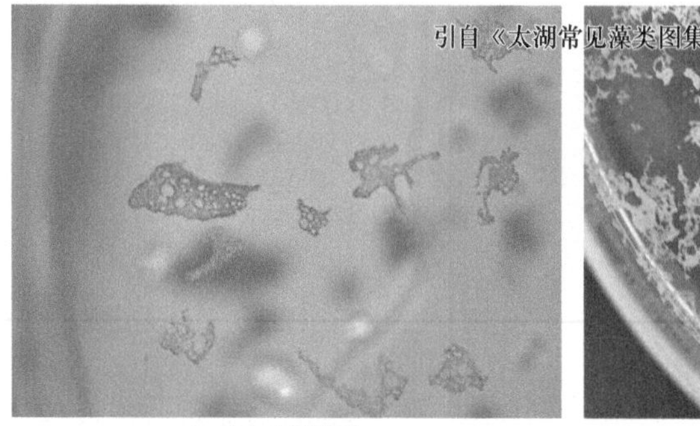
A. 采自太湖流域

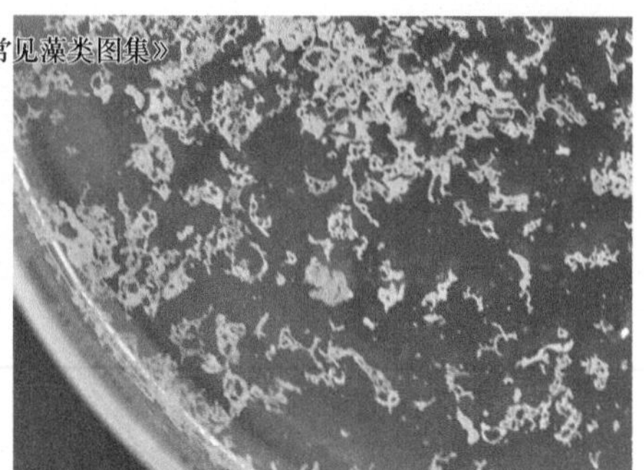
B. 采自太湖流域

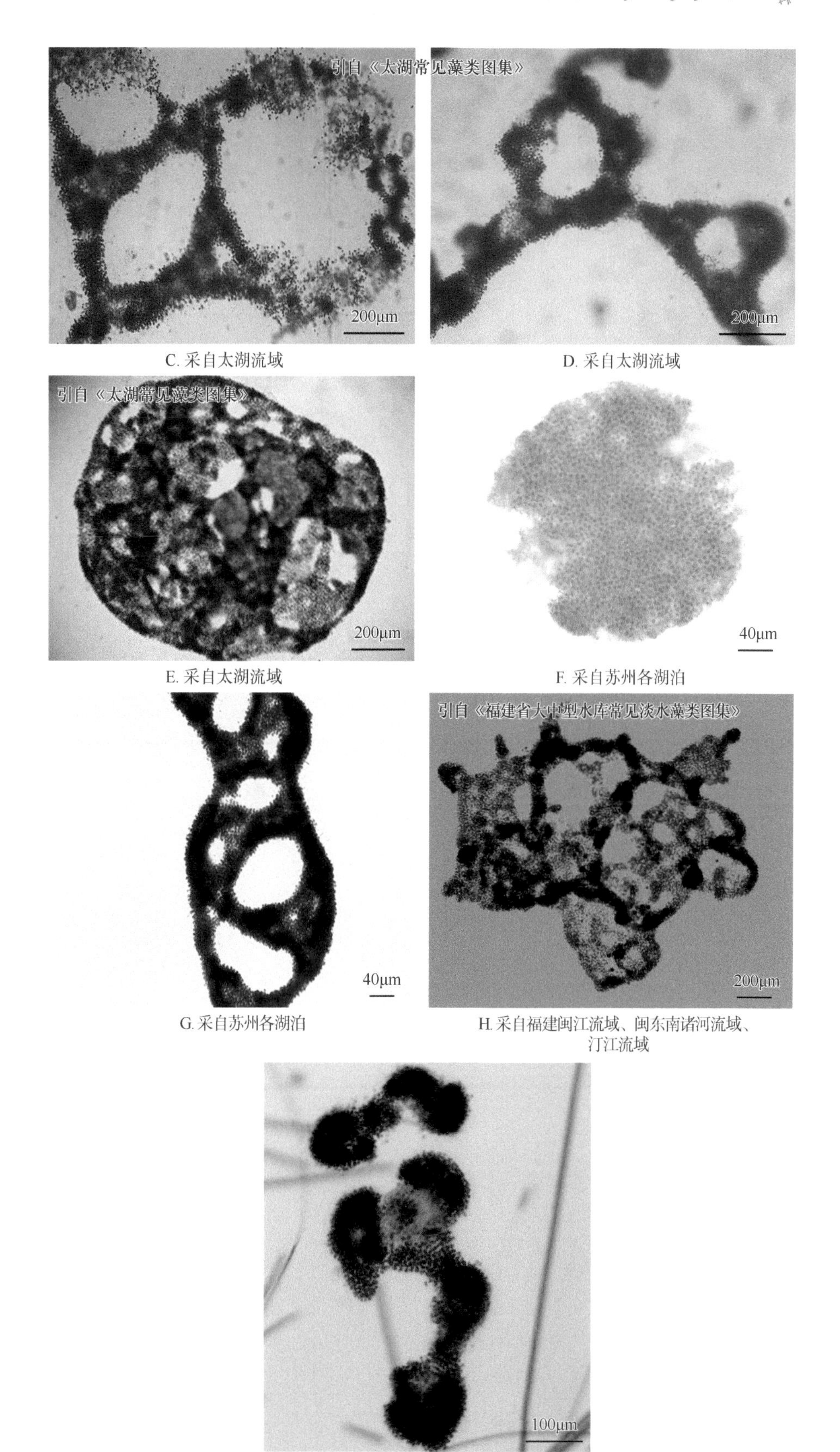

C. 采自太湖流域

D. 采自太湖流域

E. 采自太湖流域

F. 采自苏州各湖泊

G. 采自苏州各湖泊

H. 采自福建闽江流域、闽东南诸河流域、汀江流域

I. 采自山东半岛流域（崂山水库）

铜绿微囊藻（*Microcystis aeruginosa*）

4）惠氏微囊藻（*Microcystis wesenbergii*）

形态特征：自由漂浮；群体形态变化最多，有球形、椭圆形、卵形、肾形、圆筒状、叶瓣状或不规则形，常通过胶被串联成树枝状或网状，集合成更大的群体，肉眼可见；群体胶被明显，边界明确，无色透亮，坚固不易溶解，分层且有明显折光；胶被离细胞边缘远，达5～10μm甚至更多；群体内细胞较少，细胞一般沿胶被单层随机排列，形成中空的群体，较少密集排列，但有时细胞排列很整齐、有规律，有时也充满整个胶被；细胞较大，球形或近球形，直径为4.8～9.1μm，平均为（6.7±0.66）μm；细胞原生质体深蓝绿色或深褐色，有气囊。

生境：淡水，富营养化水体中常见，可成为水华优势种群。

采集地：太湖流域、苏州各湖泊、福建闽江流域、闽东南诸河流域、汀江流域、甬江流域、丹江口水库、山东半岛流域（崂山水库）、嘉陵江流域（重庆段）、辽河流域。

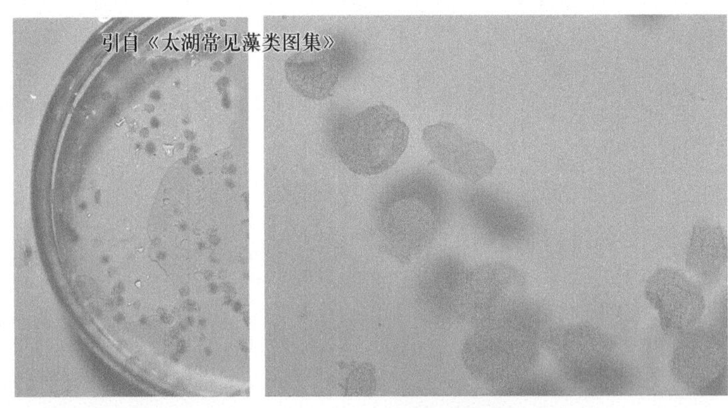

A. 采自太湖流域　　B. 采自太湖流域，群体状态

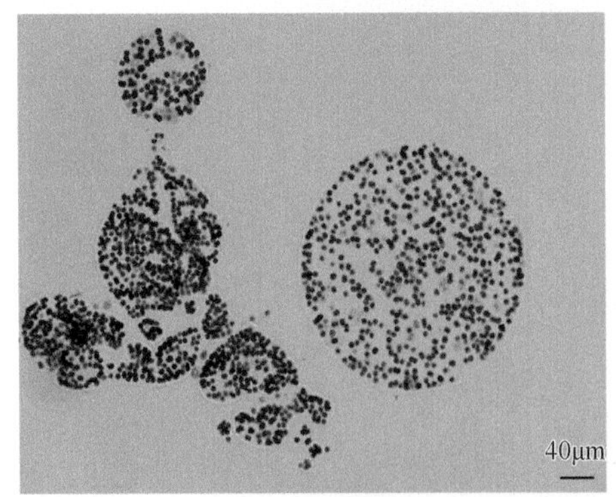

C. 采自太湖流域

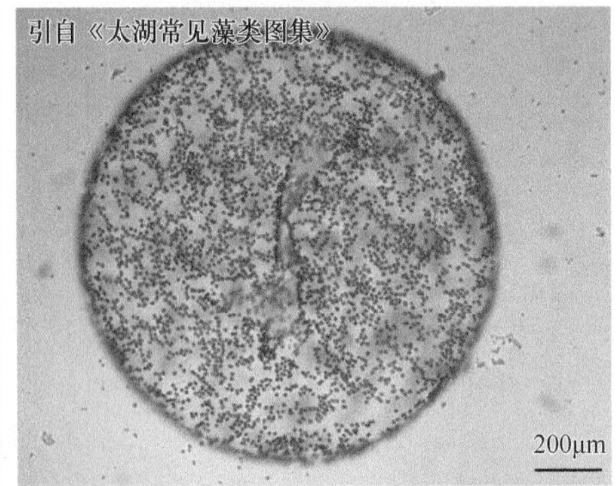

D. 采自太湖流域

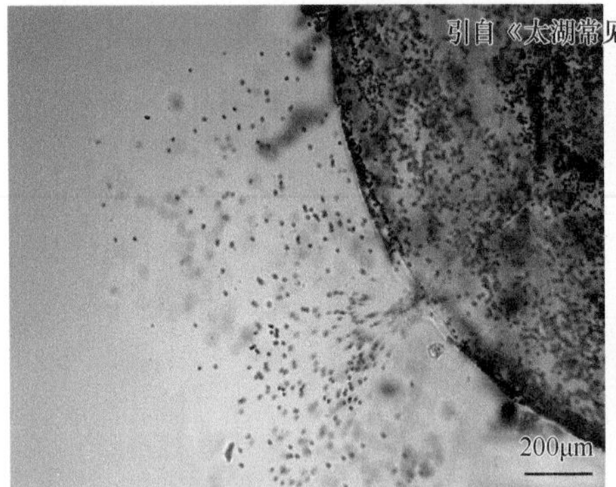

E. 采自太湖流域

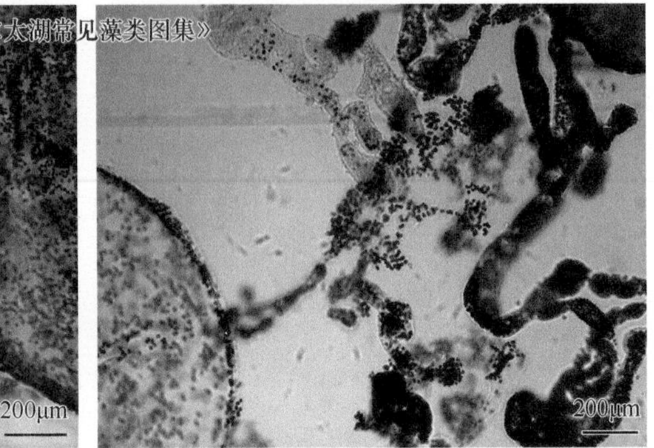

F. 采自太湖流域

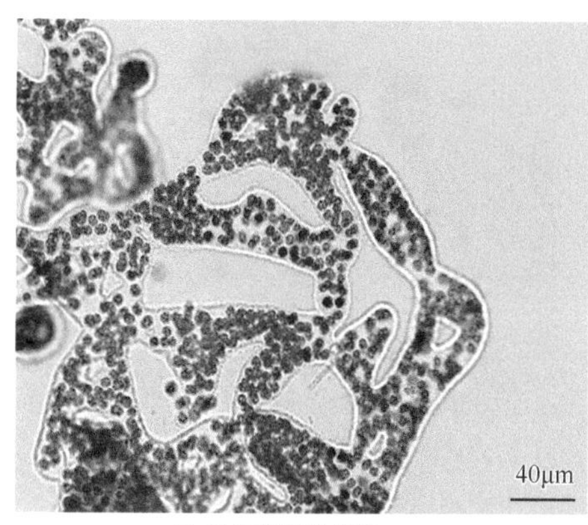

G. 采自苏州各湖泊

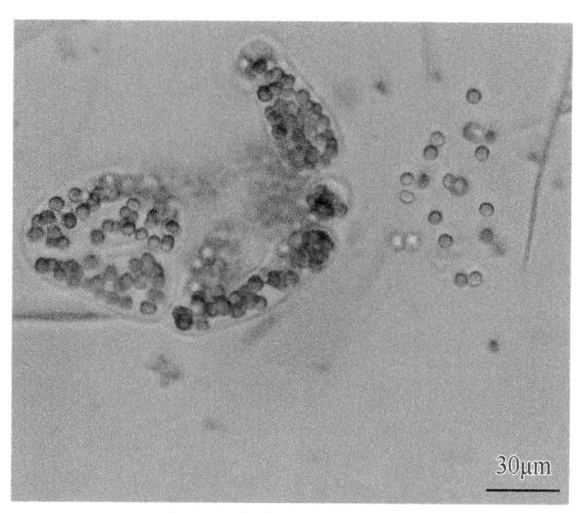

H. 采自山东半岛流域（崂山水库）

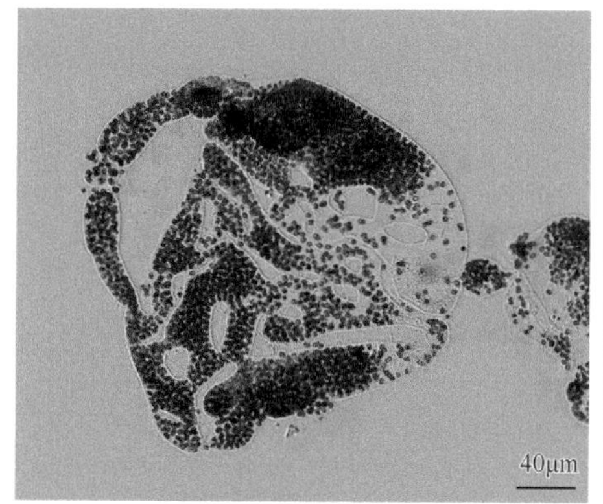

I. 采自苏州各湖泊

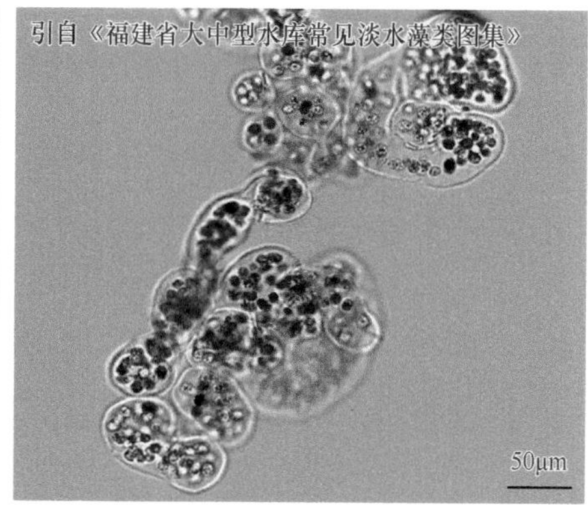

J. 采自福建闽江流域、闽东南诸河流域、汀江流域

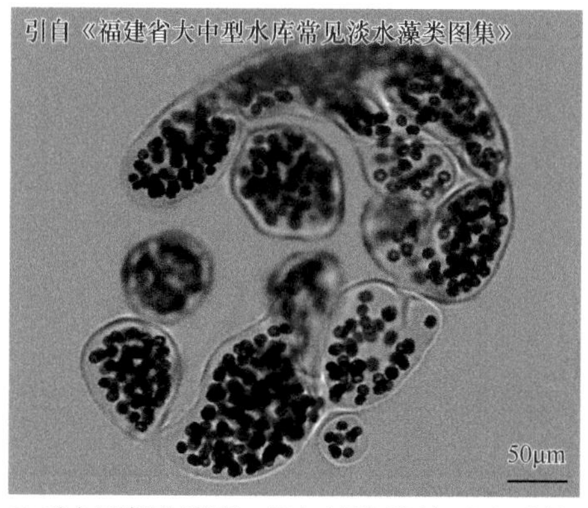

K. 采自福建闽江流域、闽东南诸河流域、汀江流域

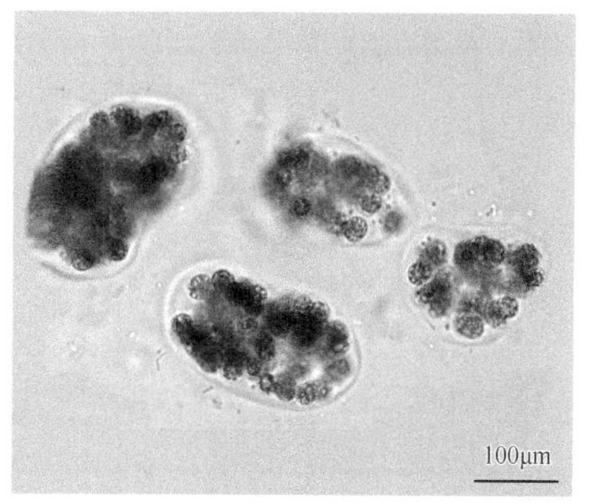

L. 采自甬江流域

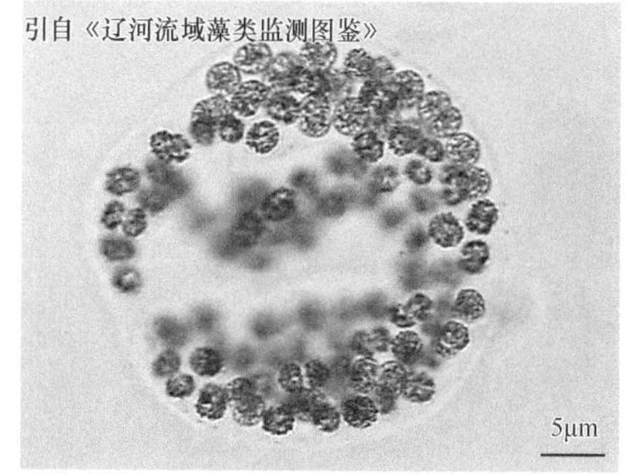

M. 采自辽河流域

惠氏微囊藻（*Microcystis wesenbergii*）

5）放射微囊藻（*Microcystis botrys*）

形态特征：群体球形或近球形，自由漂浮；群体直径一般为50～200μm甚至更大；群体通过胶被连接，堆积成更大的球体或不规则的群体，不形成穿孔或树枝状；胶被无色或微黄绿色，明显但边界模糊、无折光、易溶解；胶被不密贴细胞，距离2μm以上；胶被内细胞排列较紧密，呈放射状，外层有少数细胞独立且稍远离群体。细胞球形，直径为4.3～6.5μm，平均为（5.4±0.51）μm，其大小介于水华微囊藻与铜绿微囊藻之间；细胞原生质体蓝绿色或浅棕黄色，有气囊。

生境：富营养化湖泊或带碱的淡水。

采集地：福建闽江流域、闽东南诸河流域、汀江流域、苏州各湖泊。

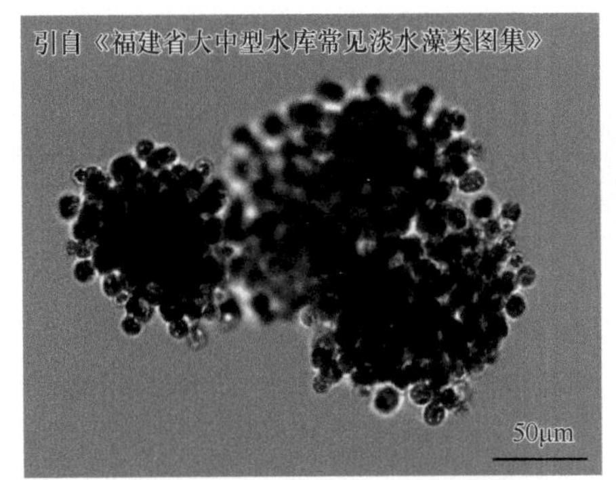

A. 采自福建闽江流域、闽东南诸河流域、汀江流域

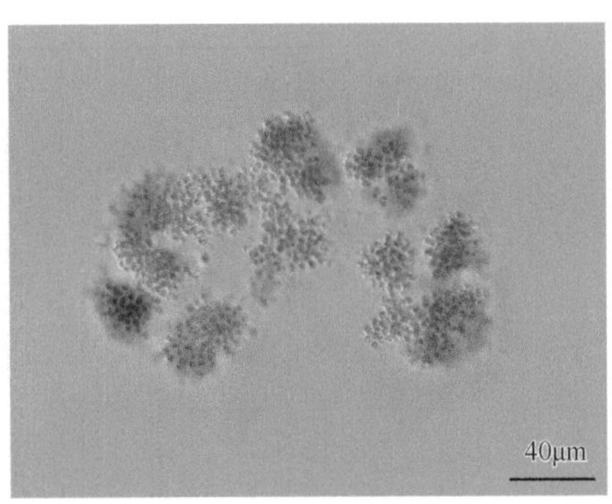

B.采自苏州各湖泊

放射微囊藻（*Microcystis botrys*）

6）假丝微囊藻（*Microcystis pseudofilamentosa*）

形态特征：自由漂浮；群体窄长，带状；藻体每隔一段有1个收缢和1个相对膨大的部分，膨大处的细胞较收缢处相对密集，收缢和膨大使整个藻体形成类似分节的串联体；藻体通常由2～20个甚至更多这样的亚群体组成；当串联到一定长度和规模时，藻体局部常扩大或断裂成网状或树枝状。群体一般宽17～35μm，长可达1000μm；群体胶被无色透明、不明显、易溶解、无折光；细胞充满胶被，随机密集排列；细胞较大，球形，直径为3.7～5.9μm，平均为（4.8±0.52）μm；细胞原生质体蓝绿色或茶青色，有气囊。

生境：湖泊、池塘、稻田、洼池等淡水静止水体。

采集地：太湖流域、苏州各湖泊、福建闽江流域、闽东南诸河流域、汀江流域。

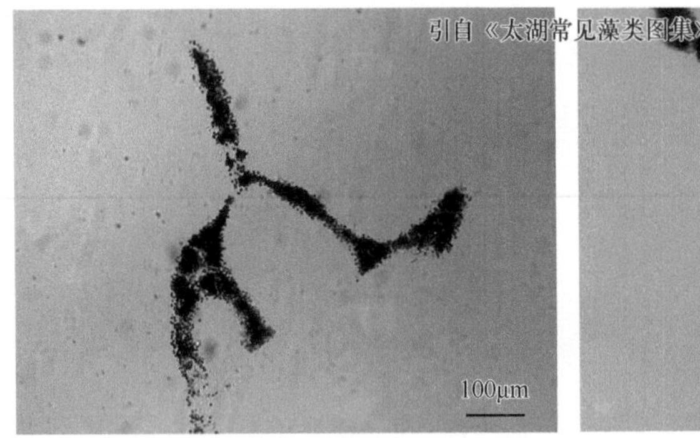

A. 采自太湖流域

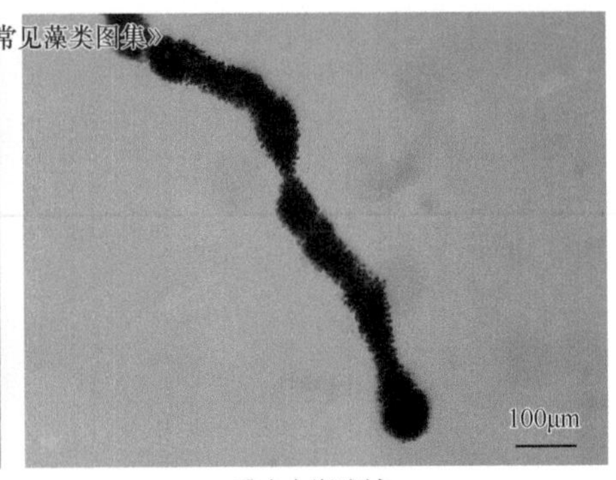

B. 采自太湖流域

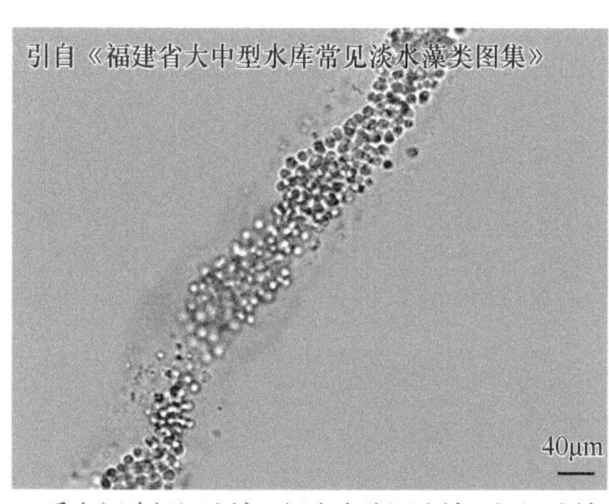

C. 采自福建闽江流域、闽东南诸河流域、汀江流域

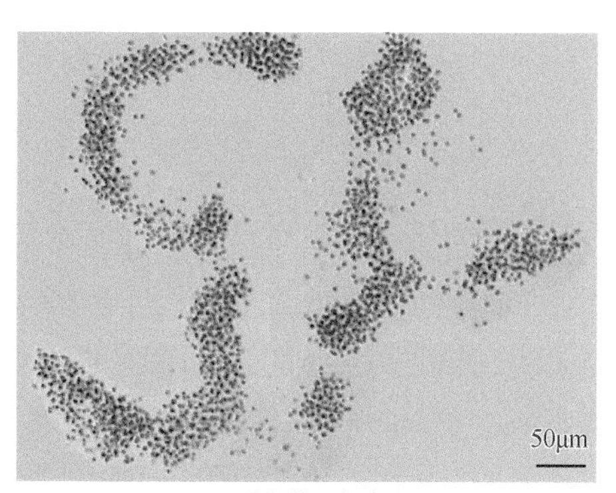

D. 采自苏州各湖泊

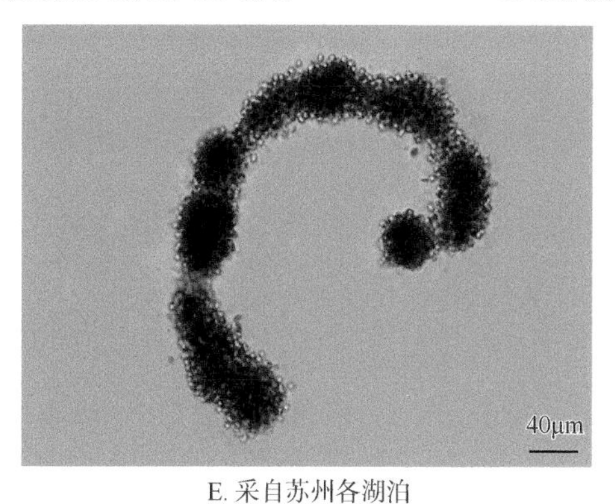

E. 采自苏州各湖泊

假丝微囊藻（*Microcystis pseudofilamentosa*）

7）坚实微囊藻（*Microcystis firma*）

形态特征：自由漂浮；群体团块较小，结实，有时肉眼可见；群体棕褐色，扁平状，不形成穿孔或树枝状；胶被坚硬、无色、不明显、无折光；胶被稍贴细胞群体边缘，但不密贴；胶被内细胞排列密集；细胞球形，直径为2.9～4.9μm，平均为（4.0±0.41）μm；细胞原生质体棕色有气囊。

生境：常出现在富营养化的水体中，未见单独形成水华。

采集地：太湖流域、苏州各湖泊。

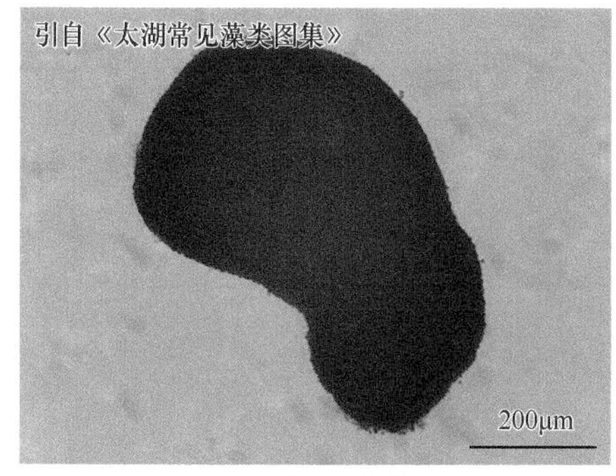

A. 采自太湖流域

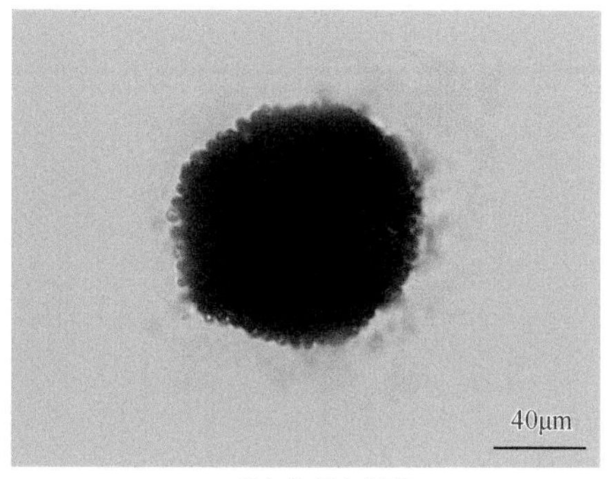

B. 采自苏州各湖泊

坚实微囊藻（*Microcystis firma*）

8）绿色微囊藻（*Microcystis viridis*）

形态特征：自由漂浮；群体绿色或棕褐色，通常由上下两层8个细胞对称排列组成小型立方形亚单位，再由4个亚单位组成32个细胞的规则方形小群体单位；每个小群体单位及其亚单位都有各自的胶被，但亚单位的胶被通常与群体单位的胶被融合在一起；胶被将各亚单位以及各群体隔开；以小群体单位为基础，通过胶被连接和组合，群体可形成大型团块，肉眼可见，不形成穿孔或树枝状；大群体中各小群体的排列时常无规律、不整齐；各小群体间的间距远大于小群体内各亚单位的间距；胶被无色，易见，边界模糊，无折光，易溶解；胶被离细胞边缘远，达5～10μm甚至更多；群体中细胞成对

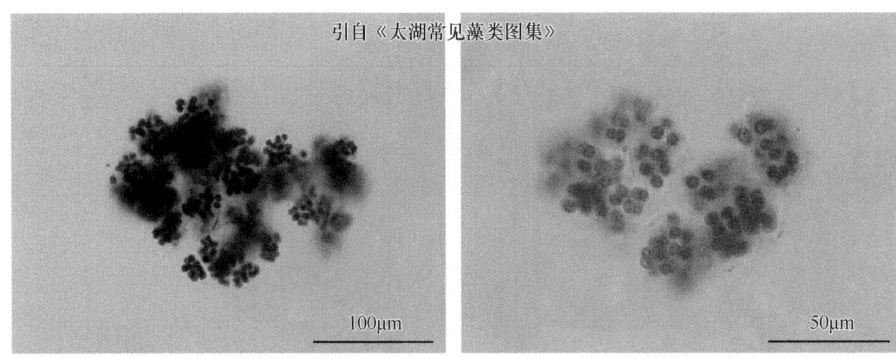

A. 采自太湖流域　　B. 采自太湖流域

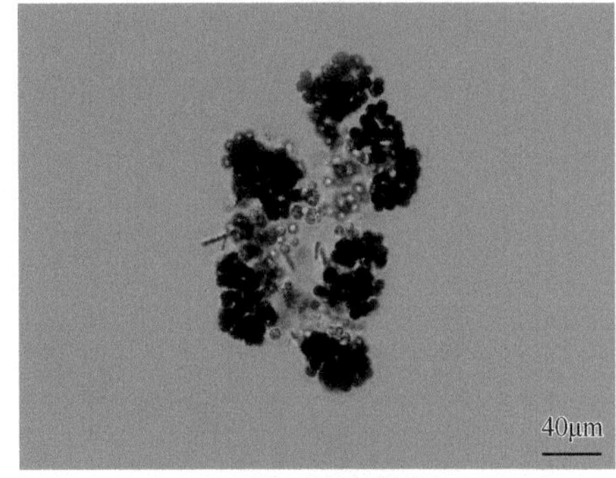

C. 采自苏州各湖泊

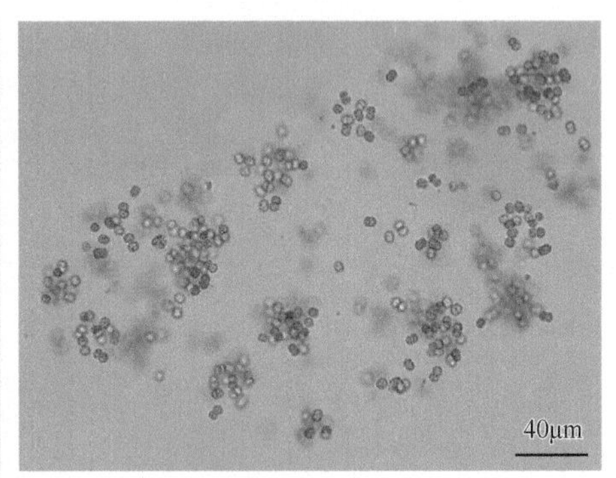

D. 采自苏州各湖泊

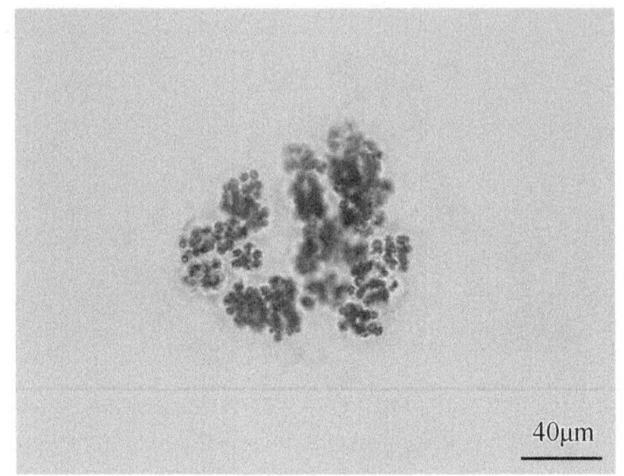

E. 采自苏州各湖泊

绿色微囊藻（*Microcystis viridis*）

出现，分布不密贴，排列规则；细胞间隙较大，一般远大于其细胞直径；细胞较大，球形或近球形，直径为4.0～6.9μm，平均为（5.7±0.62）μm；细胞原生质体蓝绿色或棕色，有气囊。绿色微囊藻是有毒种类。

生境：淡水、轻度富营养化湖泊、池塘的浮游种类，有时形成水华。

采集地：太湖流域、苏州各湖泊。

9）浮生微囊藻（*Microcystis natans*）

形态特征：自由漂浮；群体微观，圆球形、长形，后期形态不规则，常无窗格或多数具不明显窗格，宽40～200μm甚至更宽，细胞不规则的均匀分布，而不是密集，或更多的聚集在近群体表层；胶被无色，均质，稀薄，染色可见，细胞距胶被边缘约4μm；细胞球形或略长形（细胞分裂前为宽卵形），具气囊，直径约为1.5μm。

生境：淡水、湖泊和大型水体。

采集地：太湖流域。

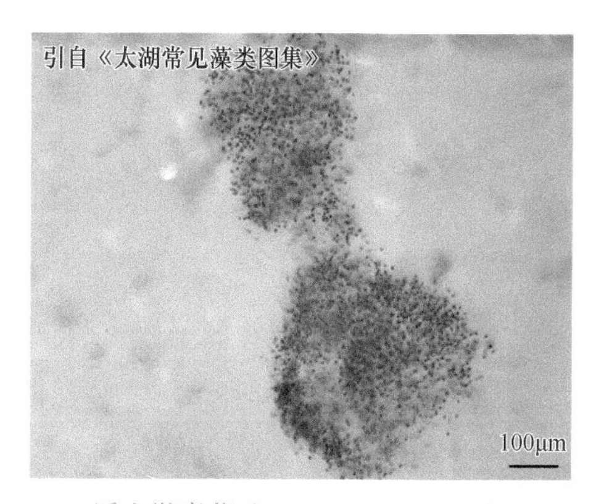

浮生微囊藻（*Microcystis natans*）

10）挪氏微囊藻（*Microcystis novacekii*）

形态特征：自由漂浮；群体球形或不规则球形，团块较小，直径一般为50～300μm；群体之间通过胶被连接，堆积成更大的球体或不规则的群体，一般为3～5个小群体连接成环状，但群体内不形成穿孔或树枝状；胶被无色或微黄绿色，明显但边界模糊、易溶、无折光；胶被离细胞边缘远，达5μm以上；胶被内细胞排列不十分紧密，外层细胞呈放射状排列，少数细胞散离群体；细胞球形，直径为3.9～7.0μm，平均为（5.6±0.54）μm，其大小介于水华微囊藻与铜绿微囊藻之间；细胞原生质体黄绿色，有气囊。

生境：淡水、中营养型和略富营养型湖泊、池塘、水库。有时单独形成水华或与其他种类相伴形成水华。

采集地：太湖流域、苏州各湖泊、福建闽江流域、闽东南诸河流域、汀江流域、辽河流域。

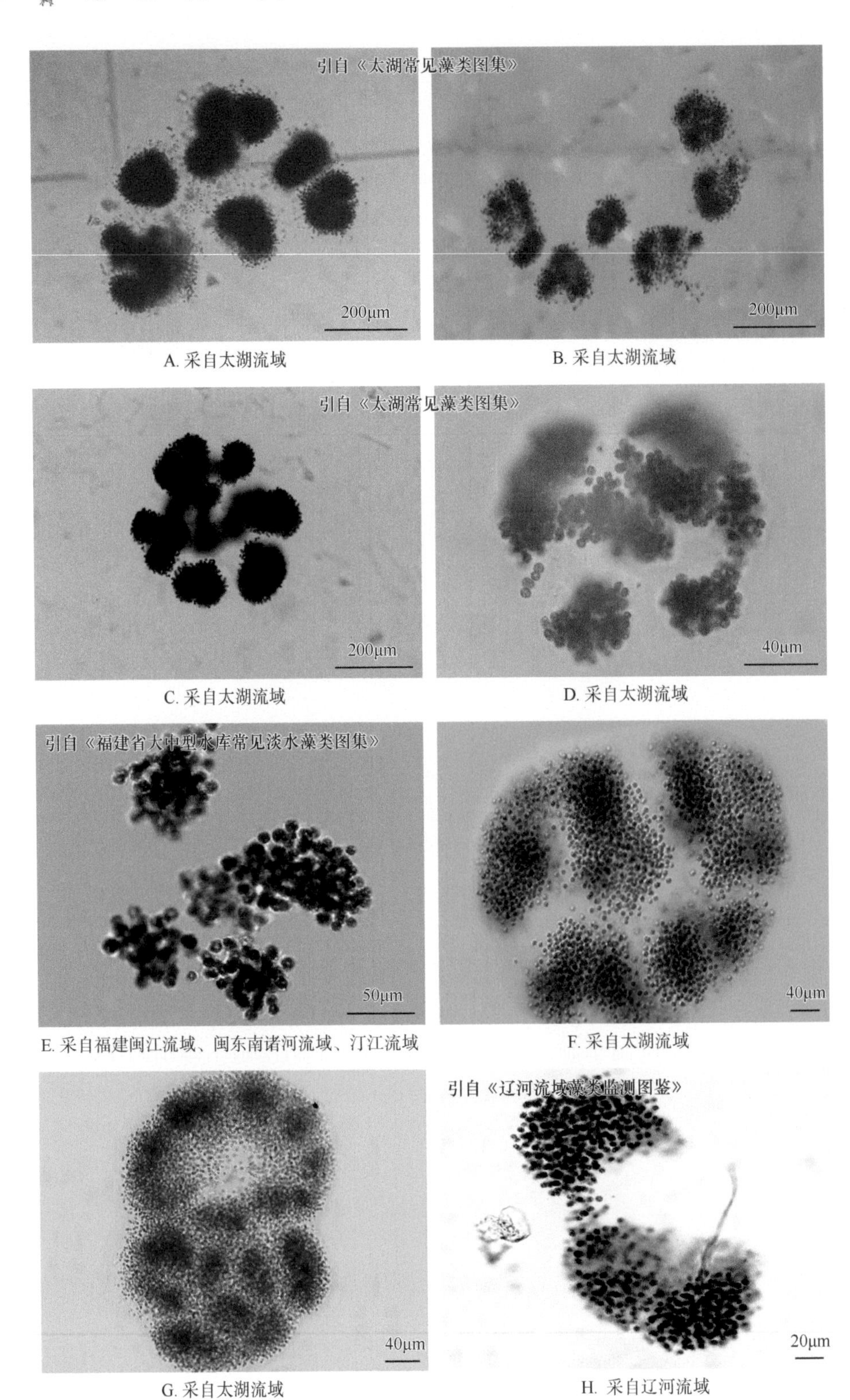

A. 采自太湖流域 B. 采自太湖流域
C. 采自太湖流域 D. 采自太湖流域
E. 采自福建闽江流域、闽东南诸河流域、汀江流域 F. 采自太湖流域
G. 采自太湖流域 H. 采自辽河流域

挪氏微囊藻（*Microcystis novacekii*）

11）片状微囊藻（*Microcystis panniformis*）

形态特征：自由漂浮；不规则扁平到单层，具小孔（老群体），之后解离成小群；幼年阶段细胞（单细胞）形成小的群体（丛簇），群体一般呈扁平体或圆形的扁平体（有时内陷形成小孔）；细胞球形，直径为2.6～6.8μm，平均为（4.3±0.50）μm；群体边缘不规则，无明显的边缘或重叠的细胞，胶质不明显；细胞密集，均匀排列；产微囊藻毒素；具气囊。

生境：淡水、湖泊和大型水体。

采集地：太湖流域、苏州各湖泊。

引自《太湖常见藻类图集》

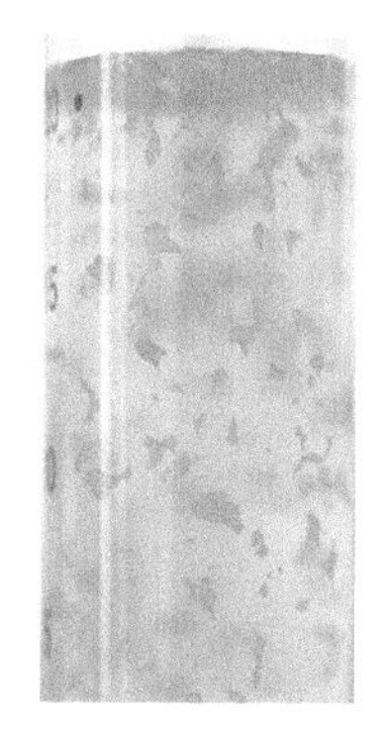

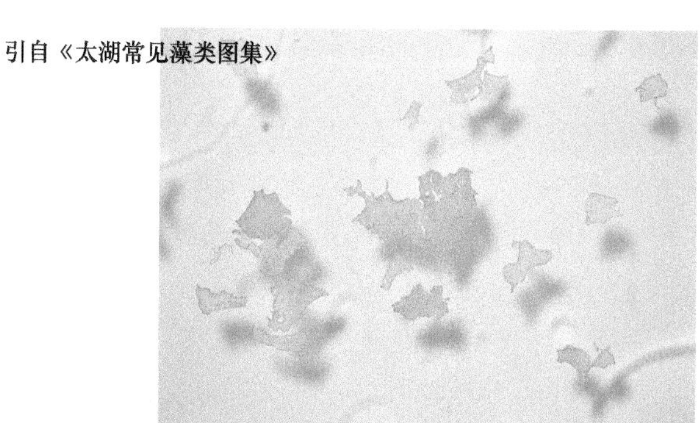

A. 采自太湖流域，群体状态

引自《太湖常见藻类图集》

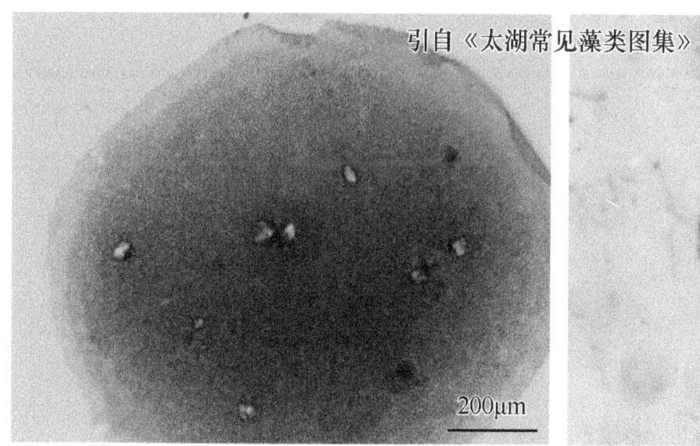

B. 采自太湖流域

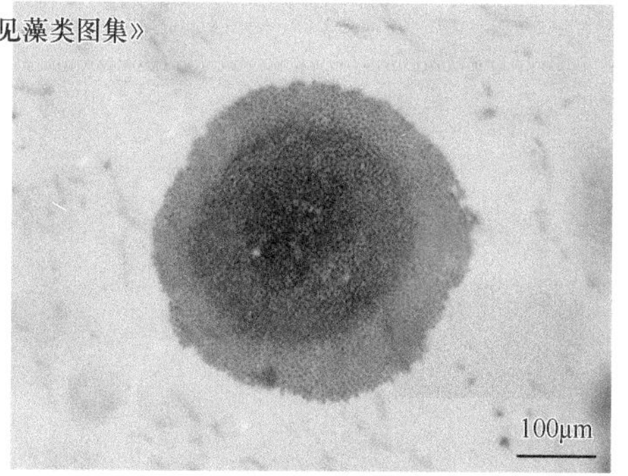

C. 采自太湖流域

引自《太湖常见藻类图集》

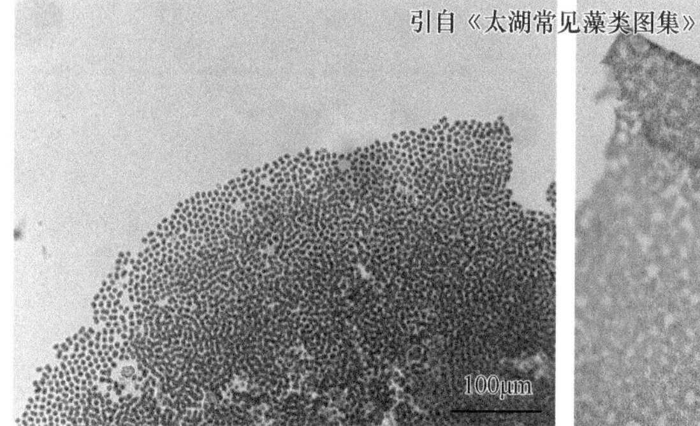

D. 采自太湖流域

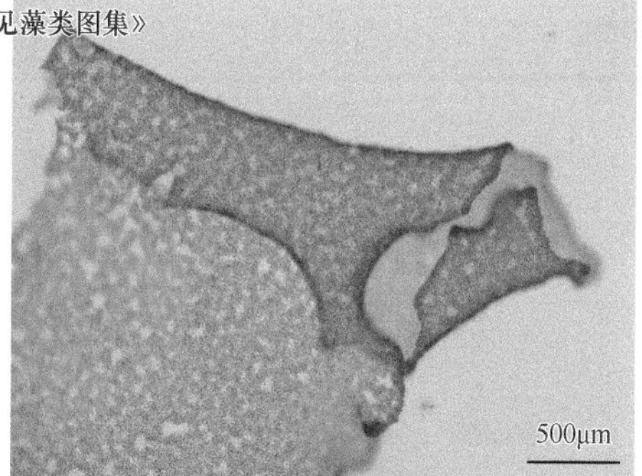

E. 采自太湖流域

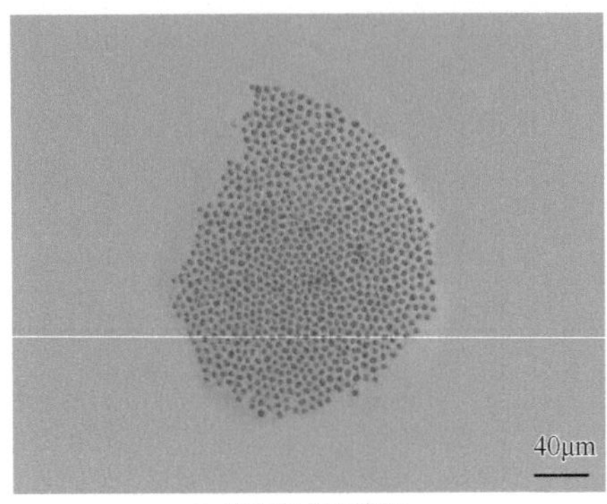

F. 采自苏州各湖泊

G. 采自苏州各湖泊

片状微囊藻（*Microcystis panniformis*）

12）史密斯微囊藻（*Microcystis smithii*）

形态特征：自由漂浮；群体团块较小，球形或近球形，不形成穿孔或树枝状，直径一般在30μm以上，有的可以超过1000μm；胶被无色或微黄绿色，易见，但边界模糊，无折光，易溶解；胶被离细胞边缘远，达5μm以上；胶被内细胞围绕胶被稀疏而有规律地排列，细胞单个或成对出现；细胞间隙较大，一般远大于其直径；细胞球形，较小，直径为2.5～6.0μm，平均为（4.3±0.73）μm；其大小介于水华微囊藻与铜绿微囊藻之间，大于坚实微囊藻；细胞原生质体蓝绿色或茶青色，有气囊。

生境：淡水，常与蓝藻或其他藻类混生。在中营养或稍富营养化的水体中可形成水华。

采集地：太湖流域、苏州各湖泊、福建闽江流域、闽东南诸河流域、汀江流域。

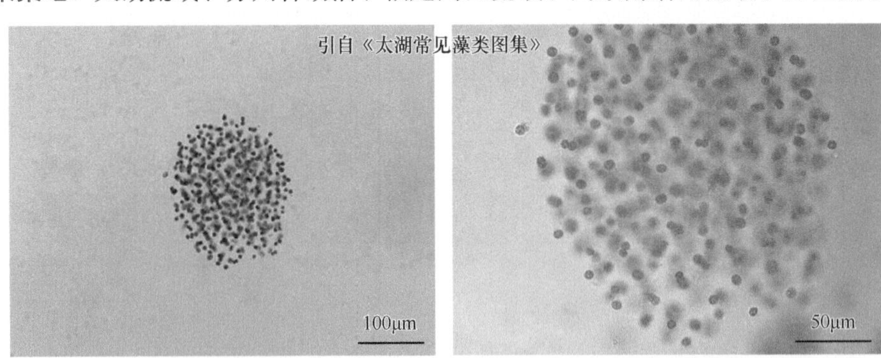

A. 采自太湖流域

B. 采自太湖流域

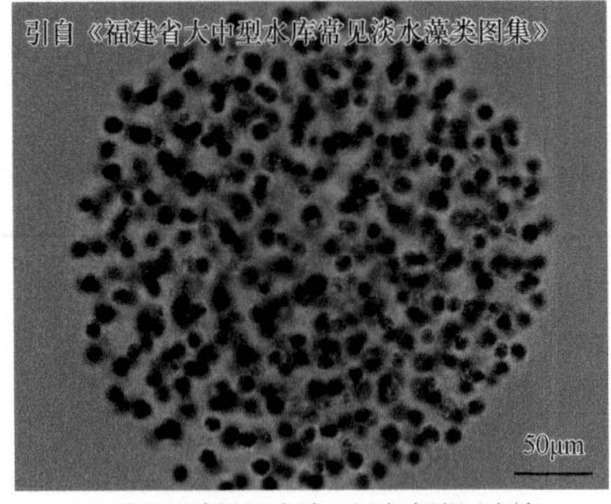

C. 采自福建闽江流域、闽东南诸河流域、汀江流域

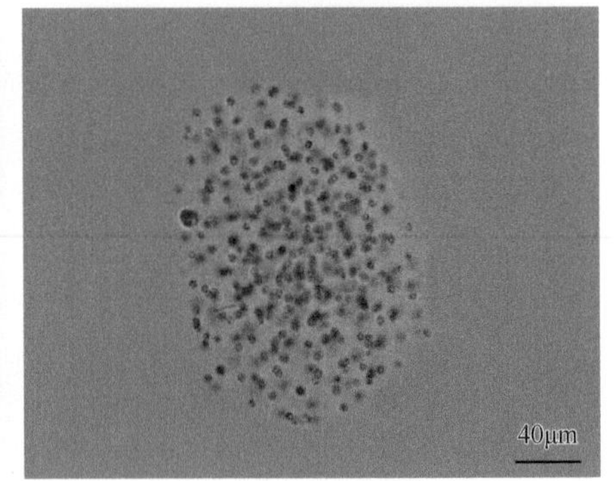

D. 采自苏州各湖泊

史密斯微囊藻（*Microcystis smithii*）

（2）粘球藻属（*Gloeocapsa*）

形态特征：植物团块球形或不定形，是由2～8个以至数百个细胞组成的群体；群体胶被均匀，透明或有明显层理，无色或黄色、褐色等各种色彩；细胞球形，个体胶被一般融合在群体胶被中，有时也能看到其痕迹，或新旧胶被互相形成不规则层次；原生质体均匀，或含有颗粒体，色彩多样，常因种的不同而有差别，有灰蓝绿色、蓝青色、橄榄绿色、黄色、橘黄色、紫色、红色等；细胞有2个或3个面分裂。

采集地：珠江流域（广州段）。

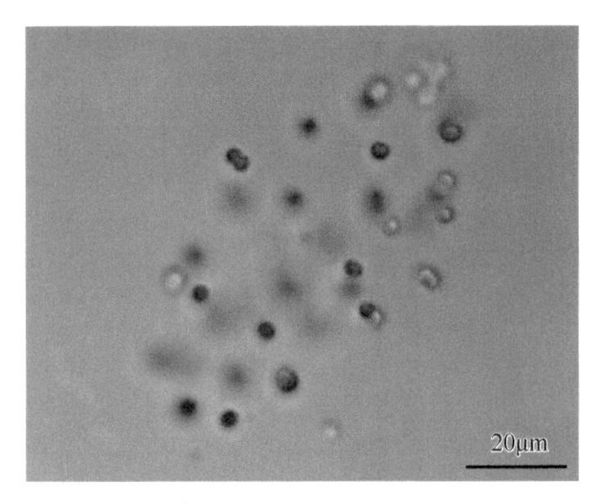

粘球藻（*Gloeocapsa* sp.）

（二）颤藻目（Osillatoriales）

1. 颤藻科（Oscillatoriaceae）

藻丝罕见单生，主要为基质上薄的或密的层或匍匐垫状，有时漂浮于水面；藻丝圆柱状，直或弯曲或螺旋卷曲，横壁不收缢或收缢；鞘的形成有的是暂时的（如颤藻在不太正常条件下），或者是稳定的（如毛丝藻、鞘丝藻）；鞘与藻丝连接或略有距离，固有时略分层，包含1条或多条藻丝，伪分枝偶尔发生或在具鞘的丝体内出现，细胞呈短的圆盘状，罕见方形；成熟藻丝的顶端细胞外壁通常增厚或具帽状结构；无鞘的和具鞘的藻丝能动（滑动，颤动，旋转，抖动——颤藻、毛丝藻、鞘丝藻、螺旋藻）或不动；繁殖时藻丝在死细胞处断裂，形成能动的藻殖段或不动的藻殖囊。

（1）颤藻属（*Oscillatoria*）

形态特征：植物体为单条藻丝或由许多藻丝组成的皮壳状和块状的漂浮群体，无鞘或罕见极薄的鞘；藻丝不分枝，直或扭曲，能颤动，匍匐式或旋转式运动；横壁收缢或不收缢，顶端细胞形态多样，末端增厚或具帽状结构；细胞短柱形或盘状；内含物均匀或具颗粒，少数具气囊；以形成藻殖段的方式进行繁殖。该属的某些种类会产生藻毒素。

采集地：太湖流域、苏州各湖泊、福建闽江流域、闽东南诸河流域、汀江流域、山东半岛流域（崂山水库）、辽河流域、甬江流域、嘉陵江流域（重庆段）。

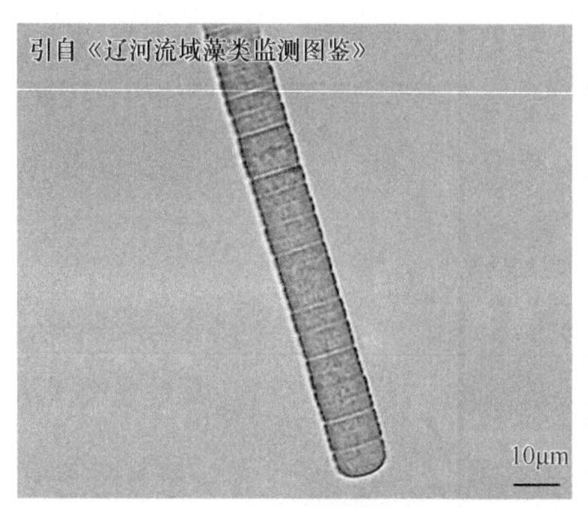

A. 采自辽河流域

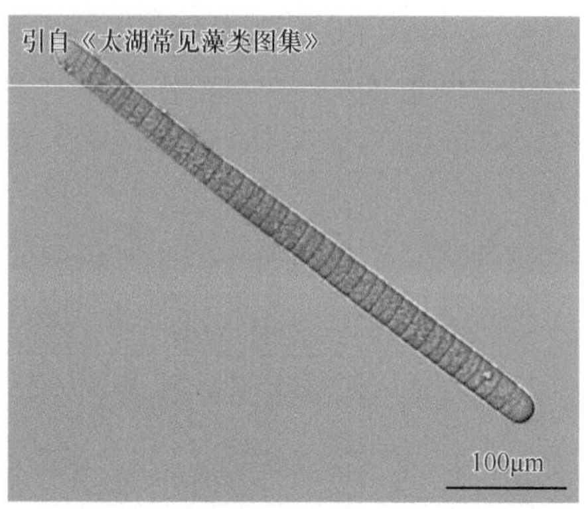

B. 采自太湖流域

颤藻（*Oscillatoria* sp. 1）

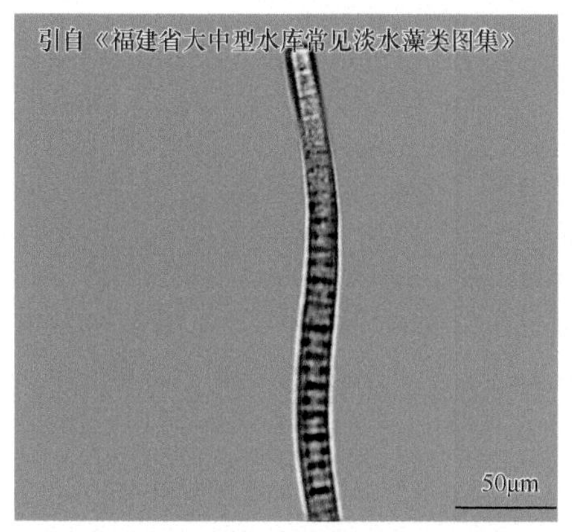

采自福建闽江流域、闽东南流域、汀江流域

颤藻（*Oscillatoria* sp. 2）

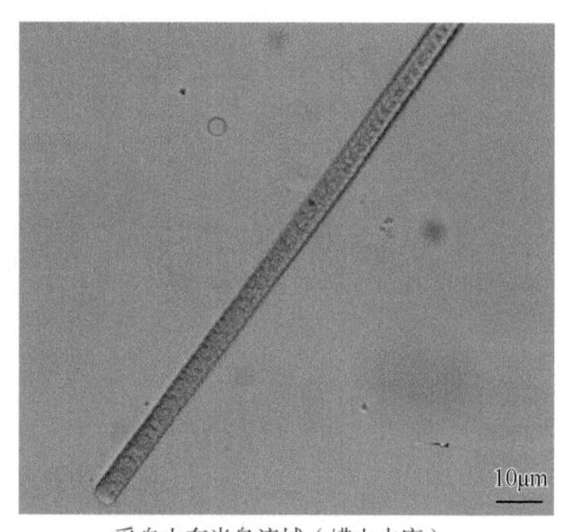

采自山东半岛流域（崂山水库）

颤藻（*Oscillatoria* sp. 3）

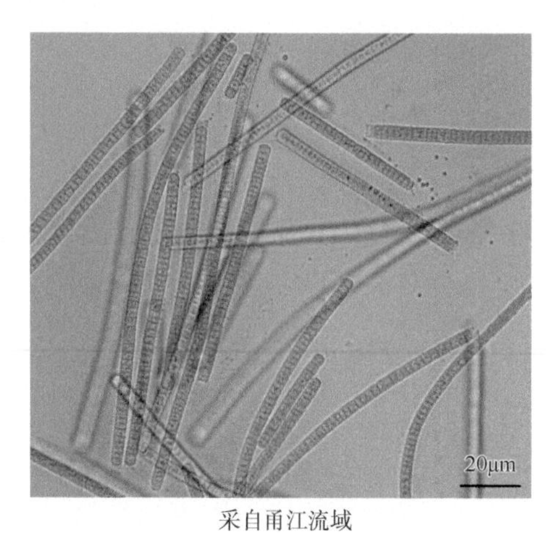

采自甬江流域

颤藻（*Oscillatoria* sp. 4）

1）钻头颤藻（*Oscillatoria terebriformis*）

形态特征：物体绿褐色或紫褐色，丝体缠绕，膜状；藻丝直或螺旋状弯曲，横壁不收缢，顶端弯曲呈钻头状，顶端细胞圆形，不具帽状结构，不增厚。

生境：水坑，稻田，温泉。

采集地：苏州各湖泊。

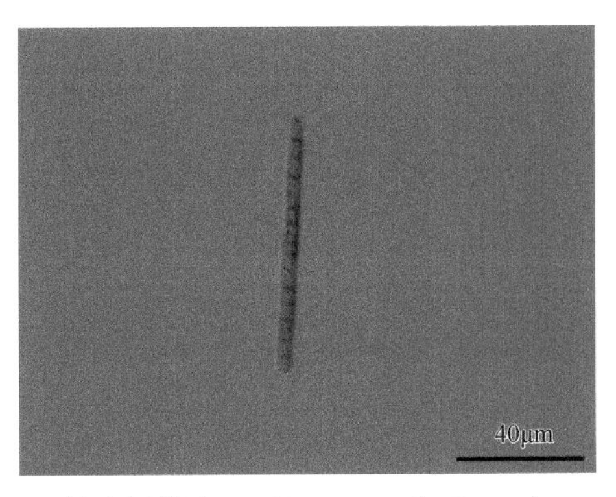

钻头颤藻（*Oscillatoria terebriformis*）

2）断裂颤藻（*Oscillatoria fraca*）

形态特征：藻丝长100～200μm，横壁不收缢，两侧具颗粒，两端不尖细，顶端细胞圆形或截形，不具帽状体；细胞长2.5～4.6μm，宽7～8μm。

生境：喜生活在湖泊、水库等静水水体中。

采集地：山东半岛流域（崂山水库）、辽河流域。

3）爬行颤藻（*Oscillatoria animalis*）

形态特征：植物体黑蓝绿色；藻丝直，横壁不收缢，两侧不具颗粒，顶端尖端微弯曲，末端细胞圆锥形，不具帽状结构，外壁不增厚；细胞长1.6～5μm，宽3～4μm。

生境：含钙的静止水体，温水，温泉（水温38℃），温室壁上。

采集地：辽河流域。

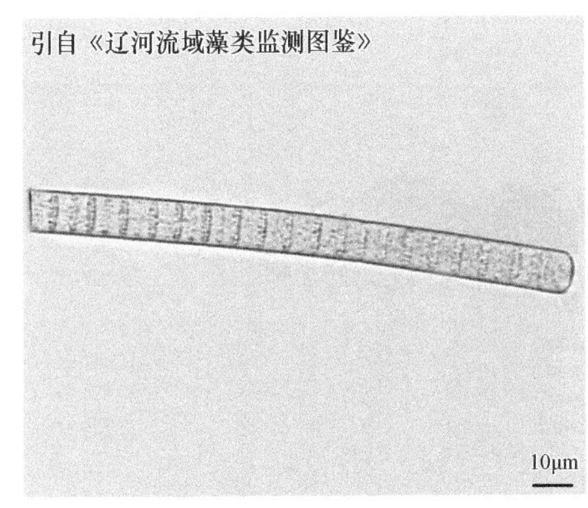

采自辽河流域

断裂颤藻（*Oscillatoria fraca*）

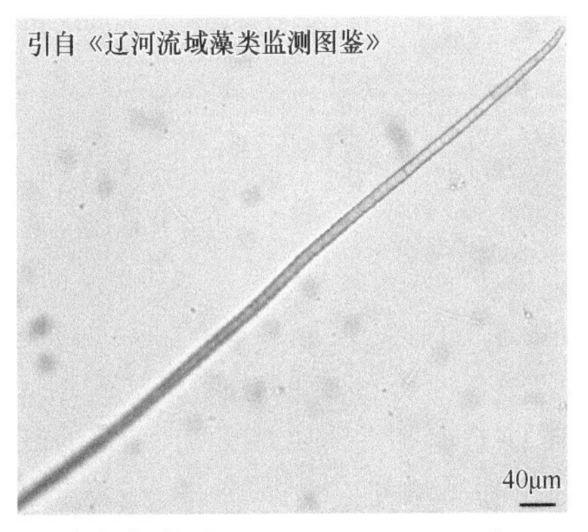

爬行颤藻（*Oscillatoria animalis*）

（2）鞘丝藻属（*Lyngbya*）

形态特征：植物体为不分枝的单列藻丝，或聚集成厚或薄的团块，以基部着生；丝体罕见单生，常为密集的、大的、似革状的层状；丝体罕见伪分枝，波状；藻丝具鞘，鞘有时分层；藻丝由盘状细胞组成；丝体有的呈螺旋形弯曲，有的弯曲成弧形而以中间部位着生在其他物体上，少数以整条着生，有的漂浮；有坚固的经久性的鞘，无色或者黄色、褐色、红色，分层或不分层。

生境：生活在各种各样的环境中，海水中也有。

采集地：苏州各湖泊、福建闽江流域、闽东南诸河流域、汀江流域、松花江流域、辽河流域、珠江流域（广州段）。

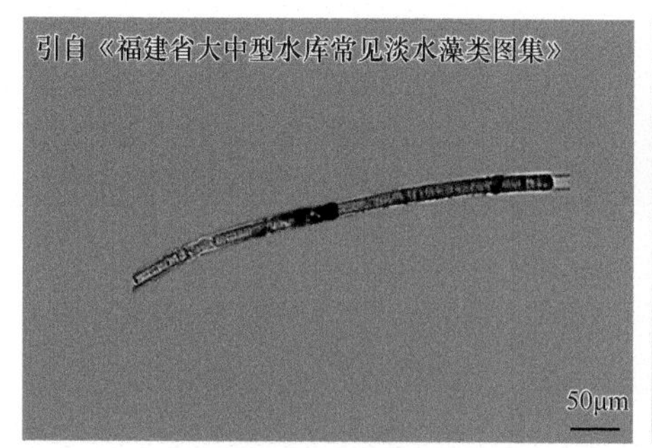

A. 采自福建闽江流域、闽东南诸河流域、汀江流域

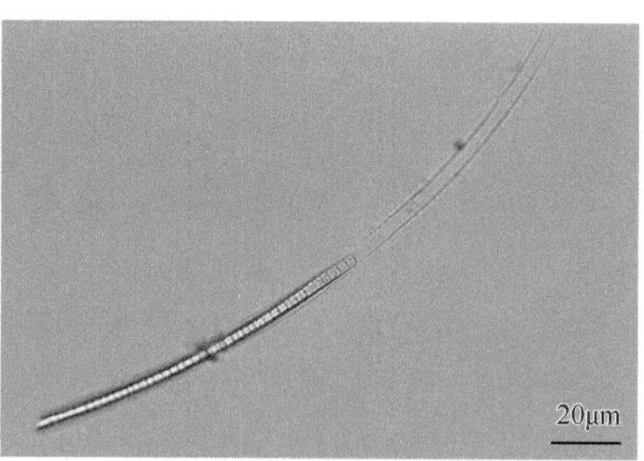

B. 采自苏州各湖泊

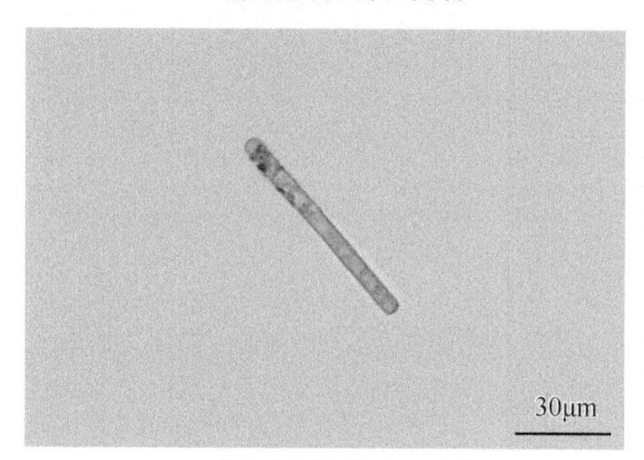

C. 采自珠江流域（广州段）

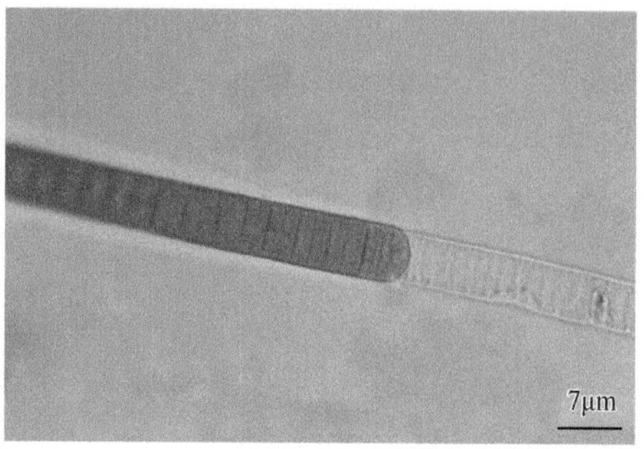

D. 采自松花江流域

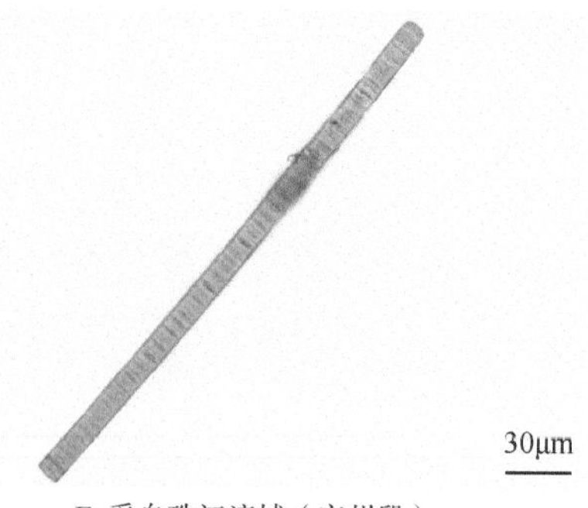

E. 采自珠江流域（广州段）

鞘丝藻（*Lyngbya* sp.）

1）希罗鞘丝藻（*Lyngbya hieronymusii*）

形态特征：丝体宽12～24μm；鞘坚固，无色；藻丝顶端钝圆，横壁两侧具颗粒及气囊；细胞长2.5～4μm，宽11～13μm。

生境：常见于静止水体、小水沟中。

采集地：辽河流域。

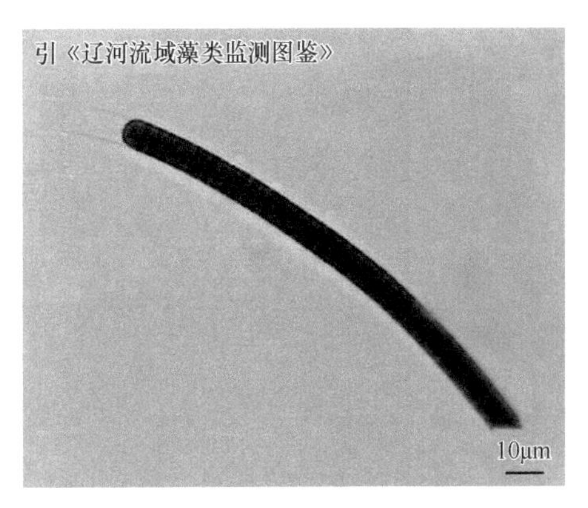

希罗鞘丝藻（*Lyngbya hieronymusii*）

2. 假鱼腥藻科（Pseudanabaenaceae）

单条细的不分枝的藻丝，或形成匍匐状群体（小垫状），有时呈半圆形，似泡状或藻丝缠绕；缺乏坚硬的鞘，罕见薄的胶被；细胞柱形或方形，有时横壁处明显收缢或不收缢；顶端细胞有时渐尖，有的具帽状结构，有的则无；具气囊或无，气囊常位于细胞末端或中央；每个细胞都能进行分裂；无异形胞，不形成孢子；类囊体大多数为周位平行排列；以藻丝断裂进行繁殖，形成由少数细胞组成的能动的藻殖段或不能动的藻殖囊。

（1）假鱼腥藻属（*Pseudanabaena*）

形态特征：藻体呈丝状体；藻丝单生或聚合成很细的、胶状的垫，直线略呈波状或弯曲；不很长，无分枝，宽0.8～3μm，由圆柱形细胞组成，细胞横壁处常略收缢，幼丝体横壁不清晰，无硬的鞘，有时具薄的、无色的、水溶性、窄的胶被（染色可见），藻丝末端不渐细；细胞圆柱形，长常大于宽，但有时具单个颗粒，或气囊聚合呈气囊群，位于细胞末端，末端细胞圆柱形，顶端钝圆或多少圆锥状到盾形或尖锐；细胞分裂面垂直于丝体长轴，子细胞长到母细胞大小时进行下一次分裂，以藻丝解裂（几个单细胞或少数几个细胞段）进行繁殖，不形成死细胞。该属的某些种类会产生异味物质。

采集地：东湖、苏州各湖泊、福建闽江流域、闽东南诸河流域、汀江流域、丹江口水库、甬江流域、嘉陵江流域（重庆段）、太湖流域。

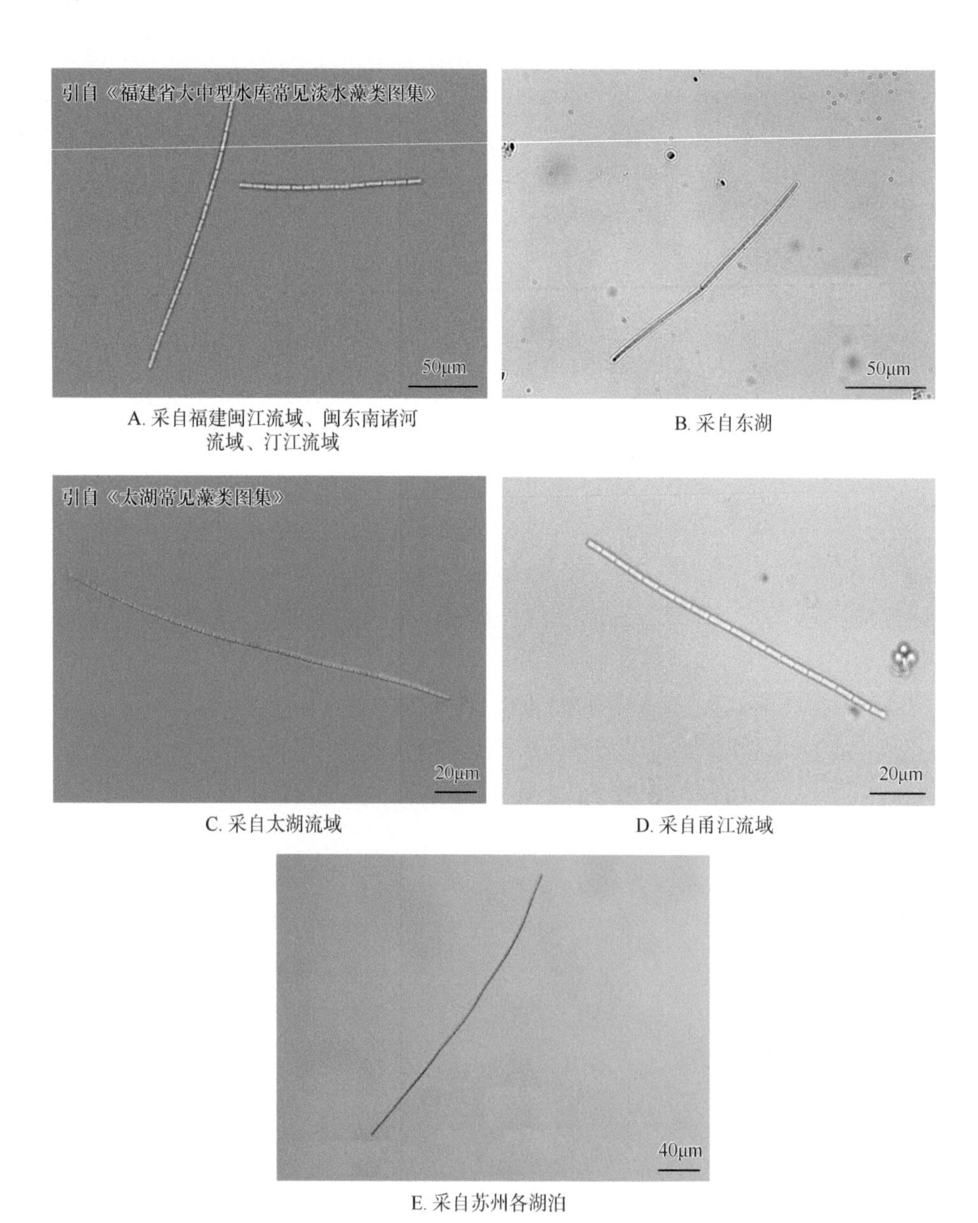

A. 采自福建闽江流域、闽东南诸河流域、汀江流域

B. 采自东湖

C. 采自太湖流域

D. 采自甬江流域

E. 采自苏州各湖泊

假鱼腥藻（*Pseudanabaena* sp.）

（2）细鞘丝藻属（*Leptolyngbya*）

形态特征：柱状藻丝细，宽0.5～2（～3）μm；略呈波状；细胞方形或长圆柱形，具薄的鞘；伪分枝偶然发生；横壁收缢，但不太明显；细胞内无气囊，也无颗粒；藻丝断裂形成不动的藻殖囊，无死细胞。

采集地：福建闽江流域、闽东南诸河流域、汀江流域、珠江流域（广州段）。

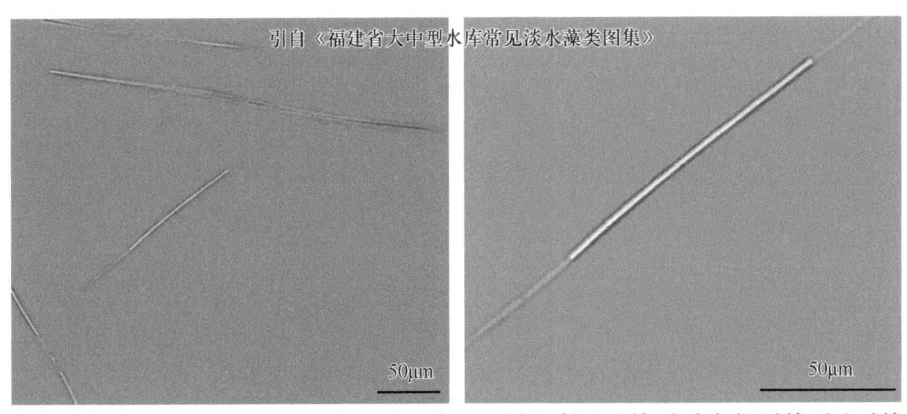

A. 采自福建闽江流域、闽东南诸河流域、汀江流域　B. 采自福建闽江流域、闽东南诸河流域、汀江流域

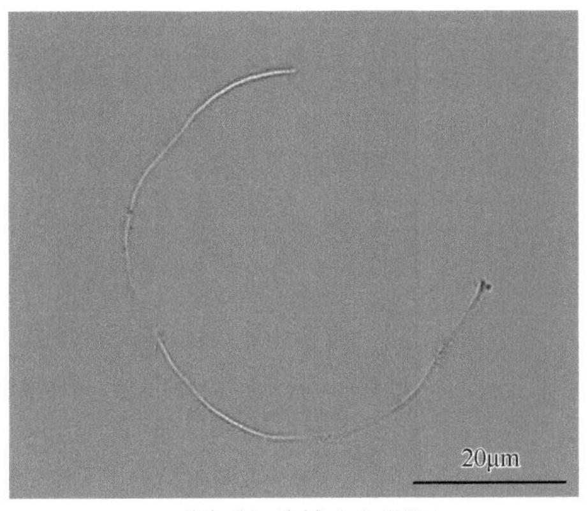

C. 采自珠江流域（广州段）

细鞘丝藻（*Leptolyngbya* sp.）

3. 席藻科（Phormidiaceae）

藻丝单生，能动，或呈垫状；无鞘或暂时存在，薄或坚硬，顶端开放，鞘内具1条或多条藻丝；几个属有伪分枝；除顶端细胞外，其他细胞均能进行细胞分裂；具气囊或无；以藻丝断裂形成能动的藻殖段或不动的藻殖囊进行繁殖。

（1）浮丝藻属（*Planktothrix*）

形态特征：植物体单生，直或略微弯曲，除不正常条件外，无坚硬的鞘；藻丝从中部到顶端渐尖细，具帽状结构，不能运动或不明显运动，宽3.5～10μm；细胞圆柱形，罕见方形，气囊充满细胞。

采集地：苏州各湖泊、东湖、福建闽江流域、闽东南诸河流域、汀江流域、太湖流域、山东半岛流域（崂山水库）、长江流域（南通段）、珠江流域（广州段）、辽河流域、甬江流域。

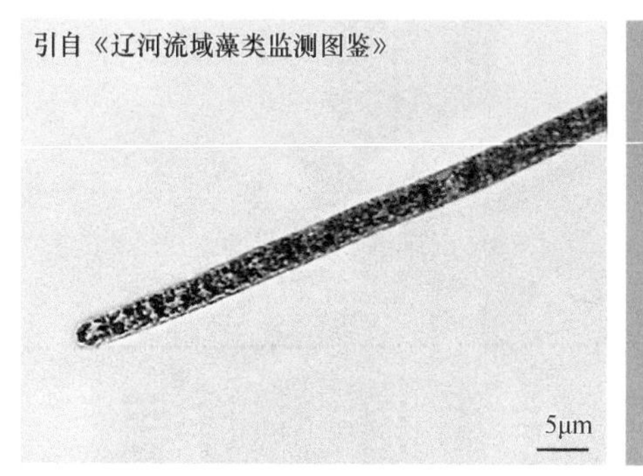

A. 采自辽河流域

B. 采自甬江流域

浮丝藻（*Planktothrix* sp. 1）

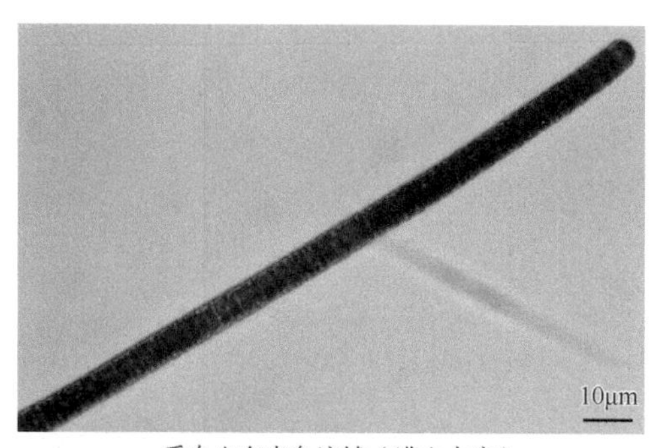

采自山东半岛流域（崂山水库）

浮丝藻（*Planktothrix* sp. 2）

1）阿氏浮丝藻（*Planktothrix agardhii*）

形态特征：藻丝多为单生，自由漂浮，长可达300μm，直或略微弯曲，有时连成蓝绿色或橄榄绿色的微小的、疏松的簇，偶尔形成底栖的膜状覆盖物，无鞘或非常罕见，幼年时期具薄的鞘；藻丝宽（2.3）4～6（9.8）μm，横壁处具颗粒，不收缢或很微弱收缢，顶端渐尖细；细胞长常比宽小或常为方形；细胞内含物蓝绿色，具多数气囊；顶端细胞凸状，罕见帽状结构。

生境：淡水，湖泊、池塘中漂浮，常形成水华，在温带分布很广。

采集地：苏州各湖泊。

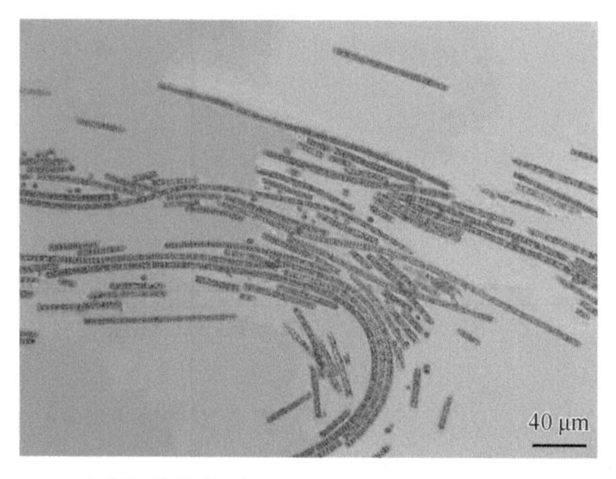

阿氏浮丝藻（*Planktothrix agardhii*）

2）螺旋浮丝藻（*Planktothrix spiroides*）

形态特征： 藻丝一般为蓝绿色或橄榄绿色，少见黄绿色；自由漂浮，有时群体缠绕；藻丝体一端细胞近圆，另一端稍细圆或近圆；藻丝体具规则卷曲，长时间继代培养后，部分螺旋特征（螺距、螺宽等）会发生改变；无假分枝；细胞柱形，伪空胞无规则地分布于细胞内；藻细胞宽3.7～6.4μm，螺旋宽26～47μm，螺高30～43μm；基本不运动，少见黏液质的鞘；以藻殖段繁殖。

生境： 存在于淡水中。

采集地： 东湖、福建闽江流域、闽东南诸河流域、汀江流域、太湖流域、苏州各湖泊、山东半岛流域（崂山水库）、长江流域（南通段）、珠江流域（广州段）。

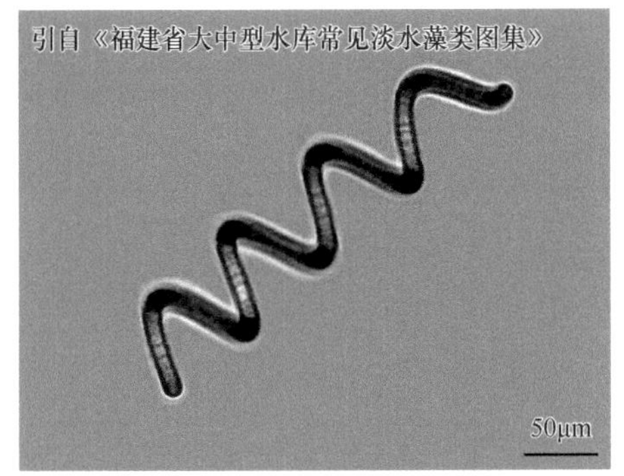

A. 采自福建闽江流域、闽东南诸河流域、汀江流域

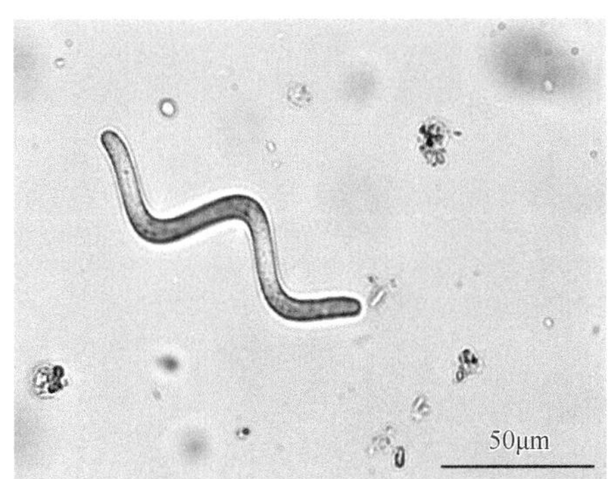

B. 采自东湖

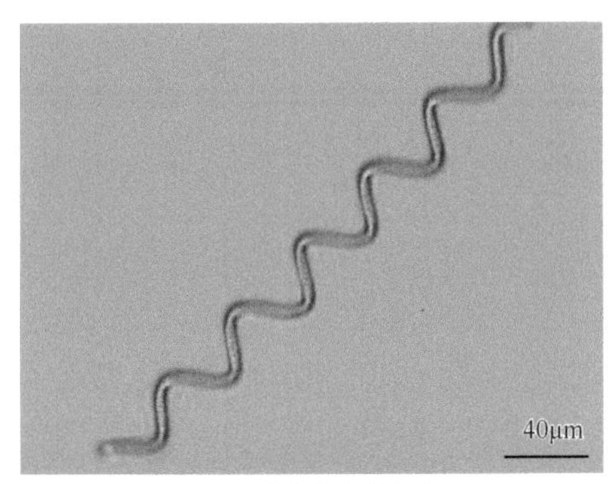

C. 采自苏州各湖泊

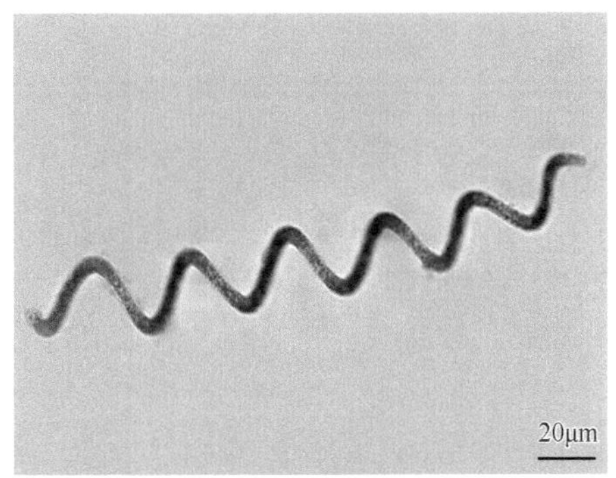

D. 采自苏州各湖泊

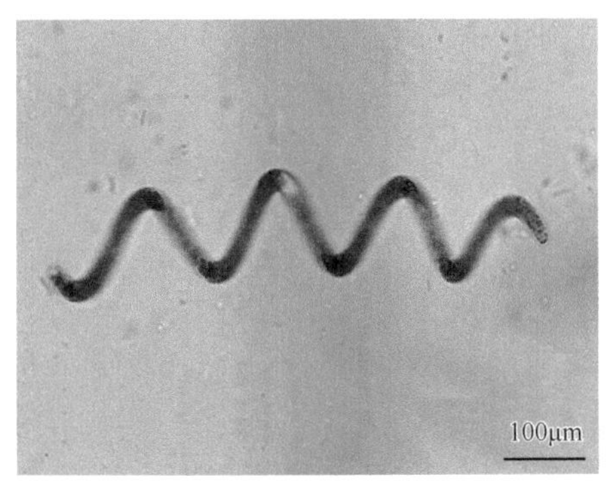

E. 采自山东半岛流域（崂山水库）

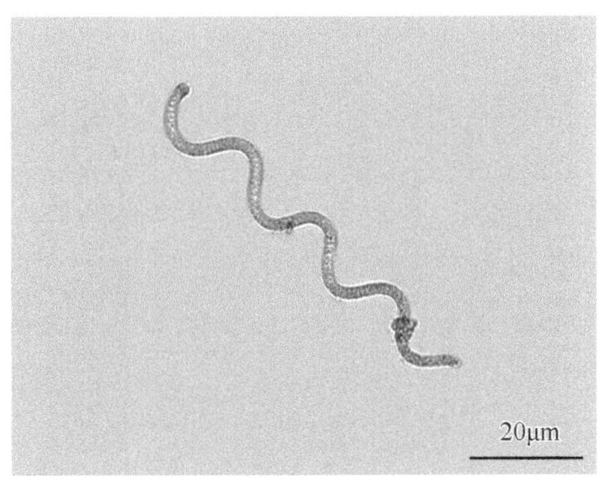

F. 采自珠江流域（广州段）

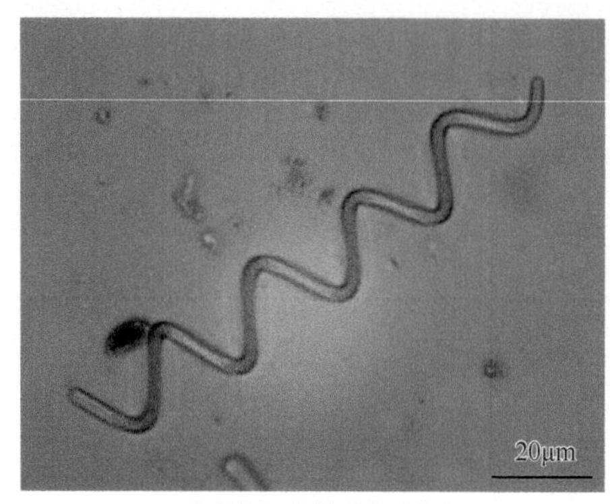

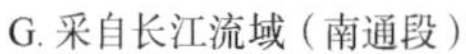
G. 采自长江流域（南通段）

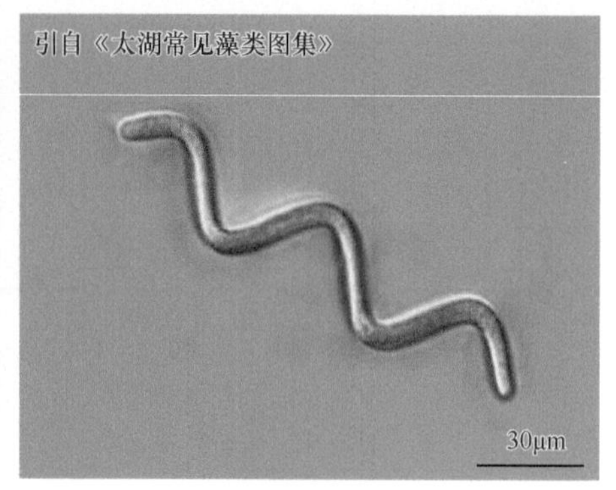

H. 采自太湖流域

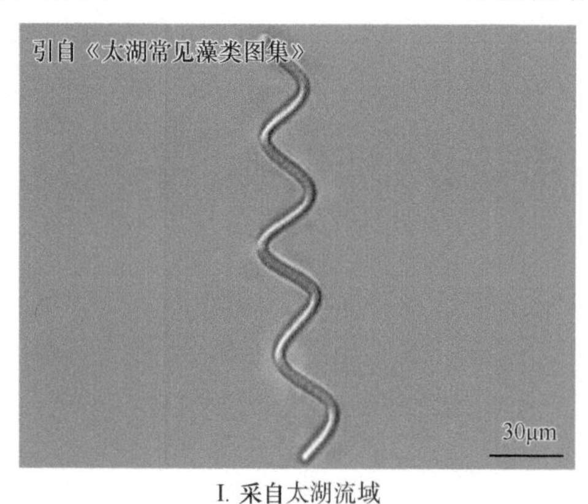

I. 采自太湖流域

螺旋浮丝藻（*Planktothrix spiroides*）

（2）拟浮丝藻属（*Planktothricoides*）

形态特征：植物体单生，自由漂浮；直或略成弓形，末端变细，顶端微弯，横壁收缢或不收缢，藻丝宽（3.5）6～11μm，轻微活动（颤动或滑动）；偶有极薄或无色的鞘；细胞圆柱形，比较短，细胞长宽比为2∶7～1∶1；气囊充满细胞，很容易受压力破坏（如镜检），顶端细胞圆，弓形，多少呈锥状，有时弯折，但不尖细，没有帽状结构。

采集地：苏州各湖泊。

1）拉氏拟浮丝藻（*Planktothricoides raciborskii*）

形态特征：藻丝单生，黄绿色或橄榄绿色；宽（5.4）8～9.5（16）μm，长可达1cm以上，有时可互相缠绕形成块状，横壁无或很浅的收缢，末端短的区段渐细同时弯曲，偶尔具鞘；细胞长3～8μm，顶端细胞锥形或钝尖到钝圆，无帽状结构。

生境：淡水，湖泊中漂浮，常与其他水华蓝藻混生。

采集地：苏州各湖泊。

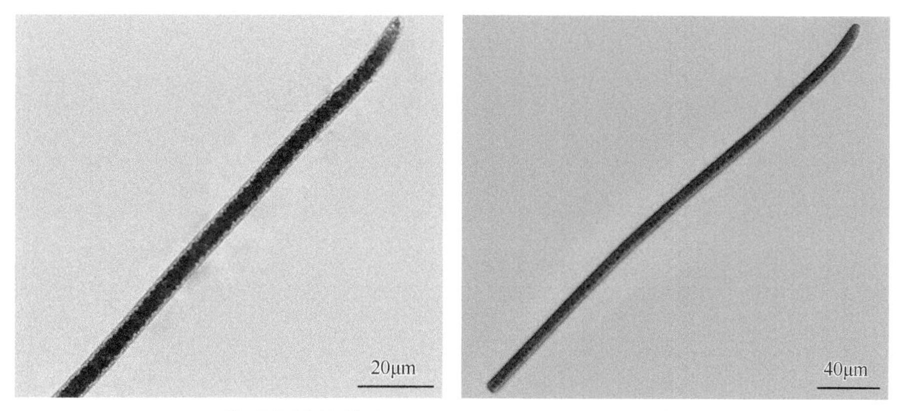

拉氏拟浮丝藻（*Planktothricoides raciborskii*）

（三）念珠藻目（Nostocales）

丝状体由藻丝组成，藻丝等极或异极，具伪分枝或不分枝，通常缺乏真分枝；具异形胞和厚壁孢子，厚壁孢子在生活史的一定时期出现；细胞分裂面与藻丝纵轴垂直，仅向1个方向连续分裂，无扁平细胞，仅1个属（*Coleodesmiumopsis*）形成单孢子，以产生厚壁孢子和藻殖段进行繁殖。

1. 念珠藻科（Nostocaceae）

藻丝等极性，末端钝圆或狭窄，顶部有时具延长的细胞；无真分枝或伪分枝；藻殖段从两端对称萌发；具异形胞（有几个属缺乏，但另一些特征，包括厚壁孢子与念珠藻类型的结构一致），间位或末端位；厚壁孢子常发育成副异形胞或离异形胞；所有细胞都有分裂能力；藻丝无分生区。

（1）尖头藻属（*Raphidiopsis*）

形态特征：细胞列短而弯曲，无鞘，两端尖细或一端尖细；细胞圆柱形，有或无气囊；无异形胞；具厚壁孢子，单生或成对，位于藻丝中间。

采集地：苏州各湖泊、福建闽江流域、闽东南诸河流域、汀江流域、长江流域（南通段）、汉江、山东半岛流域（崂山水库）、嘉陵江流域（重庆段）。

1）弯形尖头藻（*Raphidiopsis curvata*）

形态特征：丝体自由漂浮或少数成束，呈“S”形或螺旋形弯曲，少数直，横壁处不收缢；细胞长为宽的1.5～2倍，宽约4.5μm，圆柱形，内含物浅蓝色，具气囊；孢子椭圆形，宽4.0～7.2μm，长11～13μm，约位于藻丝中部。

采集地：福建闽江流域、闽东南诸河流域、汀江流域、长江流域（南通段）、苏州各湖泊、嘉陵江流域（重庆段）。

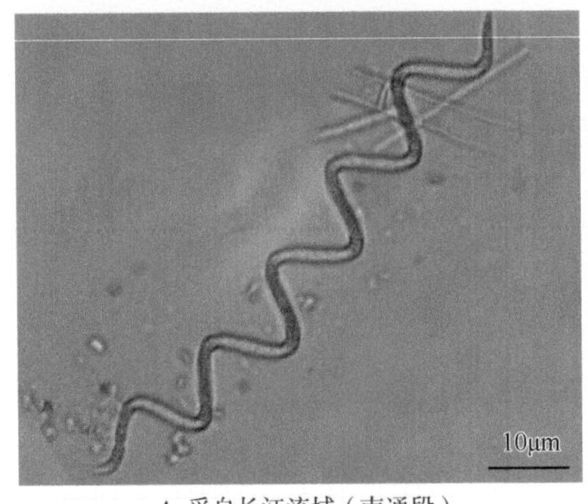

A. 采自长江流域（南通段）

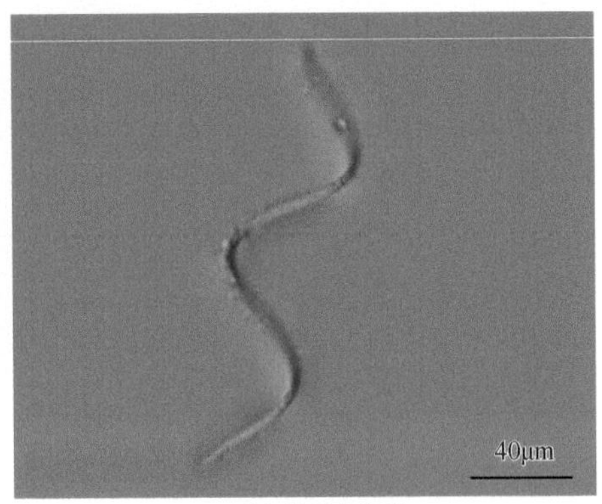

B. 采自苏州各湖泊

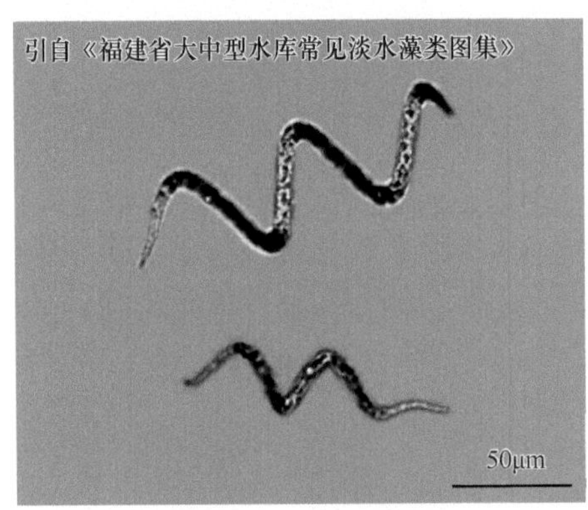

C. 采自福建闽江流域、闽东南诸河流域、汀江流域

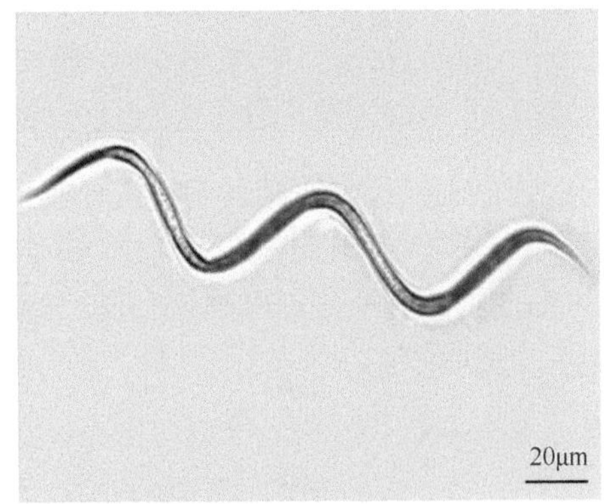

D. 采自嘉陵江流域（重庆段）

弯形尖头藻（*Raphidiopsis curvata*）

（2）拟柱胞藻属（*Cylindrospermopsis*）

形态特征：藻丝自由漂浮，单生，直、弯或似螺旋样卷曲，几个种末端渐狭，无鞘；藻丝等极（藻丝仅具1个异形胞为异极），近对称，横壁有或无收缢；细胞圆柱形或圆桶形，通常长明显大于宽，灰蓝绿色、浅黄色或橄榄绿色，具气囊；末端细胞圆锥形或顶端钝或尖；异形胞位于藻丝末端，卵形、倒卵形或圆锥形，有时略弯曲，似滴水形，具单孔，它们由藻丝顶端细胞不对称的分裂发育形成，而且藻丝两顶端细胞的分裂是不同步的；厚壁孢子椭圆形、圆柱形，在藻丝卷曲的种类中长略弯曲，通常远离异形胞，罕见邻近顶端异形胞，以藻丝断裂和厚壁孢子进行繁殖。

采集地：太湖流域、甬江流域、嘉陵江流域（重庆段）。

1）拉氏拟柱胞藻（*Cylindrospermopsis raciborskii*）

形态特征：藻丝漂浮，单生，直或略弯曲，罕见不规则卷曲形，周围无黏质性胶鞘包裹；横隔收缢明显，藻丝两端略渐狭细；营养细胞含有伪空胞，圆柱形，细胞长3～8μm，宽9～16μm，长宽比1：4～4：5；异形胞端生，偶尔间生，单个，圆锥形；厚壁孢子单个或有时数个串联而生，长椭圆形，亚端生，和异形胞仅隔1～3个营养细胞。

生境：静水，广布种。

采集地：太湖流域、甬江流域、嘉陵江流域（重庆段）。

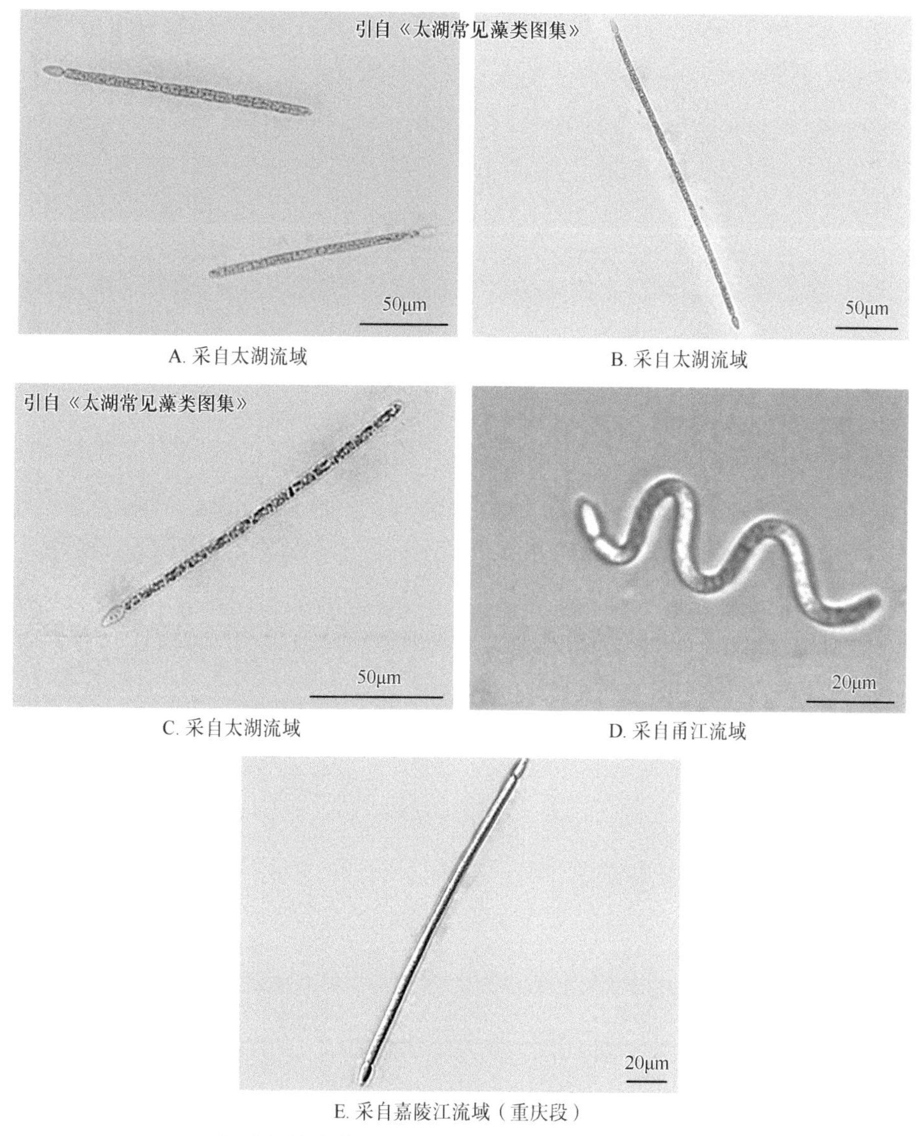

A. 采自太湖流域　B. 采自太湖流域　C. 采自太湖流域　D. 采自甬江流域　E. 采自嘉陵江流域（重庆段）

拉氏拟柱胞藻（*Cylindrospermopsis raciborskii*）

（3）束丝藻属（*Aphanizomenon*）

形态特征：藻丝多数直立，少数略弯曲，常多数集合形成盘状或纺锤状群体；无鞘，顶端尖细；异形胞间生；孢子远离异形胞。

采集地：苏州各湖泊、福建闽江流域、闽东南诸河流域、汀江流域、甬江流域、太湖流域。

1）水华束丝藻（*Aphanizomenon flos-aquae*）

形态特征：藻丝集合成束，少数单生，或直或略弯曲；细胞宽5～6μm，长5～15μm，圆柱形，具气囊；异形胞圆柱形，宽5～7μm，长7～20μm；孢子圆柱形，宽6～8μm，长可达80μm。

生境：各种静止水体。

采集地：苏州各湖泊、福建闽江流域、闽东南诸河流域、汀江流域、太湖流域。

A. 采自福建闽江流域、闽东南诸河流域、汀江流域　　B. 采自福建闽江流域、闽东南诸河流域、汀江流域

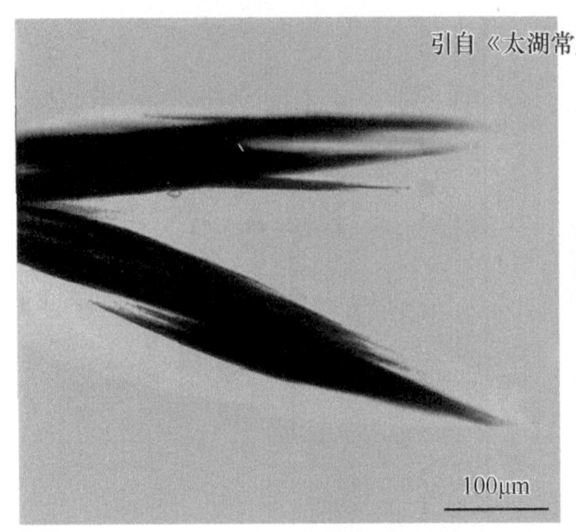

C. 采自太湖流域

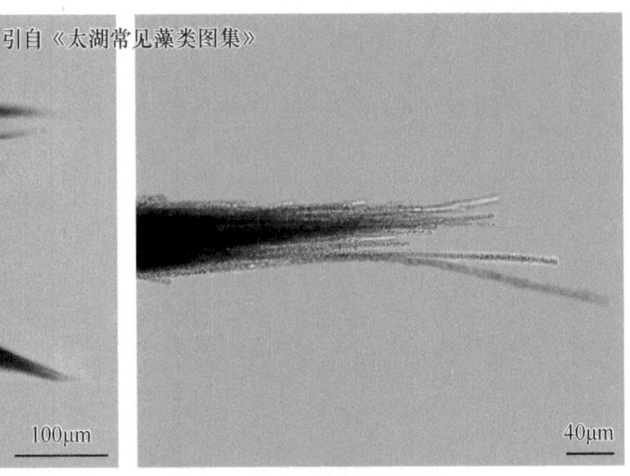

D. 采自太湖流域

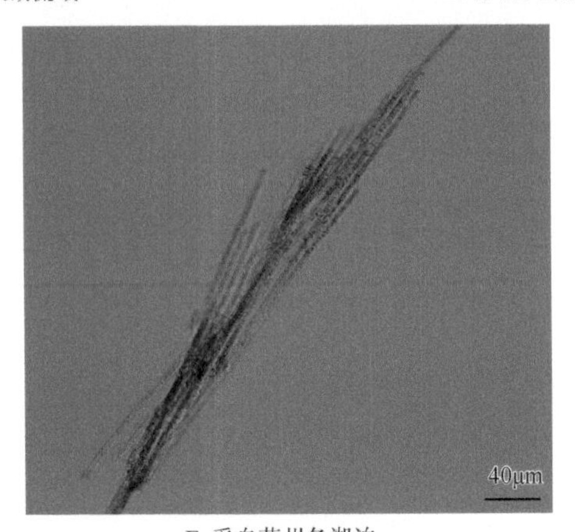

E. 采自苏州各湖泊

水华束丝藻（*Aphanizomenon flos-aquae*）

（4）矛丝藻属（*Cuspidothrix*）

形态特征：藻丝自由漂浮，直或弯曲，甚少螺旋卷曲，单生圆柱状，无鞘或具很薄但很明显的黏质；横壁略收缢或不收缢，宽可达6μm，两端渐狭；细胞几乎呈桶形、方形或长大于宽，具细颗粒，同时具有气囊；顶端细胞长形，渐尖，透明，尖部钝尖或锐尖；异形胞间位，单生，圆柱形或椭圆形；厚壁孢子间位，单生，罕见成双，长形和略呈圆柱形（1个种几乎为圆球形），远离异形胞或位于其1侧；藻丝具1或2个后壁孢子，藻丝为近对称结构。

采集地：福建闽江流域、闽东南诸河流域、汀江流域、山东半岛流域（崂山水库）、太湖流域。

1）依沙矛丝藻（*Cuspidothrix issatschenkoi*）

形态特征：藻丝漂浮，藻丝具圆柱形细胞，横壁不或略收缢；细胞长6～9（15.9）μm，宽3～4μm，灰蓝绿色到灰蓝色，末端细胞无色，细、尖；异形胞圆柱形到卵形，每条藻丝具1（2或3）个，长7～11μm，宽3～6μm；厚壁孢子圆柱形，1～3个一列，长9～19μm，宽4～7μm，远离异形胞。

生境：温带地区水体。

采集地：福建闽江流域、闽东南诸河流域、汀江流域、山东半岛流域（崂山水库）、太湖流域。

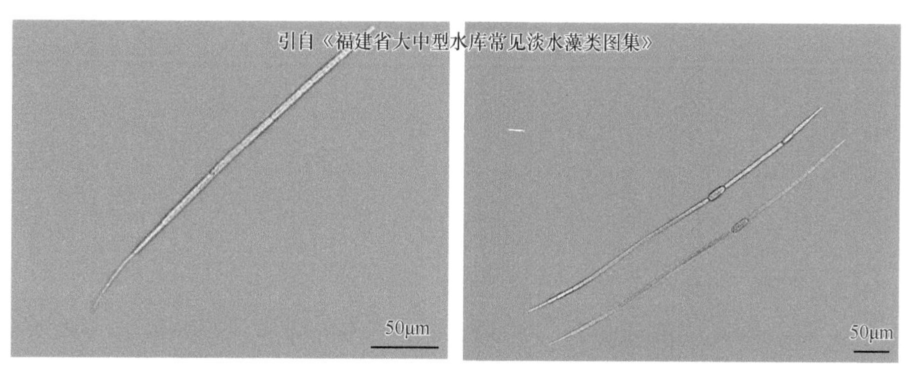

A. 采自福建闽江流域、闽东南诸河流域、汀江流域

B. 采自福建闽江流域、闽东南诸河流域、汀江流域

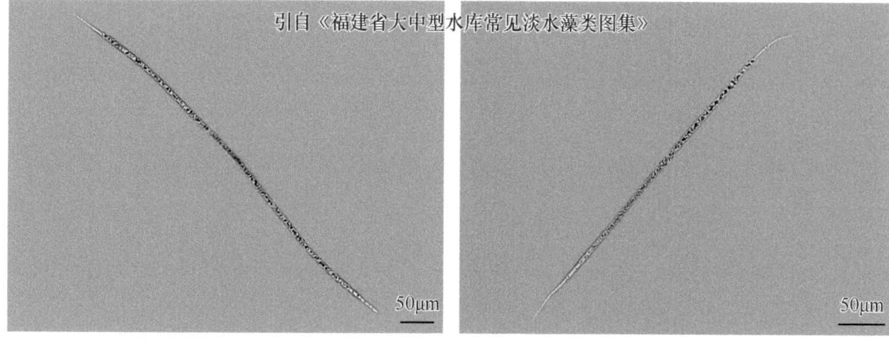

C. 采自福建闽江流域、闽东南诸河流域、汀江流域

D. 采自福建闽江流域、闽东南诸河流域、汀江流域

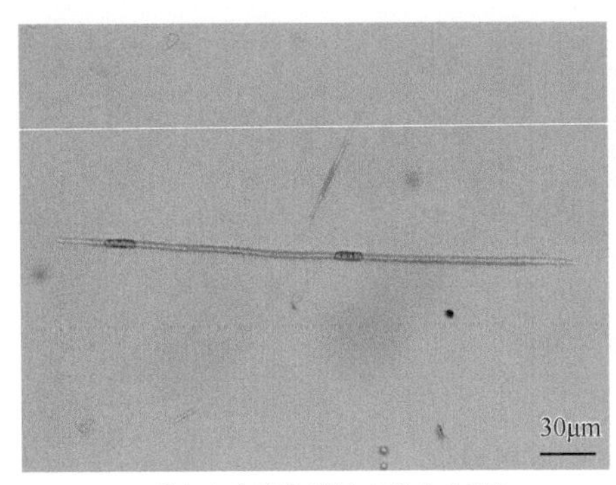

E. 采自山东半岛流域（崂山水库）

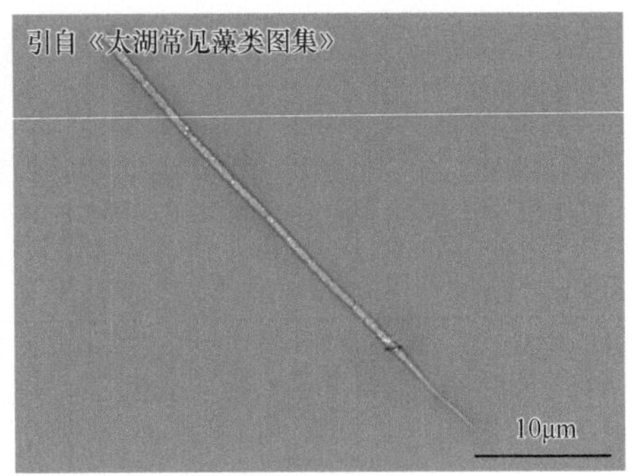

F. 采自太湖流域

依沙矛丝藻（*Cuspidothrix issatschenkoi*）

（5）长孢藻属（*Dolichospermum*）

形态特征：植物体为单一丝状体，或不定形胶质块，或柔软膜状；藻丝等宽或末端尖，直或不规则地螺旋状弯曲；细胞球形、桶形；异形胞常为间位；孢子1个或几个成串，紧靠异形胞或位于异形胞之间。

采集地：东湖、太湖流域、珠江流域（广州段）、山东半岛流域（崂山水库）、辽河流域、苏州各湖泊、松花江流域、丹江口水库、福建闽江流域、闽东南诸河流域、汀江流域、嘉陵江流域（重庆段）。

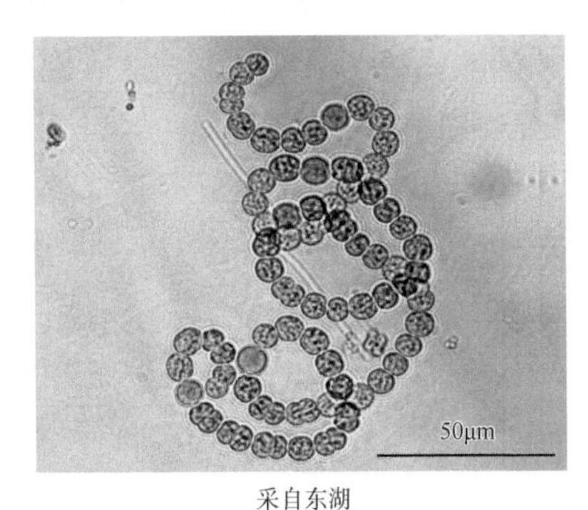

采自东湖

长孢藻（*Dolichospermum* sp. 1）

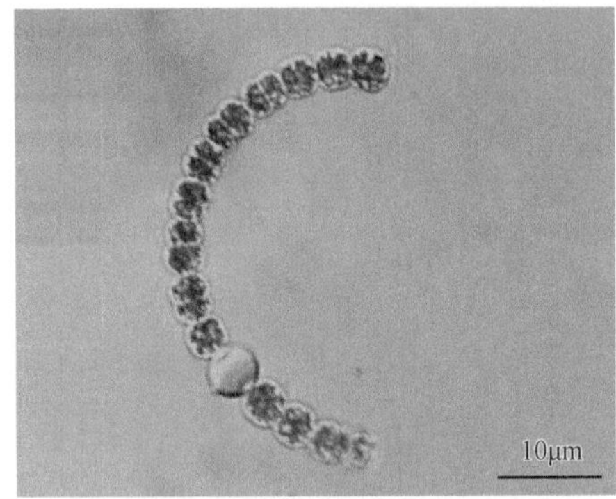

采自太湖流域

长孢藻（*Dolichospermum* sp. 2）

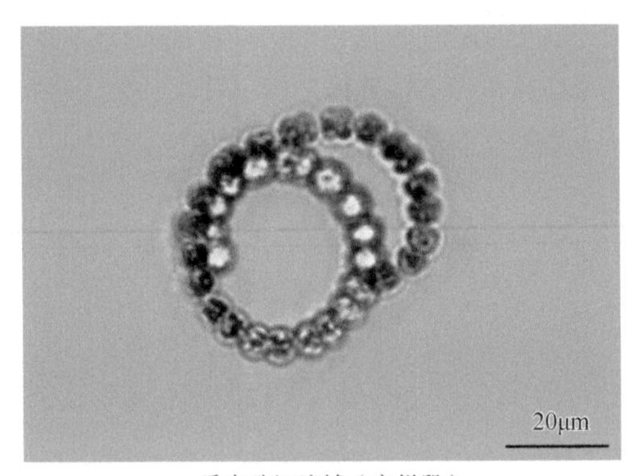

采自珠江流域（广州段）

长孢藻（*Dolichospermum* sp. 3）

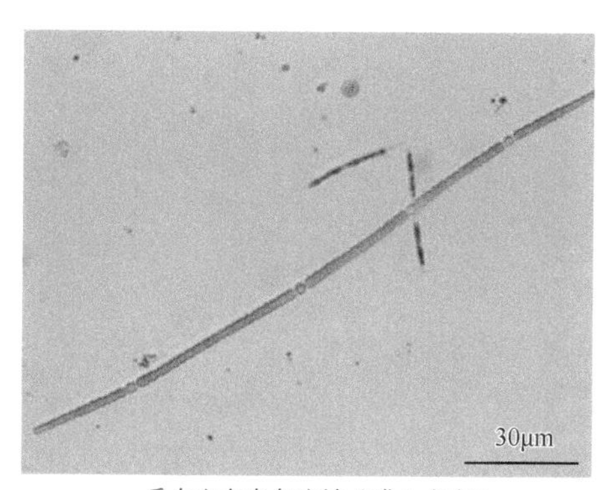

采自山东半岛流域（崂山水库）

长孢藻（*Dolichospermum* sp. 4）

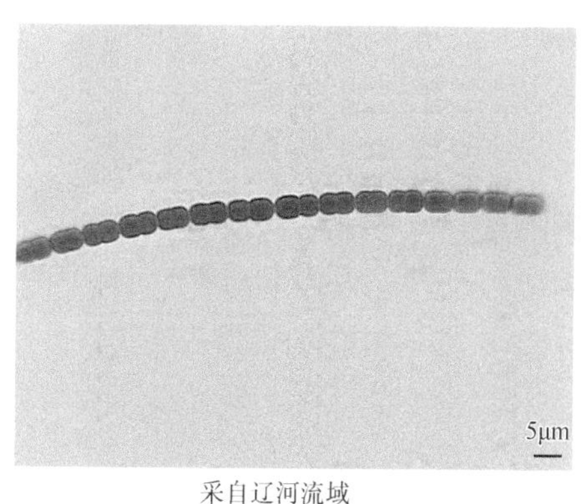

采自辽河流域

长孢藻（*Dolichospermum* sp. 5）

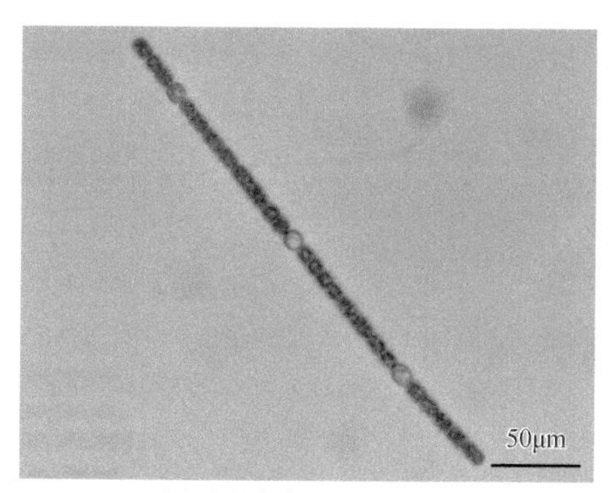

采自山东半岛流域（崂山水库）

长孢藻（*Dolichospermum* sp. 6）

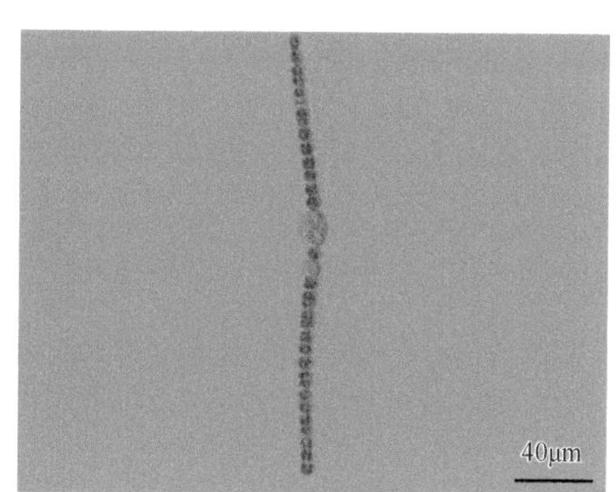

采自苏州各湖泊

长孢藻（*Dolichospermum* sp. 7）

1）水华长孢藻（*Dolichospermum flos-aquae*）

形态特征：藻丝单生或多数交织成胶质团块，藻丝扭曲或不规则的螺旋形弯曲，无鞘；营养细胞圆球形，具气囊，直径（2.5）4～7（8.3）μm；异形胞略为卵形，宽5～6μm；厚壁孢子卵形到圆柱形，单生，罕见2个成对的，远离异形胞，宽（5）7～12.7（14）μm，长（12）15～24（35）μm。有毒种类。

生境：富营养化水库、湖泊，形成水华，除近极地地区外广泛分布。

采集地：太湖流域、苏州各湖泊。

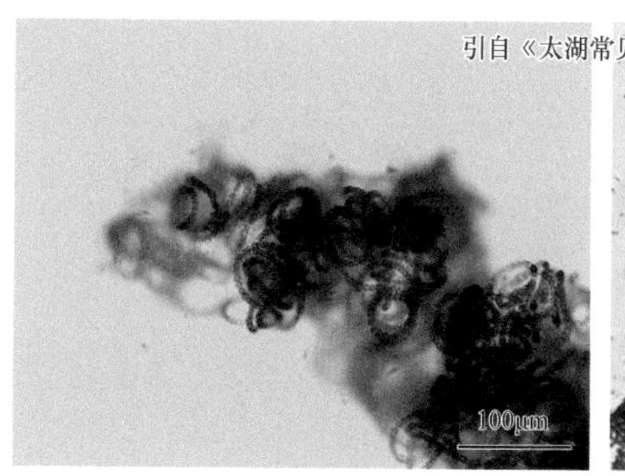

A. 采自太湖流域

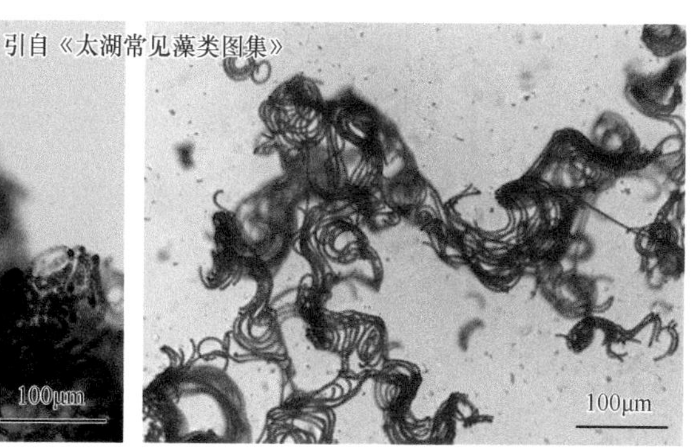

B. 采自太湖流域

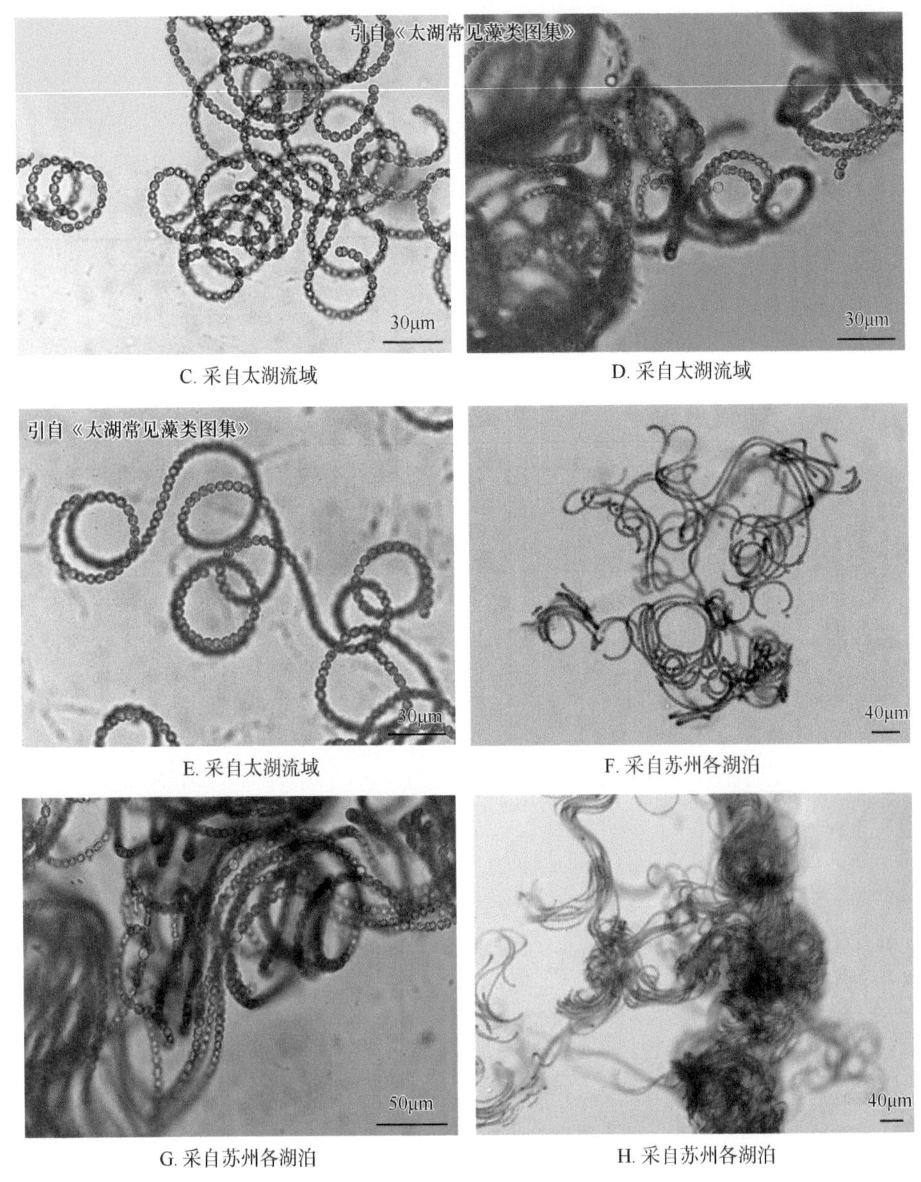

C. 采自太湖流域　D. 采自太湖流域

E. 采自太湖流域　F. 采自苏州各湖泊

G. 采自苏州各湖泊　H. 采自苏州各湖泊

水华长孢藻（*Dolichospermum flos-aquae*）

2）卷曲长孢藻（*Dolichospermum circinalis*）

形态特征：植物体片状，漂浮，藻丝螺旋盘绕，少数直，多数不具胶鞘，宽8～14μm，细胞球形或扁球形，长略小于宽，具气囊；异形胞近球形，直径为8～14μm；孢子圆柱形，直或有时弯曲，末端圆，宽14～18μm，长22～34μm，常远离异形胞，外壁光滑，无色。

生境：静止水体。

采集地：太湖流域、福建闽江流域、闽东南诸河流域、汀江流域、嘉陵江流域（重庆段）、苏州各湖泊。

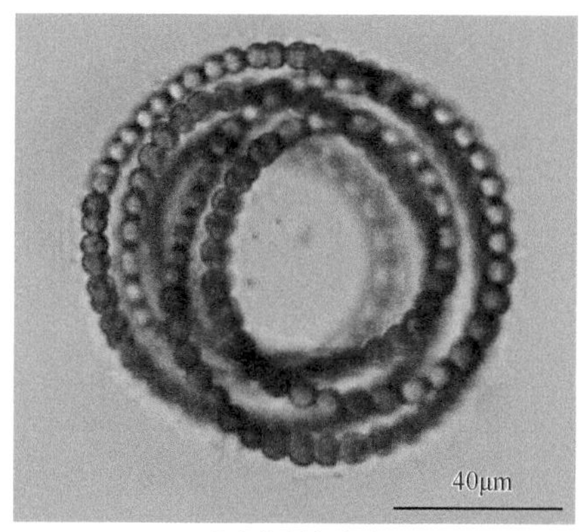

A. 采自苏州各湖泊

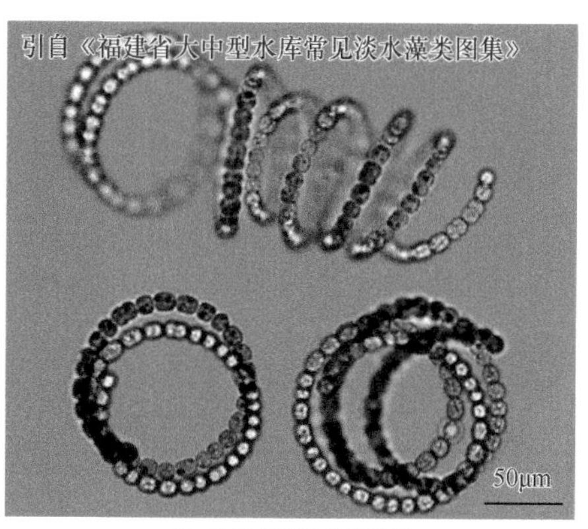

B. 采自福建闽江流域、闽东南诸河流域、汀江流域

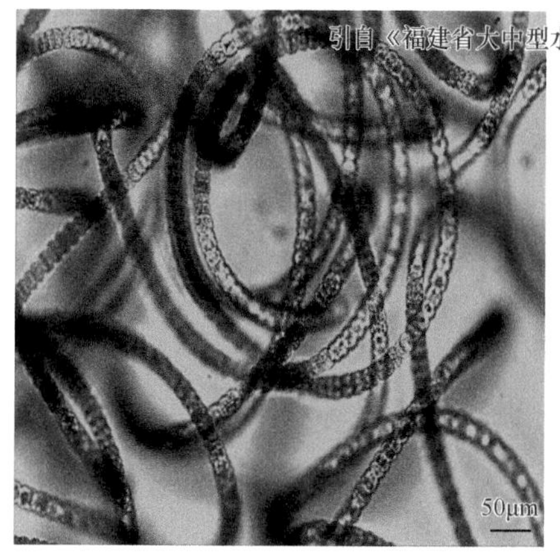

C. 采自福建闽江流域、闽东南诸河流域、汀江流域

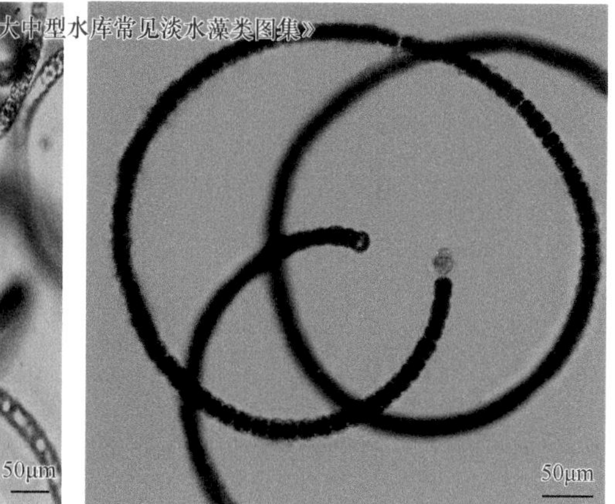

D. 采自福建闽江流域、闽东南诸河流域、汀江流域

卷曲长孢藻（*Dolichospermum circinalis*）

3）伯氏长孢藻（*Dolichospe-rmum bergii*）

形态特征：藻丝单生，自由漂浮，直或微弯曲，胶鞘不明显，两端渐细，末端细胞渐细，末端细胞延长变细呈钩状，常为浅白色；营养细胞具气囊，方形或近方形，宽2.5～5.5μm，长2.7～8.5μm，长宽比为1.5～4；异形胞近球形，宽3.4～6.1μm，长4.3～6.4μm，长宽比为0.8～1.5；厚壁孢子卵形，宽5.0～6.7μm，长5.5～8.0μm，长宽比为0.9～1.3，常单生，远离异形胞。

采集地：辽河流域。

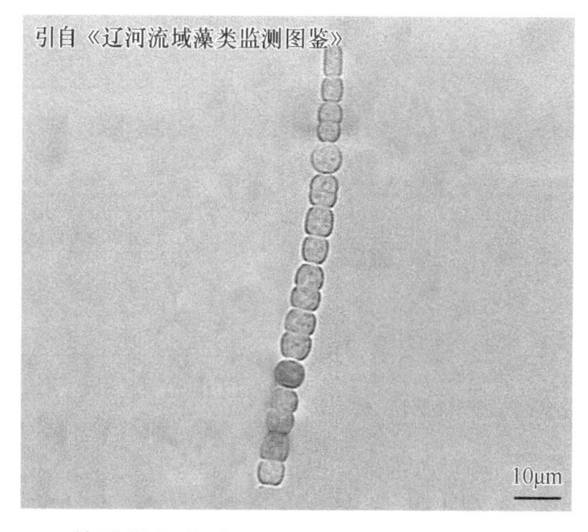

伯氏长孢藻（*Dolichospermum bergii*）

4）近亲长孢藻（*Dolichospermum affinis*）

形态特征：藻丝自由漂浮，缠绕成束状，线形或略弯曲，两端细胞比中间的细胞略细，具胶鞘；营养细胞具气囊，球形或近球形，直径为4.3～6.3μm；异形胞球形，直径为4.8～8.9μm；厚壁孢子椭圆形或长椭圆形，宽5.3～8.4μm，长7.2～16.7μm，长宽比为1.3～2.5，通常单生，罕见2个连在一起，远离异形胞。

采集地：山东半岛流域（崂山水库）、太湖流域。

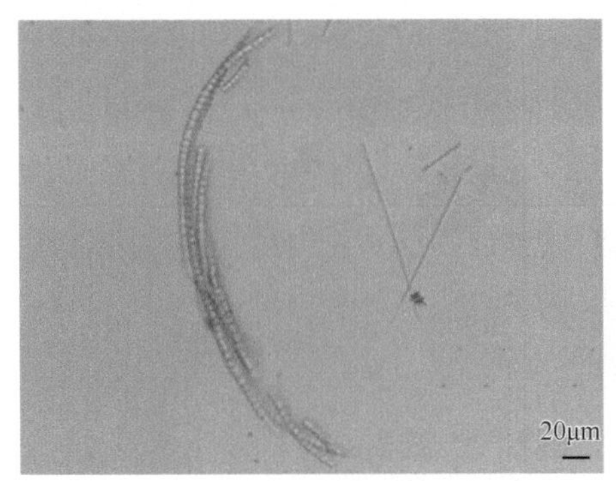

A. 采自山东半岛流域（崂山水库）

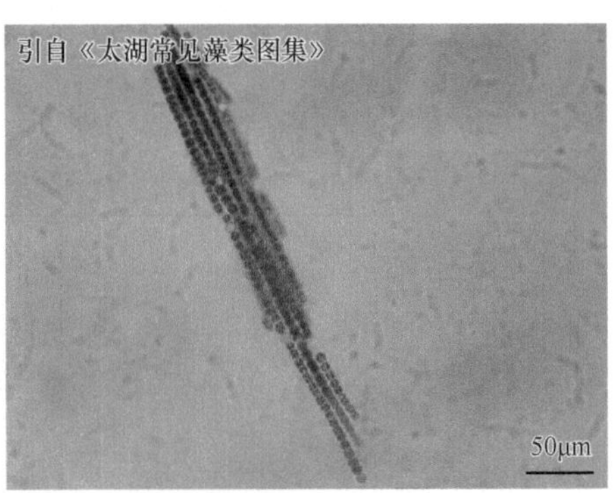

B. 采自太湖流域

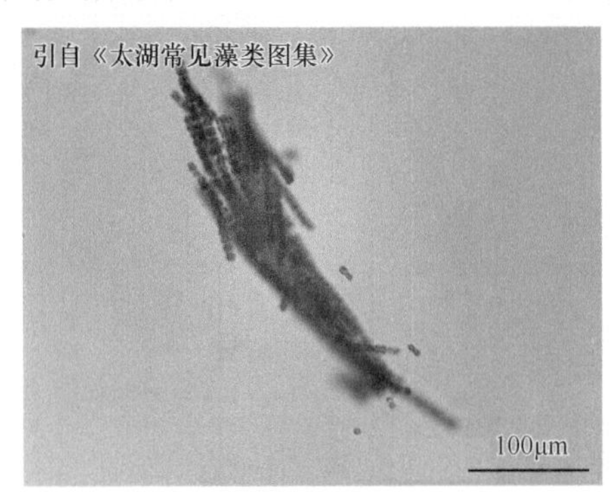

C. 采自太湖流域

近亲长孢藻（*Dolichospermum affinis*）

5）螺旋长孢藻（*Dolichospermum spiroides*）

形态特征：营养细胞圆球形，宽5.0～9.5μm，长3.5～8.0μm，长宽比为0.66～1.22；异形胞圆球形，宽5.8～9.5μm，长7.5～9.5μm；厚壁孢子长椭圆形，远离异形胞，

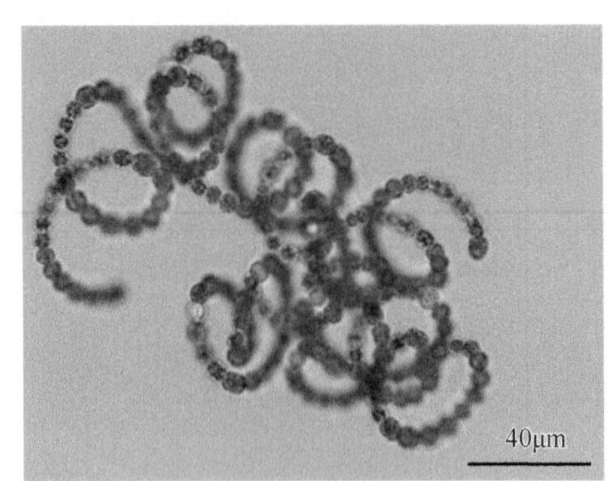

A. 采自苏州各湖泊

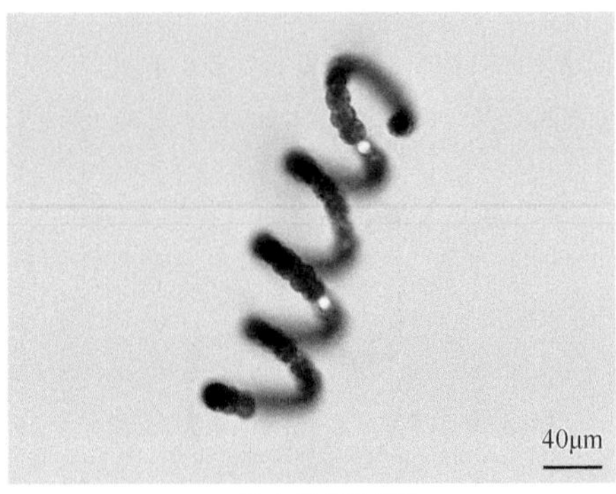

B. 采自苏州各湖泊

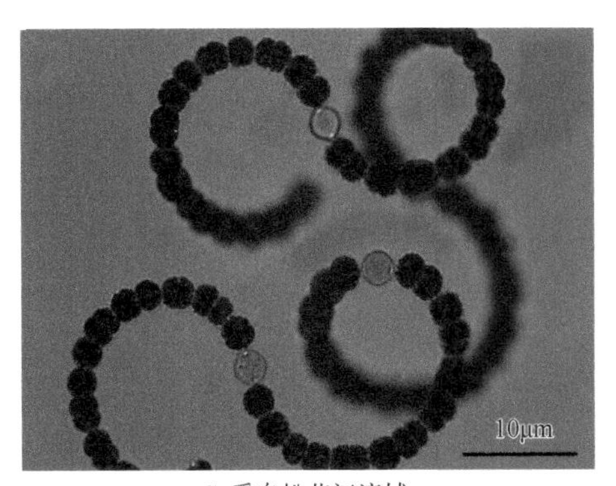

C. 采自松花江流域

螺旋长孢藻（*Dolichospermum spiroides*）

宽8.0～11.3μm，长18.0～28.5μm，长宽比为1.80～2.64；藻丝卷曲略不规则，宽12.5～35.0μm，螺间距为5.0～30.0μm。

生境：温带地区富营养化的水库，但不常见。

采集地：苏州各湖泊、松花江流域。

6）真紧密长孢藻（*Dolichospermum eucompacta*）

形态特征：藻丝单生，自由漂浮，螺旋紧密，没有胶被，螺径直径为12.9～19.3μm，螺间距为4.2～8.7μm；营养细胞球形或近球形，具气囊，直径为3.2～5.9μm。异形胞球形，直径为4.8～6.3μm；厚壁孢子球形，直径为6.3～11.2μm，与异形胞紧密相连，一般同时出现在异形胞两侧，且为单个出现。

生境：富营养型湖泊、池塘。

采集地：太湖流域、丹江口水库。

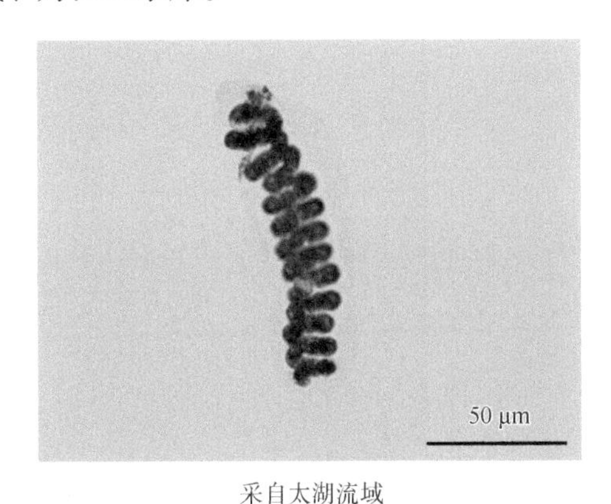

采自太湖流域

真紧密长孢藻（*Dolichospermum eucompacta*）

7）史密斯长孢藻（*Dolichospermum smithii*）

形态特征：藻丝单生，自由漂浮，呈线形且有胶鞘；营养细胞球形或近球形，直径为7.83～11.48μm；异形胞球形或近球形，直径为11.66～12.64μm；厚壁孢子球形或近球形，直径为17.94～18.65μm，且与异形胞不邻接，多数单生，偶见成对。

采集地：太湖流域、福建闽江流域、闽东南诸河流域、汀江流域。

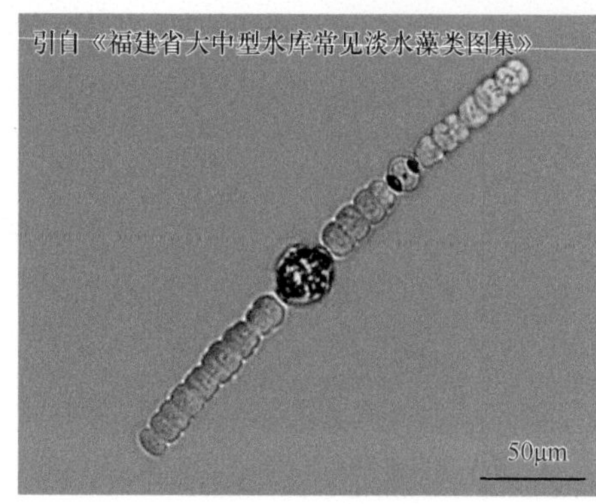

A. 采自福建闽江流域、闽东南诸河流域、汀江流域

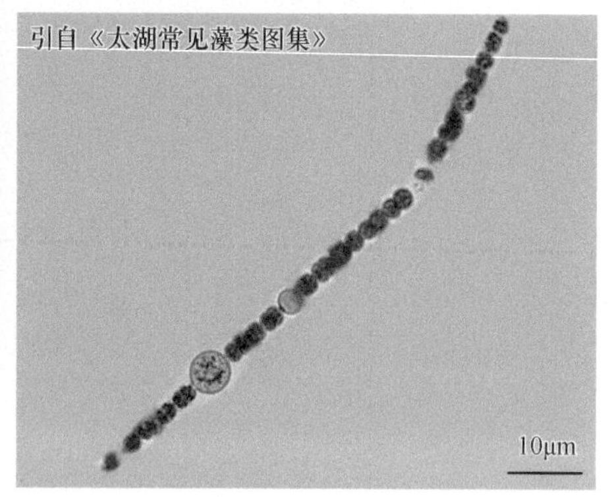

B. 采自太湖流域

C. 采自太湖流域

史密斯长孢藻（*Dolichospermum smithii*）

第十三章

绿藻门（Chlorophyta）

绿藻门的主要特征：光合作用色素组成包括叶绿素a和叶绿素b。与高等植物相同，辅助色素有叶黄素、胡萝卜素、玉米黄素、紫黄质等。绝大多数呈草绿色，通常具有蛋白核，储藏物质为淀粉，聚集在蛋白核周边形成板或分散在色素体的基质中。细胞壁的主要成分是纤维素。绿藻门分为绿藻纲（Chlorophyceae）和双星藻纲（Zygnematophyceae）两个纲。

一、绿藻纲（Chlorophyceae）

植物体形态多种多样，单细胞、多细胞（定形群体和不定形群体）、不分枝和分枝丝状体、片状、管状及假薄壁组织状等；单细胞和多细胞群体不具鞭毛或具有2～4条等长鞭毛的单细胞和群体鞭毛类，其他形态的植物体生殖时形成具2条或4条鞭毛的动孢子或配子。无论营养细胞的鞭毛还是生殖细胞的鞭毛，其表面平滑、无鳞片覆盖。植物体细胞壁由果胶质和纤维素构成，衣藻类的细胞壁由晶体糖蛋白构成；杜氏藻无壁，仅具质膜。细胞大多数具1个到几个色素体，光合色素系统的主要组成与高等植物相同，即含有叶绿素a、叶绿素b、β胡萝卜素、叶黄素等。多数细胞具1个细胞核，少数种类为多核体。色素体上具蛋白核或无；单细胞和群体鞭毛类以及运动生殖细胞的色素体上常具有1个橘红色的眼点。光合作用的储藏物质为淀粉，少数种类为油或金藻多糖。

繁殖方式有3种：①营养繁殖通过细胞分裂或群体断裂进行；②无性生殖时母细胞原生质体分裂形成4个、8个、16个具2～4条等长的动孢子或似亲孢子；有时也形成静孢子；③有性生殖有3种方式，即同配、异配和卵式。

鞭毛类在不良环境条件下常分泌大量胶质形成胶群体。有的类群产生厚壁孢子以度过不良环境。

本纲藻类分布极广，各种水体、潮湿土壤甚至冰雪上都有某些类群的分布。

（一）团藻目（Volvocales）

植物体为运动的单细胞或定形群体，具1条、2条、4条、8条等长的鞭毛，少数具2条不等长的鞭毛；多数类群鞭毛着生在细胞凸出或平整的（少数凹入）顶端，鞭毛无鳞片覆盖，为表面平滑的尾鞭型。鞭毛基部常具2个伸缩泡；细胞裸露无壁，仅具1层表质或具细胞壁；有的具细胞壁的类群与原生质体分离形成囊壳，有的囊壳胶化形成各种形态的扩大的胶被；囊壳有由1整块构成的，也有由2瓣套合而成的；绝大多数种类细胞具色素体，形态多样，杯状、片状、星芒状、透镜状、“H”形等，色素体常具1个橙红色眼点，使细胞有感光的能力，色素体（1个至多个）有或无蛋白核；细胞内无大的液泡，但少数种类具多个小液泡分散在细胞质内；每个细胞具1个细胞核；无论单细胞或定形群体类群遇不良环境时常停止运动并分泌大量不分层的胶质，进入胶群体时期，当环境适宜时胶群体内的细胞又长出鞭毛，离开胶被，恢复到运动状态；还有许多种类在不良环境条件下形成休眠孢子、厚壁孢子或静孢子。

团藻目有3种繁殖方式：①营养繁殖。单细胞类群的营养繁殖为细胞纵分裂或横分裂。②无性繁殖。进行无性繁殖的母细胞连续分裂产生2个、4个、8个或16个子细胞，母细胞壁破裂后释放，每个子细胞长成1个成熟的细胞。由群体内所有细胞或部分细胞参与群体类群的无性繁殖，进行连续分裂。分裂面常与群体表面垂直，形成与群体细胞数目相同的子群体，母群体解体后释放。团藻的无性繁殖过程较为复杂。分裂形成的子细胞具鞭毛端在群体内侧，形如皿状，称为皿状体，皿状体经过1个翻转的过程，使细胞具鞭毛端向外，从而发育成为与母群体形态相似的子群体。③有性繁殖。有3种方式，即同配生殖、异配生殖及卵式生殖。这3种方式的有性繁殖还有同宗配合和异宗配合之分，配子结合形成合子，合子形成初期游动一段时间后，合子壁增厚形成厚壁合子，合子萌发产生1个至多个与双亲细胞形态相同的子细胞。合子萌发时合子细胞核进行减数分裂，合子壁胶化破裂，单倍体的子细胞被释放，然后长成新的个体。团藻的有性繁殖为卵式生殖，团藻群体细胞中只有少数生殖细胞产生精子和卵，产生精子的无鞭毛细胞称为生殖胞，生殖胞经过反复纵分裂形成皿状体，然后发育成1个游动的精子包，形成卵的生殖胞直接明显膨大，发育成卵，精子包游近卵附近散开，散开的精子有的穿过卵细胞膜与卵核结合形成合子，合子形成厚壁后从群体中释放，经过一段休眠时期，条件适宜时萌发，经减数分裂和多次有丝分裂形成多个双鞭毛的游动孢子，当合子壁破裂后这些游动孢子仍在合子内壁形成的1个薄囊内游动，薄囊破裂后逸出，然后发育成1个群体。团藻目的分布十分广泛，江河、湖泊、池塘、水库、海洋、沟渠、各种暂时性的水体、小水坑、潮湿土表，以至于冰雪或温泉、盐湖等极端环境中都有它们的踪迹。但绝大多数自由生活在有机质较丰富的水体中，极少数寄生在动物体内，有的种类在某些水体条件适宜时大量繁殖，形成水华。

1. 衣藻科（Chlamydomonadaceae）

单细胞，自由游动；球形、卵形、倒卵形、椭圆形、长纺锤形或不规则形；细胞纵扁或不纵扁。细胞壁平滑或具波形、圆柱形、角锥形的突起，有些种类细胞外具胶被。细胞前端中央具或不具乳头状突起，具2条或4条等长的鞭毛，鞭毛基部多数具2个伸缩泡。色素体多数为杯状，少数为片状、盘状、“H”形、星状，极少数类群无色素体。具1个、2个至多个蛋白核或无。绝大多数种类具1个眼点，少数具数个或无。细胞单核。

营养繁殖以细胞纵分裂产生子细胞。无性生殖以原生质体分裂形成2个、4个、8个子原生质体，子原生质体在母细胞壁内产生细胞壁，子细胞经母细胞壁破裂或胶化释

放。少数种类产生厚壁孢子。有性生殖为同配、异配及卵式生殖。

（1）衣藻属（*Chlamydomonas*）

形态特征：在淡水有机质丰富的水体中或潮湿土壤中普遍分布的种类，少数特殊的种类在冰雪中生长；只有少数种是海产的。游动单细胞；细胞球形，卵形、椭圆形或宽纺锤形等，不纵扁；细胞壁平滑，不具或具有胶被。细胞壁前端有1个乳头状突起加厚，有的种不明显。具2条等长的不超过体长1.5倍的鞭毛，鞭毛基部具1或2个收缩泡。具1个大型的色素体，多为杯状，少数为片状、“H”形或星状。常具1个大的蛋白核，少数具2个、多个或无。眼点位于细胞的一侧，橘红色。1个细胞核一般位于细胞中央偏前端。营养繁殖时细胞进行纵分裂或横分裂，无性生殖时原生质体分裂产生2～16个动孢子，生长旺盛时期以无性生殖为主，繁殖很快；遇不良环境，形成胶体群，环境适合时，恢复游动单细胞状态。有性生殖为同配、异配，极少数种类为卵式生殖。该属细胞内蛋白质含量可达52%～58%（干重），可作为生产蛋白质的培养对象。多为乙型中污水生物带的指示种。

采集地：东湖、辽河流域、福建闽江流域、闽东南诸河流域、汀江流域、山东半岛流域（崂山水库）、苏州各湖泊、嘉陵江流域（重庆段）。

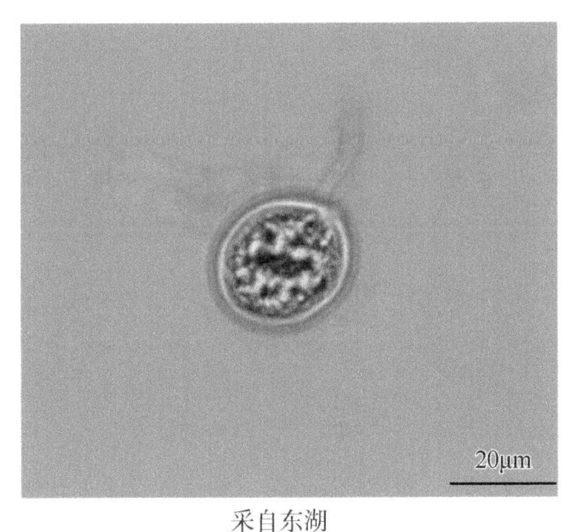

采自东湖

衣藻（*Chlamydomonas* sp. 1）

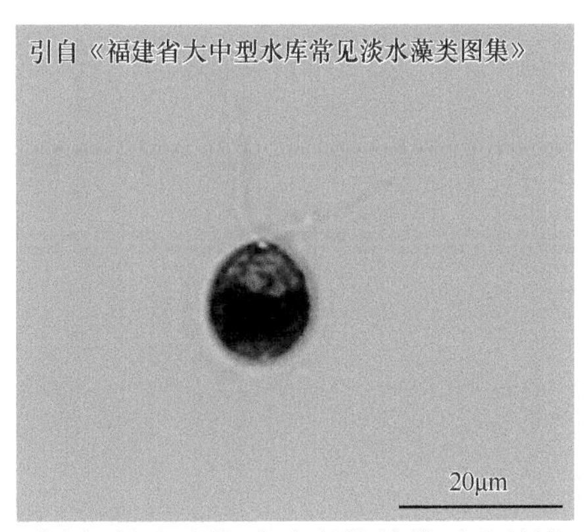

采自福建闽江流域、闽东南诸河流域、汀江流域

衣藻（*Chlamydomonas* sp. 2）

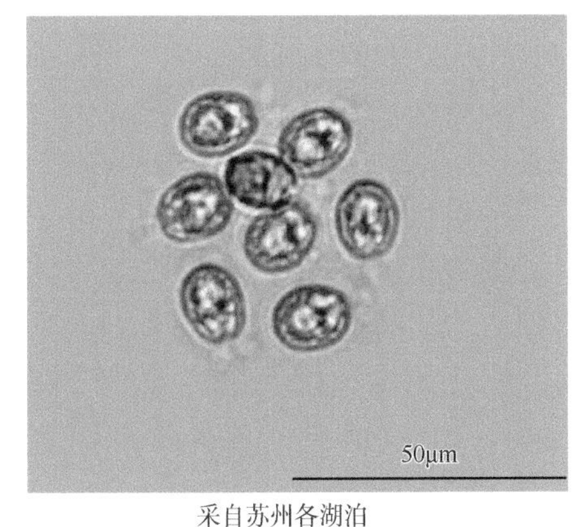

采自苏州各湖泊

衣藻（*Chlamydomonas* sp. 3）

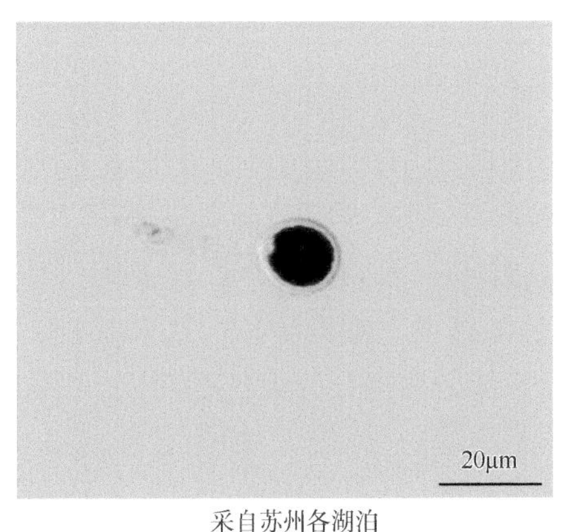

采自苏州各湖泊

衣藻（*Chlamydomonas* sp. 4）

1）球衣藻（*Chlamydomonas globosa*）

形态特征：细胞小，多数近球形，少数椭圆形，常具无色透明的胶被。细胞前端中央不具乳头状突起，具2条等长的、稍长于体长的鞭毛，基部具1个伸缩泡。色素体杯状，基部很厚，具1个大的蛋白核。眼点位于细胞前端近1/3处，不很明显。细胞核位于细胞的中央。细胞直径为5～10μm。

生境：湖泊、水库、池塘。

采集地：辽河流域、苏州各湖泊、福建闽江流域。

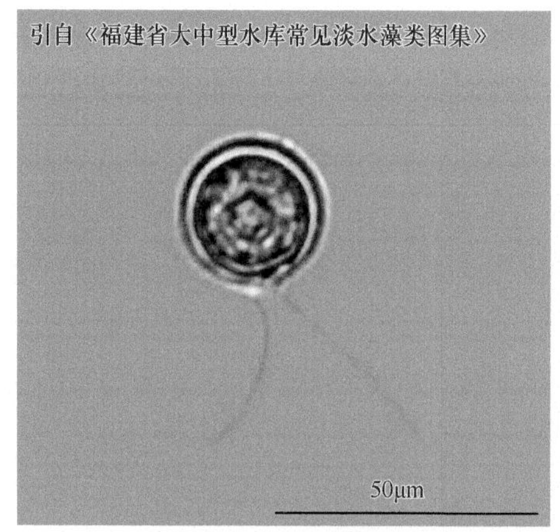

A. 采自福建闽江流域

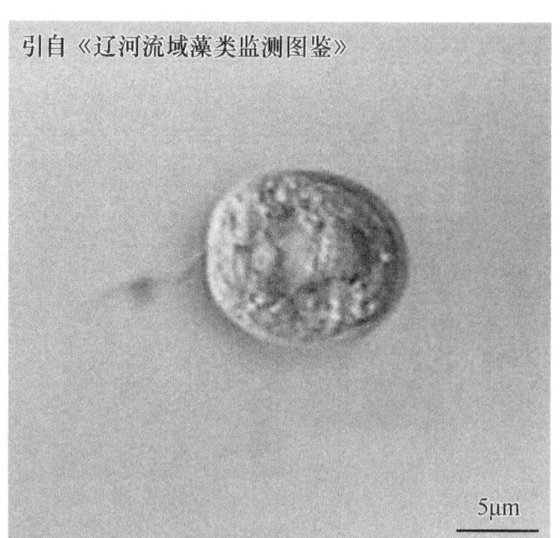

B. 采自辽河流域

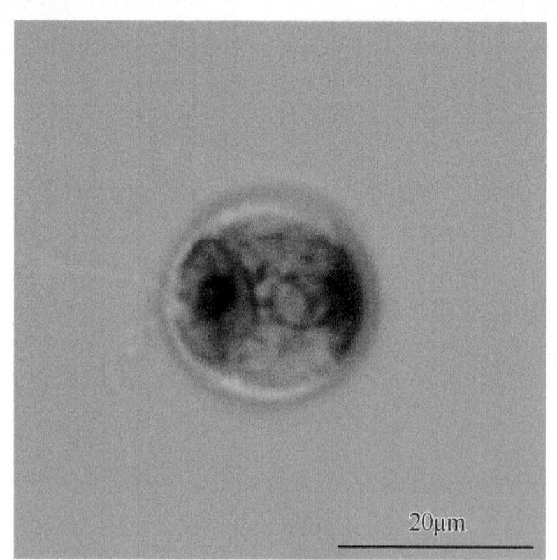

C. 采自苏州各湖泊

球衣藻（*Chlamydomonas globosa*）

2）近环形衣藻（*Chlamydomonas subannulata*）

形态特征：细胞黄绿色，圆球形，具较厚的胶被，前端具小的锥形乳头状突起；2条等长的鞭毛与细胞等长，基部具2个伸缩泡。色素体薄，环状，环绕细胞上半部分，后半部分大部分为无色透明区。1个大的球形蛋白核位于细胞侧边；眼点线形，位于细胞中部；具胶被的细胞直径为11～16μm，不具胶被的细胞直径为9～12μm。生殖方式不详。

生境：湖库边小水坑。

采集地：辽河流域。

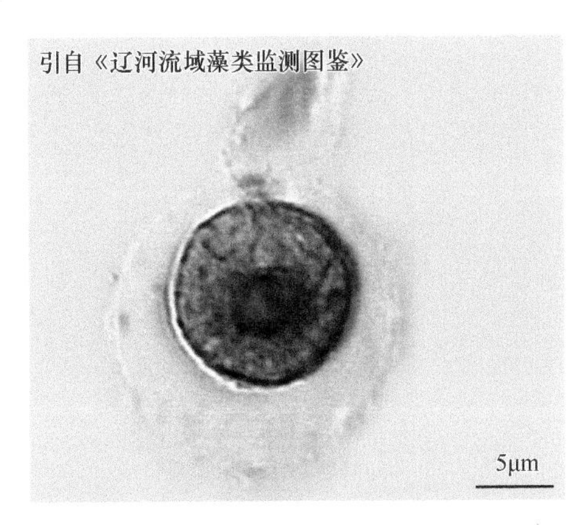

近环形衣藻（*Chlamydomonas subannulata*）

3）单胞衣藻分离变种（*Chlamydomonas monadina* var. *separatus*）

形态特征：此变种与原变种的不同之处在于，新变种细胞壁与原生质体明显分离。细胞近球形；细胞宽12～22μm，长10～19μm。

生境：小池塘。

采集地：辽河流域。

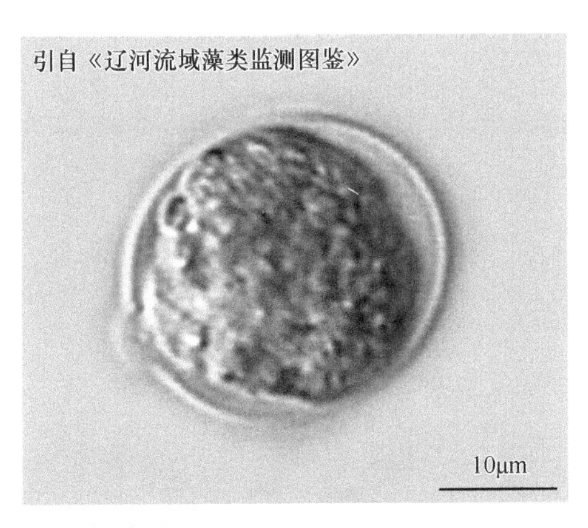

单胞衣藻分离变种（*Chlamydomonas monadina* var. *separatus*）

4）马拉蒙衣藻（*Chlamydomonas maramuresensis*）

形态特征：细胞略侧扁，椭圆形，顶端略尖；细胞前端具两条与体长等长的鞭毛；基部具2个伸缩泡；乳头状突起扁平，具2个鞭毛孔。色素体片状，具穿孔和裂隙。具2个球形的蛋白核，分别位于色素体的两侧。眼点未见。细胞核位于细胞中部；细胞宽10～14μm，长15～19μm。有性生殖方式为同配。

生境：长有苔藓的水池。

采集地：辽河流域。

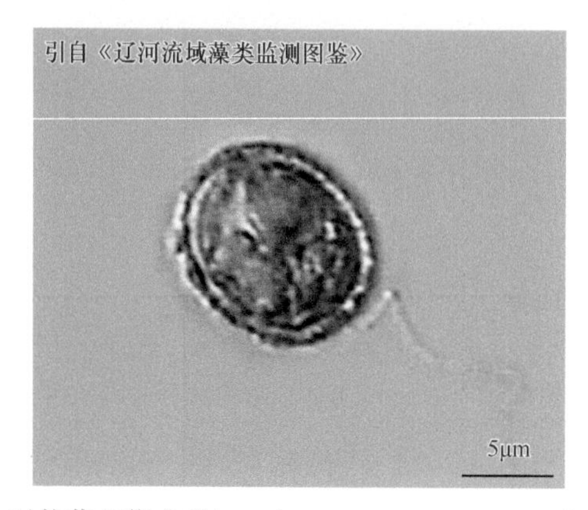

马拉蒙衣藻（*Chlamydomonas maramuresensis*）

5）布朗衣藻（*Chlamydomonas braunii*）

形态特征：细胞近球形到短椭圆形，基部广圆形；细胞壁厚，基部原生质体常与细胞分离；前端具1个短的、尖圆形的乳头状突起，突起外的细胞壁呈大的、前端平的增厚；细胞前端中央具2条等长的、略超过体长的鞭毛；基部具2个伸缩泡。色素体大，杯状；基部很厚，具1个大的、带形或马蹄形的蛋白核；眼点大，线形，位于细胞前端近1/3处。细胞核位于细胞近中央略偏前端。细胞宽14～27μm，长14～30μm。有性生殖方式为异配。

采集地：苏州各湖泊。

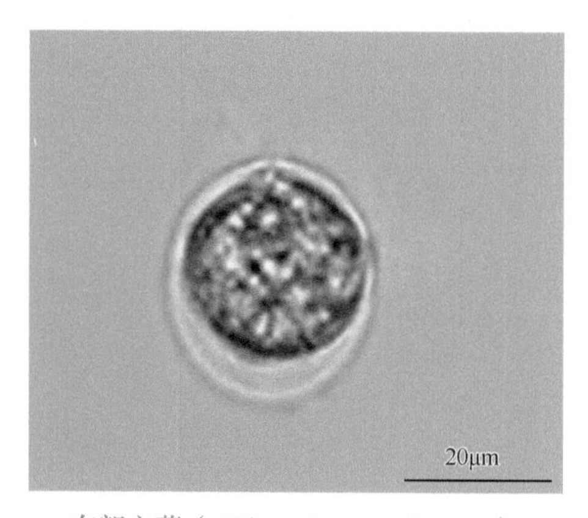

布朗衣藻（*Chlamydomonas braunii*）

（2）拟球藻属（*Sphaerellopsis*）

形态特征：单细胞；原生质体外具宽的胶被，胶被与原生质体形状不同，其间具柔软的胶质。胶被球形、椭圆形或圆柱形。原生质体长椭圆形、广纺锤形、卵形、狭长倒卵形、圆柱形，多数中部明显宽厚，后端有时尖细略弯曲，原生质体表层为柔软的周质，前端具2条等长的、约为体长或长于体长的鞭毛，基部具2个伸缩泡。色素体杯状，基部明显增厚，具1个蛋白核。具眼点或无。细胞核位于细胞近中央偏前端。

采集地：福建闽江流域、闽东南诸河流域。

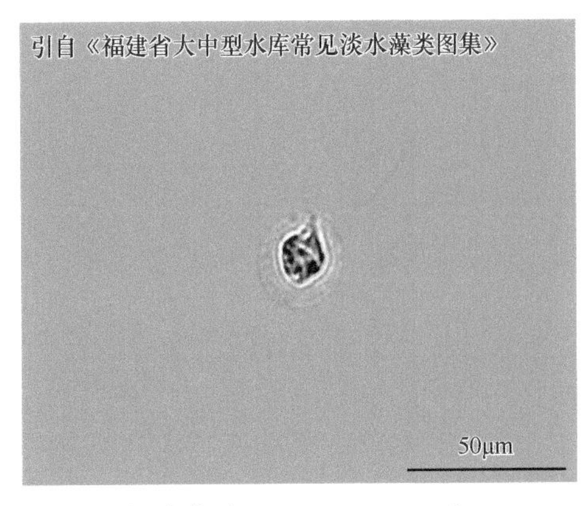

拟球藻（*Sphaerellopsis* sp.）

（3）绿梭藻属（*Chlorogonium*）

形态特征：单细胞；长纺锤形，前端具狭长的喙状突起，后端尖窄。横断面为圆形。细胞前端具2条等长的、约等于体长一半的鞭毛，基部具2个伸缩泡。色素体片状或块状。具1个、2个、数个蛋白核或无。眼点近线形，常位于细胞的前部。细胞核位于细胞中央。

采集地：苏州各湖泊、福建闽江流域。

1）长绿梭藻（*Chlorogonium elongatum*）

形态特征：细胞狭长纺锤形，长为宽的9～15倍，细胞前端狭长喙状，后端钝尖，透明。顶端具2条等长的、约等于体长一半的鞭毛，基部具2个伸缩泡。色素体片状，位于细胞的一侧，近前端和近后端各具1个蛋白核。眼点小，位于细胞近前端。细胞核位于2个蛋白核之间，细胞的中央。细胞宽2～7μm，长20～45μm。

生境：常生长在有机质丰富的浅小水体中。

采集地：苏州各湖泊、福建闽江流域。

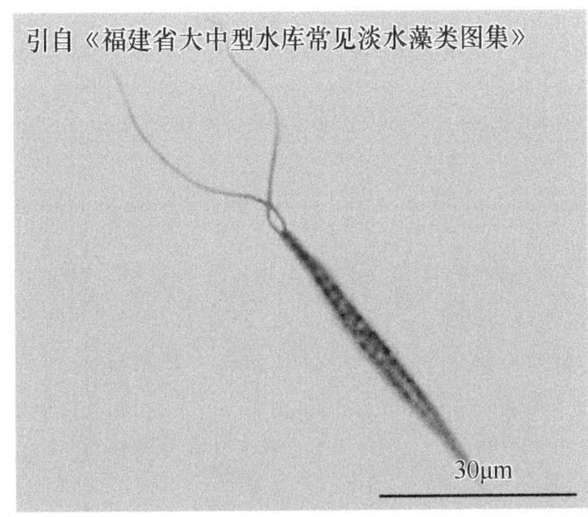

A. 采自福建闽江流域

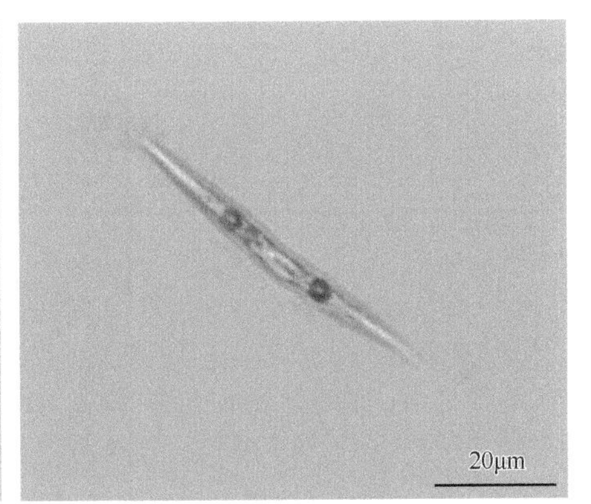

B. 采自苏州各湖泊

长绿梭藻（*Chlorogonium elongatum*）

2）华美绿梭藻（*Chlorogonium elegans*）

形态特征：细胞长纺锤形，前端具狭长的喙状突起，顶端钝圆，后端尖窄、无色；前端具2条等长的、约等于体长一半的鞭毛，基部具2个长形的伸缩泡。色素体大，片状，位于细胞的侧面。无蛋白核。眼点长形，位于细胞前端约1/3处。细胞核位于细胞的中央。细胞宽6～10μm，长30～55μm。

生境：池塘。

采集地：苏州各湖泊、福建闽江流域。

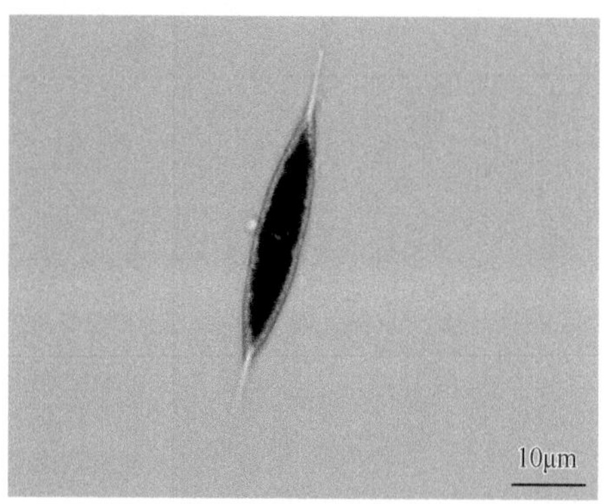

采自苏州各湖泊

华美绿梭藻（*Chlorogonium elegans*）

（4）四鞭藻属（*Carteria*）

形态特征：单细胞；球形、心形、卵形、椭圆形等，横断面为圆形；细胞壁明显，平滑。细胞前端中央有或无乳头状突起，具4条等长的鞭毛，基部具2个伸缩泡。色素体常为杯状，少数为"H"形或片状。具1个或数个蛋白核。有或无眼点。细胞单核。

采集地：闽东南诸河流域、苏州各湖泊、松花江流域、辽河流域。

1）胡氏四鞭藻（*Carteria huberi*）

形态特征：细胞宽椭圆形到略狭的卵形，壁薄；无乳头状突起，细胞前端略有增厚；4条等长的鞭毛略与细胞等长，基部具2个伸缩泡。色素体为明显的杯状，基部明显增厚，达细胞中部，沿边部也较厚。蛋白核大，球形，位于色素体基部。眼点短棒状，位于细胞中部或略偏上部。细胞核位于细胞中部。细胞宽7～8μm，长11μm。生殖方式不详。

生境：小水体中浮游生长。

采集地：辽河流域。

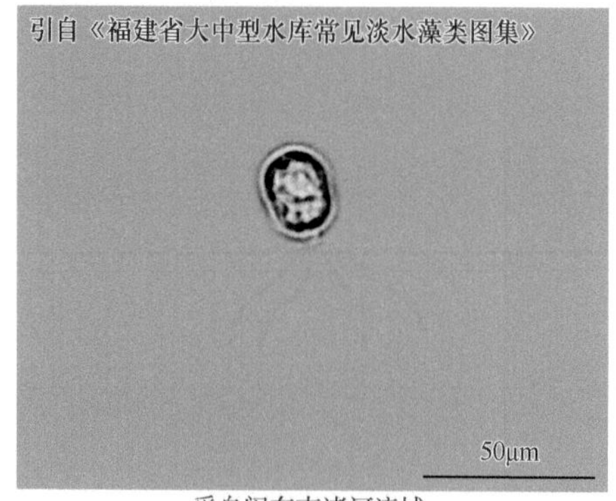

采自闽东南诸河流域

四鞭藻（*Carteria* sp.）

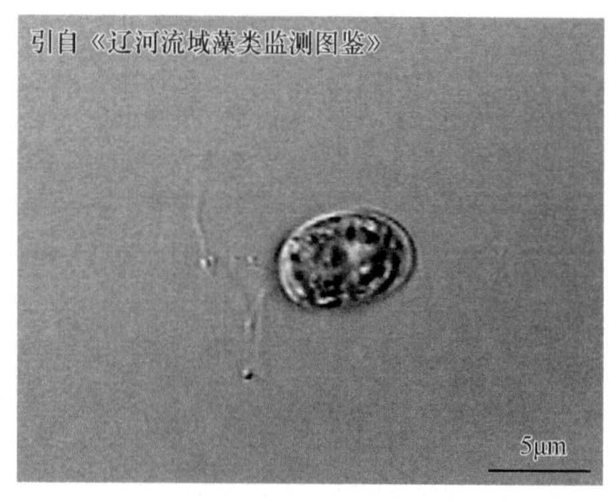

胡氏四鞭藻（*Carteria huberi*）

2）球四鞭藻（*Carteria globulosa*）

形态特征：细胞球形，细胞壁柔软。细胞前端中央无乳头状突起，具4条等长的、等于或略长于体长的鞭毛，基部具2个伸缩泡。色素体杯状，基部明显增厚，达细胞中部，基部具1个近似球形的蛋白核。眼点大，点状，位于细胞的前端或中部略偏于前端的侧边。细胞核位于细胞近中央偏前端，细胞直径为10～28μm。

生境：一般生长在静水小水体中，特别喜爱冷水性环境。

采集地：辽河流域。

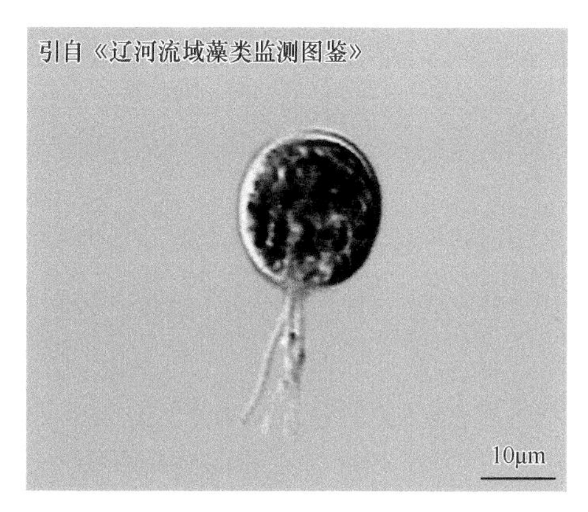

球四鞭藻（*Carteria globulosa*）

2. 壳衣藻科（Phacotaceae）

单细胞；正面观为圆形、心形、卵形、椭圆形或方形，侧面观为圆形、卵形、椭圆形、双凸透镜形。细胞壁坚硬，不含纤维素，形成囊壳，常具钙质或铁的化合物沉积，呈黑褐色，光滑或具花纹，有的属囊壳由2个半片组成，有的属囊壳为完整的1块，绝大多数属的囊壳与原生质体分离，且形状不同，其间的空隙充满胶样物质。原生质体正面观为圆形、卵形或椭圆形；侧面观为卵形或椭圆形，前端贴近囊壳，中央具2条或4条等长的鞭毛，从囊壳的1个或2个开孔中伸出，基部具2个伸缩泡。色素体大，杯状。蛋白核1个、2个或多个。具1个眼点。

无性生殖方式为细胞纵分裂，形成2个、4个或8个动孢子，由囊壳分成2个半片或不规则的破裂而释放，有性生殖方式为同配或异配。

（1）球粒藻属（*Coccomonas*）

形态特征：单细胞；囊壳球形、卵形或椭圆形，横断面为圆形或椭圆形，常具钙或铁的化合物沉积，呈黑褐色；原生质体小于囊壳，前端贴近囊壳，原生质体卵形、椭圆形，2条等长的鞭毛从囊壳前端的1个开孔伸出。色素体大，杯状，基部具1个蛋白核。具

1个眼点或无；细胞核位于原生质体的中央。

采集地：苏州各湖泊、福建闽江流域。

1）球粒藻（*Coccomonas orbicularis*）

形态特征：囊壳略扁，侧面观为椭圆形、宽椭圆形、卵形到心形，顶平直或略凹，基部钝圆，壳面平滑或具窝孔纹，黄色到褐色，横断面为椭圆形。原生质体小于囊壳，前端狭窄、贴近，后端远离，其间的空隙充满胶状物质。原生质卵形，前端中央具乳头状突起，两条等长的、约等于体长的鞭毛从囊壳的1个开孔伸出，鞭毛基部具2个伸缩泡。色素体大，杯状，基部明显增厚，具1个圆形的蛋白核。眼点位于原生质体前端约1/3处。细胞宽17～19μm，长17～25μm；原生质体宽8～10μm，长14～14.5μm。

生境：湖泊、水库。

采集地：苏州各湖泊。

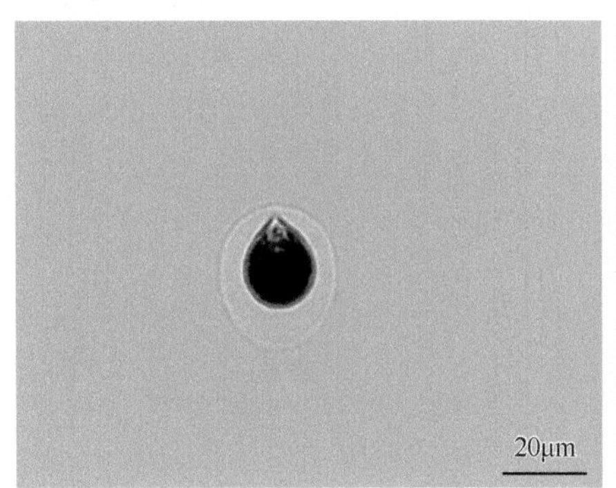

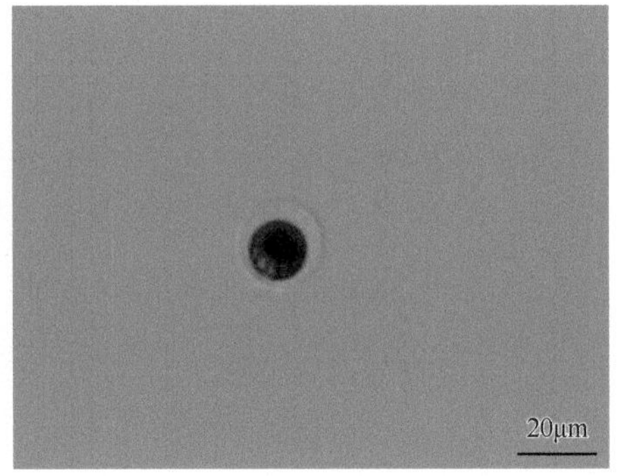

球粒藻（*Coccomonas orbicularis*）

（2）异形藻属（*Dysmorphococcus*）

形态特征：单细胞；囊壳球形、卵形、椭圆形，顶面观为圆形或椭圆形，多数常具钙或硅的化合物沉积，呈褐色、黑褐色，壳面具许多小孔，少数平滑无孔，原生质体明显小于囊壳，前端与囊壳贴近，其间的空隙充满胶状物质，原生质体球形、卵形，2条等长的、约等于或略长于体长的鞭毛从囊壳前端的2个开孔分别伸出，基部具2个或数个伸缩泡。色素体杯状，具1个、2个或多个不规则排列的蛋白核。眼点位于原生质体中部或近后端的一侧，细胞核位于原生质体的中央偏前端。

采集地：福建各湖库及闽江流域、闽东南诸河流域、汀江流域。

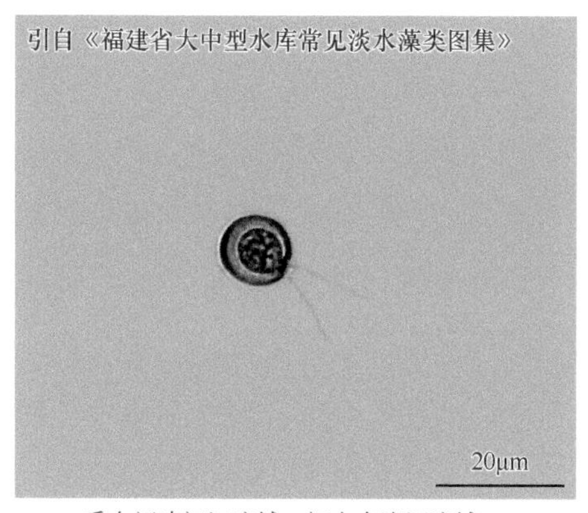

采自福建闽江流域、闽东南诸河流域

异形藻（*Dysmorphococcus* sp. 1）

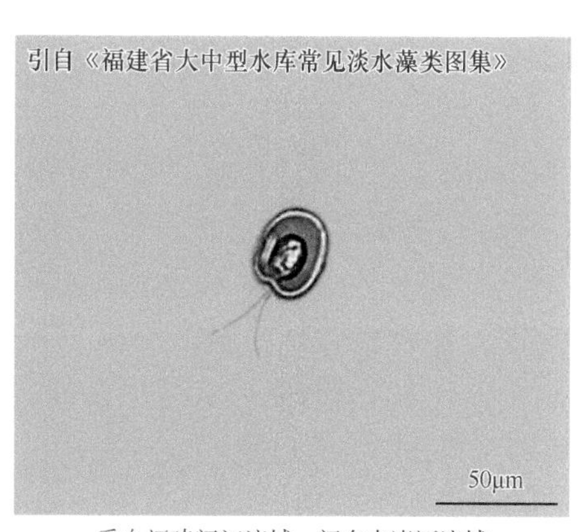

采自福建闽江流域、闽东南诸河流域

异形藻（*Dysmorphococcus* sp. 2）

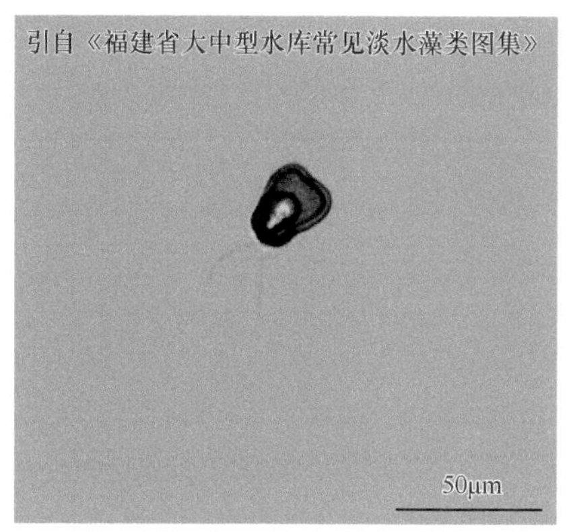

采自福建闽江流域、闽东南诸河流域

异形藻（*Dysmorphococcus* sp. 3）

1）多变异形藻（*Dysmorphococcus variabilis*）

形态特征：细胞略扁；囊壳正面观为广椭圆形、广卵形到卵形；侧面观前端广圆，顶部中间微凹，向后逐渐呈圆锥形；垂直面观为椭圆形，两侧中部微凹；囊壳呈褐色，壳面具许多六角形的小孔；原生质体小于囊壳，呈卵形，前端与囊壳贴近，其间的空隙充满胶状物质，2条等长的、约等于体长的鞭毛从囊壳前端的2个开孔分别伸出，基部具2个伸缩泡。色素体大，杯状，基部具1个蛋白核。眼点位于原生质体的中部或略偏后端的一侧。细胞核位于细胞的近中央偏前端。细胞宽10～17μm，长14～16μm，后端厚11～12μm；原生质体宽6～7μm，长约9μm。

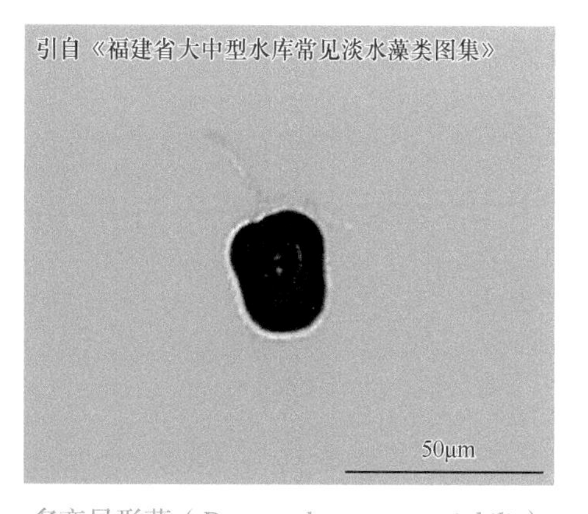

多变异形藻（*Dysmorphococcus variabilis*）

生境：湖泊、池塘。

采集地：福建闽江流域、闽东南诸河流域。

（3）壳衣藻属（*Phacotus*）

形态特征：单细胞，纵扁；囊壳正面观为球形、卵形、椭圆形；侧面观为广卵形、椭圆形或双凸透镜形；囊壳由2个半片组成，侧面2个半片接合处具1条纵向的缝线；囊壳常具钙质沉淀，呈暗黑色；壳面平滑或粗糙，具各种花纹；原生质体小于囊壳，除前端贴近囊壳外与囊壳分离；原生质体为卵形或近卵形，前端中央具2条等长的鞭毛，从囊壳的1个开孔伸出。色素体大，杯状，具1个或数个蛋白核。眼点位于细胞近前端或近后端的一侧；细胞单核。

采集地：苏州各湖泊、山东半岛流域（崂山水库）。

1）透镜壳衣藻（*Phacotus lenticularis*）

形态特征：细胞纵扁；囊壳正面观为近圆形，侧面观为双凸透镜形；囊壳由2个对称的半片组成，半片接合处具1条纵向的缝线；壳常呈褐色，表面粗糙，具大小不等的颗粒；原生质体小于囊壳，除前端贴近囊壳外，其间的空隙充满胶状物质；原生质体卵形，2条等长的、略长于体长的鞭毛从囊壳前端的1个开孔伸出，基部具2个伸缩泡。色素体杯状，基部加厚处具1个近圆形的蛋白核。眼点位于细胞近前端约1/4处。细胞核位于细胞近中央偏前端。细胞宽18～20μm，长20μm，厚11μm；原生质体宽14μm，长17μm，厚9μm。

生境：富营养型水体和小水体。

采集地：苏州各湖泊、山东半岛流域（崂山水库）。

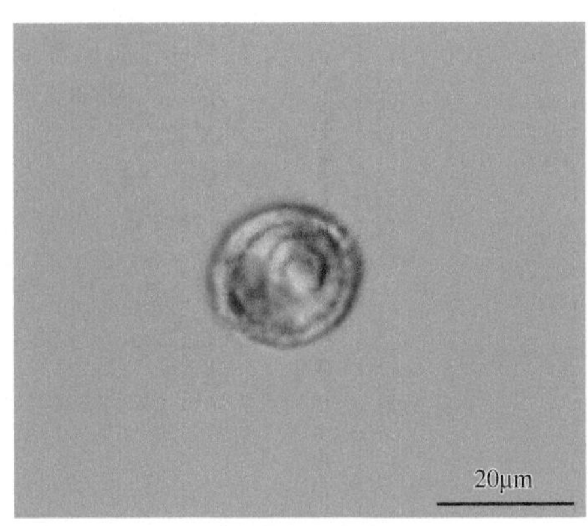

采自苏州各湖泊

透镜壳衣藻（*Phacotus lenticularis*）

（4）翼膜藻属（*Pteromonas*）

形态特征：单细胞，明显纵扁；囊壳正面观为球形、卵形，前端宽而平直，或呈正方形到长方形、六角形，角上具或不具翼状突起；侧面观为近梭形，中间具1条纵向的缝线；囊壳由2个半片组成，表面光滑。原生质体小于囊壳，前端靠近囊壳，正面观为球形、卵形、椭圆形，前端中央具2条等长的鞭毛，从囊壳的1个开孔伸出，基部具2个伸缩泡。色素体杯状或块状，具1个或数个蛋白核。眼点椭圆形或近线形，位于细胞近前端。细胞核位于细胞的中央或略偏前端。

采集地：福建闽江流域、闽东南诸河流域、汀江流域、东湖、松花江流域、苏州各湖泊、山东半岛流域（崂山水库）、嘉陵江流域（重庆段）。

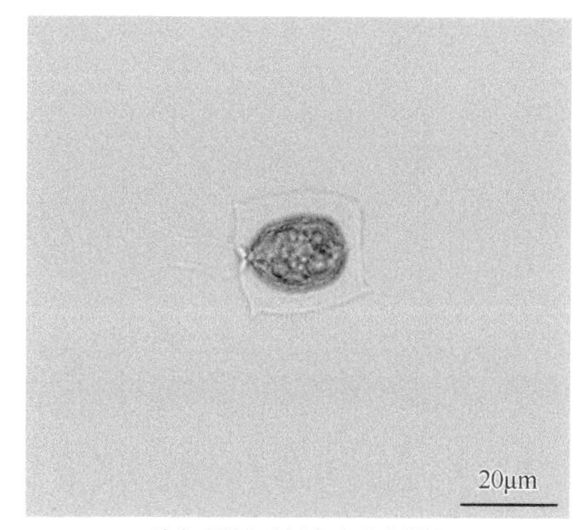

采自嘉陵江流域（重庆段）

翼膜藻（*Pteromonas* sp. 1）

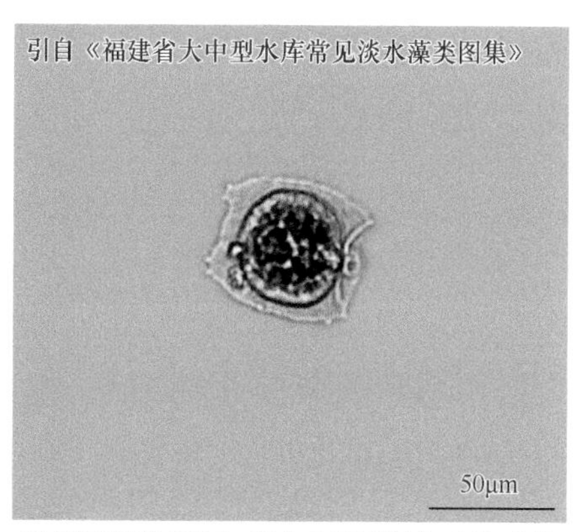

采自福建闽江流域、闽东南诸河流域、汀江流域

翼膜藻（*Pteromonas* sp. 2）

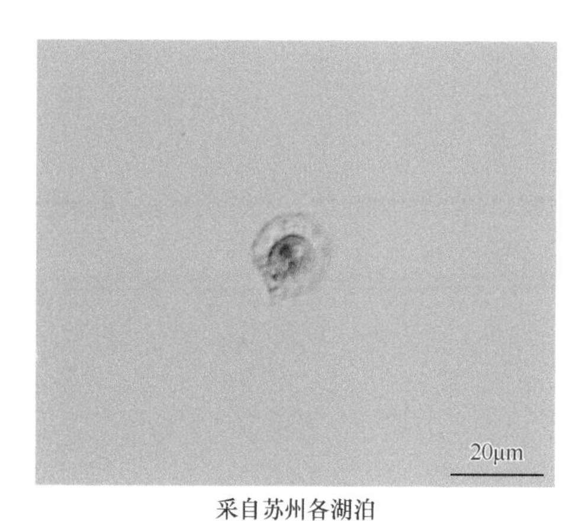

采自苏州各湖泊

翼膜藻（*Pteromonas* sp. 3）

1）尖角翼膜藻（*Pteromonas aculeata*）

形态特征：细胞纵扁；囊壳正面观为方形或长方形，具4个角，前端2个角向前延伸，后端2个角向后延伸，形成4个角锥形突起；侧面观近纺锤形，侧缘具3个波纹，前端尖角形，后端具尖尾；囊壳由2个半片组成，壳面平滑；原生质体正面观为圆形到广椭圆形，侧面观为近椭圆形，侧缘具3个波纹，原生质体前端具2个管状突起，2条等长的、等于体长或为体长1.5倍的鞭毛从管内通过囊壳小孔伸出，基部具2个伸缩泡。色素体大，块状，蛋白核4或5个，方形排列；近细胞前端具1个线形眼点。细胞宽31～36μm，长33～37μm，厚17～22μm；原生质体宽20～27μm，长25～32μm，厚17～22μm。

生境：池塘。

采集地：闽东南诸河流域、苏州各湖泊。

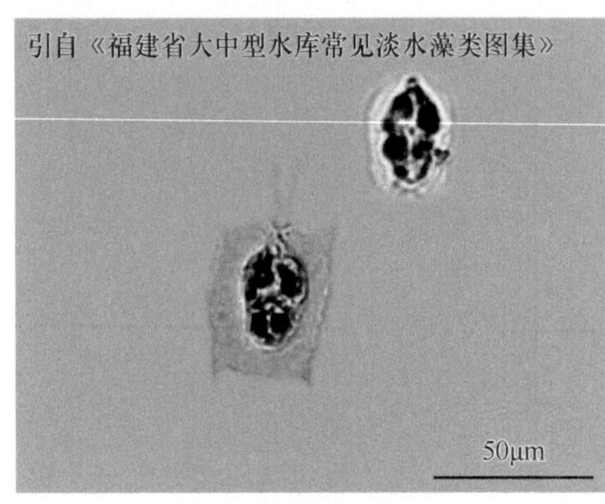

A. 采自闽东南诸河流域

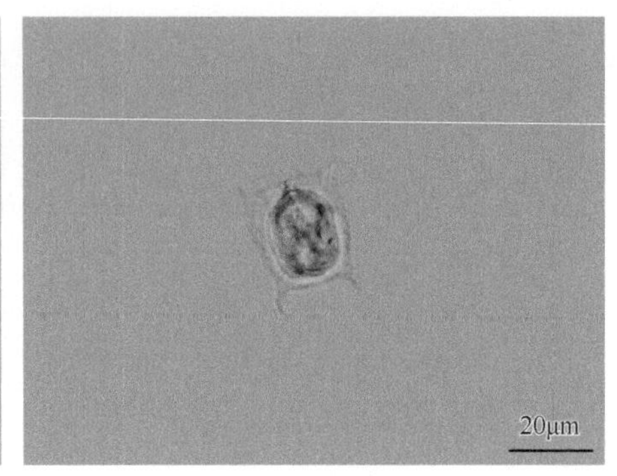

B. 采自苏州各湖泊

尖角翼膜藻（*Pteromonas aculeata*）

2）尖角翼膜藻奇形变种（*Pteromonas aculeata* var. *mirifica*）

形态特征：细胞的形状与原变种近似，但囊壳的2个半片的前缘向上延伸形成1个显著的凹陷。囊壳正面观的侧缘呈不规则波纹或齿状；侧面观为近纺锤形，侧缘具3个波纹，波顶尖，细胞前端截形，后端具1尖尾；垂直面观为扁六角形，两侧各具1个线形凸起；原生质体正面观为圆形，侧面观及垂直面观为椭圆形，与囊壳分离。色素体杯状，具5～9个蛋白核。细胞宽25～28μm，长29～33μm；原生质体宽14～19μm，长17～20μm。

生境：公园小水坑。

采集地：苏州各湖泊。

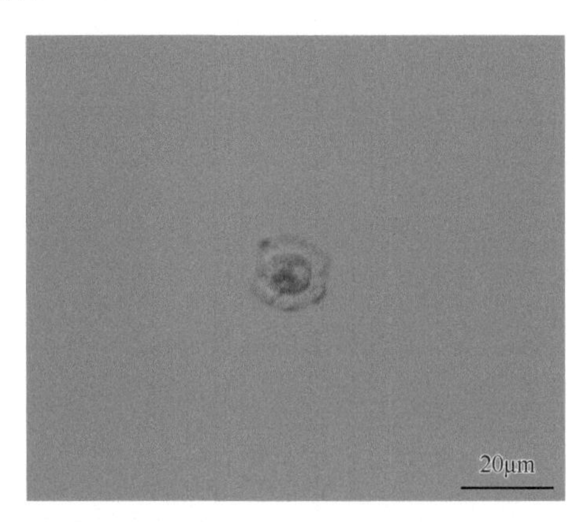

尖角翼膜藻奇形变种（*Pteromonas aculeata* var. *mirifica*）

3）戈利翼膜藻近方形变种（*Pteromonas golenkiniana* var. *subquadrata*）

形态特征：与原变种的区别在于幼细胞囊壳正面观为盾状，前端宽，平直或微凹入，中间具1小凸起，后端钝圆；侧面观为狭长菱形，后端具1尖尾，前端钝圆；垂直面观为椭圆六角形，两侧中间各具线形突起；原生质体正面观为卵形，前端中央、囊壳的突起处具1个小的乳头状突起，侧面观为狭长菱形，垂直面观为六角形；长成后，囊壳正面观为方形，后端广圆，两侧平直而略向上分开；侧面观为椭圆形，侧缘具3个浅的波纹，后端具1弯的尖尾。原生质体正面观为球形，侧面观为狭长菱形，垂直面观的形状与幼体相似，仅较厚、两端略向内凹；细胞前端乳头状突起处着生2条等长的、约等于或略长于体长的鞭毛，基部具2个伸缩泡。色素体杯状，有时呈块状，幼细胞蛋白核1或2个，长成的细胞具5或6个。眼点位于细胞中部近前端的一侧。细胞宽10～14μm，长11～14μm；原生质体宽6～11.5μm，长8.5～11.5μm。

生境：公园小水坑。

采集地：松花江流域。

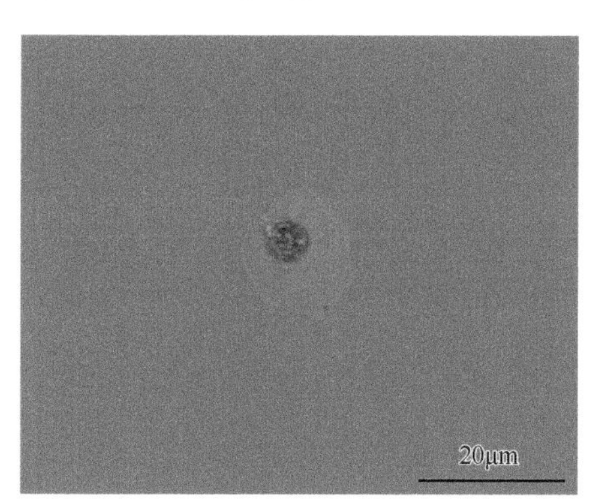

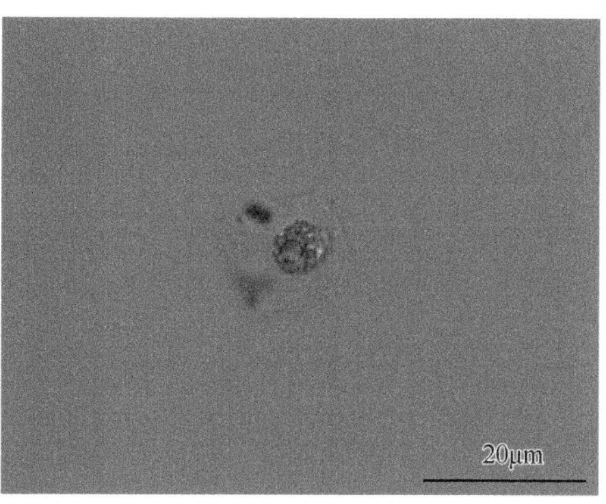

戈利翼膜藻近方形变种（*Pteromonas golenkiniana* var. *subquadrata*）

3. 团藻科（Volvocaceae）

藻体为多细胞具鞭毛的运动定形群体，群体内细胞具胶被，排列规则。盘藻属由4～32个细胞排列在一个平面上，成为板状的方形群体；其他各属细胞排列成中空的球形、卵形、椭圆形群体。

群体由4个到多达数万个细胞组成，群体细胞的胶被常彼此融合成为群体胶被，少数群体细胞的个体胶被明显。群体细胞的形状相同，球形、半球形、卵形，前端具2条等长的鞭毛，向外伸出，基部具2个伸缩泡。色素体绝大多数为杯状，少数为长线状、块状、片状。蛋白核1个或数个。具1个眼点。每个细胞具1个细胞核。

无性生殖方式为群体细胞或繁殖胞连续分裂形成似亲群体，其分裂面与群体垂直，根据物种的不同，形成4个、8个、16个或更多个细胞，具鞭毛端在群体内侧，此群体称为皿状体，稍后，皿状体细胞从群体开口处翻转，鞭毛的一侧向外，最后发育成与母群体相同的子群体。仅在盘藻属中产生胶群体时期和厚壁孢子。有性生殖方式为同配、异配或卵式生殖。

（1）盘藻属（*Gonium*）

形态特征：群体板状，方形，由4～32个细胞组成，排列在1个平面上，具胶被。群体细胞的个体胶被明显，彼此由胶被部分相连，呈网状，中央具1个大的空腔。群体细胞形态构造相同，球形、卵形、椭圆形，前端具2条等长的鞭毛。色素体大，杯状，近基部具1个蛋白核。具1个眼点，位于细胞近前端。

采集地：福建闽江流域、辽河流域、苏州各湖泊、长江流域（南通段）。

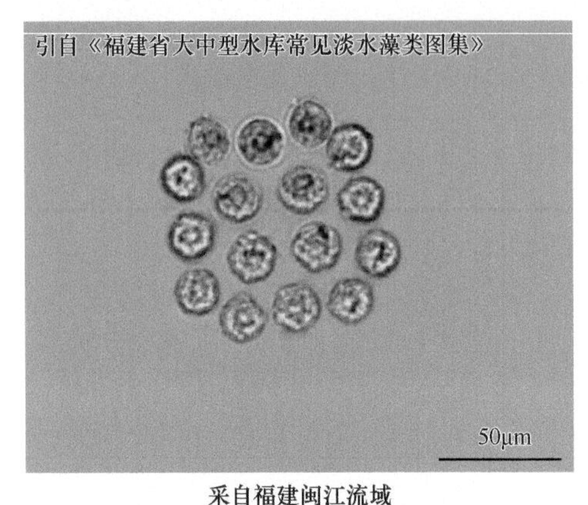

采自福建闽江流域

盘藻（*Gonium* sp. 1）

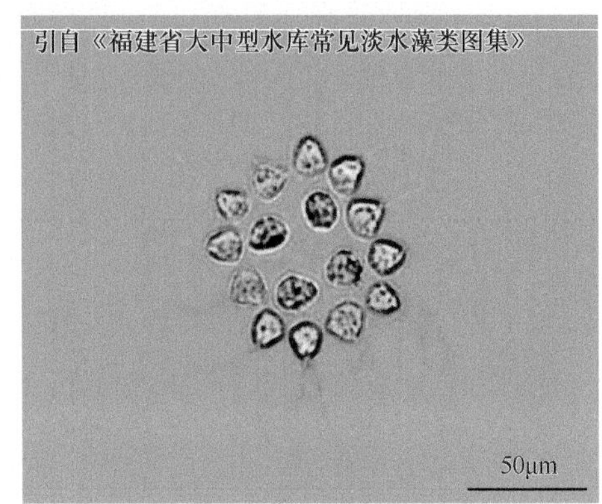

采自福建闽江流域

盘藻（*Gonium* sp. 2）

1）聚盘藻（*Gonium sociale*）

形态特征：群体仅由4个细胞构成，4个细胞在1个平面上呈方形排列。细胞纵轴（鞭毛伸出方向）与群体平面平行。群体胶被内各细胞的个体胶被明显，圆形，彼此由短的突起相连接，中间具1个大的空腔。细胞卵形，基部广圆，前端钝圆，中央具2条等长的鞭毛，基部具2个伸缩泡。色素体大、杯状，基部具1个大的、圆形的蛋白核。眼点位于细胞近前端。群体直径为20～48μm；细胞宽6～16μm，长6～22μm。有性生殖方式为同配。

生境：池塘等小水体。

采集地：辽河流域。

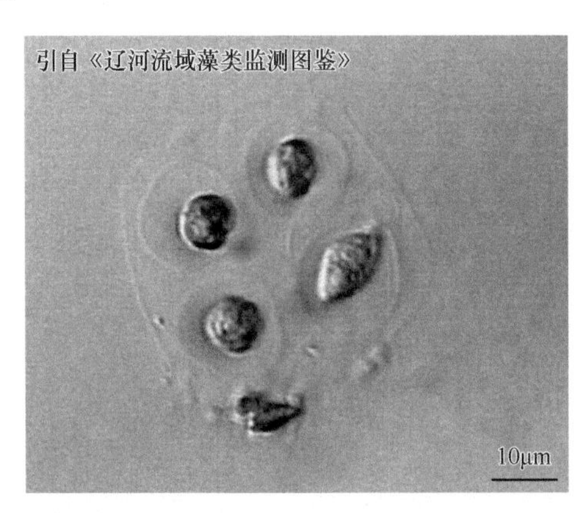

聚盘藻（*Gonium sociale*）

2）美丽盘藻（*Gonium formosum*）

形态特征：群体绝大多数由16个细胞组成，少数由4个、8个或32个细胞组成，排列在1个平面上，呈方形，板状；具16个细胞的群体排成2层，外层12个细胞，其纵轴与群体平面平行，内层4个细胞，其纵轴与群体平面垂直，群体内各细胞的个体胶被厚，明显，彼此以狭长的突起相连，群体中央具1个大的空腔，外层细胞与内层细胞之间具许多较大的空腔。细胞豆形，基部较宽圆到几乎平直，前端具2条等长的鞭毛，基部具2个伸缩泡。色素体大，杯状，近基部具1个大的、圆形的蛋白核。眼点位于细胞近前端。群体直径为35～38μm；细胞宽4.5～10μm，长6～15μm。

生境：静止小水体。

采集地：苏州各湖泊、长江流域（南通段）。

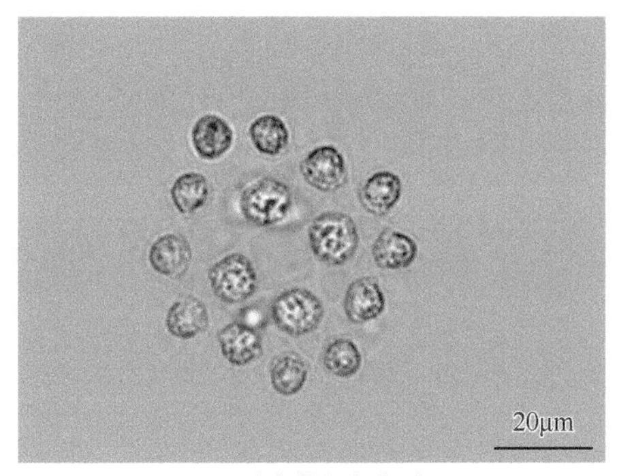

A. 采自苏州各湖泊

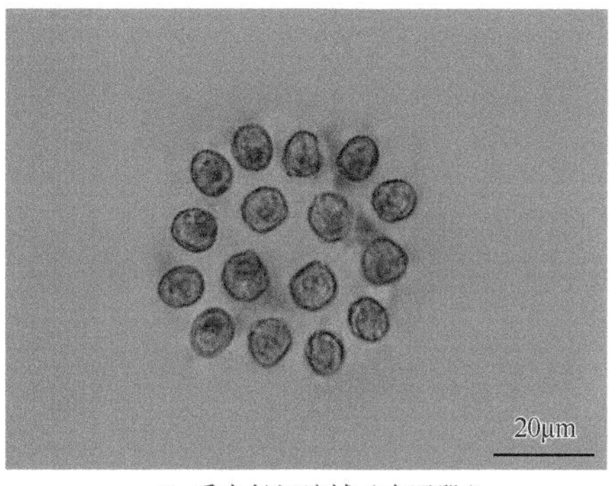

B. 采自长江流域（南通段）

美丽盘藻（*Gonium formosum*）

（2）实球藻属（*Pandorina*）

形态特征：群体球形或椭圆形，由8个、16个、32个细胞（常为16个，罕见4个）组成。群体细胞彼此紧贴，位于群体中心，细胞间常无空隙，或仅在群体中心有小空间。细胞球形、倒卵形、楔形，前端中央具2条等长的鞭毛。色素体多为杯状，少数为块状或长线状，具1个或数个蛋白核和1个眼点。常见于有机质含量较多的浅水湖泊和鱼池中。本属已记载2种。

采集地：东湖、福建闽江流域、闽东南诸河流域、汀江流域、丹江口水库、松花江流域、辽河流域、苏州各湖泊、甬江流域、山东半岛流域（崂山水库）、嘉陵江流域（重庆段）。

1）实球藻（*Pandorina morum*）

形态特征：群体球形或椭圆形，由4个、8个、16个、32个细胞组成。群体胶被边缘狭；群体细胞互相紧贴在群体中心，常无空隙，仅在群体中心有小的空间。细胞倒卵形或楔形，前端钝圆、向群体外侧，后端渐狭。前端中央具2条等长的、约为体长1倍的鞭毛，基部具2个伸缩泡。色素体杯状，在基部具1个蛋白核。眼点位于细胞近前端的一侧。群体直径为20～60μm；细胞直径为7～17μm。

生境：广泛分布于各种小水体中。

采集地：松花江流域、辽河流域、苏州各湖泊、福建闽江流域、闽东南诸河流域、汀江流域、山东半岛流域（崂山水库）、甬江流域、嘉陵江流域（重庆段）。

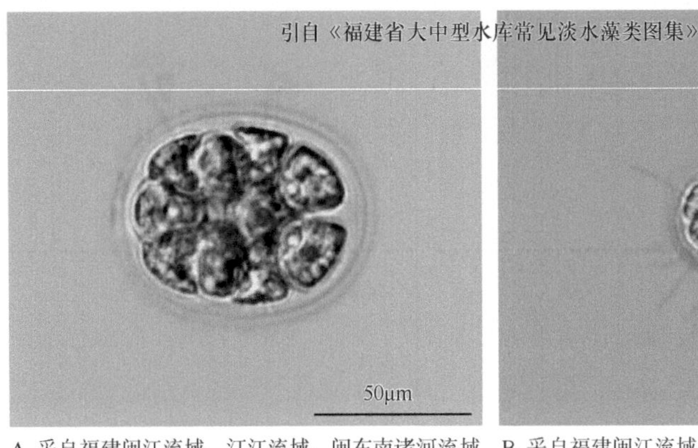

A. 采自福建闽江流域、汀江流域、闽东南诸河流域

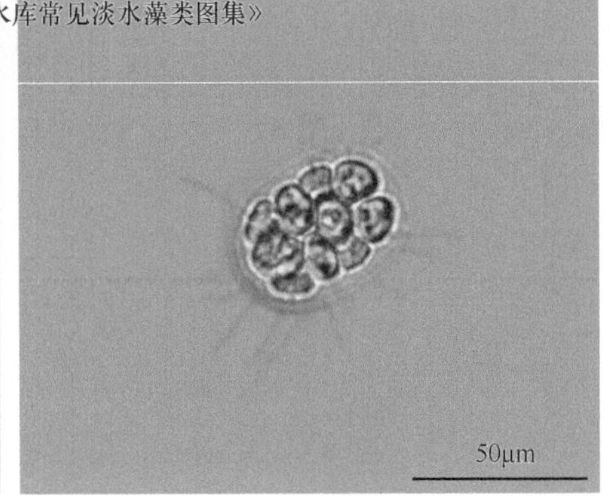

B. 采自福建闽江流域、汀江流域、闽东南诸河流域

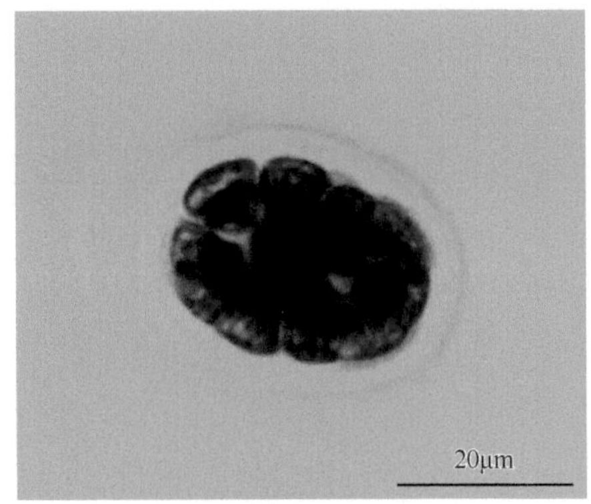

C. 采自苏州各湖泊

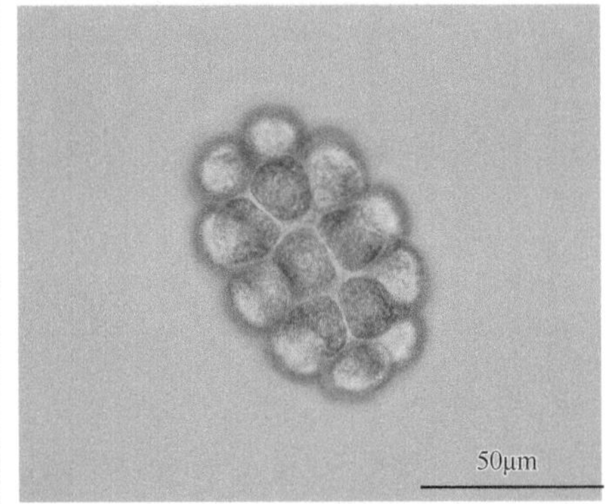

D. 采自甬江流域

实球藻（*Pandorina morum*）

（3）空球藻属（*Eudorina*）

形态特征：本属已记载6种。呈椭圆形的群体，罕见球形，由16个、32个、64个细胞（常为32个）组成，群体细胞彼此分离，排列在群体胶被的周边，群体胶被表面平滑或具胶质小刺，个体胶被彼此融合。细胞球形，壁薄，前端向群体外侧，中央具2条等长的鞭毛，基部具2个伸缩泡。色素体杯状，仅1个种色素体为长线状。具1个或数个蛋白核。眼点位于细胞前端。常见于有机质较丰富的小水体内。

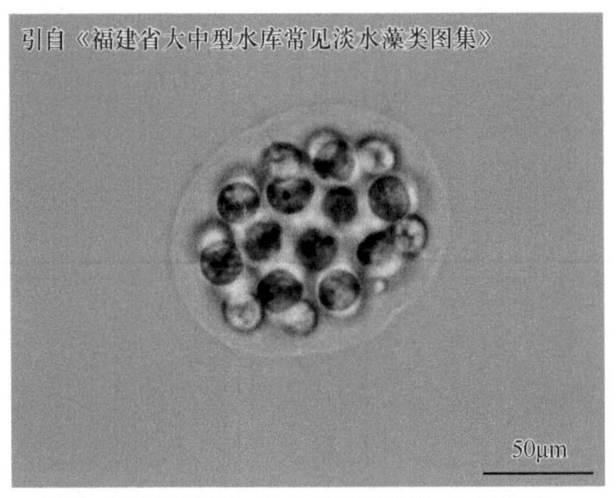

采自福建闽江流域、闽东南诸河流域、汀江流域

空球藻（*Eudorina* sp.）

采集地：松花江流域、东湖、丹江口水库、福建闽江流域、闽东南诸河流域、汀江流域、长江流域（南通段）、山东半岛流域（崂山水库）、辽河流域、嘉陵江流域（重庆段）、苏州各湖泊。

1）空球藻（*Eudorina elegans*）

形态特征：群体具胶被，椭圆形或球形，由16个、32个、64个细胞（常为32个）组成。群体细胞彼此分离，排列在群体胶被周边，群体胶被表面平滑。细胞球形，壁薄，前端向群体外侧，中央具2条等长的鞭毛，基部具2个伸缩泡。色素体大，杯状，有时充满整个细胞，具数个蛋白核。眼点位于细胞近前端的一侧。群体直径为50～200μm；细胞直径为10～24μm。

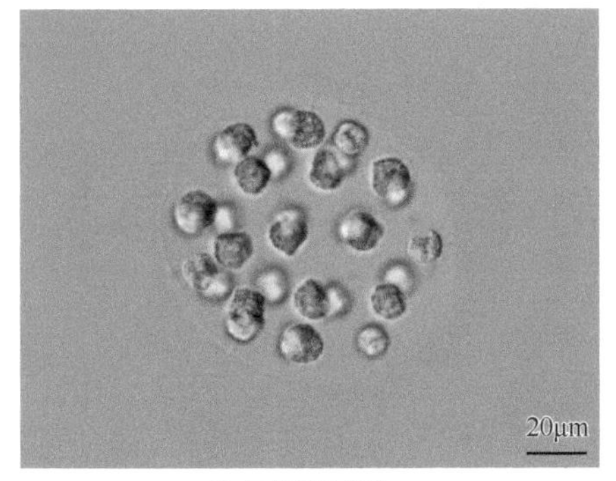

A. 采自苏州各湖泊

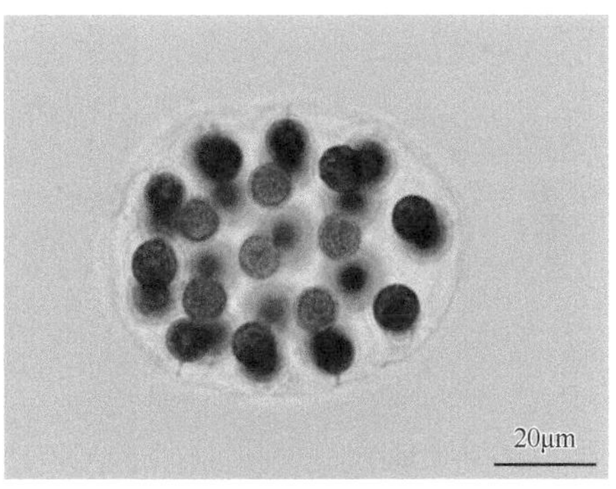

B. 采自苏州各湖泊

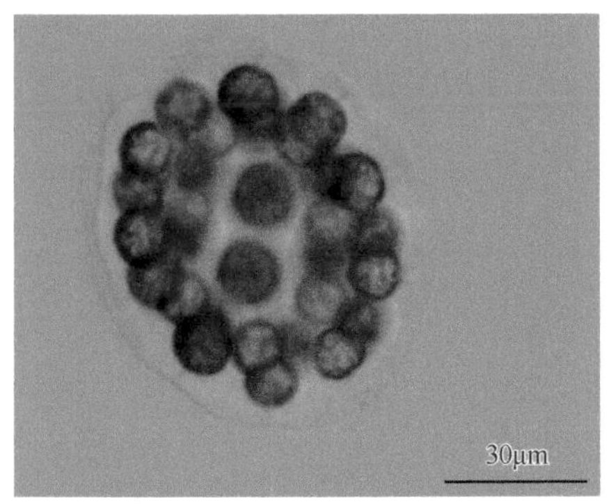

C. 采自山东半岛流域（崂山水库）

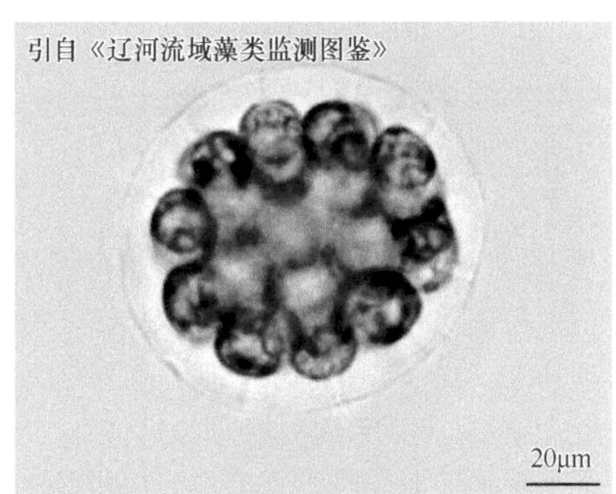

D. 采自辽河流域

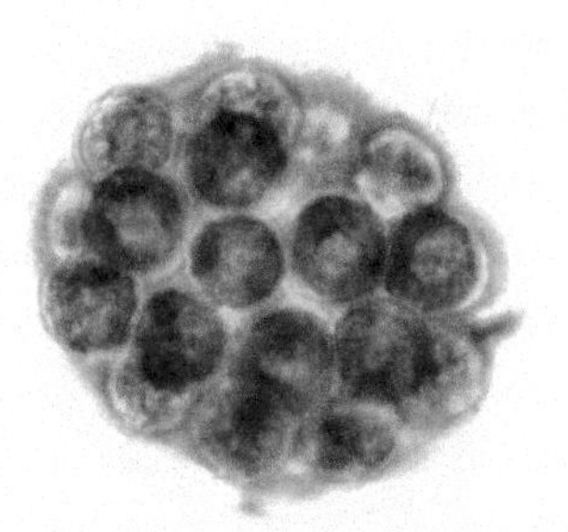

E. 采自山东半岛流域（崂山水库）

空球藻（*Eudorina elegans*）

采集地：辽河流域、苏州各湖泊、福建各湖库及闽江流域、闽东南诸河流域、汀江流域、长江流域（南通段）、山东半岛流域（崂山水库）、嘉陵江流域（重庆段）。

2）胶刺空球藻（*Eudorina echidna*）

形态特征：群体具胶被，椭圆形，常由16个细胞组成。群体细胞彼此分离，群体胶被表面具许多放射状均匀排列的胶质小刺。细胞球形，前端中央具2条约为体长3倍的等长鞭毛，鞭毛基部具2个伸缩泡。色素体大，杯状，近基部具1个大的、圆形的蛋白核。眼点位于细胞近前端的一侧。群体宽26～160μm，长30～185μm；细胞直径为5～20μm；胶质刺长约3.5μm。

生境：各种肥沃静止小水体。

采集地：汀江流域。

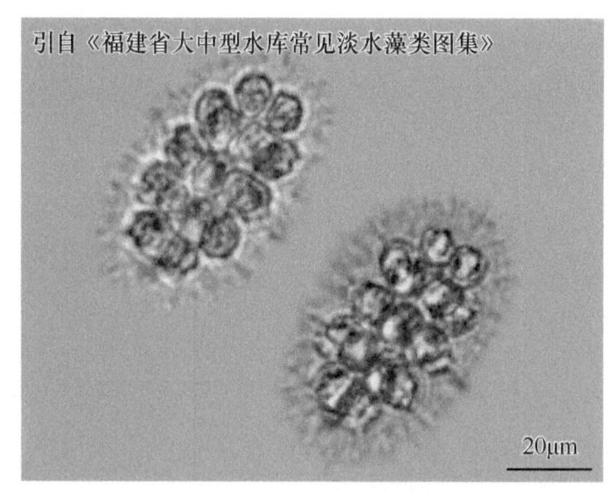

胶刺空球藻（*Eudorina echidna*）

（4）杂球藻属（*Pleodorina*）

形态特征：定形群体具胶被，球形或宽椭圆形，由32个、64个、128个细胞组成。群体细胞彼此分离，排列在群体胶被周边，个体胶被彼此融合。群体内具大小不同的2种细胞，较大的为生殖细胞，较小的为营养细胞，幼群体内，2种细胞难以区分，长成的群体中生殖细胞比营养细胞大2～3倍。群体细胞球形到卵形，前端中央具2条等长的鞭毛，基部具2个伸缩泡。色素体杯状，充满细胞，呈块状，营养细胞具1个蛋白核，但在分裂时具多个蛋白核。眼点位于细胞近前端的一侧。

采集地：苏州各湖泊、福建各湖库及闽江流域、闽东南诸河流域、汀江流域。

1）杂球藻（*Pleodorina californica*）

形态特征：群体具胶被，球形，由64～128个细胞组成。群体细胞彼此分离，排列在群体胶被周边。群体一端约一半的细胞较小，为营养细胞，另一端的细胞较大，为生殖细胞。细胞球形，前端中央具2条等长的鞭毛，基部具2个伸缩泡。色素体杯状，基部具1个蛋白核。眼点位于细胞近前端的一侧。群体直径为250～450μm；营养细胞直径为

4～15μm，生殖细胞直径为12.5～27μm。

生境：肥沃小水体。

采集地：苏州各湖泊、福建闽江流域。

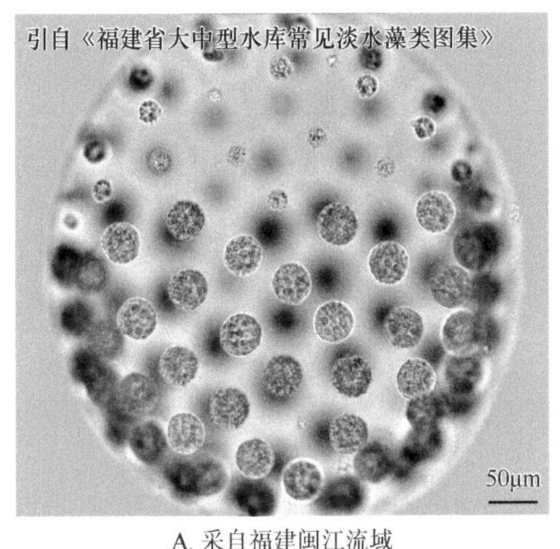

A. 采自福建闽江流域

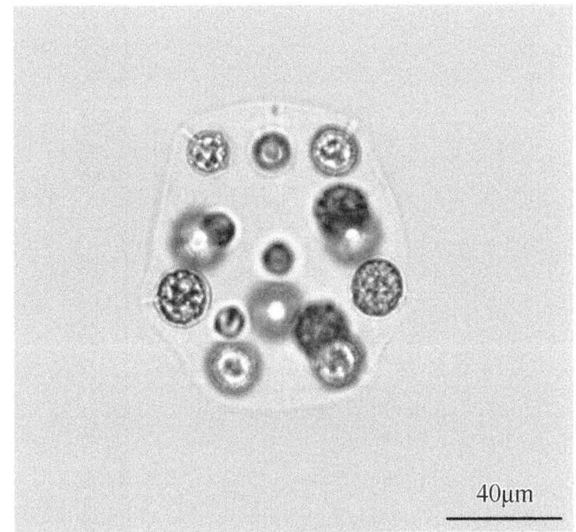

B. 采自苏州各湖泊

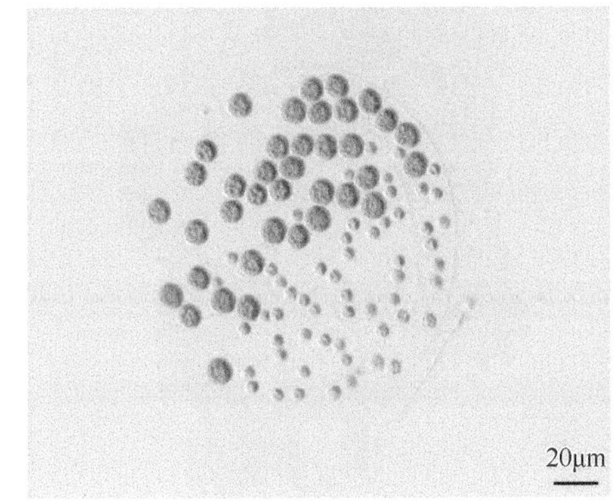

C. 采自苏州各湖泊

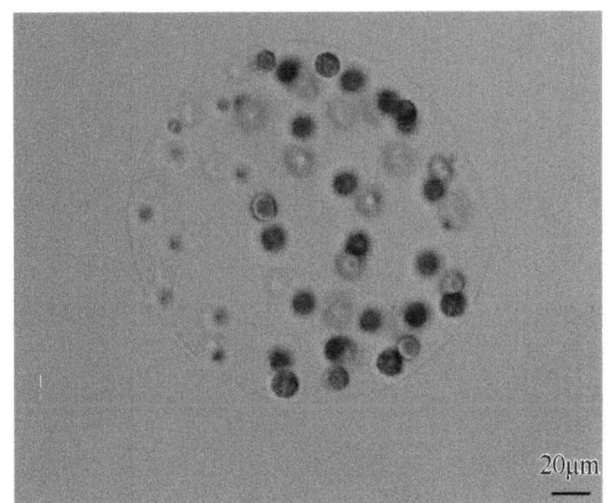

D. 采自苏州各湖泊

杂球藻（*Pleodorina california*）

（5）团藻属（*Volvox*）

形态特征：本属是团藻科中高度发展的典型种类。定形群体具胶被，球形、卵形或椭圆形，由512个至数万个细胞组成。群体细胞彼此分离，排列在无色的群体胶被周边，个体胶被彼此融合或不融合。成熟的群体分化成营养细胞和生殖细胞，群体细胞间具有或不具细胞质连丝。成熟的群体常包含若干个幼小的子群体。群体细胞球形、卵形、扁球形、多角形、楔形或星形，前端中央具2条等长的鞭毛，基部具2个伸缩泡，或2～5个不规则分布于细胞近前端。色素体杯状、碗状或盘状，具1个蛋白核。眼点位于细胞近前端的一侧。细胞核位于细胞的中央。常产于有机质含量较多的浅水水体中，春季常大量繁殖。

采集地：福建各湖库及闽江流域、闽东南诸河流域、汀江流域、松花江流域、辽河流域、苏州各湖泊、山东半岛流域（崂山水库）。

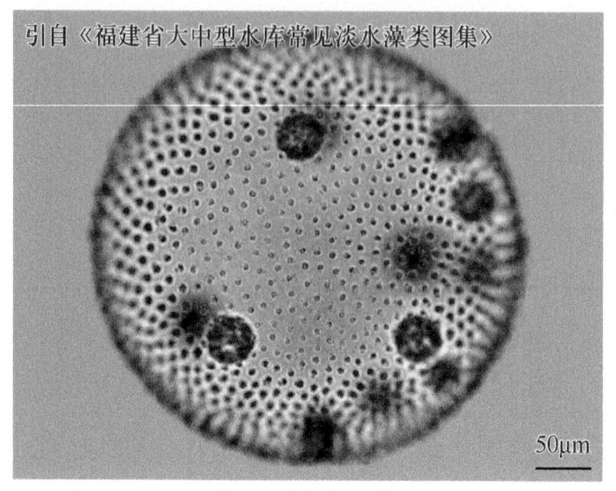

采自福建闽江流域

团藻（*Volvox* sp.）

1）非洲团藻（*Volvox africanus*）

形态特征：群体具胶被，卵形，由3000～8000个细胞组成。群体细胞彼此分离，排列在群体胶被周边。雄性群体通常为椭圆形；成熟群体细胞间无细胞质连丝。细胞卵形，前端中央具2条等长的鞭毛，基部具2个伸缩泡。色素体杯状，基部具1个或数个小的蛋白核。眼点位于细胞近前端的一侧。雌雄同株或雌雄异株，雌性群体一般具20～400个卵细胞，合子壁平滑。群体直径为120～560μm；细胞直径为4～9μm。

生境：湖泊、池塘。

采集地：苏州各湖泊。

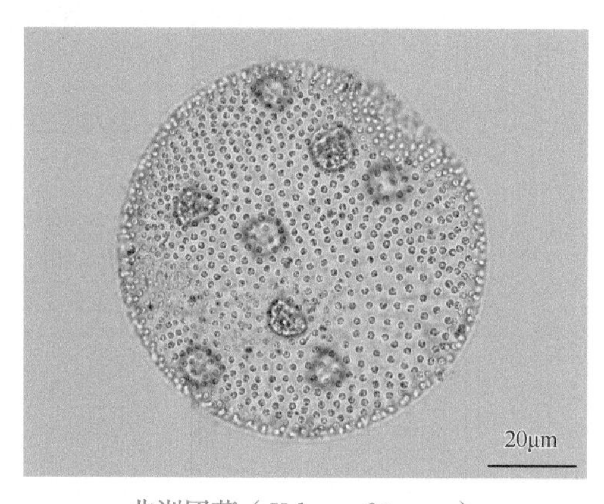

非洲团藻（*Volvox africanus*）

2）美丽团藻（*Volvox aureus*）

形态特征：群体球形或椭圆形，由500～4000个细胞组成。群体细胞彼此分离，排列在群体胶被周边。细胞彼此由极细的细胞质连丝连接，细胞胶被彼此融合，细胞卵形到椭圆形，前端中央具2条等长的鞭毛，基部具2个伸缩泡。色素体盘状，具1个蛋白核。眼点位于近细胞前端的一侧。群体多为雌雄异株，少数为雌雄同株，成熟群体具9～21个卵细胞，合子壁平滑。群体直径为150～800μm；细胞直径为4～9μm。

生境：小水洼、池塘等肥沃小水体。

采集地：辽河流域、苏州各湖泊。

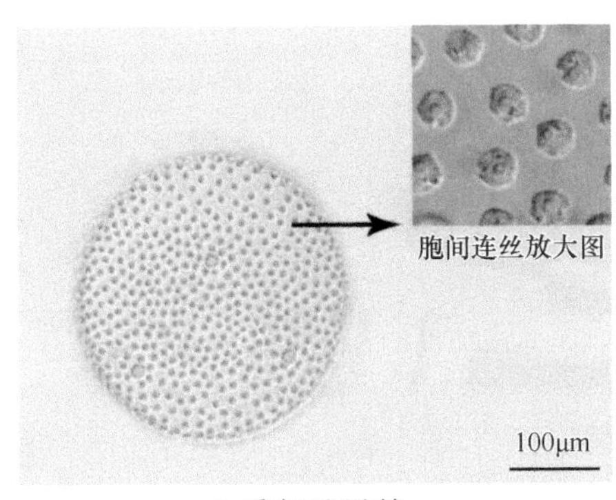

A. 采自辽河流域

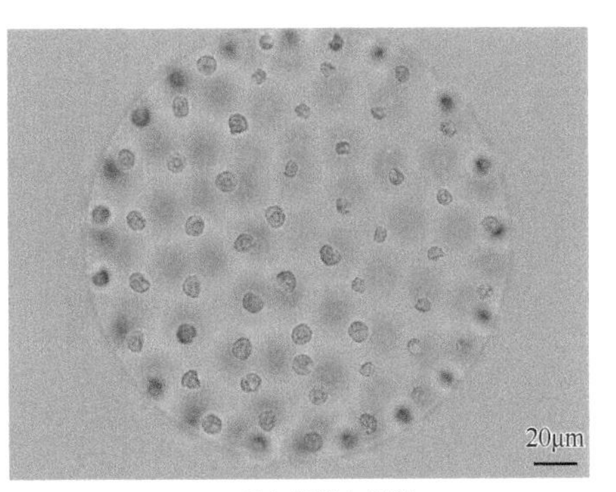

B. 采自苏州各湖泊

美丽团藻（*Volvox aureus*）

（二）四孢藻目（Tetrasporales）

植物体为胶群体，群体细胞无规则地分散在胶被内或仅排列在胶被的周边，少数为单细胞；细胞球形、椭圆形、卵形、圆柱形、三角形、多角形或纺锤形等，具有细胞壁，大多数种类无鞭毛，少数种类具伪纤毛，位于细胞的前端，但不能运动，具有伸缩泡。色素体轴生或周生，轴生的为星芒状，周生的为杯状、片状、盘状，1个或多个，色素体中具有蛋白核。细胞核1个。

营养繁殖：细胞具生长性的细胞分裂。无性生殖形成动孢子、静孢子及厚壁孢子。有性生殖方式为同配生殖。

生长在水坑、池塘、湖泊、水库、沼泽、小溪、河流中，有的种类亚气生，存在于土壤、树皮及岩石表面。

1. 胶球藻科（Coccomyxaceae）

植物体为单细胞或群体；细胞椭圆形、纺锤形、卵形或圆柱形。细胞常分泌胶质，胶质融合形成不定形群体。色素体周生，片状，1个，位于细胞的一侧，有或无蛋白核。营养繁殖为细胞分裂，分裂面多少与其细胞长轴垂直。无性生殖产生双鞭毛的动孢子或不动孢子。多为亚气生，附着在潮湿的土壤、树皮上。

（1）纺锤藻属（*Elakatothrix*）

形态特征：植物体是由2个、4个、8个或更多个细胞组成的胶群体，罕为单细胞，漂浮或幼时着生，长成后漂浮，群体胶被纺锤形或长椭圆形，无色，不分层；群体细胞纺锤形，其长轴多少与群体长轴平行。色素体1个，周生，片状，位于细胞的一边，具1个或2个蛋白核。营养繁殖为细胞横分裂，几次分裂的子细胞常存留在母细胞胶被中，形成多细胞的群体，或子细胞因母细胞胶被被溶解而释放出来，分泌胶被形成新的群体。无性生殖产生厚壁孢子。多生长在池塘、湖泊及水库等净水水体中。

采集地：太湖流域、福建闽江流域、闽东南诸河流域、汀江流域、辽河流域、甬江流域。

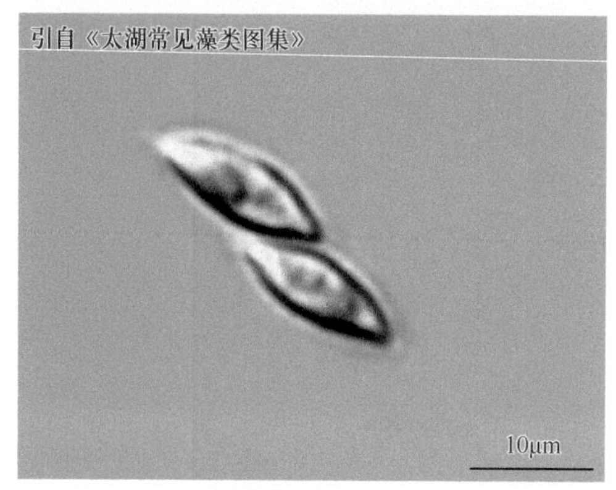

采自太湖流域

纺锤藻（*Elakatothrix* sp.）

1）纺锤藻（*Elakatothrix gelatinosa*）

形态特征：群体为长纺锤形或两端钝圆的长椭圆形，常由4个、8个或16个细胞组成；细胞纺锤形。群体长可达150μm，宽16～38μm；细胞长15～28μm，宽3～6μm。

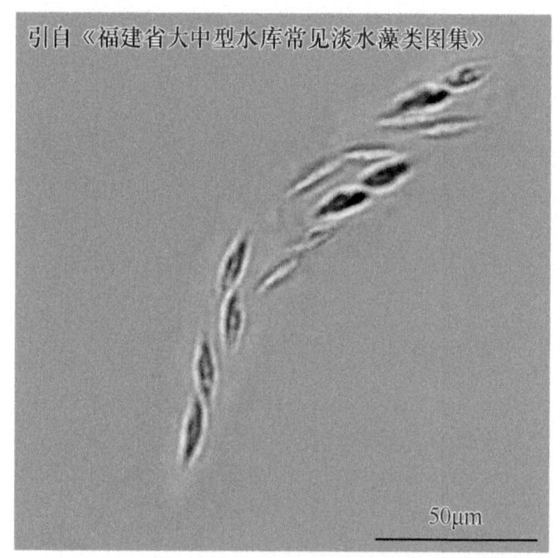

A. 采自福建闽江流域、闽东南诸河流域、汀江流域

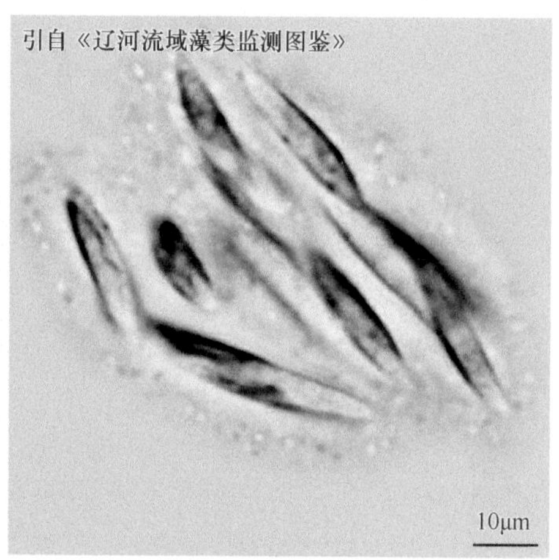

B. 采自辽河流域

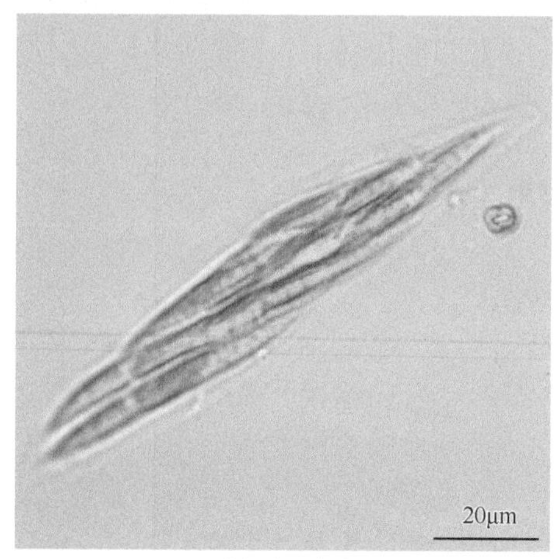

C. 采自甬江流域

纺锤藻（*Elakatothrix gelatinosa*）

生境：湖泊、池塘中的真性浮游种类。

采集地：辽河流域、福建闽江流域、闽东南诸河流域、汀江流域、甬江流域。

（三）绿球藻目（Chlorococcales）

植物体为单细胞和群体，群体分为不定形群体、原始定形群体、真性定形群体和树状聚合群体。不定形群体为多个细胞暂时地或较长久地聚集在一起，无规则地排列成无一定形状的群体。原始定形群体为细胞彼此分离，由残存的母细胞壁或分泌的胶质连接形成一定的形态和结构。真性定形群体为群体细胞彼此直接由它们的细胞壁互相连接形成具有一定细胞数目和形态结构的群体。树状聚合群体为细胞分泌的胶质连接形成树状分枝的群体。细胞呈球形、椭圆形、卵形、纺锤形、三角形、多角形等多种形状。色素体轴生或周生，轴生的为星芒状，周生的为杯状、片状、盘状或网状，1个或多个。蛋白核1个、多个或无。细胞常具1个细胞核，有的可能通过核的多次分裂，但原生质没有分裂，因而通常在孢子囊或配子囊中见到多个细胞核，也有的在营养细胞中具多个细胞核。

营养细胞失去生长性的细胞分裂能力，只有孢子形成，是绿球藻目与四孢藻目最主要的区别。无性生殖形成似亲孢子、静孢子，在孢子形成过程中，母细胞壁不成为子细胞壁的一部分，母细胞壁常存在一定时期或一直存在，或逐渐胶化，或不胶化但包裹在下一代的个体外，似亲孢子在母细胞内就具有与母细胞相似的外形和构造，少数种类形成动孢子，动孢子大多数具有2条等长的鞭毛。

有性生殖常为同配生殖，也有异配或卵配生殖。

生长在水坑、池塘、湖泊、水库、沼泽、小溪、河流中，有的种类亚气生，存在于土壤、岩石、树皮的表面，也有的是某些地衣的构成成分，在特殊生境，如在雪中与其他一些藻类一同形成红雪。

多数为世界广泛分布的种类，在富营养水体中常见。

1. 绿球藻科（Chlorococcaceae）

植物体为单细胞，有时多个细胞聚集在水样胶质内形成膜状小块；细胞球形、近球形、纺锤形、椭圆形或卵形；细胞壁平滑、具刺或其他花纹，壁均匀增厚或不均匀增厚。色素体周生，杯状、片状，罕为轴生，星状，常为1个，在充分成长的细胞中常分散充满整个细胞。蛋白核1个，罕为多个的。细胞核单个或多个。无性生殖通常产生2条等长鞭毛的动孢子，常通过母细胞壁上的小孔释放，动孢子有时停留在母细胞壁内成为不动孢子。有性生殖为同配，有些种类为卵配。

很多是浮游种类，生活在各种大小的水体中，也有若干土壤种类，有些种类附生于水生高等植物体上，有的是构成某些地衣的成分。

（1）微芒藻属（*Micractinium*）

形态特征：植物体由4个、8个、16个、32个或更多个细胞组成，排成四方形、角锥形或球形，细胞规律地互相聚集，无胶被，有时形成复合体，细胞外侧的细胞壁具1～10条长粗刺。色素体周生，杯状，1个，具1个蛋白核。无性生殖产生似亲孢子，每个母细胞产生4个或8个似亲孢子。分布在水库、湖泊、池塘等各种静水水体中，是真性浮游种类。

采集地：东湖、丹江口水库、辽河流域、苏州各湖泊。

1）微芒藻（*Micractinium pusillum*）

形态特征：群体常由4个、8个、16个或32个细胞组成，有时可多达128个细胞，多数每4个成为1组，排成四方形或角锥形，有时每8个细胞为一组，排成球形；细胞球形，细胞外侧具2～5条长粗刺，罕为1条。色素体杯状，1个，具1个蛋白核。细胞直径为3～7μm，刺长20～35μm，刺的基部宽约1μm。

生境：常见于肥沃的小型水体和浅水湖泊中。

采集地：辽河流域、苏州各湖泊。

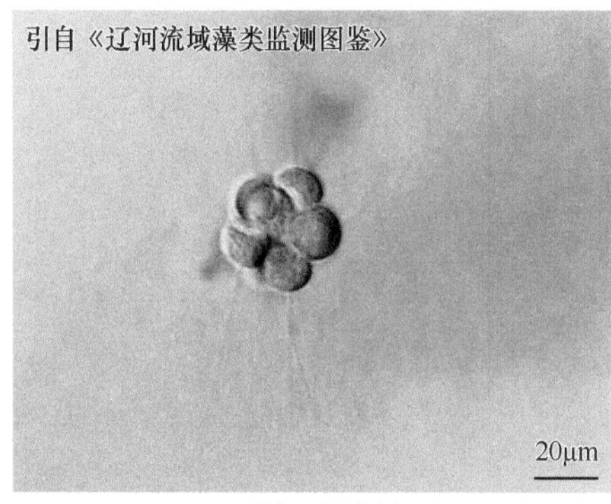

A. 采自辽河流域

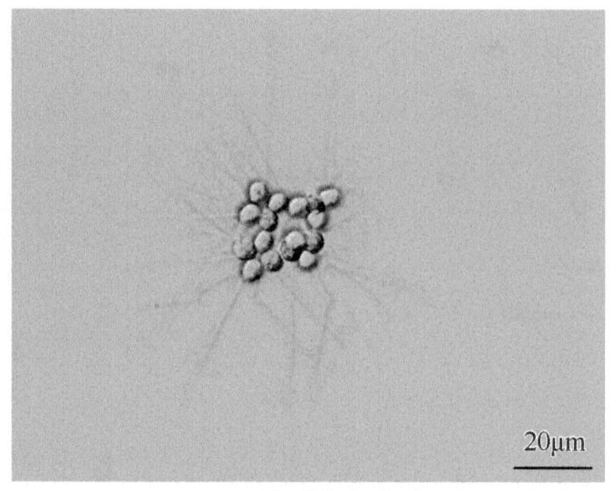

B. 采自苏州各湖泊

微芒藻（*Micractinium pusillum*）

2）博恩微芒藻（*Micractinium bornhemiensis*）

形态特征：群体三角锥形，常形成复合群体，由16个、32个、64个、128个或256个细胞的倍数互相紧密贴靠排列形成；群体细胞球形，细胞外侧具1～3条很长的刺。色素体杯状，1个，无蛋白核。细胞直径为3～9μm，刺长30～90μm。

采集地：苏州各湖泊。

（2）多芒藻属（*Golenkinia*）

形态特征：细胞常单独生活，有时聚积成群，浮游。细胞球形，壁薄，有时具胶被，壁四周具多数纤细的短刺，刺的基部与尖端等粗，刺排列规则。色素体杯状，具1个淀粉核。生于富营养的浅水湖或池塘中，可作为生产蛋白质的培养对象。无性生

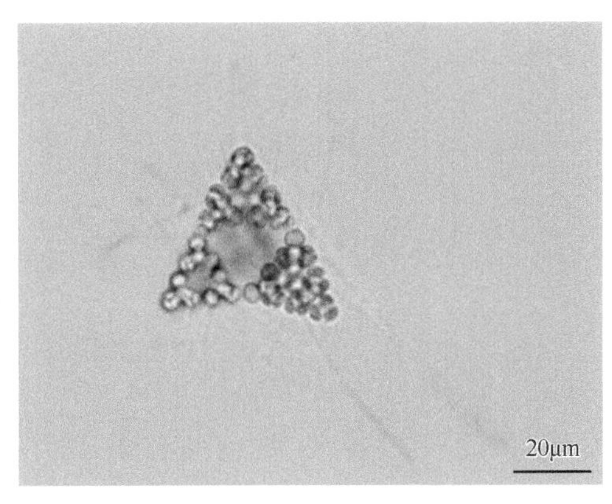

博恩微芒藻（*Micractinium bornhemiensis*）

殖产生动孢子或似亲孢子，动孢子具4条鞭毛。有性生殖为卵式生殖。

采集地：东湖、福建各湖库及闽江流域、闽东南诸河流域、汀江流域、辽河流域、山东半岛流域（崂山水库）、苏州各湖泊、甬江流域。

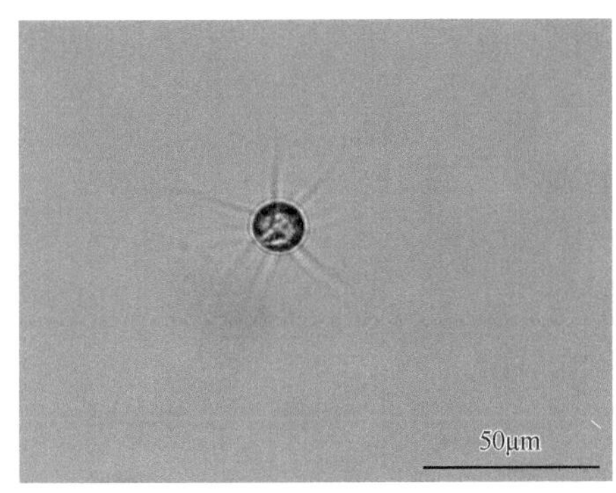

A. 采自东湖

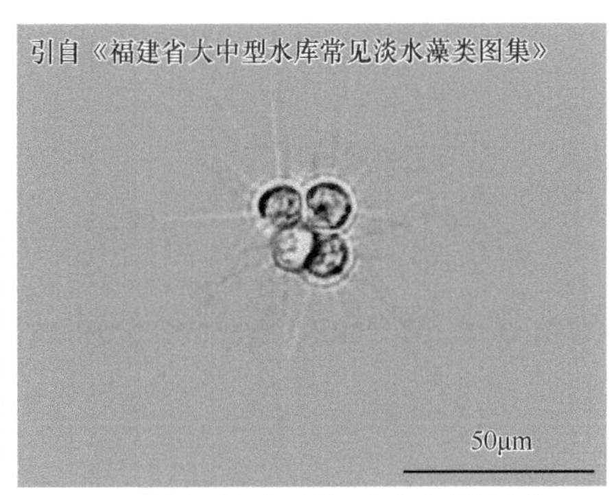

B. 采自福建闽江流域、闽东南诸河流域

多芒藻（*Golenkinia* sp.）

1）多芒藻（*Golenkinia radiata*）

形态特征：单细胞，有时聚集成群；细胞球形，细胞壁表面具许多纤细长刺。色素体1个，充满整个细胞。蛋白核1个。细胞直径为7～18μm，刺长20～45μm。

生境：生长在各种富营养的小水体中。

采集地：辽河流域、山东半岛流域（崂山水库）、苏州各湖泊、甬江流域。

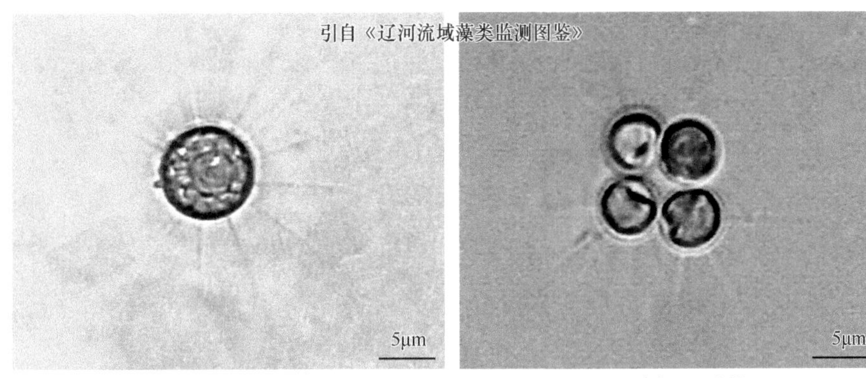

A. 采自辽河流域　　B. 采自辽河流域

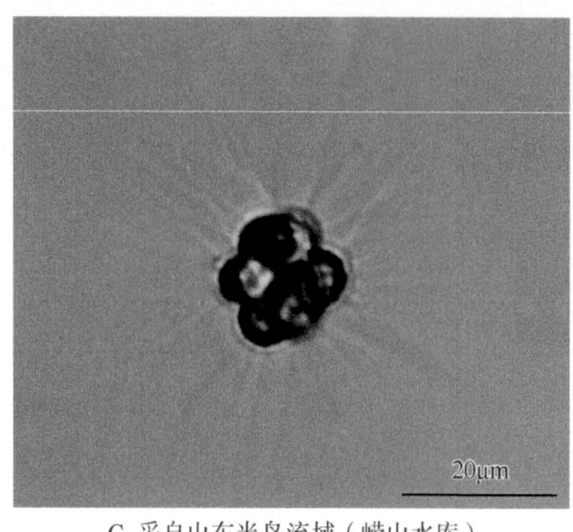

C. 采自山东半岛流域（崂山水库）

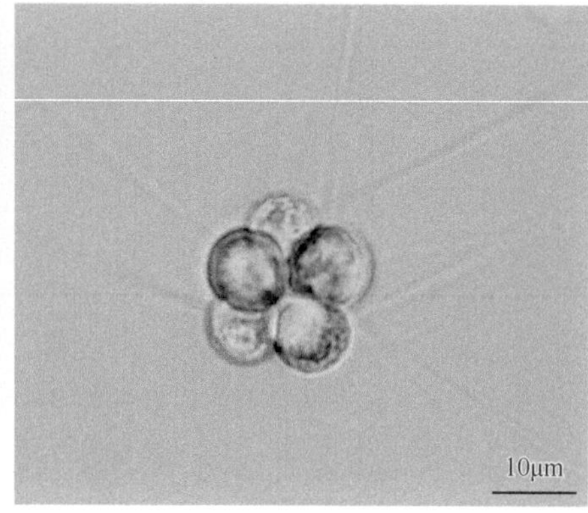

D. 采自甬江流域

多芒藻（*Golenkinia radiata*）

2）疏刺多芒藻（*Golenkinia paucispina*）

形态特征：单细胞；细胞球形，具稀疏纤细的短刺。色素体杯状，1个，充满整个细胞。具1个明显的蛋白核。细胞直径为7～19μm；刺长8～18μm。

生境：生长在各种富营养的小水体中。

采集地：苏州各湖泊。

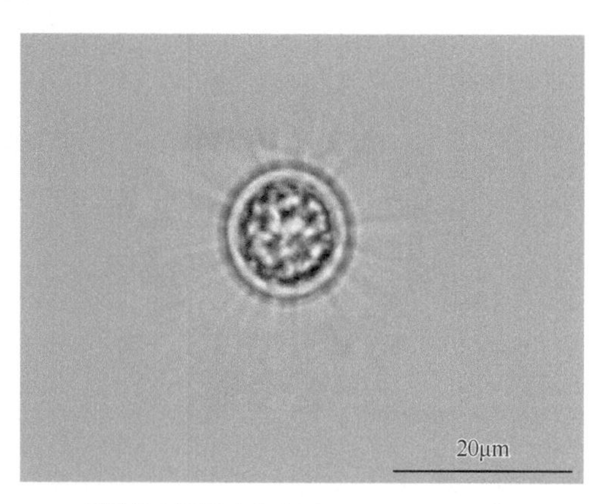

疏刺多芒藻（*Golenkinia paucispina*）

（3）缢带藻属（*Desmatractum*）

形态特征：植物体为单细胞；细胞球形、近球形或椭圆形，具厚而透明或带褐色的宽纺锤形被膜，被膜具数条纵脊，由2个相等的半片连接而成，2个半片的接合处凸出或收缢，细胞壁薄、透明。色素体周生，杯状，1个。蛋白核1或2个。无性生殖产生双鞭毛的动孢子或似亲孢子。常生长在酸性水体中。

采集地：苏州各湖泊。

1）具盖缢带藻（*Desmatractum indutum*）

形态特征：单细胞；球形、椭圆形、柱状椭圆形，被膜厚，宽纺锤形，具12～14条纵脊，两个相等的半片在中间接合处略缢入，两端延伸成细长的直刺。色素体周生，片状，1或2个。具1个蛋白核。细胞包括被膜长75～77.5μm，宽8～10μm，细胞不包括被膜长5～8μm，宽4.5～8μm。

生境：生长在池塘、湖泊中。

采集地：苏州各湖泊。

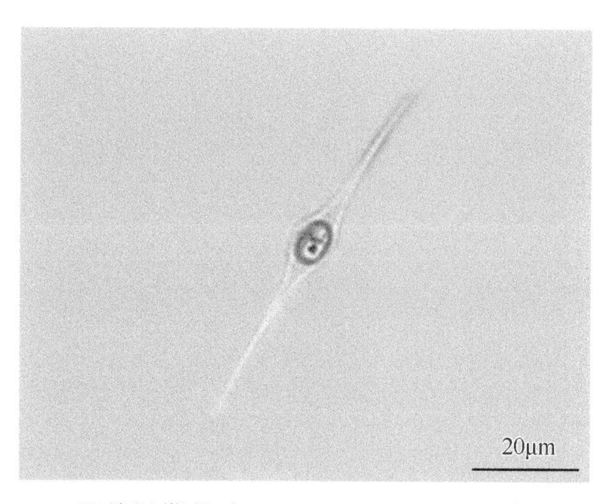

具盖缢带藻（*Desmatractum indutum*）

（4）拟多芒藻属（*Golenkiniopsis*）

形态特征：植物体单细胞；球形，罕近椭圆形；细胞壁薄，外有极薄的胶被；表面具有许多分布均匀、细长、基部加厚或不加厚、中空的长刺。色素体1个，杯状，周位。具1个球形或椭圆形的蛋白核。细胞核1个。

采集地：苏州各湖泊。

1）微细拟多芒藻（*Golenkiniopsis parvula*）

形态特征：植物体单细胞；细胞球形；细胞壁上具基部略加宽、渐尖、极长的细刺6条。色素体1个，杯状，周位。具1个蛋白核。细胞直径为10μm；刺长15μm。无性生殖时，产生4个近梨形的似亲孢子。

采集地：苏州各湖泊。

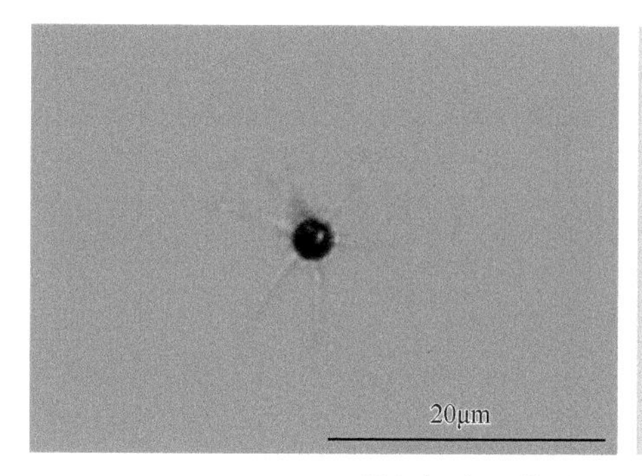

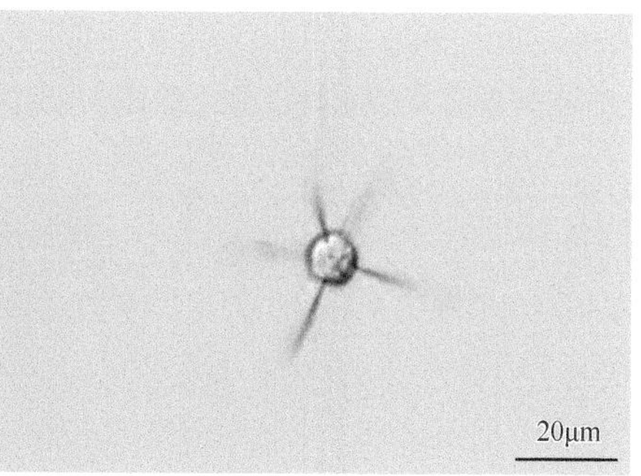

微细拟多芒藻（*Golenkiniopsis parvula*）

2）拟多芒藻（*Golenkiniopsis solitaria*）

形态特征：植物体单细胞；细胞球形；细胞壁上具16根或2根长的、基部不加宽、向前渐尖的刺。色素体1个或2个，杯状，周位；每一色素体内具1个蛋白核。细胞直径为9～10μm；刺长5～45μm。

采集地：苏州各湖泊。

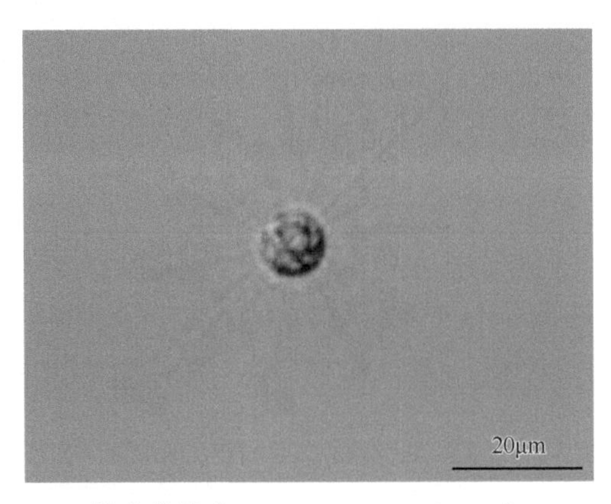

拟多芒藻（*Golenkiniopsis solitaria*）

（5）双细胞藻属（*Dicellula*）

形态特征：植物体多为2个，罕为1个或2～4（～8）个细胞纵列组成；细胞卵形或椭圆形；细胞壁上除接触面外均有细长的刺。色素体1个，较老时常分化成2瓣片状，周位。具1个蛋白核。

采集地：山东半岛流域（崂山水库）。

1）双细胞藻（*Dicellula geminata*）

形态特征：植物体由2个细胞组成，罕见由4个细胞组成；细胞宽椭圆形而具圆端，两细胞以纵的内侧面相紧贴；细胞壁表面具许多细长的刺，刺长15～20μm。色素体1个，片状，周位，较老时分为2瓣，各具1个蛋白核。细胞宽7～9μm，长13～20μm。

采集地：山东半岛流域（崂山水库）。

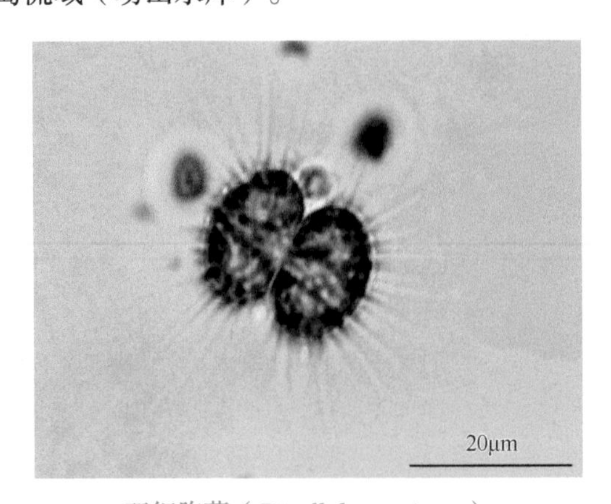

双细胞藻（*Dicellula geminata*）

2. 小桩藻科（Characiaceae）

植物体单细胞，罕为连接呈辐射状的群体：细胞为长形，直或弯曲，大多有两极的分化，前端钝圆或尖细，或细胞两端或一端的细胞壁延长成刺或柄，柄基部圆盘状或小球状，并以此附着在基质上。色素体周生，片状，1或多个。具1个到多个蛋白核。细胞核常为多个，有时为单个。

无性生殖形成动孢子，从母细胞顶端或侧面的开孔逸出，罕见形成不动孢子，有时产生厚壁孢子。有性生殖为同配。

（1）小桩藻属（*Characium*）

形态特征：植物体为单细胞，单生或群生，有时密集成层，着生；细胞纺锤形、椭圆形、圆柱形、长圆形、卵形、长卵形或近球形等，前端钝圆或尖锐，或由顶端细胞壁延伸成为圆锥形或刺状突起；下端细胞壁延长成为柄，柄的基部常膨大为盘状或小球形的固着器。色素体周生，片状，1个，具1个蛋白核，细胞幼时单核，随着细胞的成长，色素体分散，细胞核连续分裂成多数，可达128个，蛋白核的数目也随之增加。无性生殖产生动孢子，每个母细胞可形成8个、16个、32个、64个以至128个具双鞭毛的动孢子。

采集地：苏州各湖泊、闽东南诸河流域。

1）湖生小桩藻（*Characium limneticum*）

形态特征：单细胞，长纺锤形或柱状纺锤形，微弯曲或近于新月形，自中部向两端逐渐尖细，顶端细胞壁逐渐延长为无色针状长刺，柄尖细，末端不膨大。色素体周生，片状，1个，幼细胞色素体位于细胞的一侧，中部具1个蛋白核，老细胞色素体分裂为多数，并各具1个蛋白核。细胞长25～120μm，宽3～7μm，柄长8～16μm，顶端刺长可达40μm。

生境：生长在湖泊、池塘中。

采集地：苏州各湖泊。

（2）弓形藻属（*Schroederia*）

形态特征：植物体为单细胞，浮游；细胞针形、长纺锤形、新月形、弧形和螺旋状，直或弯曲，细胞两端的细胞壁延伸成长刺，刺直或略弯，其末端均为尖形。色素体周生，片状，1个，几乎充满整个细胞，常具1个蛋白核，有时2或3个。细胞核1个，老的细胞可为多个。无性生殖产生4个、8个动孢子，也产生厚壁孢子。

采集地：东湖、洱海流域、珠江流域（广州段）、福建闽江流域、闽东南诸河流域、汀江流域、苏州各湖泊、山东半岛流域（崂山水库）、嘉陵江流域（重庆段）、辽河流域、丹江口水库、长江流域（南通段）。

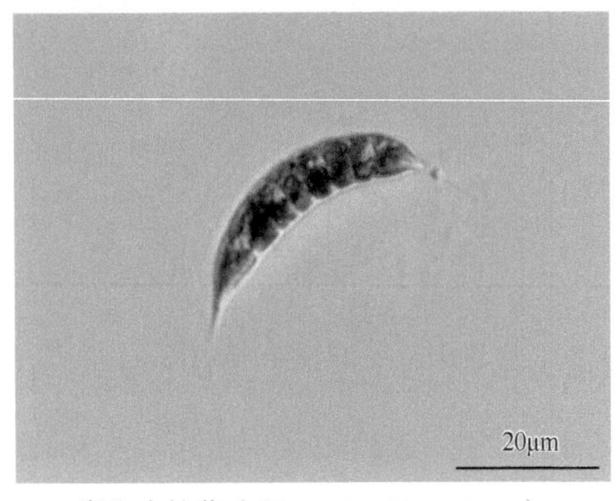

湖生小桩藻（*Characium limneticum*）

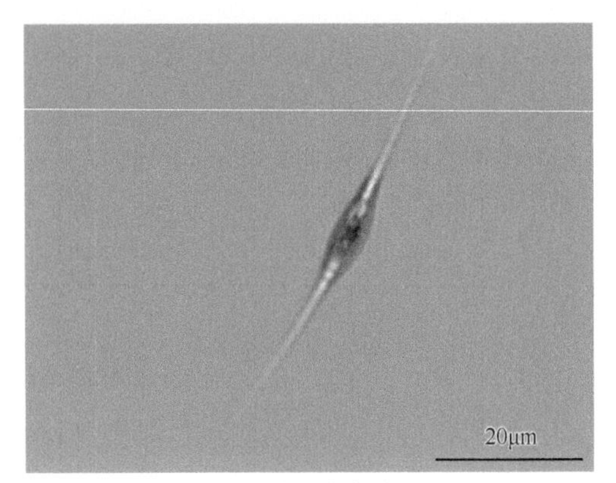

采自苏州各湖泊

弓形藻（*Schroederia* sp.）

1）拟菱形弓形藻（*Schroederia nitzschioides*）

形态特征：单细胞，长纺锤形，两端逐渐尖细，并延伸成细长的刺，两刺的末端常向相反方向微弯曲。色素体片状，1个，有或无蛋白核。细胞长（包括刺）100～130μm，宽3.5～13μm。刺长20～35μm。

无性生殖由细胞横向分裂产生动孢子。

生境：湖泊、水库、池塘。

采集地：福建闽江流域、闽东南诸河流域、苏州各湖泊、辽河流域、丹江口水库。

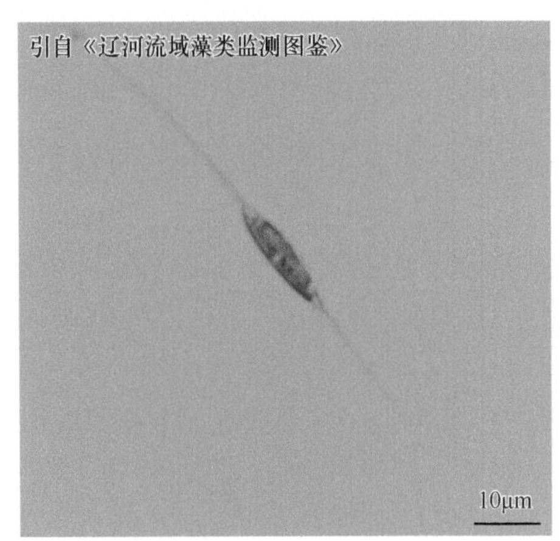

A. 采自辽河流域

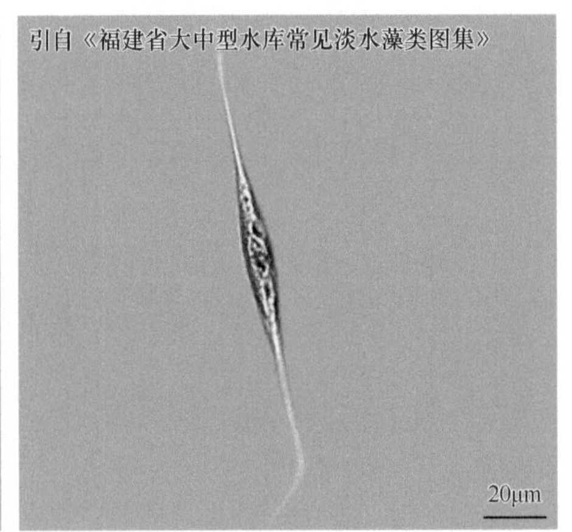

B. 采自福建闽江流域、闽东南诸河流域

拟菱形弓形藻（*Schroederia nitzschioides*）

2）硬弓形藻（*Schroederia robusta*）

形态特征：单细胞，马形或新月形，两端渐尖并向一侧弯曲延伸成刺，刺的长度不超过细胞长度的一半。色素体片状，1个，具1～4个蛋白核。细胞长（包括刺）50～140μm，宽6～9μm；刺长20～30μm。

生境：湖泊、池塘中的常见浮游种类。

采集地：苏州各湖泊、福建闽江流域、山东半岛流域（崂山水库）。

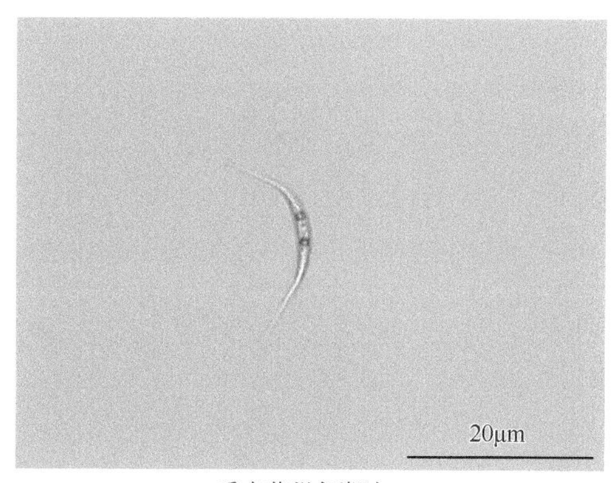

采自苏州各湖泊

硬弓形藻（*Schroederia robusta*）

3）弓形藻（*Schroederia setigera*）

形态特征：单细胞，长纺锤形，直或略弯曲，细胞两端延伸为无色的细长直刺，末端尖细。色素体片状，1个。具1个蛋白核，罕为2个。细胞长（含刺）56～85μm，宽3～8μm，刺长13～27μm。

生境：为浮游种类，喜生活在湖泊、水库及池塘等静水水体中。

采集地：福建闽江流域、闽东南诸河流域、汀江流域、苏州各湖泊、辽河流域、长江流域（南通段）、丹江口水库、山东半岛流域（崂山水库）、嘉陵江流域（重庆段）。

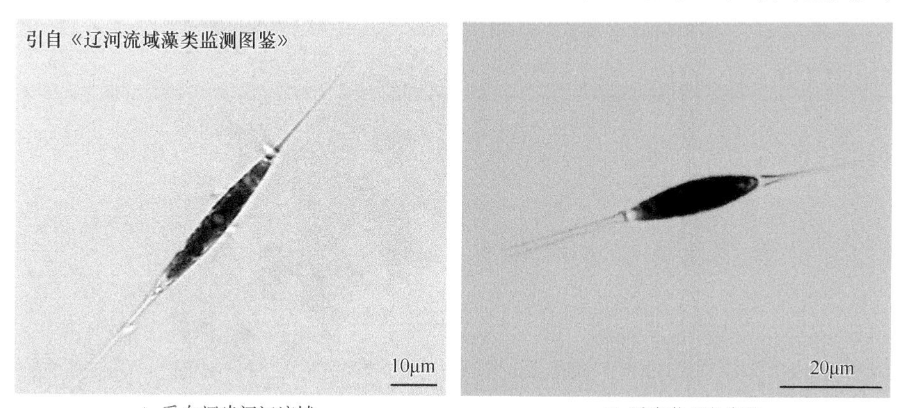

A. 采自福建闽江流域　　B. 采自苏州各湖泊

弓形藻（*Schroederia setigera*）

（3）锚藻属（*Ankyra*）

形态特征：植物体为单细胞；纺锤形或圆柱状纺锤形，两端的细胞壁向前渐尖延伸呈刺状，其中一端刺的末端为短的双分叉。色素体周生，片状，1个。常具1个蛋白核。细胞核1个。

采集地：松花江流域。

1）叉状锚藻（*Ankyra judayi*）

形态特征：单细胞；长纺锤形，直或略弯曲，两端渐尖，并延伸为长刺，其中一端刺的末端为短的双分叉。色素体幼时周生，片状，长成后为不规则状。细胞中央具1个蛋白核。细胞长（包括刺）45～74μm，宽2.5～6μm；长刺长10～16μm。

生境：为湖泊、池塘的真性浮游种类，数量较少。

采集地：松花江流域。

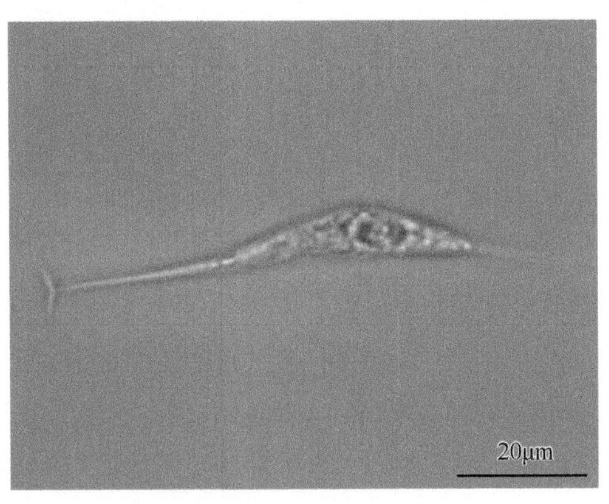

叉状锚藻（*Ankyra judayi*）

3. 小球藻科（Chlorellaceae）

植物体为单细胞或为4个或更多个细胞暂时或长期无规则地聚集在一起的群体，浮游；细胞球形、椭圆形、纺锤形、长圆形、新月形、三角形、四角形或多角形等；细胞壁平滑、具毛状长刺或短棘刺。色素体周生，杯状、片状或盘状，1到多个，每个色素体具1个蛋白核或无。

无性生殖产生似亲孢子或动孢子。

湖泊、池塘中的浮游种类。

（1）小球藻属（*Chlorella*）

形态特征：植物体为单细胞，单生或多个细胞聚集成群，群体中的细胞大小很不一致，浮游；细胞球形或椭圆形；细胞壁薄或厚。色素体周生，杯状或片状，1到多个，具1个蛋白核或无。

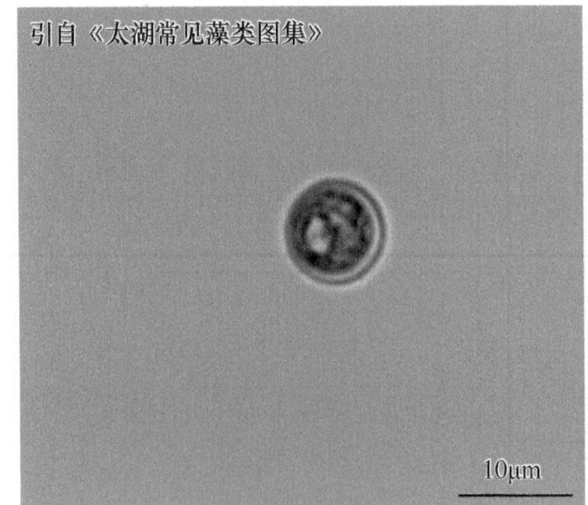

A. 采自太湖流域

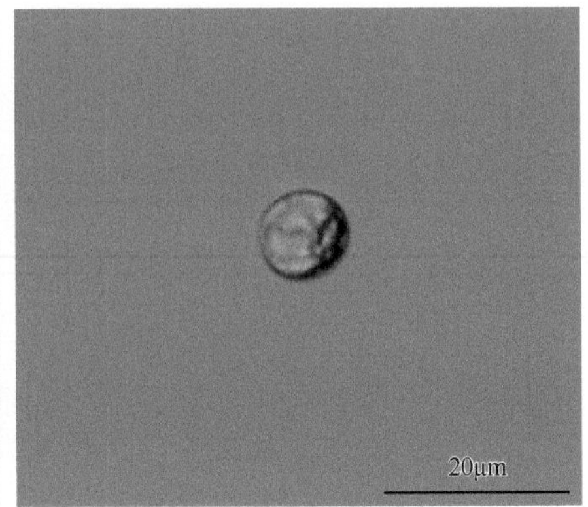

B. 采自苏州各湖泊

小球藻（*Chlorella* sp.）

生殖时每个细胞产生2个、4个、8个、16个或32个似亲孢子。

采集地：珠江流域（广州段）、苏州各湖泊、东湖、辽河流域、福建闽江流域、闽东南诸河流域、汀江流域、太湖流域。

（2）顶棘藻属（*Chodatella*）

形态特征：植物体为单细胞，浮游；细胞椭圆形、卵形、柱状长圆形或扁球形；细胞壁薄，细胞的两端或两端和中部具有对称排列的长刺，刺的基部具或不具结节。色素体周生，片状或盘状，1到数个，各具1个蛋白核或无。无性生殖产生2个、4个、8个似亲孢子，似亲孢子自母细胞壁开裂处逸出，细胞壁上的刺常在离开母细胞之后长出，罕见产生动孢子。有性生殖仅报道过1种，为卵配。

采集地：福建闽江流域、闽东南诸河流域、汀江流域、苏州各湖泊、长江流域（南通段）、丹江口水库、甬江流域、嘉陵江流域（重庆段）、辽河流域。

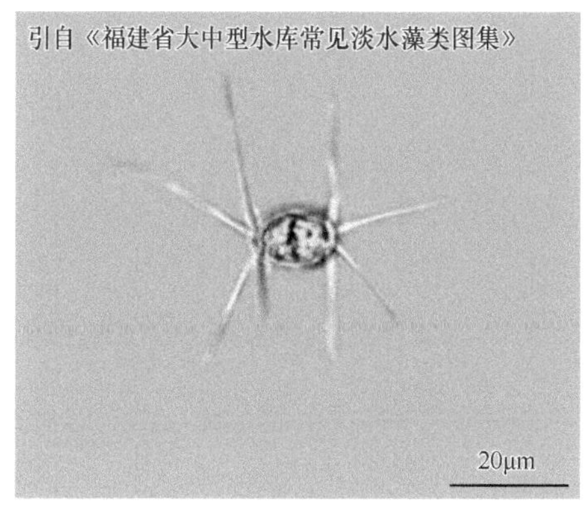

采自福建闽江流域、闽东南诸河流域、汀江流域

顶棘藻（*Chodatella* sp. 1）

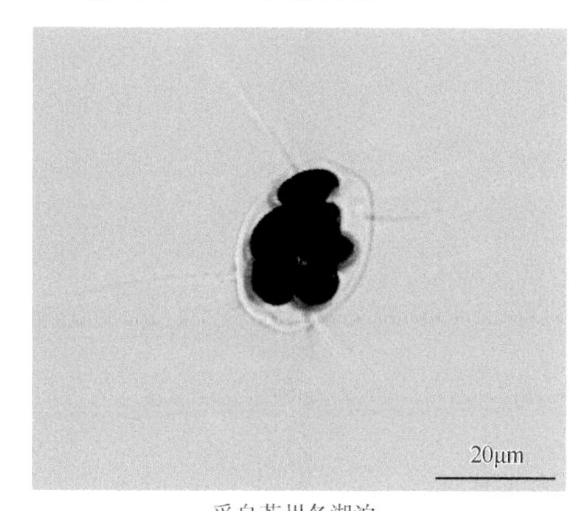

采自苏州各湖泊

顶棘藻（*Chodatella* sp. 2）

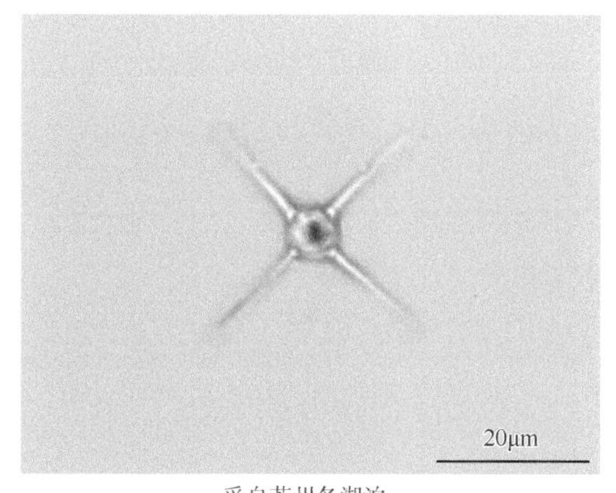

采自苏州各湖泊

顶棘藻（*Chodatella* sp. 3）

1）长刺顶棘藻（*Chodatella longiseta*）

形态特征：单细胞；卵形到椭圆形，两端钝圆；细胞两端各具4～10条纤细长刺。色素体1个，具1个蛋白核。细胞长6～13μm，宽5～8μm，刺长35～55μm。

生境：生长在较肥沃的小水体中。

采集地：苏州各湖泊、福建闽江流域、闽东南诸河流域、甬江流域。

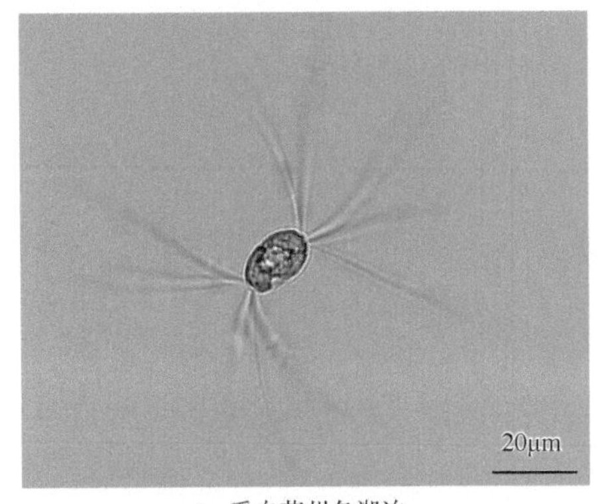

A. 采自苏州各湖泊

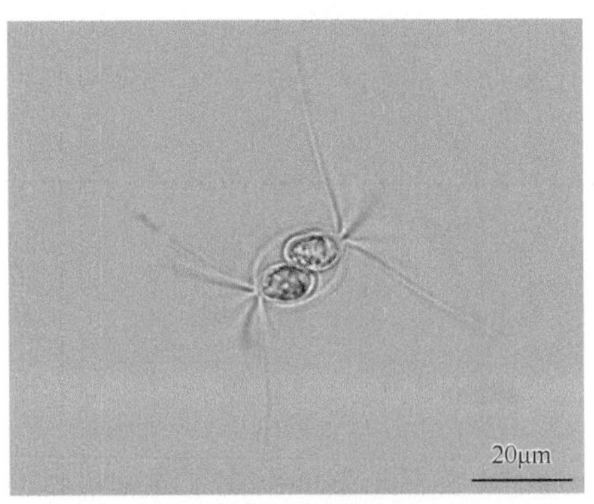

B. 采自苏州各湖泊

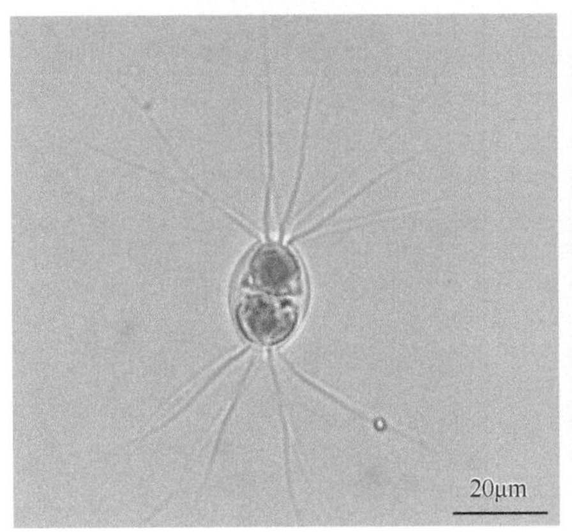

C. 采自甬江流域

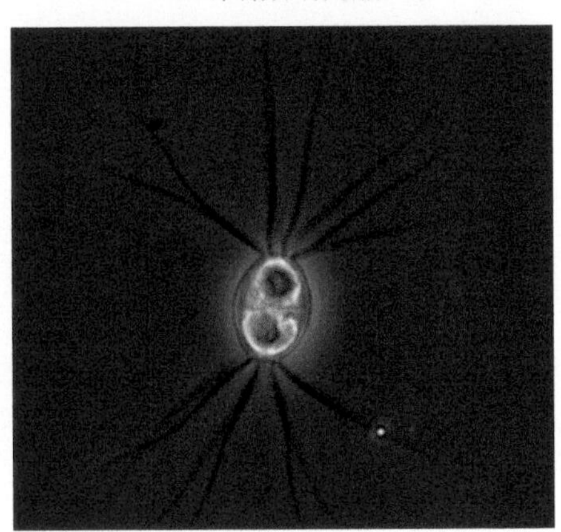
D. 采自甬江流域

长刺顶棘藻（*Chodatella longiseta*）

2）四刺顶棘藻（*Chodatella quadriseta*）

形态特征：单细胞；卵圆形、柱状长圆形，细胞两端各具2条从左右两侧斜向伸出的长刺。色素体周生，片状，2个，无蛋白核。细胞长6～10μm，宽4～6μm，刺长15～20μm。

无性生殖产生2个、4个或8个似亲孢子。

生境：常见于有机质丰富的池塘中。

采集地：福建闽江流域、闽东南诸河流域、辽河流域、苏州各湖泊。

3）十字顶棘藻（*Chodatella wratislaviensis*）

形态特征：植物体单细胞；卵圆形或椭圆形，两端广圆；4根刺排列在一个平面上，呈十字形，两端各1根，中间部分左右各1根；刺直或略弯，基部加厚或结节。色素体片状，1个，具1个蛋白核。生殖时产生2个或4个似亲孢子。细胞宽4～8μm，长3～10μm，刺长8～27μm。

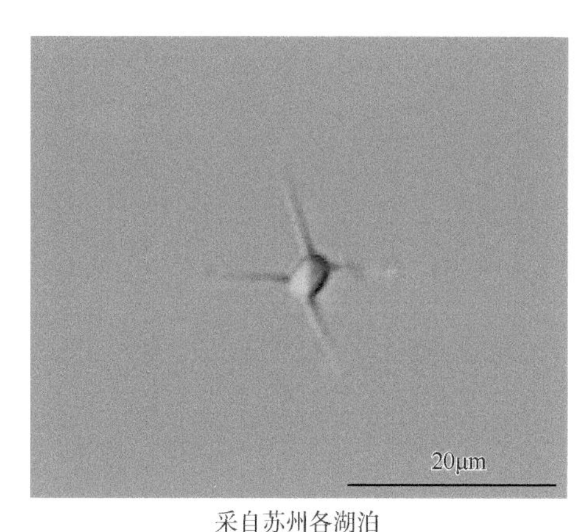

采自苏州各湖泊
四刺顶棘藻（*Chodatella quadriseta*）

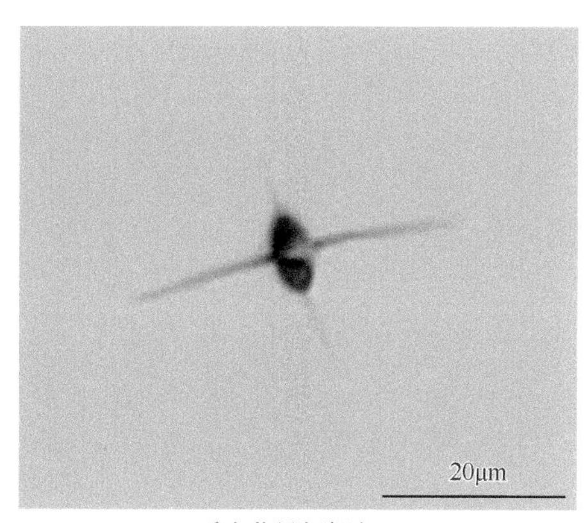

采自苏州各湖泊
十字顶棘藻（*Chodatella wratislaviensis*）

生境：生长在较肥沃的小水体中。普生种类。
采集地：苏州各湖泊、嘉陵江流域（重庆段）。

（3）四角藻属（*Tetraëdron*）

形态特征：植物体为单细胞，浮游；细胞扁平或角锥形，具3个、4个或5个角，角分叉或不分叉，角延长成突起或无，角或突起顶端的细胞壁常突出为刺。色素体周生，盘状或多角片状，1个到多个，各具1个蛋白核或无。无性生殖产生2个、4个、8个、16个或32个似亲孢子，也有产生动孢子的。

生境：常见于各种静水水体中，以小水洼、池塘及湖泊浅水港湾中较多。为乙型中污水生物带的指示种。

采集地：福建闽江流域、闽东南诸河流域、汀江流域、珠江流域（广州段）、苏州各湖泊、太湖流域、长江流域（南通段）、东湖、山东半岛流域（崂山水库）、松花江流域、嘉陵江流域（重庆段）、辽河流域、丹江口水库。

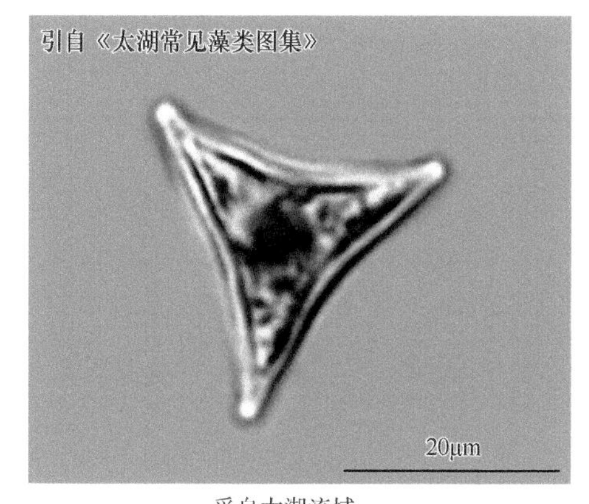

采自太湖流域
四角藻（*Tetraëdron* sp. 1）

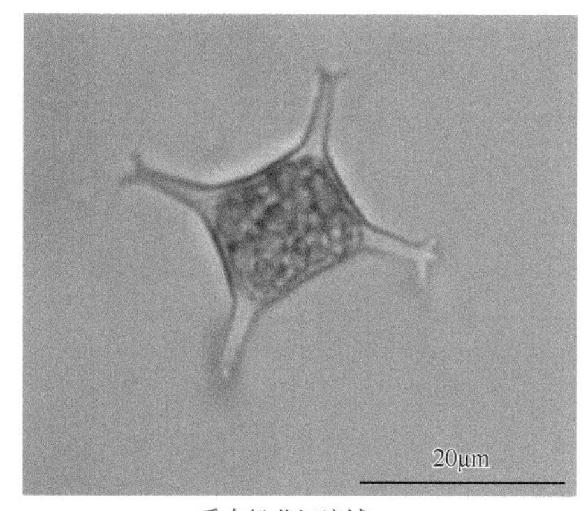

采自松花江流域
四角藻（*Tetraëdron* sp. 2）

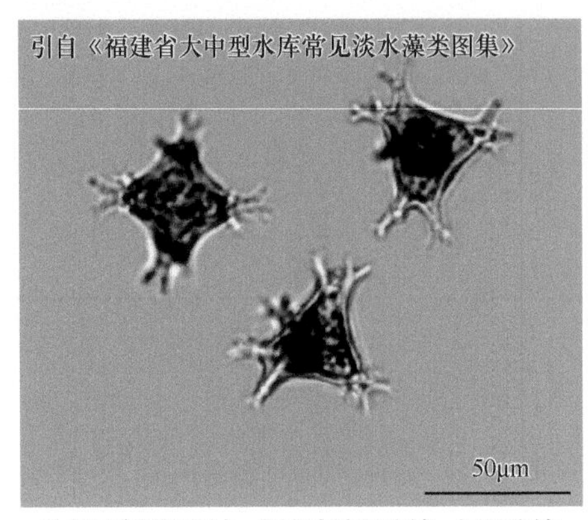

采自福建闽江流域、闽东南诸河流域、汀江流域

四角藻（*Tetraëdron* sp. 3）

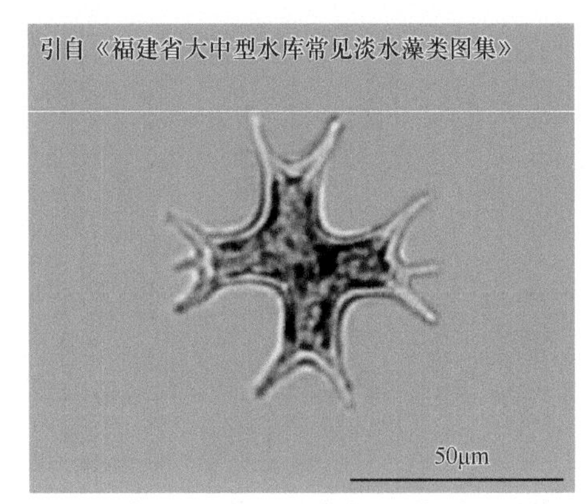

采自福建闽江流域、闽东南诸河流域、汀江流域

四角藻（*Tetraëdron* sp. 4）

1）具尾四角藻（*Tetraëdron caudatum*）

形态特征：单细胞，扁平，正面观为五边形，缘边均凹入，其中一边中央具深缺刻，角钝圆，其顶端具1条较细的刺，自角顶水平伸出。细胞宽6～22μm，刺长1～4μm。

生境：生长在池塘、湖泊、沼泽中。

采集地：福建闽江流域、闽东南诸河流域、汀江流域、苏州各湖泊、珠江流域（广州段）。

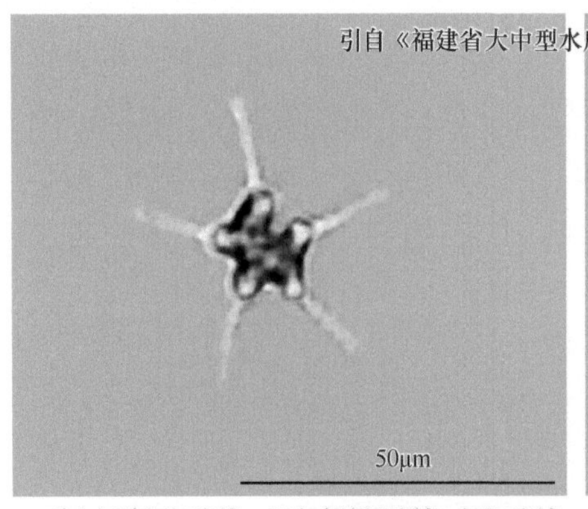

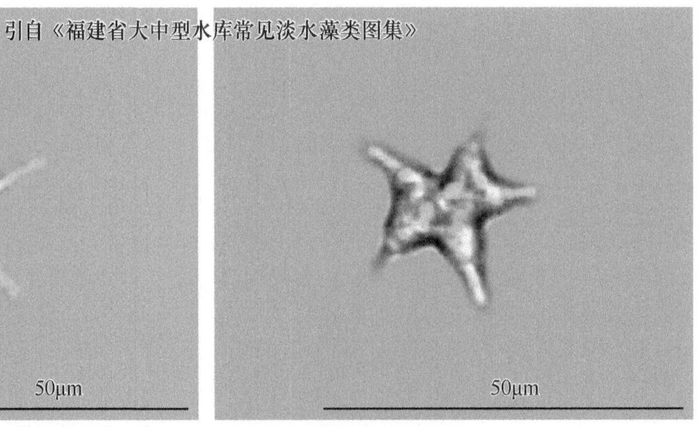

A. 采自福建闽江流域、闽东南诸河流域、汀江流域　B. 采自福建闽江流域、闽东南诸河流域、汀江流域

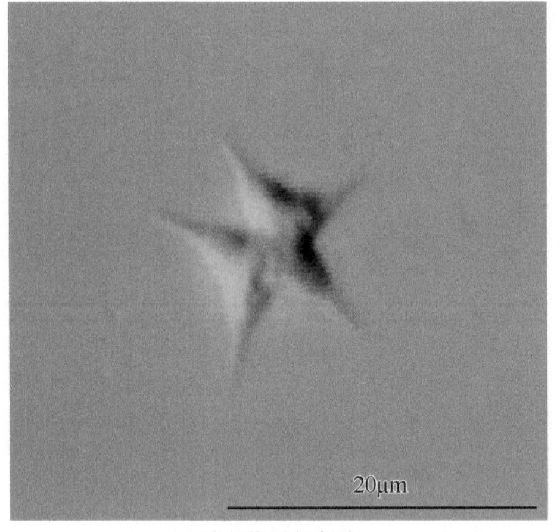

C. 采自苏州各湖泊

具尾四角藻（*Tetraëdron caudatum*）

2）不正四角藻（*Tetraëdron enorme*）

形态特征：单细胞；不规则四角形或多角形，具4个不在一个平面上的短的角状突起，两角状突起间的缘边凹入，每个角状突起顶端二次分叉，第二次分叉顶端具2个粗短刺。细胞宽25～45μm。

生境：生长在池塘及鱼池、湖泊中。

采集地：闽东南诸河流域。

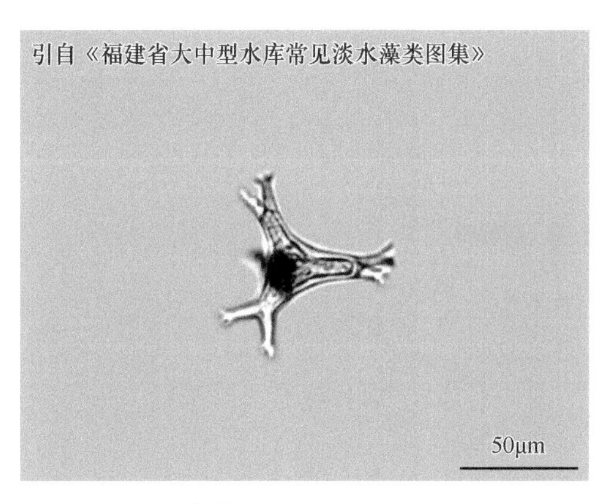

不正四角藻（*Tetraëdron enorme*）

3）小形四角藻（*Tetraëdron gracile*）

形态特征：单细胞，扁平，正面观为四角形，细胞缘边及两角中间均深凹入，具4个角，角延长成长突起，每个角突有1或2次二分叉，顶端具2或3个短刺或不具短刺；细胞边缘及两角中间均深凹。细胞不含刺宽9～30μm，含刺宽30～60μm，厚4μm。

生境：生长在池塘、浅水湖泊中。

采集地：福建闽江流域、闽东南诸河流域、苏州各湖泊、松花江流域。

4）戟形四角藻（*Tetraëdron hastatum*）

形态特征：单细胞，四角锥形，缘边向内深凹呈近四角形，4个角延长成细长的突起，顶部略尖，其顶端具2或3个短刺。细胞宽25～36μm，突起长15～21μm。

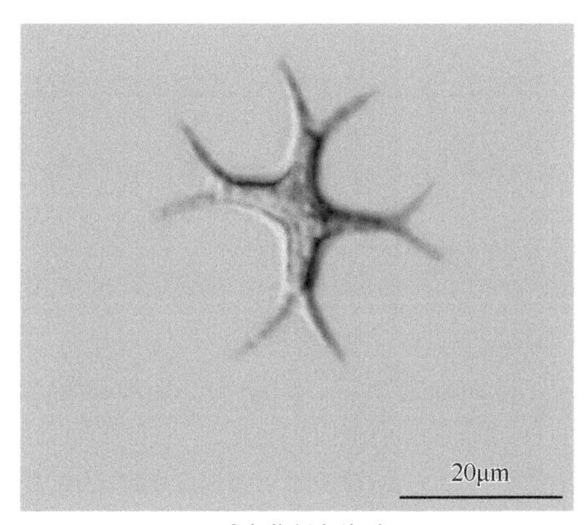

A. 采自苏州各湖泊

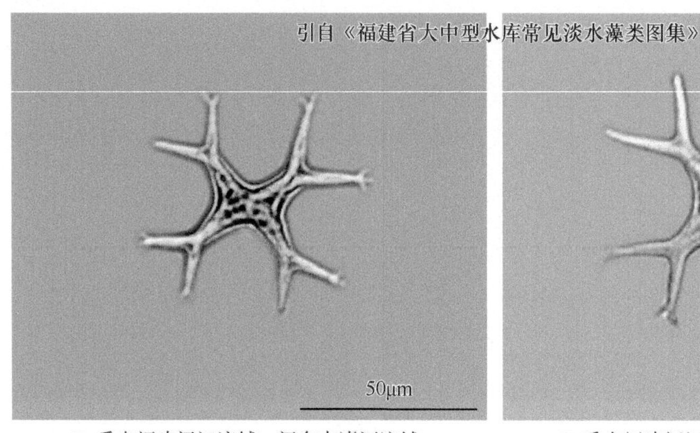

B. 采自福建闽江流域、闽东南诸河流域

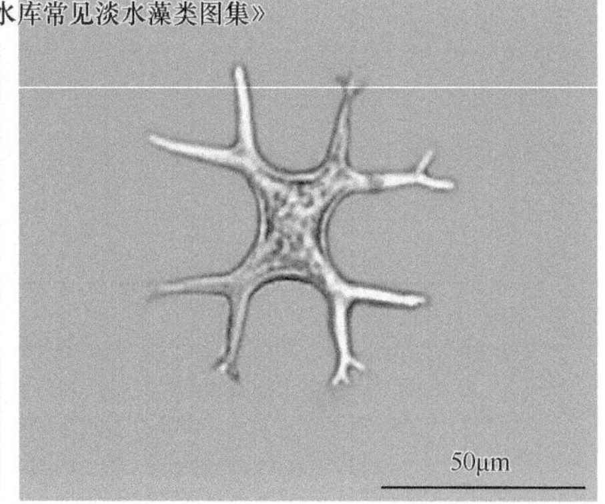

C. 采自福建闽江流域、闽东南诸河流域

小形四角藻（*Tetraëdron gracile*）

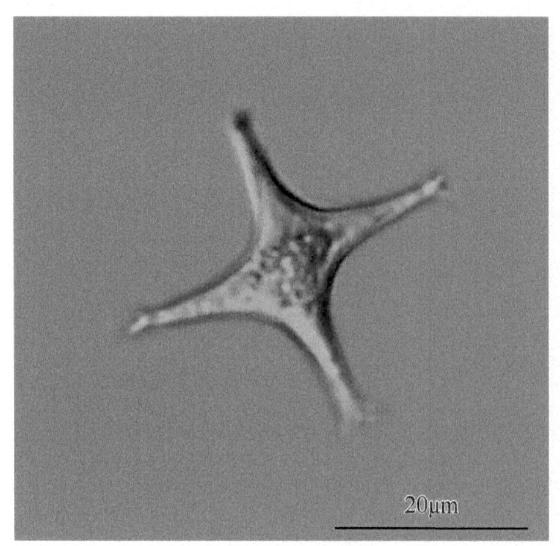

A. 采自苏州各湖泊

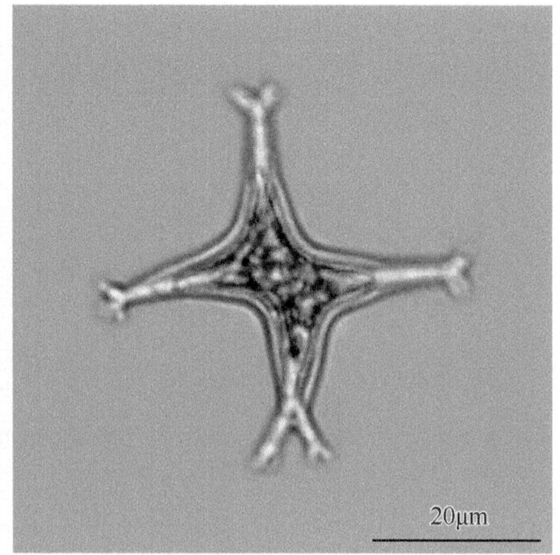

B. 采自苏州各湖泊

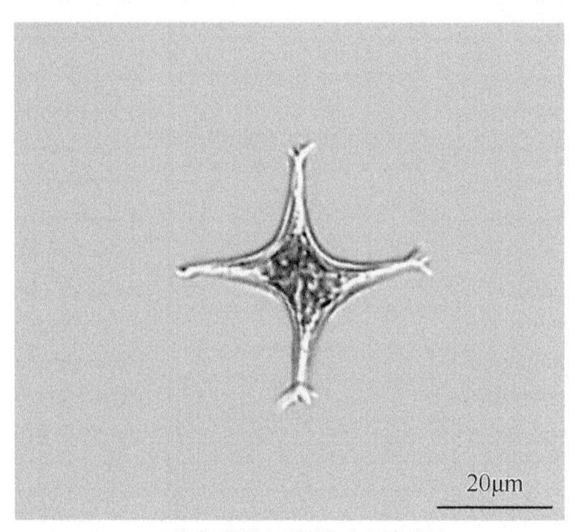

C. 采自嘉陵江流域（重庆段）

戟形四角藻（*Tetraëdron hastatum*）

生境：生长在池塘、湖泊中。

采集地：苏州各湖泊、嘉陵江流域（重庆段）、福建闽江流域、闽东南诸河流域。

5）戟形四角藻腭状变种（*Tetraëdron hastatum* var. *palatinum*）

形态特征：此变种与原变种的不同为细胞四角锥形的缘边略凸出，4个角延伸形成纤细的长突起，其两侧近平行，末端具2或3个短刺。细胞直径（不包括突起）10～11μm，突起长8～9μm。

生境：生长在池塘、湖泊中。

采集地：福建闽江流域、闽东南诸河流域。

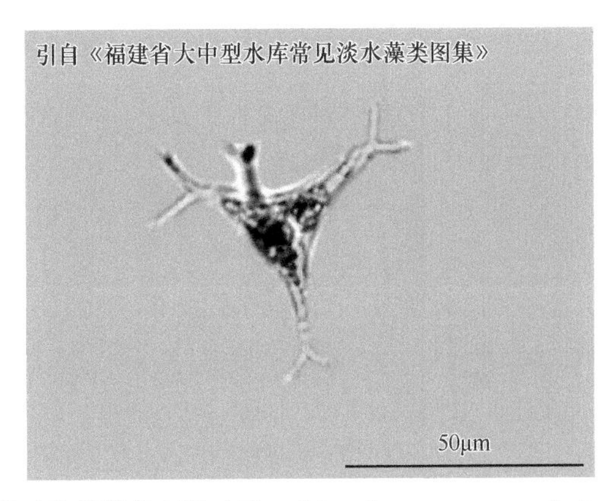

戟形四角藻腭状变种（*Tetraëdron hastatum* var. *palatinum*）

6）微小四角藻（*Tetraëdron minimum*）

形态特征：单细胞，扁平，正面观为四方形，侧缘凹入，有时1对缘边比另1对更内凹，角圆形，角顶罕具1小突起，侧面观为椭圆形，细胞壁平滑或具颗粒。色素体片状，1个。具1个蛋白核。细胞宽6～20μm，厚3～7μm。

无性生殖产生4个、8个或16个似亲孢子。

生境：生长在池塘、湖泊、水库中。

采集地：辽河流域、苏州各湖泊、珠江流域（广州段）、福建闽江流域、闽东南诸河流域、汀江流域。

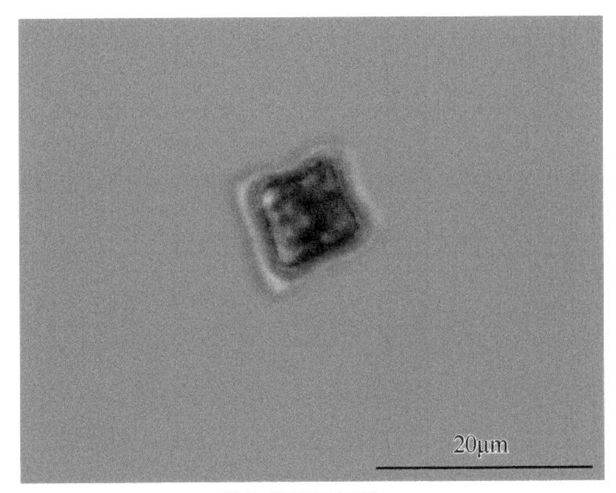

采自苏州各湖泊

微小四角藻（*Tetraëdron minimum*）

7）浮游四角藻（*Tetraëdron planktonicum*）

形态特征：单细胞，多角的角锥形，常具4个或5个角，或更多个角；细胞缘边凸出，角延长成狭的突起，突起顶端1或2次分叉，其分叉顶端具2或3个常不在一个平面上的刺。细胞不含突起宽18～30μm，含突起宽45～60μm。

生境：生长在池塘、湖泊中。

采集地：福建闽江流域、闽东南诸河流域。

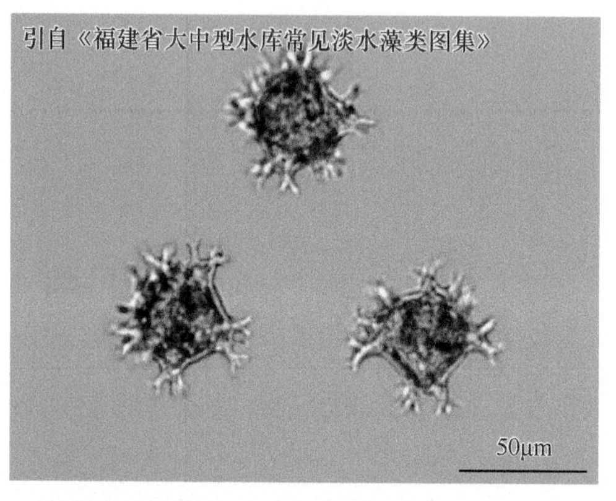

浮游四角藻（*Tetraëdron planktonicum*）

8）整齐四角藻（*Tetraëdron regulare*）

形态特征：单细胞，三角锥形，侧缘略凹入或平直或略凸出，具4个角，角顶具1条粗短刺。细胞宽14～45μm；刺长2～9μm。

生境：生长在池塘、湖泊中。

采集地：苏州各湖泊、山东半岛流域（崂山水库）。

9）整齐四角藻扭曲变种（*Tetraëdron regulare* var. *torsum*）

形态特征：此变种与原变种的不同之处在于细胞四角形，侧缘明显凹入，4个角中的2个角扭曲达90°，角顶具1条粗长刺，顶面观呈近十字形。细胞长12～14μm，宽8～19μm；刺长8～10μm。

生境：生长在池塘、湖泊、水库中。

采集地：辽河流域、闽东南诸河流域。

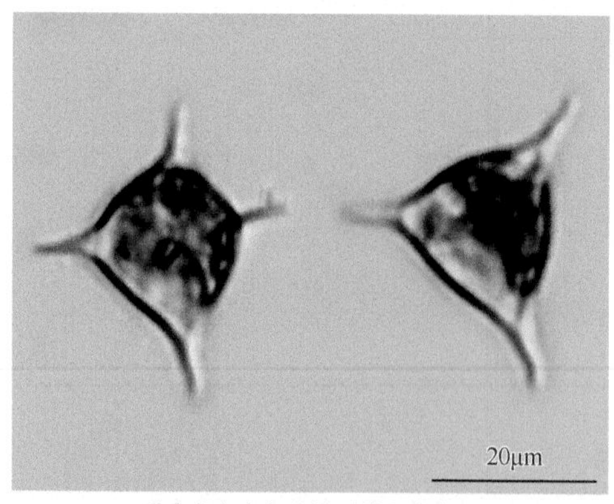

采自山东半岛流域（崂山水库）

整齐四角藻（*Tetraëdron regulare*）

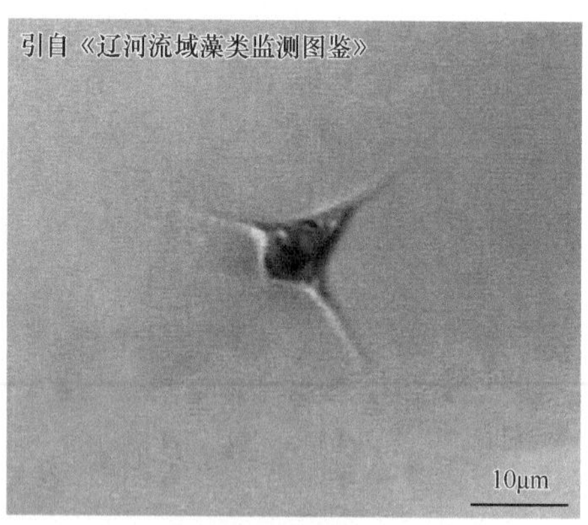

采自辽河流域

整齐四角藻扭曲变种（*Tetraëdron regulare* var. *torsum*）

10）三角四角藻（*Tetraëdron trigonum*）

形态特征：单细胞，扁平；三角形，侧面观为椭圆形，细胞侧缘略凹入、近平直或略凸出，角顶具1条直或略弯的粗刺。细胞不含刺宽11～30μm，厚3～9μm；刺长2～10μm。

生境：池塘、湖泊。

采集地：福建闽江流域、闽东南诸河流域、苏州各湖泊、长江流域（南通段）、丹江口水库、珠江流域（广州段）。

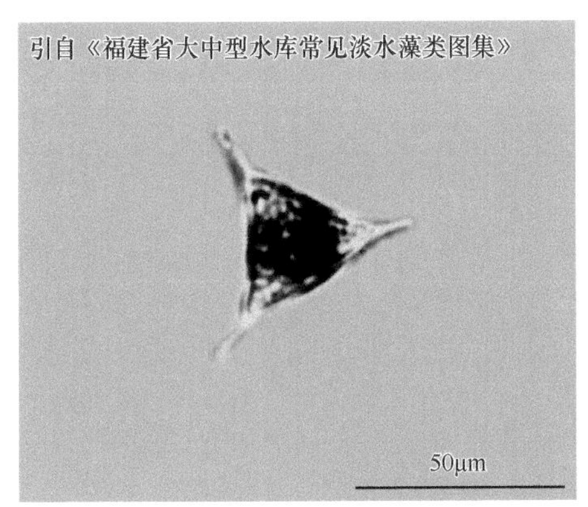

A. 采自福建闽江流域、闽东南诸河流域

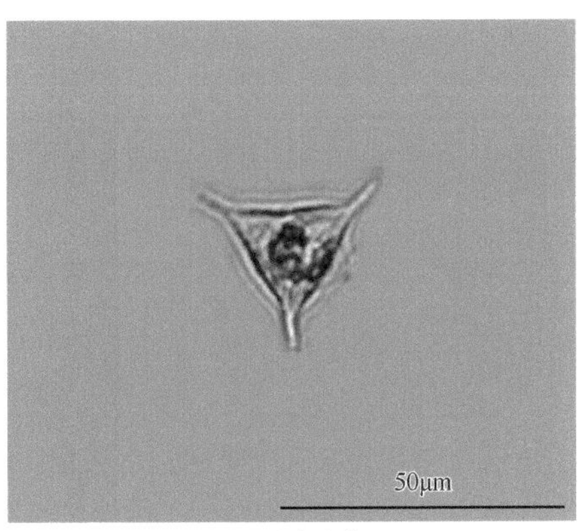

B. 采自东湖

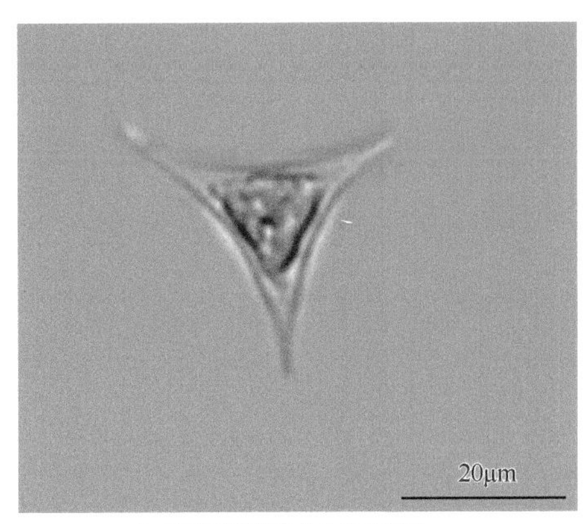

C. 采自珠江流域（广州段）

三角四角藻（*Tetraëdron trigonum*）

11）三角四角藻小形变种（*Tetraëdron trigonum* var. *gracile*）

形态特征：此变种与原变种的不同为细胞的角细而长，角顶具1条直长刺。细胞含刺宽25～40μm，刺长8～12μm。

生境：生长在池塘、湖泊中。

采集地：太湖流域、福建闽江流域、闽东南诸河流域、长江流域（南通段）。

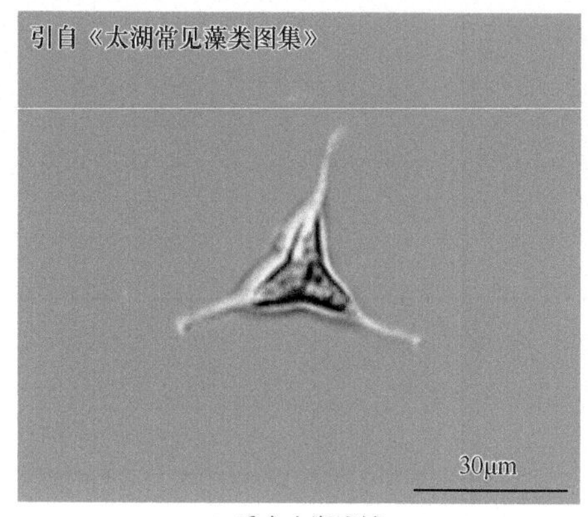

A. 采自太湖流域

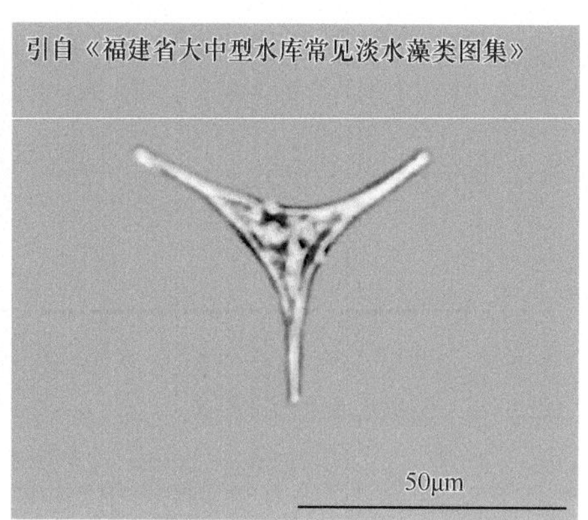

B. 采自福建闽江流域、闽东南诸河流域

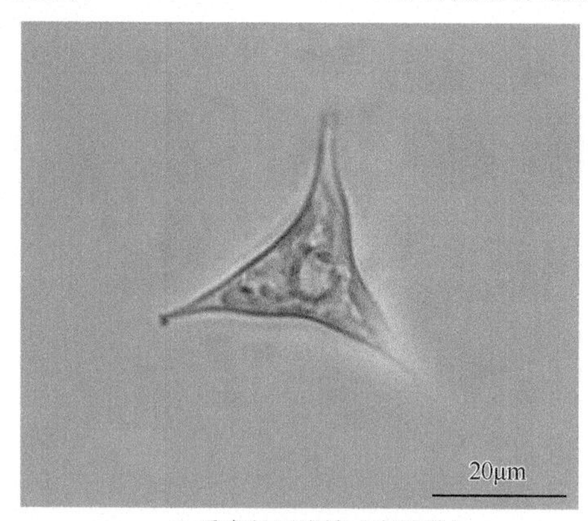

C. 采自长江流域（南通段）

三角四角藻小形变种（*Tetraëdron trigonum* var. *gracile*）

12）三叶四角藻（*Tetraëdron trilobulatum*）

形态特征：单细胞，扁平；三角形，侧缘凹入，角宽，末端钝圆，细胞壁平滑。细胞宽12～25μm，厚5～9μm。

生境：生长在池塘、湖泊中。

采集地：福建闽江流域、闽东南诸河流域、苏州各湖泊。

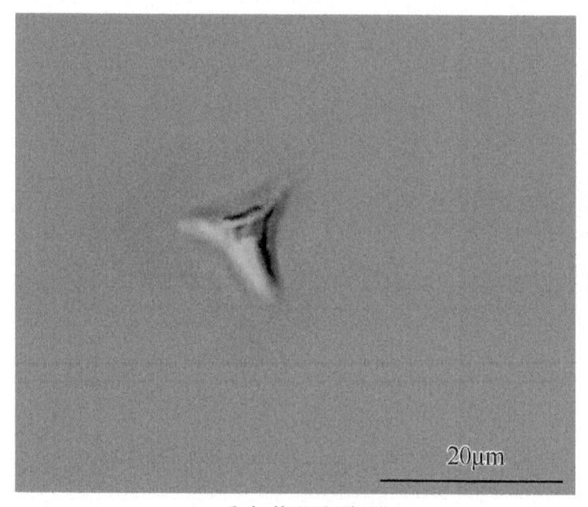

A. 采自苏州各湖泊

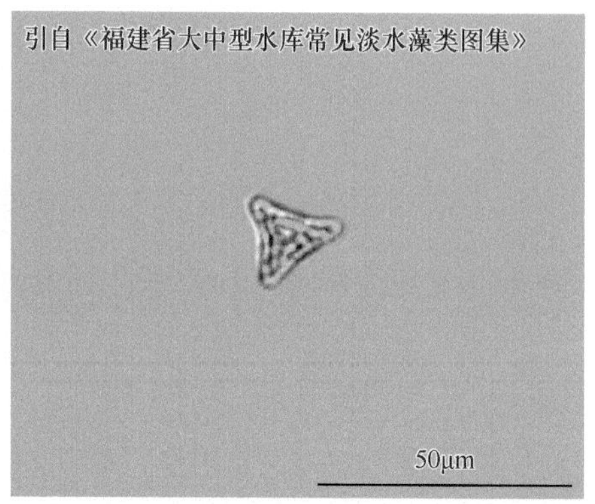

B. 采自福建闽江流域、闽东南诸河流域

三叶四角藻（*Tetraëdron trilobulatum*）

13）膨胀四角藻（*Tetraëdron tumidulum*）

形态特征：单细胞；三角锥直形，侧缘略凹入或平直或略凸出，具4个角，角钝圆，末端有时略扩展呈节状。细胞宽15～53μm。

生境：偏酸性的池塘、湖泊或沼泽中。

采集地：苏州各湖泊、福建闽江流域、闽东南诸河流域。

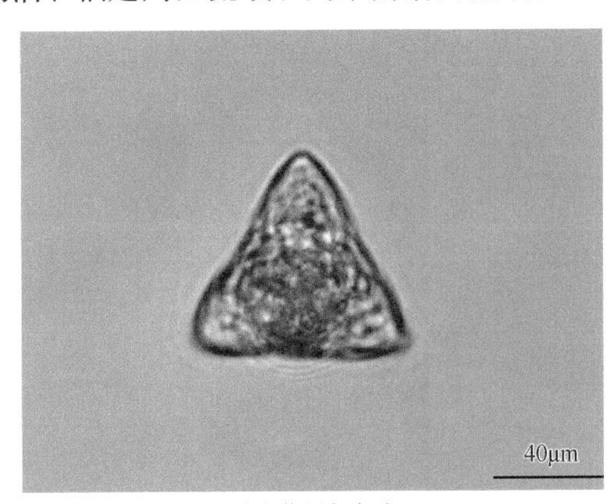

采自苏州各湖泊

膨胀四角藻（*Tetraëdron tumidulum*）

（4）多突藻属（*Polyedriopsis*）

形态特征：植物体为单细胞，浮游：细胞扁平或角锥形，缘边凹入，或有时略凸出，具4个或5个角，角端钝圆，每个角的顶端具3～10条细长的刺毛。色素体周生，片状，老时呈块状，具1个蛋白核。无性生殖产生动孢子和似亲孢子。

采集地：松花江流域、苏州各湖泊。

1）多突藻（*Polyedriopsis spinulosa*）

形态特征：单细胞；扁平或角锥形，具4个或5个角，角端钝圆，每个角的顶端具3～10条细长的刺毛。色素体周生，片状，老时呈块状，具1个蛋白核。细胞直径为15～25μm，刺毛长17.5～40μm。

采集地：松花江流域、苏州各湖泊。

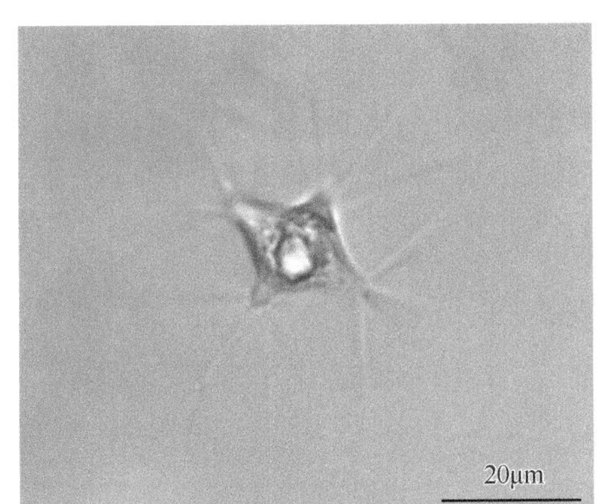

A. 采自松花江流域

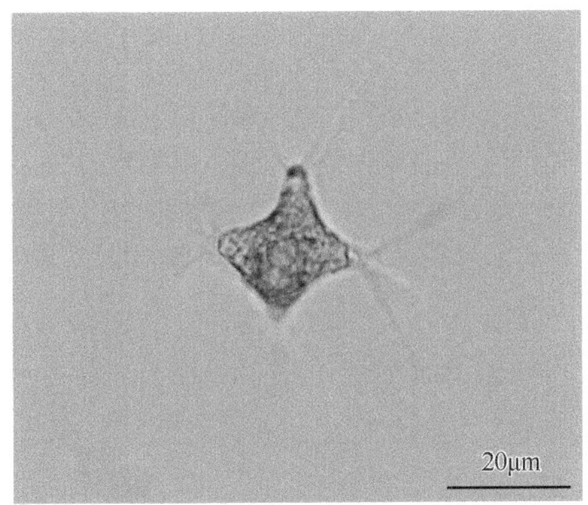

B. 采自苏州各湖泊

多突藻（*Polyedriopsis spinulosa*）

（5）拟新月藻属（*Closteriopsis*）

形态特征：植物体为单细胞，浮游；细胞长纺锤形、针形，两端渐尖并微弯。色素体周生，带状，1个，几乎达细胞的两端，具几个或多个蛋白核，排成1列。

采集地：福建闽江流域、闽东南诸河流域、汀江流域、苏州各湖泊。

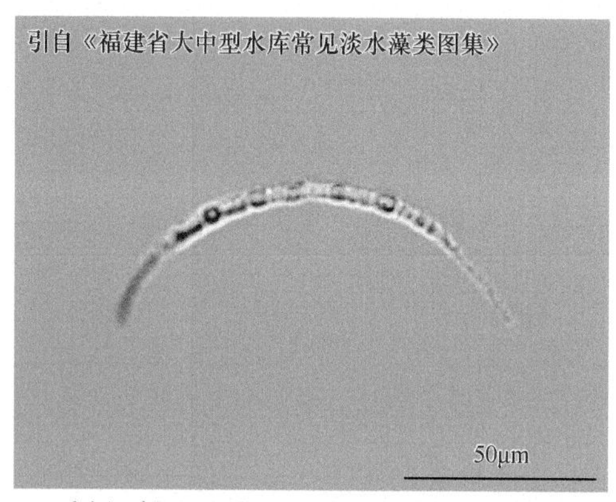

采自福建闽江流域、闽东南诸河流域、汀江流域

拟新月藻（*Closteriopsis* sp. 1）

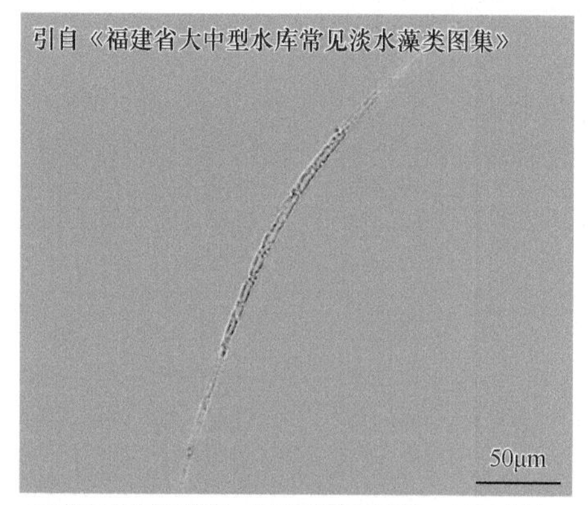

采自福建闽江流域、闽东南诸河流域、汀江流域

拟新月藻（*Closteriopsis* sp. 2）

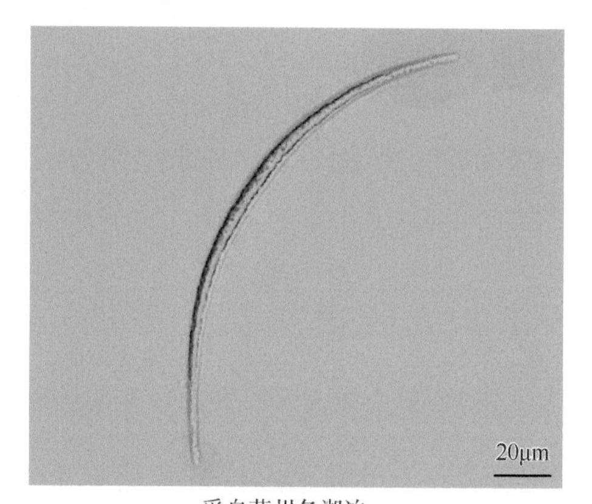

采自苏州各湖泊

拟新月藻（*Closteriopsis* sp. 3）

（6）纤维藻属（*Ankistrodesmus*）

形态特征：植物体单细胞，或者2个、4个、8个、16个或更多个细胞聚集成群，浮游，罕附着在基质上；细胞呈纺锤形、针形、弓形、镰形或螺旋形等多种形状，直或弯曲，自中央向两端逐渐尖细，末端尖，罕为钝圆。色素体周生，片状，1个，占细胞的绝大部分，有时裂为数片，具1个蛋白核或无。

无性生殖产生2个、4个、8个、16个或32个似亲孢子。

采集地：苏州各湖泊、东湖、辽河流域、福建闽江流域、闽东南诸河流域、汀江流域、嘉陵江流域（重庆段）、珠江流域（广州段）。

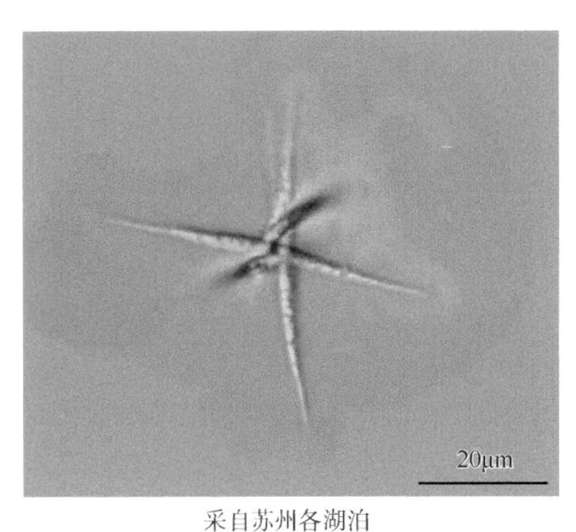

采自苏州各湖泊

纤维藻（*Ankistrodesmus* sp.）

1）针形纤维藻（*Ankistrodesmus acicularis*）

形态特征：单细胞；针形，直或仅一端微弯或两端微弯，从中部到两端渐尖细，末端尖锐；色素体充满整个细胞。细胞长40～80μm，有时能达210μm，细胞宽2.5～3.5μm。

生境：多生长于池塘及浅水湖泊、水库中。

采集地：苏州各湖泊、辽河流域、福建闽江流域、闽东南诸河流域、汀江流域。

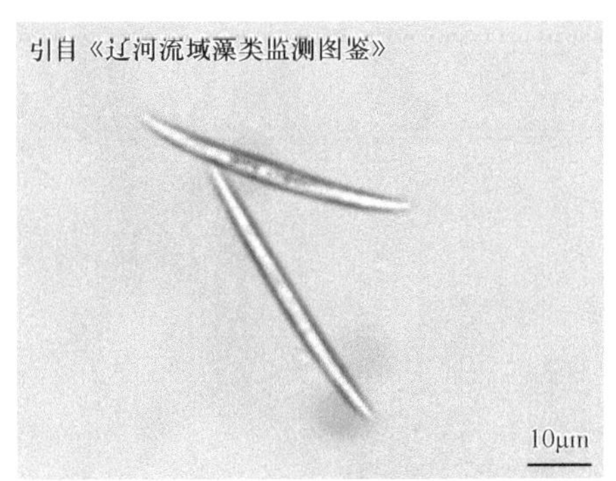

A. 采自辽河流域

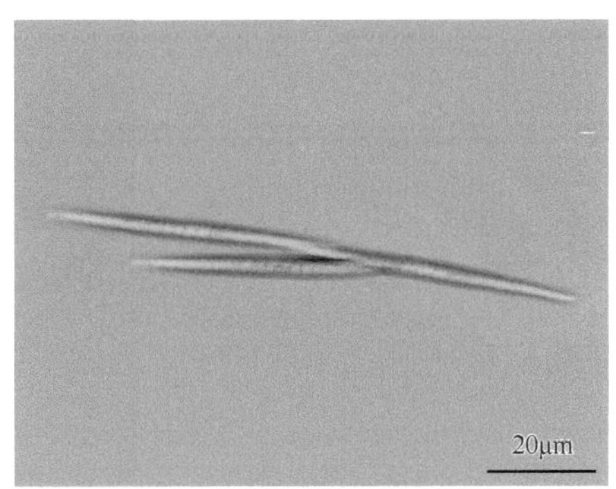

B. 采自苏州各湖泊

针形纤维藻（*Ankistrodesmus acicularis*）

2）狭形纤维藻（*Ankistrodesmus angustus*）

形态特征：单细胞，或数个细胞稀疏地聚集成群；细胞螺旋状盘曲，多为1或2次旋转，自中部向两端逐渐狭窄，两端极尖锐。色素体片状，1个，除在细胞中央凹入处具1曲口外，几乎充满细胞内壁。无蛋白核。细胞长24～60μm，宽1.5～3μm。

生境：淡水水体中广泛分布。

采集地：辽河流域、珠江流域（广州段）、福建闽江流域、闽东南诸河流域、汀江流域、苏州各湖泊。

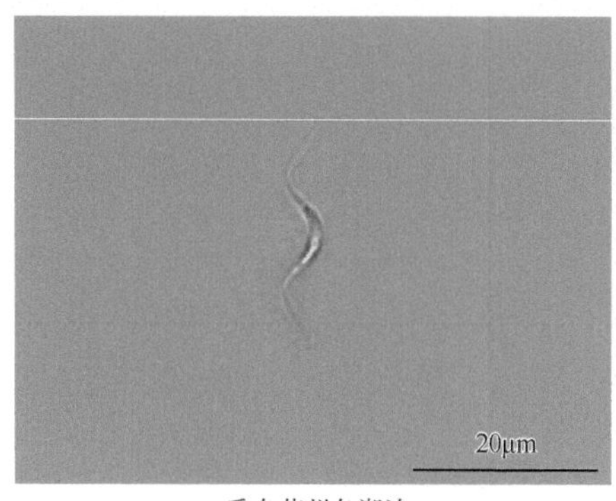

A. 采自苏州各湖泊

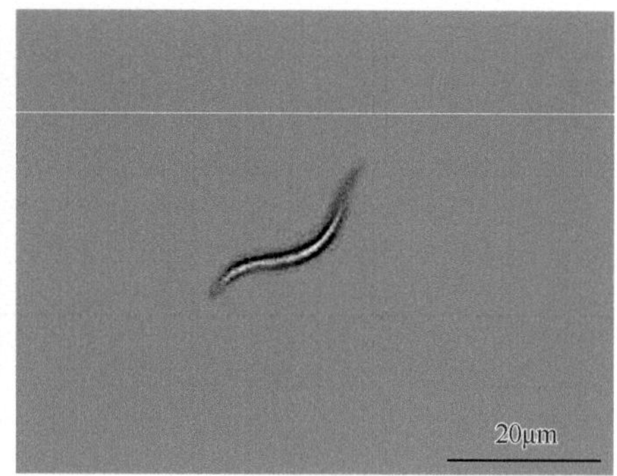

B. 采自珠江流域（广州段）

狭形纤维藻（*Ankistrodesmus angustus*）

3）镰形纤维藻（*Ankistrodesmus falcatus*）

形态特征： 单细胞，或多由4个、8个、16个或更多个细胞聚集成群，常在细胞中部略凸出处相互贴靠，并以其长轴互相平行成为束状；细胞长纺锤形，有时略弯曲呈弓形或镰形，自中部向两端逐渐尖细。色素体片状，1个。具1个蛋白核。细胞长20～80μm，宽1.5～4μm。

生境： 该种为此属中极常见的种类，喜浮游生活于水坑、池塘、湖泊、水库中。

采集地： 辽河流域、苏州各湖泊、福建闽江流域、闽东南诸河流域、汀江流域。

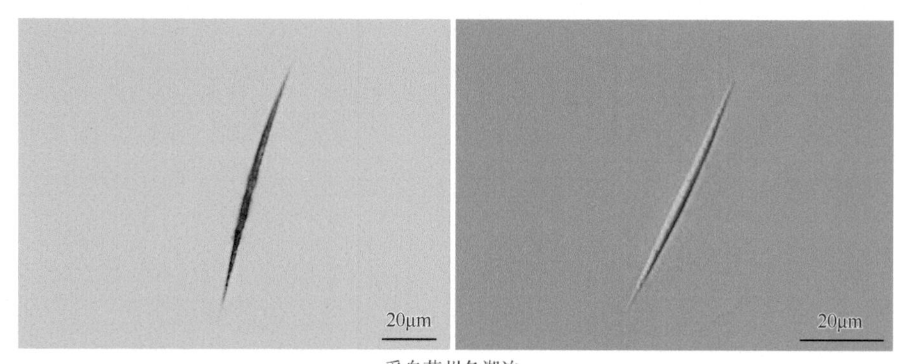

采自苏州各湖泊

镰形纤维藻（*Ankistrodesmus falcatus*）

4）镰形纤维藻奇异变种（*Ankistrodesmus falcatus* var. *mirabilis*）

形态特征： 常为单细胞，极细长，较原变种更长，呈各种各样的弯曲，常为“S”形或月形，末端极尖锐。色素体片状，1个，在中部常为大型空泡所断裂，无蛋白核，细胞两端空泡中常具1个运动小粒。细胞长48～150μm，宽2～3.5μm。

生境： 水坑、池塘、湖泊、水库。

采集地： 辽河流域、福建闽江流域。

5）螺旋纤维藻（*Ankistrodesmus spiralis*）

形态特征： 单细胞，常由4个、8个或更多个细胞在中部彼此互卷绕成束，两端均游离；细胞狭长纺锤形，近“S”形弯曲，两端渐尖，末端尖锐。细胞长20～63μm，宽

1～3.5μm。

生境：肥沃小水体中。

采集地：苏州各湖泊、闽东南诸河流域、汀江流域。

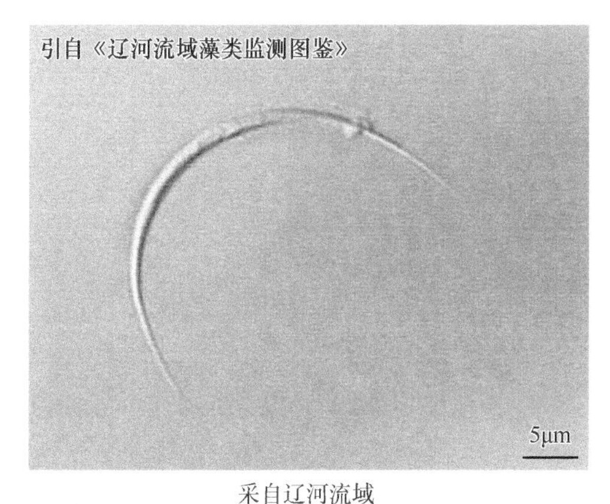

采自辽河流域

镰形纤维藻奇异变种（*Ankistrodesmus falcatus* var. *mirabilis*）

采自苏州各湖泊

螺旋纤维藻（*Ankistrodesmus spiralis*）

（7）月牙藻属（*Selenastrum*）

形态特征：植物体常由4个、8个或16个细胞为一群，数个群彼此联合成多达128个细胞以上的群体，无群体胶被，罕为单细胞，浮游；细胞新月形、镰形，两端尖，同一母细胞产生的个体彼此以背部凸起的一侧相靠排列。色素体周生，片状，1个，除细胞凹侧的小部分外，充满整个细胞。具1个蛋白核或无。无性生殖产生似亲孢子。

生境：广泛生长于各种淡水水体中。

采集地：苏州各湖泊、太湖流域、福建闽江流域、闽东南诸河流域、汀江流域、甬江流域、山东半岛流域（崂山水库）、嘉陵江流域（重庆段）、辽河流域。

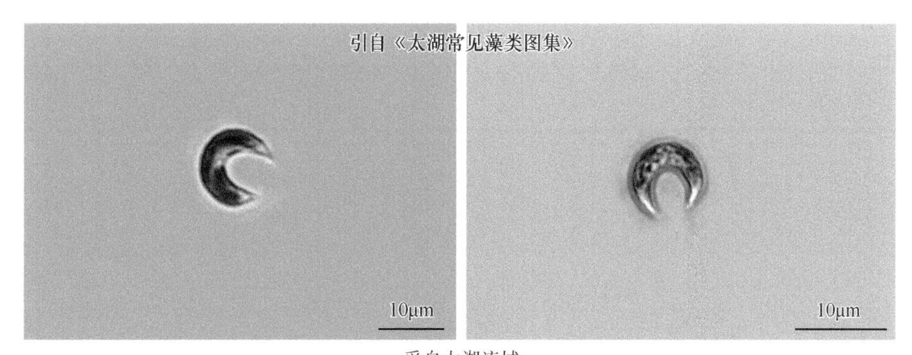

采自太湖流域

月牙藻（*Selenastrum* sp.）

1）月牙藻（*Selenastrum bibraianum*）

形态特征：植物体常由4个、8个、16个或更多个细胞聚集成群，以细胞背部凸出一侧相靠排列；细胞新月形或镰形，两端同向弯曲，自中部向两端逐渐尖细，较宽短。色素体1个。具1个蛋白核。细胞长20～38μm，宽5～8μm，两顶端直线距离为5～25μm。

生境：常见于有机质丰富的小水体中。

采集地：苏州各湖泊。

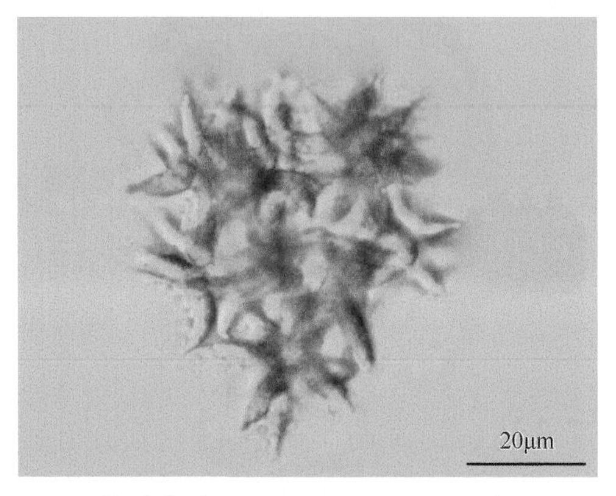

月牙藻（*Selenastrum bibraianum*）

2）纤细月牙藻（*Selenastrum gracile*）

形态特征：植物体每4个细胞以其背部凸出一侧相靠排列，常由8个、16个、32个或64个细胞聚集成群；细胞新月形、镰形，中部相当长的部分几乎等宽，较狭长，两端渐尖细，同向弯曲。色素体片状，1个，位于细胞中部。具1个蛋白核。细胞长15～30μm，宽3～5μm，两顶端直线距离为8～28μm。

生境：池塘、湖泊、沼泽中的浮游种类。

采集地：福建闽江流域、闽东南诸河流域、汀江流域、辽河流域、苏州各湖泊、山东半岛流域（崂山水库）。

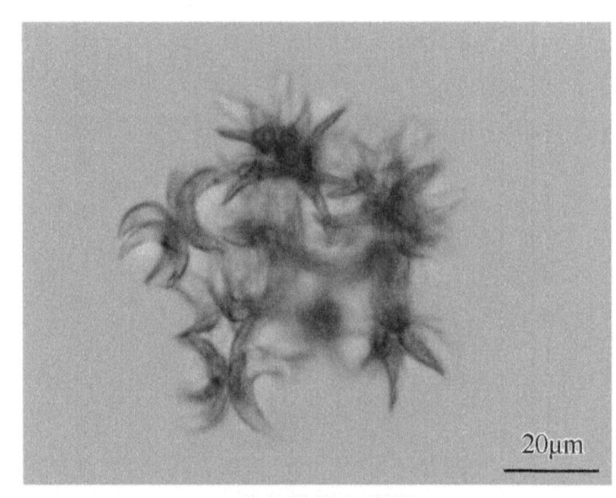

A. 采自苏州各湖泊

B. 采自山东半岛流域（崂山水库）

纤细月牙藻（*Selenastrum gracile*）

3）小形月牙藻（*Selenastrum minutum*）

形态特征：植物体常为单细胞，也有数个细胞不规则排列成群；细胞新月形，较粗壮，两端钝圆。色素体1个。具1个蛋白核。细胞长20～30μm，宽2～3μm，两顶端直线距离为7～9μm。

生境：生长在池塘、湖泊中。

采集地： 福建闽江流域、闽东南诸河流域、汀江流域。

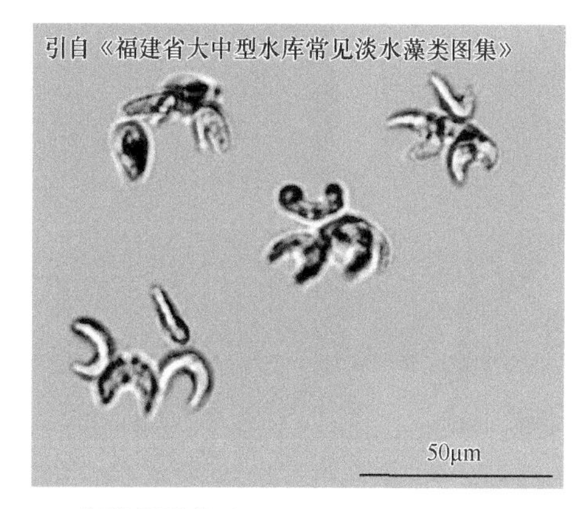

小形月牙藻（*Selenastrum minutum*）

4）端尖月牙藻（*Selenastrum westii*）

形态特征： 植物体常由4个或8个细胞聚集成群，以细胞背部凸出一侧相靠排列；细胞新月形，两端狭长，较直，斜向伸出，顶端尖锐，有的两端略反向弯曲。色素体1个。不具蛋白核。细胞长13～30μm，宽1.5～2.5μm，两顶端直线距离为15～20μm。

生境： 多生长于有机质丰富的浅水水体中。

采集地： 福建闽江流域、闽东南诸河流域、甬江流域。

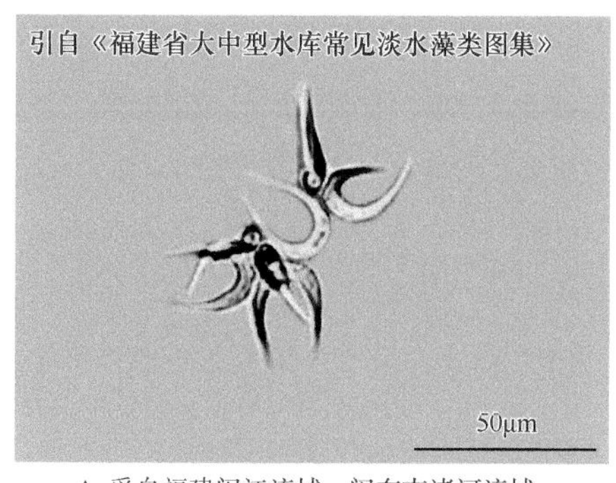

A. 采自福建闽江流域、闽东南诸河流域

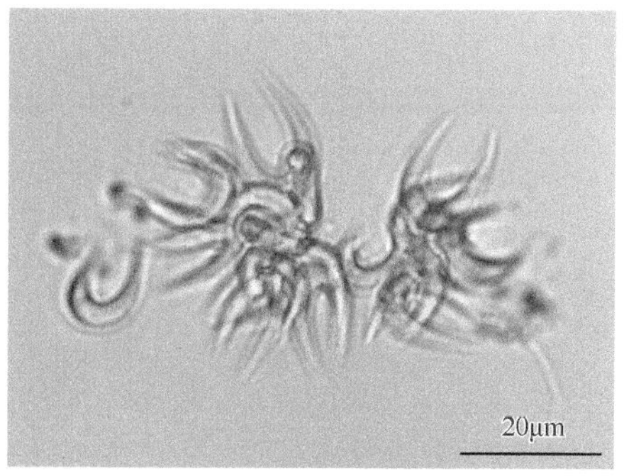

B. 采自甬江流域

端尖月牙藻（*Selenastrum westii*）

（8）蹄形藻属（*Kirchneriella*）

形态特征： 植物体为群体，常4个或8个为一组，多数包被在胶质的群体胶被中，浮游；细胞新月形、半月形、蹄形、镰形或圆柱形，两端尖细或钝圆。色素体周生，片状，1个，除细胞凹侧中部外充满整个细胞。具1个蛋白核。无性生殖常产生4个（有时8个）似亲孢子。在同一群体内常包含第二代产生的个体。

生境： 生长在湖泊、池塘、水库、沼泽中的浮游种类。

采集地： 苏州各湖泊、珠江流域（广州段）、福建闽江流域、闽东南诸河流域、汀江流域、辽河流域。

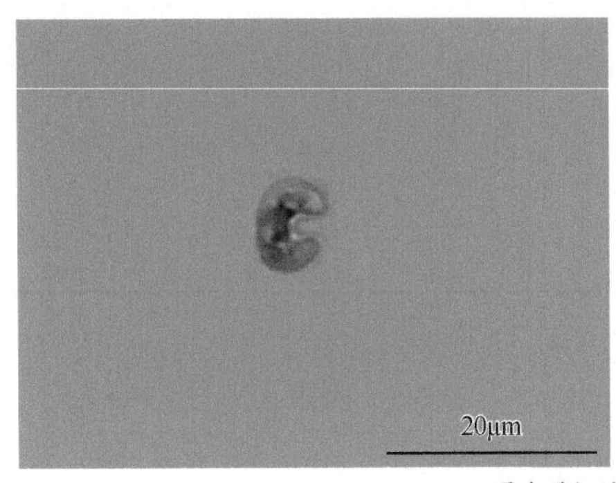

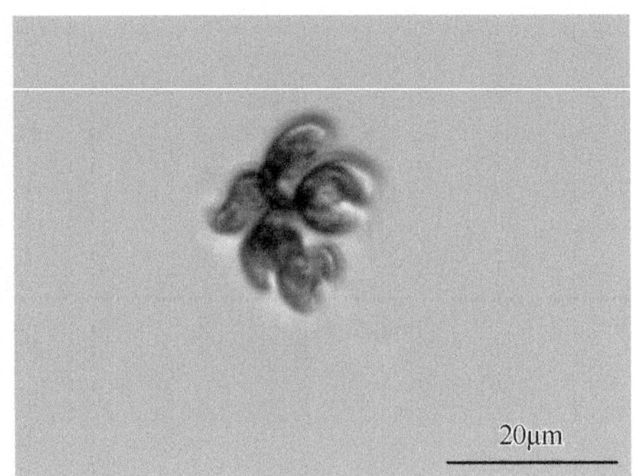

采自珠江流域（广州段）

蹄形藻（*Kirchneriella* sp.）

1）扭曲蹄形藻（*Kirchneriella contorta*）

形态特征：群体多由16个细胞组成，细胞彼此分离，不规则地排列在群体胶被中；细胞圆柱形、弓形或螺旋状弯曲（不超过1.5转），两端钝圆。色素体1个，充满整个细胞。不具蛋白核。细胞长7～20μm，宽1～2μm。

生境：生长在湖泊、池塘、沼泽、稻田中，较多见于浅水水体中。

采集地：苏州各湖泊、福建闽江流域、闽东南诸河流域、汀江流域。

2）蹄形藻（*Kirchneriella lunaris*）

形态特征：群体由4个或8个细胞为一组不规则地排列在球形群体的胶被中，群体细胞多以外缘凸出部分朝向共同的中心；细胞蹄形，两端渐尖细，顶端锥形。色素体片状，1个，充满整个细胞。具1个蛋白核。群体直径为80～250μm，细胞长6～13μm，宽3～8μm。

生境：生长于有机质丰富的酸性湖泊、池塘、沼泽中。

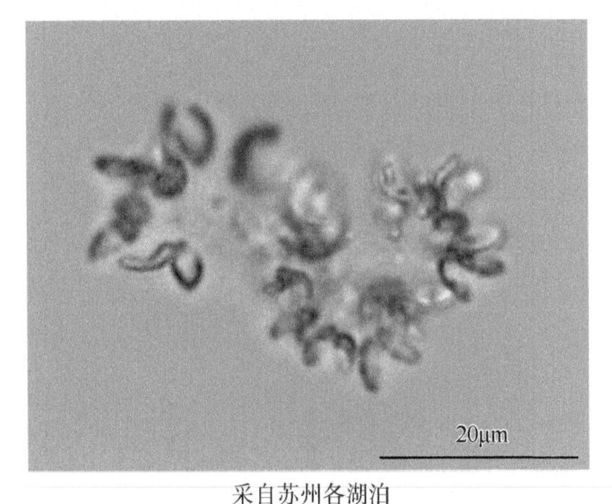

采自苏州各湖泊

扭曲蹄形藻（*Kirchneriella contorta*）

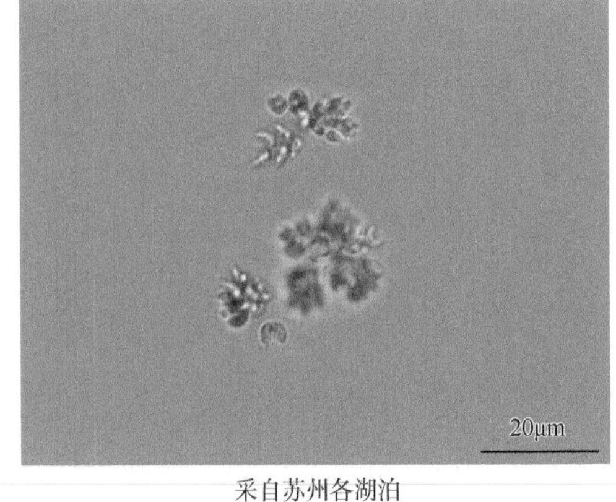

采自苏州各湖泊

蹄形藻（*Kirchneriella lunaris*）

采集地：苏州各湖泊、福建闽江流域、闽东南诸河流域、汀江流域。

3）肥壮蹄形藻（*Kirchneriella obesa*）

形态特征：群体由4个或8个细胞为一组不规则地排列在球形群体的胶被中，群体细胞多以外缘凸出部分朝向共同的中心；细胞蹄形或近蹄形，肥壮，两端略细、钝圆，两侧中部近平行。色素体片状，1个，充满整个细胞.具1个蛋白核。群体直径为30～80μm，细胞长6～12μm，宽3～8μm。

生境：常见于湖泊、池塘中，数量常较少。

采集地：苏州各湖泊、辽河流域。

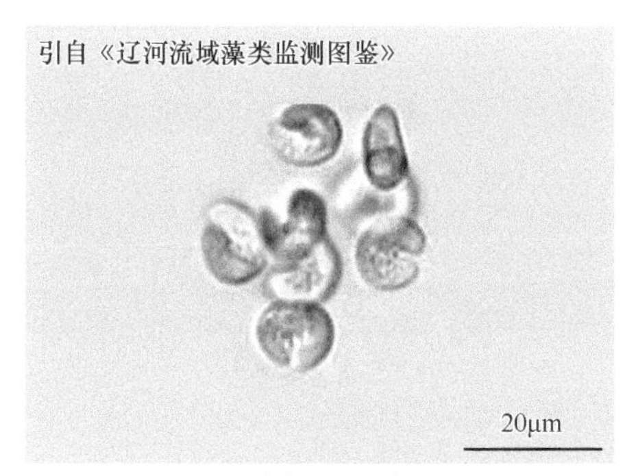

A. 采自辽河流域

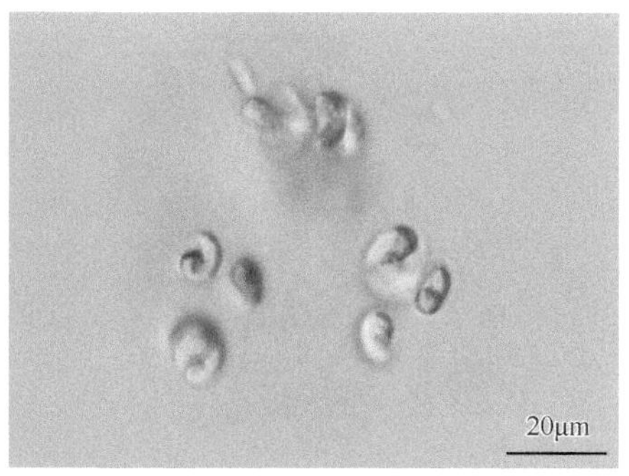

B. 采自苏州各湖泊

肥壮蹄形藻（*Kirchneriella obesa*）

（9）四棘藻属（*Treubaria*）

形态特征：植物体单细胞，浮游；细胞三角锥形、不规则的多角锥形、扁平三角形或四角形，角广圆，角间的细胞壁略凹入，各角的细胞壁突出为粗长刺。色素体杯状，1个。具1个蛋白核，老细胞的色素体常为多个，块状，充满整个细胞，每个色素体具1个蛋白核。

采集地：福建闽江流域、闽东南诸河流域、汀江流域、苏州各湖泊、甬江流域。

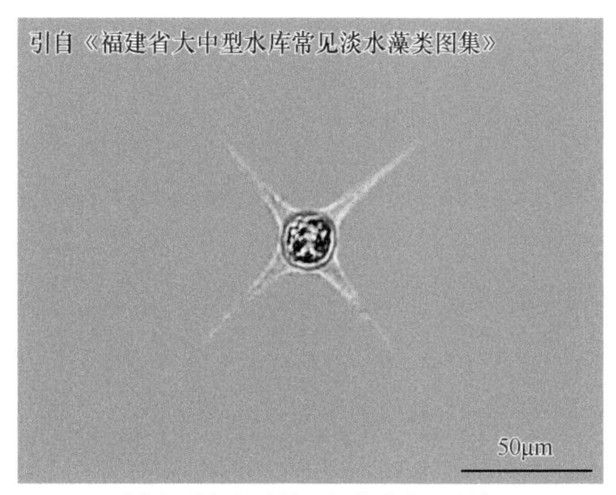

采自福建闽江流域、闽东南诸河流域

四棘藻（*Treubaria* sp.）

1）粗刺四棘藻（*Treubaria crassispina*）

形态特征：单细胞，大；三角锥形到近三角锥形，具近圆柱形的长粗刺，顶端急尖。细胞不包括刺宽12～15μm，刺长30～60μm，刺基部宽4～6μm。

生境：生长于富营养型的湖泊、池塘中。

采集地：福建闽江流域、闽东南诸河流域、汀江流域、甬江流域。

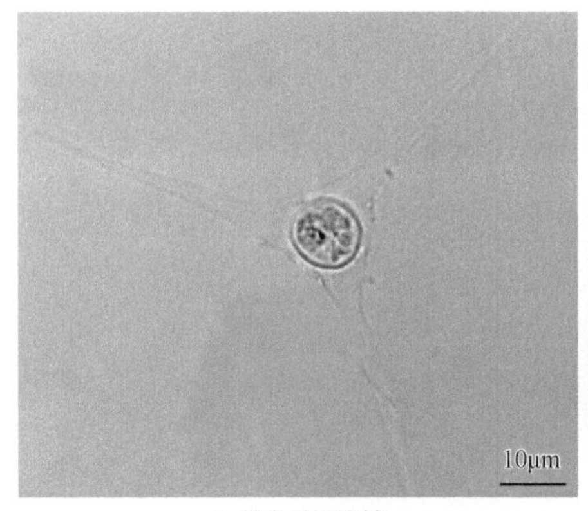

A. 采自甬江流域

B. 采自甬江流域

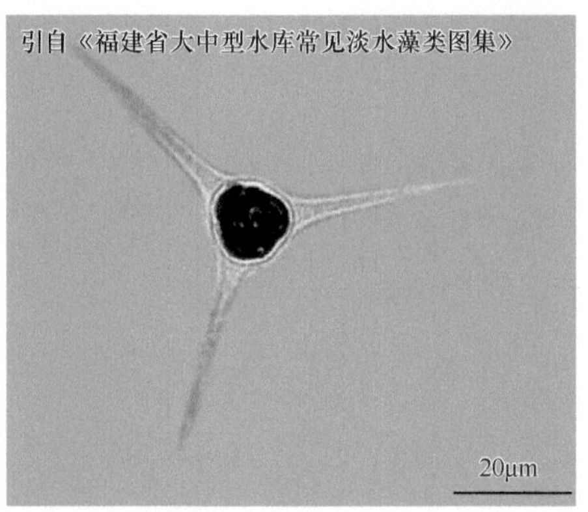

C. 采自福建闽江流域、闽东南诸河流域、汀江流域

粗刺四棘藻（*Treubaria crassispina*）

2）多刺四棘藻（*Treubaria euryacantha*）

形态特征：植物体单细胞，浮游；细胞球形，细胞被膜具6个圆锥形无色角状突起，排列在一个平面上。色素体块状；在每个角状突起基部对应1个蛋白核。细胞直径为10～12μm，角状突起长10～14μm，基部宽3.5～4μm。

采集地：福建闽江流域。

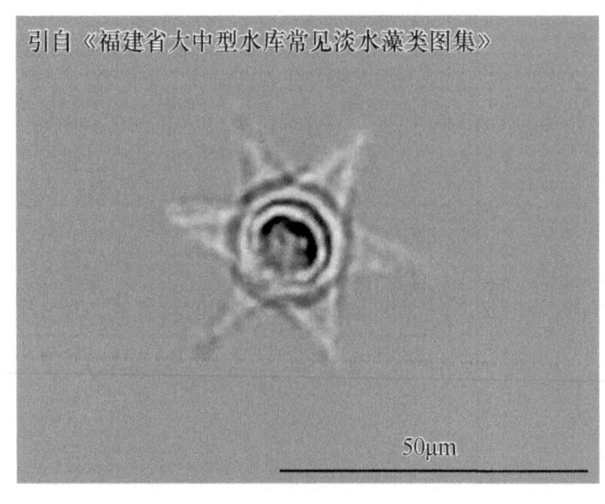

多刺四棘藻（*Treubaria euryacantha*）

（10）棘球藻属（*Echinosphaerella*）

形态特征： 植物体为单细胞，浮游；细胞球形，细胞壁表面具许多均匀、透明的粗长刺。色素体周生，杯状，1个。具1个蛋白核。

采集地： 福建闽江流域、苏州各湖泊。

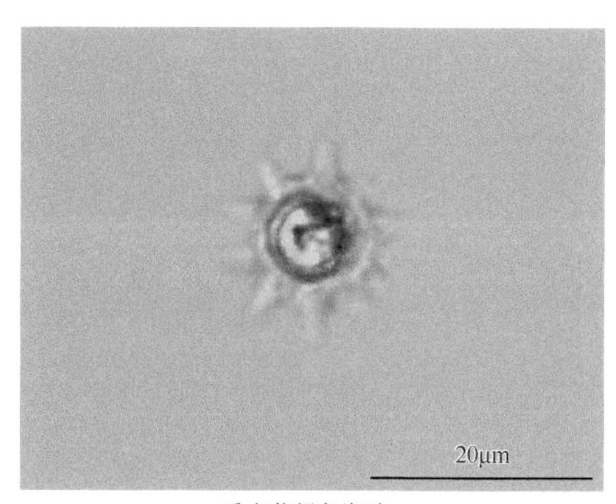

采自苏州各湖泊

棘球藻（*Echinosphaerella* sp.）

（11）单针藻属（*Monoraphidium*）

形态特征： 植物体多为单细胞，无共同胶被；多浮游；细胞为或长或短的纺锤形，直或者明显或轻微弯曲，呈弓状、近圆环状、"S"形或螺旋形等，两端多渐尖细，或较宽圆。色素体片状，周位，多充满整个细胞，罕在中部留有1个小空隙；不具或罕具1个蛋白核。以产生（2～）4个、8个或16个似亲孢子进行生殖。母细胞壁常在正中部位横裂，成为近三角形的两半，似亲孢子即由此逸出，或留存在内一段时间。细胞的形状、弯曲式样、大小及长宽比，种间变异很大。

采集地： 苏州各湖泊。

1）弓形单针藻（*Monoraphidium arcuatum*）

形态特征： 植物体单细胞，浮游；细胞长纺锤形，常弯曲成圆弓形；两侧边大部分近平行，两端渐狭，顶端各具1刺。色素体1个，片状，周位，充满整个细胞。无蛋白核。细胞宽2～5μm，长25～60μm。生殖时产生（2～）4～8个在母细胞壁内线性排列的似亲孢子。

采集地： 苏州各湖泊。

2）加勒比单针藻（*Monoraphidium caribeum*）

形态特征： 植物体单细胞，浮游；细长纺锤形，常弯曲成弓形或新月形，罕螺旋形；两端渐狭，各具1细尖。色素体1个，周位，片状。不具蛋白核。细胞宽2～4μm，长20～35μm。生殖时产生2～4个或8个似亲孢子。

生境： 生长于湖泊。

采集地： 苏州各湖泊。

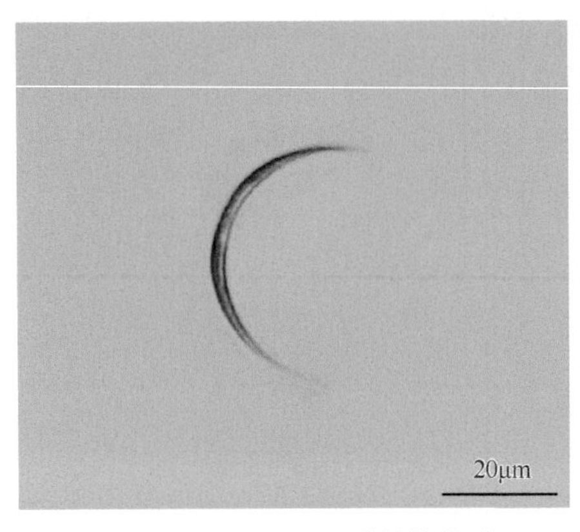

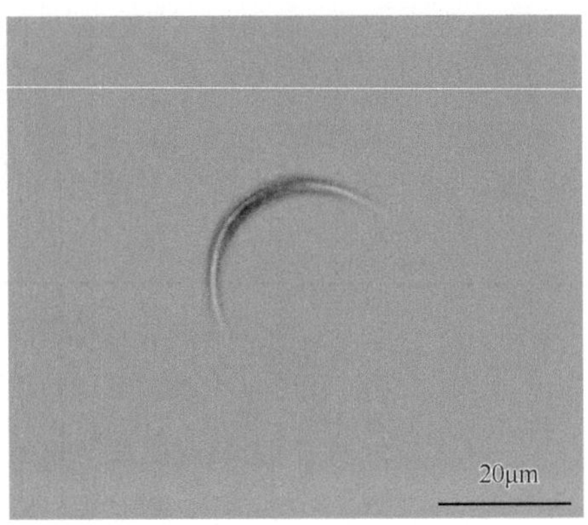

弓形单针藻（*Monoraphidium arcuatum*）

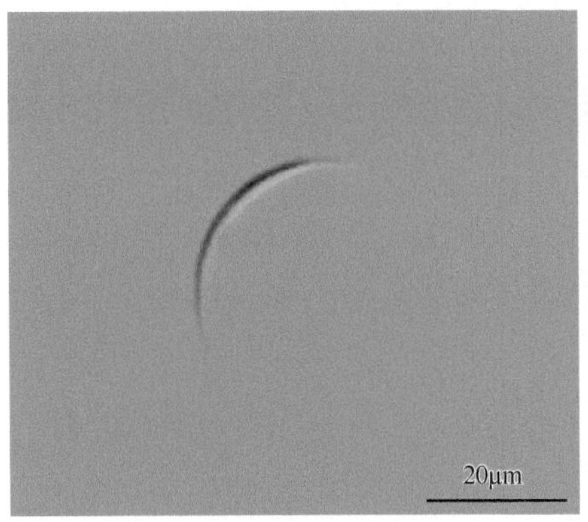

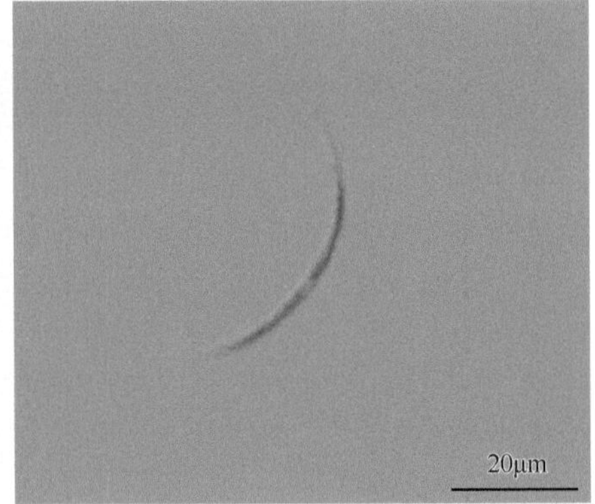

加勒比单针藻（*Monoraphidium caribeum*）

3）卷曲单针藻（*Monoraphidium circinale*）

形态特征：植物体单细胞，浮游；细胞纺锤形，环状，罕螺旋状卷曲；两端渐狭。色素体1个，片状，周位。无蛋白核。细胞宽2.5～5μm，长6～17μm。生殖时产生纵向排列的似亲孢子4～8个。

生境：生长于湖泊。

采集地：苏州各湖泊。

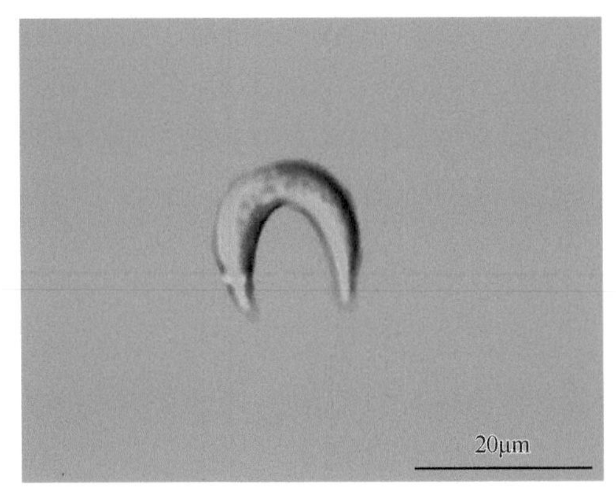

卷曲单针藻（*Monoraphidium circinale*）

4）戴伯单针藻（*Monoraphidium dybowskii*）

形态特征：植物体单细胞，浮游；不对称，近圆柱状、呈纺锤形，略弯，两端渐狭而微尖。色素体1个，片状，周位。无蛋白核。细胞宽2.5～8μm，长7～15（～20）μm。生殖时产生2个、4个、8个似亲孢子。

生境：生长于湖泊、水库。

采集地：苏州各湖泊。

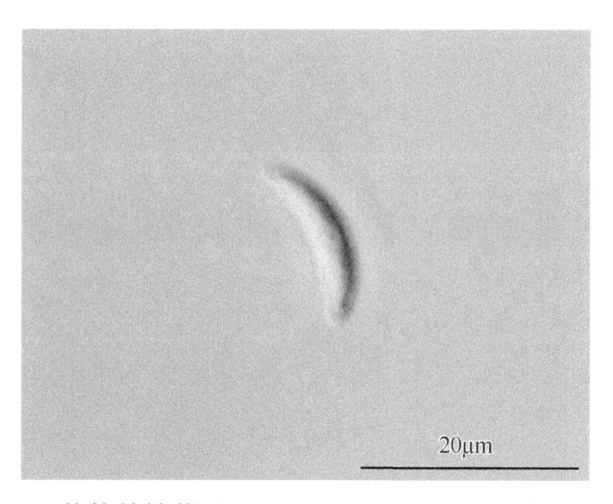

戴伯单针藻（*Monoraphidium dybowskii*）

5）格里佛单针藻（*Monoraphidium griffithii*）

形态特征：植物体单细胞，浮游；细胞狭长纺锤形，直或轻微弯曲，两端直而渐尖。色素体1个，周位，片状。无蛋白核。细胞宽2～4μm，长45～75μm。生殖时产生2个、4个、8个甚至16个似亲孢子。

生境：多生活于各种富营养化的水体中。

采集地：苏州各湖泊。

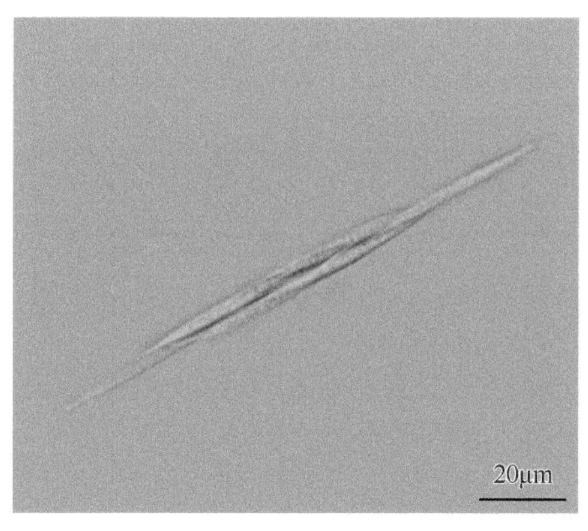

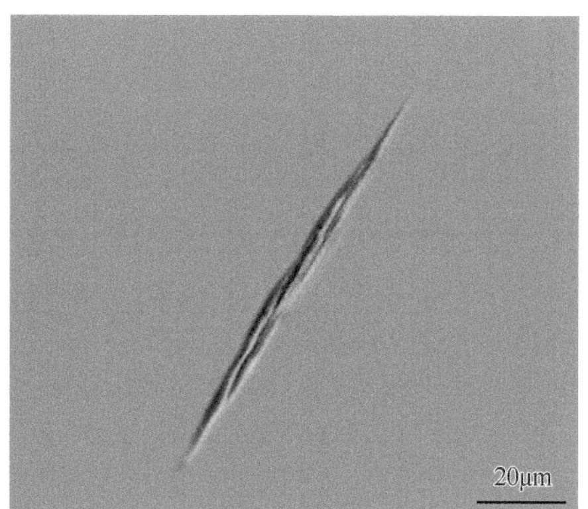

格里佛单针藻（*Monoraphidium griffithii*）

6）细小单针藻（*Monoraphidium minutum*）

形态特征：植物体单细胞，浮游；短纺锤形或较宽的新月形，极弯曲或呈“S”形；两端宽圆或具圆顶。色素体1个，片状，周位，常充满整个细胞；不具蛋白核。细胞宽3～7μm，长6～7μm。

采集地：苏州各湖泊。

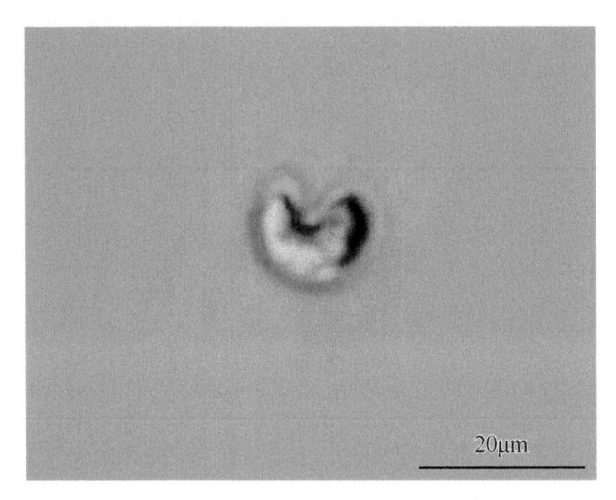

细小单针藻（*Monoraphidium minutum*）

7）科马克单针藻（*Monoraphidium komarkovae*）

形态特征：植物体单细胞，浮游；细胞为极细长的纺锤形，中部圆柱状，直或近于直，有时略弯曲；两端渐尖细，延伸较长，并常有弯曲。色素体1个，片状，周位。不具蛋白核。细胞宽2～4μm、长55～180μm。生殖时产生4～8个似亲孢子。

生境：此种常浮游于各种污染水体中。

采集地：苏州各湖泊。

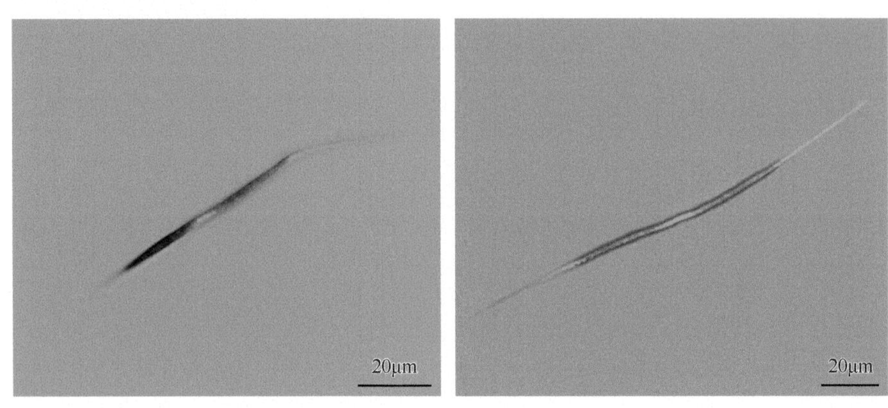

科马克单针藻（*Monoraphidium komarkovae*）

4. 卵囊藻科（Oocystaceae）

植物体常为无一定细胞数目的群体，2个、4个、8个、16个或更多个细胞包被在共同的胶被或残存的母细胞壁内，或为单细胞；细胞球形、近球形、卵形、椭圆形、圆柱形、纺锤形或肾形；细胞壁平滑、具花纹或刺。色素体周生，少数轴生，片状、杯状或盘状，1个或多个，每个色素体具1个或2个蛋白核或无。

无性生殖产生似亲孢子，似亲孢子从母细胞中释放前从不连接形成似亲群体。

生活在各种水体中，多浮游，也有的附着在水生高等植物上。

（1）浮球藻属（*Planktosphaeria*）

形态特征：植物体为群体，浮游。细胞不规则地分布在均匀透明的胶被内，没有固定的群体形态；细胞球形，幼时具1个周生、杯状的色素体，成熟后分散为多角形或盘状的色素体；各具1个蛋白核。形成似亲孢子进行生殖。

采集地：苏州各湖泊、山东半岛流域（崂山水库）。

1）胶状浮球藻（*Planktosphaeria gelatinosa*）

形态特征：植物体为群体，浮游。有1到多个细胞；细胞在胶被内的排列不规则，无固定形态。细胞球形。色素体1个，周位。具1个蛋白核。直径为10～23μm，胶被厚度可达35μm。

采集地：苏州各湖泊、山东半岛流域（崂山水库）。

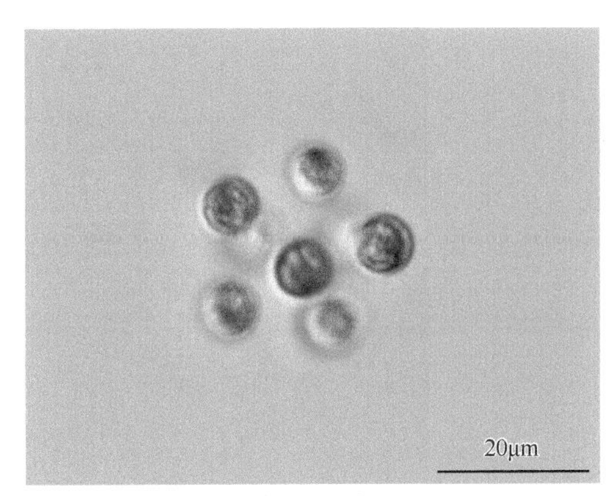

采自苏州各湖泊

胶状浮球藻（*Planktosphaeria gelatinosa*）

（2）并联藻属（*Quadrigula*）

形态特征：真核生物。植物体为群体，由2个、4个、8个或更多个细胞聚集在一个共同的透明胶被内，细胞常4个为一组，其长轴与群体长轴互相平行排列，细胞上下两端平齐或互相错开，浮游；细胞纺锤形、新月形、近圆柱形到长椭圆形，直或略弯曲，细胞长度为宽度的5～20倍，两端略尖细。色素体周生，片状，1个，位于细胞的一侧或充满整个细胞。具1个或2个蛋白核或无。

无性生殖通常产生4个似亲孢子，生殖时4个似亲孢子成1组，以其长轴与母细胞的长轴相平行。

采集地：东湖、苏州各湖泊、福建各湖库及福建闽江流域、闽东南诸河流域、汀江流域。

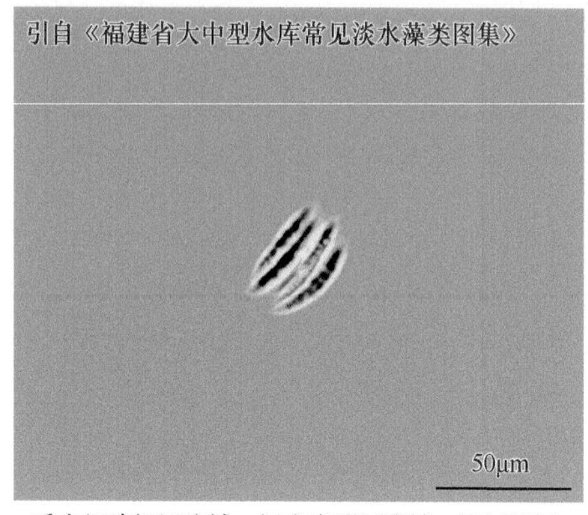

采自福建闽江流域、闽东南诸河流域、汀江流域

并联藻（*Quadrigula* sp. 1）

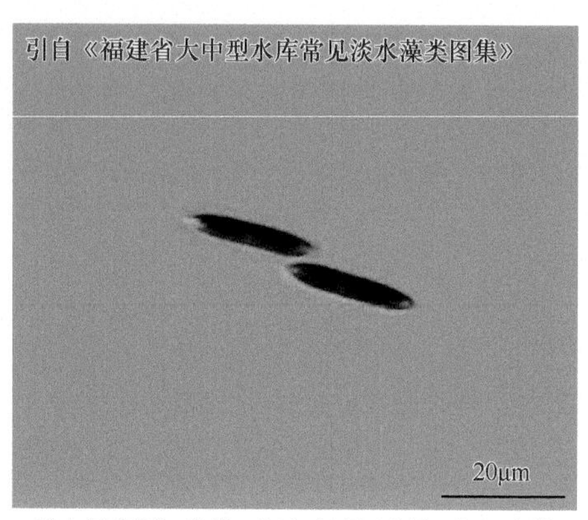

采自福建闽江流域、闽东南诸河流域、汀江流域

并联藻（*Quadrigula* sp. 2）

1）湖生并联藻（*Quadrigula lacustris*）

形态特征：植物体由4个、8个、16个或更多的细胞聚集在一个透明的两端较尖的纺锤形胶被中；常2个、4个或更多的细胞，以其长轴相互平行，以侧面一部分相互接触并与胶被的长轴平行，极罕以单个细胞分散在胶被内。细胞纺锤形，直或略弯曲，两端较尖；色素体1个，片状、周位，但常偏在细胞一侧，有时亦有扭曲，具1个蛋白核。细胞宽3～5μm，长26～38μm。

采集地：苏州各湖泊。

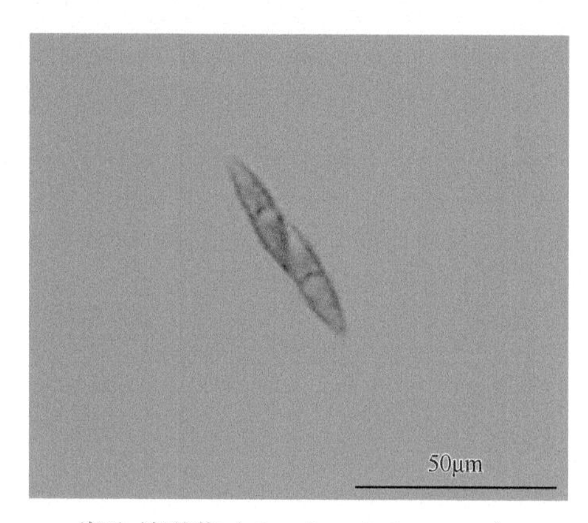

湖生并联藻（*Quadrigula lacustris*）

（3）卵囊藻属（*Oocystis*）

形态特征：植物体为单细胞或群体，群体常由2个、4个、8个或16个细胞组成，包被在部分胶化膨大的母细胞中；细胞椭圆形、卵形、纺锤形、长圆形、柱状长圆形等；细胞壁平滑，或在细胞两端具短圆锥状的增厚，细胞壁扩大和胶化时，圆锥状增厚不胶化。色素体周生，片状、多角形块状、不规则盘状，1个或多个，每个色素体具1个蛋白核或无。

无性生殖产生2个、4个、8个或16个似亲孢子。

采集地：山东半岛流域（崂山水库）、辽河流域、苏州各湖泊、太湖流域、嘉陵江流域（重庆段）、福建闽江流域、闽东南诸河流域、汀江流域、珠江流域（广州段）。

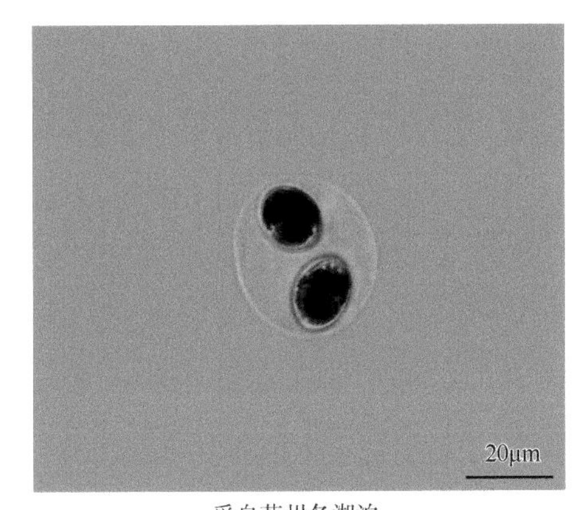

采自苏州各湖泊

卵囊藻（*Oocystis* sp. 1）

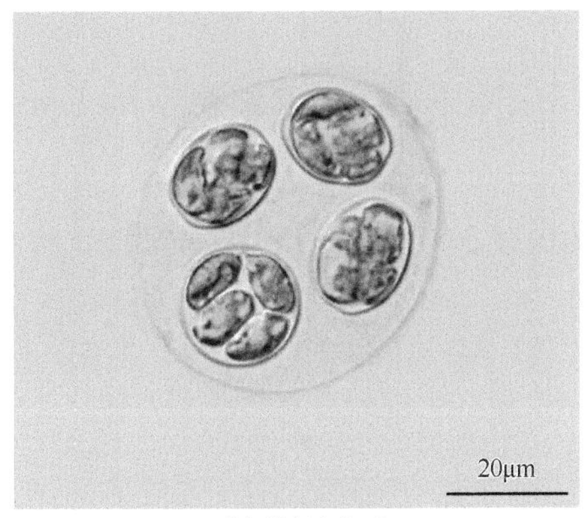

采自苏州各湖泊

卵囊藻（*Oocystis* sp. 2）

1）波吉卵囊藻（*Oocystis borgei*）

形态特征：群体椭圆形，由2个、4个、8个细胞包被在部分胶化膨大的母细胞壁内组成，或为单细胞，浮游；细胞椭圆形或略呈卵形，两端广圆。色素体片状，幼时常为1个，成熟后具2～4个，各具1个蛋白核。细胞长10～30μm，宽9～15μm。

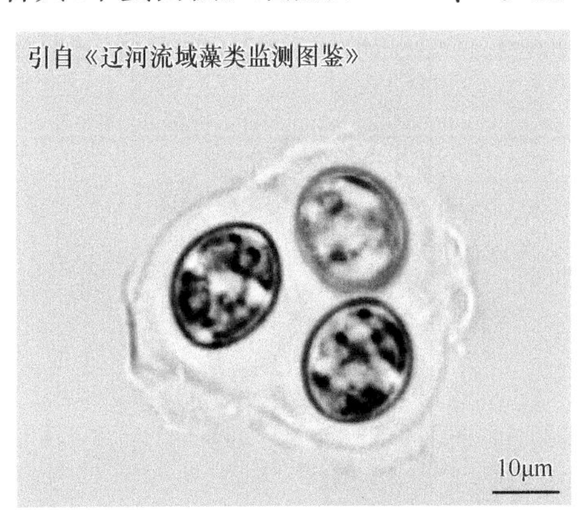

A. 采自辽河流域

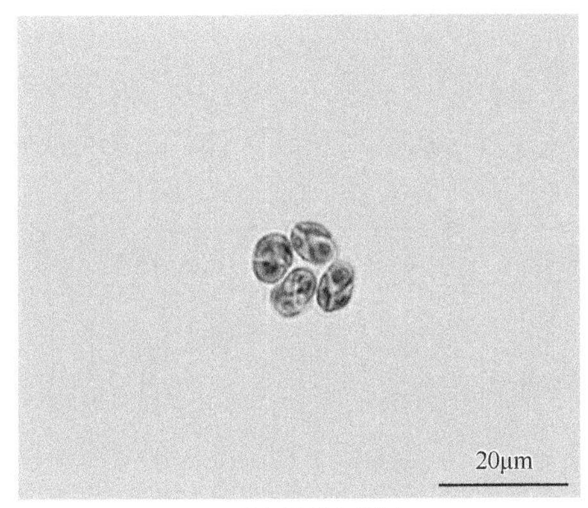

B. 采自苏州各湖泊

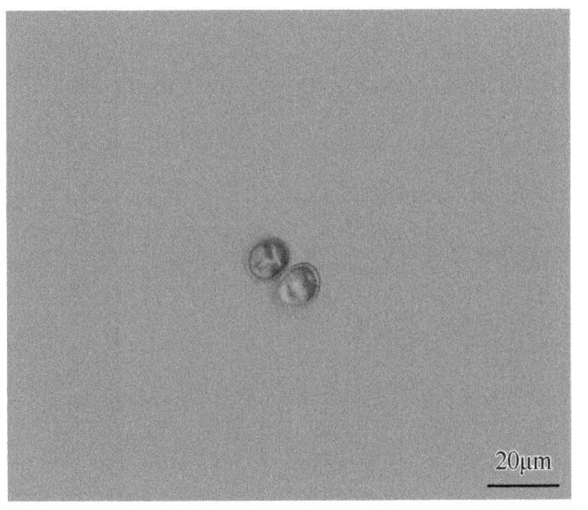

C. 采自苏州各湖泊

波吉卵囊藻（*Oocystis borgei*）

生境：生长在有机质丰富的小水体和浅水湖泊中。

采集地：辽河流域、苏州各湖泊、福建闽江流域、闽东南诸河流域、汀江流域、山东半岛流域（崂山水库）、嘉陵江流域（重庆段）。

2）湖生卵囊藻（*Oocystis lacustris*）

形态特征：群体常由2个、4个、8个细胞包被在部分胶化膨大的母细胞壁内组成，单细胞的极少，浮游；细胞椭圆形或宽纺锤形，两端微尖并具短圆锥状增厚。色素体片状，1～4个，各具1个蛋白核。细胞长14～32μm，宽8～22μm。

生境：生长在池塘、湖泊中，常见，但数量较少。

采集地：苏州各湖泊、太湖流域、珠江流域（广州段）、福建闽江流域、闽东南诸河流域。

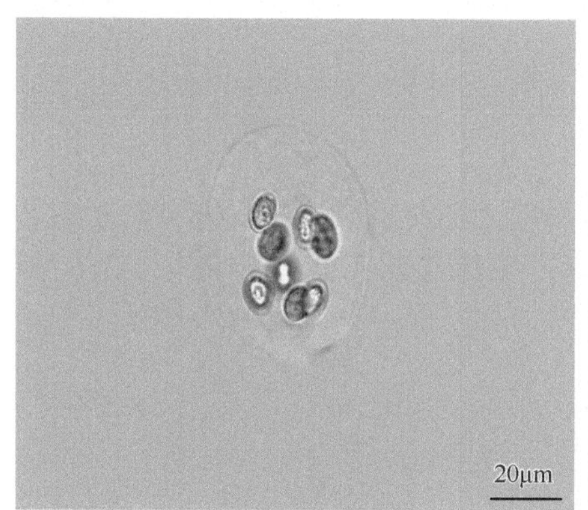

A. 采自苏州各湖泊

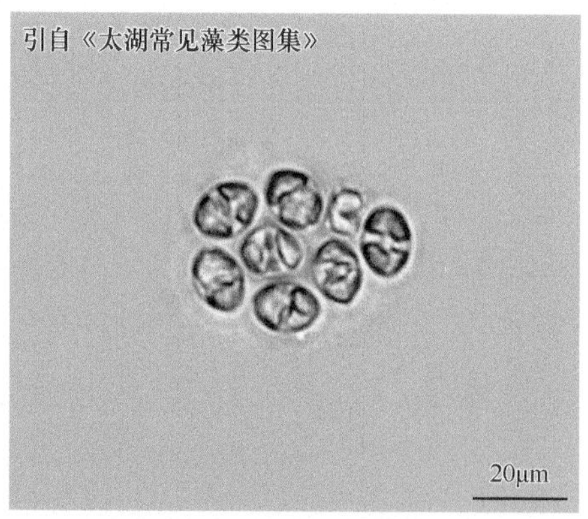

B. 采自太湖流域

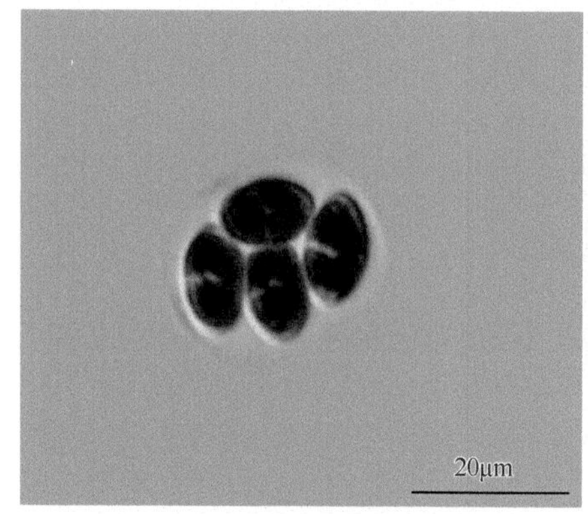

C. 采自苏州各湖泊

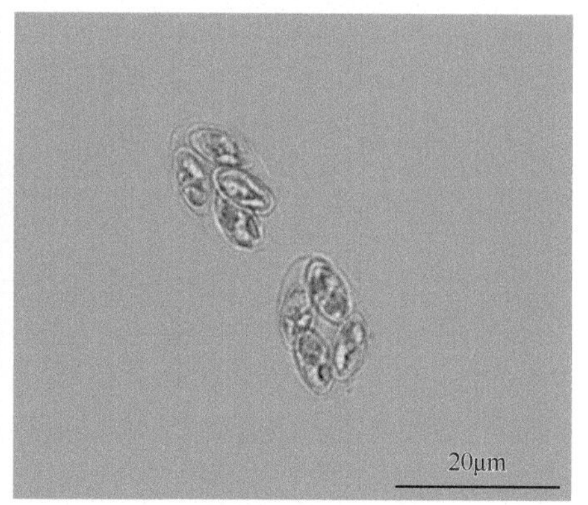

D. 采自珠江流域（广州段）

湖生卵囊藻（*Oocystis lacustris*）

3）单生卵囊藻（*Oocystis solitaria*）

形态特征：群体由2个、4个、8个细胞包被在部分胶化膨大的母细胞壁内组成，或单细胞，浮游；细胞椭圆形、罕为卵形，两端钝圆；细胞壁厚，细胞两端具明显的短圆锥状增厚。色素体多角形块状、不规则盘状，多个，常为12～25个，各具1个蛋白核。细胞长7～35μm，宽3～20μm；扩大的母细胞壁长可达58μm，宽40μm。

生境：生长于湖泊、池塘、水坑中，常与丝状藻类混生。

采集地：太湖流域。

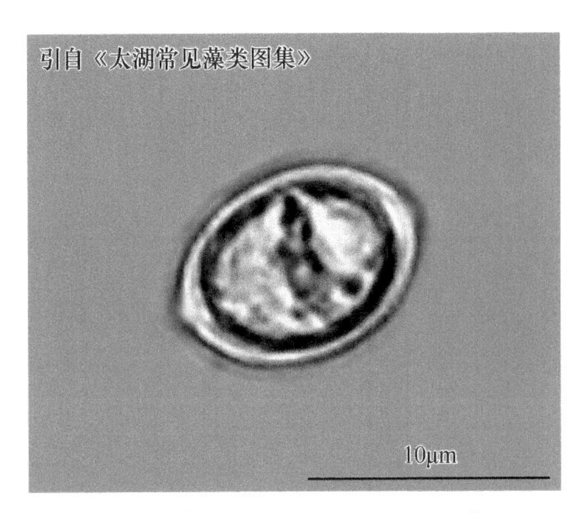

单生卵囊藻（*Oocystis solitaria*）

4）细小卵囊藻（*Oocystis pusilla*）

形态特征：植物体单细胞，浮游。扩大胶化的母细胞壁内含4个细胞；细胞椭圆形；细胞壁两端不加厚。色素体2个，片状，周位。无蛋白核。细胞宽5～5.5μm，长8～9μm。

采集地：苏州各湖泊。

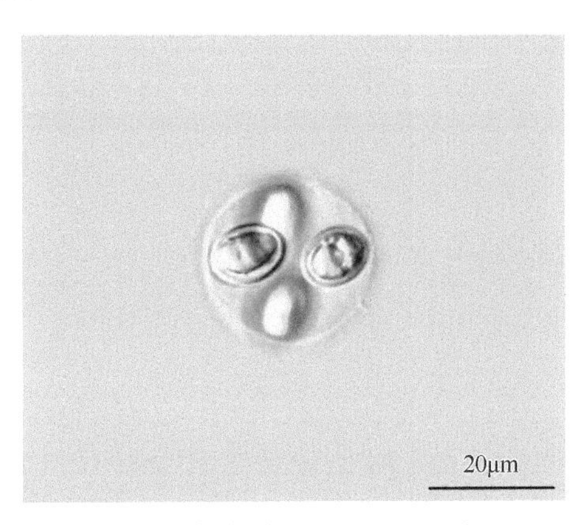

细小卵囊藻（*Oocystis pusilla*）

5）菱形卵囊藻（*Oocystis rhomboidea*）

形态特征：植物体单细胞，浮游。在扩大胶化的母细胞壁内含2～16个细胞；细胞宽椭圆形，两端略钝尖；细胞壁无锥状增厚；有时每个细胞内又各含有2～4个子细胞；细胞两端长有空泡或油滴。色素体1个，片状，侧位。具1个蛋白核。细胞宽2～4μm，长5～10μm。

采集地：苏州各湖泊。

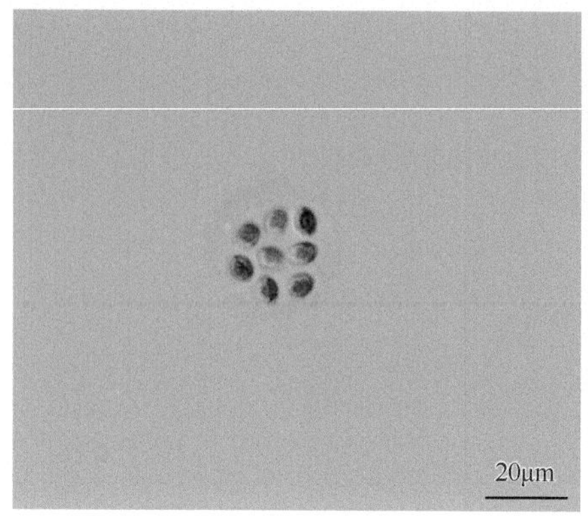

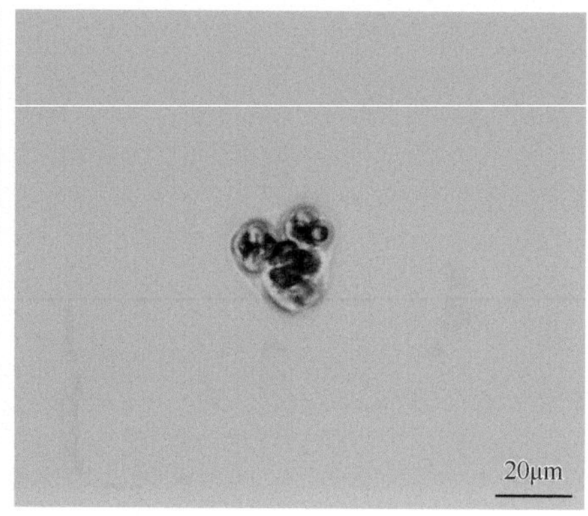

菱形卵囊藻（*Oocystis rhomboidea*）

（4）肾形藻属（*Nephrocytium*）

形态特征：植物体是常由2个、4个、8个或16个细胞组成的群体，群体细胞包被在母细胞壁胶化的胶被中，常呈螺旋状排列，浮游；细胞肾形、卵形、新月形、半球形、柱状长圆形或长椭圆形等，弯曲或略弯曲。色素体周生，片状，1个，随细胞的成长而分散充满整个细胞。具1个蛋白核，常具多个淀粉颗粒。

采集地：滇池流域、福建闽江流域、闽东南诸河流域、汀江流域、苏州各湖泊。

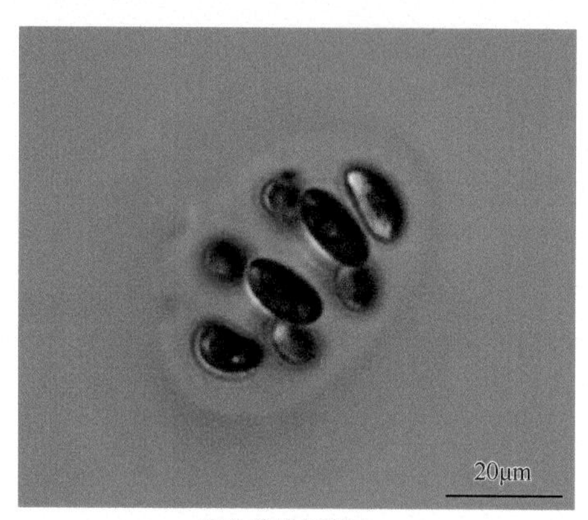

采自苏州各湖泊

肾形藻（*Nephrocytium* sp.）

（5）球囊藻属（*Sphaerocystis*）

形态特征：植物体为球形的胶群体，由2个、4个、8个、16个或32个细胞组成，各细胞以等距离规律地排列在群体胶被的四周，漂浮；群体细胞球形，细胞壁明显。色素体周生，杯状，在老细胞中则充满整个细胞，具1个蛋白核。

无性生殖产生动孢子和似亲孢子，常有部分的细胞分裂产生4个或8个子细胞在母群体中具有自己的胶被，形成子群体。

采集地：辽河流域、太湖流域。

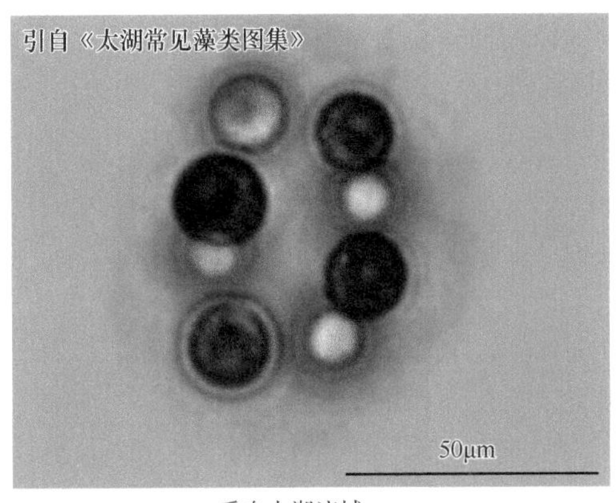

采自太湖流域

球囊藻（*Sphaerocystis* sp.）

1）球囊藻（*Sphaerocystis schroeteri*）

形态特征：群体球形，由2个、4个、8个、16个或32个细胞组成的胶群体，胶被无色、透明，或由于铁的沉淀而呈黄褐色，漂浮；群体细胞球形。色素体周生，杯状，具1个蛋白核。群体直径为34～500μm，细胞直径为6～22μm。

生境：生长在水坑、稻田、池塘、湖泊中。

采集地：辽河流域。

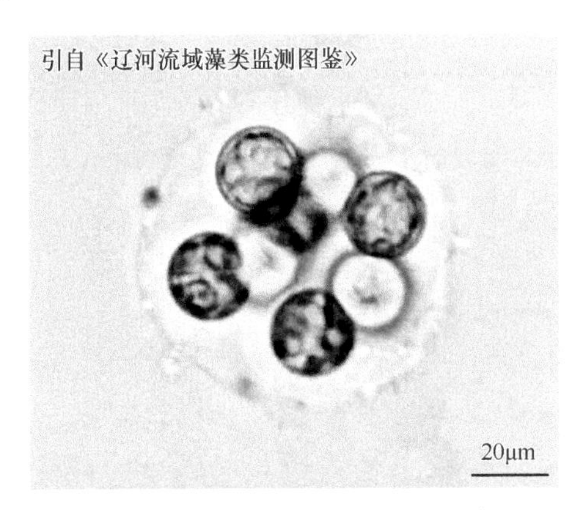

球囊藻（*Sphaerocystis schroeteri*）

（6）辐球藻属（*Radiococcus*）

形态特征：植物体为群体，浮游。群体中每4个或8个、16个球形细胞一组，成角锥状排列在厚的胶被中。色素体杯状，周位；具1个蛋白核。生殖时产生4个似亲孢子；母细胞壁的碎片常残留在胶质中。

采集地：苏州各湖泊。

1）浮游辐球藻（*Radiococcus planktonicus*）

形态特征：植物体为由4个、16个细胞组成的群体。具球形胶被，胶被无线纹；细胞周围有盘状母细胞壁残留；细胞球形，4个细胞形成疏松角锥状。色素体杯状。具1个蛋白核。细胞直径为4～7（～19）μm。

采集地：苏州各湖泊。

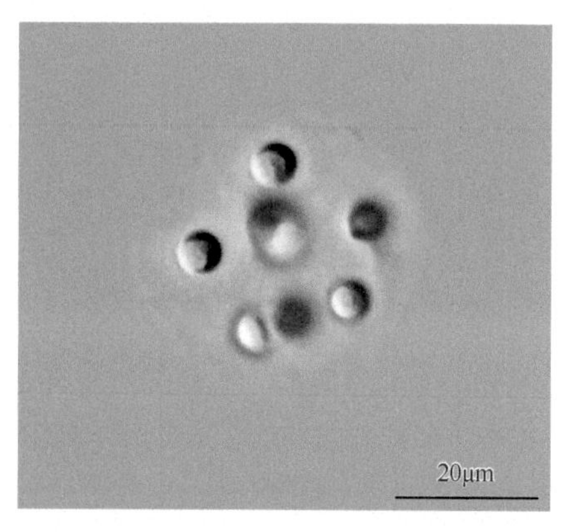

浮游辐球藻（*Radiococcus planktonicus*）

5. 网球藻科（Dictyosphaeraceae）

植物体为原始定形群体，2个、4个、8个细胞为一组，彼此分离，以母细胞壁分裂为4片所形成的胶质丝或胶质膜相连接，包被在透明的群体胶被内，浮游；细胞球形、椭圆形、卵形、肾形、长圆柱形、腊肠形等。色素体周生，杯状、片状，1个。蛋白核1个。无性生殖为1个母细胞产生4个似亲孢子，母细胞壁将4个似亲孢子连在一起，1个原始定形群体的各个细胞常同时产生似亲孢子，再连接于各自的母细胞壁裂片的顶端，成为1个复合的原始定形群体。生长于各种静水水体中。

（1）网球藻属（*Dictyosphaerium*）

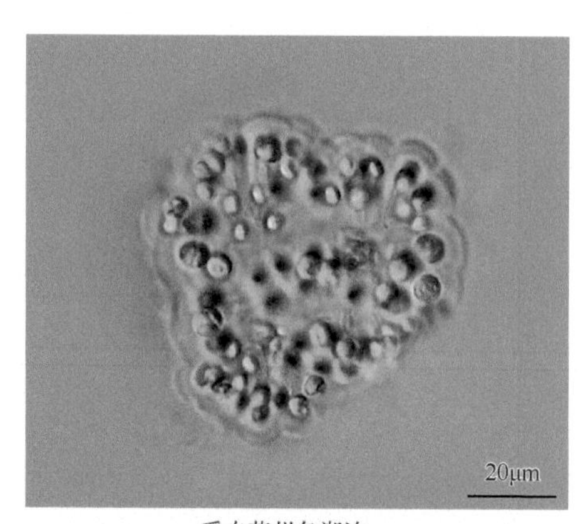

采自苏州各湖泊

网球藻（*Dictyosphaerium* sp.）

形态特征：植物体为原始定形群体，由2个、4个、8个细胞组成，常4个有时2个为一组，彼此分离，以母细胞壁分裂所形成的二分叉或四分叉胶质丝或胶质膜相连，包被在透明的群体胶被内，浮游；细胞球形、卵形、椭圆形或肾形。色素体周生，杯状，1个，具1个蛋白核。

无性生殖产生似亲孢子，一个定形群体的各个细胞常同时产生孢子，再连接于各自的母细胞壁裂片的顶端，成为复合的原始定形群体。

生境：生长在各种静水水体中。

采集地：苏州各湖泊、辽河流域、丹江口水库、福建闽江流域、闽东南诸河流域、汀江流域、甬江流域、珠江流域（广州段）。

1）美丽网球藻（*Dictyosphaerium pulchellum*）

形态特征：原始定形群体；球形或广椭圆形，多为8个、16个或32个细胞包被在共同的透明胶被中；细胞球形。色素体杯状，1个。具1个蛋白核。细胞直径为3～10μm。

生境：生长在湖泊、池塘、沼泽中。

采集地：苏州各湖泊、松花江流域、辽河流域、珠江流域（广州段）、福建闽江流域、闽东南诸河流域、甬江流域。

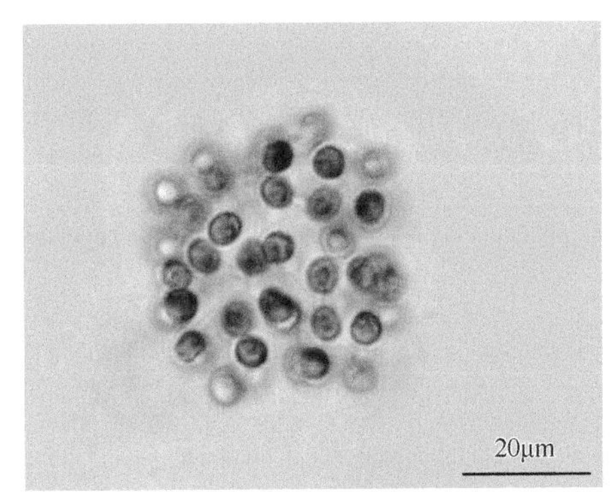

A. 采自苏州各湖泊

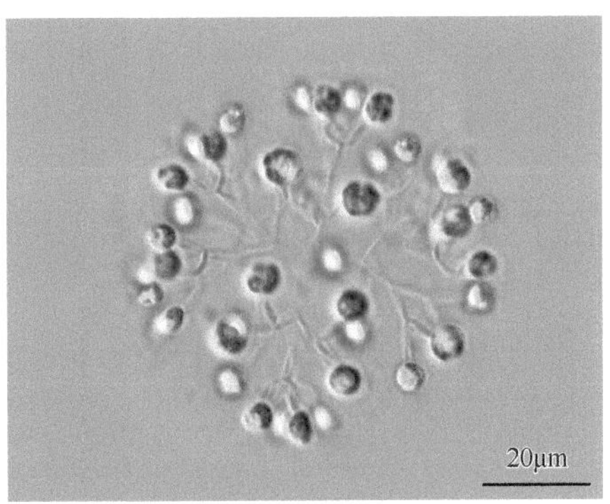

B. 采自苏州各湖泊

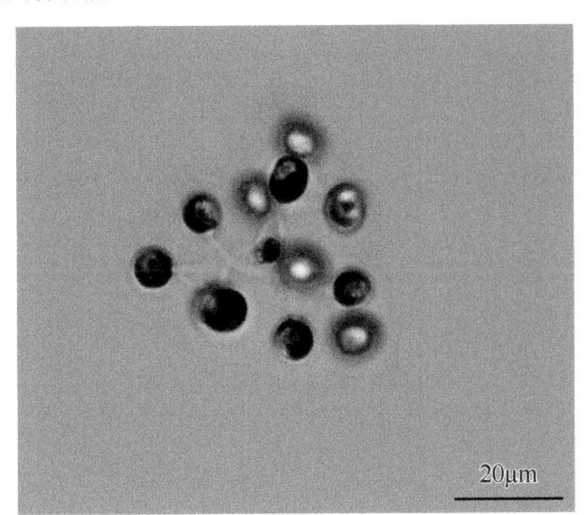

C. 采自珠江流域（广州段）

美丽网球藻（*Dictyosphaerium pulchellum*）

6. 葡萄藻科（Botryococcaceae）

植物体浮游，常是由残余母细胞壁形成的坚韧的胶质部分将之连成球形或不规则形状的复合群体；细胞卵形、椭圆形或楔形，自胶质部分辐射状向外伸出；色素体1个，周生；蛋白核1个，裸露。生殖时产生似亲孢子，亦产生静孢子。

（1）葡萄藻属（*Botryococcus*）

形态特征：植物体为原始集结体，或多个原始集结体连成的复合集结体，具共同胶被；卵形、球形或不规则形；浮游。细胞椭圆形、罕见球形，常2～4个为一组，埋藏在由母细胞壁残余构成的胶质中，呈放射状，位于胶质部分的近表处；细胞基部位于逐层加厚并呈杯状的母细胞壁内，顶部多朝外，亦为部分母细胞壁所包裹；整个胶质部分坚韧而有弹性，形状不规则，常有分叶，表面不平滑，有时成为杯状部分的柄。色素体1个，杯状或有分叶；具1个裸露的蛋白核，有贮存淀粉，亦可产生油滴，油滴可以渗出到胶质内，使集结体呈橘红色；以似亲孢子进行生殖，亦可产生静孢子。

采集地：福建闽江流域、闽东南诸河流域。

1）葡萄藻（*Botryococcus braunii*）

形态特征：集结体由2～4个或更多个细胞组成，由母细胞壁残余部分形成的粗糙而不规则且长短各异的绳索状胶质部分连接而成；亦有外形不规则，或略近球形的复合集结体；细胞侧面观为卵形或宽卵形，顶面观为圆形，略呈辐射状排列在集结体表面，细胞基部埋藏在上述胶质部分中，顶部通常裸露在外。色素体单个，片状，占细胞中部的大部分，侧位。细胞多为黄绿色，宽6～9μm，长9～12μm。

生境：为湖泊常见种类。有时能形成水华。

采集地：福建闽江流域、闽东南诸河流域。

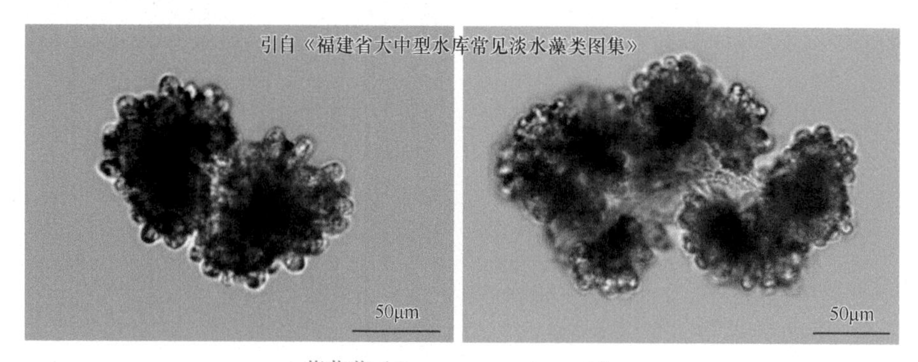

葡萄藻（*Botryococcus braunii*）

7. 水网藻科（Hydrodictyaceae）

植物体为真性定形群体，囊状，大型，由几十个到数百个细胞以其两端的细胞壁彼此连接形成；细胞圆柱形到宽卵形。色素体周生，片状，具1个蛋白核，1个细胞核，长成后色素体为网状，具多个蛋白核，多个细胞核。

无性生殖产生动孢子，在1个细胞中可以产生2万个，动孢子为同时产生的，经短时间游动后，在母细胞内或从母细胞壁裂孔逸出的胶质囊中失去鞭毛，停止运动，排列成与母定形群体形态类似的子定形群体。

有性生殖为双鞭毛的同形配子结合。

（1）水网藻属（*Hydrodictyon*）

形态特征：植物体为真性定形群体，囊状，大型，由圆柱形到宽卵形的细胞彼此以其两端的细胞壁连接组成囊状的网，网眼多为五边形到六边形。幼时色素体片状，具有1

个蛋白核，1个细胞核，长成后色素体为网状，具多个蛋白核，多个细胞核。

无性生殖产生动孢子。有性生殖为同配。

采集地：甬江流域、松花江流域。

1）水网藻（*Hydrodictyon reticulatum*）

形态特征：植物体常由数百至数千个圆柱状细胞两端相连接，形成长可达2m，整体为封闭囊状的网状真集结体；细胞直径可达250μm，长可达1.5cm；幼细胞时，色素体片状，仅具1个蛋白核和1个细胞核，成熟细胞色素体网状，具多个均匀分布的细胞核和蛋白核。

生境：采集地很广，常生长在稻田、湖湾、池塘、沟渠、小水洼等各种静止水体中，硬水中更为常见。在有机质丰富的鱼池中繁殖很快，数量多时，对鱼苗造成危害。

采集地：甬江流域、松花江流域。

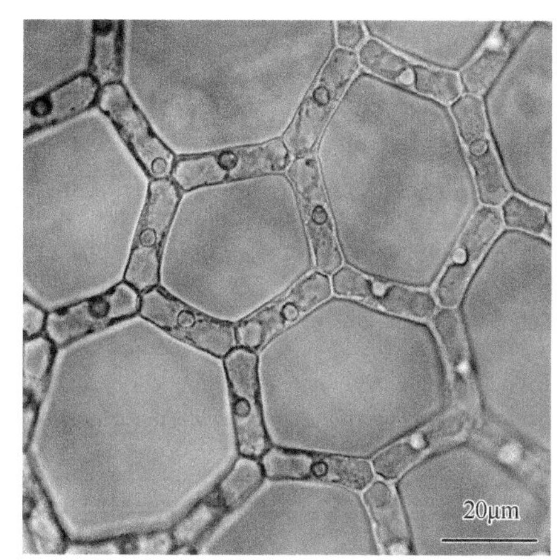

A. 采自甬江流域

B. 采自甬江流域

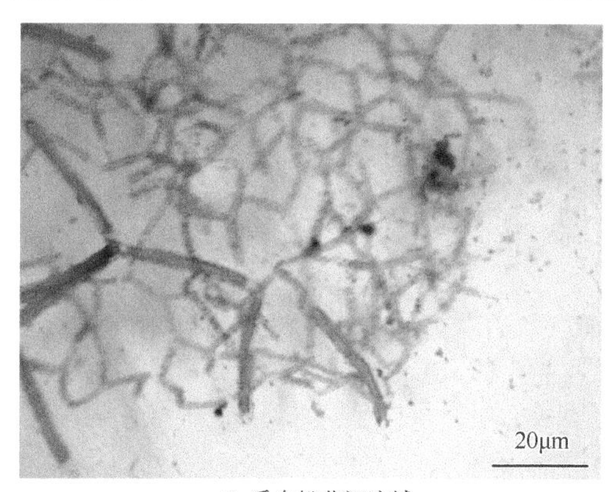

C. 采自松花江流域

水网藻（*Hydrodictyon reticulatum*）

8. 盘星藻科（Pediastraceae）

植物体为真性定形群体，由2个、4个、8个、16个、32个、64个、128个细胞的细胞壁彼此连接形成一层细胞厚的扁平盘状、星状群体；细胞三角形、多角形、梯形等，细胞壁平滑或具颗粒、细网纹。色素体周生，片状、圆盘状，1个，具1个蛋白核，随细胞生长而扩散，具1个或多个蛋白核，成熟细胞具1个、2个、4个或8个细胞核。

无性生殖产生动孢子，动孢子经短时期游动后，在母细胞内或从母细胞壁裂孔逸出的胶质囊中失去鞭毛，停止运动，排列成与母定形群体形态类似的子定形群体。

有性生殖为同配。

（1）盘星藻属（*Pediastrum*）

形态特征：植物体为真性定形群体，由4个、8个、16个、32个、64个、128个细胞排列成为一层细胞厚的扁平盘状、星状群体，群体无穿孔或具穿孔，浮游；群体边缘细胞常具1个、2个、4个突起，有时突起上具长的胶质毛丛，群体边缘内的细胞多角形；细胞壁平滑，具颗粒、细网纹。幼细胞的色素体周生，圆盘状，1个，具1个蛋白核，随细胞的生长色素体分散，具1个到多个蛋白核，成熟细胞具1个、2个、4个或8个细胞核。无性生殖产生动孢子。

采集地：福建闽江流域、闽东南诸河流域、汀江流域、珠江流域（广州段）、苏州各湖泊、汉江、长江流域（南通段）、山东半岛流域（崂山水库）、辽河流域、松花江流域、甬江流域、嘉陵江流域（重庆段）、丹江口水库。

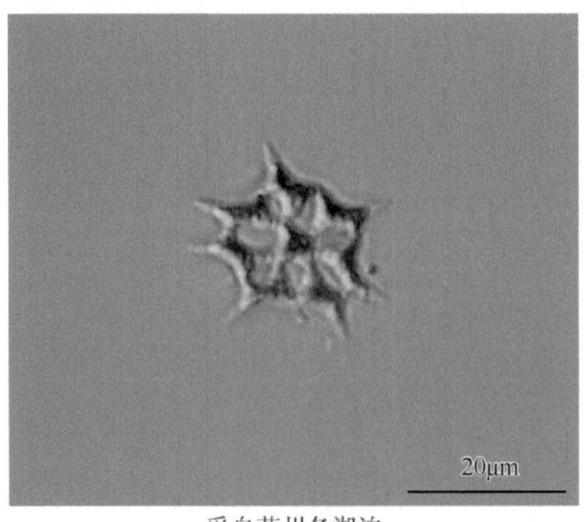

采自苏州各湖泊

盘星藻（*Pediastrum* sp. 1）

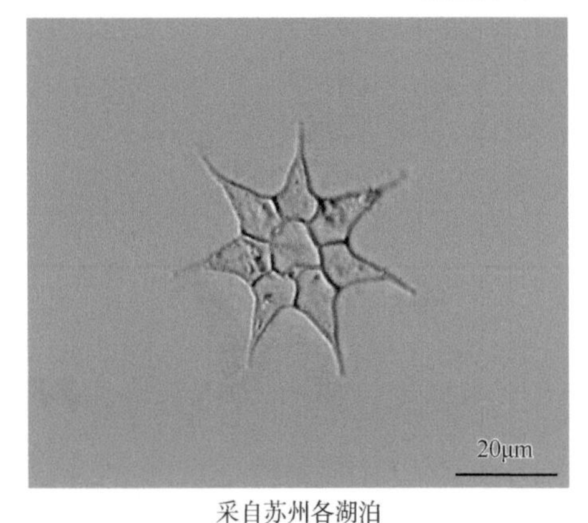

采自苏州各湖泊

盘星藻（*Pediastrum* sp. 2）

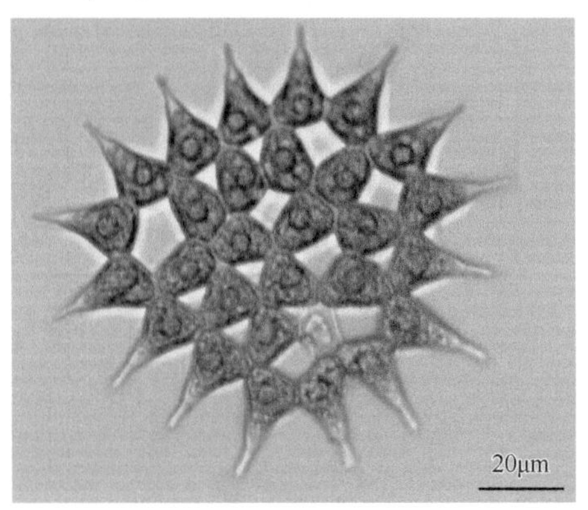

采自山东半岛流域（崂山水库）

盘星藻（*Pediastrum* sp. 3）

1）盘星藻（*Pediastrum biradiatum*）

形态特征：集结体由8个细胞组成，具穿孔；外层细胞具深裂的两瓣，瓣的末端具分枝状缺刻，细胞之间以其基部相连接；内层细胞亦具分裂的两瓣，但末端不具缺刻；细胞两侧均凹入；细胞壁光滑；集结体直径为340μm；外层细胞长12μm（其中角突长3～4μm），宽5～11μm；内层细胞长8～9μm，宽7～9μm。

生境：生长于池塘、水沟、稻田、湖泊。

采集地：福建闽江流域、闽东南诸河流域、汀江流域、山东半岛流域（崂山水库）。

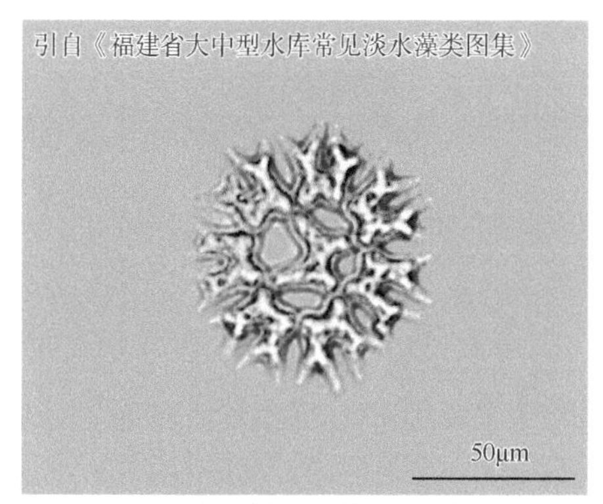

A. 采自福建闽江流域、闽东南诸河流域、汀江流域

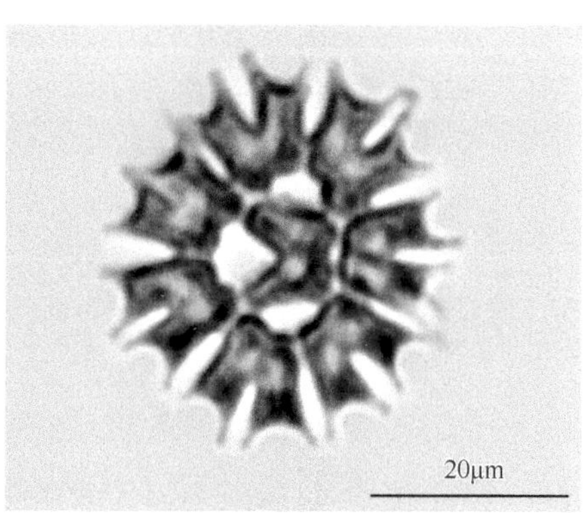

B. 采自山东半岛流域（崂山水库）

盘星藻（*Pediastrum biradiatum*）

2）盘星藻长角变种（*Pediastrum biradiatum* var. *longecornutum*）

形态特征：原种集结体由8个细胞组成，具穿孔；外层细胞具深裂的两瓣，瓣的末端具分枝状缺刻，细胞之间以其基部相连接；内层细胞亦具分裂的两瓣，但末端不具缺刻；细胞两侧均凹入；细胞壁光滑；外层细胞长12μm（其中角突长3～4μm），宽5～11μm；内层细胞长8～9μm，宽7～9μm。本变种外层细胞的两瓣各具2个分叉的尖锐长角突。

生境：生长于池塘、水坑、湖泊、水库。

采集地：福建闽江流域、闽东南诸河流域、汀江流域。

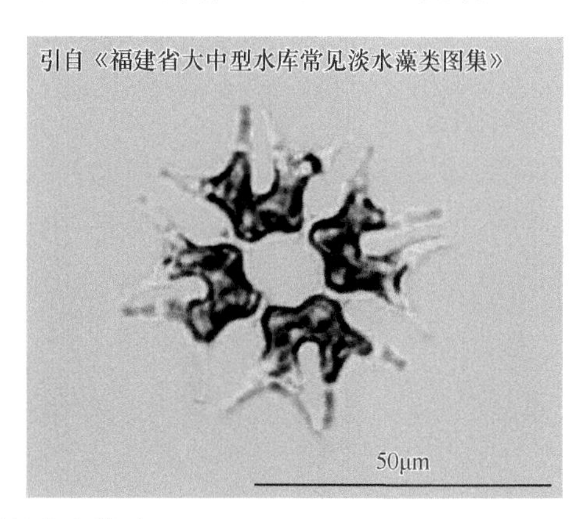

盘星藻长角变种（*Pediastrum biradiatum* var. *longecornutum*）

3）短棘盘星藻（*Pediastrum boryanum*）

形态特征：真性定形群体，由4个、8个、16个、32个或64个细胞组成，群体细胞间无穿孔；群体细胞五边形或六边形，缘边细胞外壁具2个钝的角状突起，以细胞侧壁和基部与邻近细胞连接，细胞壁具颗粒。细胞长15～21μm，宽10～14μm。

生境：湖泊、池塘中的浮游种类。

采集地：福建闽江流域、苏州各湖泊、辽河流域、松花江流域、甬江流域。

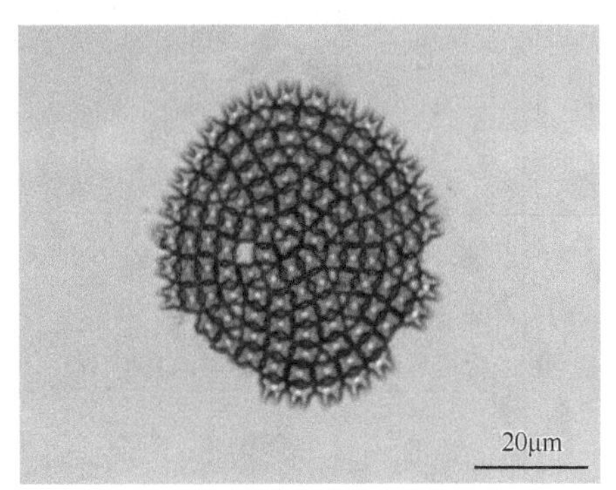

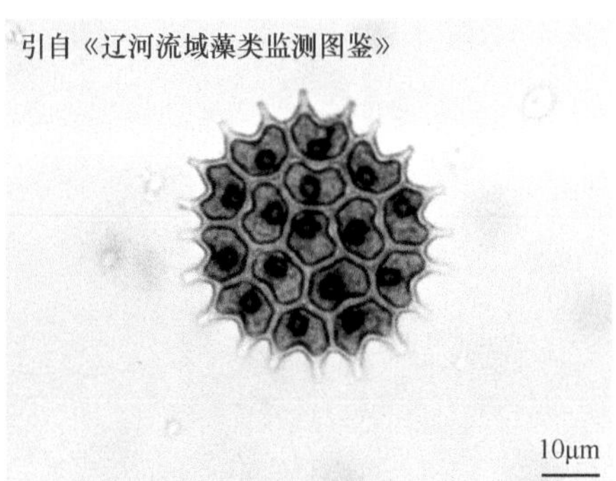

A. 采自松花江流域　　B. 采自辽河流域

短棘盘星藻（*Pediastrum boryanum*）

4）短棘盘星藻长角变种（*Pediastrum boryanum* var. *longicorne*）

形态特征：本变种外层细胞具2个延伸的长角突，角突顶端常膨大成小球状。

生境：生长于水库、湖泊、水坑及稻田。

采集地：福建闽江流域、苏州各湖泊、山东半岛流域（崂山水库）。

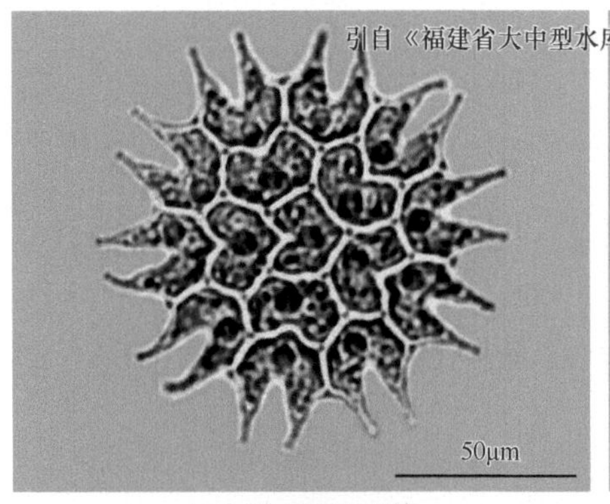

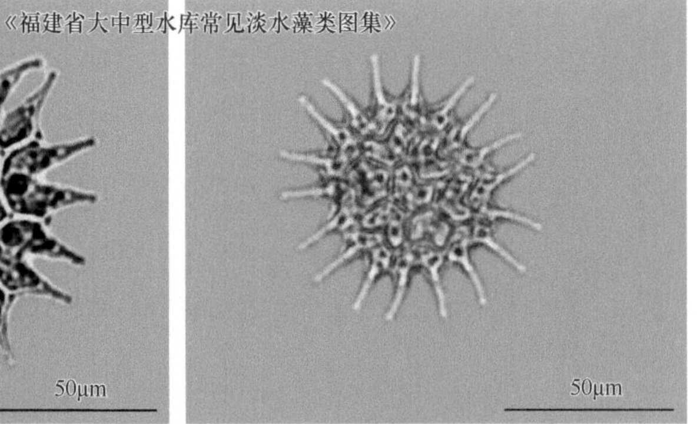

A. 采自福建闽江流域　　B. 采自福建闽江流域

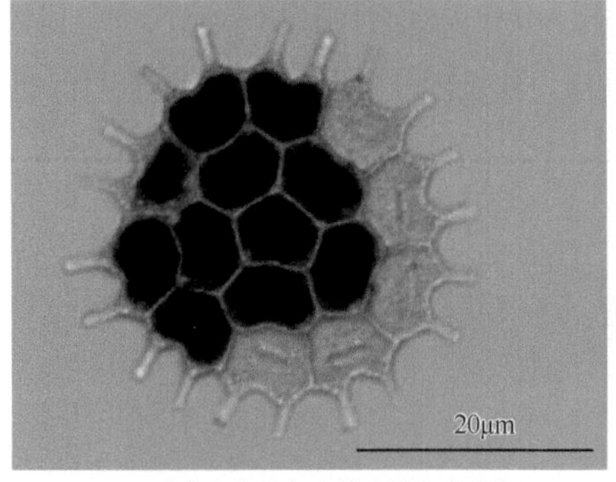

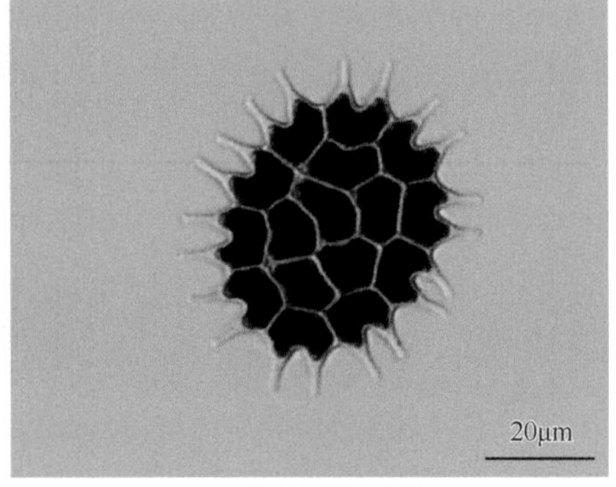

C. 采自山东半岛流域（崂山水库）　　D. 采自苏州各湖泊

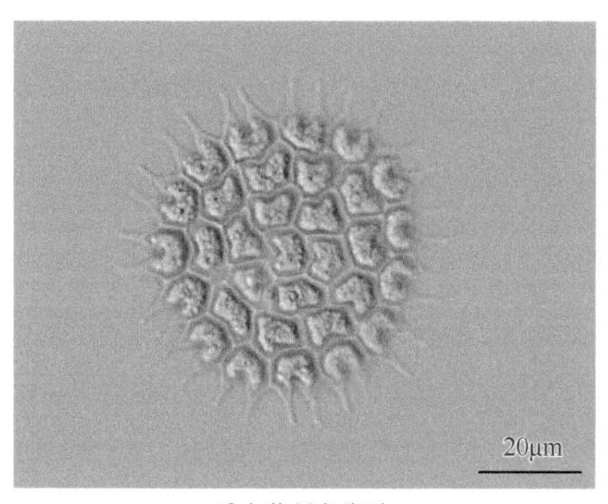

E. 采自苏州各湖泊

F. 采自苏州各湖泊

短棘盘星藻长角变种（*Pediastrum boryanum* var. *longicorne*）

5）短棘盘星藻波缘变种（*Pediastrum boryanum* var. *undulatum*）

形态特征：本变种的细胞壁呈不规则波状。

生境：生长于湖泊、水库、河流中。

采集地：福建闽江流域。

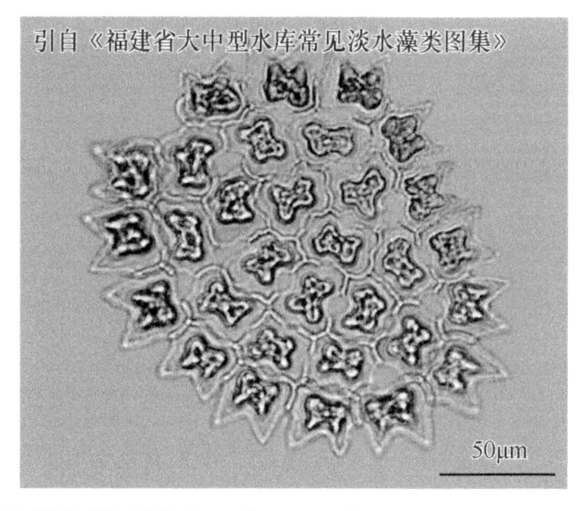

短棘盘星藻波缘变种（*Pediastrum boryanum* var. *undulatum*）

6）二角盘星藻（*Pediastrum duplex*）

形态特征：集结体由8个、16个、32个或64个细胞组成，具小的透镜状穿孔；外层细胞近四方形，具2个顶端钝圆或平截的角突，细胞间以其基部相连接；内层细胞近四方形或多边形，细胞壁光滑，各边均内凹；16个细胞的集结体直径为65～85μm；外层细胞长10～20μm（其中角突长4～6.5μm），宽10～18μm；内层细胞长10～14μm，宽10～20μm。

采集地：福建闽江流域、闽东南诸河流域、汀江流域、珠江流域（广州段）、苏州各湖泊、长江流域（南通段）、丹江口水库、山东半岛流域（崂山水库）、松花江流域、辽河流域。

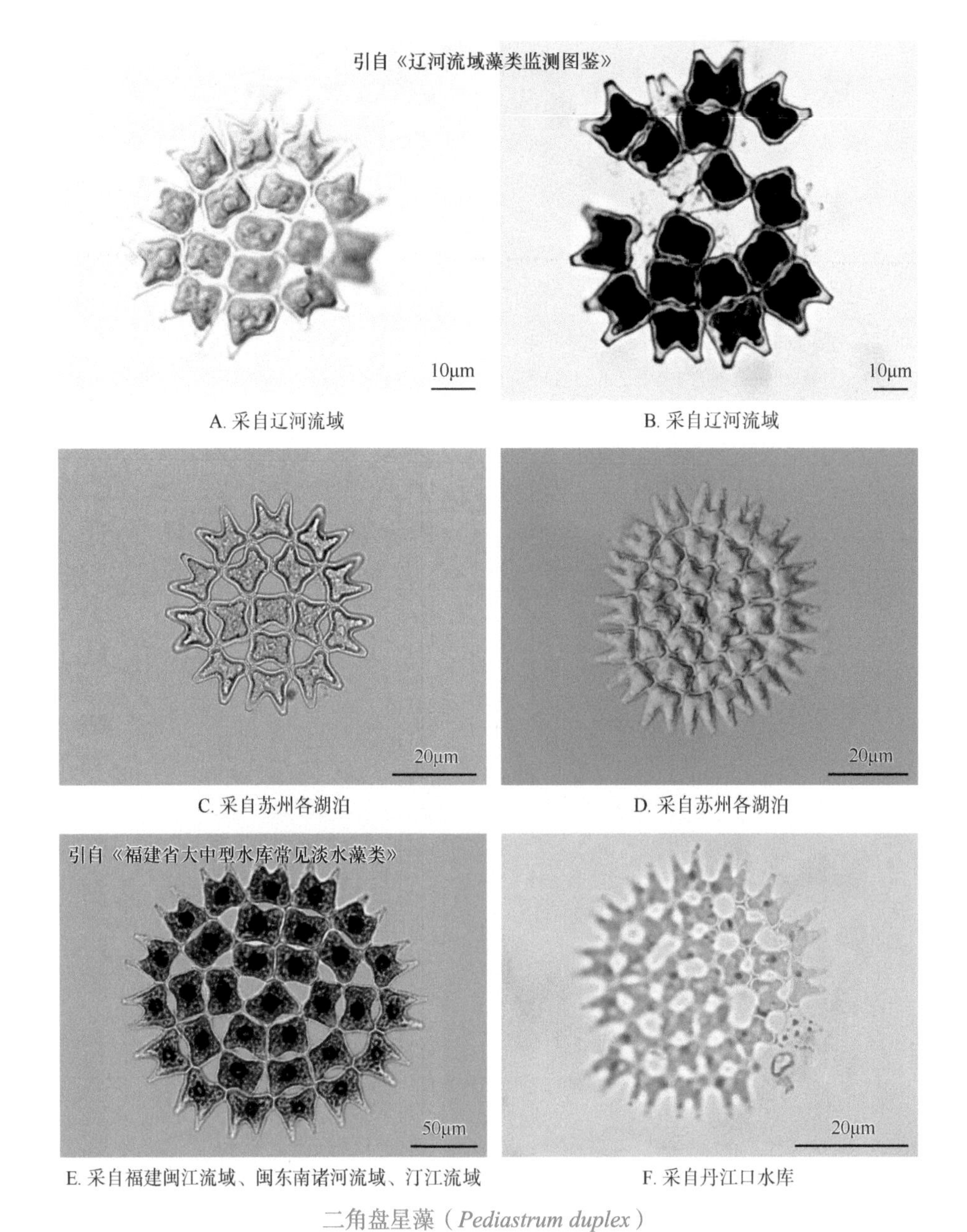

A. 采自辽河流域　B. 采自辽河流域
C. 采自苏州各湖泊　D. 采自苏州各湖泊
E. 采自福建闽江流域、闽东南诸河流域、汀江流域　F. 采自丹江口水库

二角盘星藻（*Pediastrum duplex*）

7）二角盘星藻大孔变种（*Pediastrum duplex* var. *clathratum*）

形态特征：本变种具较大的穿孔，其直径可达10μm，4个细胞的集结体呈中央大孔；内层细胞不为四方形。

采集地：福建闽江流域、闽东南诸河流域、汀江流域、苏州各湖泊、嘉陵江流域（重庆段）。

8）二角盘星藻纤细变种（*Pediastrum duplex* var. *gracillimum*）

形态特征：本变种细胞狭长，细胞宽度与角突的宽度约相等，内外层细胞同形。

生境：生长于湖泊、水库、池塘等。

采集地：福建闽江流域、闽东南诸河流域、汀江流域、珠江流域（广州段）、苏州各湖泊、长江流域（南通段）、山东半岛流域（崂山水库）、辽河流域、松花江流域。

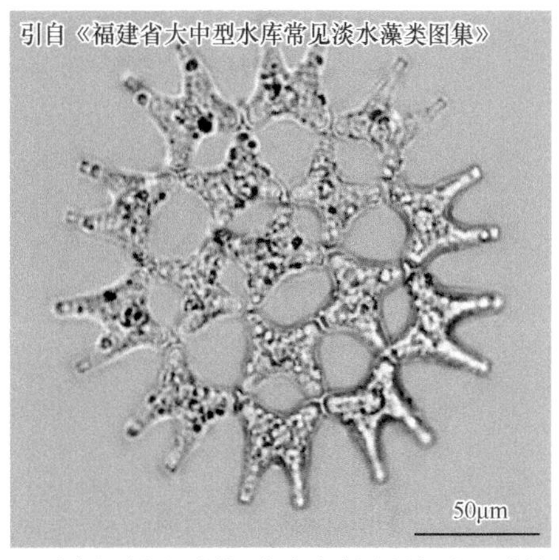

A. 采自福建闽江流域、闽东南诸河流域、汀江流域

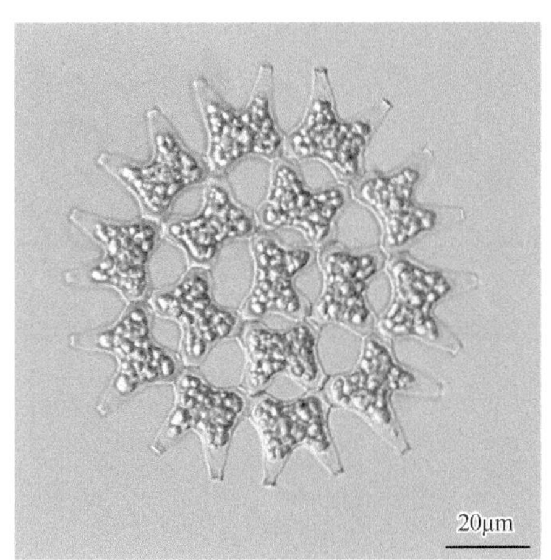

B. 采自苏州各湖泊

C. 采自苏州各湖泊

二角盘星藻大孔变种（*Pediastrum duplex* var. *clathratum*）

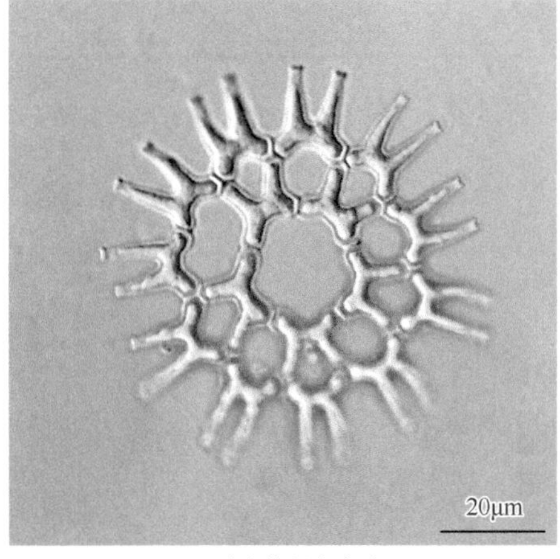

A. 采自苏州各湖泊

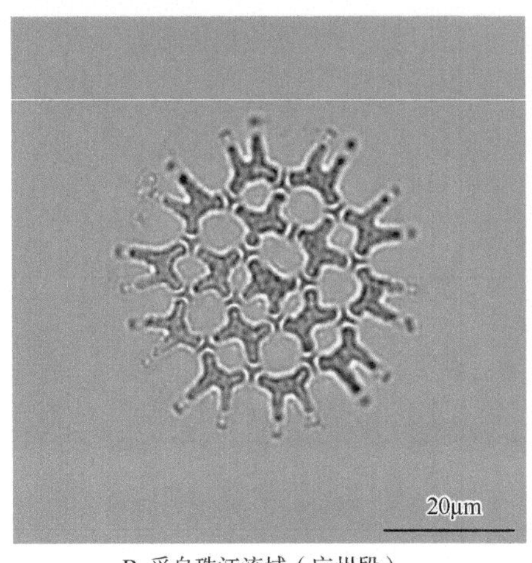

B. 采自珠江流域（广州段）

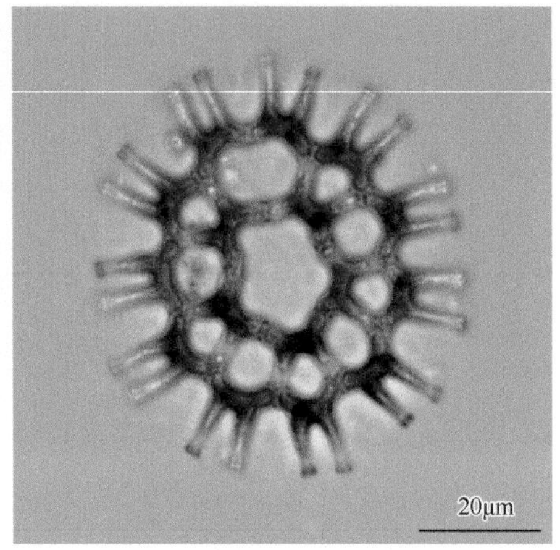

C. 采自珠江流域（广州段）

二角盘星藻纤细变种（*Pediastrum duplex* var. *gracillimum*）

9）二角盘星藻冠状变种（*Pediastrum duplex* var. *coronatum*）

形态特征： 本变种外层细胞向外伸出2个角突，边缘有粗齿，细胞壁具不规则网纹，网线上有若干颗粒。

生境： 生长于湖泊中。

采集地： 苏州各湖泊。

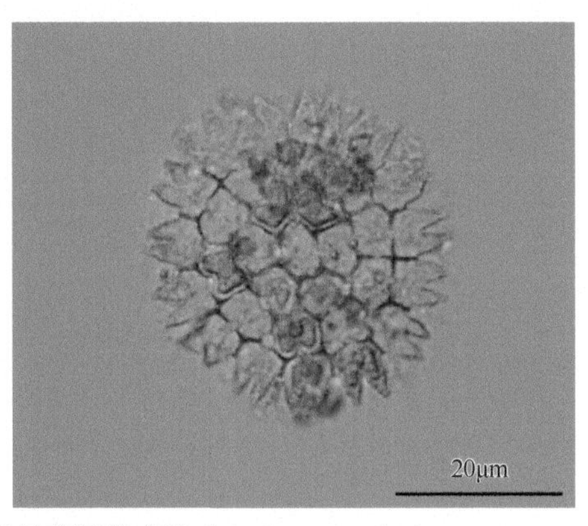

二角盘星藻冠状变种（*Pediastrum duplex* var. *coronatum*）

10）二角盘星藻网状变种（*Pediastrum duplex* var. *reticulatum*）

形态特征： 本变种具大型穿孔，外层细胞具两个长而近平行的角突，角突中部膨大，尖端变细，顶端平截。

生境： 生长于河流、湖泊等中。

采集地： 苏州各湖泊、松花江流域。

11）二角盘星藻山西变种（*Pediastrum duplex* var. *shanxiensis*）

形态特征： 本变种集结体内部细胞近方形，内、外层细胞以侧壁相连。

生境： 生长于湖泊。

采集地： 苏州各湖泊。

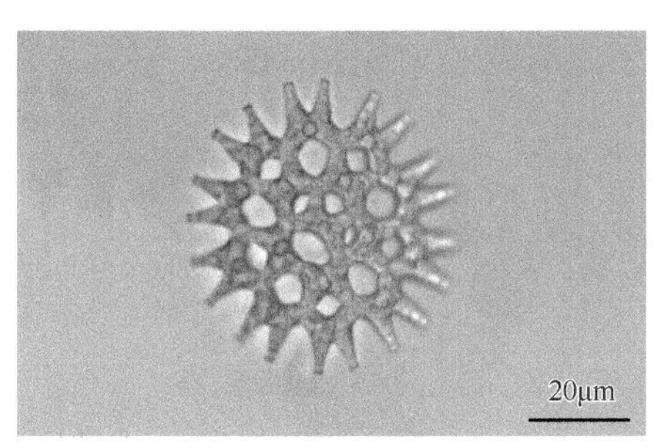

A. 采自松花江流域

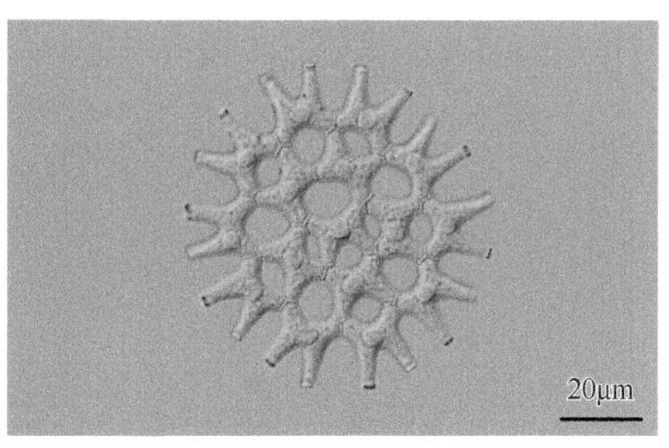

B. 采自苏州各湖泊

二角盘星藻网状变种（*Pediastrum duplex* var. *reticulatum*）

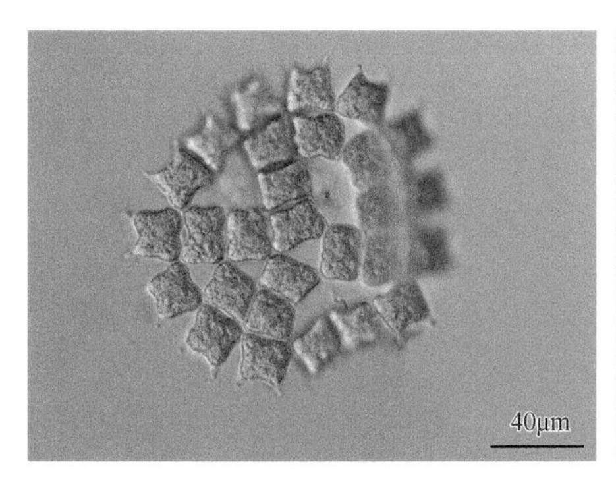

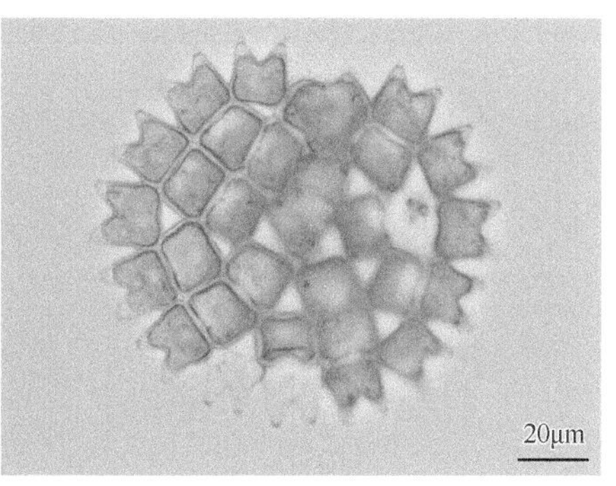

二角盘星藻山西变种（*Pediastrum duplex* var. *shanxiensis*）

12）单角盘星藻（*Pediastrum simplex*）

形态特征：真性定形群体，由8个、16个、32个或64个细胞组成，群体细胞间无穿孔；群体缘边细胞常为五边形，其外壁具1个圆锥形的角状突起，突起两侧凹入，群体内层细胞五边形或六边形，细胞壁常具颗粒。细胞（不包括角状突起）长12～18μm，宽12～18μm。

生境：湖泊、水库、池塘。

采集地：福建闽江流域、闽东南诸河流域、汀江流域、珠江流域（广州段）、苏州各湖泊、丹江口水库、山东半岛流域（崂山水库）、辽河流域、嘉陵江流域（重庆段）。

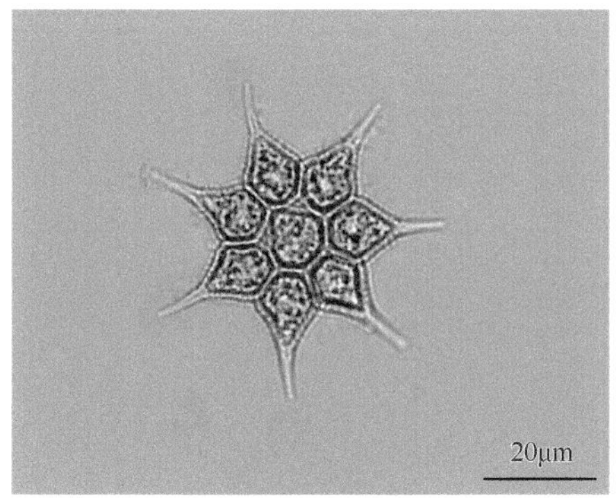

A. 采自苏州各湖泊

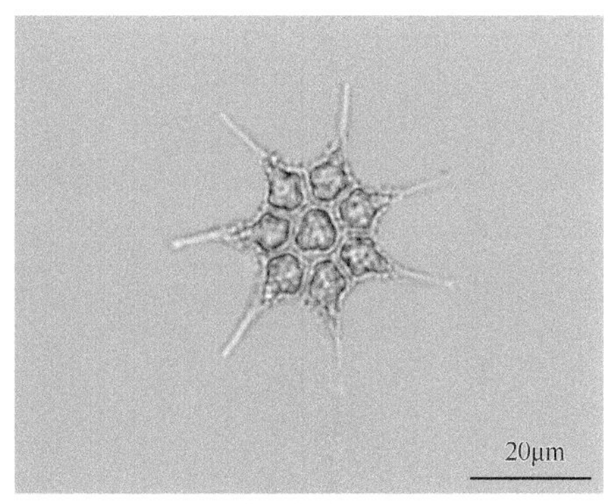

B. 采自苏州各湖泊

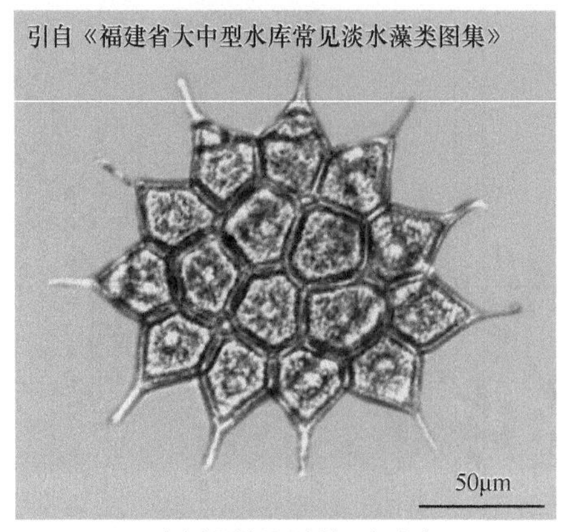

C. 采自福建闽江流域、闽东南诸河流域、汀江流域

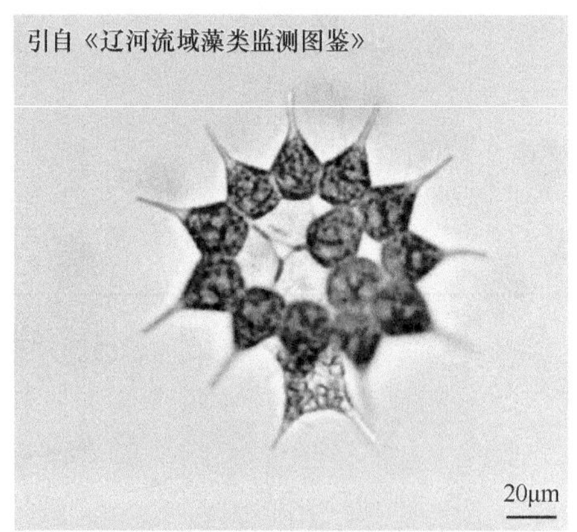

D. 采自辽河流域

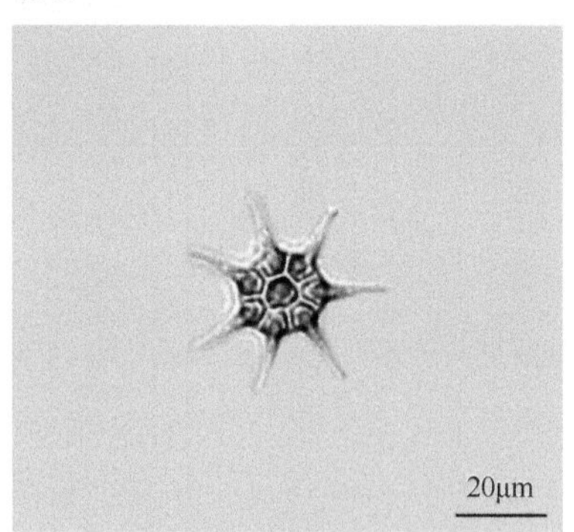

E. 采自嘉陵江流域（重庆段）

单角盘星藻（*Pediastrum simplex*）

13）单角盘星藻具孔变种（*Pediastrum simplex* var. *duodenarium*）

形态特征：真性定形群体，由16个、32个或64个细胞组成，群体细胞间具穿孔；群体缘边细胞常为五边形，其外壁具1个圆锥形的角状突起，突起两侧凹入。此变种与原变种的不同为真性定形群体细胞间具穿孔；群体缘边细胞内的细胞三角形，细胞壁常具颗粒。细胞长27～28μm，宽11～15μm。

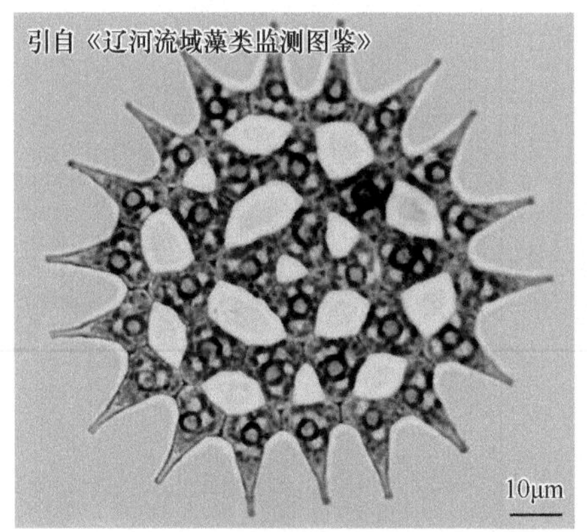

A. 采自辽河流域

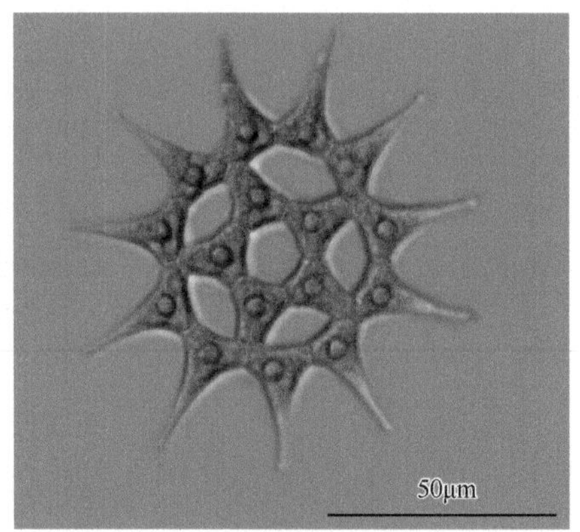

B. 采自山东半岛流域（崂山水库）

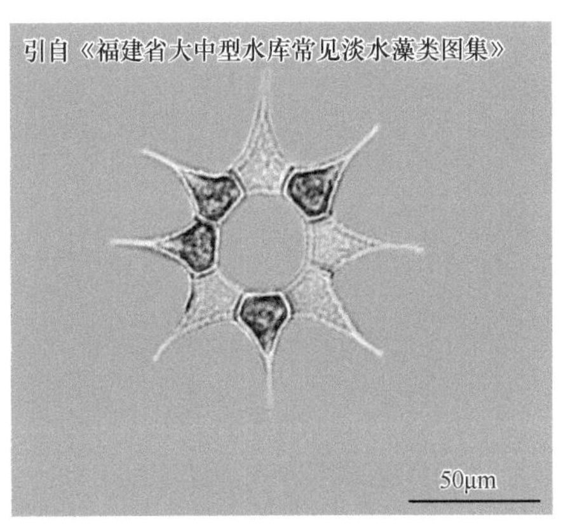

C. 采自福建闽江流域、闽东南诸河流域、汀江流域

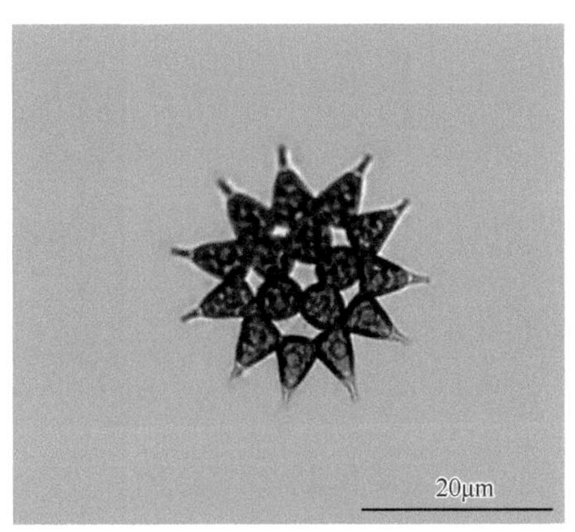

D. 采自珠江流域（广州段）

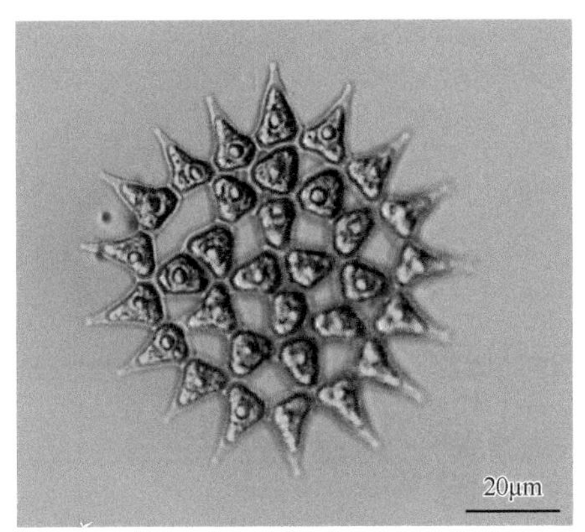

E. 采自苏州各湖泊

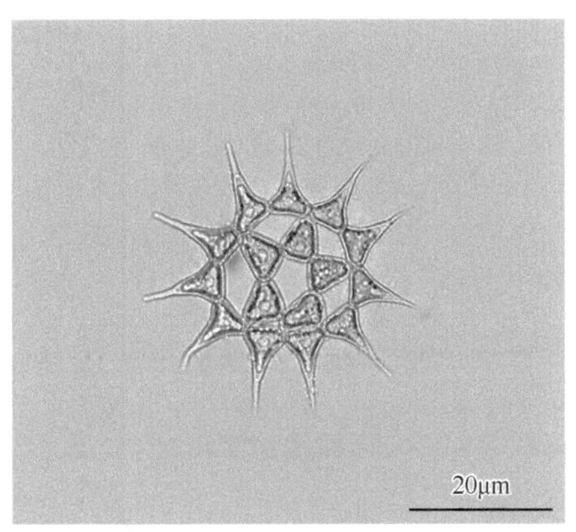

F. 采自苏州各湖泊

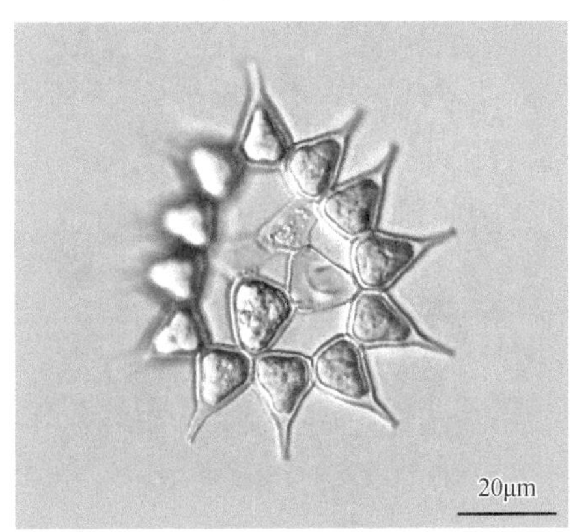

G. 采自苏州各湖泊

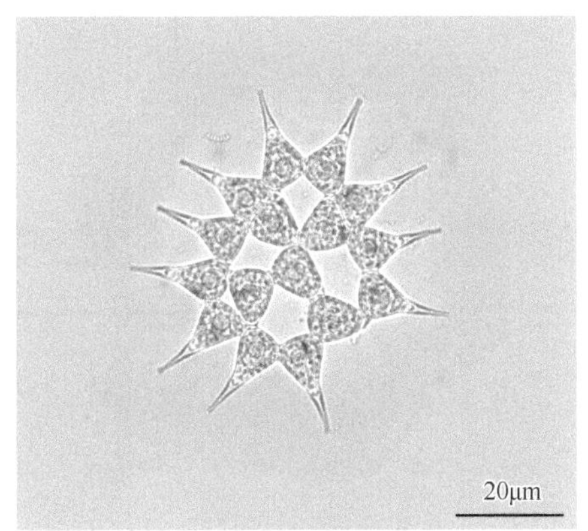

H. 采自苏州各湖泊

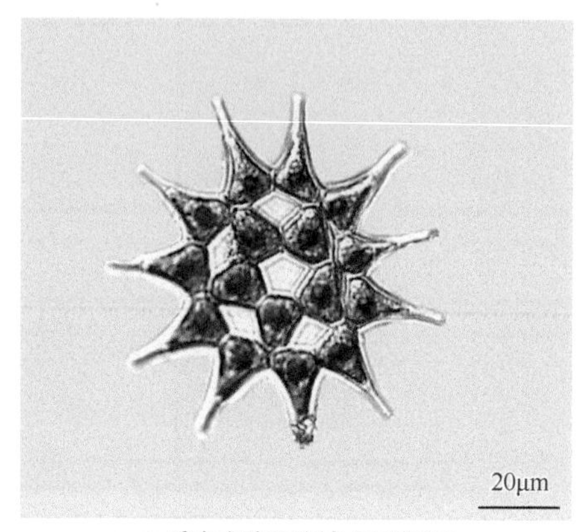

I. 采自嘉陵江流域（重庆段）

单角盘星藻具孔变种（*Pediastrum simplex* var. *duodenarium*）

生境：湖泊、水库、池塘。

采集地：辽河流域、苏州各湖泊、山东半岛流域（崂山水库）、福建闽江流域、闽东南诸河流域、汀江流域、珠江流域（广州段）、甬江流域、嘉陵江流域（重庆段）。

14）单角盘星藻对突变种（*Pediastrum simplex* var. *biwaeuse*）

形态特征：本变种的外层细胞外侧具1角状突起，往往2个突起成对排列。

生境：生长于湖泊、水库。

采集地：苏州各湖泊。

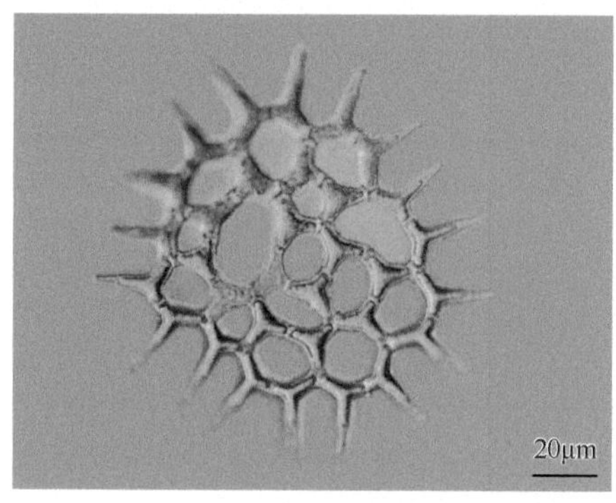

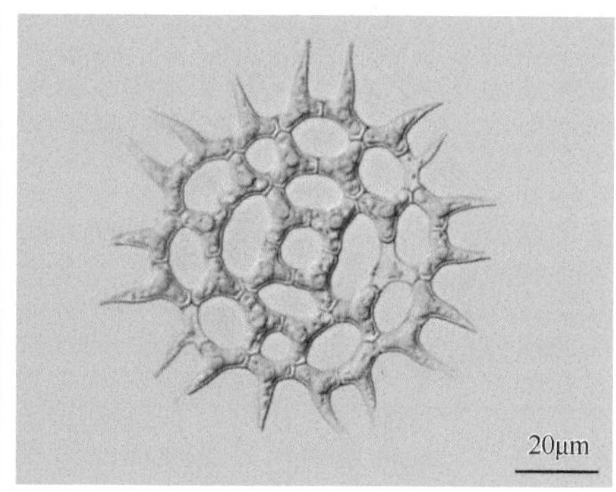

单角盘星藻对突变种（*Pediastrum simplex* var. *biwaeuse*）

15）单角盘星藻粒刺变种（*Pediastrum simplex* var. *echinulatum*）

形态特征：本变种以细胞壁密被颗粒状小刺而不同。细胞宽6～15μm，长15～30μm。

生境：生长于湖泊、水坑、池塘、稻田水中。

采集地：珠江流域（广州段）、苏州各湖泊、山东半岛流域（崂山水库）。

16）单角盘星藻斯氏变种（*Pediastrum simplex* var. *sturmii*）

形态特征：本变种集结体细胞间具或不具穿孔，细胞壁具小颗粒（或光滑）。细胞宽7～15μm，长9～20μm。

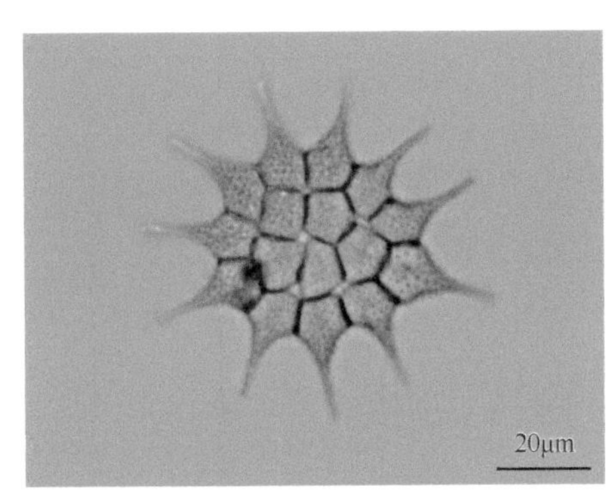

A. 采自珠江流域（广州段）

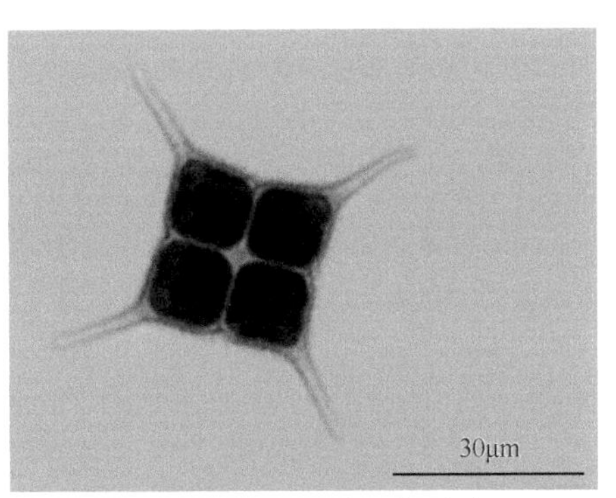

B. 采自山东半岛流域（崂山水库）

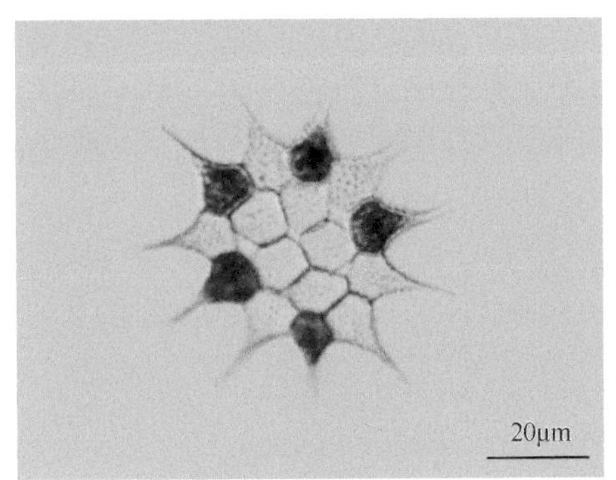

C. 采自苏州各湖泊

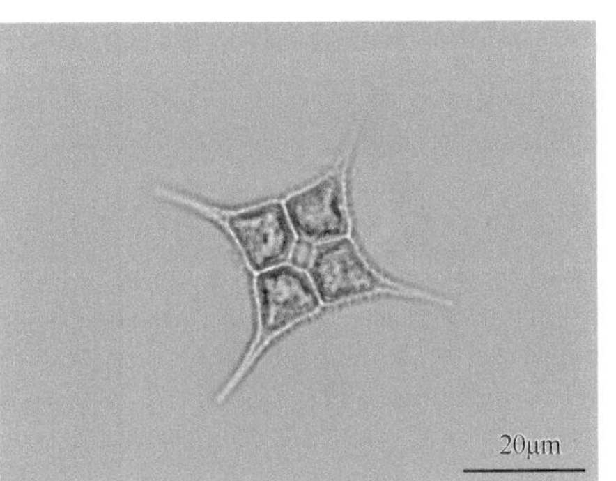

D. 采自苏州各湖泊

单角盘星藻粒刺变种（*Pediastrum simplex* var. *echinulatum*）

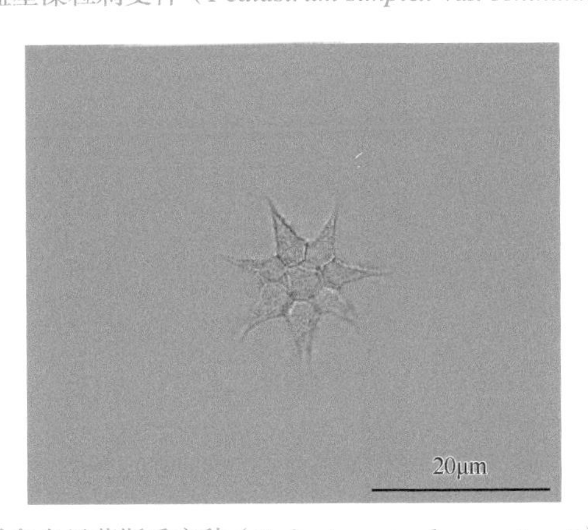

单角盘星藻斯氏变种（*Pediastrum simplex* var. *sturmii*）

生境：生长于湖泊、水库、水池、池塘、稻田。

采集地：苏州各湖泊。

17）四角盘星藻（*Pediastrum tetras*）

形态特征：真性定形群体，由4个、8个、16个或32个细胞（常为8个）组成，群体细胞间无穿孔；群体缘边细胞的外壁具1线形到楔形的深缺刻而分成2个裂片，裂片外侧浅或深凹入，群体内层细胞五边形或六边形，具1深的线形缺刻，细胞壁平滑。细胞长8～16μm，宽8～16μm。

生境：湖泊、水库、池塘。

采集地：松花江流域、辽河流域、苏州各湖泊、福建闽江流域、闽东南诸河流域、珠江流域（广州段）。

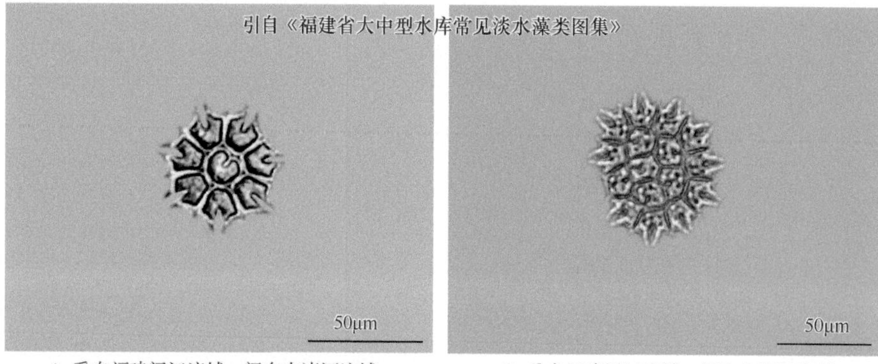

A. 采自福建闽江流域、闽东南诸河流域

B. 采自福建闽江流域、闽东南诸河流域

C. 采自珠江流域（广州段）

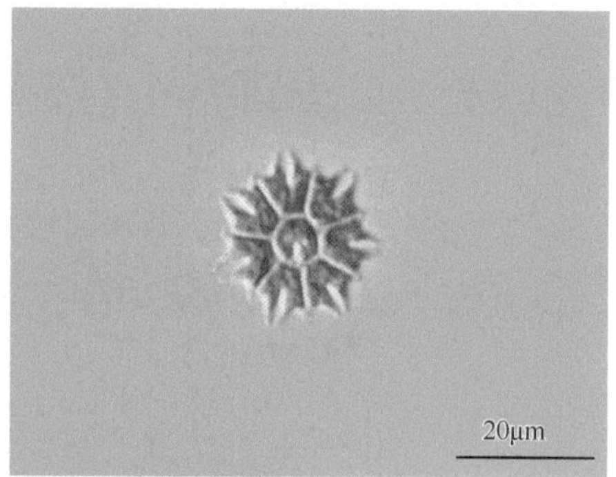

D. 采自苏州各湖泊

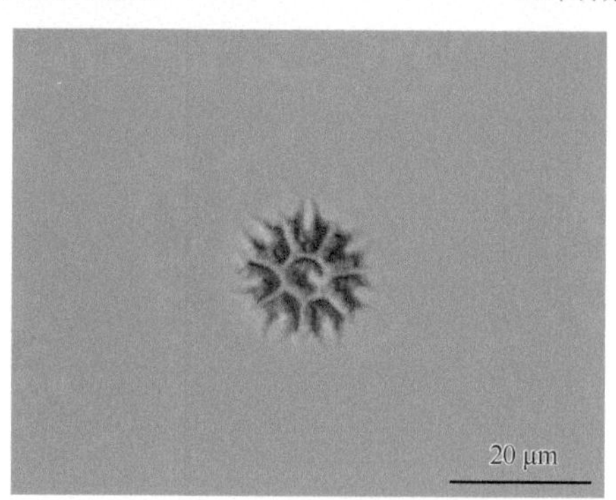

E. 采自苏州各湖泊

四角盘星藻（*Pediastrum tetras*）

18）钝角盘星藻（*Pediastrum obtusum*）

形态特征：集结体由8个、16个、32个细胞组成，具微小的细胞间隙；外层细胞具两瓣，两瓣间的凹陷呈线形，每瓣顶端凹入形成2个角突，其中中间的1个略大于外侧的1个；内层细胞具缺刻；8个、16个细胞的集结体直径分别为42～49μm、71μm；外层细胞直径为12～24μm，内层细胞直径为12～20μm。

生境：生长于湖泊。

采集地：苏州各湖泊。

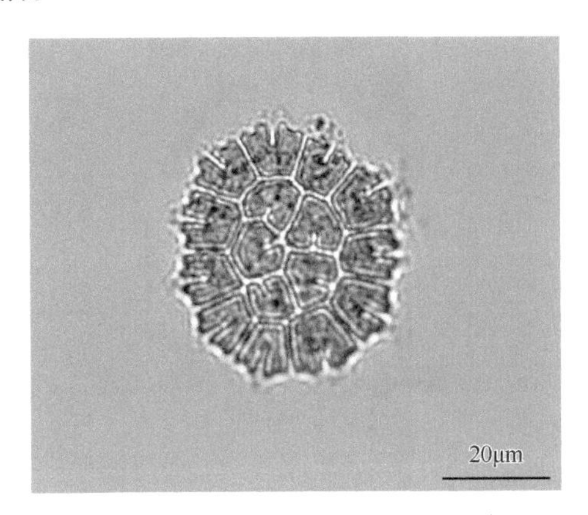

钝角盘星藻（*Pediastrum obtusum*）

9. 栅藻科（Scenedesmaceae）

植物体为真性定形群体，由2个、4个、8个、16个、32个、64个、128个细胞组成，群体细胞彼此以其细胞壁或以细胞壁上的凸起连接，形成一定形状的群体，细胞排列在一个平面上呈栅状或四角状排列，或细胞不排列在一个平面上，呈辐射状组列或形成多孔的、中空的球体到多角形体；细胞球形、三角形、四角形、纺锤形、长圆形、圆锥形、截顶的角锥形等；细胞壁平滑，具颗粒、刺、齿或隆起线。色素体周生，片状、杯状，1个，有的长成后扩散，几乎充满整个细胞。具1～2个蛋白核。

无性生殖产生似亲孢子，群体中的任何细胞均可形成似亲孢子，在离开母细胞前连接成子群体。

生长在湖泊、水库、池塘、水坑、沼泽等各种静水水体中。

（1）栅藻属（*Scenedesmus*）

形态特征：真性定型群体，常由4个、8个细胞或有时由2个、16个或32个细胞组成，极少数为单个细胞的，群体中的各个细胞以其长轴互相平行，其细胞壁彼此连接排列在一个平面上，相互平齐或相互交错，也有排成上下两列或多列，罕见仅以其末端相接呈屈曲状；细胞椭圆形、卵形、弓形、新月形、纺锤形或长圆形等；细胞壁平滑，或具颗粒、刺、齿状凸起、隆起线或帽状增厚等构造。色素体周生，片状，1个。具1个蛋白核。

采集地：辽河流域、苏州各湖泊、福建闽江流域、闽东南诸河流域、汀江流域、山东半岛流域（崂山水库）、丹江口水库、长江流域（南通段）、珠江流域（广州段）、嘉陵江流域（重庆段）。

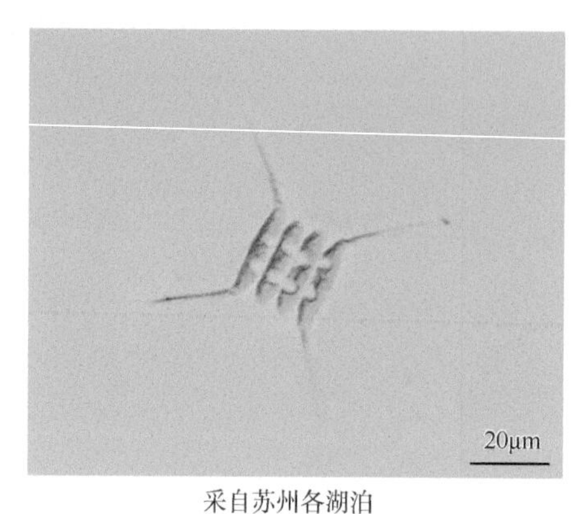

采自苏州各湖泊

栅藻（*Scenedesmus* sp. 1）

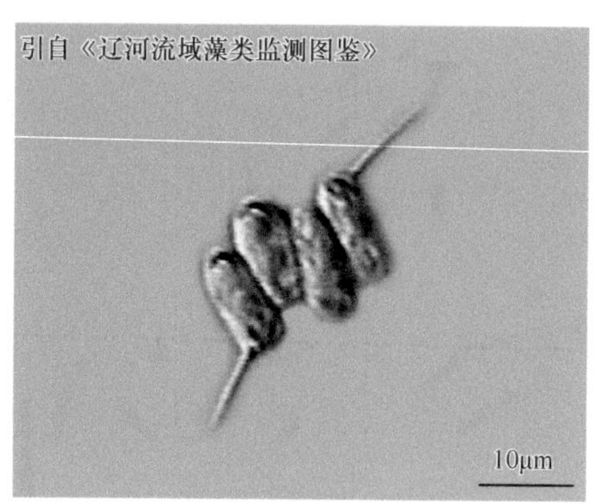

采自辽河流域

栅藻（*Scenedesmus* sp. 2）

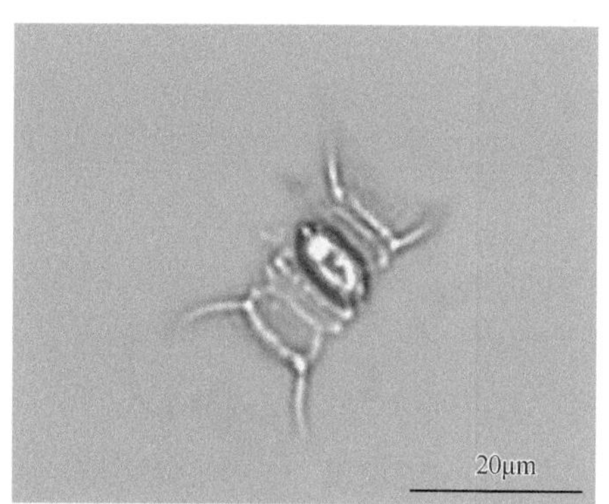

A. 采自苏州各湖泊

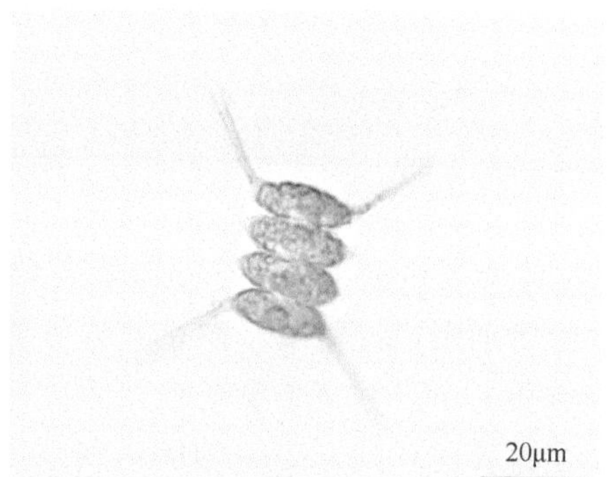

B. 采自珠江流域（广州段）

栅藻（*Scenedesmus* sp. 3）

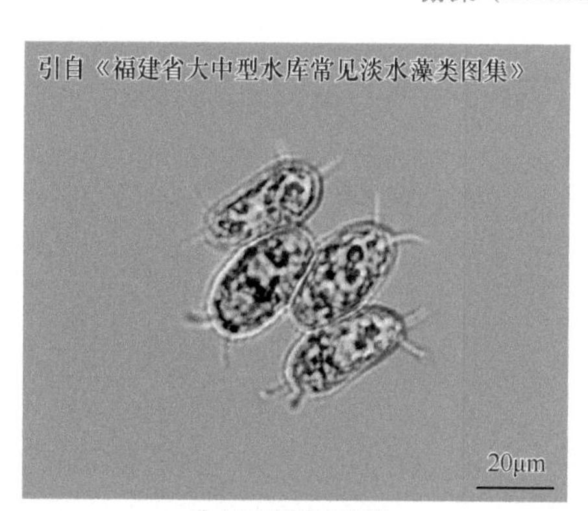

采自福建闽江流域

栅藻（*Scenedesmus* sp. 4）

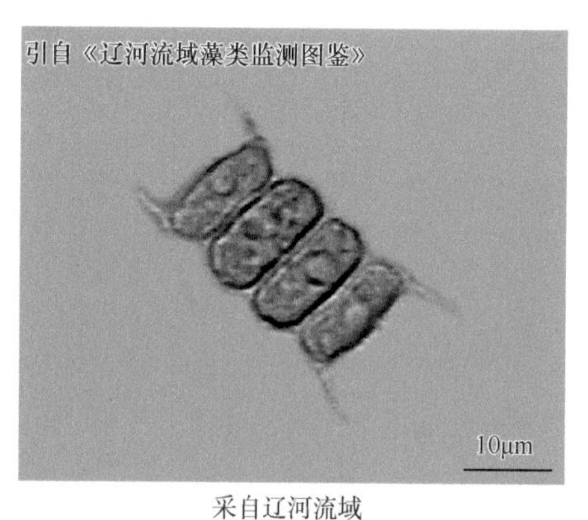

采自辽河流域

栅藻（*Scenedesmus* sp. 5）

1）尖细栅藻（*Scenedesmus acuminatus*）

形态特征：真性定形群体，由4个、8个细胞组成，群体细胞不排列成1直线，以中部侧壁互相连接；细胞弓形、纺锤形或新月形，每个细胞的上下两端逐渐尖细；细胞壁平滑。4个细胞群体宽7～14μm；细胞长19～40μm，宽3～7μm。

采集地：辽河流域、苏州各湖泊、福建闽江流域、闽东南诸河流域、汀江流域。

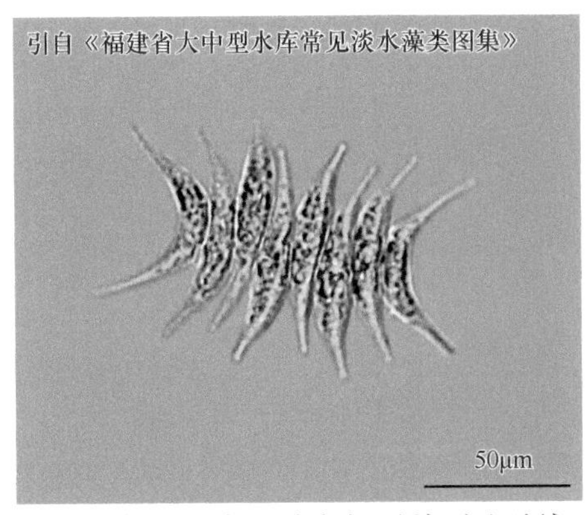

采自福建闽江流域、闽东南诸河流域、汀江流域

尖细栅藻（*Scenedesmus acuminatus*）

2）巴西栅藻（*Scenedesums brasiliensis*）

形态特征：真性定形群体，扁平，由2个、4个、8个细胞组成，常为4个细胞组成，群体细胞并列成单列；细胞卵圆柱形、长椭圆形，细胞上下两端各具1～4个小齿状凸起，群体细胞游离面的中央线上各有1条自一端纵向伸至另一端的隆起线。4个细胞的群体宽12～22μm；细胞长11～24μm，宽3～5.5μm。

采集地：福建闽江流域、闽东南诸河流域。

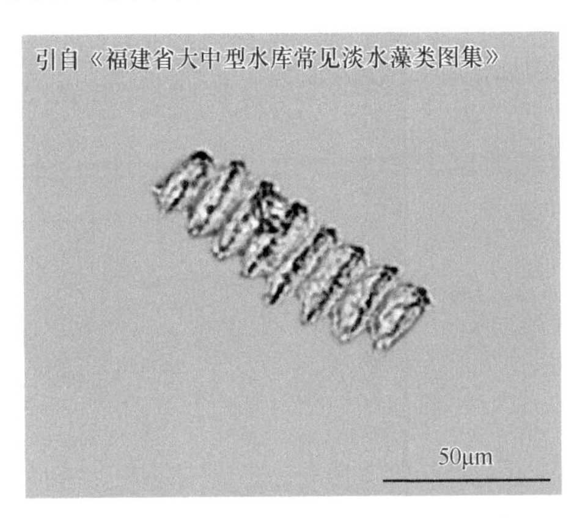

巴西栅藻（*Scenedesums brasiliensis*）

3）龙骨栅藻（*Scenedesmus carinatus*）

形态特征：真性定形群体，扁平，由2个、4个、8个细胞组成，常为4个细胞组成，群体细胞并列排成单列；细胞纺锤形，群体外侧细胞的上下两端各具1条长的、向外弯曲的粗刺，各细胞上下两端常具1或2个齿状凸起，各细胞游离面的中央线上各具1条自一端纵向伸至另一端的隆起线。4个细胞的群体宽28～38μm；细胞长15～24μm，宽7～9.5μm。

采集地：苏州各湖泊、福建闽江流域、闽东南诸河流域、山东半岛流域（崂山水库）。

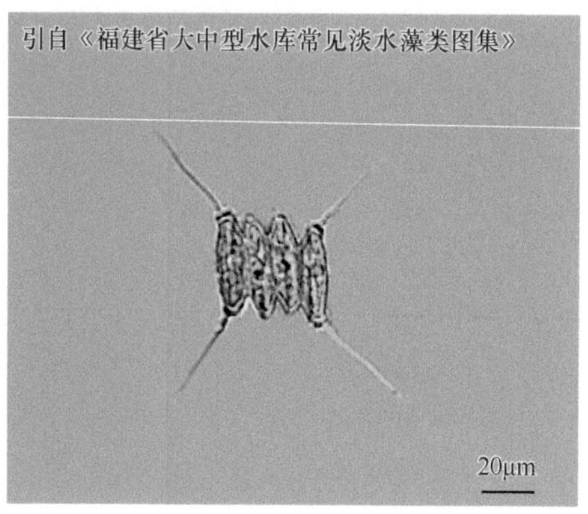

采自福建闽江流域、闽东南诸河流域

龙骨栅藻（*Scenedesmus carinatus*）

4）二形栅藻（*Scenedesmus dimorphus*）

形态特征：真性定形群体，扁平，由4个、8个细胞组成，常为4个细胞组成，群体细胞直线并列排成1行或互相交错排列；中间的细胞纺锤形，上下两端渐尖，直，两侧细胞绝少垂直，新月形或镰形，上下两端渐尖；细胞壁平滑。4个细胞的群体宽11～20μm；细胞长16～23μm，宽3～5μm。

采集地：辽河流域、苏州各湖泊、福建闽江流域、闽东南诸河流域、汀江流域、长江流域（南通段）、山东半岛流域（崂山水库）、珠江流域（广州段）、嘉陵江流域（重庆段）。

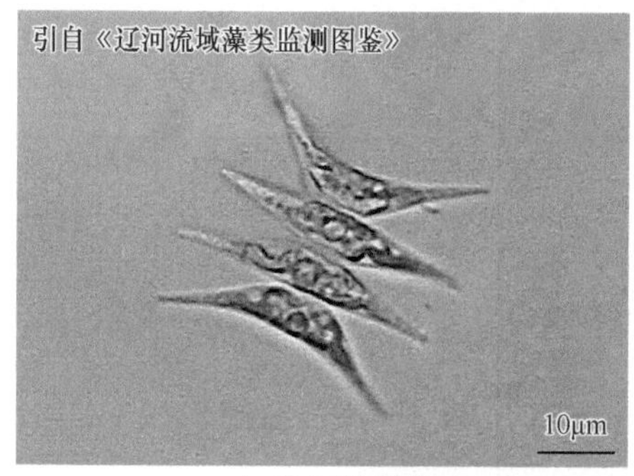

A. 采自辽河流域

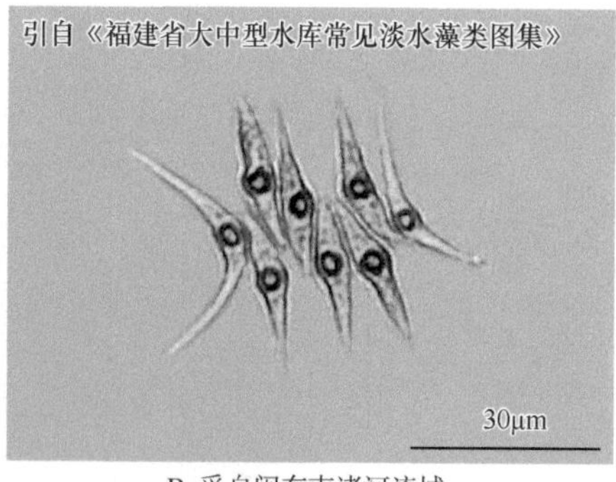

B. 采自闽东南诸河流域

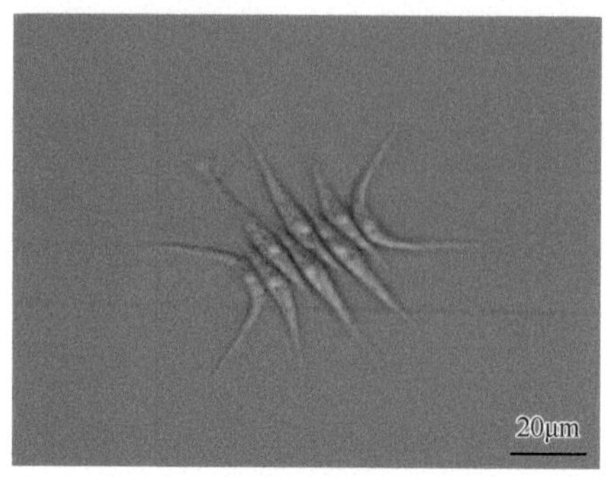

C. 采自苏州各湖泊

二形栅藻（*Scenedesmus dimorphus*）

5）斜生栅藻（*Scenedesmus obliquus*）

形态特征：真性定形群体，扁平，由2个、4个、8个细胞组成，常为4个细胞组成，群体细胞并列直线排成1列或略交互排列；细胞纺锤形，上下两端逐渐尖细，群体两侧细胞的游离面有时凹入，有时凸出；细胞壁平滑。4个细胞的群体宽12～34μm；细胞长10～21μm，宽3～9μm。细胞内含丰富的蛋白质，大量培养可作为蛋白质的来源。

采集地：辽河流域、福建闽江流域。鉴定标本采自汤河水库出库口。

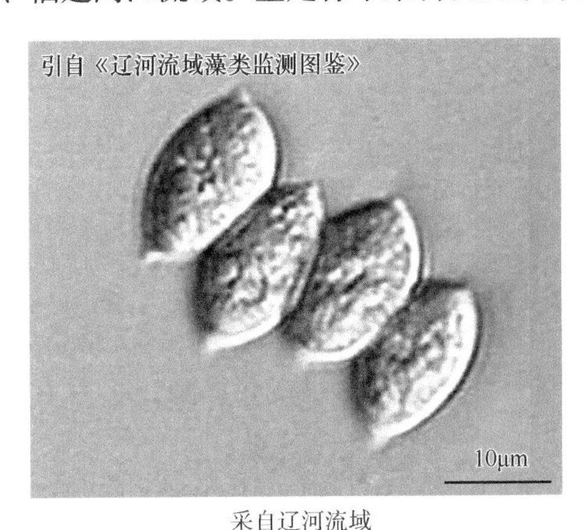

采自辽河流域

斜生栅藻（*Scenedesmus obliquus*）

6）奥波莱栅藻（*Scenedesmus opoliensis*）

形态特征：真性定形群体，由2个、4个、8个细胞组成，常为4个细胞组成，群体细胞直线排成1列，平齐，各细胞以侧壁全长的2/3相连；细胞长椭圆形，外侧细胞上下两端各具1长刺，中间细胞一端或两端具1短刺。4个细胞的群体宽12～24μm；细胞长8～16μm，宽3～6μm。

采集地：福建闽江流域、闽东南诸河流域、苏州各湖泊。

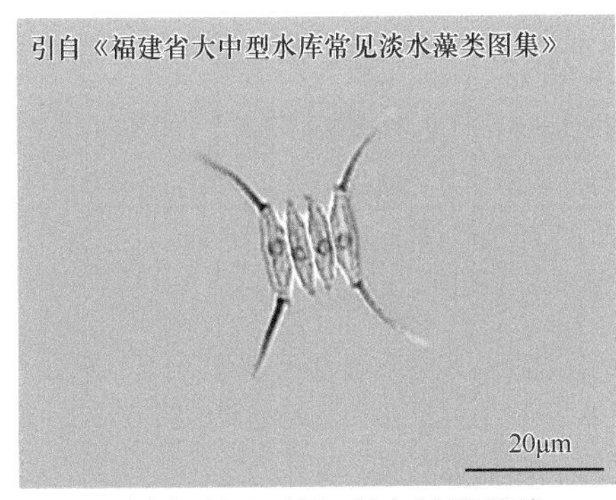

A. 采自福建闽江流域、闽东南诸河流域

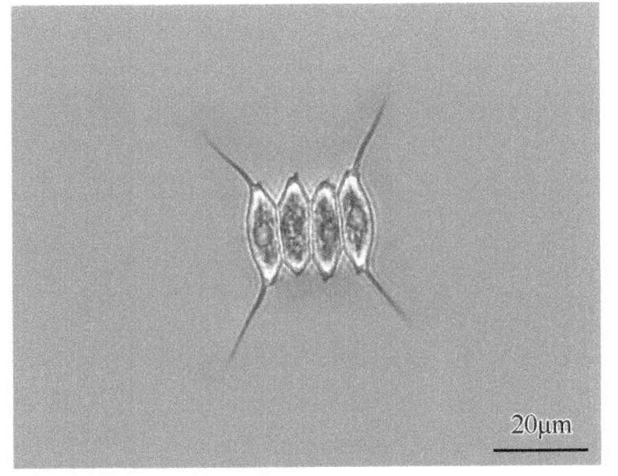

B. 采自苏州各湖泊

奥波莱栅藻（*Scenedesmus opoliensis*）

7）裂孔栅藻（*Scenedesmus perforatus*）

形态特征：真性定形群体扁平，常由4个细胞组成，群体细胞并列直线排成一列；群体细胞近长方形，外侧细胞的游离面的细胞壁凸出，其内壁凹入，其两端外角处各具向外斜向弯曲的长刺，中间的细胞的侧壁凹入，仅以上下两端很少部分与相邻细胞连接，形成大的双凸透镜状的间隙，细胞壁平滑。4个细胞的群体宽15～32μm，细胞长12～24μm，宽3.5～8μm。

采集地：苏州各湖泊、福建闽江流域、闽东南诸河流域、苏州各湖泊。

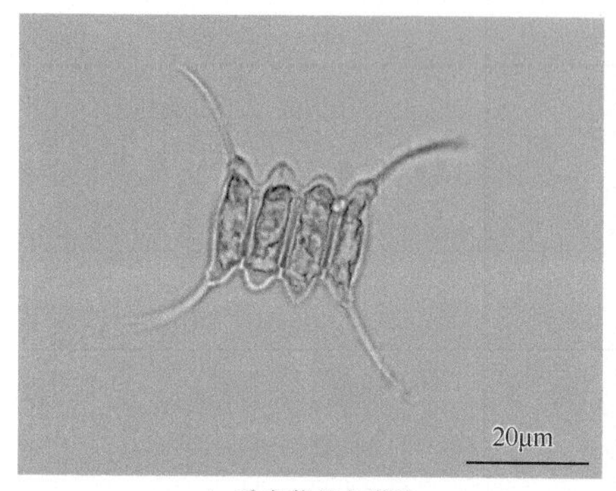

引自《福建省大中型水库常见淡水藻类图集》

50μm

A. 采自苏州各湖泊　　B. 采自福建闽江流域、闽东南诸河流域

裂孔栅藻（*Scenedesmus perforatus*）

8）凸头状栅藻（*Scenedesmus productocapitatus*）

形态特征：真性定形群体，由2个、4个细胞组成，群体细胞并列呈线形或上下相互交错排列，以细胞全长约1/3的中部侧壁相连；细胞卵形、椭圆形、纺锤形，直或略弯曲，每个细胞两端各具1个头状增厚，胞壁平滑。细胞长11～18μm，宽5～6.5μm。

生境：浅水、池塘、水坑。

采集地：山东半岛流域（崂山水库）、闽东南诸河流域。

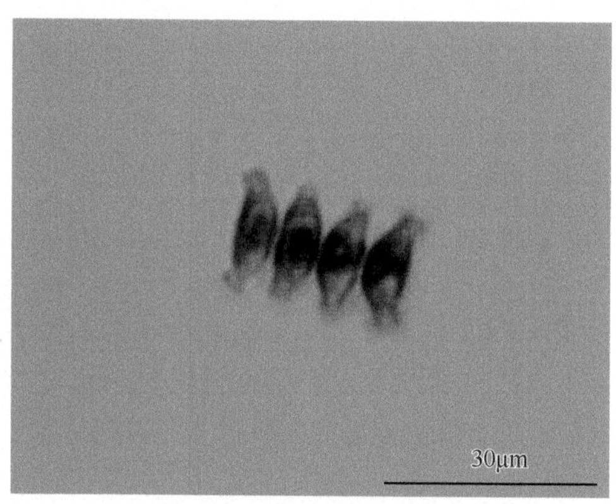

采自山东半岛流域（崂山水库）

凸头状栅藻（*Scenedesmus productocapitatus*）

9）四尾栅藻（*Scenedesmus quadricauda*）

形态特征：真性定形群体，扁平，由2个、4个、8个、16个细胞组成，常为4个、8个细胞组成，群体细胞并列直线排成1列；细胞长圆形、圆柱形、卵形，细胞上下两端广圆，群体外侧细胞的上下两端各具1向外斜向的直或略弯曲的刺；细胞壁平滑。4个细胞的群体宽14～24μm；细胞长8～16μm，宽3.5～6μm。

采集地：辽河流域、苏州各湖泊、福建闽江流域、闽东南诸河流域、汀江流域、山东半岛流域（崂山水库）、丹江口水库、长江流域（南通段）、珠江流域（广州段）、嘉陵江流域（重庆段）。

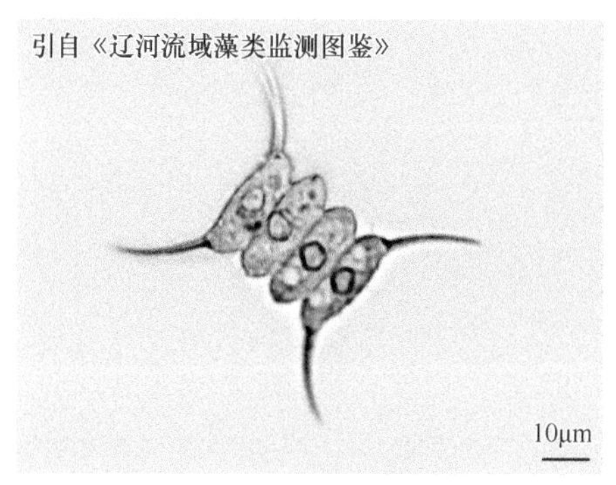

A. 采自辽河流域

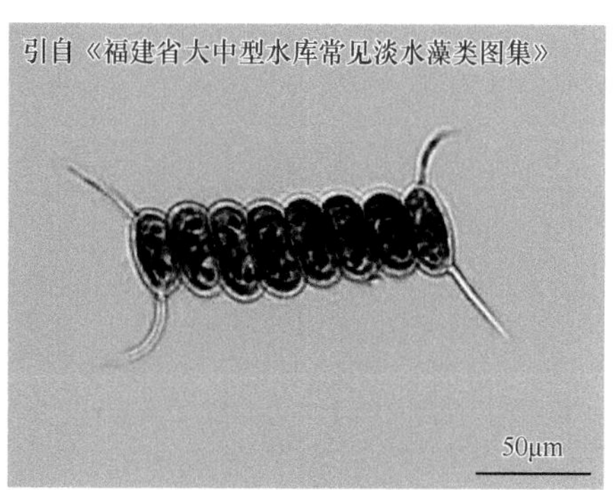

B. 采自福建闽江流域

四尾栅藻（*Scenedesmus quadricauda*）

10）多棘栅藻（*Scenedesmus spinosus*）

形态特征：真性定形群体，常由4个细胞组成，群体细胞并列直线排成1列，罕见交错排列；细胞长椭圆形或椭圆形，群体外侧细胞上下两端各具1向外斜向的直或略弯曲的刺，其外侧壁中部常具1～3条较短的刺，两中间细胞上下两端无刺或具很短的棘刺。4个细胞的群体宽14～24μm；细胞长8～16μm，宽3.5～6μm。

采集地：辽河流域、苏州各湖泊、福建闽江流域、闽东南诸河流域、汀江流域。

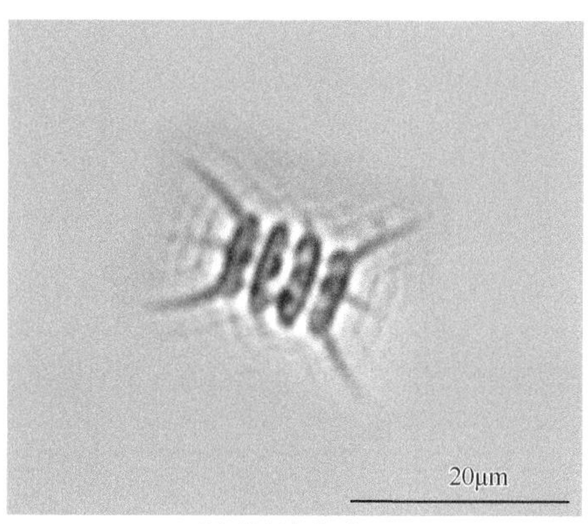

采自苏州各湖泊

多棘栅藻（*Scenedesmus spinosus*）

11）阿库栅藻（*Scenedesmus acunae*）

形态特征：集结体由4个细胞组成，细胞线性排列，偶尔交错；细胞以4/5细胞壁部分相连；细胞宽卵圆形或圆柱形，两端钝圆，或顶加厚，两侧细胞稍短，外侧微凸，细胞大小为9～17μm×4～6μm。

采集地：汀江流域。

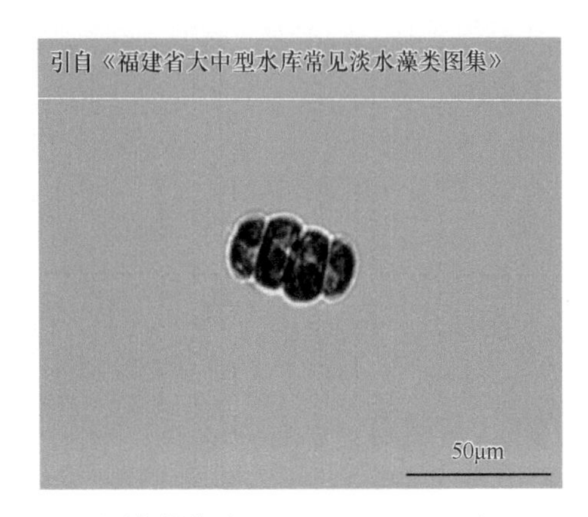

阿库栅藻（*Scenedesmus acunae*）

12）多齿栅藻（*Scenedesmus polydenticulatus*）

形态特征：集结体由4个细胞组成；以侧壁相连略交错排列；细胞长椭圆形，到椭圆形，轻微弯曲，两端窄圆；细胞壁密被短小的细刺；外侧细胞两端各具2或3根短而强壮的刺，中间细胞仅在一端具2或3根刺；细胞直径4～8μm，长15～20μm。

采集地：福建闽江流域、闽东南诸河流域。

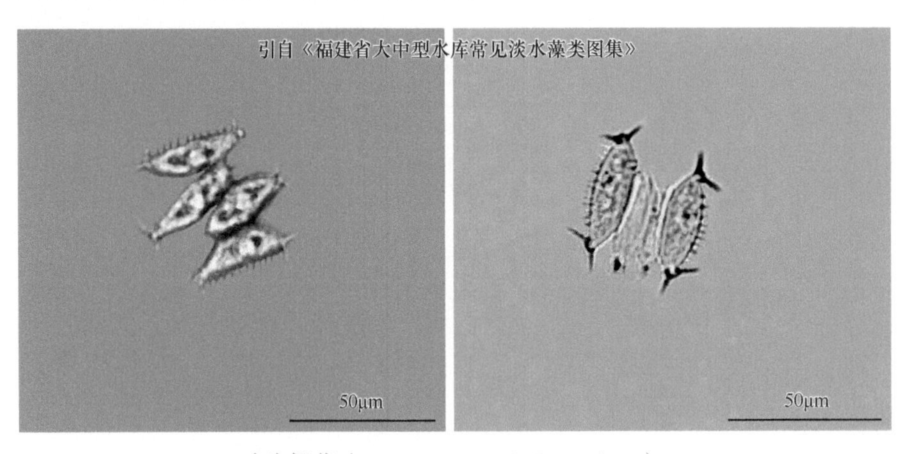

多齿栅藻（*Scenedesmus polydenticulatus*）

13）古氏栅藻（*Scenedesmus gutwinskii*）

形态特征：集结体由2或4个细胞组成，罕见由8个细胞组成，直线排列成1行；细胞柱状椭圆形到长圆形，外侧细胞两极各具1根微弯的长刺，外侧游离面具4～6根等距排列的短刺，中间细胞两极各具1或2根短刺，细胞直径2～4.5μm，长6～8μm；长刺长6～8μm，短刺长1～3μm。

采集地：福建闽江流域、闽东南诸河流域。

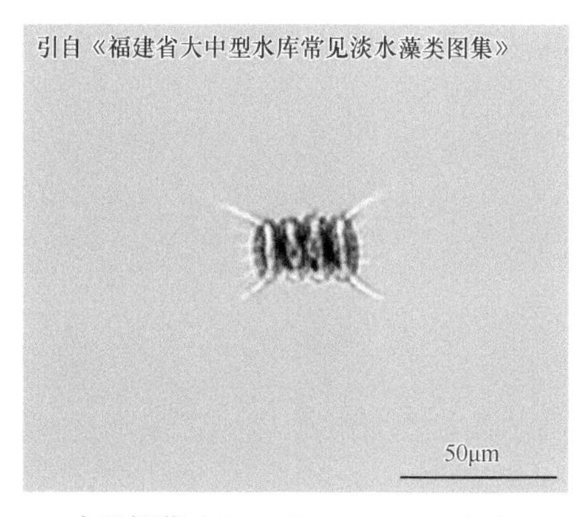

古氏栅藻（*Scenedesmus gutwinskii*）

14）盘状栅藻（*Scenedesmus disciformis*）

形态特征：集结体由4或8个细胞组成，细胞以侧壁及两端紧密连接，胞间无空隙；8个细胞的集结体排成2行，4个细胞的集结体常平直地排成1行或呈四球藻型近菱形排列；细胞肾形到弯曲的长卵形，两端钝圆；胞壁光滑；细胞直径2～4μm，长6～12μm。

采集地：福建闽江流域、闽东南诸河流域、辽河流域、珠江流域（广州段）、嘉陵江流域（重庆段）。

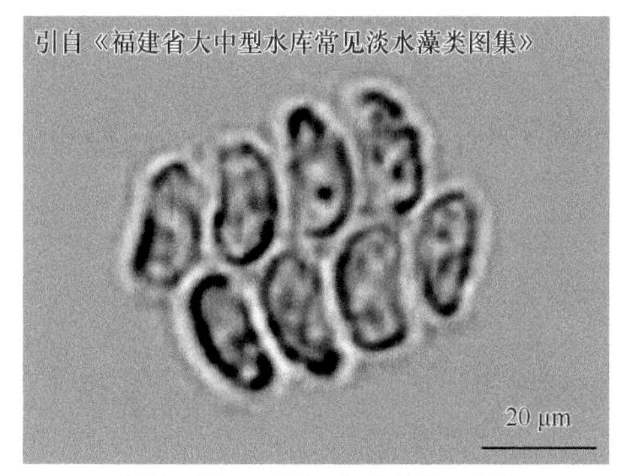

A. 采自福建闽江流域、闽东南诸河流域

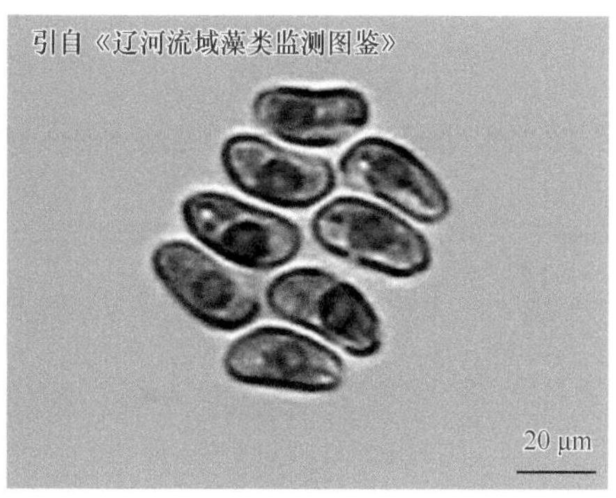

B. 采自辽河流域

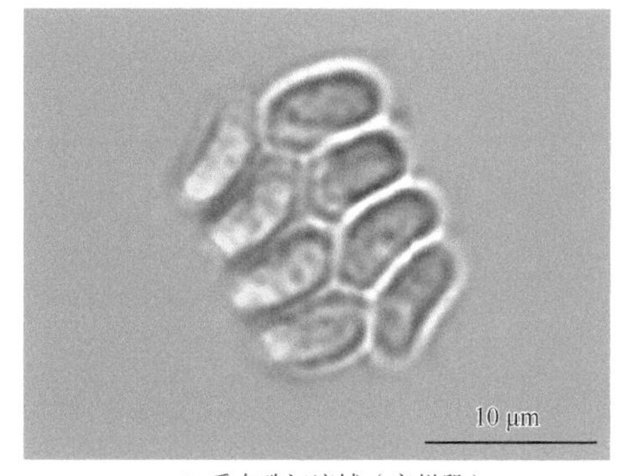

C. 采自珠江流域（广州段）

盘状栅藻（*Scenedesmus disciformis*）

15）伯纳德栅藻（*Scenedesmus bernardii*）

形态特征：集结体由4或8个细胞组成，不规则地连成1条直线，或以相邻细胞顶端或中部某一点相连；细胞纺锤形或新月形，顶端较尖，有时两侧细胞镰刀形；细胞壁光滑，无刺或脊等；细胞直径3～6μm，长8～25μm。

采集地：辽河流域、苏州各湖泊。

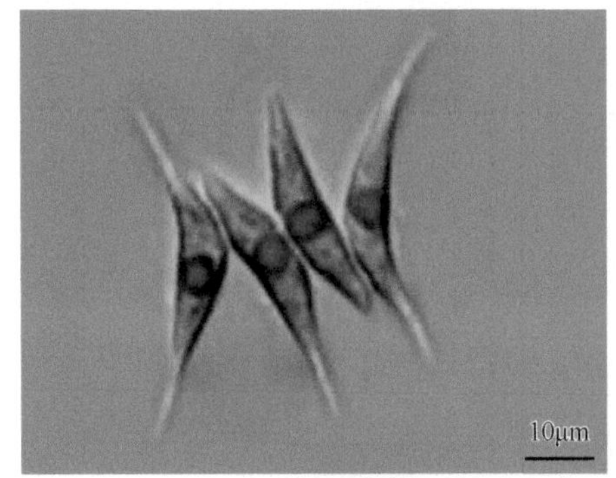

A. 采自苏州各湖泊

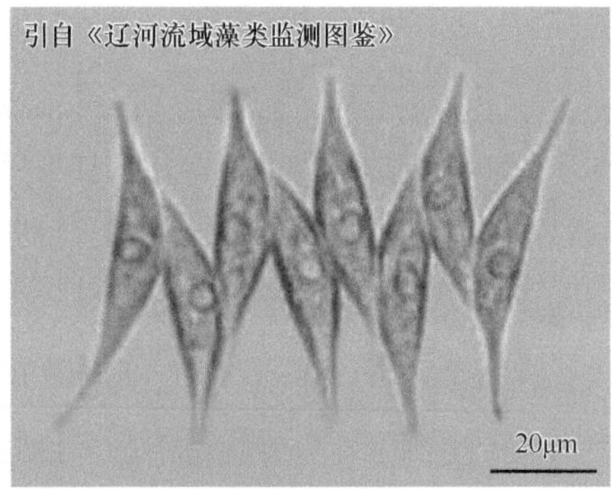

B. 采自辽河流域

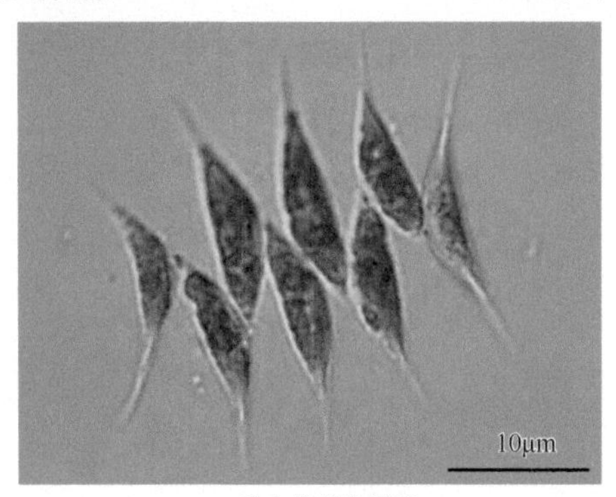

C. 采自苏州各湖泊

伯纳德栅藻（*Scenedesmus bernardii*）

16）双尾栅藻（*Scenedesmus bicaudatus*）

形态特征：集结体由2个、4个或8个细胞组成，直线排成1行；细胞长圆形，长椭圆形；外侧细胞各仅具1根长刺，呈对角线状分布；细胞直径为3～7μm，长5～15μm；刺长2～10μm。

采集地：苏州各湖泊、福建闽江流域、闽东南诸河流域。

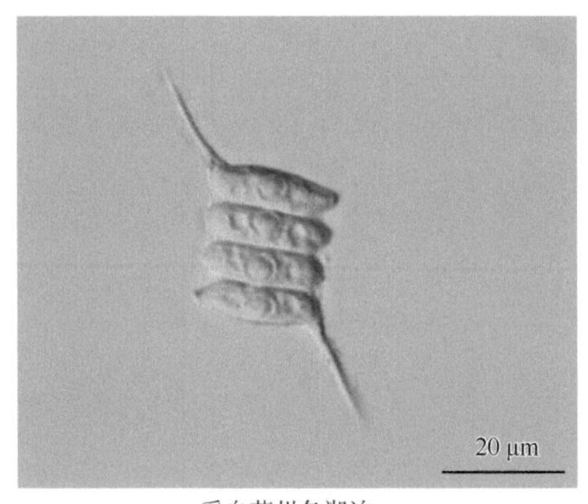

采自苏州各湖泊

双尾栅藻（*Scenedesmus bicaudatus*）

17）加勒比栅藻（*Scenedesmus caribeanus*）

形态特征：集结体由4个细胞组成，直线排成1行；细胞纺锤形，外侧细胞两端外弯，细胞两面各具1条贯穿细胞的纵脊；细胞直径为4μm，长13μm。

采集地：苏州各湖泊。

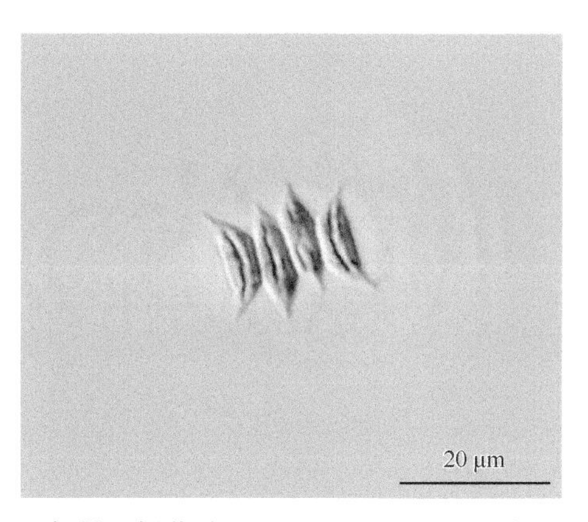

加勒比栅藻（*Scenedesmus caribeanus*）

18）单列栅藻（*Scenedesmus linearis*）

形态特征：集结体由8个、16个或32个细胞组成，平直或略不整齐地排成1行，但不互相交错；细胞短圆柱形到长圆形，两端圆或广圆；细胞壁平滑；细胞直径为4～8μm，长10～20μm。

采集地：苏州各湖泊。

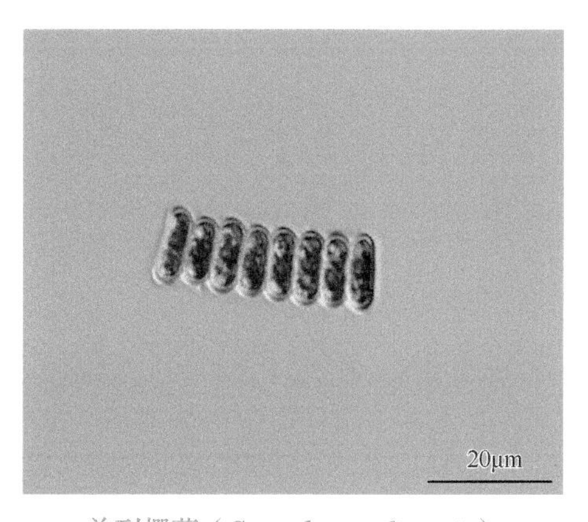

单列栅藻（*Scenedesmus linearis*）

19）钝形栅藻交错变种（*Scenedesmus obtusus* var. *alternans*）

形态特征：集结体由4个或8个细胞组成，紧密地或疏松地交错排列成1行或2行；细胞宽圆形或近卵形，各细胞交错相嵌的连接处常呈钝角，细胞间偶有间隙；细胞壁光滑；细胞直径为3～7μm，长5～19μm。

采集地：福建闽江流域、苏州各湖泊。

20）球刺栅藻（*Scenedesmus capitatoaculeatus*）

形态特征：集结体由4个细胞直线排成1行；细胞纺锤形，两端急尖，顶端球形膨大，无色，明显分层；中间细胞直，无刺，两侧细胞略弯，上下各具1粗刺；细胞宽3～4μm，长13～14μm；刺长14～15μm。

采集地：辽河流域。

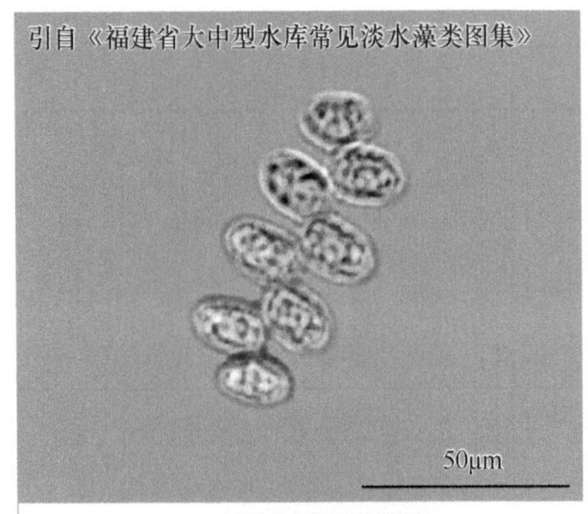

A. 采自福建闽江流域

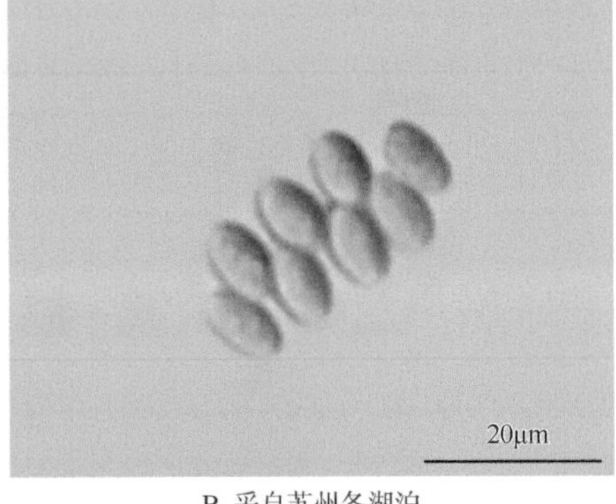

B. 采自苏州各湖泊

钝形栅藻交错变种（*Scenedesmus obtusus* var. *alternans*）

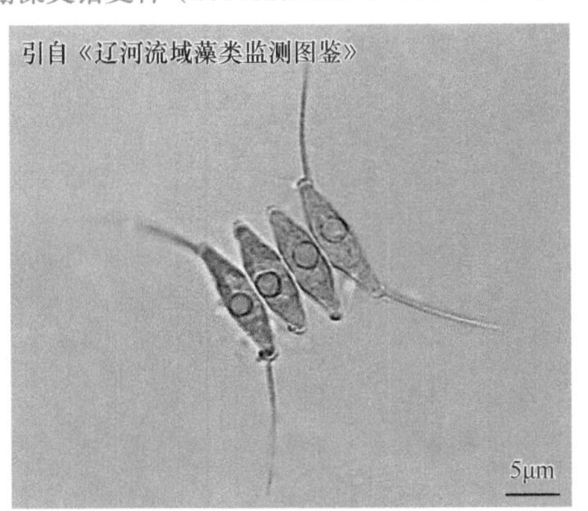

球刺栅藻（*Scenedesmus capitatoaculeatus*）

21）史密斯栅藻（*Scenedesmus smithii*）

形态特征：集结体由4个细胞组成；细胞略呈舟形，两侧细胞的两端各具2根短刺；中间细胞只有游离端各具2根斜生的短刺；细胞直径为4～7μm，长9～15μm；刺长1～3μm。

采集地：苏州各湖泊。

史密斯栅藻（*Scenedesmus smithii*）

（2）韦斯藻属（*Westella*）

形态特征：植物体为复合真性定形群体，各群体间以残存的母细胞壁相连，有时具胶被，群体由4个细胞四方形排列在一个平面上，各个细胞间以其细胞壁紧密相连；细胞球形，细胞壁平滑。色素体周生，杯状，1个，老细胞的色素体常略分散。具1个蛋白核。

采集地：苏州各湖泊、福建闽江流域、闽东南诸河流域、汀江流域、山东半岛流域（崂山水库）。

1）丛球韦斯藻（*Westella botryoides*）

形态特征：真性定形群体，由4个细胞四方形排列在一个平面上，各个细胞间以其细胞壁紧密相连，各群体间以残存的母细胞壁相连成为复合的群体；细胞球形，细胞壁平滑。细胞直径为3～9μm。

生境：湖泊中的真性浮游藻种类，特别是软水湖泊中数量较多。

采集地：苏州各湖泊、福建闽江流域、闽东南诸河流域、汀江流域、山东半岛流域（崂山水库）。

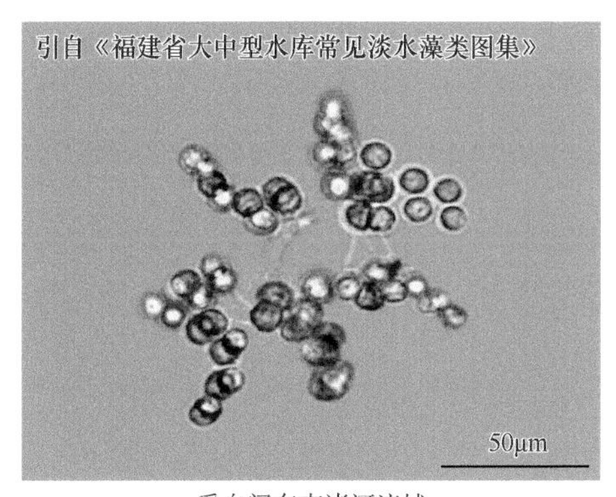

采自闽东南诸河流域

丛球韦斯藻（*Westella botryoides*）

（3）四星藻属（*Tetrastrum*）

形态特征：植物体为真性定形群体，由4个细胞组成四方形或十字形，并排列在一个平面上，中心具或不具1小间隙，各个细胞间以其细胞壁紧密相连，罕见形成复合的真性定形群体；细胞球形、卵形、三角形或近三角锥形，其外侧游离面凸出或略凹入，细胞壁具颗粒或具1～7条或长或短的刺。色素体周生，片状、盘状，1～4个，具蛋白核或有时无。

无性生殖产生似亲孢子，每个母细胞的原生质体十字形分裂形成4个似亲孢子，孢子在母细胞内排成四方形、十字形，经母细胞壁破裂释放。

生境：生长在湖泊、水库、池塘中，浮游生活。

采集地：苏州各湖泊、太湖流域、松花江流域、福建闽江流域、闽东南诸河流域、汀江流域、辽河流域、珠江流域（广州段）。

1）华丽四星藻（*Tetrastrum elegans*）

形态特征：真性定形群体，由4个细胞组成，群体细胞通常呈四方形排列，群体中央具1个小间隙，群体细胞宽三角锥形或卵圆形，外侧游离面略凸出、广圆，其中间具1条向外伸出的直粗刺。色素体片状，1个。具1个蛋白核。细胞长4～5μm，宽4～5μm；刺长7～8μm。

采集地：苏州各湖泊、珠江流域（广州段）。

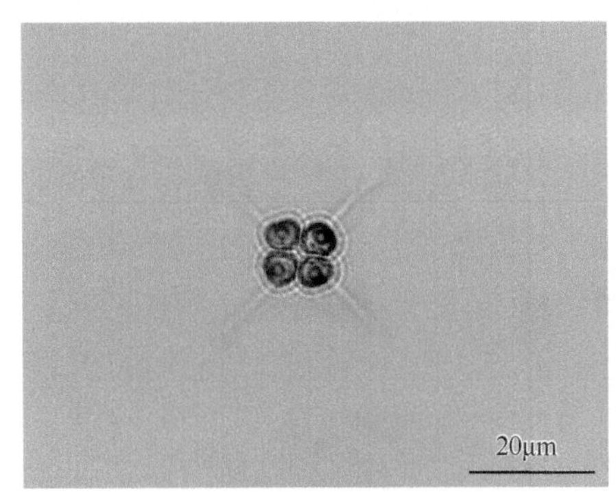

A. 采自苏州各湖泊

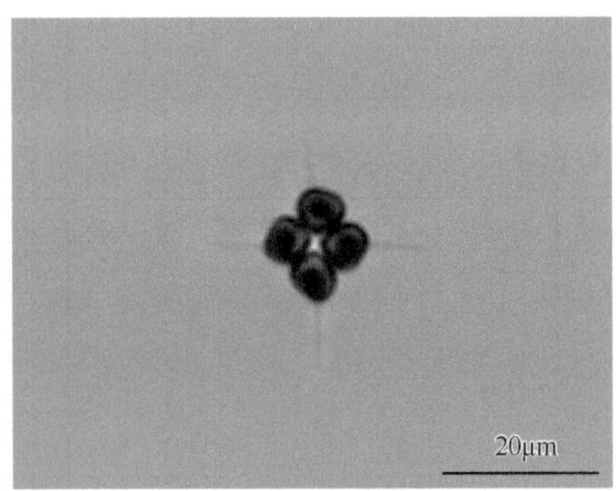

B. 采自珠江流域（广州段）

华丽四星藻（*Tetrastrum elegans*）

2）平滑四星藻（*Tetrastrum glabrum*）

形态特征：真性定形群体，由4个细胞组成，群体细胞通常呈十字形排列，在群体中央具或不具小孔，具水化的群体胶被，有时群体间由胶质丝相连形成复合群体；细胞具角的球形或卵形，外侧游离面圆形，壁平滑。色素体片状，1个。具1个蛋白核。细胞长4～5μm，宽4～5μm。

采集地：福建闽江流域、闽东南诸河流域、汀江流域。

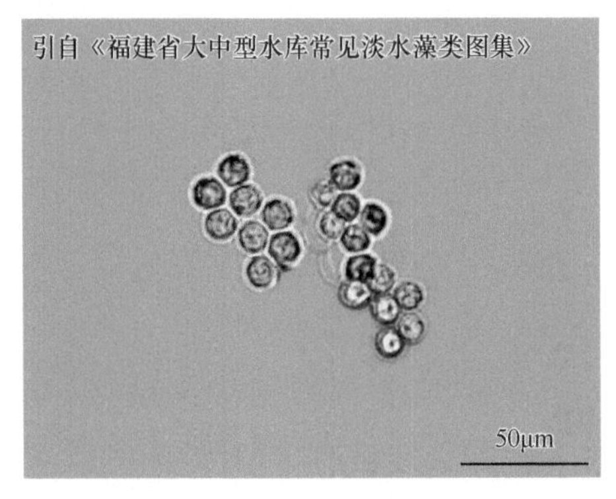

平滑四星藻（*Tetrastrum glabrum*）

3）异刺四星藻（*Tetrastrum heterocanthum*）

形态特征：真性定形群体，由4个细胞组成，呈方形排列在一个平面上，群体中央具方形小孔；群体细胞宽三角锥形，细胞外侧游离面略凹入，在其两角处各具1条长的和1条短的向外伸出的直刺，群体4个细胞的4条长刺和4条短刺相间排列。色素体片状，1

个。具1个蛋白核。细胞长3～4μm，宽7～8μm；长刺长12～16μm，短刺长3～8μm。

采集地：辽河流域、苏州各湖泊、福建闽江流域、闽东南诸河流域、汀江流域。

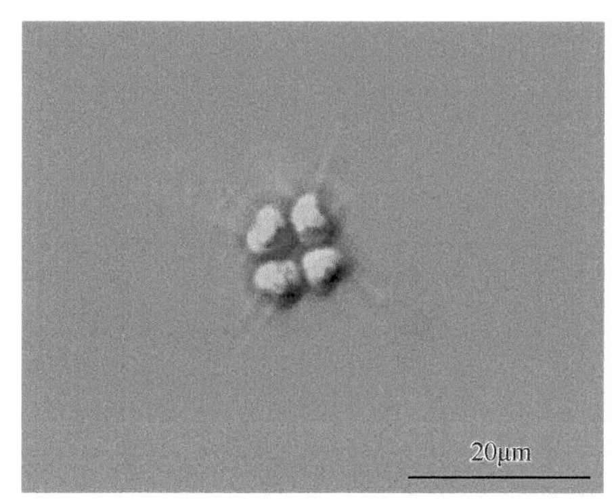

A. 采自苏州各湖泊

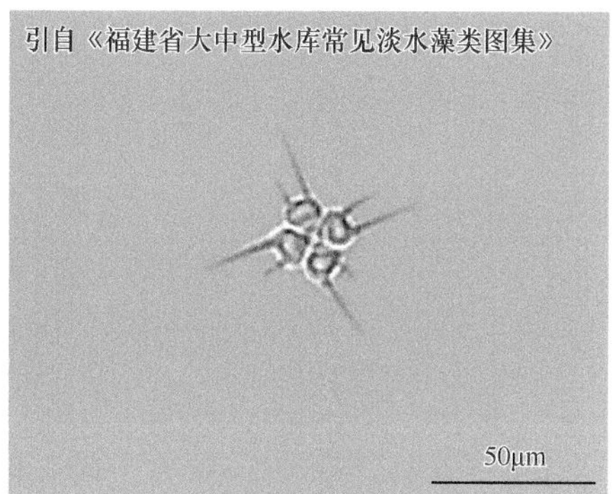

B. 采自福建闽江流域

异刺四星藻（*Tetrastrum heterocanthum*）

4）短刺四星藻（*Tetrastrum staurogeniaeforme*）

形态特征：真性定形群体，由4个细胞组成，呈十字形排列在一个平面上，群体中央的间隙很小；群体细胞近方形到宽三角锥形，外侧游离面略凸出，并具4～6条短刺。色素体盘状，每个细胞1～4个。有时具蛋白核。细胞长3～6μm，宽3～6μm；刺长3～6μm。

采集地：辽河流域、苏州各湖泊、闽东南诸河流域、松花江流域、太湖流域。

A. 采自松花江流域

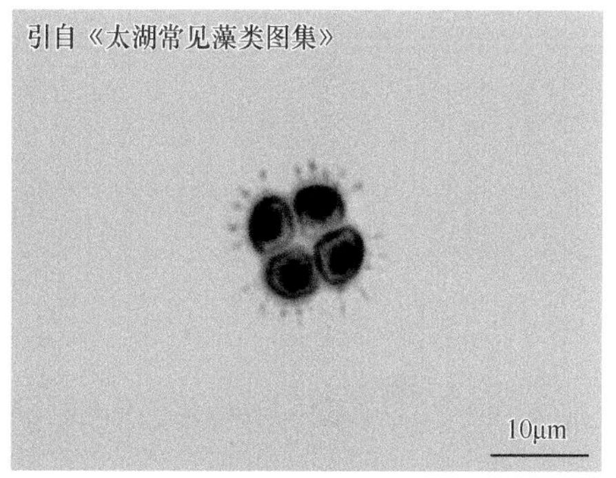

B. 采自太湖流域

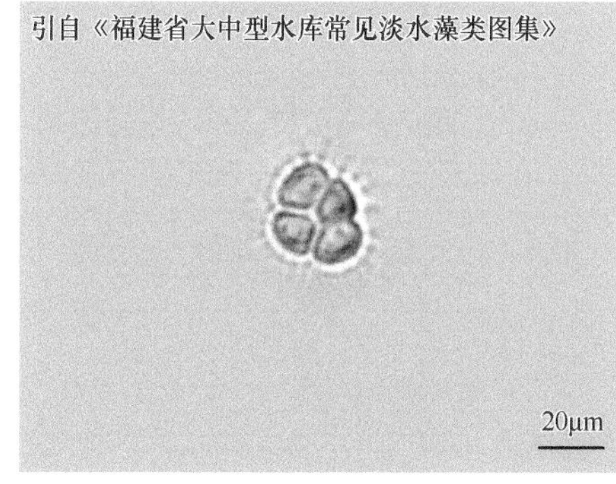

C. 采自闽东南诸河流域

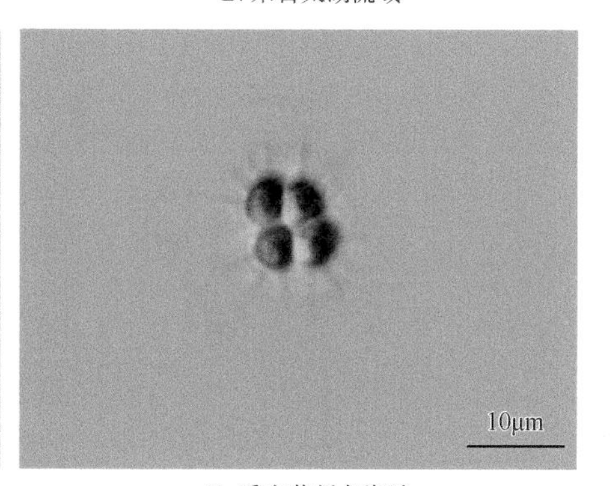

D. 采自苏州各湖泊

短刺四星藻（*Tetrastrum staurogeniaeforme*）

5）单棘四星藻（*Tetrastrum hastiferum*）

形态特征：定性群体由4个三角形细胞组成。细胞外侧凸出，呈广圆形，具1条长刺毛。色素体周生，片状。具1个蛋白核。细胞宽与长均为3～6μm；刺毛长约7μm。

采集地：苏州各湖泊、太湖流域。

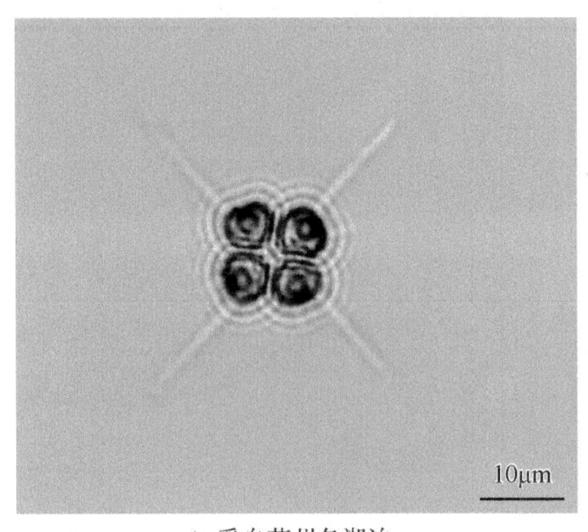

A. 采自苏州各湖泊

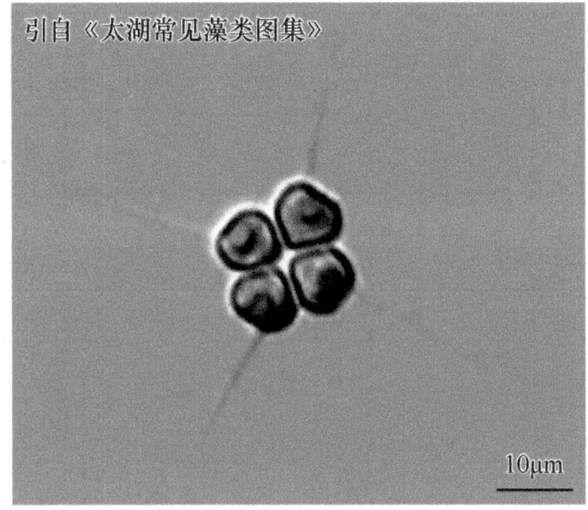

B. 采自太湖流域

单棘四星藻（*Tetrastrum hastiferum*）

（4）十字藻属（*Crucigenia*）

形态特征：植物体为真性定形群体，由4个细胞排成椭圆形、卵形、方形或长方形，群体中央常具或大或小的方形空隙，常具不明显的群体胶被，子群体常由胶被粘连在一个平面上，形成板状的复合真性定形群体；细胞梯形、半圆形、椭圆形或三角形。色素体周生，片状，1个。具1个蛋白核。

采集地：辽河流域、苏州各湖泊、丹江口水库、珠江流域（广州段）、福建闽江流域、闽东南诸河流域、汀江流域、汉江、东湖、滇池流域、辽河流域、长江流域（南通段）、松花江流域、山东半岛流域（崂山水库）、嘉陵江流域（重庆段）。

1）顶锥十字藻（*Crucigenia apiculata*）

形态特征：真性定形群体，由4个细胞组成，排成椭圆形或卵形，其中心具方形的空隙；细胞卵形，外壁游离面的两端各具1锥形凸起。细胞长5～10μm，宽3～7μm。

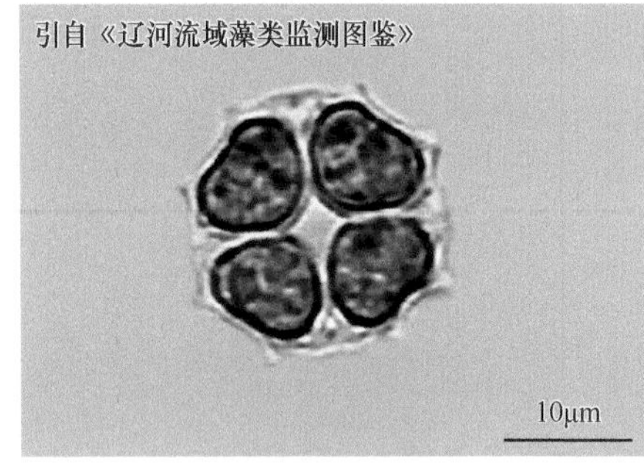

A. 采自辽河流域

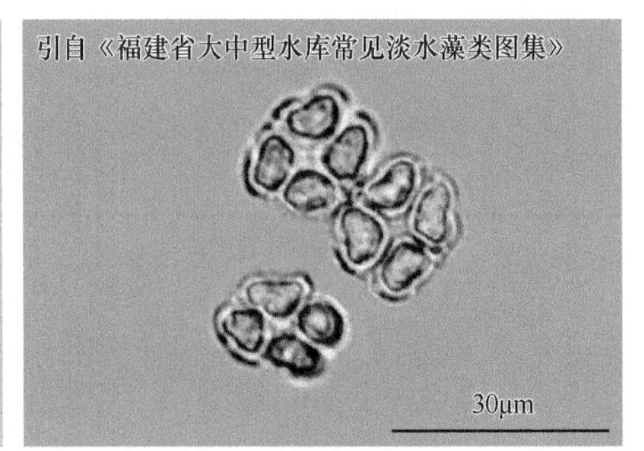

B. 采自福建闽江流域

顶锥十字藻（*Crucigenia apiculata*）

采集地：苏州各湖泊、福建闽江流域、闽东南诸河流域、汀江流域、辽河流域。

2）铜钱十字藻（*Crucigenia fenestrata*）

形态特征：真性定形群体，由4个细胞组成，排成方圆形，其中心具一个大的空隙；细胞椭圆形或近梯形，外壁游离面略凸出。群体长和宽均为10～14μm；细胞长7～9μm，宽3.5～4.5μm。

生境：生长在湖泊、池塘、沟渠中。

采集地：福建闽江流域、闽东南诸河流域、汀江流域、苏州各湖泊、珠江流域（广州段）、山东半岛流域（崂山水库）。

采自苏州各湖泊

铜钱十字藻（*Crucigenia fenestrata*）

3）华美十字藻（*Crucigenia lauterbornii*）

形态特征：真性定形群体，由4个细胞组成，仅以顶端部分细胞壁连接形成近圆形的群体，其中心具方形的孔隙，子群体常由母细胞壁或胶被包被形成16个细胞的复合群体；细胞近半球形，色素体位于细胞外侧突出面，片状，具1个蛋白核。细胞长8～15μm，宽5～9μm。

采集地：苏州各湖泊、福建闽江流域、闽东南诸河流域。

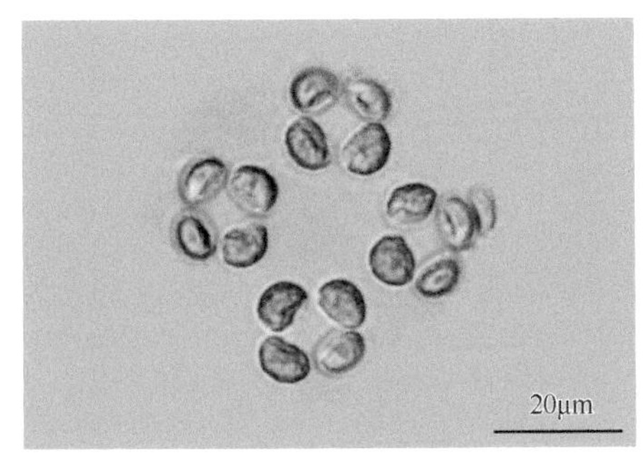

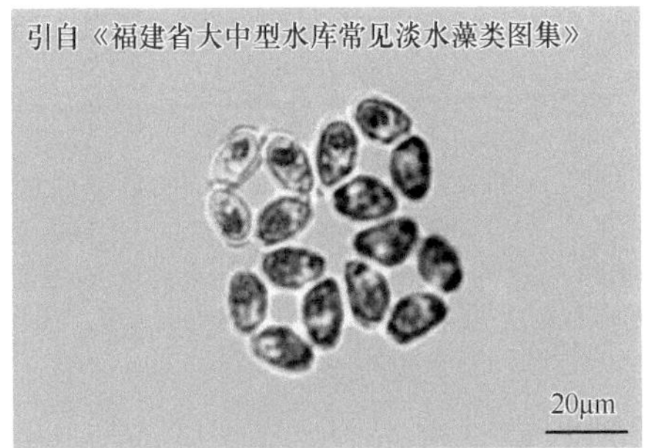

A. 采自苏州各湖泊　　B. 采自福建闽江流域、闽东南诸河流域

华美十字藻（*Crucigenia lauterbornii*）

4）四角十字藻（*Crucigenia quadrata*）

形态特征：真性定形群体，由4个细胞组成，十字形排成圆形、板状，群体中心的

细胞空隙很小；细胞三角形，细胞外壁游离面显著凸出。群体细胞以其余的两平直的侧壁互相连接，细胞壁有时具结状凸起。色素体多数，达4个，盘状，有或无蛋白核。细胞长2～6μm，宽1.5～6μm。

采集地：福建闽江流域、闽东南诸河流域、汀江流域、苏州各湖泊、辽河流域、长江流域（南通段）、丹江口水库、松花江流域、山东半岛流域（崂山水库）、嘉陵江流域（重庆段）。

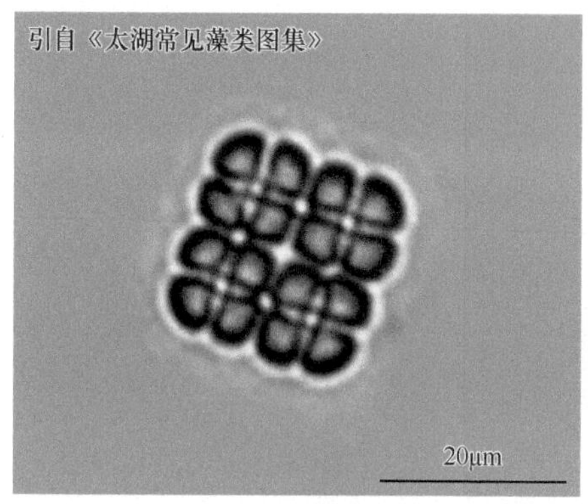

A. 采自太湖流域

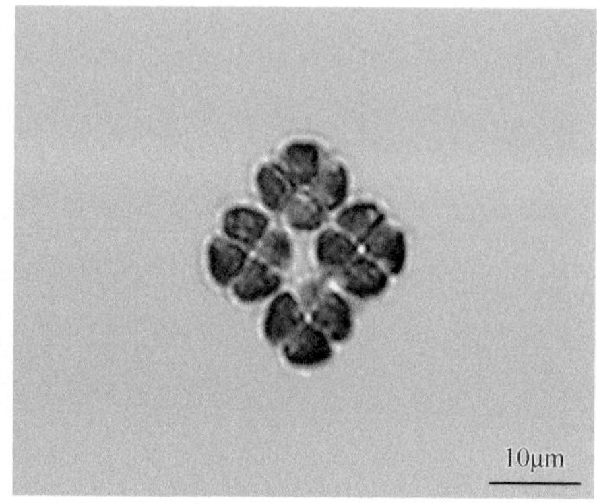

B. 采自嘉陵江流域（重庆段）

四角十字藻（*Crucigenia quadrata*）

5）四足十字藻（*Crucigenia tetrapedia*）

形态特征：真性定形群体，由4个细胞组成，排成四方形，子群体常为胶被粘连在一个平面上，形成具16个细胞的板状复合群体；细胞三角形，细胞外壁游离面平直，角尖圆。色素体片状。具1个蛋白核。细胞长3.5～9μm，宽5～12μm。

生境：生长在湖泊、池塘、沟渠中。

采集地：辽河流域、苏州各湖泊、丹江口水库、珠江流域（广州段）、福建闽江流域、闽东南诸河流域、汀江流域、嘉陵江流域（重庆段）。

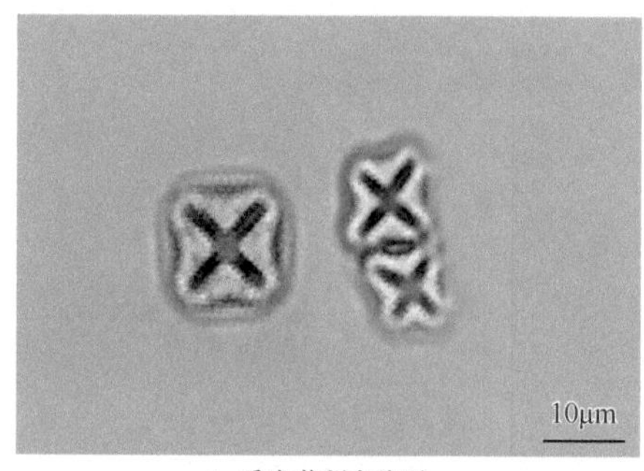

A. 采自苏州各湖泊

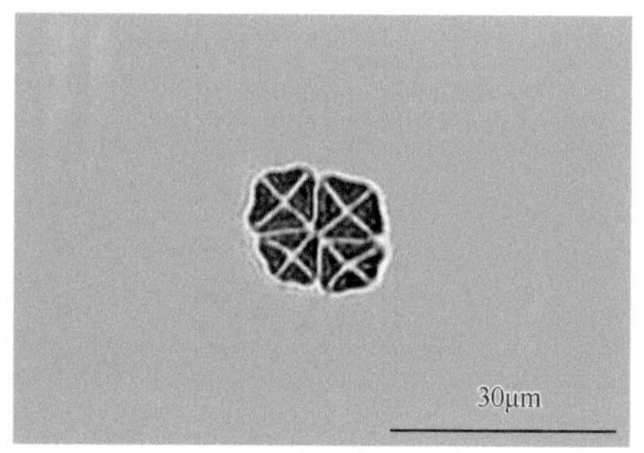

B. 采自珠江流域（广州段）

四足十字藻（*Crucigenia tetrapedia*）

6）分向十字藻（*Crucigenia divergens*）

形态特征：植物体浮游。具胶被。4个细胞形成扁平近方形到“X”形的集结体，只有在繁殖时能形成复合群体。细胞仅靠基部相连。细胞壁光滑。色素体周生。具1个蛋白核。繁殖时形成4个似亲孢子，通过母细胞游离端破裂成两半释放。细胞大小为5～7μm×3.5～4μm。

采集地：苏州各湖泊。

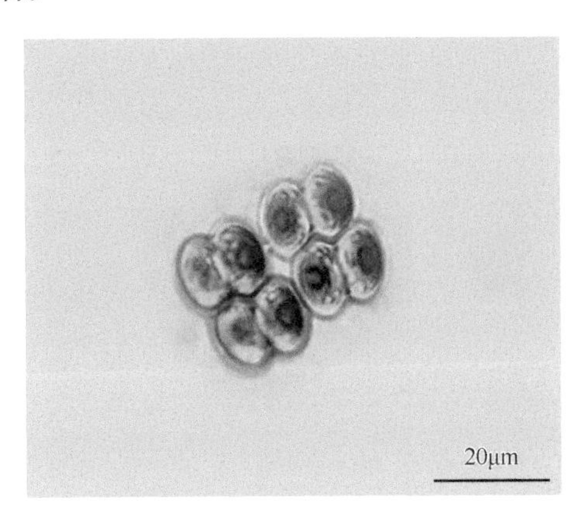

分向十字藻（*Crucigenia divergens*）

7）不整齐十字藻（*Crucigenia irregularis*）

形态特征：集结体由4个细胞组成，呈长方形，中央空隙呈方形；细胞椭圆形，两端广圆，仅以底部和侧壁的小部分与相邻细胞连接；细胞直径6.5～7.5μm，长10～12.5μm。

采集地：苏州各湖泊。

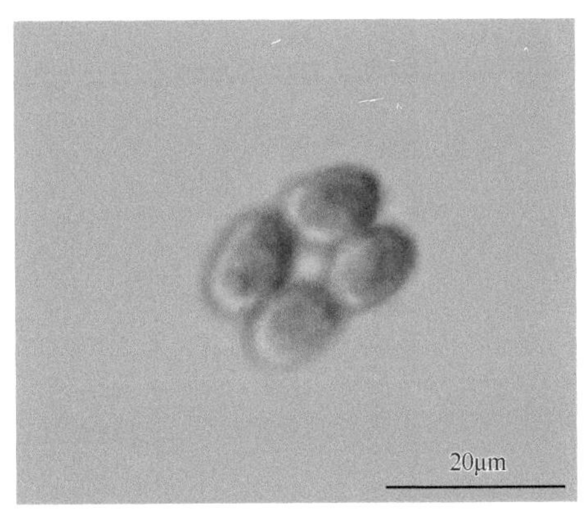

不整齐十字藻（*Crucigenia irregularis*）

8）方形十字藻（*Crucigenia rectangularis*）

形态特征：集结体由4个细胞组成，长方形或椭圆形，排列较规则，中央空隙呈方形；常由单一集结体组成16个细胞的复合集结体；细胞卵形或长卵形，顶端钝圆，外侧游离壁略外凸；以底部和侧壁与相邻细胞连接；细胞直径为2.5～7μm，长5～10μm。

采集地：苏州各湖泊。

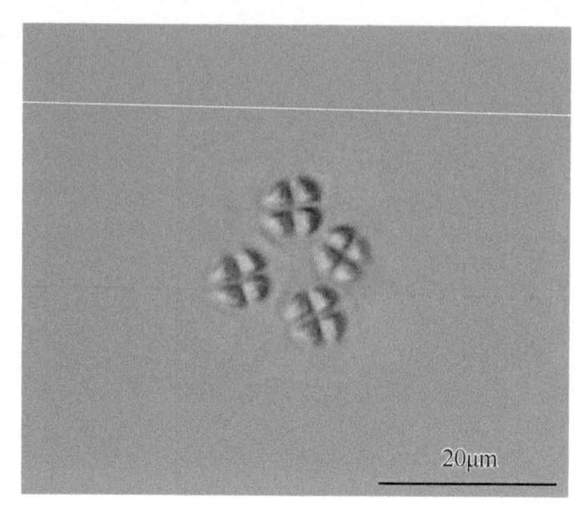

方形十字藻（*Crucigenia rectangularis*）

9）多形十字藻（*Crucigenia variabilis*）

形态特征：植物体浮游，由4个细胞组成长方形或近方形的板状集结体，外具胶被；集结体中央有1个明显不规则的孔隙；生殖时，子集结体常由胶被粘连在一个平面上，形成板状的复合集结体；细胞形状不规则，常在一个集结体中，呈现多种形状，近长方形、近卵形、近梯形或近三角形；角端钝圆。色素体片状，周生、具1个蛋白核、细胞直径为2～4μm，长4～6μm。

采集地：苏州各湖泊。

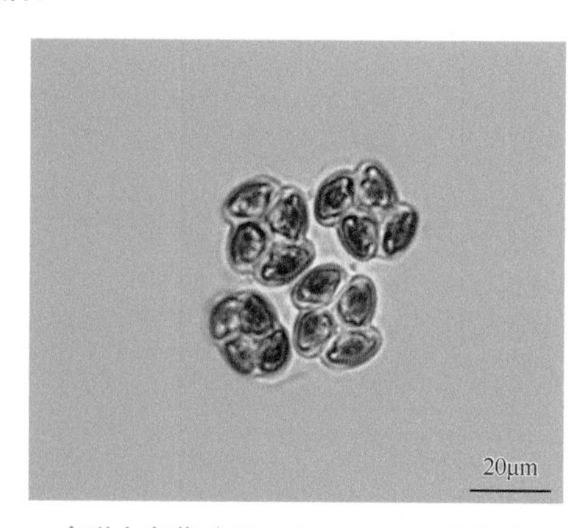

多形十字藻（*Crucigenia variabilis*）

（5）双形藻属（*Dimorphococcus*）

形态特征：植物体为真性定形群体，各群体由残存的母细胞壁相连形成复合的群体；群体由4个细胞组成，中间的2个长卵形，一端钝圆，另一端截形，以截形的一端交错连接，两侧的2个细胞肾形，两端钝圆，各以凸侧的中间与相邻细胞截形的一端相连。幼时细胞色素体周生，片状，1个，具1个明显的蛋白核，成熟后，色素体分散，充满整个细胞，由于淀粉增多，蛋白核常模糊不清。

采集地：福建闽江流域。

1）月形双形藻（*Dimorphococcus lunatus*）

形态特征：真性定形群体，由4个细胞组成，并由残存的母细胞壁相连形成复合的真性定形群体；群体中间的2个细胞长卵形，一端钝圆，另一端截形，以截形的一端交错连接，两侧的2个细胞肾形，两端钝圆或平截，各以凸侧的中间与相邻细胞截形的一端相连。细胞长10～25μm，宽4～15μm。

采集地：福建闽江流域。

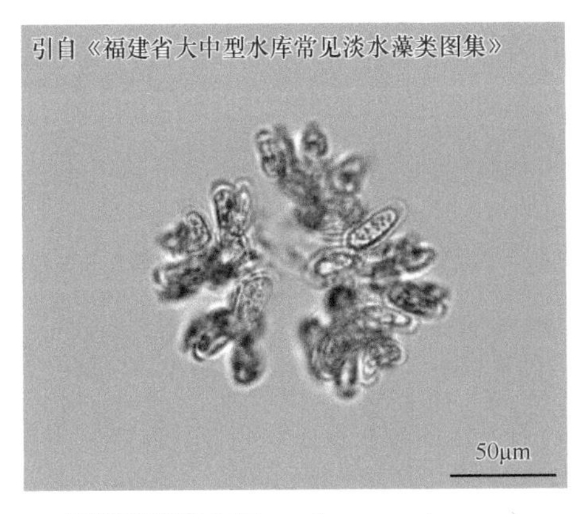

月形双形藻（*Dimorphococcus lunatus*）

（6）双月藻属（*Dicloster*）

形态特征：植物体是由2个细胞组成的真性定形群体，由其凸侧中央部相互连接，浮游；细胞新月形，两端渐尖，由细胞壁延伸成为中实的刺状部分。色素体周生，初为片状，在细胞凸侧中部常凹入，之后分散而充满整个细胞。具2个蛋白核。无性生殖产生似亲孢子，每一孢子母细胞同时分裂形成4个，或者有时形成2个或8个似亲孢子，每2个孢子相连以形成子定形群体，经由母细胞壁破裂后释放。

采集地：苏州各湖泊。

1）双月藻（*Dicloster acuatus*）

形态特征：真性定形群体，由2个细胞组成，由其凸侧中央部相互连接；细胞新月形，两端渐尖，由细胞壁延伸呈刺状。色素体初为片状，在细胞凸侧中部常凹入，之后分散而充满整个细胞。具2个蛋白核。细胞长31～54μm，宽3.5～7μm。

生境：湖泊、池塘中的浮游藻类。

采集地：苏州各湖泊。

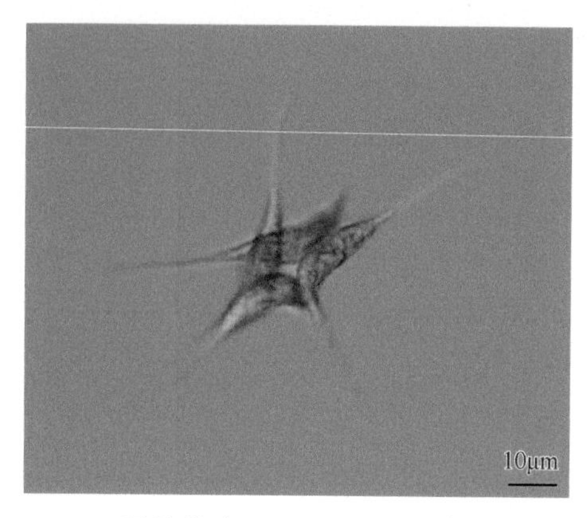

双月藻（*Dicloster acuatus*）

（7）集星藻属（*Actinastrum*）

形态特征：真性定形群体，无性生殖产生似亲孢子，每个母细胞的原生质体形成4个、8个、16个似亲孢子，孢子在母细胞内纵向排成2束，释放后形成2个互相接触的呈辐射状排列的子群体。无群体胶被，群体细胞以一端在群体中心彼此连接，以细胞长轴从群体中心向外放射状排列，浮游；细胞长纺锤形、长圆柱形，两端逐渐尖细或略狭窄，或一端平截、另一端逐渐尖细或略狭窄。色素体周生，长片状，1个。具1个蛋白核。

采集地：福建闽江流域、闽东南诸河流域、苏州各湖泊、太湖流域、东湖、长江流域（南通段）、山东半岛流域（崂山水库）、嘉陵江流域（重庆段）、辽河流域、珠江流域（广州段）。

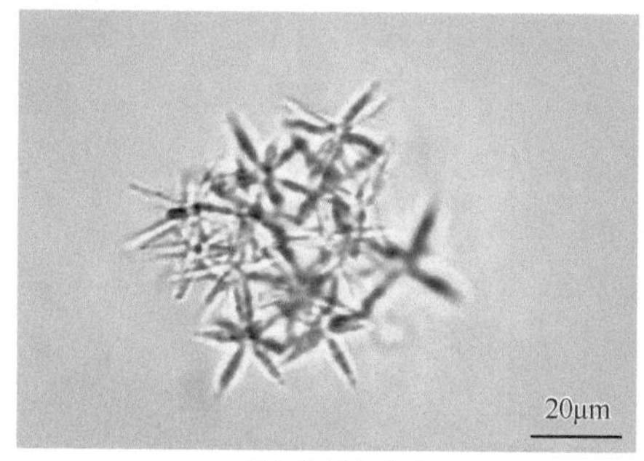

A. 采自苏州各湖泊

B. 采自福建闽江流域、闽东南诸河流域

集星藻（*Actinastrum* sp.）

1）河生集星藻（*Actinastrum fluviatile*）

形态特征：真性定形群体，由4个、8个、16个细胞组成，群体中的各个细胞的一端在群体中心彼此连接，以细胞长轴从群体共同的中心向外放射状辐射排列；细胞长纺锤形，向两端逐渐狭窄，游离端尖。色素体，周生，长片状，1个。具1个蛋白核。细胞长12～22μm，宽3～6μm。

采集地：辽河流域、山东半岛流域（崂山水库）、苏州各湖泊、福建闽江流域、闽东南诸河流域。

A. 采自山东半岛流域（崂山水库）

B. 采自苏州各湖泊

河生集星藻（*Actinastrum fluviatile*）

2）集星藻（*Actinastrum hantzschii*）

形态特征：真性定形群体，由4个、8个、16个细胞组成，群体中的各个细胞的一端在群体中心彼此连接，以细胞长轴从群体共同的中心向外放射状辐射排列；细胞长圆柱状，纺锤形，两端略狭和截圆形。色素体周生，长片状，1个。具1个蛋白核。细胞长12～22μm，宽3～6μm。

采集地：珠江流域（广州段）、太湖流域、苏州各湖泊、福建闽江流域、闽东南诸河流域、嘉陵江流域（重庆段）。

A. 采自珠江流域（广州段）

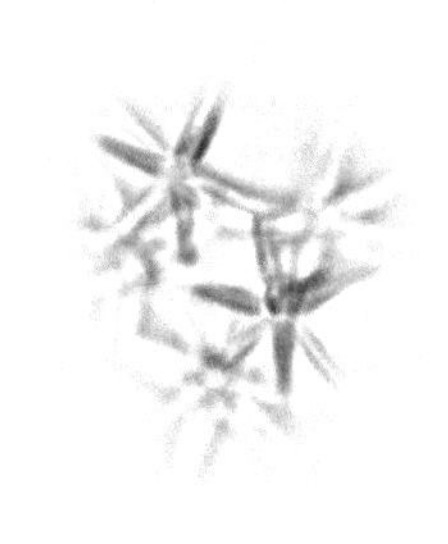

B. 采自珠江流域（广州段）

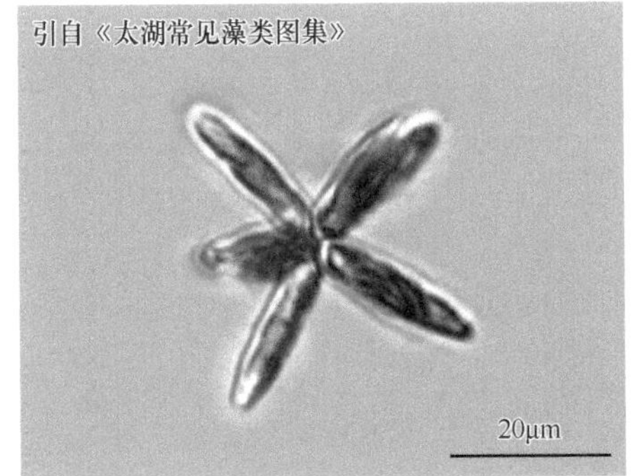

C. 采自太湖流域

D. 采自嘉陵江流域（重庆段）

集星藻（*Actinastrum hantzschii*）

（8）空星藻属（*Coelastrum*）

形态特征：植物体为真性定形群体，由4个、8个、16个、32个、64个、128个细胞组成多孔的、中空的球体到多角形体，群体细胞以细胞壁或细胞壁上的凸起连接；细胞球形、圆锥形、近六角形、截顶的角锥形；细胞壁平滑、部分增厚或具管状凸起。色素体周生，幼时杯状，具1个蛋白核，成熟后扩散，几乎充满整个细胞。无性生殖产生似亲孢子，群体中的任何细胞均可以形成似亲孢子，在离开母细胞前连接成子群体；有时细胞的原生质体不经分裂发育成静孢子，释放前在母细胞壁内就形成似亲群体。喜生长在各种静水水体中。

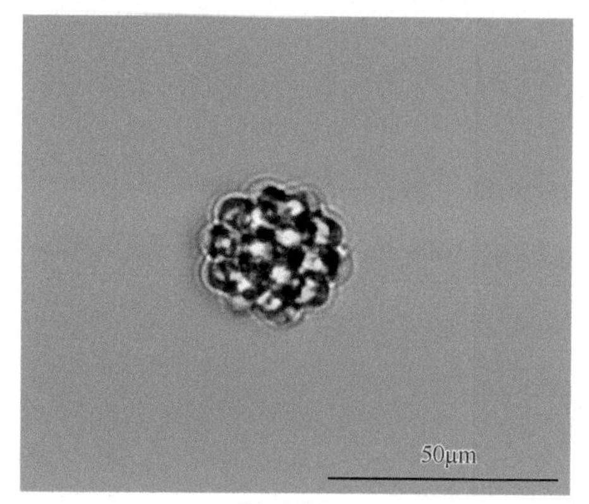

采自东湖

空星藻（*Coelastrum* sp. 1）

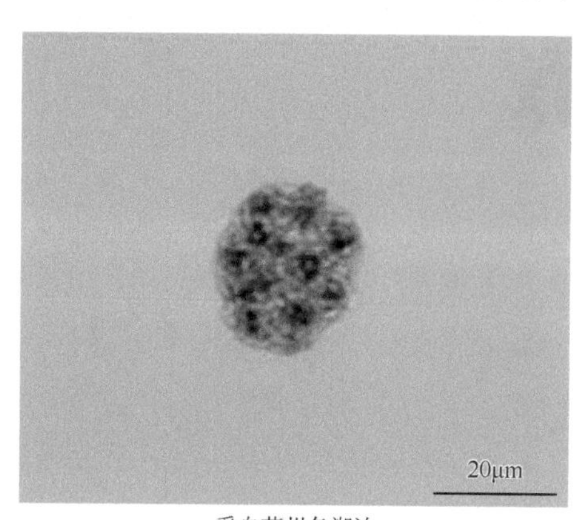

采自苏州各湖泊

空星藻（*Coelastrum* sp. 2）

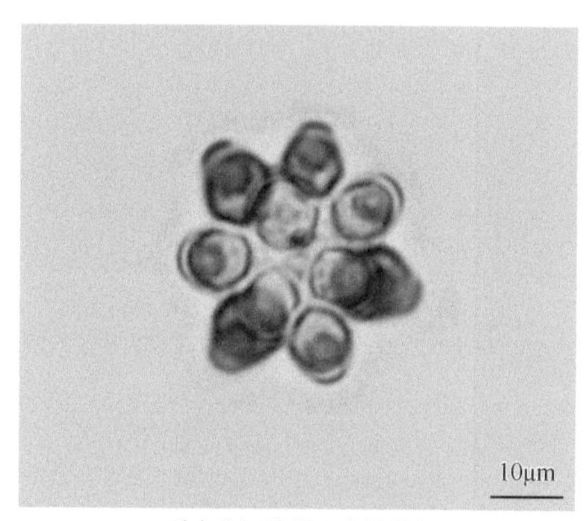

采自珠江流域（广州段）

空星藻（*Coelastrum* sp. 3）

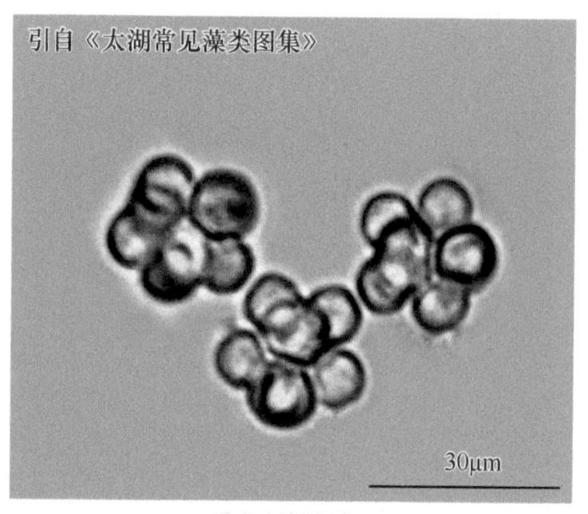

采自太湖流域

空星藻（*Coelastrum* sp. 4）

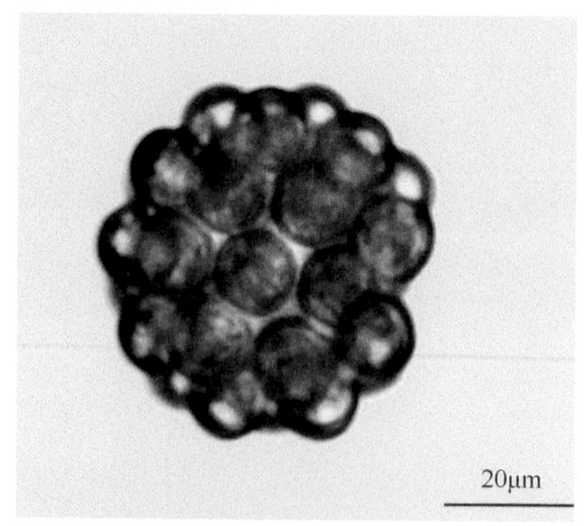

采自山东半岛流域（崂山水库）

空星藻（*Coelastrum* sp. 5）

采集地： 福建闽江流域、闽东南诸河流域、汀江流域、苏州各湖泊、东湖、滇池流域、珠江流域（广州段）、山东半岛流域（崂山水库）、嘉陵江流域（重庆段）、辽河流域、丹江口水为、松花江流域、太湖流域。

1）小空星藻（*Coelastrum microporum*）

形态特征： 真性定形群体，球形到卵形，由8个、16个、32个、64个细胞组成，相邻细胞间以细胞基部互相连接，细胞间隙呈三角形，小于细胞直径；群体细胞球形，有时为卵形，细胞外具一层薄的胶鞘。细胞包括鞘宽10～18μm，不包括鞘宽8～13μm。

采集地： 苏州各湖泊、福建闽江流域、闽东南诸河流域、辽河流域、山东半岛流域（崂山水库）、丹江口水库、松花江流域、太湖流域。

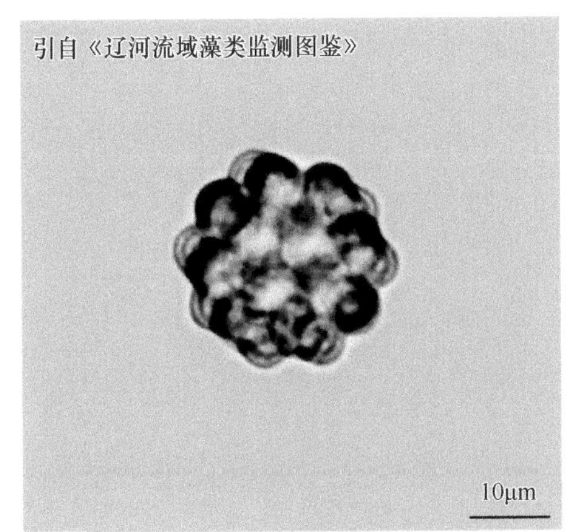

A. 采自辽河流域

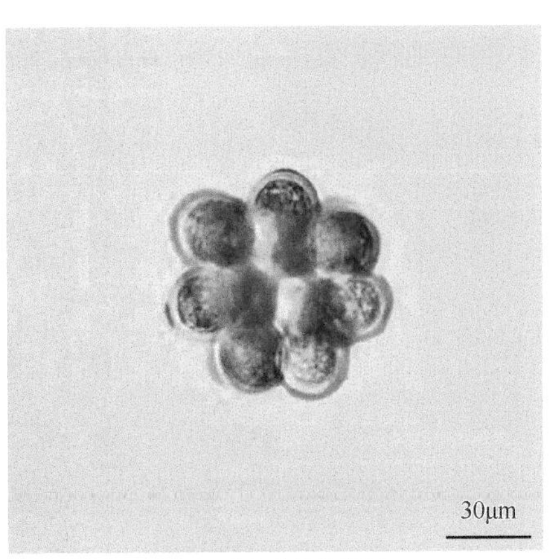

B. 采自苏州各湖泊

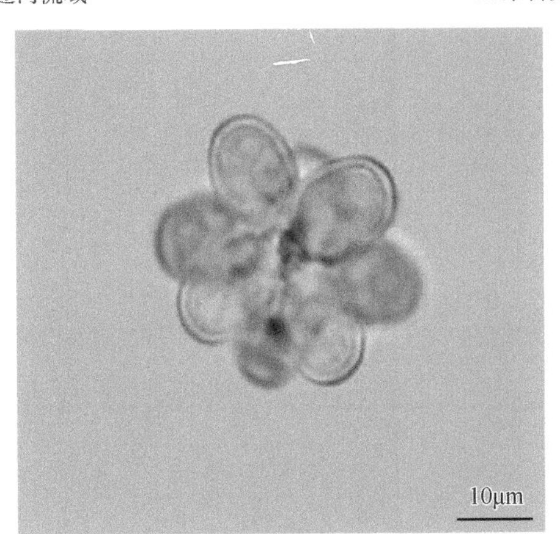

C. 采自丹江口水库

小空星藻（*Coelastrum microporum*）

2）长鼻空星藻（*Coelastrum proboscideum*）

形态特征： 真性定形群体，锥形或立方体形，罕见多角形，由4个、8个、16个、32个、64个（长为4个、8个）细胞组成，以其基部侧壁连接，群体中心空隙较大，常为不规则的复合群体；细胞截顶角锥形，角锥的一角向外，细胞侧壁凹入。细胞宽8～15μm。

采集地：福建闽江流域、闽东南诸河流域。

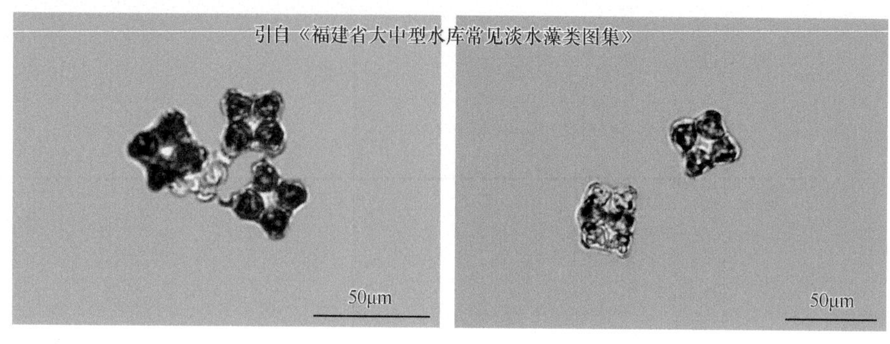

长鼻空星藻（*Coelastrum proboscideum*）

3）网状空星藻（*Coelastrum reticulatum*）

形态特征：真性定形群体，球形，由8个、16个、32个、64个细胞组成，相邻细胞间以5～9个细胞壁的长凸起互相连接，细胞间隙大，常为不规则的复合群体；细胞球形，具一层薄的胶鞘，并具6～9条细长的细胞壁凸起。细胞包括鞘直径为5～24μm，不包括鞘直径为4～23μm。

采集地：辽河流域、福建闽江流域、闽东南诸河流域、苏州各湖泊、山东半岛流域（崂山水库）、嘉陵江流域（重庆段）、东湖、珠江流域（广州段）、辽河流域。

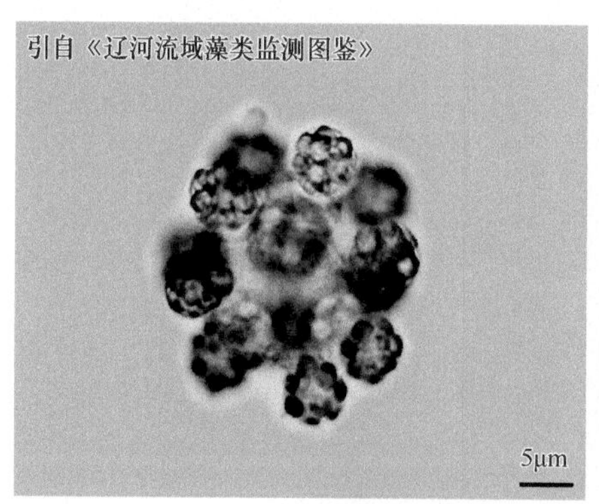

A. 采自辽河流域

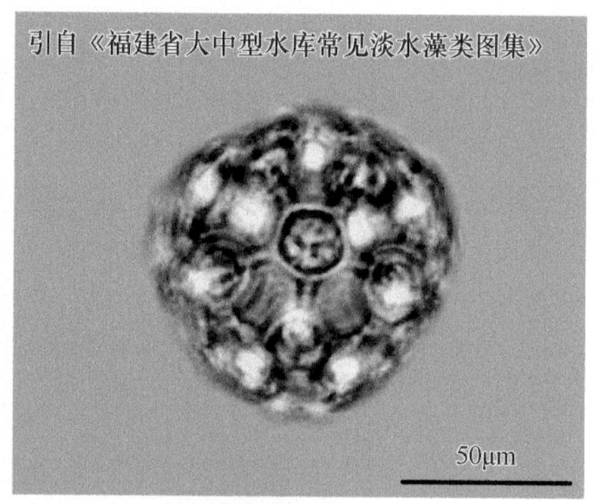

B. 采自闽东南诸河流域

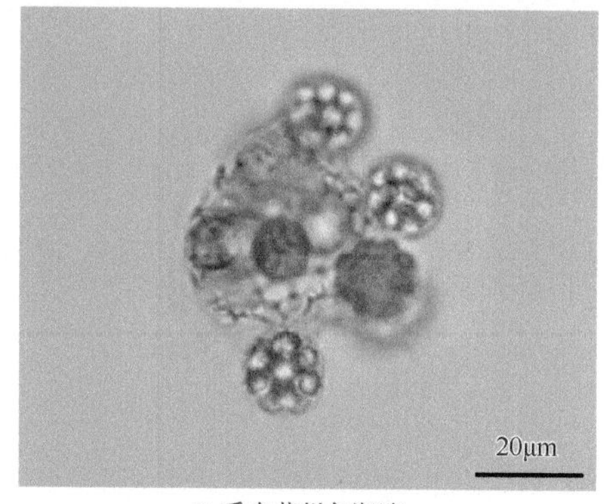

C. 采自苏州各湖泊

网状空星藻（*Coelastrum reticulatum*）

（9）双囊藻属（*Didymocystis*）

形态特征：集结体为真性集结体，由2个细胞以侧壁连接而成，具薄的胶鞘；浮游；成熟细胞半圆形、椭圆形或长圆形；细胞壁平滑或具疣突或肋。色素体单一，杯状或片状，靠近细胞的凸侧边，具或不具蛋白核。生殖时产生2或4个似亲孢子，每2个细胞组成一个新集结体；孢子成熟后，母细胞外侧壁开裂而释出。此属与栅藻属（*Scenedesmus*）的2细胞集结体很相似，但前者的集结体仅由2个细胞组成；与双月藻属（*Dicloster*）的区别是，后者的细胞具刺状突起。

采集地：苏州各湖泊。

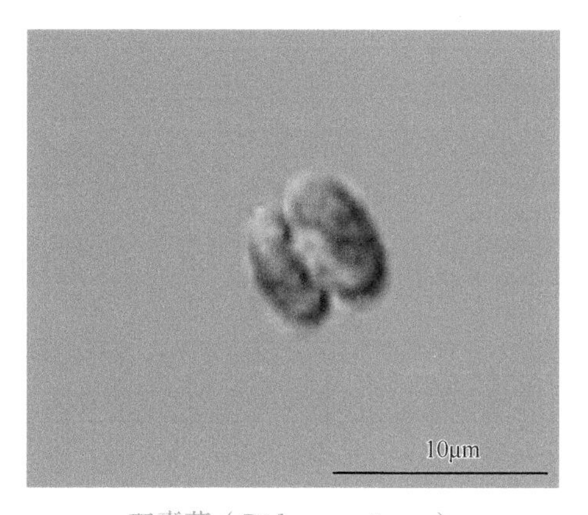

双囊藻（*Didymocystis* sp.）

（四）丝藻目（Ulotrichales）

植物体为不分枝的丝状体，常由一列细胞组成，少数为多列的或呈假薄壁组织状。丝状体不具或具厚而分层或分层不明显的胶鞘。有些种类幼时以基细胞着生，长成后漂浮。大多数顶细胞圆钝形，少数的细尖。细胞圆柱状、球形、卵形、近方形或近三角形，有的略膨大呈桶形；细胞壁薄或厚，有些种类具厚片构造。色素体片状、带状、盘状、星状或网状，侧生、周生或轴生，具1至多个蛋白核或无蛋白核。有时有淀粉颗粒。

营养繁殖为丝状体断裂。无性生殖产生动孢子、静孢子或厚壁孢子。有性生殖为同配生殖及卵式生殖。

1. 丝藻科（Ulotrichaceae）

植物体为由单列细胞构成的不分枝的丝状体，组成丝状体的细胞极少分化，或有基细胞或顶细胞的分化；基细胞常在幼期用以固着生长；顶细胞细尖或钝圆，丝状体常具厚的胶鞘，有的不明显，有的厚而分层；细胞圆柱状、椭圆形、球形、透镜形等；细胞壁无色、透明，厚而薄，极少呈“H”片结构，横壁收缢或不收缢。色素体片状、带状、筒状或盘状，侧位或周生。具1个或多个蛋白核，少数无蛋白核。细胞核单个。营养繁殖为丝状体断裂。无性生殖形成动孢子，孢子常分大小两种，分别具2根和4根鞭毛。有些种类也产生静孢子或厚壁孢子。有性生殖在少数种类中有报道，为同配生殖。

（1）丝藻属（*Ulothrix*）

形态特征：藻体为简单的不分枝的丝状体，组成藻丝的所有细胞形态相同，罕见两端细胞钝圆或尖形的；幼丝体由基细胞固着在基质上，基细胞简单或略分叉呈假根状；细胞圆柱状，有时略膨大，一般长大于宽，有时有横壁收缢；细胞壁一般为薄壁，有时为厚壁或略分层；少数种类具胶鞘。色素体周生，带状，长度多数大于细胞周边的一半，侧位或周位，部分或整个围绕细胞内壁，充满或不充满整个细胞。具1个或多个蛋白核。

采集地：辽河流域、苏州各湖泊、福建闽江流域、闽东南诸河流域、汀江流域、山东半岛流域（崂山水库）。

1）近缢丝藻（*Ulothrix subconstricta*）

形态特征：丝状体由圆柱形、两端略膨大的细胞构成，横壁略收缢，宽4～8μm，长10～16μm。色素体片状，侧位，居细胞的中部，围绕周壁的2/3。具1个蛋白核。

生境：各种水体中广泛分布，浮游生活。

采集地：辽河流域。

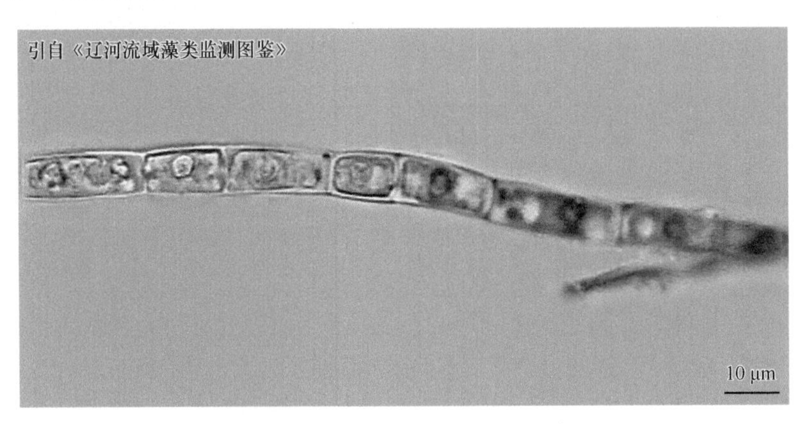

近缢丝藻（*Ulothrix subconstricta*）

2）微细丝藻（*Ulothrix subtilis*）

形态特征：植物体为长丝状体；细胞长圆柱形，横壁略有收缢，端细胞前端略尖圆，基细胞较短，前端较尖，有色或无色，无固着器，无假根或假根状突起；细胞宽5～7μm，长为宽的2～3（～5）倍；细胞壁薄。色素体环带状，围绕整个细胞，在成熟细胞中，两端各有1空隙，具1个蛋白核。无性生殖形成具4根鞭毛的动孢子。

采集地：苏州各湖泊。

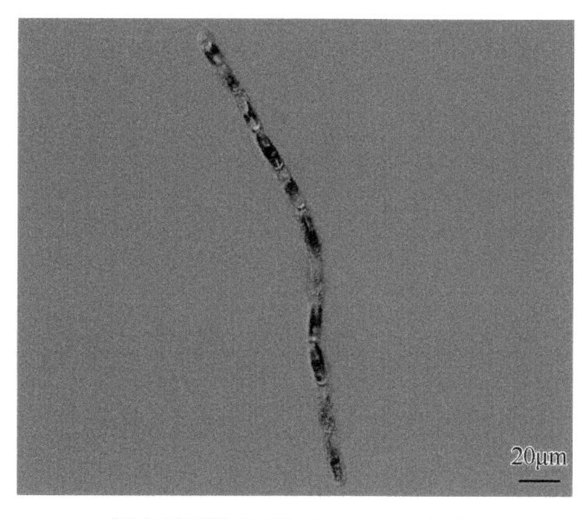

微细丝藻（*Ulothrix subtilis*）

2. 微孢藻科（Microsporaceae）

植物体为由一系列细胞构成的丝状体，绝大多数种类生活于淡水中；幼时着生，长成后漂浮。细胞圆柱状，有的略膨大，或呈桶形。细胞壁由两个相邻细胞共有紧贴的横壁，同时各向一方伸出各自的半个细胞的壁以构成（镜面观）一个“H”片状构造；有些种类的“H”片状构造较难显示；“H”片状构造或是简单同质的，或在横壁及纵壁上均有分层；细胞壁均有纤维素与果胶质，有些特殊种类的横壁中沉积有铁盐。色素体周位，片状，有时有穿孔或网状，有的由许多不规则的串珠状部分构成，无蛋白核，但有淀粉颗粒。

以动孢子、静孢子和厚壁孢子进行无性生殖，任何营养细胞均可以产生动孢子。每个细胞可产生1个、2个、4个、8个，甚至16个动孢子：动孢子具2根或4根鞭毛，借助于细胞侧壁的胶化或“H”片构造的分离而外逸，并立即萌发成为新的丝状体。静孢子球形或略扁，每个细胞可产生1个静孢子，偶有整条丝状体的全部细胞产生一串静孢子；静孢子直接萌发成为新的丝状体。厚壁孢子球形、方形、长方形或略膨大，根丝状体上也常有成串的厚壁孢子，每个厚壁孢子萌发时，或先形成1至多个动孢子，或分裂成为2团或4团原生质体，之后成为静孢子，再发育成为新的丝状体。

有性生殖不详。有些种类[如肿胀微孢藻（*Microspora tumidula*）]具2根鞭毛的动孢子，可能是同形配子。

（1）微孢藻属（*Microspora*）

形态特征：植物体为由1列细胞构成的丝状体；细胞圆柱状，有时略膨大，或呈桶形。细胞壁由两个相邻细胞共有紧贴的横壁，同时各向一方伸出各自半个细胞的壁以构成（镜面观）一个“H”片状构造；有些种类的“H”片状构造较难显示；“H”片状构造或是简单同质，或是在横壁及纵壁上均有分层。色素体周位，片状，有时有穿孔或网状，有的由许多不规则的串珠状部分构成，无蛋白核，但有淀粉颗粒。分布广，全世界约有20种及变种，其中有些种是可疑的。除1种寄生在海绵体内的海产种类外，其余全为淡水产。主要生长在沼泽、池塘静水水体中，少数生长在江河等流水中。通常早春季节生长繁盛。

采集地：珠江流域（广州段）、辽河流域、苏州各湖泊。

1）丛毛微孢藻（*Microspora floccosa*）

形态特征：组成丝状体的细胞通常为圆柱形，横壁不收缢或略收缢；细胞壁薄，“H”片构造不明显。色素体灰绿色，网状，具穿孔或缺刻。细胞宽窄不一，为10～16μm，长为宽的0.5～2倍。

采集地：辽河流域、苏州各湖泊。

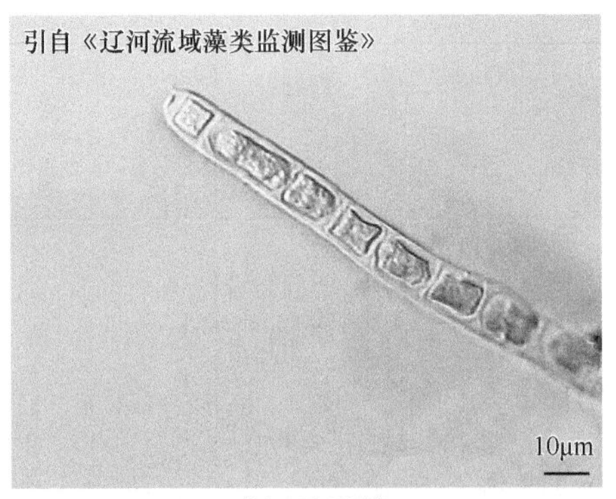

采自辽河流域

丛毛微孢藻（*Microspora floccosa*）

2）短缩微孢藻（*Microspora abbreviata*）

形态特征：丝状体由圆柱状细胞组成，宽5～8（～10）μm，长多为宽的1倍，罕为2～3倍。细胞壁“H”片构造较明显。色素体网状或块状，常具穿孔，充满整个细胞。

采集地：辽河流域。

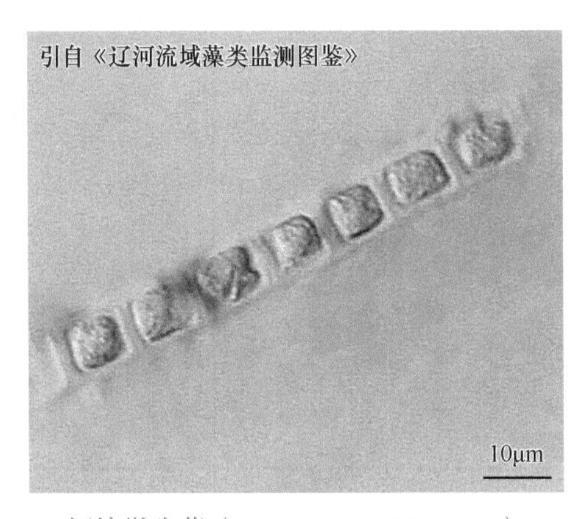

短缩微孢藻（*Microspora abbreviata*）

（五）胶毛藻目（Chaetophorales）

植物体为分枝的丝状体，常形成球状、不规则球状、薄壁组织状、盘状或假薄壁组织状，具或不具群体胶被，多数种类具有直立部分和匍匐部分的分化，有些种类直立枝退化，匍匐部分成为平伏的丝状体或形成扁平的盘状；直立部分的分枝顶端具或不具无色多细胞的毛，毛不分叉或分叉；有的种类有刺毛，有的刺毛基部膨大，有的刺毛的基部具圆筒状的鞘；细胞内具1个、2个周生的色素体，带状、片状，具1个到多个蛋白核细胞单核。营养繁殖为丝状体断裂。无性生殖产生具2根或4根鞭毛的动孢子，有的种类产生两种动孢子——大动孢子和小动孢子，许多种类也形成静孢子或厚壁孢子。

有性生殖为同配、异配或卵式生殖，同宗配合或异宗配合。已知有的种类有世代交替。

1. 胶毛藻科（Chaetophoraceae）

植物体为分枝的丝状体，多数种类具有直立部分和匍匐部分的分化。直立枝各部分的宽度多相等或主轴较侧枝宽。有些种类直立枝退化，匍匐部分有的种类形成盘状或假薄壁组织状；丝状体前端常具无色多细胞的毛。每个细胞具1个周生、带状色素体。蛋白核1至数个。细胞核1个。

营养繁殖不常见。营无性生殖时除顶端细胞和基细胞外，均可产生具2根或4根鞭毛的动孢子，有时产生2种动孢子，即大动孢子和小动孢子。许多种类也可以形成静孢子或厚壁孢子。

（1）毛枝藻属（*Stigeoclonium*）

形态特征：植物体为1列细胞组成的分枝丝状体，着生，有的具胶质，由匍匐部分和直立部分组成，有的种类直立枝发达，有的种类直立枝发育不全，匍匐枝极丰富；主轴与分枝无明显分化，其宽度相差也不大，直立枝常形成互生或对生的分枝，分枝上的小枝常分散而不呈丛状，顶端渐细，形成多细胞的无色的毛；细胞圆柱形、腰鼓形，每个细胞具1个周生、带状色素体，具1个或数个蛋白核，色素体或充满整个细胞内腔，或仅占细胞内腔的一部分。

采集地：福建闽江流域、闽东南诸河流域、苏州各湖泊、珠江流域（广州段）。

采自苏州各湖泊

毛枝藻（*Stigeoclonium* sp. 1）

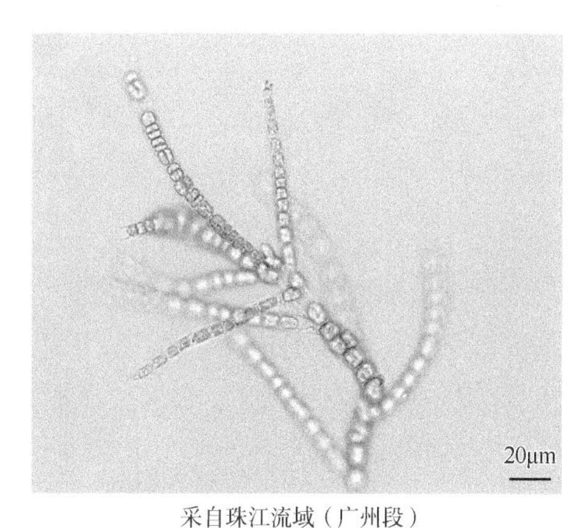

采自珠江流域（广州段）

毛枝藻（*Stigeoclonium* sp. 2）

1）池生毛枝藻（*Stigeoclonium stagnatile*）

形态特征：植物体绒毛状，着生，有时漂浮；丝状体长，柔软，分枝互生、对生，或有时2或3个分枝从1个细胞长出，分枝间的距离较宽，小分枝有时较短，呈刺状，常弯曲，末端尖细，罕见具刚毛；主轴细胞圆柱形，横壁不收缢，宽（6～）8～13（～32）μm，长为宽的1～3倍，有时长为宽的3～6倍（特别是近分枝处的细胞）。

采集地：辽河流域。

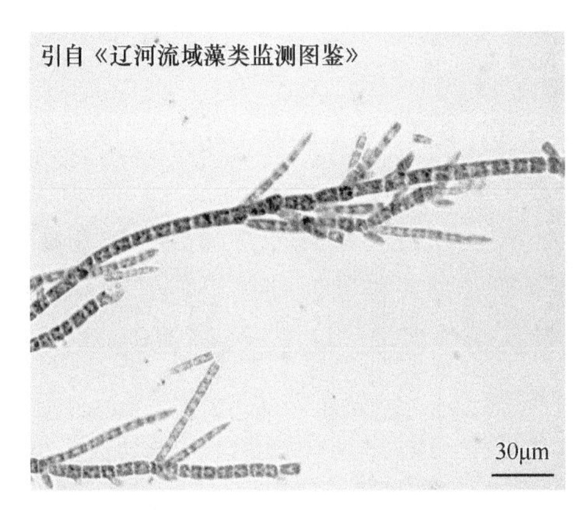

池生毛枝藻（*Stigeoclonium stagnatile*）

（六）鞘藻目（Oedogoniales）

丝状体，分枝或不分枝。以基细胞或假根状枝着生于其他物体上或漂浮于水面。细胞单核。色素体周生，网状，具1至多个蛋白核。

1. 鞘藻科（Oedogoniaceae）

此科的特征与目相同。鞘藻科包括3属：鞘藻属、毛鞘藻属和枝鞘藻属（下文未介绍）。在我国这3个属都有分布。鞘藻属和毛鞘藻属生长在水中。枝鞘藻属中的绝大多数生长在潮湿土壤上。

此科藻类分布很广，在温暖地区的各种浅水水体中都比较常见。

（1）鞘藻属（*Oedogonium*）

形态特征：植物体不分枝，营养细胞圆柱形，在有些种类上端膨大，或两侧呈波状，顶端细胞的末端呈钝圆形、短尖形或变成毛样。

本属的种类分布在稻田、水沟及池塘等各种静水水体中，在暖和季节生长繁茂。大量繁殖会对养鱼业造成危害。

采集地：松花江流域、辽河流域、福建闽江流域、闽东南诸河流域、汀江流域、苏州各湖泊、珠江流域（广州段）。

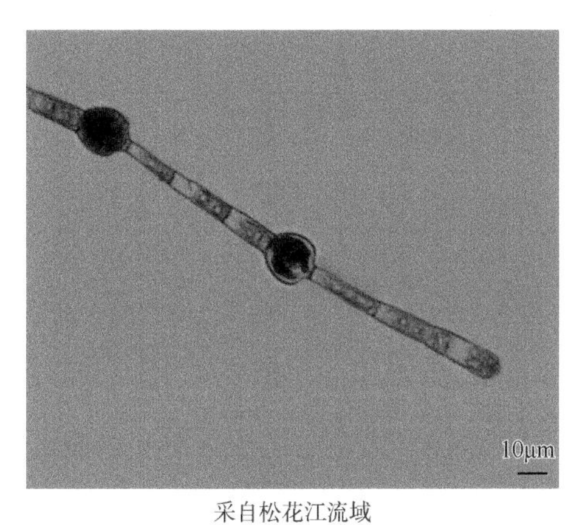

采自松花江流域

鞘藻（*Oedogonium* sp. 1）

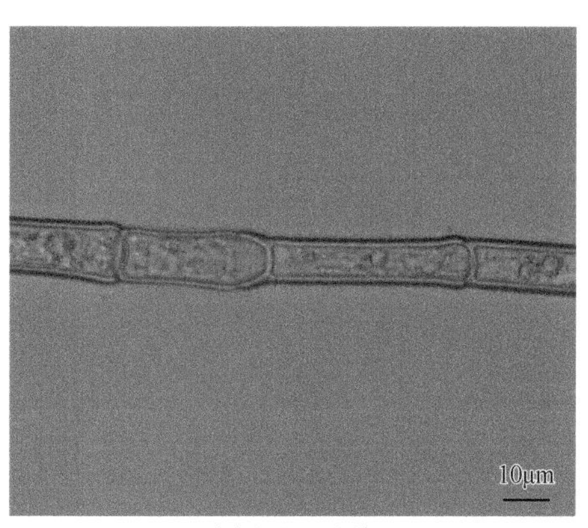

采自松花江流域

鞘藻（*Oedogonium* sp. 2）

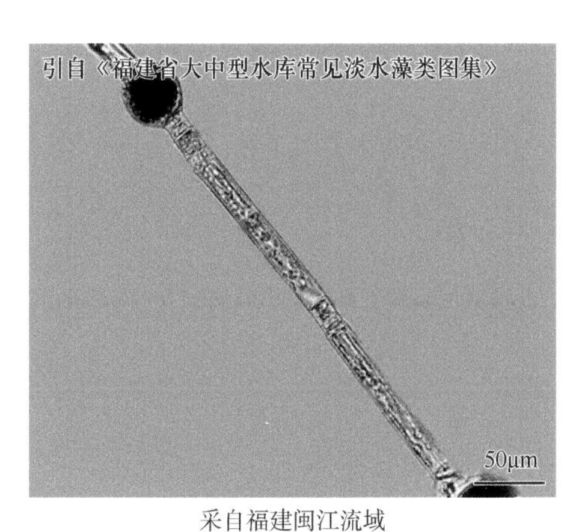

采自福建闽江流域

鞘藻（*Oedogonium* sp. 3）

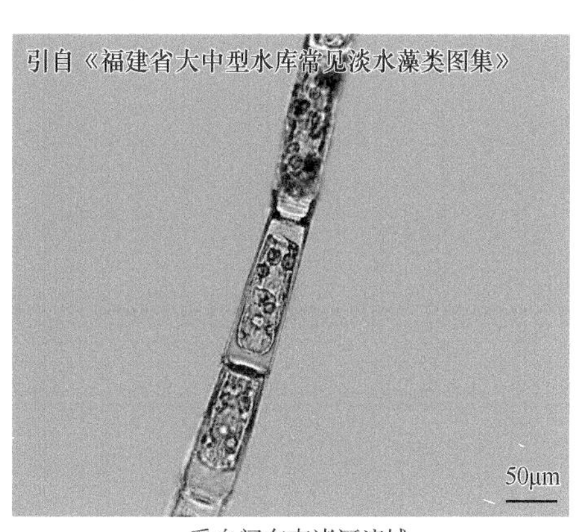

采自闽东南诸河流域

鞘藻（*Oedogonium* sp. 4）

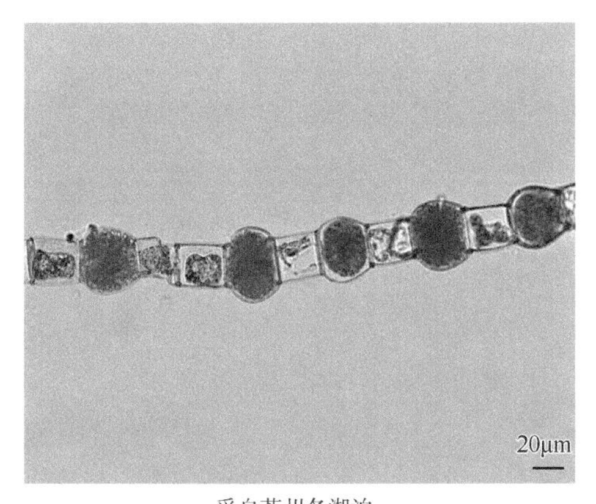

采自苏州各湖泊

鞘藻（*Oedogonium* sp. 5）

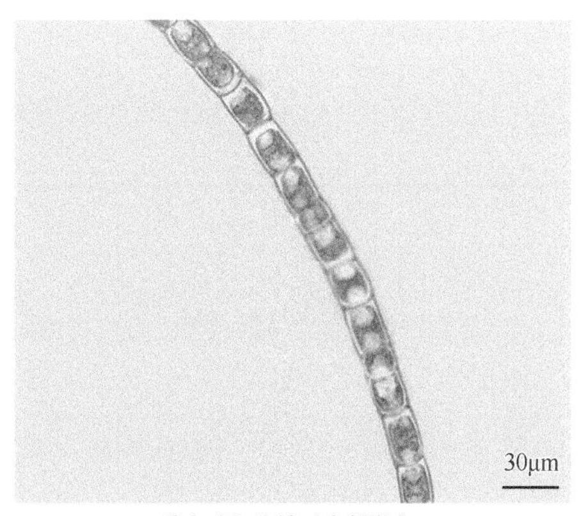

采自珠江流域（广州段）

鞘藻（*Oedogonium* sp. 6）

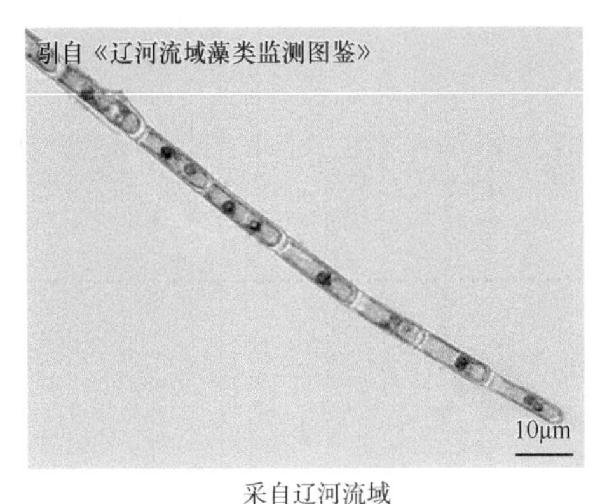

采自辽河流域

鞘藻（*Oedogonium* sp. 7）

（2）毛鞘藻属（*Bulbochaete*）

形态特征：水生；植物体单侧分枝，以具附着器的基细胞附着他物上。营养细胞一般向上略扩大，在纵断面略呈楔形；多数细胞上端的一侧具1条细长、管状、基部膨大成为半球形的刺毛。主轴细胞一般限于由基细胞分生，由其他细胞分生的绝少。

采集地：福建闽江流域、闽东南诸河流域。

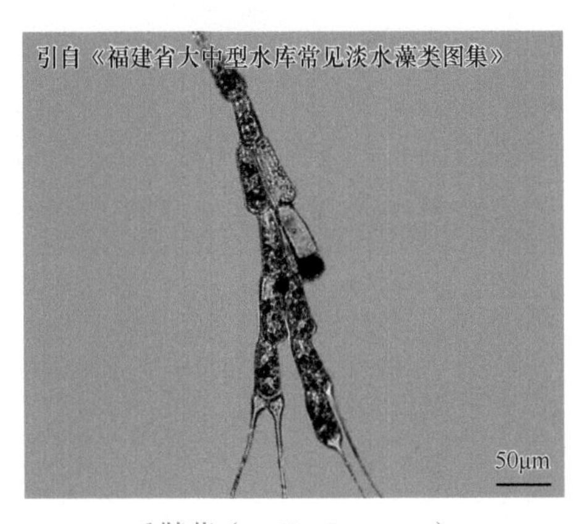

毛鞘藻（*Bulbochaete* sp.）

二、双星藻纲（Zygnematophyceae）

植物体的营养细胞和生殖细胞都不具鞭毛，有性生殖为接合生殖，由营养细胞形成没有鞭毛的可做变形运动的配子，在接合管或接合囊或一侧的配子囊中相接合，形成接合孢子，这种独特的接合生殖方式是此纲的主要特征，自成一个界线分明而又相当独特的类群。双星藻纲中包括两类，分别为植物体由单列丝状体所组成的双星藻类，以及绝大多数为单细胞、少数为单列丝状体或群体的鼓藻类（desmids）。鼓藻类包括“囊皮鼓藻类”（saccoderm desmids）和“扁皮鼓藻类”（placoderm desmids）两类，在全世界有

6000多种，双星藻类已报道有11个属，在中国报道有9个属，349种；囊皮鼓藻类在全世界已报道有7个属，中国已报道有6个属，17个分类单位；扁皮鼓藻类在全世界已报道有37个属，在中国报道有27个属，有1000多个分类单位，鼓藻类以其种类的形态复杂和多样性及细胞明显的对称性为主要特征。由于它们是纯淡水种类，几乎都生长在淡水水体中，在特殊的生境中长有独特的类群。

（一）双星藻目（Zygnematales）

藻体为单细胞或单列不分枝的丝状体。细胞呈圆形、椭圆形、圆柱形、纺锤形、棒形等多种形状，中部无收缢。细胞壁由完整的一片组成，壁平滑，没有小孔。色素体1或2个，周生的为螺旋带状、片状、板状，轴生的为螺旋脊状、片状、星状、盘状、板状，每个色素体具1个、2个或多个蛋白核或无，储藏产物为淀粉，少数种类含有油滴。细胞核1个，位于细胞的中部或中部一侧。少数种类细胞具液泡。

营养繁殖：单细胞的为细胞分裂进行繁殖。丝状体的为丝体断裂，其段片不断进行横分裂以形成新的植物体。

无性生殖：形成静孢子、休眠孢子、厚壁孢子、单性孢子。

有性生殖：为接合生殖，进行接合生殖时互相贴近的两个细胞形成接合管或接合囊，两个可变形的配子在接合管、接合囊或雌配子囊中相接合形成接合孢子。绝大多数种类的接合孢子壁为3层，即外孢壁、中孢壁和内孢壁，少数种类中孢壁分为2层，极少数种类中外孢壁也分为2层，中孢壁平滑或具花纹，少数种类外孢壁也具花纹。接合孢子萌发形成1个、2个或4个子细胞。

此目藻类均产于淡水，生长在各种水体中，双星藻科的藻类生长在有机质较丰富的、浅的静水水体中，少数种类生长在潮湿土壤上，个别种类能在半咸水中生活。中带鼓藻科的种类一般生活在偏酸性的静水水体中，有的种类生长在潮湿土壤上。

1. 中带鼓藻科（Mesotaniaceae）

植物体为单细胞，仅一个属由数个细胞彼此连成暂时性的单列不分枝的短丝体，具或不具胶被。细胞椭圆形、圆柱形、纺锤形或棒形，多数直，少数略弯，中部无收缢，垂直面观为圆形。细胞壁由完整的片组成，外层壁平滑，由水化的果胶质组成，外层壁内是裸露的无覆盖物的初生壁，无或仅具很薄的被壳，次生壁由纤维素的微纤维组成，呈丝状的带，细胞壁平滑，没有小孔。色素体周生的为带状、螺旋带状、片状，轴生的为螺旋脊状、带状、片状、星状，具1个或多个蛋白核，储藏产物为淀粉，少数种类含有油滴。细胞核1个，位于细胞的中部或中部的一侧。

营养繁殖：细胞分裂形成2个子细胞。

无性生殖：形成静孢子。

有性生殖：接合生殖为互相贴近的2个细胞产生乳头状突起并形成接合管或接合囊，2个可变形的配子在接合管或接合囊中相接合形成接合孢子。接合孢子壁平滑，萌发形成2个或4个子细胞。

此科藻类又称囊皮鼓藻类，一般生长在软水水体中，在水坑、池塘、静水小湖、沼泽中浮游或附着在水生高等植物上，许多种类亚气生，生长在潮湿的土表、滴水岩石表面或稻田中。极少数种类生长在半咸水或咸水中。

（1）中带鼓藻属（*Mesotaenium*）

形态特征：植物体为单细胞，细胞圆柱形或近圆柱形，多数直，少数略弯，逐渐向两端变狭，两端钝圆，少数近平直；细胞壁平滑，无色；每个细胞通常具有1个色素体，有时2个，轴生、片状，每个色素体具1个或数个蛋白核；细胞内常含有油滴，少数种类由于细胞液中含有藻紫素而呈紫色或紫罗兰色；细胞核位于细胞中部的一侧。常见的营养繁殖为细胞分裂，无性生殖产生球形的静孢子，有性生殖形成接合孢子，球形或四角形。多数种类气生或亚气生，有的种类生长在雪冰中，使雪冰着色。

采集地：苏州各湖泊、福建闽江流域、闽东南诸河流域。

1）中带鼓藻（*Mesotaenium endlicherianum*）

形态特征：细胞圆柱形，大多数直，极少数略弯，长为宽的3～4倍，两端广圆形；色素体1个的为轴生，或2个的稍为侧生，片状，每个色素体具1或2个蛋白核；细胞液无色或带紫色。细胞长17～55μm，宽5～12.5μm。

生境：生长在沼泽地、小水塘或山地小湖；浮游或半气生；在高寒的雪地也可以形成黄雪。

采集地：苏州各湖泊。

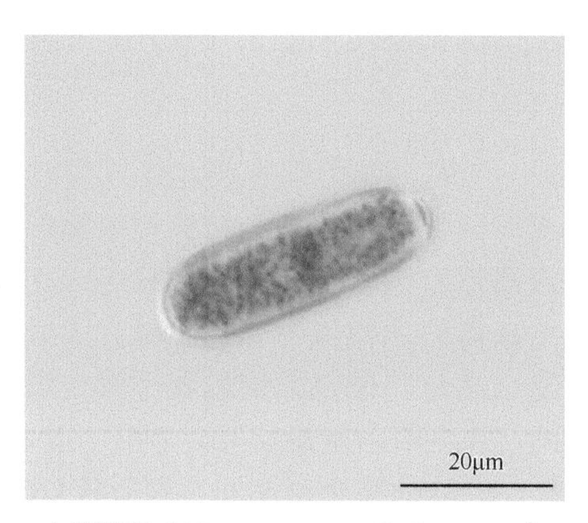

中带鼓藻（*Mesotaenium endlicherianum*）

（2）梭形鼓藻属（*Netrium*）

形态特征：植物体为单细胞，大，圆柱形、近圆柱形、椭圆形或纺锤形，两端圆形或截圆形，长为宽的2倍或大于2倍；细胞壁平滑；每个细胞具2个或4个色素体，轴生，每个色素体具6～12个辐射状的纵脊，其缘边具明显的缺刻，常具1个棒状的蛋白核，但有时具数个纵列的球形到不规则形的或多数散生的蛋白核，有些种类细胞两端各具1个液泡，内含结晶的运动颗粒，在色素体辐射状纵脊之间有时也具结晶的运动颗粒；细胞核位于两色素体之间、细胞的中央。

采集地：福建闽江流域、闽东南诸河流域。

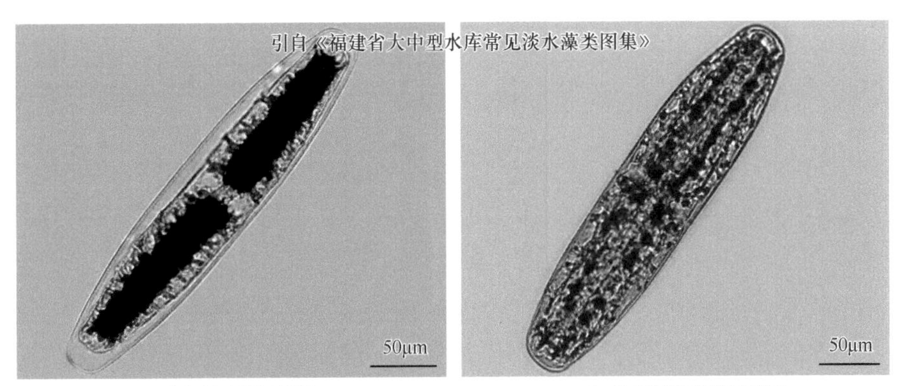

A. 采自福建闽江流域　　B. 采自闽东南诸河流域

梭形鼓藻（*Netrium* sp.）

2. 双星藻科（Zygnemataceae）

植物体为单列不分枝的丝状体，偶尔产生假根状分枝；细胞圆柱形，细胞壁平滑，细胞横壁有平滑型、折叠型、半折叠型和束合型。色素体1个或多个，周生的为螺旋带状，轴生的为星芒状、板状、盘状、球状，每个色素体具1个、2个或多个蛋白核或无，储藏产物为淀粉，少数种类含有油滴。细胞核1个，位于细胞的中部或中部的一侧。少数种类细胞具液泡。

生长在有机质较丰富、浅的静水水体中，在水坑、池塘、静水小湖、沼泽中生长繁殖，少数种类生长在潮湿土壤上，个别种类能在半咸水中生活。大多数种类幼体时着生，长成后漂浮于水面，形成碧绿色的漂浮藻团，转板藻属的少数种类为湖泊、池塘中的浮游藻类。

此科藻类属、种分类的主要依据是营养细胞的构造、配子囊和孢子囊的特征以及孢子的形态构造等。尤其是种的鉴定，接合孢子的形状和孢壁结构更为重要，所以要鉴定种类，必须采到成熟孢子的丝体，成熟藻体通常呈黄褐色，易断裂。

（1）转板藻属（*Mougeotia*）

形态特征：藻丝不分枝，有时产生假根；营养细胞圆柱形，其长度通常比宽度大4

倍以上；细胞横壁平直。色素体轴生，板状，1个，极少数2个。具多个蛋白核，排列成1行或散生。细胞核位于色素体中间的一侧。

采集地：苏州各湖泊、福建闽江流域、闽东南诸河流域、汀江流域、山东半岛流域（崂山水库）、滇池流域、甬江流域。

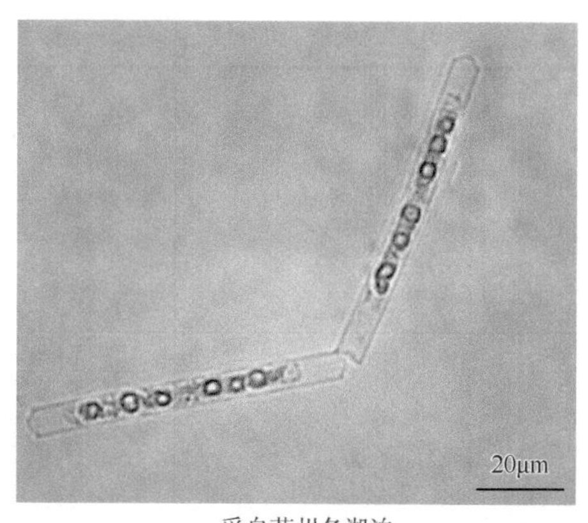

采自苏州各湖泊

转板藻（*Mougeotia* sp. 1）

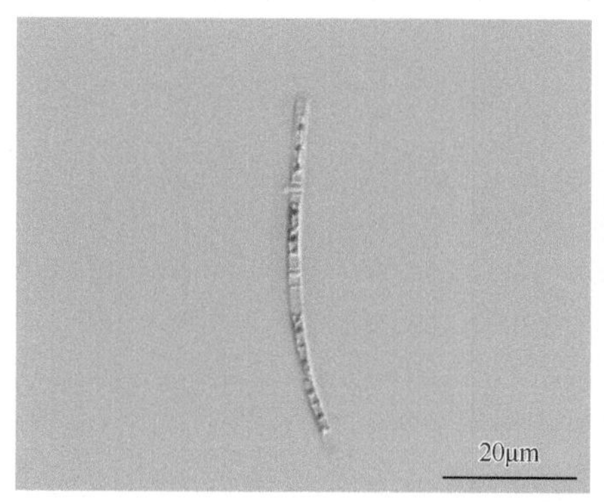

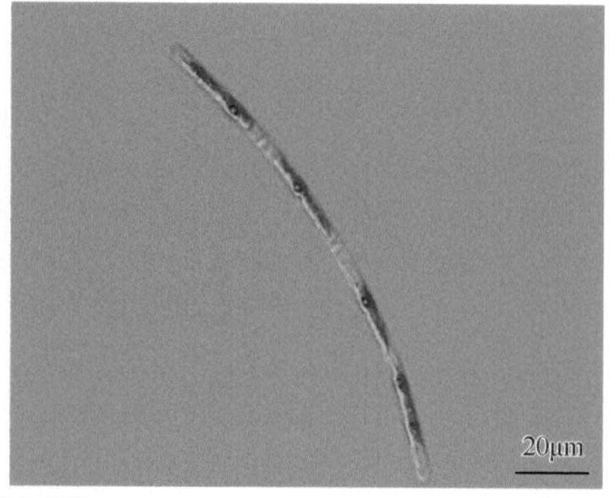

采自苏州各湖泊

转板藻（*Mougeotia* sp. 2）

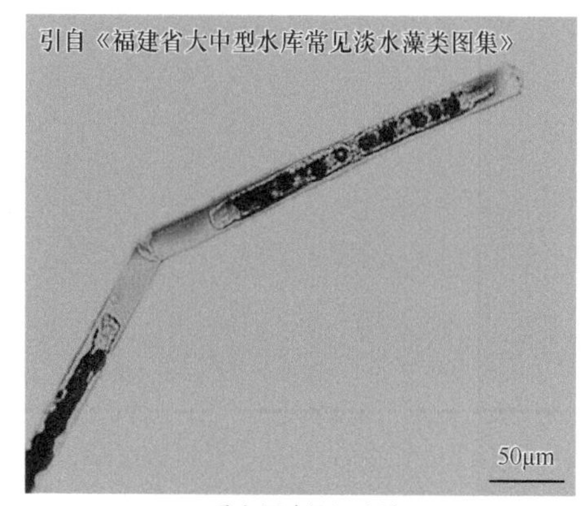

采自福建闽江流域

转板藻（*Mougeotia* sp. 3）

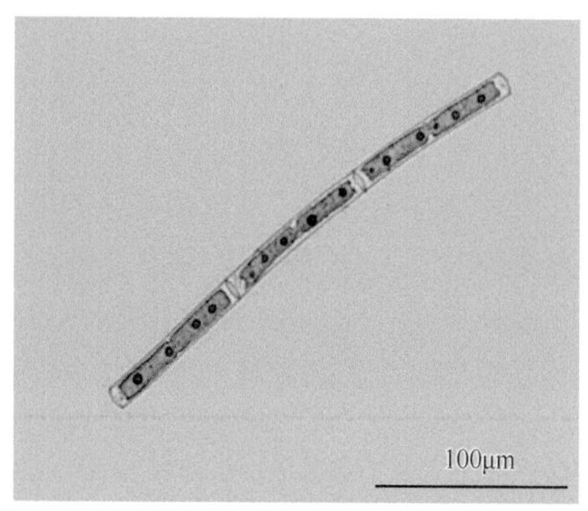

采自滇池流域

转板藻（*Mougeotia* sp. 4）

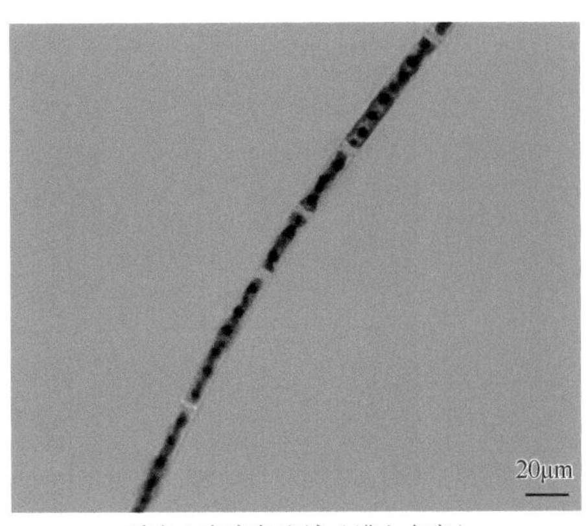

采自山东半岛流域（崂山水库）

转板藻（*Mougeotia* sp. 5）

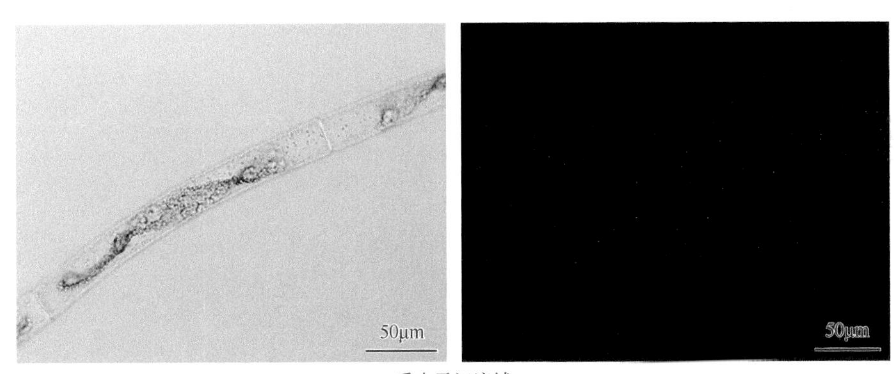

采自甬江流域

转板藻（*Mougeotia* sp. 6）

（2）水绵属（*Spirogyra*）

形态特征：藻体为长而不分枝的丝状体，偶尔产生假根状分枝。营养细胞圆柱形，细胞横壁有平直型、折叠型、半折叠形、束合型等4种类型。色素体1～16条，周生，带状，沿细胞壁作螺旋盘绕，每条色素体具1列蛋白核。接合管通常由雌雄两配子囊的侧壁上发生的两突起发育而成；有的仅由雄配子囊的一侧发生。接合孢子仅位于雌配子囊内。雌配子囊有的胀大或膨大，有的仅向一侧（内侧或外侧）膨大，或内外两侧均膨大，有的呈椭圆形膨大或柱状膨大。少数种类有性生殖时的不育细胞呈球状、圆柱状或哑铃状膨大。接合孢子形态多样。孢壁常为3层，少数为2层、4层、5层；中孢壁平滑或具一定类型的花纹，成熟后为黄褐色。有些种类产生单性孢子或静孢子。多数种类为微污水生物带的指示种。本属是最熟悉的并分布最广的接合藻类，种类很多，已记录约300种。

采集地：苏州各湖泊、福建闽江流域、闽东南诸河流域、山东半岛流域（崂山水库）、珠江流域（广州段）、甬江流域、辽河流域。

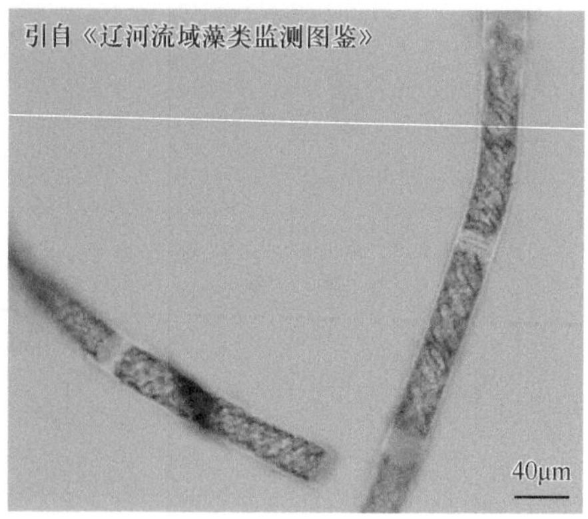

采自辽河流域

水绵（*Spirogyra* sp. 1）

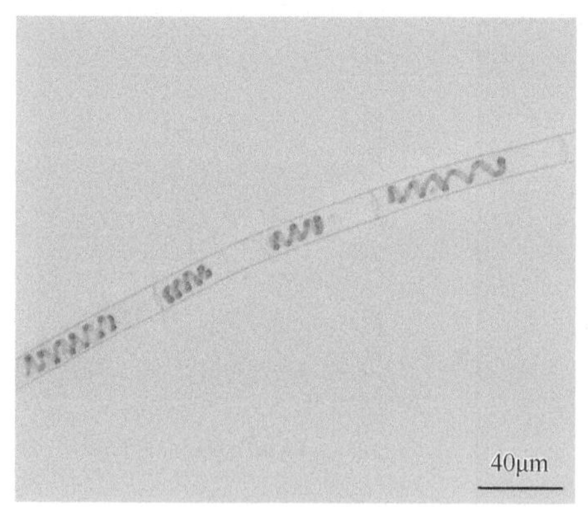

采自苏州各湖泊

水绵（*Spirogyra* sp. 2）

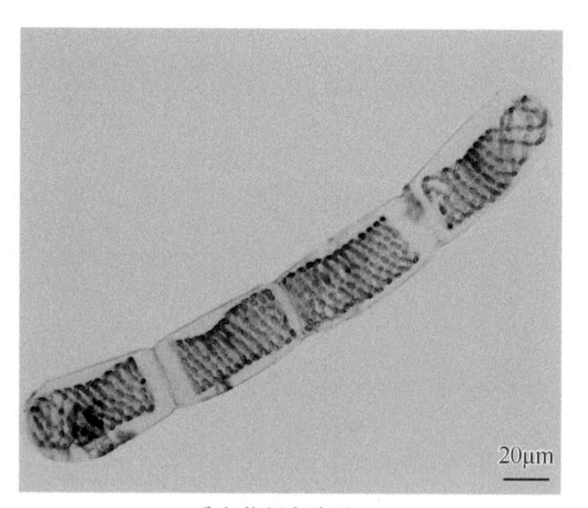

采自苏州各湖泊

水绵（*Spirogyra* sp. 3）

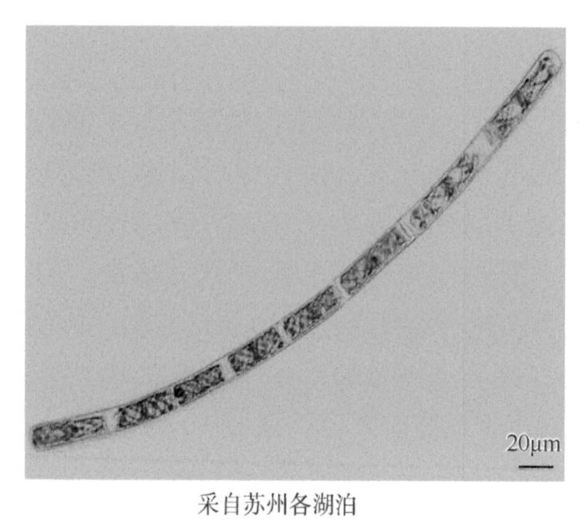

采自苏州各湖泊

水绵（*Spirogyra* sp. 4）

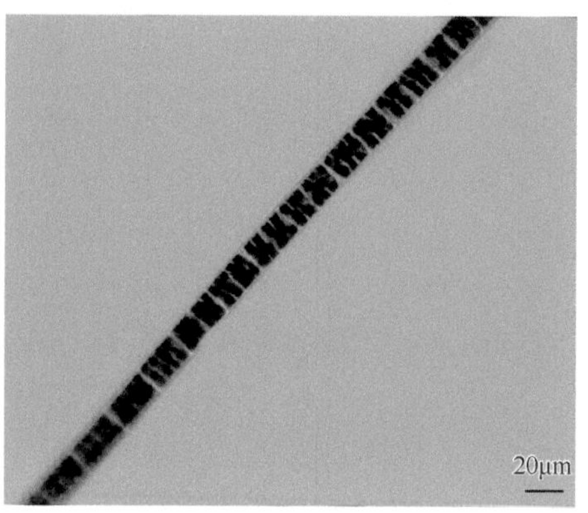

采自山东半岛流域（崂山水库）

水绵（*Spirogyra* sp. 5）

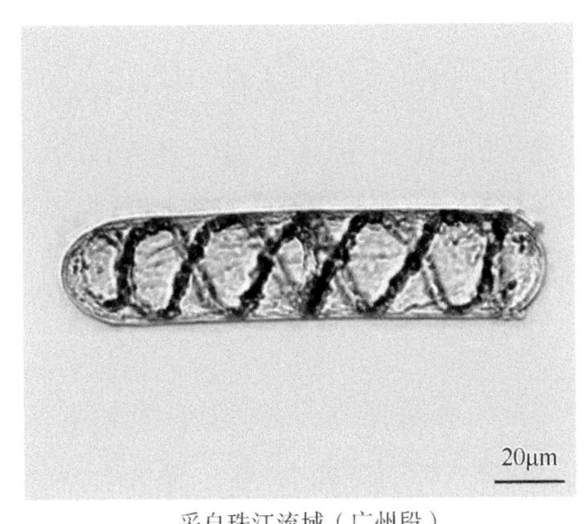

采自珠江流域（广州段）

水绵（*Spirogyra* sp. 6）

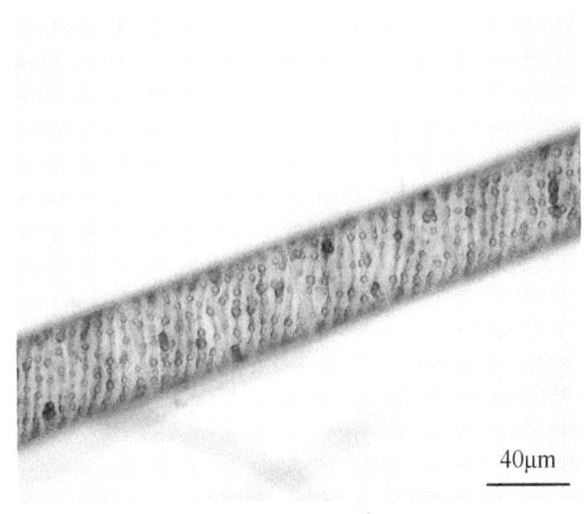

采自甬江流域

水绵（*Spirogyra* sp. 7）

（二）鼓藻目（Desmidiales）

植物体绝大多数为单细胞，少数为单列不分枝的丝状体或不定形群体，具或不具胶被。

细胞形态多种多样，明显对称，中部无收缢或具收缢，垂直面观为圆形、椭圆形、三角形、多角形等。细胞壁由2个或数个段片组成，有小孔，壁平滑，具点纹、颗粒、乳头状突起、瘤、齿、刺、脊、结节等纹饰。少数属细胞中部无收缢，多数属的细胞中部具收缢，分成2个半细胞，每个半细胞具1或2个轴生的色素体或具4个到多个周生的色素体，每个色素体具1个、2个或多个蛋白核，储藏产物为淀粉，少数种类含有油滴。细胞核1个，绝大多数细胞具缢部的属，细胞核位于两个半细胞之间缢部的中央。少数细胞中部无收缢的属，色素体轴生，细胞核位于细胞的中部，细胞核两端到近细胞的顶部各具1个、2个或4个色素体，每个色素体具1个、2个或多个呈1纵列或散生的蛋白核。少数种类细胞顶部具明显的液泡，内含1个或多个结晶的运动颗粒。

营养繁殖：单细胞的种类为细胞分裂，分裂的细胞产生1个新的半细胞，细胞分裂后老的半细胞和新形成的半细胞间具缝线。单列不分枝丝状体为丝体断裂或细胞分裂。

无性生殖：形成静孢子、休眠孢子、厚壁孢子及单性孢子。

有性生殖为接合生殖，进行接合生殖时互相贴近的2个细胞形成接合管或接合囊，2个可变形的配子在接合管、接合囊或雌配子囊中相接合形成接合孢子。接合孢子壁平滑或具纹饰，萌发形成1个或2个、极少数为4个子细胞。

此目藻类是纯淡水种类，生长在各种水体中，一般生长在偏酸性的小水体中，有的种类亚气生。极少数种类生长在半咸水或咸水中。不同的地区和不同的水环境常有特殊的特有种类。

1. 鼓藻科（Desmidiaceae）

植物体绝大多数为单细胞，少数为单列不分枝的丝状体或不定形群体。细胞一般具胶被，少数不具胶被。

细胞呈圆形、椭圆形、卵形、圆柱形、纺锤形、棒形等多种形状，明显对称。垂直面观为圆形、椭圆形、三角形、多角形等。少数属的细胞中部无收缢，多数属的细胞中部略凹入或明显凹入，凹入处称为缢缝。缢缝将细胞分为两个部分，每一部分称为半细胞，2个半细胞的连接区称为缢部，连接2个半细胞；细胞两端的细胞壁称为顶缘，顶缘至半细胞基部间的细胞壁称为侧缘，顶缘和侧缘间的交接处为顶部角，侧缘和缢缝间的交接处为基部角；细胞壁平滑，具点纹、圆孔纹、颗粒、瘤、结节、齿、刺和乳头状突起等纹饰，初生壁上常具铁盐沉积，使壁呈黄褐色，除缢部外，细胞的次生壁有许多小孔；每一个半细胞具1或2个轴生的色素体或4个到多个周生的色素体，轴生的为螺旋脊状、片状、星状，周生的为螺旋带状、片状，每个色素体具1个、2个或多个蛋白核。细胞核位于缢部的中间，少数细胞中无缢部的属，细胞核位于细胞的中部；某些种类细胞顶部具明显的液泡，内含1个或多个结晶的运动颗粒。

营养繁殖为细胞分裂，细胞具缢部的由缢部延长横向分裂成2个子细胞，每个子细胞各获得母细胞的1个半细胞，然后再长出1个新的半细胞，其形状和结构与母细胞相同。细胞无缢部的在分裂时细胞略伸长，常位于细胞的中部，横向分裂成，2个子细胞，每个子细胞各获得母细胞的1个半细胞，然后再长出1个新的半细胞，每次分裂新形成的半细胞和母细胞的半细胞之间的细胞壁上常留下横的缝线。

无性生殖：仅在少数种类中发现产生静孢子、休眠孢子、厚壁孢子及单性孢子。

有性生殖为接合生殖，两个母细胞在缢部裂开，做变形运动的配子在接合管、接合囊或雌配子囊中相接合形成接合孢子，合子分裂后产生1或2个子细胞，少数产生4个子细胞。仅在少数种类中发现有性生殖，合子的壁平滑或具刺、齿、瘤状突起等各种纹饰。

此科种类是纯淡水种类，生长在各种水体中，一般生长在软水水体，也有些种类生长在硬水中；一般生长在偏酸性的小水体中，在水坑、池塘、静水小湖、溪流、沼泽中浮游或附着在水生维管束植物上；有的生长在较大型湖泊、缓慢流动的河流的沿岸带，浮游或着生在各种基质上；有的种类亚气生，生长在潮湿的土表、滴水岩石的表面，混生在苔藓中间或稻田中。极少数种类生长在半咸水或咸水中。

（1）棒形鼓藻属（*Gonatozygon*）

形态特征：植物体为单细胞，有时彼此连成暂时性的单列丝状体，常在接合生殖或轻微扰动时断裂成单个细胞；细胞长圆柱形、近狭纺锤形或棒形，长为宽的8～20倍，少数达40倍，两端平直，有时略膨大或近头状；细胞壁平滑、具颗粒或小刺。色素体轴生，带状，较狭，具2个色素体的从细胞的一端伸展到细胞的中部，少数具1个色素体的从细胞的一端伸展到另一端，其中轴具一列由4～16个约等距离排列的蛋白核。细胞核位于2个色素体之间、细胞的中央，具1个色素体的位于细胞中央的一侧。

采集地：福建闽江流域、闽东南诸河流域、汀江流域、松花江流域、苏州各湖泊。

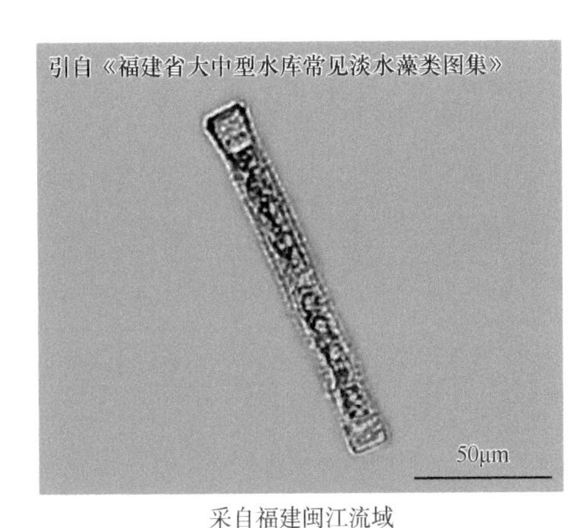

采自福建闽江流域

棒形鼓藻（*Gonatozygon* sp. 1）

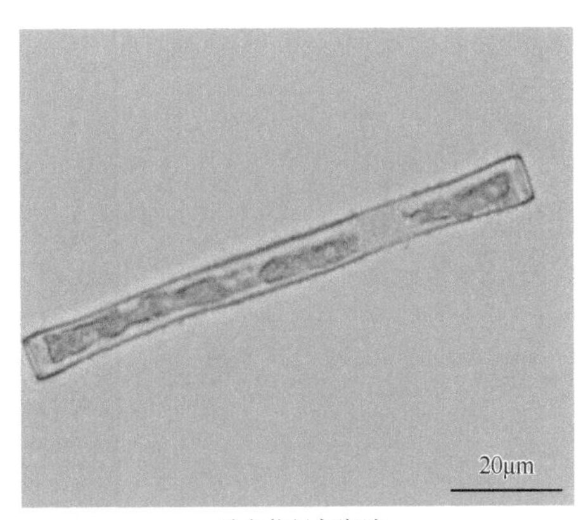

采自苏州各湖泊

棒形鼓藻（*Gonatozygon* sp. 2）

1）布雷棒形鼓藻（*Gonatozygon brebissonii*）

形态特征：细胞狭圆柱形到纺锤形，长为宽的10～36倍，顶部近头状；细胞壁具稠密的小颗粒，颗粒有时稀疏，明显或不明显。色素体2个，轴生，带状，从细胞的一端伸展到细胞的中部，每个色素体具5～16个蛋白核。细胞长80～288μm，宽6～11μm，顶部宽5～10μm。

生境：生长于软水水体和沼泽中。

采集地：松花江流域。

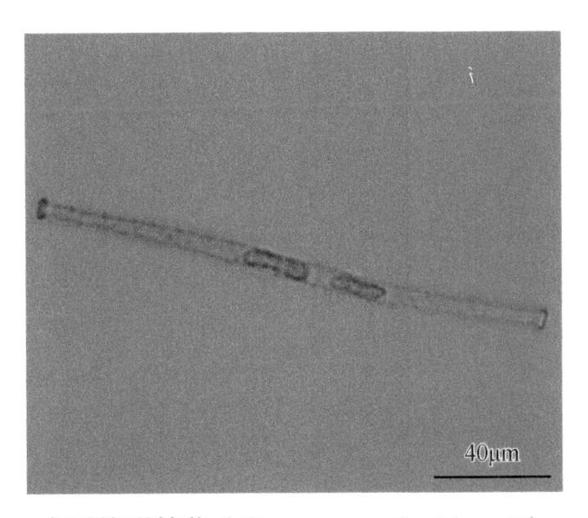

布雷棒形鼓藻（*Gonatozygon brebissonii*）

（2）柱形鼓藻属（*Penium*）

形态特征：植物体为单细胞；细胞圆柱形、近圆柱形、椭圆形或纺锤形，长为宽的数倍，中部略具收缢或不收缢；细胞中部两侧近平行，向顶部逐渐狭窄，顶端圆、截圆形或平截；垂直面观为圆形；细胞壁平滑，具线纹、小孔纹或颗粒，纵向或螺旋状排列，无色或黄褐色；每个半细胞具1个轴生的色素体，由数个辐射状纵长脊片组成，绝大多数种类每个色素体具1球形到杆形的蛋白核，但常可断裂成许多小球形到不规则形的蛋白核，少数种类具中轴1列蛋白核，个别种类半细胞具1个周生、带状的色素体；少数种类细胞两端各具1个液泡，内含数个石膏结晶的运动颗粒。细胞核位于2个色素体之间、细胞的中部。

采集地：福建闽江流域、闽东南诸河流域、苏州各湖泊。

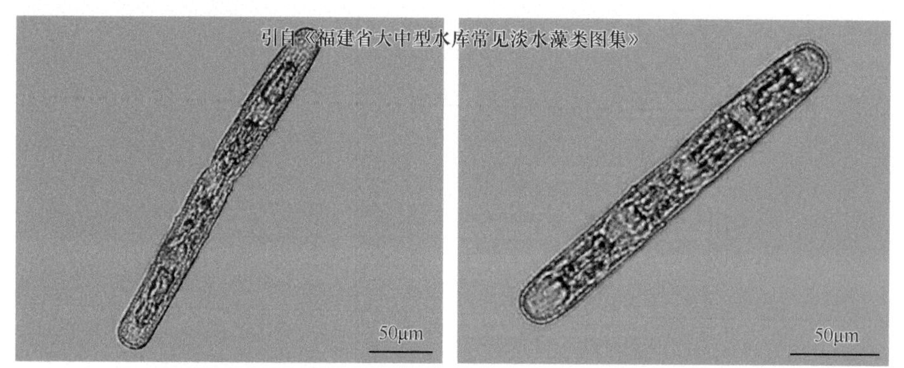

A. 采自闽东南诸河流域　　B. 采自福建闽江流域

柱形鼓藻（*Penium* sp.）

（3）新月藻属（*Closterium*）

形态特征：植物体为单细胞，新月形，略弯曲或显著弯曲，少数平直，中部不凹入，腹部中间不膨大或膨大，顶部钝圆，平直圆形、喙状或逐渐尖细；横断面圆形；细胞壁平滑，具纵向的线纹、肋纹或纵向颗粒，无色或因铁盐沉淀而呈淡褐色或褐色；每个半细胞具1个色素体，由1个或数个纵向脊片组成。蛋白核多数，纵向排成2列或不规则散生；两细胞两端各具1个液泡，内含1个或多个结晶状体的运动颗粒。细胞核位于2个色素体之间、细胞的中部。

采集地：福建闽江流域、闽东南诸河流域、汀江流域、苏州各湖泊、辽河流域、滇池流域、山东半岛流域（崂山水库）、三峡库区（湖北段）、丹江口水库、东湖、珠江流域（广州段）、嘉陵江流域（重庆段）。

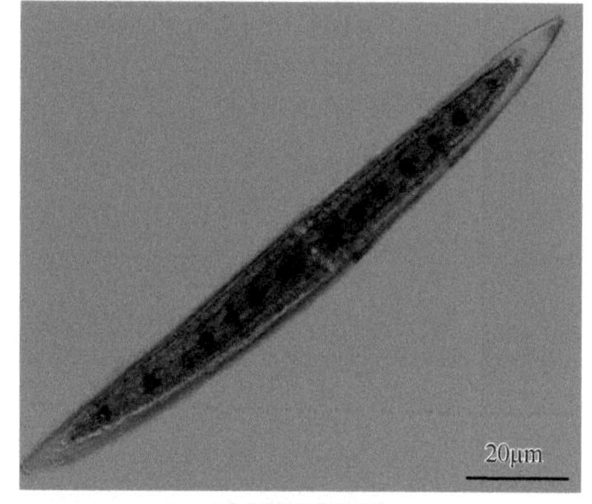

采自苏州各湖泊

新月藻（*Closterium* sp. 1）

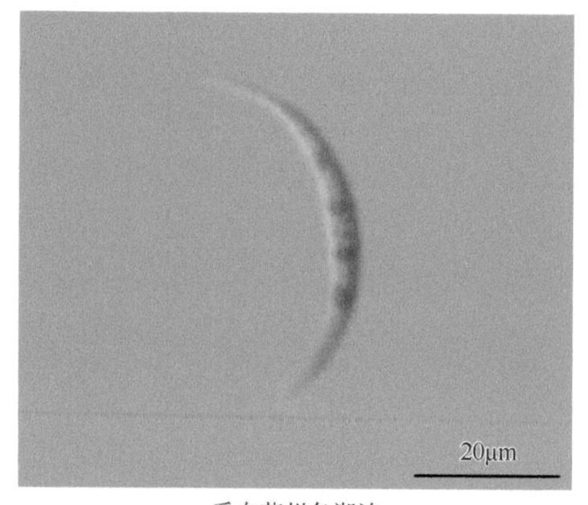

采自苏州各湖泊

新月藻（*Closterium* sp. 2）

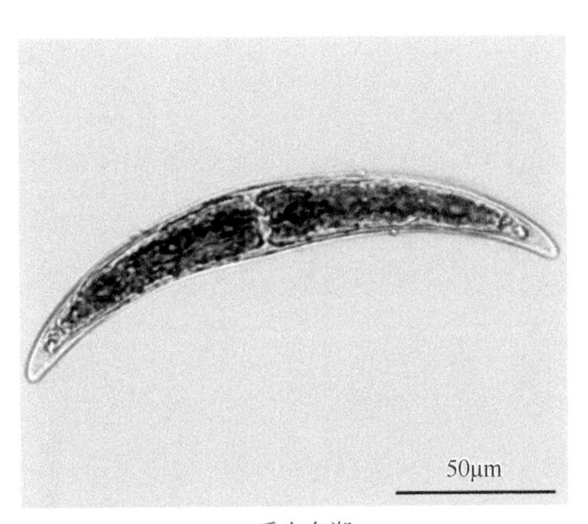

采自东湖

新月藻（*Closterium* sp. 3）

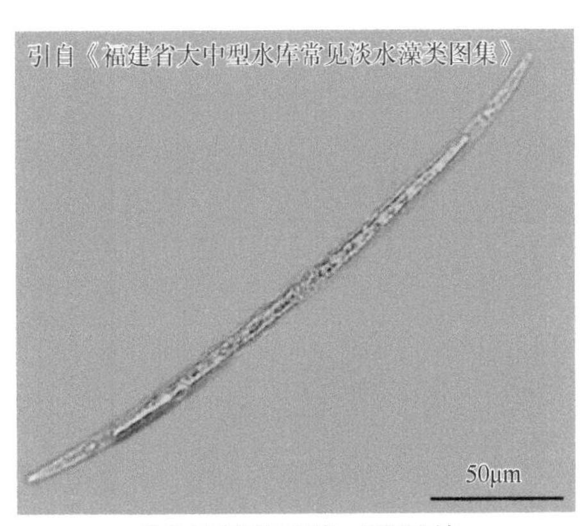

采自福建闽江流域、汀江流域

新月藻（*Closterium* sp. 4）

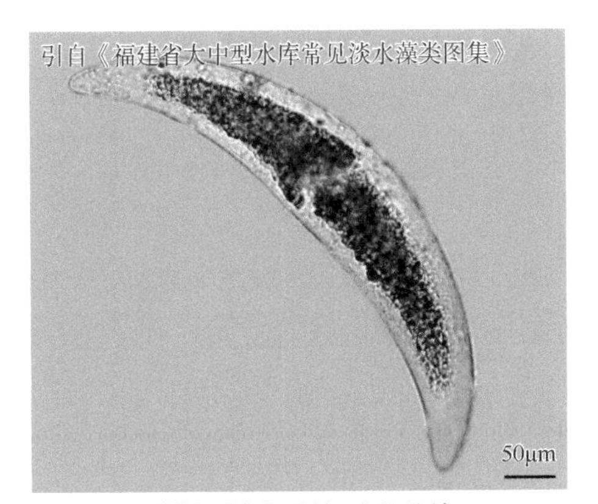

采自福建闽江流域、汀江流域

新月藻（*Closterium* sp. 5）

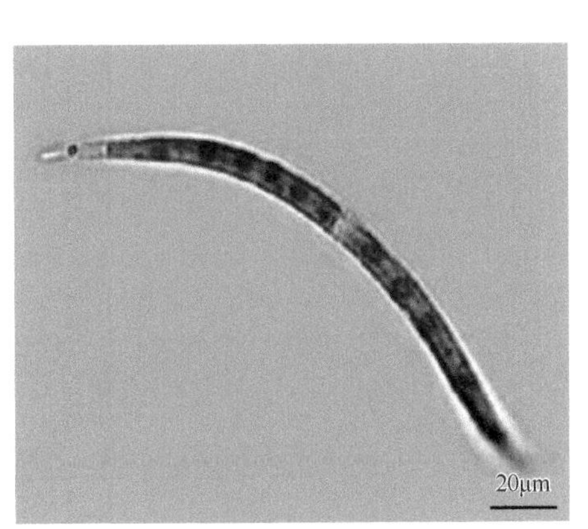

采自丹江口水库

新月藻（*Closterium* sp. 6）

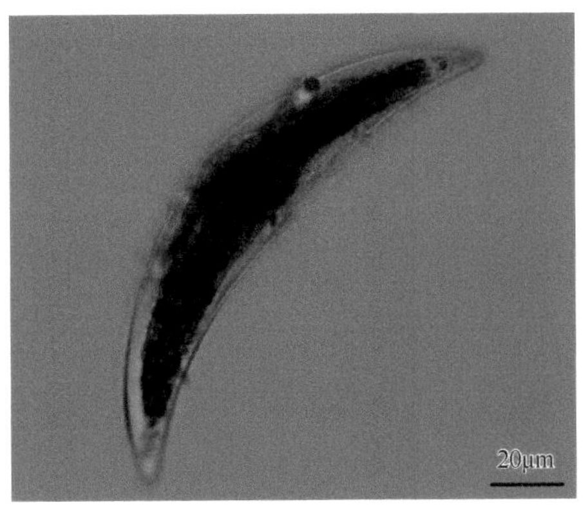

采自珠江流域（广州段）

新月藻（*Closterium* sp. 7）

1）锐新月藻（*Closterium acerosum*）

形态特征：细胞大，狭长纺锤形，长为宽的7～16倍，背缘略弯曲，呈50°～100°的弓形弧度，腹缘近平直或略凸，其后向顶部逐渐狭窄，呈圆锥形，顶端狭和截圆形，常略增厚；细胞壁平滑，无色，较成熟的细胞呈淡黄褐色，并具很难见的线纹，10μm中约

10条，具中间环带。色素体具5～12个脊状、中轴具1纵列5～29个蛋白核，末端液泡含数个运动颗粒。细胞长260～682μm，宽32～85μm，顶部宽4～13μm。

生境：生长在贫营养到略有有机质污染的水体中，pH为6～9，水温为10～30℃。

采集地：苏州各湖泊、珠江流域（广州段）。

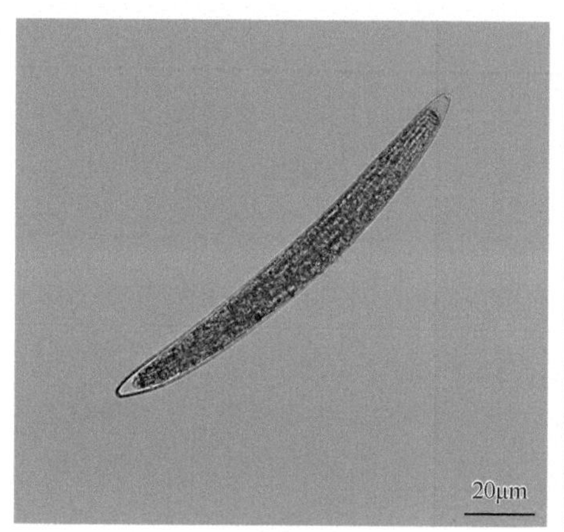

A. 采自苏州各湖泊

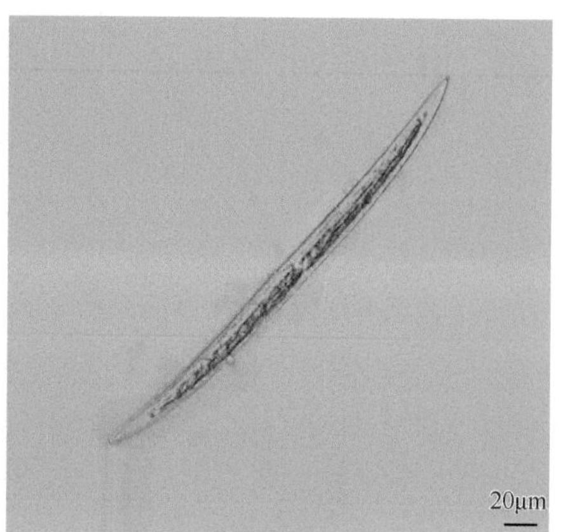

B. 采自苏州各湖泊

C. 采自珠江流域（广州段）

锐新月藻（*Closterium acerosum*）

2）埃伦新月藻（*Closterium ehrenbergii*）

形态特征：细胞大，长为宽的4～7倍，粗壮，中等程度弯曲，背缘呈110°～120°弓形弧度，腹缘略凹入，中部膨大，逐渐向两端变狭，顶端钝圆形；细胞壁平滑、无色。色素体具8～10条纵脊和许多不规则散生的蛋白核，末端液泡具许多运动颗粒。细胞长207～558μm，宽40～112μm，顶部宽7～16μm。

采集地：苏州各湖泊、嘉陵江流域（重庆段）。

3）纤细新月藻（*Closterium gracile*）

形态特征：细胞小，细长，线形，长为宽的18～70倍，细胞长度一半以上的两侧缘近平行，其后逐渐向两端狭窄，背缘以25°～35°弓形弧度向腹缘弯曲，顶端钝圆；细胞

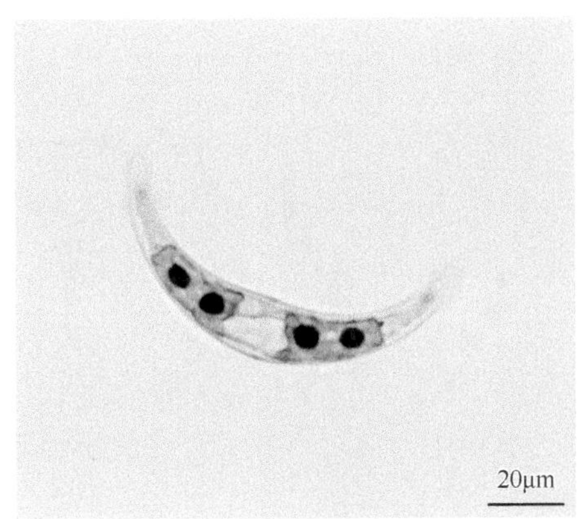

A. 采自苏州各湖泊

D. 采自苏州各湖泊

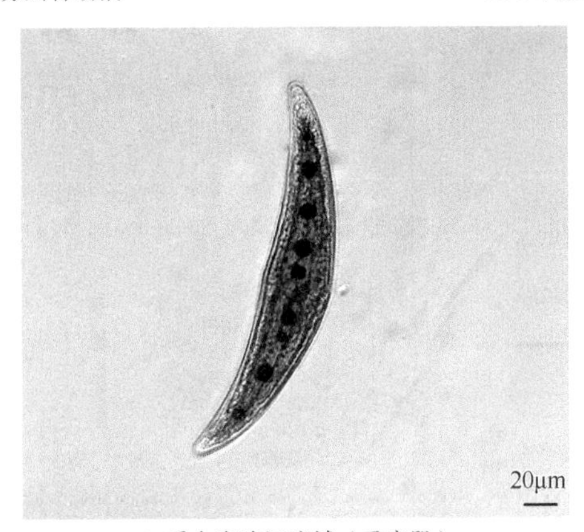

C. 采自嘉陵江流域（重庆段）

埃伦新月藻（*Closterium ehrenbergii*）

壁平滑、无色到淡黄色，具中间环带，有时不明显。色素体中轴具纵列4～7个蛋白核，末端液泡具1个到数个运动颗粒。细胞长211～784μm，宽6.5～18μm，顶部宽2～4μm。

生境：在水藓沼泽和永久性沼泽中常常大量存在。

采集地：苏州各湖泊、福建闽江流域、闽东南诸河流域、三峡库区（湖北段）、丹江口水库、山东半岛流域（崂山水库）、嘉陵江流域（重庆段）。

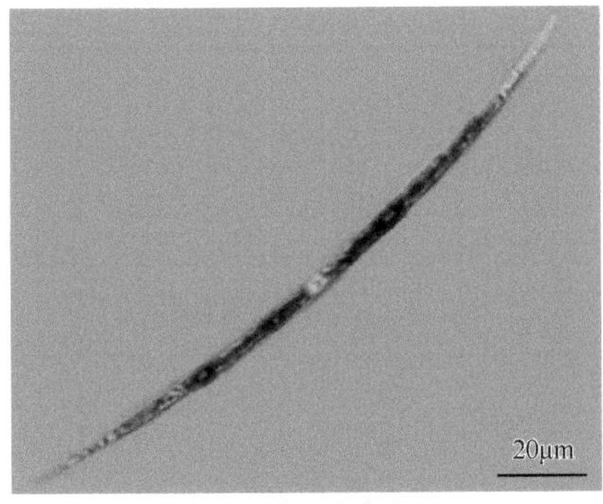

A. 采自苏州各湖泊

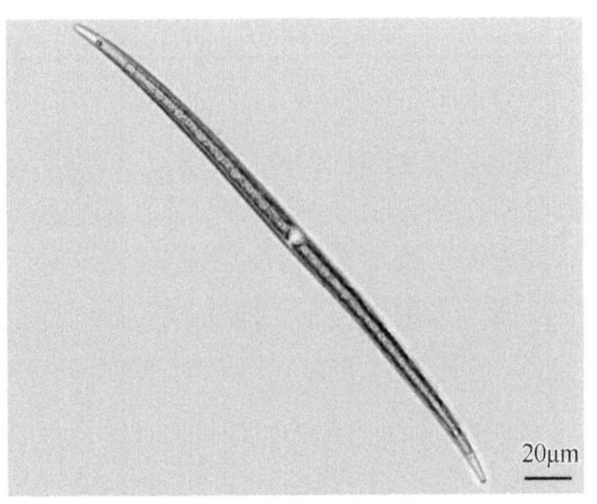

B. 采自山东半岛流域（崂山水库）

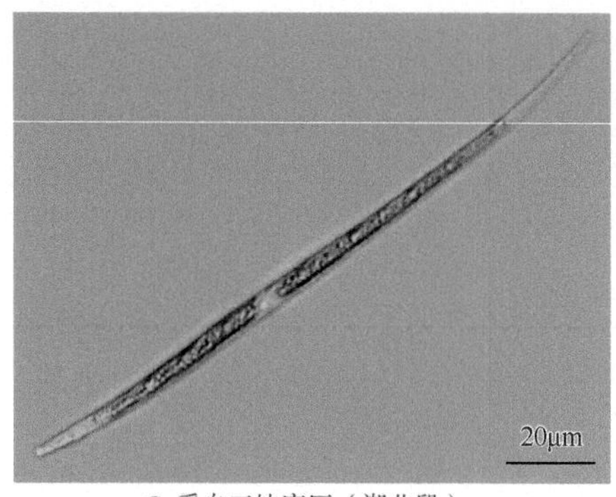

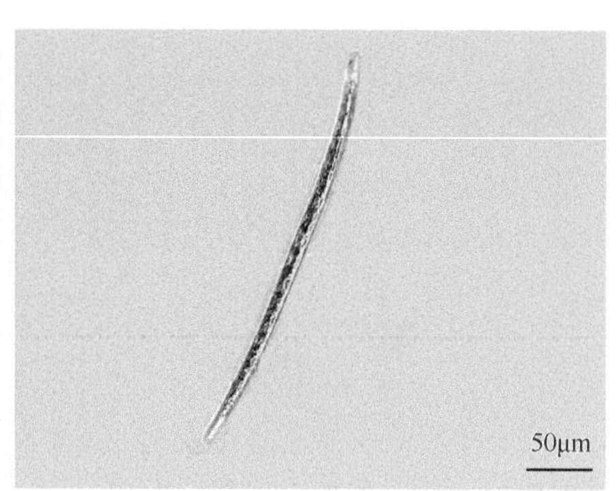

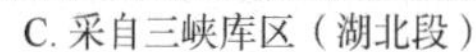
C. 采自三峡库区（湖北段） D. 采自嘉陵江流域（重庆段）

纤细新月藻（*Closterium gracile*）

4）库津新月藻（*Closterium kuetzingii*）

形态特征：细胞中等大小，长为宽的20～28倍；长、纵直，中部纺锤形到披针形，两侧近同等膨大，突然向顶部变狭并延长形成无色的长突起，顶部略向腹缘弯曲，顶端圆形，常略膨大和内壁增厚；细胞壁无色或黄褐色，在10μm中具8～11条纵线纹。色素体中轴具1列4～7个蛋白核，末端液泡大，位于无色长突起的基部，内含2～10个运动颗粒。细胞长143～564μm，宽11～24μm，顶部宽2.5～4μm。接合孢子近长方形，侧缘直或凹入，角平截或截圆形，长34.5～49.5μm，宽25～32μm。

采集地：苏州各湖泊、福建闽江流域、闽东南诸河流域。

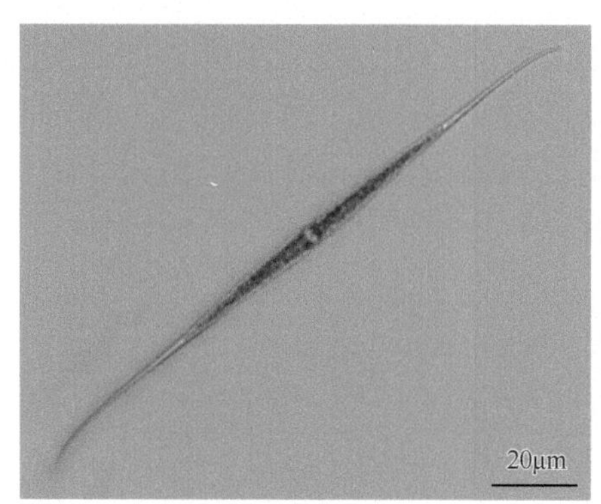

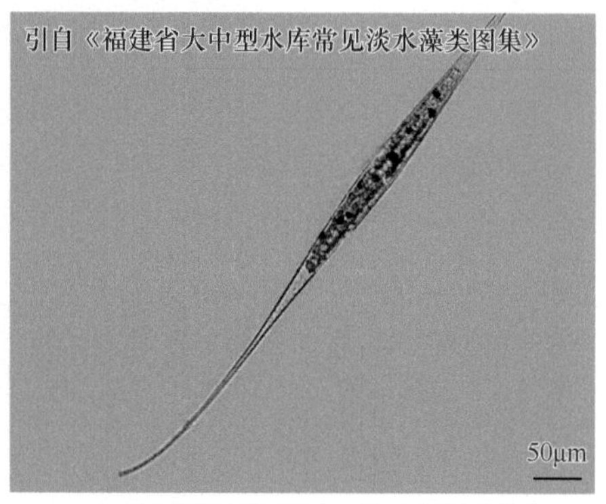

A. 采自苏州各湖泊 B. 采自福建闽江流域、闽东南诸河流域

库津新月藻（*Closterium kuetzingii*）

5）披针新月藻（*Closterium lanceolatum*）

形态特征：细胞大，长为宽的5～10倍，近披针形，直或略弯曲，背缘略凸起，呈28°～52°弓形弧度，腹缘直或略膨大，逐渐向两端变狭，顶部圆锥形到尖圆形；细胞壁平滑、无色。色素体具6～10条纵脊，中轴具1列6～12个蛋白核，末端液泡大约具10个运动颗粒。细胞长228～455μm，宽32～72μm，顶部宽5～9μm。

生境：生长在pH为5～7的水体中以及水藓沼泽中。

采集地：福建闽江流域。

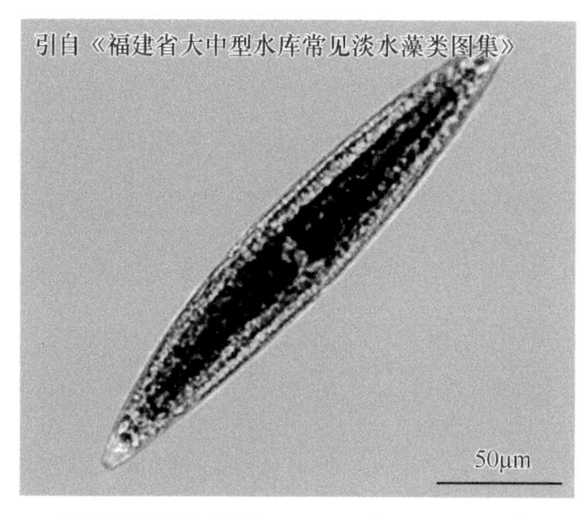

披针新月藻（*Closterium lanceolatum*）

6）项圈新月藻（*Closterium moniliforum*）

形态特征：细胞中等大小，粗壮，长为宽的5～8倍，中等程度弯曲，背缘呈50°～130°弓形弧度，腹缘中部略膨大，其后均匀地向顶部逐渐变狭，顶端钝圆；细胞壁平滑，无色。色素体约具6条纵脊，中轴具1列6～7个蛋白核，末端液泡具许多运动颗粒。细胞长165～415μm，宽25～59μm，顶部宽5～9μm。

采集地：苏州各湖泊、辽河流域。

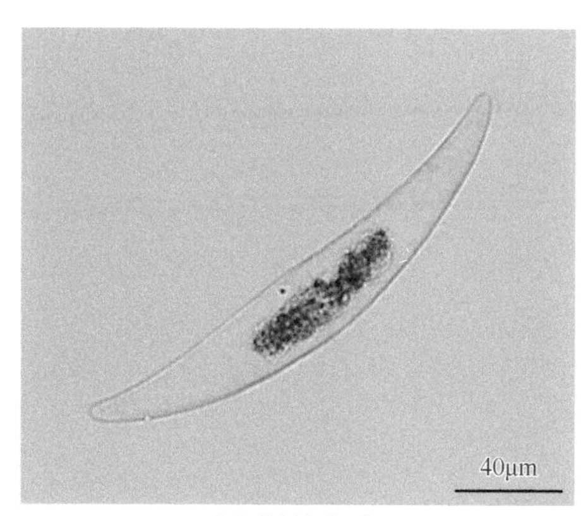

采自苏州各湖泊

项圈新月藻（*Closterium moniliforum*）

7）小新月藻（*Closterium venus*）

形态特征：细胞小，长为宽的5～10倍，明显弯曲，外缘呈150°～160°弓形弧度，腹缘凹入，中部不膨大，向两端逐渐狭窄，顶端尖或尖圆；细胞壁平滑，无色或很少数呈淡黄褐色。色素体具1条纵脊，中轴具1或2个蛋白核，末端液泡具1或2个有时数个运动颗粒。细胞长48～95μm，宽5～16μm，顶部宽1～2.5μm。

生境：国内外广泛分布。

8）针状新月藻（*Closterium aciculare*）

形态特征：细胞极细长，长为宽的65～144倍，细胞长度的一半以上两侧近平行，逐渐向两端狭窄，并向腹侧略弯曲，顶端尖或尖圆；细胞壁平滑、无色。每一色素体具1纵列6～8个或多达20个蛋白核，末端液泡具1～3个运动颗粒。细胞长378～620μm，宽5～8μm，顶部宽1.5～2μm。

生境：此种是浮游种类，多数在pH（6.5～8.5）较高和较大型的富营养水体中存在，有时数量较多。

采集地：苏州各湖泊。

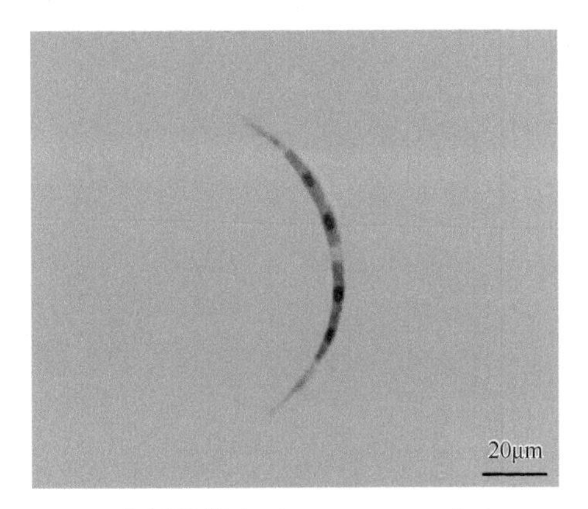

小新月藻（*Closterium venus*）

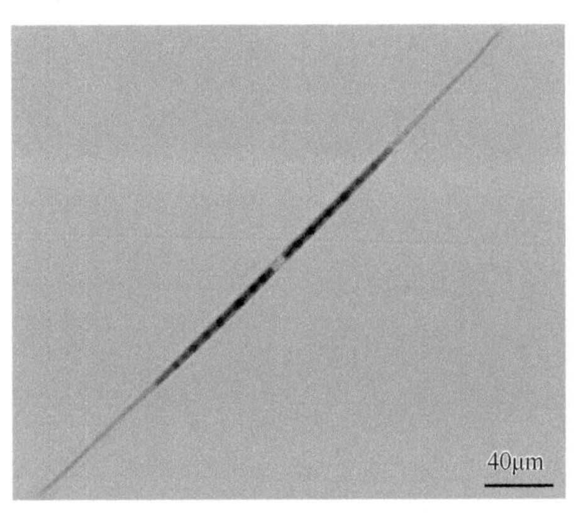

针状新月藻（*Closterium aciculare*）

9）弓形新月藻（*Closterium toxon*）

形态特征：细胞长，狭线形，长为宽的13～30倍，细胞两侧近2/3长度近平行，背缘中部有时略凹入，逐渐向两端狭细和稍微向腹缘弯曲，呈10°～35°弓形弧度，顶端宽和近平截；细胞壁平滑，无色到黄色或淡褐色。色素体具3～16个蛋白核，末端液泡具1～3个运动颗粒。细胞长190～223μm，宽8～13μm，顶部宽5～6μm。

生境：一般生长在软水水体，pH为6～7.4，个别pH达9。

采集地：苏州各湖泊。

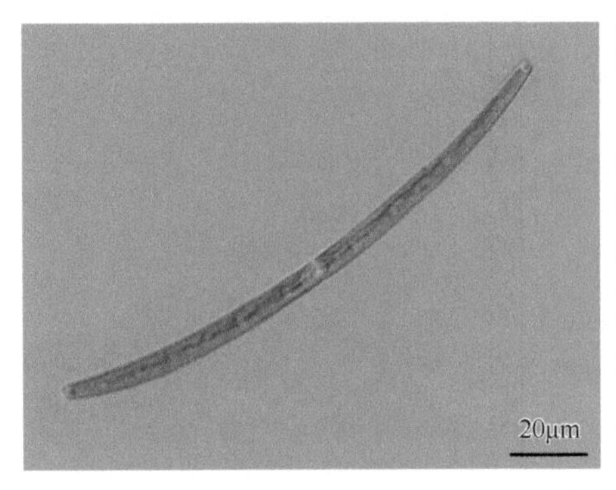

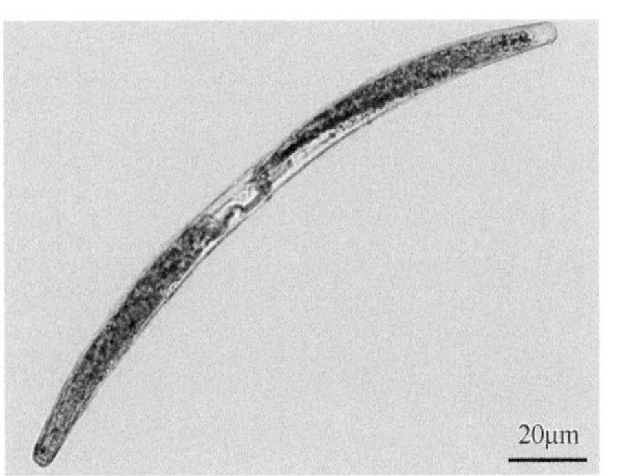

弓形新月藻（*Closterium toxon*）

（4）宽带鼓藻属（*Pleurotaenium*）

形态特征：植物体为单细胞，多数大型或中等大小，长圆柱形，长为宽的4～35倍，中部略收缢，在2个半细胞的连接处通常有1轮明显的细胞壁增厚，称为缝线；半细胞基部通常膨大，侧缘平直或波状，具瘤或小结节，两侧近平行或向顶部逐渐狭窄，顶端平截或截圆形，平滑或具1轮乳头状或齿状小瘤、小结节；垂直面观为圆形或多角形；细胞壁极少数平滑，通常具点纹、小圆孔纹，有时具颗粒或乳头状突起；绝大多数种类的色素体为周生，呈许多不规则纵长带状，具数个蛋白核，有时断裂成菱形或披针形，每个色素体具1个蛋白核，少数种类的色素体轴生，长带状，具数个纵列的蛋白核，顶部有时存在液泡，含有一些运动颗粒。

采集地：福建闽江流域、苏州各湖泊。

1）大宽带鼓藻（*Pleurotaenium maximum*）

形态特征：细胞大，近长圆柱形，长为宽的8～20倍；半细胞基部明显膨大，基部上端通常具1～3个略膨大的波纹，其后逐渐向顶部狭窄。顶端平截、角圆；细胞壁具点纹。细胞长402～1028μm，基部宽24～54μm；缢部宽20～42μm，顶部15～30μm。

采集地：苏州各湖泊。

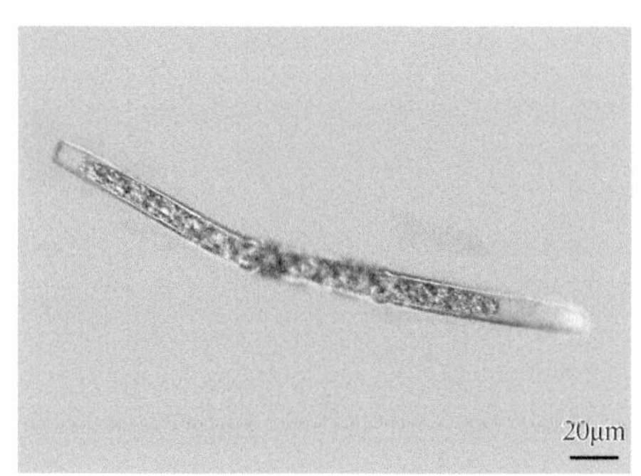

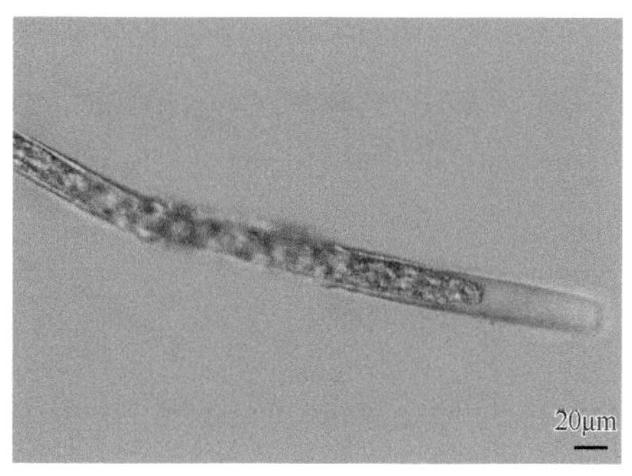

大宽带鼓藻（*Pleurotaenium maximum*）

2）节球宽带鼓藻（*Pleurotaenium nodosum*）

形态特征：细胞中等大小到大型，长为宽的6～8倍；从半细胞基部向顶部逐渐狭窄，顶部略膨大，顶端截圆，其缘边具1轮6～8个圆锥形的齿，侧缘波状，从基部到顶部具4轮等距离的结节状的环（包括基部的1轮），每个环具6～8个（少数10个）圆锥形的小结节；细胞壁平滑或具点纹。细胞长180～520μm，基部宽30～88μm；缢部宽21～32μm，顶部宽18～46μm。

采集地：福建闽江流域。

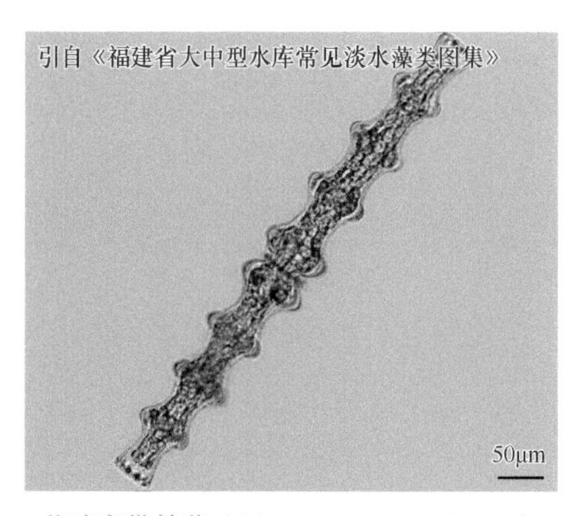

节球宽带鼓藻（*Pleurotaenium nodosum*）

（5）凹顶鼓藻属（*Euastrum*）

形态特征：植物体为单细胞，细胞大小变化大，多数中等大小或小型，长为宽的1.5～2倍，长方形、方形、椭圆形、卵圆形等，扁平，缢缝常深凹入，呈狭线形，少数向外张开；半细胞常呈截顶的角锥形、狭卵形，顶部中间浅凹入、“V”字形凹陷或垂直向深凹陷，很少种类顶部平直，半细胞近基部的中央通常膨大，平滑或由颗粒或瘤组成的隆起，半细胞通常分成3叶，1个顶叶和2个侧叶，有的种类侧叶中央凹入再分成2个小叶，有的种类顶叶和侧叶的中央具颗粒、圆孔纹或瘤，半细胞中部具或不具胶质孔或小孔；半细胞侧面观常为卵形、截顶的角锥形，少数椭圆形或近长方形，侧缘近基部常膨大；垂直面观常为椭圆形；细胞壁极少数平滑，通常具点纹、颗粒、圆孔纹、齿、刺或乳头状突起。绝大多数种类的色素体轴生，常具1个蛋白核，少数大的种类具2个或多个蛋白核。

采集地：福建闽江流域、闽东南诸河流域、汀江流域、苏州各湖泊、松花江流域。

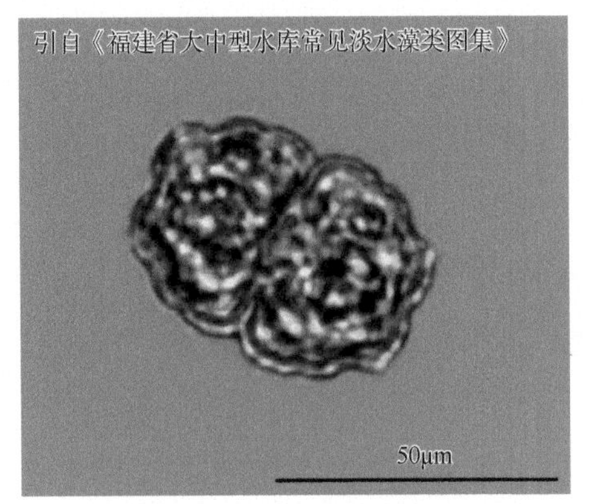

采自福建闽江流域、闽东南诸河流域、汀江流域

凹顶鼓藻（*Euastrum* sp. 1）

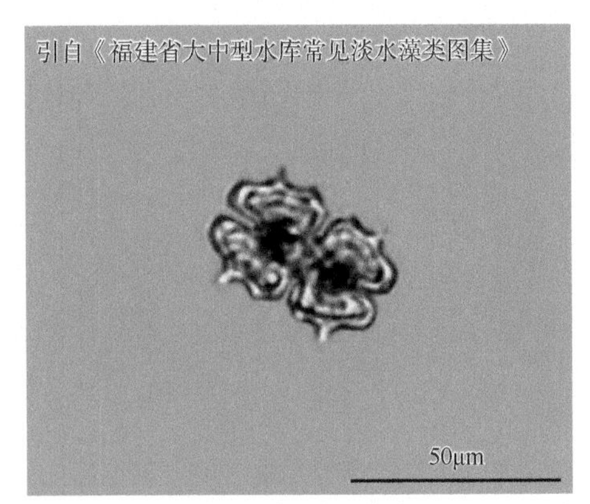

采自闽东南诸河流域

凹顶鼓藻（*Euastrum* sp. 2）

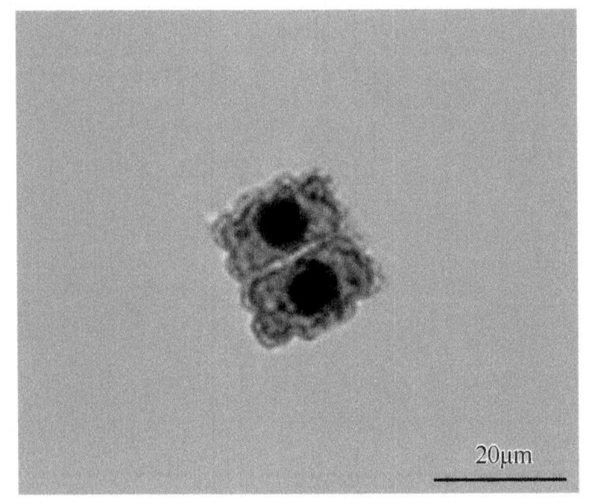

采自苏州各湖泊

凹顶鼓藻（*Euastrum* sp. 3）

1）华美凹顶鼓藻（*Euastrum elegans*）

形态特征：细胞小，宽卵形，长约为宽的1.5倍，缢缝深凹，狭线形；顶缘明显凸出

或广圆形，顶缘中间凹陷狭而深，位于顶叶侧缘中间的顶角尖，侧叶缘边上部向顶部辐合，下部缘边中间略凹入，基角近直角，半细胞缢部上端由3个小瘤或颗粒组成拱形隆起，顶角和基角内各具2或3个颗粒；半细胞侧面观卵形，顶缘截圆形，侧缘近基部具1个拱形隆起；垂直面观椭圆形，侧缘尖圆，两端中间各具1个拱形隆起。长15～36.5μm，宽12.5～24μm，厚8.5～15μm；缢部宽3～8.5μm，顶部宽12～14μm。

采集地：苏州各湖泊、汀江流域。

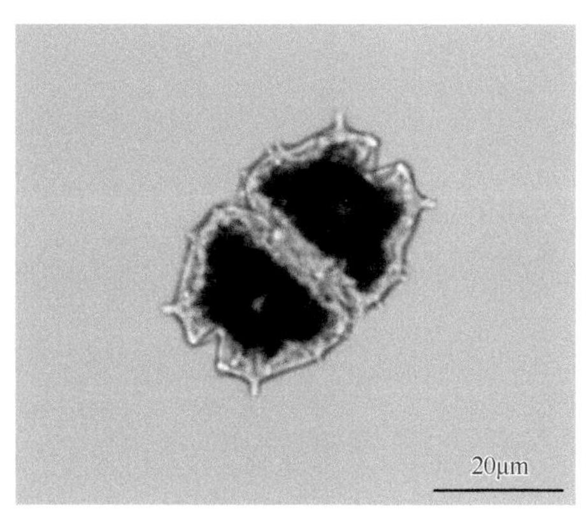

采自苏州各湖泊

华美凹顶鼓藻（*Euastrum elegans*）

2）海岛凹顶鼓藻（*Euastrum insulare*）

形态特征：细胞小，长约为宽的1.5倍，缢缝深凹，狭线形，外端扩大；半细胞正面观截顶角锥形，具3个分叶，顶叶宽矩形，顶角圆，顶缘平直，中间略凹入，侧叶短，缘边中间略凹入，上部角圆形，基角近直角；半细胞侧面观卵形，侧缘近基部具1个不明显的拱形隆起；垂直面观椭圆形，两端中间各具1个不明显的隆起。细胞长17.5～30μm，宽11.5～22μm，厚7～13.5μm；缢部宽3～7μm，顶部宽7～14μm。

采集地：松花江流域。

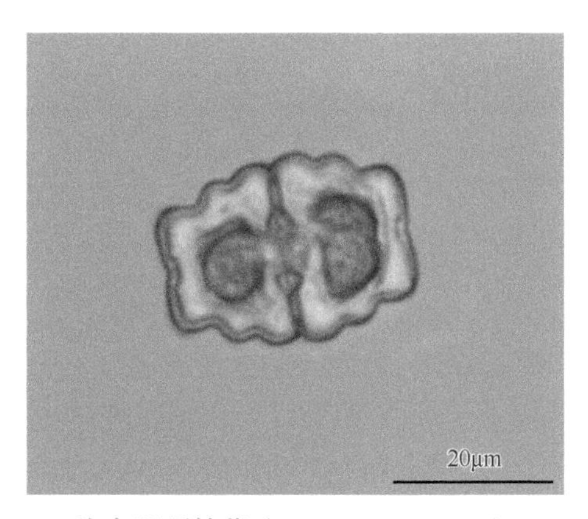

海岛凹顶鼓藻（*Euastrum insulare*）

（6）微星鼓藻属（*Micrasterias*）

形态特征：植物体除1种为单列不分枝的丝状体外均为单细胞，多数大型，细胞圆形或广椭圆形，明显侧扁，缢缝深凹，狭线形，少数向外张开；半细胞正面观近半圆形、宽卵形，半细胞通常分成3叶，1个顶叶和2个侧叶，有的种类侧叶中央凹入再分成2小叶，小叶可再分，顶叶常为宽楔形，少数种类顶角延长形成突起，有的种类顶叶和侧叶具刺、齿，半细胞顶部中间浅凹入、“V”字形凹陷或凹陷，少数种类顶部平直，半细胞缢部上端有或无由颗粒、齿或瘤组成的拱形隆起；半细胞侧面观常为长卵形，侧缘近基部常膨大；垂直面观常为椭圆形到披针形、线形披针形；细胞壁平滑，具点纹、齿或刺，不规则或放射状排列；绝大多数种类具1个周生的与细胞形态相似的色素体，具许多散生的蛋白核。

采集地：福建闽江流域、闽东南诸河流域、苏州各湖泊、松花江流域。

1）羽裂微星鼓藻（*Micrasterias pinnatifida*）

形态特征：细胞小型，绝大多数长略小于宽，缢缝深凹，顶端尖，向外张开成锐角，半细胞正面观具3个分叶，顶叶宽楔形，顶缘平直、略凸起或略凹入，顶角具二叉的刺，顶叶和侧叶间的凹陷深，呈广圆形，侧叶水平位，半纺锤形，其顶端具二叉的刺，半细胞侧面观狭椭圆形到截顶角锥形，顶部圆；垂直面观狭纺锤形，两端尖。细胞长40～80μm，具刺宽40～84μm，无刺宽37～80μm，厚12～20μm；缢部宽9～20μm，顶叶具刺宽31～59μm，无刺宽30～57μm。

采集地：福建闽江流域。

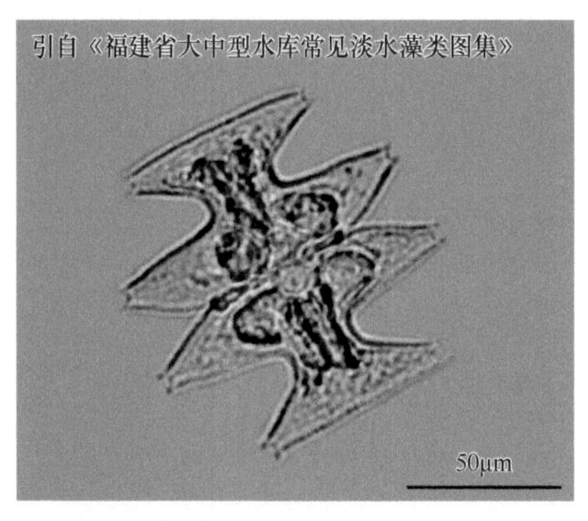

羽裂微星鼓藻（*Micrasterias pinnatifida*）

2）辐射微星鼓藻（*Micrasterias radiata*）

形态特征：细胞中等大小，长略大于宽或有时略小于宽，缢缝深凹，从内向外张开成锐角；半细胞正面观顶叶大，上半部斜向上延长形成狭长的突起，顶缘宽凹陷，顶角角顶具2个叉状长刺，顶叶下半部两侧平行，顶叶和侧叶间的凹陷深而宽，侧叶两分叶通常相似，每一分叶分裂成2个狭长的小叶，或仅上部分叶分裂成2个狭长的小叶，其角顶具2个叉状长刺；半细胞侧面观卵形到披针形，垂直面观近菱形；细胞壁平滑或具点纹。细胞长120～250μm，宽110～156μm，厚12～30μm；缢部宽12～30μm，顶叶宽38～72μm。

采集地：福建闽江流域、汀江流域。

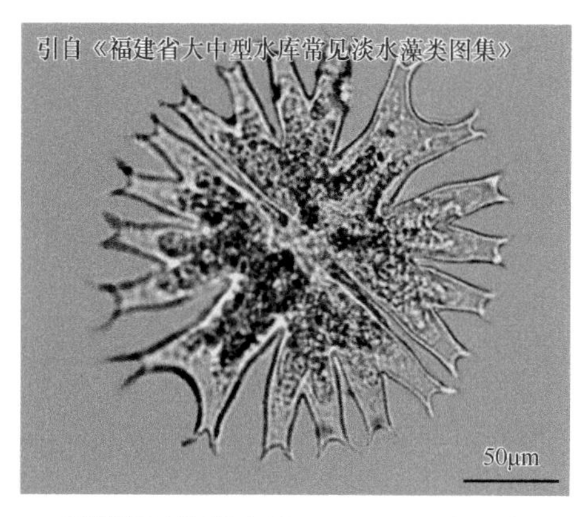

辐射微星鼓藻（*Micrasterias radiata*）

3）放射微星鼓藻（*Micrasterias radians*）

形态特征：细胞中等大小，长略大于宽，缢缝深凹，从内向外张开成锐角；半细胞正面观顶叶略高出，顶缘深凹陷，顶角斜向上伸出形成短突起，角顶具2个刺，顶叶下半部两侧近平行，顶叶和侧叶间的凹陷深而宽，侧叶中间深凹陷分成两个分叶，分叶中间较浅凹陷分成2个小叶，其顶端具2个叉状长刺，小叶基部有时略膨大；半细胞侧面观卵形到披针形；垂直面观近菱形；细胞壁平滑或具点纹。细胞长150～170μm，宽132～150μm；缢部宽17～21μm，顶叶宽51～55μm。

采集地：松花江流域。

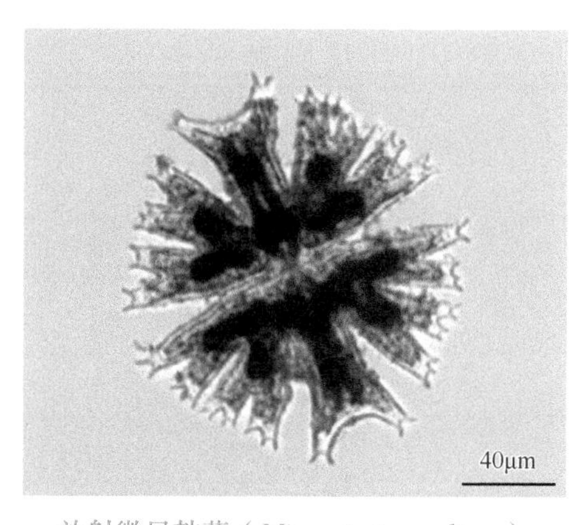

放射微星鼓藻（*Micrasterias radians*）

4）射状微星鼓藻（*Micrasterias radiosa*）

形态特征：细胞中等大小，长约等于宽，缢缝深凹，略张开，缢缝每一缘边具2或3个很浅的波形；半细胞正面观近半圆形，顶叶两侧近平行，近顶部略扩大，顶缘中间凹陷，顶角具2个齿，顶缘内近顶角具1个小齿，顶叶和侧叶的凹陷深，下部略张开，边缘近呈线形，侧叶中间深凹陷分成两个分叶，上部分叶略大于下部分叶，每一分叶中间深凹陷分成2个小叶、小叶再分2次，第2次分裂的凹陷较浅，顶端具二叉的齿，分叶和小叶的侧缘呈很浅的波形；半细胞侧面观线形到长圆形，向顶部逐渐变狭。顶端具3齿；垂直面观线形到长纺锤形，侧缘中间尖，两端中间具1个略平的隆起；细胞壁具点纹。细胞长

142～223μm，宽138～160μm；缢部宽13～24μm，顶叶宽29～48μm。

采集地：松花江流域。

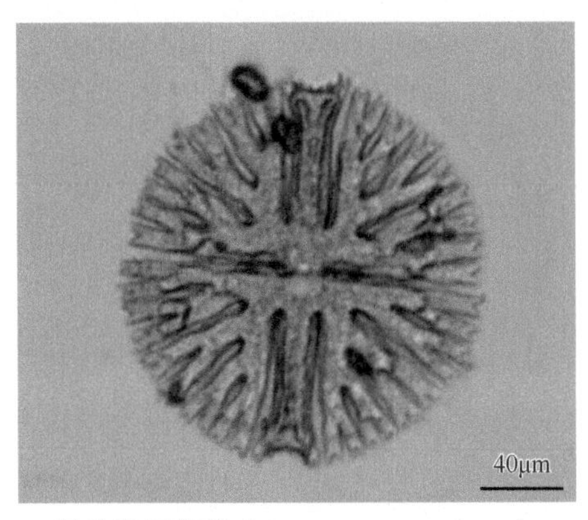

射状微星鼓藻（*Micrasterias radiosa*）

（7）辐射鼓藻属（*Actinotaenium*）

形态特征：植物体为单细胞，绝大多数细胞长形，中部略收缢；半细胞正面观多数为圆锥形、近圆形、半圆形、椭圆形、卵形、长圆形、截顶角锥形等，顶缘圆、平直或平直圆形，侧缘略凸出或直；垂直面观为圆形；细胞壁平滑，具不规则或斜向十字形排列的密集穿孔纹、小圆孔纹，有的种类细胞壁的穿孔纹在顶部的特别大。色素体绝大多数轴生，星状，从中间辐射状辐射出，中间具1个或数个蛋白核，少数种类为轴生，具分叉裂片的星状，由色素体分叉裂片辐射状纵向伸展至细胞壁，在色素体的分叉裂片中具1个或数个蛋白核，较大种类的色素体为周生，带状，每条纵向的带具1个或数个蛋白核。

采集地：福建闽江流域、闽东南诸河流域。

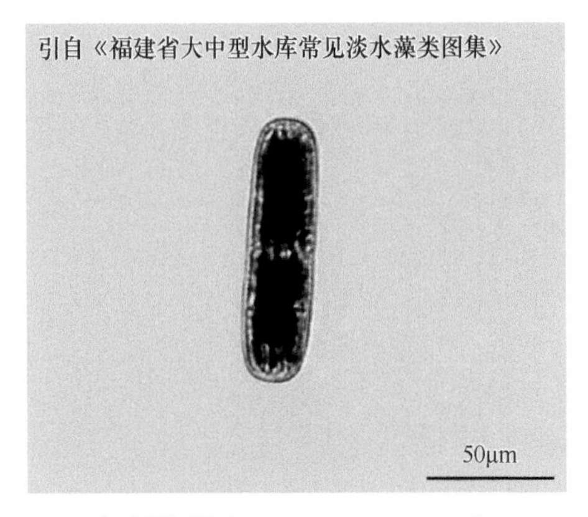

辐射鼓藻（*Actinotaenium* sp. 1）

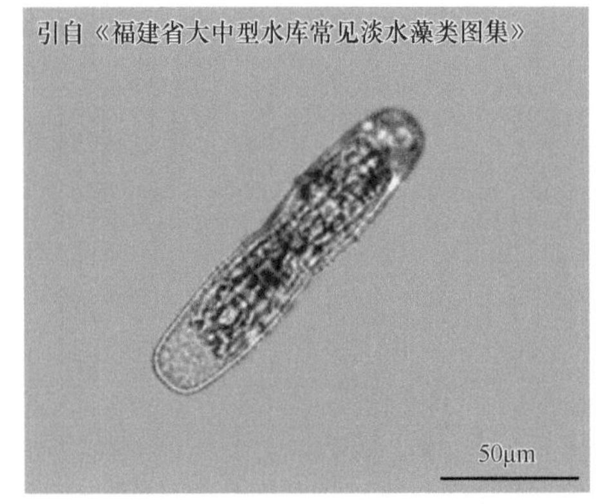

辐射鼓藻（*Actinotaenium* sp. 2）

（8）鼓藻属（*Cosmarium*）

形态特征：植物体为单细胞，细胞大小变化很大，侧扁，缢缝常深凹入，狭线形或张开；半细胞正面观近圆形、半圆形、椭圆形、卵形、梯形、长方形、方形、截顶角锥形等，顶缘圆、平直或平直圆形，半细胞缘边平滑或具波形、颗粒、齿，半细胞中部有或无膨大或拱形隆起；半细胞侧面观绝大多数呈椭圆形或卵形；垂直面观椭圆形或卵形；细胞壁平滑，具点纹、圆孔纹、小孔、齿、瘤或具一定方式排列的颗粒、乳头状突起等。色素体轴生或周生，每个半细胞具1个、2个或4个（极少数具8个），每个色素体具1个或数个蛋白核，有的种类具周生的带状色素体（具6～8条）；细胞核位于两个半细胞之间的缢部。鼓藻属的种类主要生长于偏碱性、贫营养的软水水体中，有的生长在中性或偏碱性的水体中，少数在pH较高的碱性水体中，较少生长在富营养的水体中。在水坑、池塘、湖泊、水库、河流的沿岸带和沼泽等生境中存在，少数种类亚气生。多为微污水生物带的指示种，有的种类也为乙型中污水生物带指示种。

采集地：辽河流域、东湖、福建闽江流域、闽东南诸河流域、汀江流域、滇池流域、山东半岛流域（崂山水库）、珠江流域（广州段）、苏州各湖泊、松花江流域。

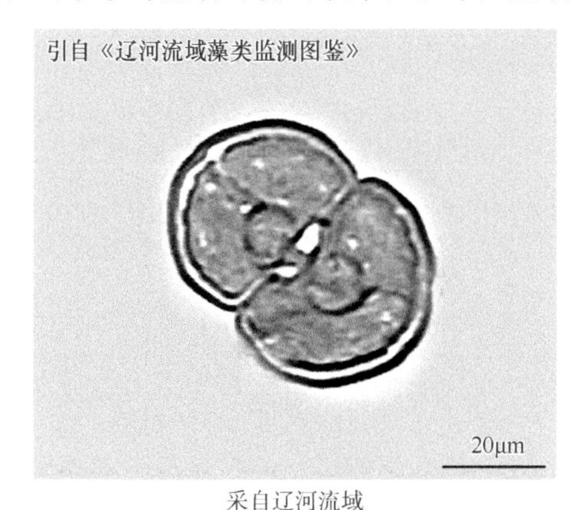

采自辽河流域

鼓藻（*Cosmarium* sp. 1）

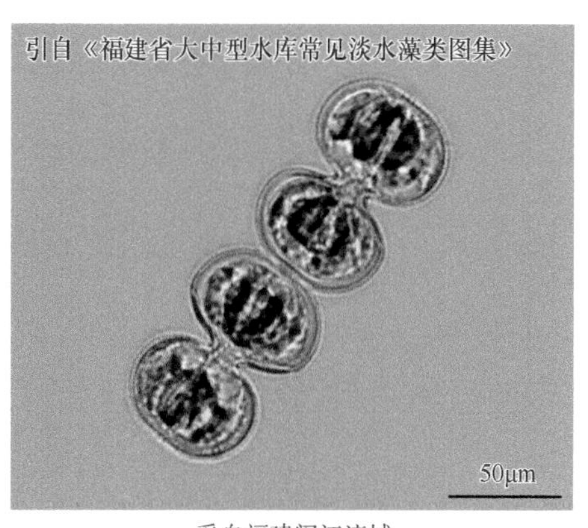

采自福建闽江流域

鼓藻（*Cosmarium* sp. 2）

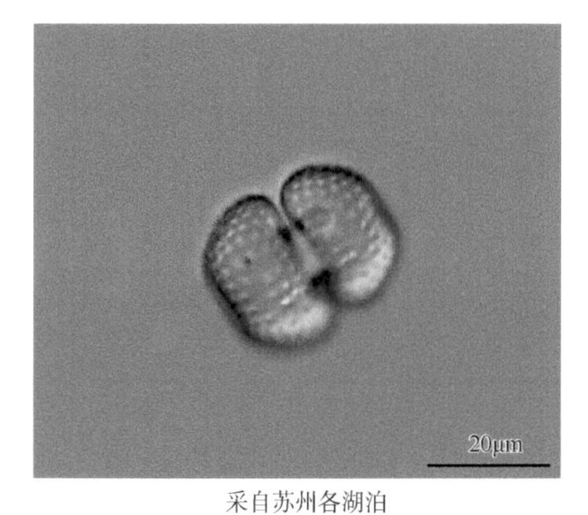

采自苏州各湖泊

鼓藻（*Cosmarium* sp. 3）

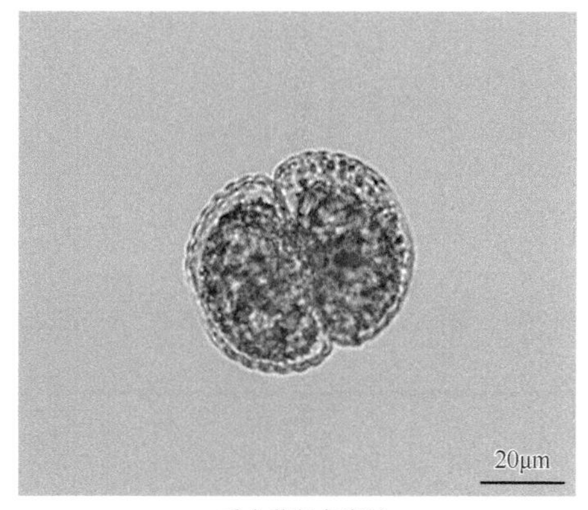

采自苏州各湖泊

鼓藻（*Cosmarium* sp. 4）

1）短鼓藻（*Cosmarium abbreviatum*）

形态特征：细胞小，长约等于或略小于宽，缢缝深凹，狭线形，顶端略膨大；半细胞正面观横长六角形到横角状卵形，顶缘宽、平截，直或略凹入，下部侧缘逐渐斜向扩大到半细胞的中部，上部侧缘逐渐向顶部辐合，中部的侧角略圆，有时略凸出；半细胞侧面观宽卵形到近圆形；垂直面观狭椭圆形，厚与宽的比例约为1∶2。细胞长12.5～22μm，宽13～22μm；缢部宽5～7μm，厚7～9.5μm。

生境：生长在水坑、池糖、湖泊、水库和沼泽中。

采集地：苏州各湖泊、福建闽江流域、闽东南诸河流域。

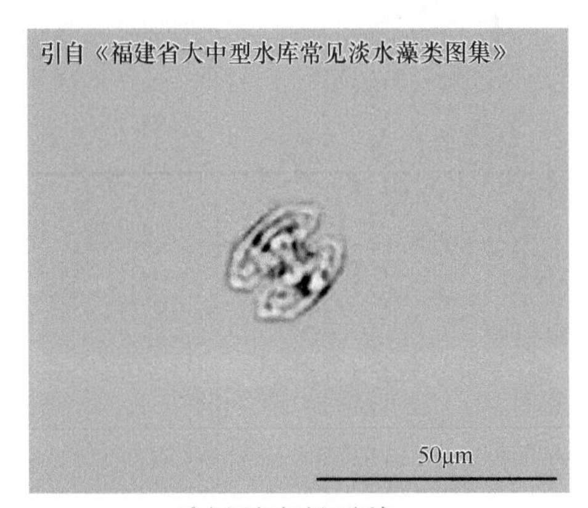

采自闽东南诸河流域

短鼓藻（*Cosmarium abbreviatum*）

2）具角鼓藻（*Cosmarium angulosum*）

形态特征：细胞小，长为宽的1.25～1.5倍，有时长略大于宽，缢缝深凹，狭线形，半细胞正面观近方形或近横长方形，顶缘平直，侧缘上部向顶部辐合，侧缘下部两侧近平行、直，基角略圆；半细胞侧面观近圆形；垂直面观椭圆形，厚与宽的比例约为1∶1.7。半细胞具1个轴生的色素体，具1个蛋白核。细胞长12～28μm，宽10～18μm；缢部宽3～8μm，厚6～11μm，顶部宽15～9.5μm。

生境：生长在酸性到中性的贫营养水体中，pH为5.3～7.8，在池塘、湖泊和沼泽中兼性浮游，有时也亚气生。

采集地：苏州各湖泊。

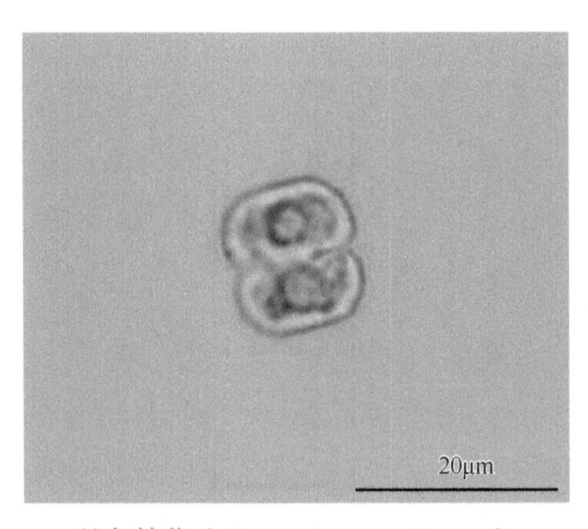

具角鼓藻（*Cosmarium angulosum*）

3）双眼鼓藻（*Cosmarium bioculatum*）

形态特征：细胞小，长约等于或略大于宽，缢缝深凹，从内向外张开呈锐角，半细胞正面观横长圆状椭圆形，顶缘和腹缘平或略凸出，两侧缘圆；半细胞侧面观近圆形；垂直面观长圆状椭圆形，厚和宽的比例为1∶2；细胞壁平滑或具点纹。半细胞具1个轴生的色素体，具1个蛋白核。细胞长11～27.5μm，宽10～25μm；缢部宽3.5～7.5μm，厚5～13μm。

生境：生长在偏酸性到碱性的贫营养、中营养水体中，偶尔有pH高达9的。在稻田、池塘、湖泊、沼泽中兼性浮游或附着于其他基质上。

采集地：苏州各湖泊、福建闽江流域、闽东南诸河流域。

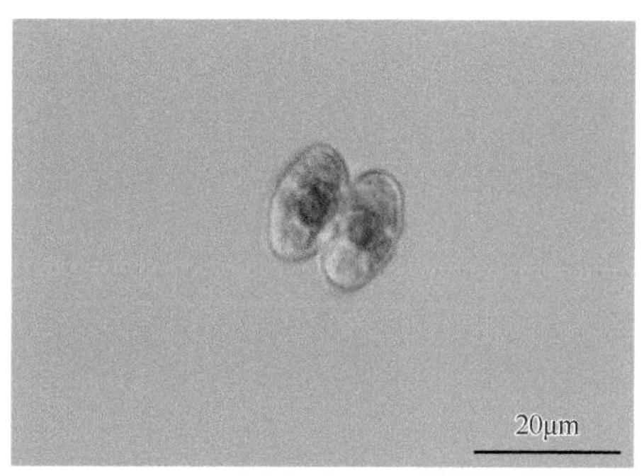

采自苏州各湖泊

双眼鼓藻（*Cosmarium bioculatum*）

4）双眼鼓藻扁变种（*Cosmarium bioculatum* var. *depressum*）

形态特征：此变种与原变种不同之处为半细胞扁平，细胞长等于或略短于宽，顶部平；垂直面观长圆形，两侧近平行。细胞长10～22μm，宽9～22μm；缢部宽3～6μm，厚7～12μm。

采集地：苏州各湖泊。

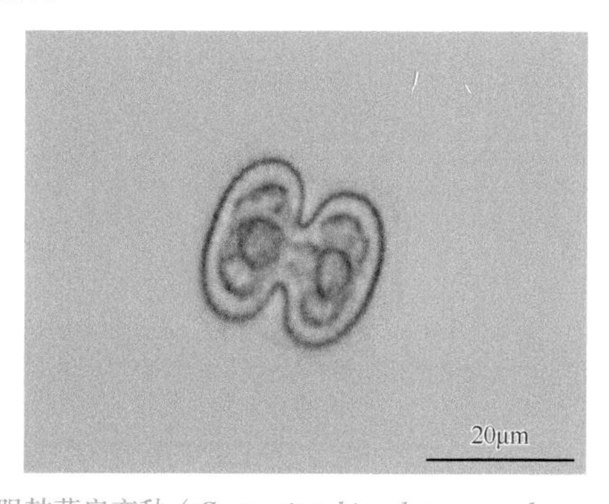

双眼鼓藻扁变种（*Cosmarium bioculatum* var. *depressum*）

5）扁鼓藻（*Cosmarium depressum*）

形态特征：细胞小到中等大小，绝大多数长略小于宽，缢缝深凹，狭线形，向外张开，半细胞正面观近横椭圆形，顶缘略凸出或平直，侧缘圆；半细胞侧面观圆形；垂直面观椭圆形，厚和宽的比例为1∶2.2；细胞壁具精致的点纹。色素体轴生，具1个蛋白核。细胞长17～45μm，宽20～50μm；缢部宽5～14μm，厚10～22.5μm。

生境：一般生长在贫营养到中营养、酸性到弱碱性的水体中，pH为4.8～7.9，极少数达到9，在稻田、池塘、湖泊、水库和沼泽中兼性浮游或附着于其他基质上。

采集地：苏州各湖泊、福建闽江流域、闽东南诸河流域。

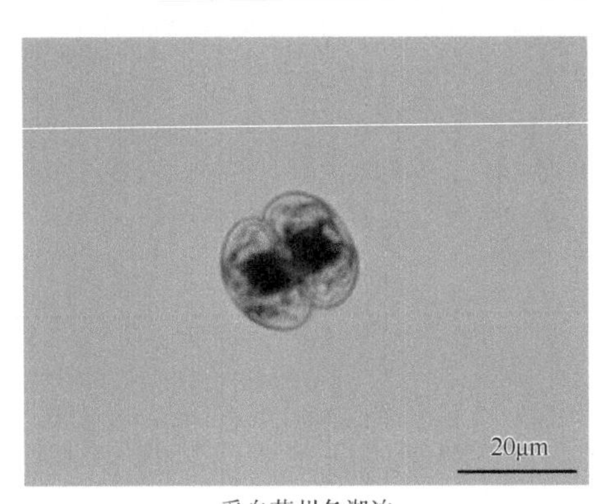

采自苏州各湖泊

扁鼓藻（*Cosmarium depressum*）

6）颗粒鼓藻（*Cosmarium granatum*）

形态特征：细胞小到中等大小，长为宽的1.5倍，缢缝深凹，狭线形，顶端略膨大，半细胞正面观为截顶的角锥形，顶部狭、平直或略凸出，少数略凹入，顶角钝圆，近基部两侧缘近平行，侧缘上部向顶部辐合，基角圆到近直角；半细胞侧面观椭圆形到卵形，垂直面观椭圆形，厚和宽的比例约为1∶1.6；细胞壁具精致的点纹。半细胞具1个轴生的色素体，具1个蛋白核。细胞长21～50μm，宽13～30μm；缢部宽4.5～12μm，厚10～24μm。

生境：生长在酸性到中性的水坑、池塘、水库、湖泊和沼泽中，有时亚气生。

采集地：苏州各湖泊。

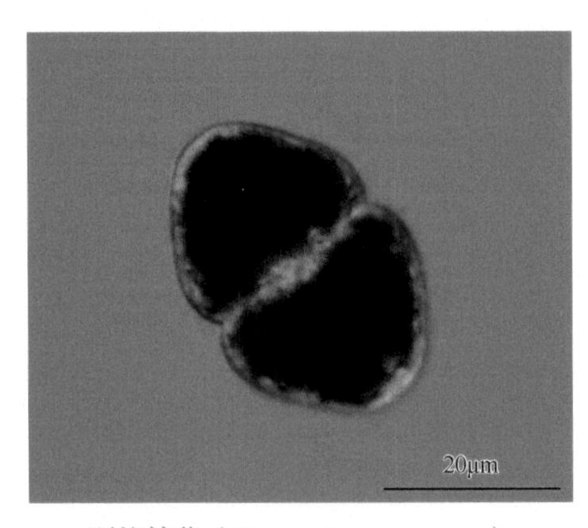

颗粒鼓藻（*Cosmarium granatum*）

7）凹凸鼓藻（*Cosmarium impressulum*）

形态特征：细胞小，长约为宽的1.5倍，缢缝深凹，狭线形，顶端略扩大，半细胞正面观半椭圆形或近半圆形，缘边具8个规则的、明显的波纹（顶缘2个，侧缘3个）；半细胞侧面观广椭圆形或椭圆形到近圆形；垂直面观椭圆形，厚和宽的比例为1∶1.6；细胞壁平滑。半细胞具1个轴生的色素体，其中央具1个蛋白核。细胞长20～32.5μm，宽14～26μm；缢部宽3～9μm，厚8～17μm。

生境：从贫营养到富营养、偏酸性到碱性（pH为5～9.4）的稻田、池塘、湖泊、水库和沼泽中浮游或附着于其他基质上，有时亚气生，在干旱的环境中能生存。

采集地：苏州各湖泊。

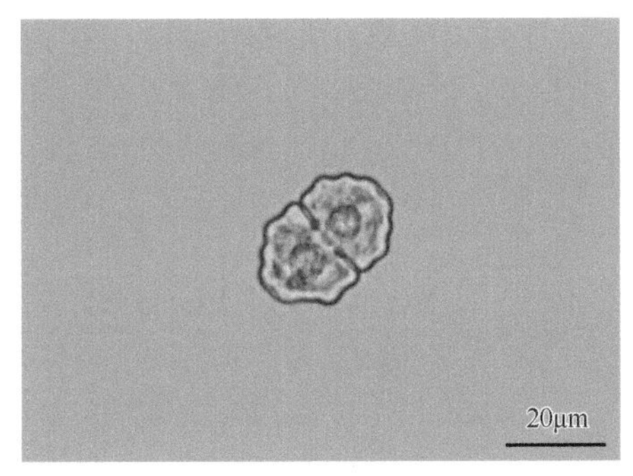

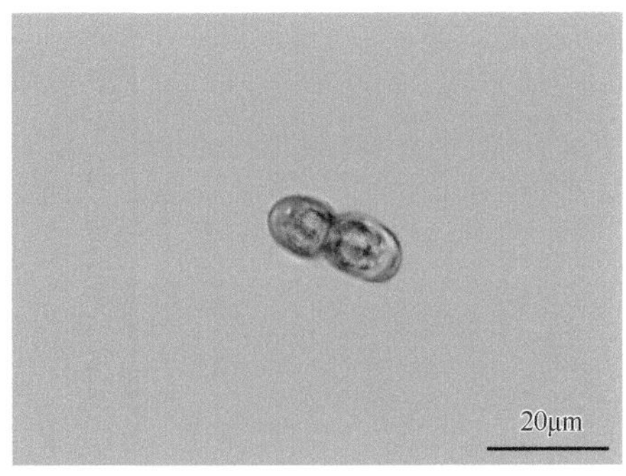

凹凸鼓藻（*Cosmarium impressulum*）

8）爪哇鼓藻（*Cosmarium javanicum*）

形态特征：细胞大，长为宽的2～2.3倍，缢缝浅凹入，狭线形，缢部约为细胞宽度的一半；半细胞正面观半椭圆形，顶缘狭、近平直，顶角圆，基角狭圆，近直角，两侧缘下部直，近平行，上部逐渐向顶部狭窄；半细胞侧面观近卵形，垂直面观扁圆形，细胞壁具小圆孔纹到点纹。每一半细胞具6条周生、纵向带状的色素体，每条色素体具数个蛋白核。细胞长118～188μm，宽52～110μm；缢部宽36～65μm，厚48～80μm。

生境：生长在稻田、池塘、湖泊、水库和沼泽中，兼性浮游或附着于其他基质上，有时亚气生。

采集地：闽东南诸河流域。

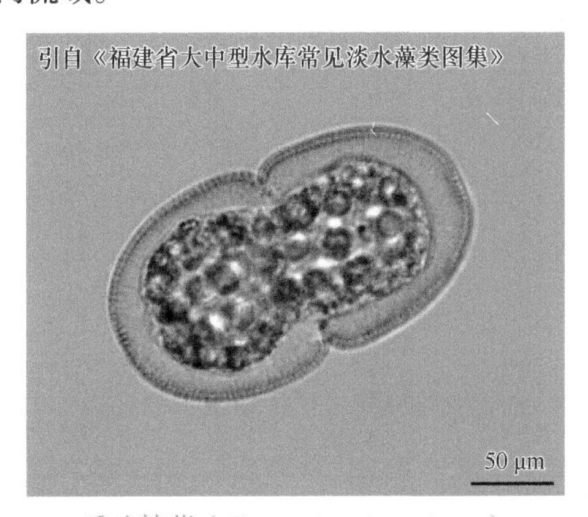

爪哇鼓藻（*Cosmarium javanicum*）

9）光滑鼓藻（*Cosmarium leave*）

形态特征：细胞小，长约为宽的1.5倍，缢缝深凹，狭线形，外端略膨大；半细胞正面观半椭圆形或近2/3椭圆形，顶缘狭、平直或略凹入，基角略圆或圆；半细胞侧面观卵形到椭圆形；垂直面观椭圆形，厚与宽的比例为1∶1.5；细胞壁具精致的、有时为稀疏的穿孔纹到圆孔纹。细胞长15～42μm，宽11.5～31μm；缢部宽3～9μm，厚8～20μm。

生境：稻田、池塘、湖泊、水库和沼泽中浮游或附着于其他基质上，有时亚气生。

采集地：汀江流域、苏州各湖泊。

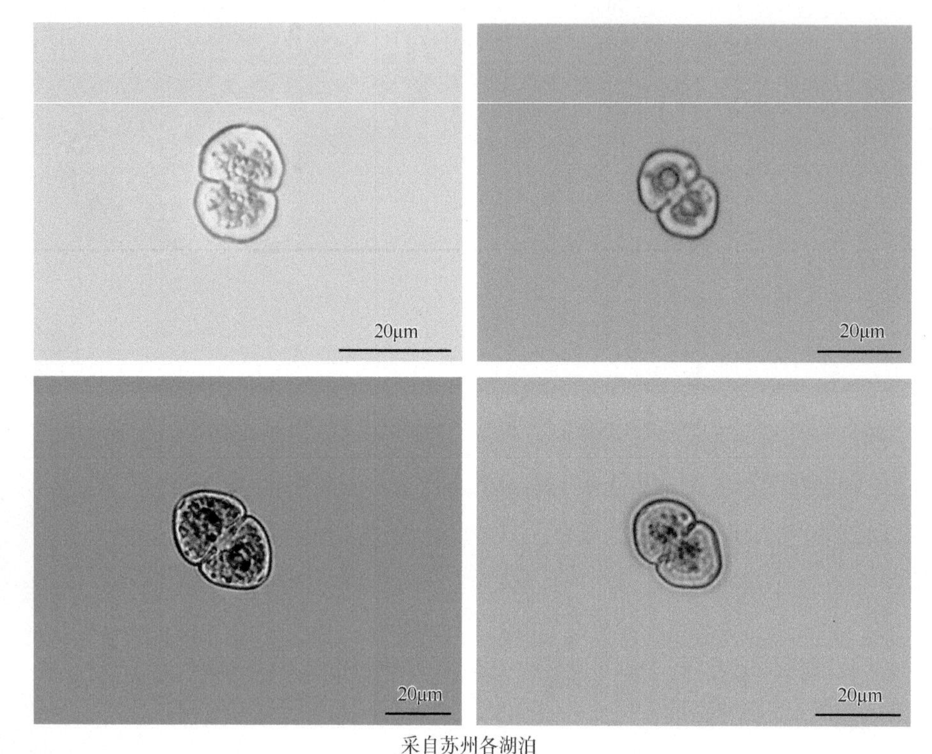

采自苏州各湖泊

光滑鼓藻（*Cosmarium leave*）

10）梅尼鼓藻（*Cosmarium meneghinii*）

形态特征：细胞小，近八角形，长约为宽的1.5倍，缢缝深，狭线形；半细胞正面观近六角形，半细胞上部截顶角锥形，侧缘凹入，明显向顶部辐合，顶缘宽，略凹入，顶角和侧角圆，半细胞下部横长方形，两侧缘近平行或略凹入；半细胞侧面观广椭圆形或近圆形，垂直面观椭圆形，厚与宽的比例为1∶1.5。细胞长12.5～24μm，宽9.5～17μm；缢部宽2～7μm，厚6～11μm。

生境：生长在各种变化的生境中，在贫营养到中营养、偏酸性到碱性（pH为43～9.2）的稻田、池塘、湖泊、水库和沼泽中兼性浮游或附着于其他基质上，有时亚气生。

采集地：苏州各湖泊、福建闽江流域、闽东南诸河流域。

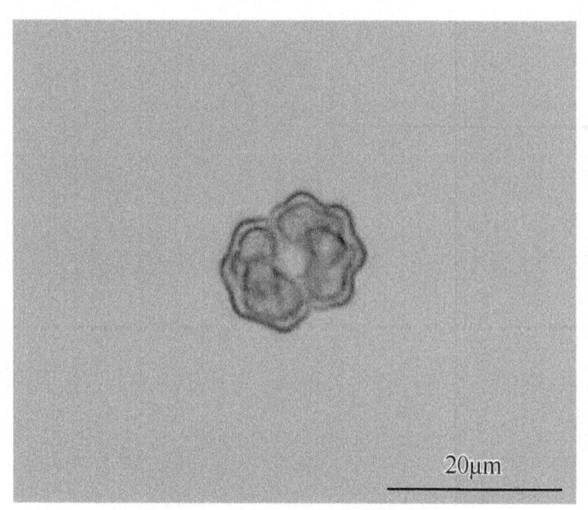

A. 采自苏州各湖泊

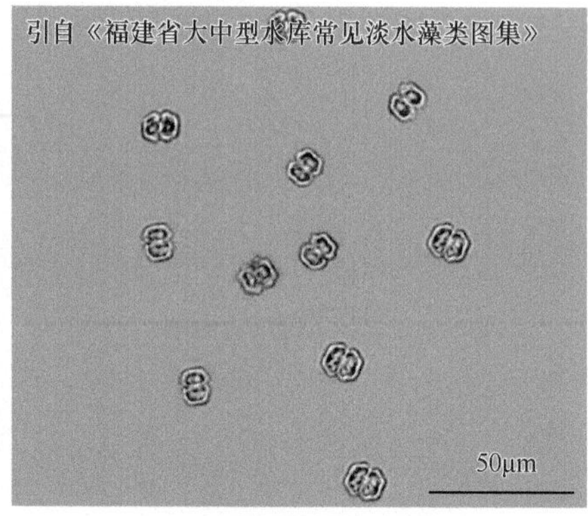

B. 采自闽东南诸河流域

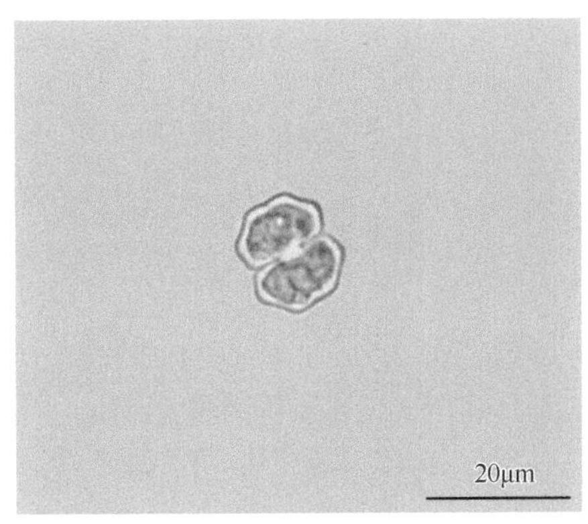

C. 采自苏州各湖泊

梅尼鼓藻（*Cosmarium meneghinii*）

11）项圈鼓藻（*Cosmarium moniliforme*）

形态特征：细胞小到中等大小，长约为宽的2倍，缢缝中等深度凹入，从内向外广张开成钝角，半细胞正面观圆形或近圆形；半细胞侧面观圆形或近圆形；垂直面观圆形。半细胞具1个轴生的色素体，其中央具1个蛋白核。细胞长17～38μm，宽11～23μm；缢部宽4～10μm。

生境：生长在贫营养到中营养、酸性到偏碱性（pH为4.3～8）的稻田、池塘、湖泊、水库和沼泽中，浮游或附着于其他基质上。

采集地：松花江流域、福建闽江流域、闽东南诸河流域、汀江流域。

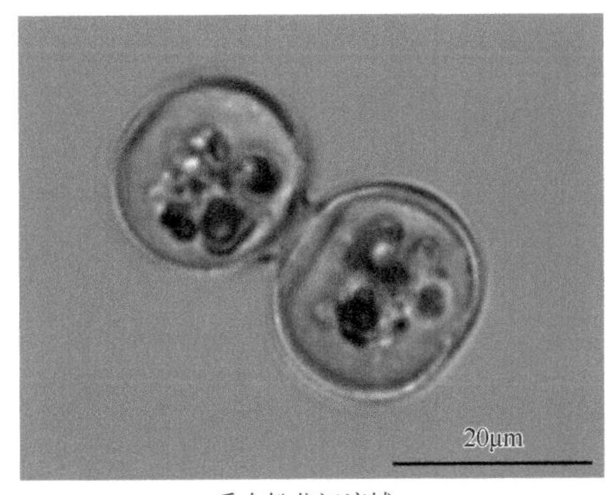

采自松花江流域

项圈鼓藻（*Cosmarium moniliforme*）

12）模糊鼓藻（*Cosmarium obsoletum*）

形态特征：细胞中等大小，宽约为长的1.2倍，缢缝深凹，狭线形，外端略膨大；半细胞正面观扁半圆形到半椭圆形，顶部有时略平，基角具乳头状增厚；半细胞侧面观扁圆形；垂直面观椭圆形，两侧略凸出呈钝圆锥形，厚和宽的比例约为1∶2.1，有时半细胞中部略增厚；细胞壁具点纹，较大的个体具大的孔或圆孔纹。半细胞具1个轴生的色素体，具2个蛋白核。细胞长34～89μm，宽32～79μm；缢部宽10～40.5μm，厚22～45μm。

生境：生长在水坑、池塘、湖泊和沼泽中，兼性浮游或附着于其他基质上。

采集地：福建闽江流域。

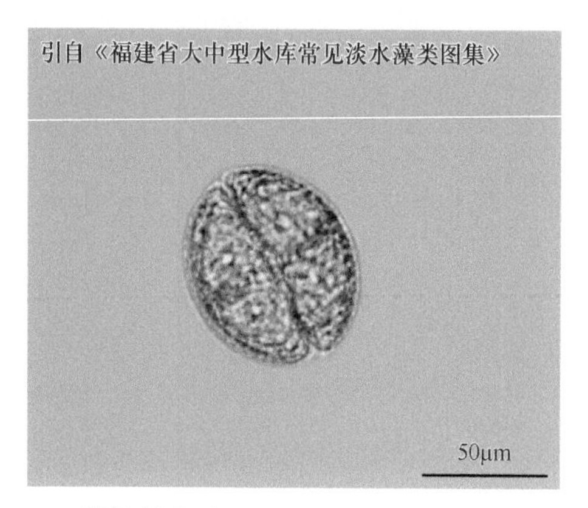

模糊鼓藻（*Cosmarium obsoletum*）

13）钝鼓藻（*Cosmarium obtusatum*）

形态特征：细胞中等大小到大，长约为宽的1.2倍，缢缝深凹，狭线形，顶端略膨大；半细胞正面观为截顶的角锥形，顶缘截圆，侧缘凸出，约具8个波纹，缘内具2列明显的颗粒，基角略圆；半细胞侧面观广椭圆形；垂直面观长圆到椭圆形，厚和宽的比例约为1∶2，侧缘波形，缘内具4或5列近平行的波纹；细胞壁具粗点纹。半细胞具1个轴生的色素体，具2个蛋白核，细胞长44.5～80μm，宽39.5～65μm；缢部宽12.5～23μm，厚22～37μm。接合孢子球形，孢壁具许多圆锥形的突起，直径为67～69μm，圆锥形的突起长8～9μm。

生境：生长在贫营养到富营养、酸性到碱性（pH为4.5～8.6）的稻田、池塘、湖泊、水库和沼泽中，浮游或附着于其他基质上。

采集地：辽河流域、苏州各湖泊、闽东南诸河流域。

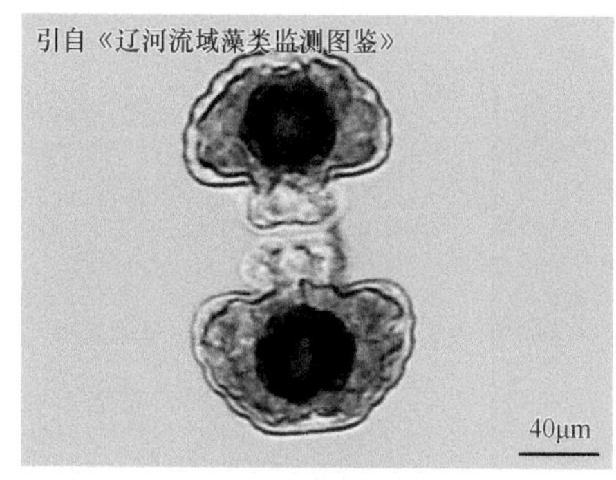

A. 采自辽河流域

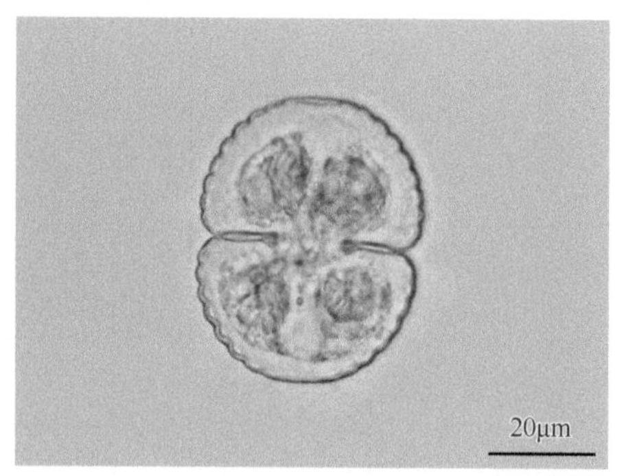

B. 采自苏州各湖泊

钝鼓藻（*Cosmarium obtusatum*）

14）厚皮鼓藻（*Cosmarium pachydermum*）

形态特征：细胞大，长为宽的1.3倍，缢缝中等深度凹入，狭线形，从中间向外张开，半细胞正面观半广椭圆形，顶缘宽圆，侧缘近基部有时直，基角广圆；半细胞侧面观近圆形；垂直面观椭圆形，厚和宽的比例为1∶1.5；细胞壁厚，具密集的点纹。半细胞具1个轴生的色素体，具2个蛋白核。细胞长59～117μm，宽47～87μm；缢部宽22～40μm，厚30～59μm。

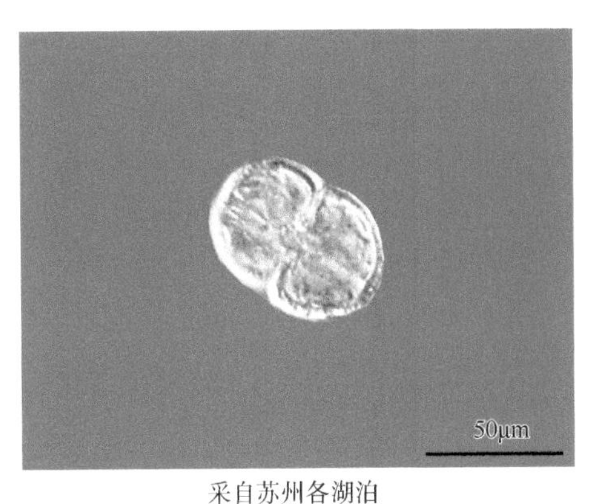

采自苏州各湖泊

厚皮鼓藻（*Cosmarium pachydermum*）

生境：生长在贫营养到富营养、酸性到碱性（pH为4.6～9）的稻田、池塘、湖泊、水库和沼泽中，兼性浮游或附着于其他基质上，有时亚气生。

采集地：苏州各湖泊、山东半岛流域（崂山水库）、福建闽江流域。

15）方鼓藻（*Cosmarium quadrum*）

形态特征：细胞中等大小，常呈方形，长约等于或略大于宽，缢缝深凹，狭线形，外端略膨大；半细胞正面观近横长方形，顶缘略凹入，有时平直，顶角广圆，侧缘略凸出，有时几乎平直，基角圆；半细胞侧面观近圆形，垂直面观长圆形到椭圆形，两端近平行；细胞壁具密集的颗粒，半细胞缘边具34～37个，颗粒呈斜向十字形，有时多少略呈垂直排列，顶部中间的颗粒略变小。半细胞具1个轴生的色素体，具2个蛋白核。细胞长57～925μm，宽53～93μm；缢部宽15～27μm，厚24～47μm。接合孢子球形，细胞壁平滑，直径为75μm。

生境：生长在中营养型、偏酸性到碱性（pH为5.4～8.6）的稻田、水坑、池塘、水库、溪流和沼泽中，兼性浮游或附着于其他基质上。

采集地：苏州各湖泊。

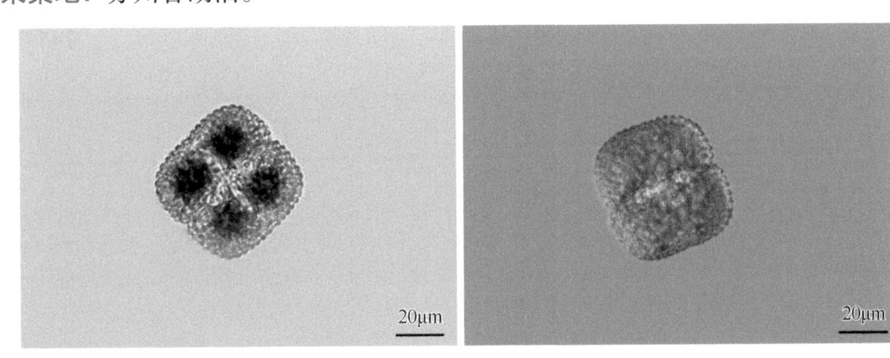

方鼓藻（*Cosmarium quadrum*）

16）雷尼鼓藻（*Cosmarium regnellii*）

形态特征：细胞小，长约等于宽，缢缝深凹，狭线形，顶端略膨大；半细胞正面观梯形到六角形，顶缘宽、平直，侧缘上部明显凹入，侧角凸出、圆并略向上扩大，形成半细胞最宽部分，侧缘下部略凹入和略向上扩大，侧缘下部比侧缘上部略长；半细胞侧面观圆形到卵形；垂直面观近长圆形到椭圆形，厚与宽的比例约为1∶2.4；细胞壁平滑。半细胞具 1 个轴生的色素体，具1个中央的蛋白核。细胞长12.5～22.5μm，宽12～22μm；缢部宽3～7μm，厚6～12.5μm。

生境：生长在贫营养到富营养、酸性到碱性（pH为5.4～9）的稻田、池塘、湖泊、水库和沼泽中，兼性浮游或附着于其他基质上。

采集地：苏州各湖泊、闽东南诸河流域、福建闽江流域。

17）肾形鼓藻（*Cosmarium reniforme*）

形态特征：细胞中等大小，长约大于宽，缢缝深凹，狭线形，向外张开和外端宽膨大；半细胞正面观肾形，顶角广圆，基角圆；半细胞侧面观圆形；垂直面观椭圆形；细胞壁具斜十字形或有时不明显垂直排列的颗粒，半细胞缘边具30～36个颗粒。半细胞具1个轴生的色素体，具2个蛋白核。细胞长31～62.5μm，宽28.5～54μm；缢部宽9～29μm，厚15～35μm。

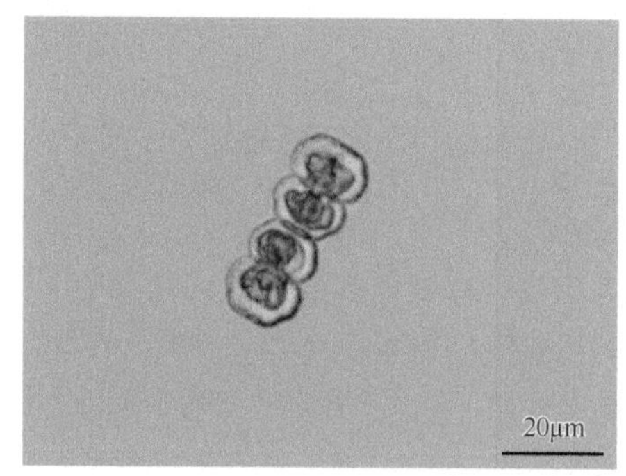

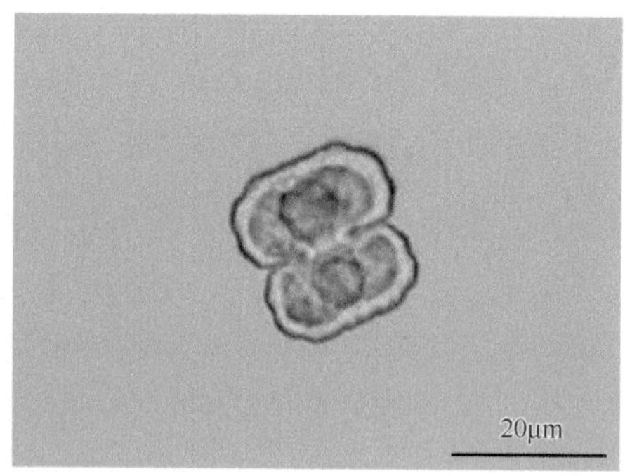

采自苏州各湖泊

雷尼鼓藻（*Cosmarium regnellii*）

生境：生长在贫营养到富营养、偏酸性到碱性（pH为6～9）的多年的池塘和鱼池、水坑、湖泊、水库、沼泽、溪流、稻田中。

采集地：辽河流域、苏州各湖泊。

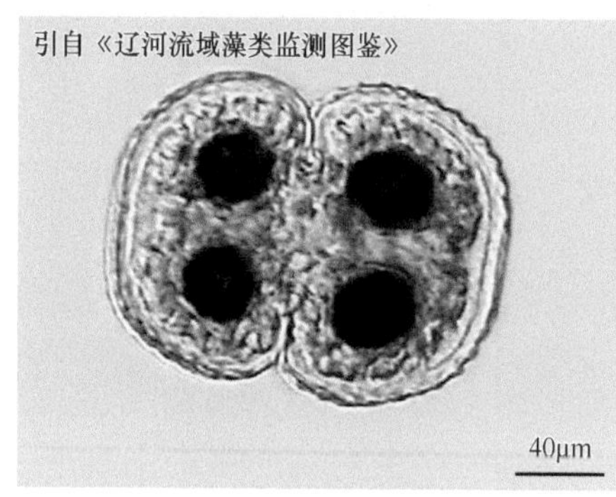

A. 采自辽河流域

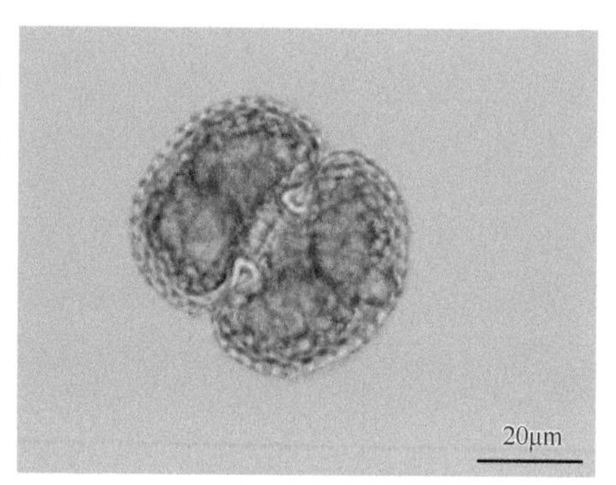

B. 采自苏州各湖泊

肾形鼓藻（*Cosmarium reniforme*）

18）近膨胀鼓藻（*Cosmarium subtumidum*）

形态特征：细胞小到中等大小，长为宽的1.14～1.2倍，缢缝深凹，狭线形，顶端略膨大；半细胞正面观为截顶角锥形到半圆形，顶缘宽、平直，侧缘凸出，顶角和基角广圆；半细胞侧面观圆形；垂直面观广椭圆形，厚和宽的比例约为1：1.8，两侧圆，有时略凸出，两端中间略膨大；细胞壁具点纹。半细胞具1个轴生的色素体，其中央具1个蛋白核。细胞长29.5～75μm，宽20～65μm；缢部宽5.5～22.5μm，厚15～30μm。接合孢子球形，孢壁具粗钝刺，基部膨大，顶端略凹入，直径（不具刺）48μm，刺长12μm。

生境：生长在各种营养型的、酸性到碱性（pH为4.5～8.5）的稻田、水坑、池塘、湖泊、水库、沼泽、溪流、流泉和河流的沿岸带中，兼性浮游或附着于其他基质上。

采集地：苏州各湖泊。

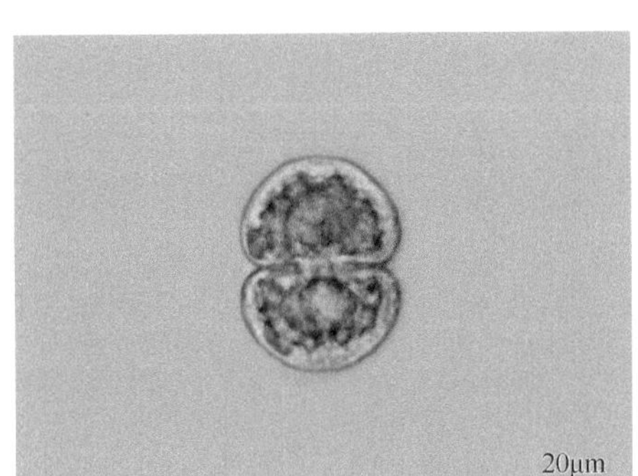

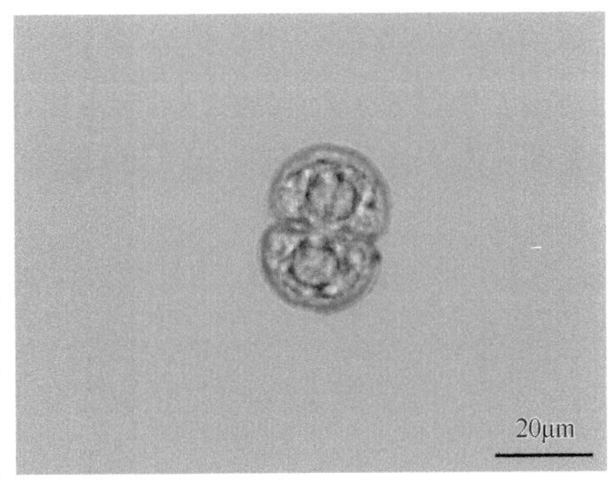

近膨胀鼓藻（*Cosmarium subtumidum*）

19）着色鼓藻（*Cosmarium tinctum*）

形态特征：细胞小，长略大于或1.2～1.3倍于宽，缢缝中等深度凹入，从内向外张开成锥角，半细胞正面观椭圆形，半细胞侧面观近圆形；垂直面观椭圆形，厚和宽的比例约为1：1.8；细胞壁平滑或具精致的点纹，淡红褐色，少数无色。半细胞具1个轴生的色素体，具1个中央的蛋白核。细胞长10～21μm，宽7.5～12μm；缢部宽6～8μm，厚6～9μm。

生境：生长在贫营养或贫、中营养型、偏酸性到碱性（pH为5～8）的稻田、水坑、池塘、湖泊、沼泽、溪流中，兼性浮游或附着于其他基质上。

采集地：苏州各湖泊。

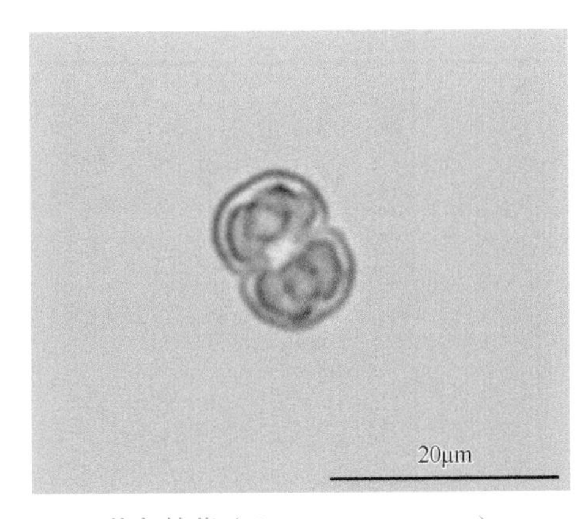

着色鼓藻（*Cosmarium tinctum*）

20）特平鼓藻（*Cosmarium turpinii*）

形态特征：细胞中等大小，长略大于宽，缢缝深凹，狭线形，外端略扩大，有时向外略张开，半细胞正面观为截顶的角锥形到梯形，从宽的基部到顶部迅速狭窄，顶缘狭、平直或微凹入，顶角钝圆，侧缘近顶部略凹入，基角圆，细胞壁具密集的颗粒，半细胞缘边36～40个，缘内约有4轮呈同心圆或不规则排列的颗粒，从缘边向中部颗粒逐渐减小，半细胞中部具1对紧密相连、界线不清的水平排列的隆起，隆起由不规则排列的大颗粒组成；半细胞侧面观卵形，顶缘圆，侧缘近基部具颗粒组成的隆起；垂直面观狭椭圆形，两端中间具1对相连的、由大颗粒组成的隆起。半细胞具1个轴生的色素体，具2个蛋白核。细胞长60～72μm，宽50～67μm；缢部宽13.5～25μm，厚23～41μm，顶部宽17～20μm。

生境：生长在稻田、水坑、池塘、湖泊和沼泽中，兼性浮游或附着于其他基质上。

采集地：闽东南诸河流域、苏州各湖泊。

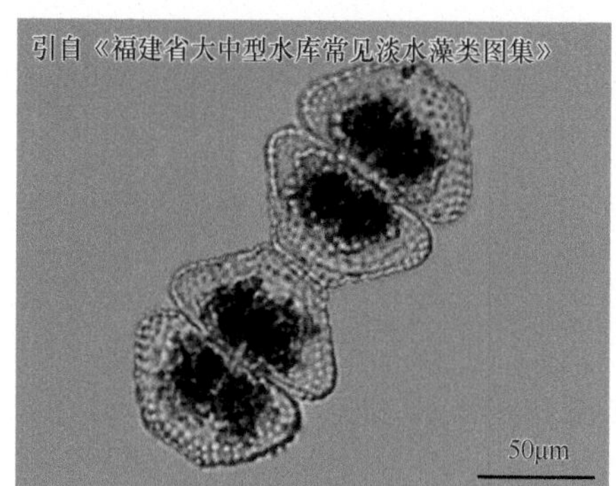

A. 采自闽东南诸河流域

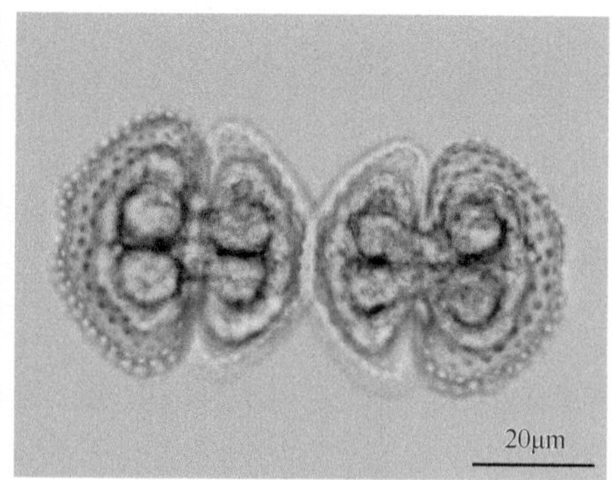

B. 采自苏州各湖泊

特平鼓藻（*Cosmarium turpinii*）

21）圆鼓藻（*Cosmarium circulare*）

形态特征：细胞大，圆形，长约等于宽，缢缝深凹，狭线形，外端扩大。半细胞正面观半圆形，基角圆形。半细胞侧面观半圆形到卵形或近圆形。垂直面观狭椭圆形，厚与宽的比例为1∶2.6。细胞宽54～90μm，长50～95μm，厚25～38μm；缢部宽22～28μm。

采集地：苏州各湖泊。

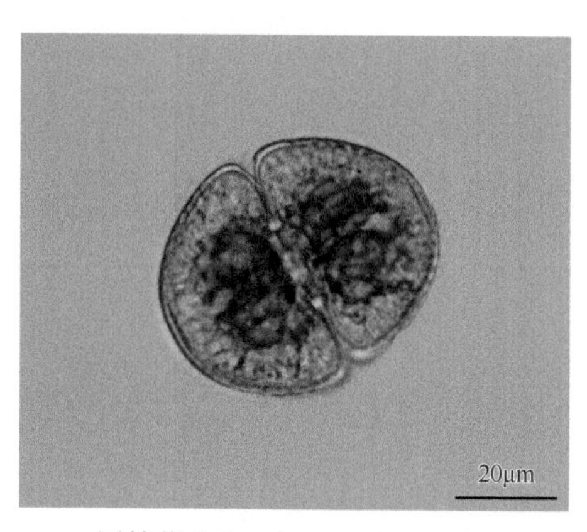

圆鼓藻（*Cosmarium circulare*）

22）新地岛鼓藻（*Cosmarium novae-semliae*）

形态特征：细胞小，长约为宽的1.25倍，缢缝宽和浅凹陷，缢部略伸长；半细胞正面观长圆形，顶缘凹入，顶角圆，侧缘截圆和具4个齿，缘内具2列齿，外列4个、内列3个，半细胞中部具1个小而明显的乳突；半细胞侧面观卵形到椭圆形，侧缘中间具1个乳突；垂直面观宽椭圆形，厚和宽的比例为1：1.5，两端中间各具1个乳突。半细胞具1个轴生的色素体，其中央具1个蛋白核。细胞长14～15μm，宽11～12μm；缢部宽6.5～7μm，厚8～10μm。

采集地：苏州各湖泊。

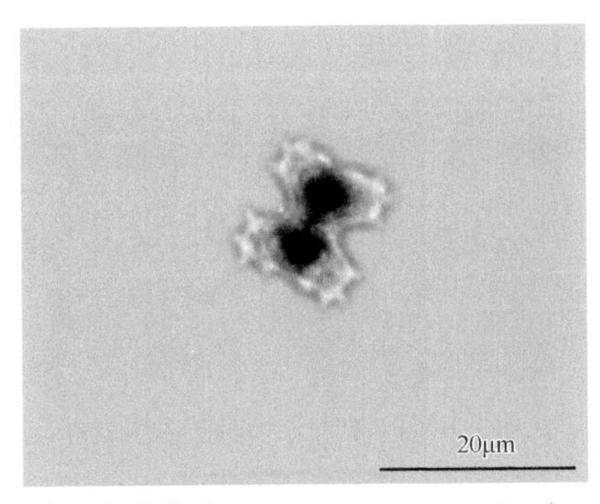

新地岛鼓藻（*Cosmarium novae-semliae*）

23）菜豆形鼓藻（*Cosmarium phaseolus*）

形态特征：细胞小，长约等于宽，缢缝深凹，狭线形，外端略膨大；半细胞正面观狭肾形；半细胞侧面观近圆形，侧缘中间略具1小的隆起；细胞壁具小点纹。半细胞具1个轴生的色素体，其中央具1个蛋白核。细胞长16～29μm，宽16～25μm；缢部宽5～7μm，厚11～17μm。

生境：生长在贫营养到富营养的水体中，pH为5～8，偶然性浮游。

采集地：苏州各湖泊。

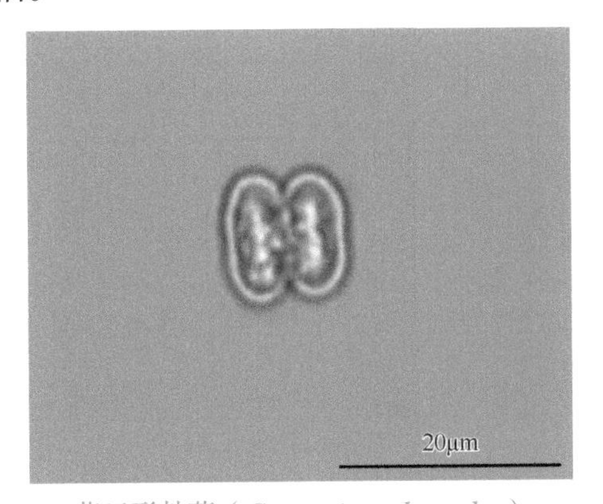

菜豆形鼓藻（*Cosmarium phaseolus*）

24）伪弱小鼓藻（*Cosmarium pseudoexiguum*）

形态特征：细胞小，长略大于或约等于宽的2倍，缢缝深凹，狭线形，顶端膨大；

半细胞正面观近方形，顶部略凸起，少数平直或略凹入，顶角广圆，侧缘略凸起，基角略圆；半细胞侧面观近椭圆形；垂直面观椭圆形，厚与宽的比例约为1∶1.6；细胞壁平滑。半细胞具1个轴生的色素体，呈辐射纵脊状，其中央具1个蛋白核。细胞长25～34μm，宽15～17μm；缢部宽4～6μm，厚10～12μm。

生境：生长在贫营养到贫、中营养的水体中，pH为5.5～6.4，少数达到8。

采集地：苏州各湖泊。

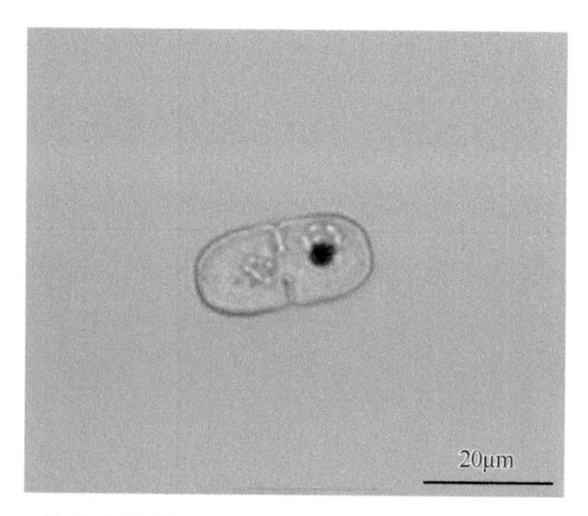

伪弱小鼓藻（*Cosmarium pseudoexiguum*）

25）四方鼓藻不平直变种（*Cosmarium quadratulum* var. *aplanatum*）

形态特征：细胞小，长略大于宽，缢缝深凹，狭线形，顶端略膨大；半细胞正面观近长方形，顶缘略凹入或直，侧缘略凹入，基角较广圆，有时略凸出。半细胞侧面观椭圆形到圆形；垂直面观椭圆形，厚与宽的比例约为1∶2；细胞壁平滑。半细胞具1个轴生的色素体，其中央具1个蛋白核。细胞长12～16μm，宽10.5～14μm；缢部宽3～4μm，厚8～9μm。

采集地：苏州各湖泊。

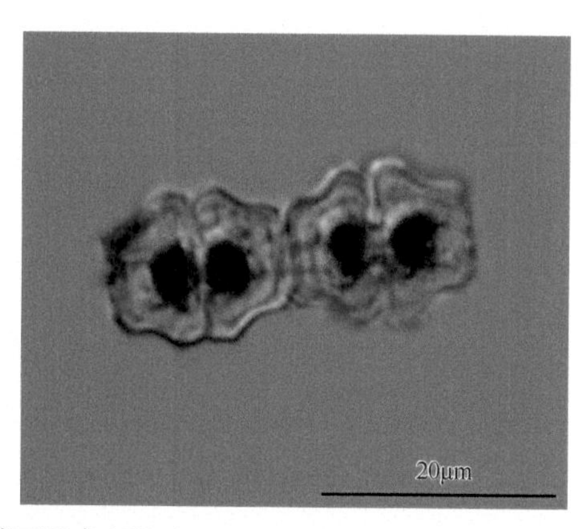

四方鼓藻不平直变种（*Cosmarium quadratulum* var. *aplanatum*）

26）近颗粒鼓藻（*Cosmarium subgranatum*）

形态特征：细胞小到中等大小，长约为宽的1.3倍，缢缝深凹，狭线形；半细胞的形状有变化，正面观近截顶角锥形，顶部狭、多少近平直，侧缘上部明显向顶部辐合和变狭，具1或2个波纹，侧缘下部两侧平行或斜向上扩大，有时中间略凹入，基角呈直角到圆形；半细胞侧面观椭圆形；垂直面观椭圆形，两端中间略膨大；细胞壁具点纹。半细胞具1个轴生的色素体，其中央具1个蛋白核。细胞长21～38μm，宽15～29μm；缢部宽5～7μm，厚12～16μm。

生境：对环境有较强的适应性，生长在贫营养到富营养的水体中，pH为5.1～9.5，浮游、偶然性浮游或附着于基质上。

采集地：苏州各湖泊。

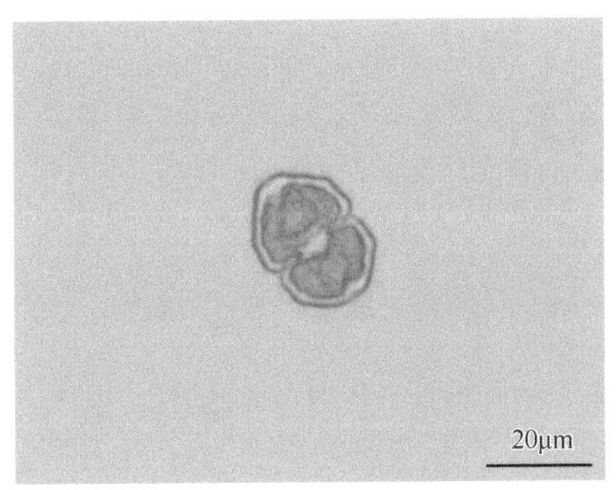

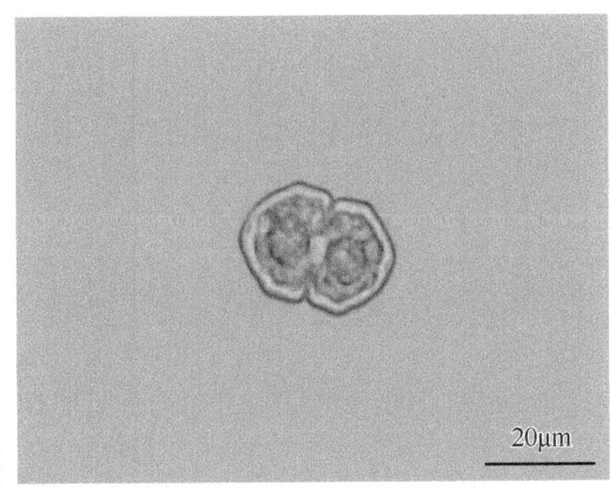

近颗粒鼓藻（*Cosmarium subgranatum*）

27）痘斑鼓藻（*Cosmarium variolatum*）

形态特征：细胞小到中等大小，长约为宽的1.6倍，缢缝深凹，狭线形，顶端略膨大；半细胞正面观纵向半椭圆形，顶缘很狭、平截，常近凹入，侧缘凸起和逐渐向顶部辐合，基角略圆，半细胞侧面观倒卵形到椭圆形；垂直面观广椭圆形，厚和宽的比例约为1∶1.8；细胞壁具密集的、明显的圆孔纹。半细胞具1个轴生的色素体，其中央具1个蛋白核，细胞长39～40μm，宽24～26μm；缢部宽7～8μm，厚14～16μm。

生境：一般生长在贫、中营养的水体中，浮游、偶然性浮游或附着在水生植物上，pH为4.2～9.4。

采集地：苏州各湖泊。

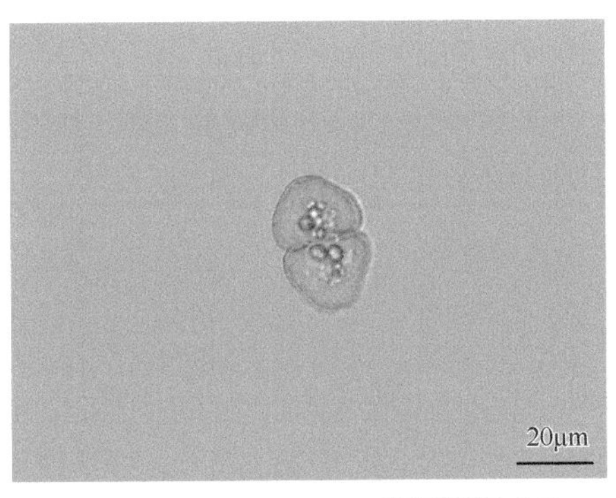

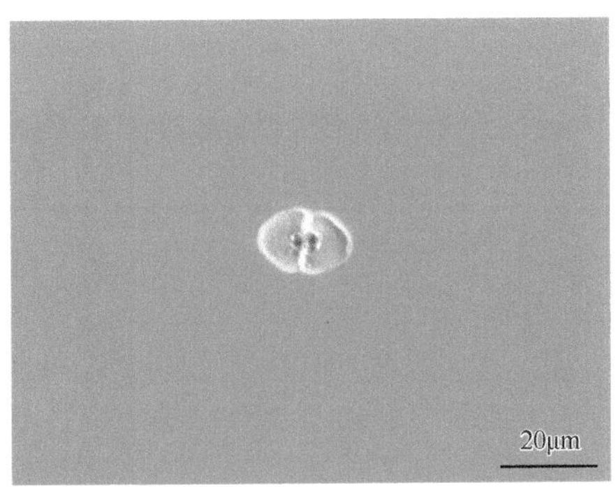

痘斑鼓藻（*Cosmarium variolatum*）

28）平滑鼓藻（*Cosmarium levinotabile*）

形态特征：细胞小到中等大小，长为宽的1.3～1.5倍，缢缝中等深度凹入，向外略张开；半细胞正面观截顶角锥形，顶缘平直，具2个波纹（有时不明显），顶角略圆，侧缘略凸起，顶角和基角间具3个波纹，基角略圆并呈直角；半细胞侧面观半长圆状椭圆形；垂直面观近椭圆形，厚和宽的比例约为1：1.5；细胞壁平滑或具点纹。半细胞具1个轴生的色素体和数个纵脊，具1个蛋白核。细胞长28～35μm，宽18～23μm；缢部宽12～18μm，厚15～17μm。

采集地：苏州各湖泊。

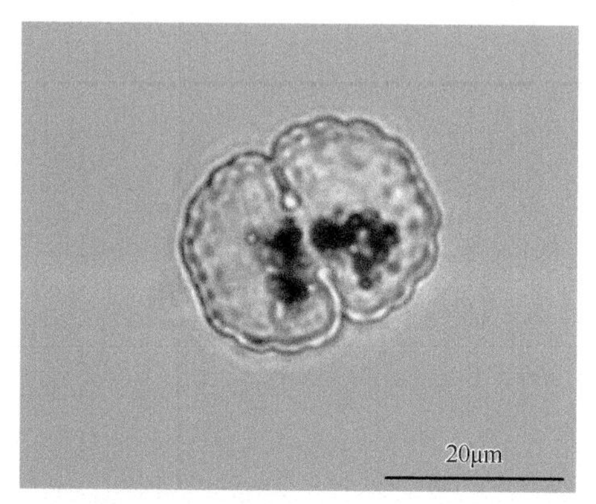

平滑鼓藻（*Cosmarium levinotabile*）

（9）角星鼓藻属（*Staurastrum*）

形态特征：植物体为单细胞，一般长略大于宽（不包括刺或突起），多数种细胞前面观呈三、四或多边形，或在半细胞的末端常伸出有窄的突起或臂。此时细胞成双辐射状，即每半细胞仅有两个臂，于是细胞呈两侧对称。壁光滑仅具孔；或颗粒状疣或小刺。少数种类两侧对称及细胞侧扁，中间的缢部分细胞成两个半细胞，多数缢缝深凹，从内向外张开成锐角，有的为狭线形；半细胞正面观半圆形、近圆形、椭圆形、圆柱形、近三角形、四角形、梯形、碗形、杯形、楔形等，细胞不包括突起的部分称“细胞体部”，半细胞正面观的形状指半细胞体部的形状，许多种类半细胞顶角或侧角向水平方向、略向上或向下延长形成长度不等的突起，缘边一般波形，具数轮齿，其顶端平或具2个到多个刺，有的种类突起基部长出较小的突起称“副突起”；垂直面观多数三角形到五角形，少数圆形、椭圆形、六角形或多达到十一角形；细胞壁平滑，具点纹、圆孔纹、颗粒及各种类型的刺和瘤；半细胞一般具1个轴生的色素体，中央具1个蛋白核，大的细胞具数个蛋白核，少数种类的色素体周生，具数个蛋白核。本属全世界记载100种以上，主要是热带种类。浮游生活。为微污水生物带指示种。

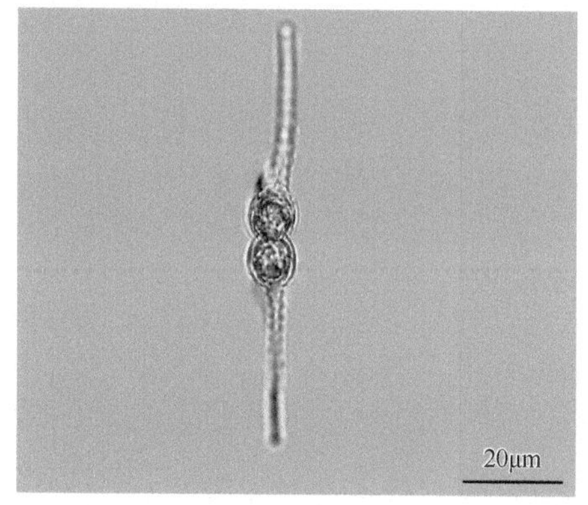

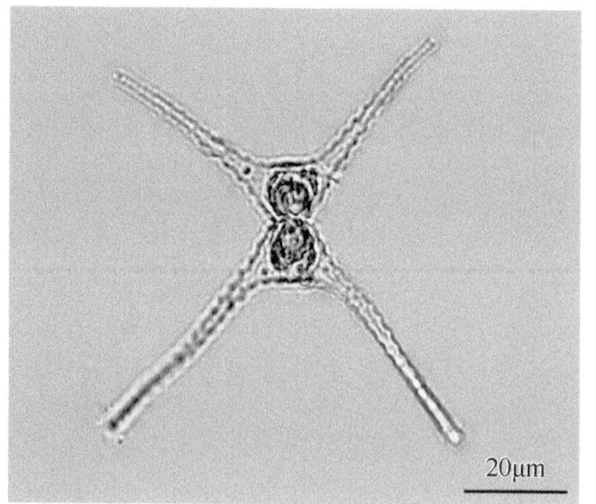

采自苏州各湖泊

角星鼓藻（*Staurastrum* sp. 1）

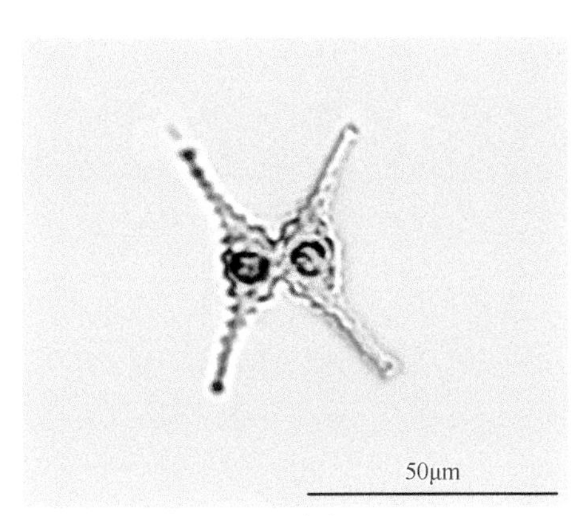

采自东湖

角星鼓藻（*Staurastrum* sp. 2）

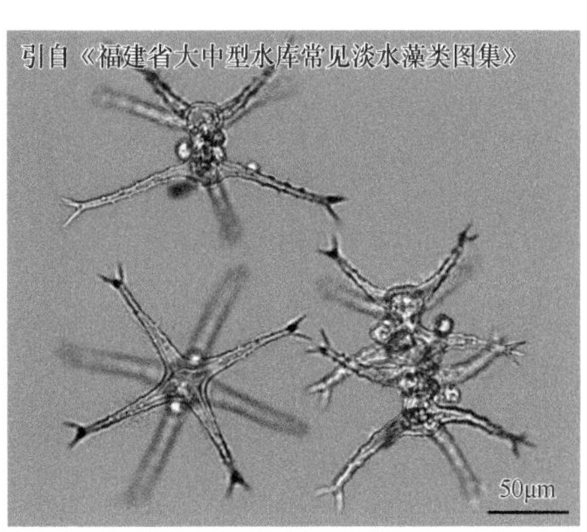

采自福建闽江流域、闽东南诸河流域、汀江流域

角星鼓藻（*Staurastrum* sp. 3）

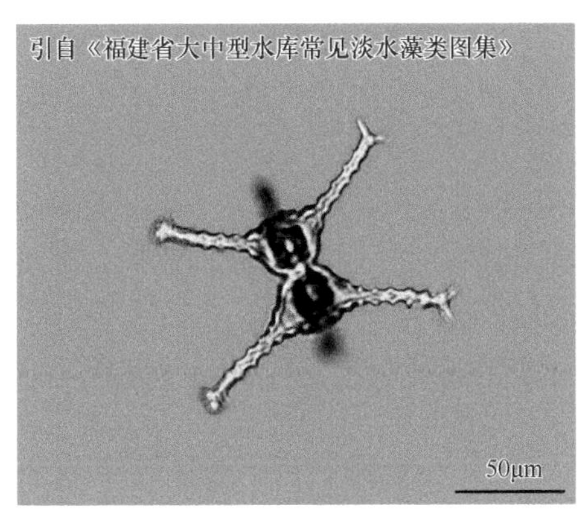

采自福建闽江流域、闽东南诸河流域、汀江流域

角星鼓藻（*Staurastrum* sp. 4）

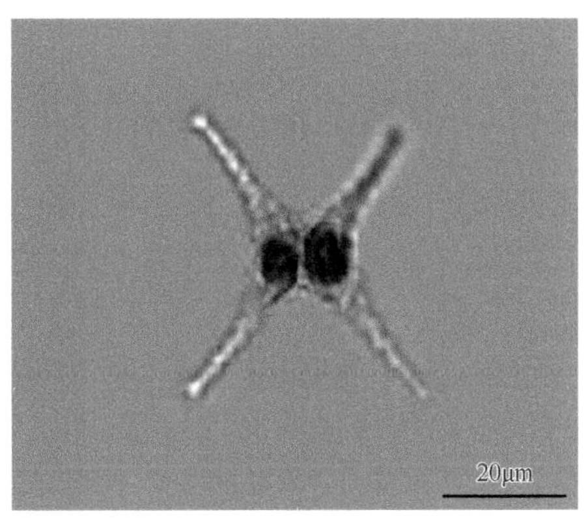

采自松花江流域

角星鼓藻（*Staurastrum* sp. 5）

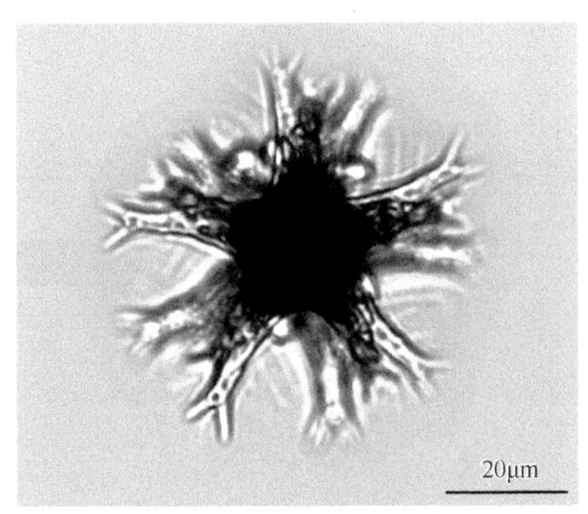

采自珠江流域（广州段）

角星鼓藻（*Staurastrum* sp. 6）

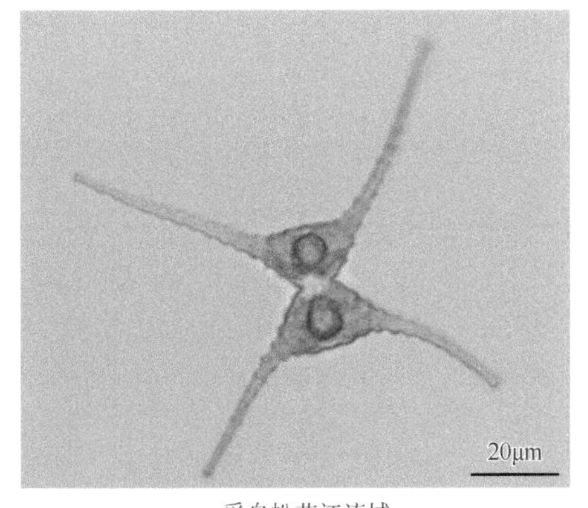

采自松花江流域

角星鼓藻（*Staurastrum* sp. 7）

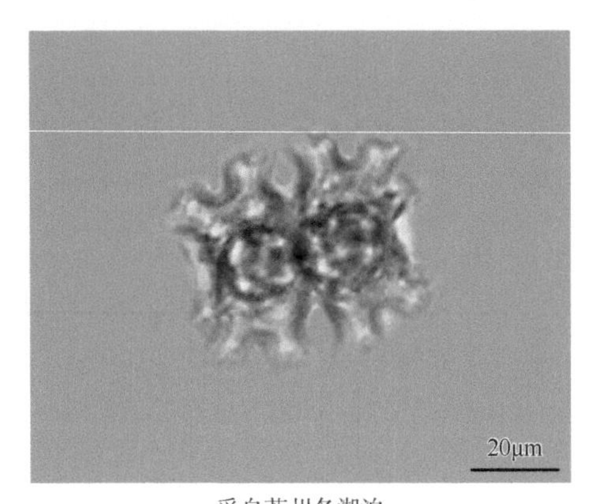

采自苏州各湖泊

角星鼓藻（*Staurastrum* sp. 8）

采集地：福建闽江流域、闽东南诸河流域、汀江流域、苏州各湖泊、辽河流域、长江流域（南通段）、东湖、山东半岛流域（崂山水库）、三峡库区（湖北段）、丹江口水库、松花江流域、珠江流域（广州段）。

1）纤细角星鼓藻（*Staurastrum gracile*）

形态特征：细胞小到中等大小，形状变化很大，长约为宽的1.5倍（不包括突起），缢缝凹入较深，顶端尖或“U”形，向外张开成锐角；半细胞正面观近杯形，顶缘宽、略凸出或平直，具1列中间凹陷的小瘤或成对的小颗粒，在缘边瘤或小颗粒下的缘内具数纵行小颗粒，顶角斜向上或水平向延长形成细长的突起，具数轮小齿，突起缘边波形，末端具3或4个刺；垂直面观三角形，少数四角形，侧缘平直，少数略凹入，缘边具1列中间凹陷的小瘤或成对的小颗粒，缘内具数列小颗粒，有时成对。细胞长27～60μm，宽（包括突起）44～110μm；缢部宽5.5～13μm。

生境：生长在池塘、湖泊、水库和沼泽中，浮游生活。

采集地：苏州各湖泊、福建闽江流域、闽东南诸河流域、汀江流域、辽河流域、山东半岛流域（崂山水库）。

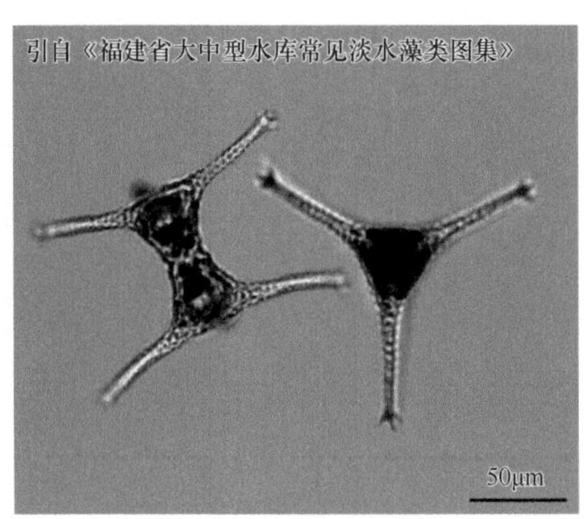

采自闽东南诸河流域

纤细角星鼓藻（*Staurastrum gracile*）

2）弯曲角星鼓藻（*Staurastrum inflexum*）

形态特征：细胞小，宽约为长的1.3倍（包括突起），缢缝深凹，向外张开近直角；

半细胞正面观近楔形，顶缘略凸出，顶角略向下延长形成细长的突起，具数轮颗粒，缘边波状，末端具2或3个小齿，腹缘略凸出；垂直面观三角形，侧缘略凹入，缘内具1列小颗粒，角延长形成细长的突起；细胞常在缢部扭转。细胞长20～26μm，包括突起宽28.5～40μm，缢部宽5～7.5μm。

生境：生长在贫营养到富营养的稻田、水坑、池塘、湖泊、溪流和沼泽中，pH为5.1～7（～9）。

采集地：福建闽江流域、闽东南诸河流域。

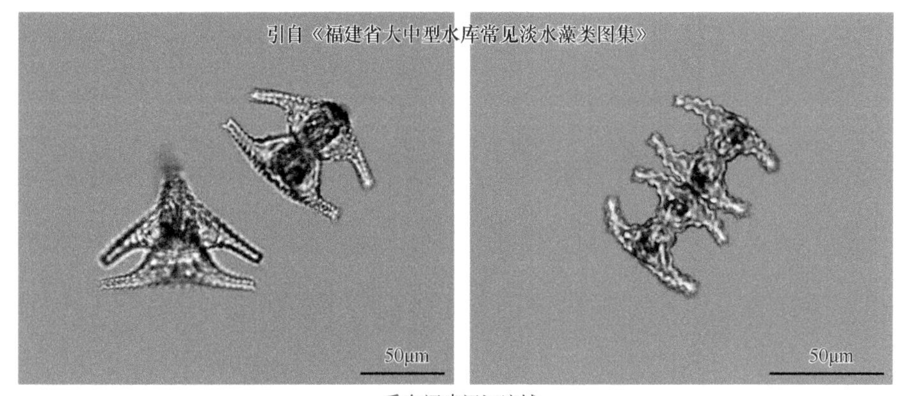

采自福建闽江流域

弯曲角星鼓藻（*Staurastrum inflexum*）

3）珍珠角星鼓藻（*Staurastrum margaritaceum*）

形态特征：细胞小，长约等于或略大于宽（包括突起），缢缝浅，顶部宽凹入，向外张开成锐角；半细胞正面观形状变化较大，杯形到近纺锤形或近圆形，顶缘略凸起或平直，顶角水平方向或略向下延长形成短而钝的突起，细胞壁具数轮围绕角呈同心圆排列的颗粒，末端具4～6个颗粒，半细胞基部有时具1轮明显的颗粒；垂直面观三角形到九角形，常为四角形到六角形，侧缘凹入，顶部中央平滑，角延长形成短而钝的突起。细胞长22～46μm，包括突起宽16～48μm；缢部宽6～14μm。

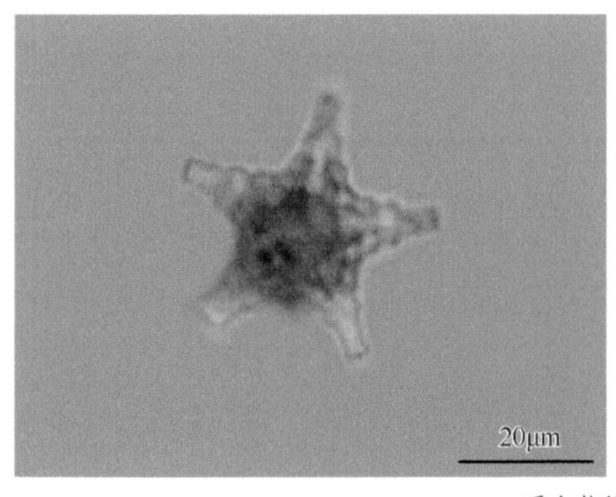

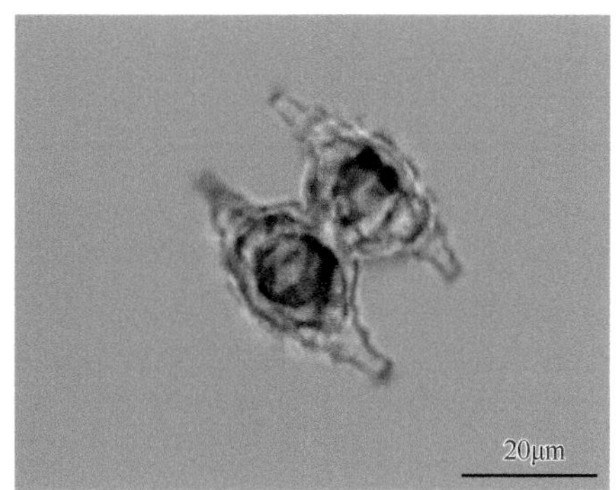

采自苏州各湖泊

珍珠角星鼓藻（*Staurastrum margaritaceum*）

生境：生长在贫营养或中营养的稻田、水沟、池塘、湖泊和沼泽中，pH为3.8～7.2。

采集地：福建闽江流域、苏州各湖泊。

4）六角角星鼓藻（*Staurastrum sexangulare*）

形态特征：细胞中等大小到大，宽略大于长（包括突起），缢缝“U”形浅凹入，向外张开成锐角，半细胞正面观碗形、近纺锤形，顶缘略凸起，腹缘略膨大，半细胞顶角水平向或略向下延长形成长突起，近基部具1个斜向上、稍短的副突起，突起具2或3轮小齿，末端具3或4个钝刺；垂直面观四角形到八角形，侧缘深凹入，凹陷内具1或2对颗粒，角延长形成长突起，近基部具1个斜向上、稍短的副突起，上下两个半细胞的突起间常互相交错排列。细胞长（包括突起）42～100μm，宽（包括突起）54～120μm；缢部宽12～27μm。

生境：一般生长在贫营养和中营养的稻田、池塘和湖泊中，pH为5.3～8。

采集地：福建闽江流域、闽东南诸河流域、汀江流域。

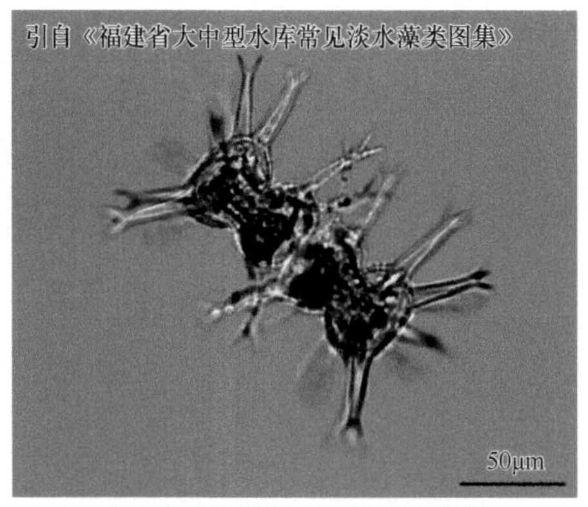

采自福建闽江流域、闽东南诸河流域

六角角星鼓藻（*Staurastrum sexangulare*）

5）四角角星鼓藻（*Staurastrum tetracerum*）

形态特征：细胞小，长约等于或约为宽的1.2倍（包括突起），缢缝“V”形深凹，向外张开成锐角；半细胞正面观倒三角形，顶缘平直或略凹入，顶角明显地斜向上延长形成长突起，缘边具4或5个波纹，其顶端微凹入和具3或4个短而强壮的齿；垂直面观纺锤形，侧角延长形成长突起，上下两个半细胞的长突起交错排列。细胞长20～28μm，宽17～30μm；缢部宽3.5～6μm。

生境：一般生长在贫营养到高营养的稻田、池塘、湖泊、水库和沼泽中，浮游，pH为4.1～8.9。

采集地：福建闽江流域、闽东南诸河流域、汀江流域、松花江流域。

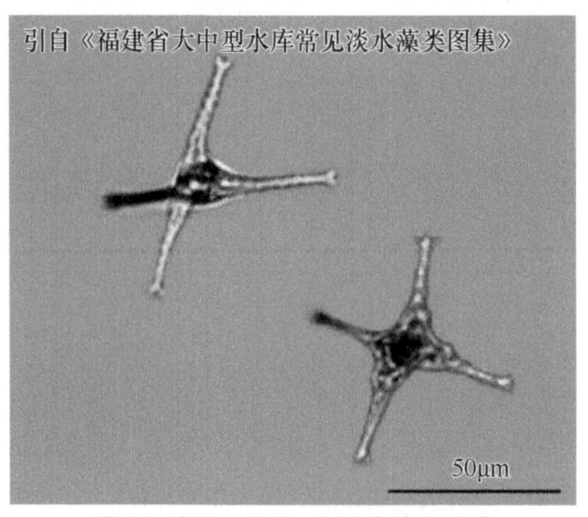

采自福建闽江流域、闽东南诸河流域

四角角星鼓藻（*Staurastrum tetracerum*）

6）四角角星鼓藻四角变种三角形变型（*Staurastrum tetracerum* var. *tetracerum* f. *trigona*）

形态特征：此变型与原变种不同的为细胞比较强壮，凸起的缘边锯齿状，垂直面观三角形。细胞长（不包括突起）10～11μm，包括突起长22.5～25μm，宽（不包括突起）8～8.5μm，包括突起宽20～28.5μm；缢部宽4～5.5μm。

采集地：苏州各湖泊。

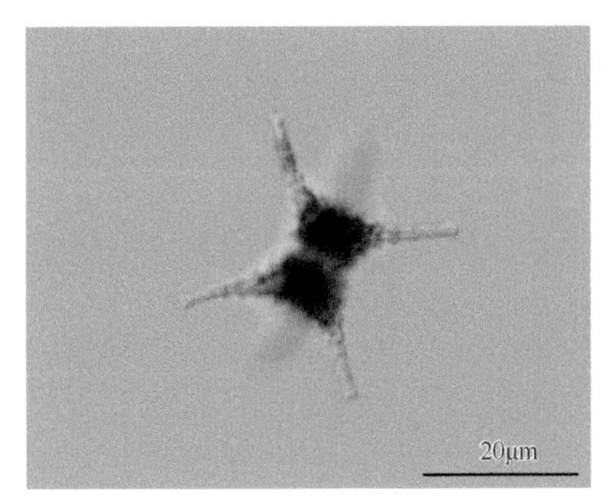

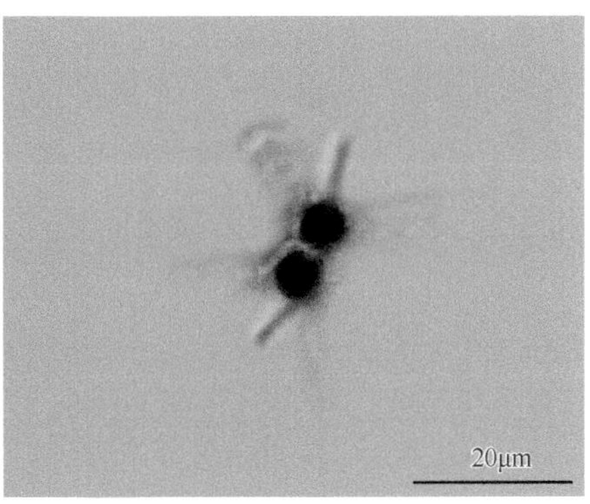

四角角星鼓藻四角变种三角形变型（*Staurastrum tetracerum* var. *tetracerum* f. *trigona*）

7）薄刺角星鼓藻（*Staurastrum leptacanthum*）

形态特征：细胞大型，长约等于宽（包括突起），缢缝宽的"V"形凹陷，顶端钝圆，向外张开成锐角；半细胞正面观近圆形到六角形，顶部平直或略凸起，4个顶角各斜向上伸长形成1个平滑而细长的附属突起，末端具2叉的刺，6个侧角各水平向伸长形成与顶角形状相似的、平滑而细长的突起，末端具2叉的刺，腹缘略膨大和斜向侧角；垂直面观六角形，6个侧角各伸长形成1个平滑而细长的突起，末端具2叉的刺，突起间的缘边直，缘内的4个顶角各伸长形成1个与侧角形状相似的、平滑而细长的附属突起，末端具2叉的刺。细胞长（不包括突起）38～42μm，包括突起长70～73μm，宽（不包括突起）28～30μm，包括突起宽66～68μm；缢部宽20～21μm；突起长22～28μm。

采集地：福建闽江流域、闽东南诸河流域、汀江流域。

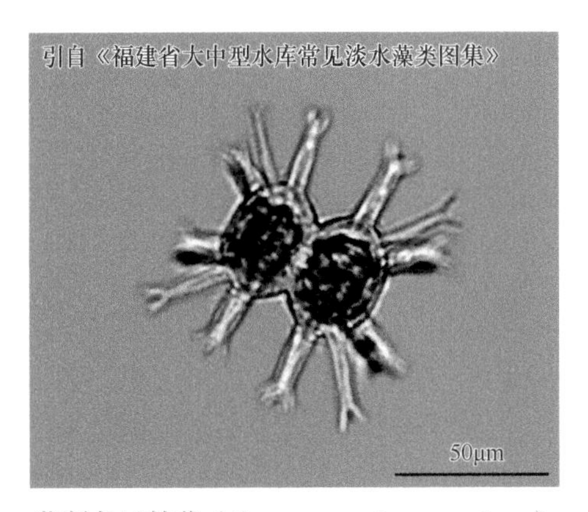

薄刺角星鼓藻（*Staurastrum leptacanthum*）

（10）叉星鼓藻属（*Staurodesmus*）

形态特征：植物体为单细胞，一般长略大于宽（不包括刺或突起），绝大多数种类辐射对称，少数种类两侧对称及细胞侧扁，多数缢缝深凹，从内向外张开成锐角；半细胞正面观半圆形、近圆形、椭圆形、圆柱形、近三角形、四角形、梯形、碗形、杯形、楔形等，半细胞顶角或侧角尖圆、广圆、圆形或向水平向、略向上或向下形成齿或刺；垂直面观多数三角形到五角形，少数圆形、椭圆形，角顶具齿或刺；细胞壁平滑或具穿孔纹。半细胞一般具1个轴生的色素体，具1到数个蛋白核，少数种类色素体周生。

采集地：福建闽江流域、闽东南诸河流域、汀江流域、苏州各湖泊、松花江流域。

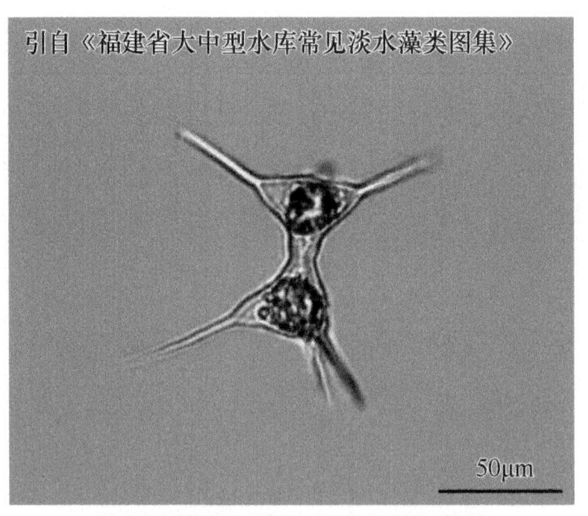

采自福建闽江流域、闽东南诸河流域

叉星鼓藻（*Staurodesmus* sp. 1）

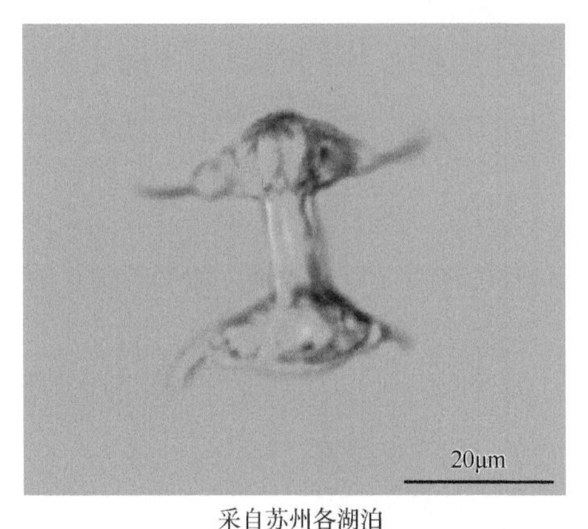

采自苏州各湖泊

叉星鼓藻（*Staurodesmus* sp. 2）

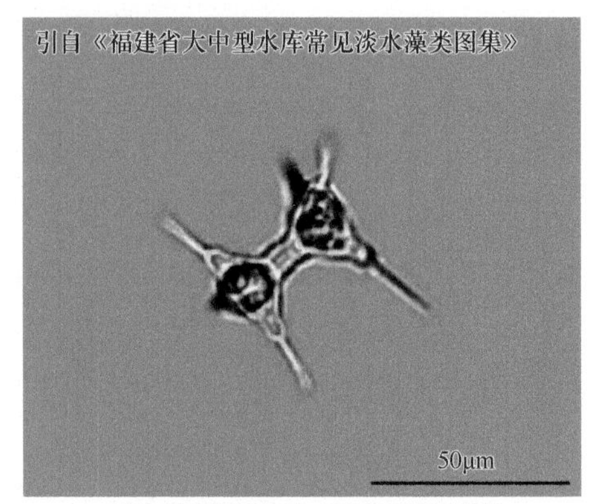

采自福建闽江流域、闽东南诸河流域

叉星鼓藻（*Staurodesmus* sp. 3）

1）短棘叉星鼓藻（*Staurodesmus brevispina*）

形态特征：细胞小到中等大小，长约等于宽，缢缝深凹，向外张开成锐角；半细胞正面观横长椭圆形，顶缘略凸出、近平直或在中间略凹入，腹缘比顶缘略凸出，侧缘圆，侧缘中间的侧角具1小乳头状突起；垂直面观三角形，侧缘凹入，角圆，角顶具1小乳头状凸起；细胞壁平滑。细胞长22.5～50μm，宽25～49μm，缢部宽8～17μm。

生境：生长在池塘、湖泊、沼泽中，pH为6.7～8.3，常为浮游习性，有时附着于基质上。

采集地：松花江流域。

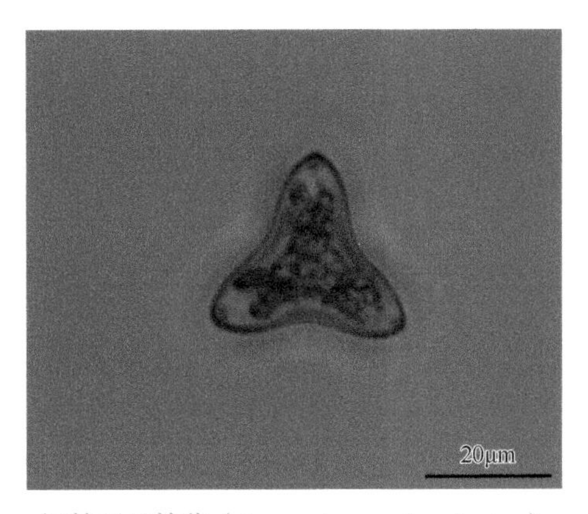

短棘叉星鼓藻（*Staurodesmus brevispina*）

2）单角叉星鼓藻（*Staurodesmus unicornis*）

形态特征：细胞小，长约等于宽（不包括刺），缢缝中等深度凹入，宽、钝，从顶端向外张开，缢部长、圆柱形；半细胞正面楔形或近倒三角形、顶缘略凸出，顶角水平向、略向下或略向上膨大呈头状，角顶具一水平向、斜向下或斜向上弯曲的长粗刺；垂直面观三角形或四角形，侧缘略凹入、凸出成平直，角膨大呈头状，角顶具1长而弯的粗刺。细胞长（不包括刺）22～30μm，宽（不包括刺）18～31μm；缢部宽5～8μm，刺长7～10μm。

生境：生长在水坑、湖泊、沼泽中。

采集地：福建闽江流域。

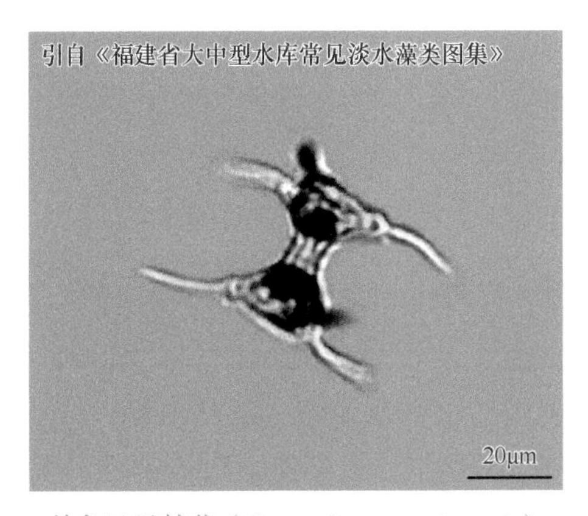

单角叉星鼓藻（*Staurodesmus unicornis*）

3）具小角叉星鼓藻（*Staurodesmus corniculatus*）

形态特征：细胞中等大小，长为宽的1.2～1.3倍，缢缝略凹入，呈钝凹陷，向外广张开成钝角；半细胞正面观宽楔形或倒三角形，顶缘平或略凹入，顶角略凸出、钝圆和略斜向上，顶端具1短刺，顶端短刺有的退化，腹缘凸起，其后斜向上达顶角；垂直面观三角形，侧缘略凹入，角狭圆；细胞壁平滑。细胞长37.5～49μm，宽32～45.5μm；缢部宽15～16μm。

生境：通常生长在贫营养的池塘、湖泊和沼泽中，浮游。pH为5.4～8.3。

采集地：福建闽江流域。

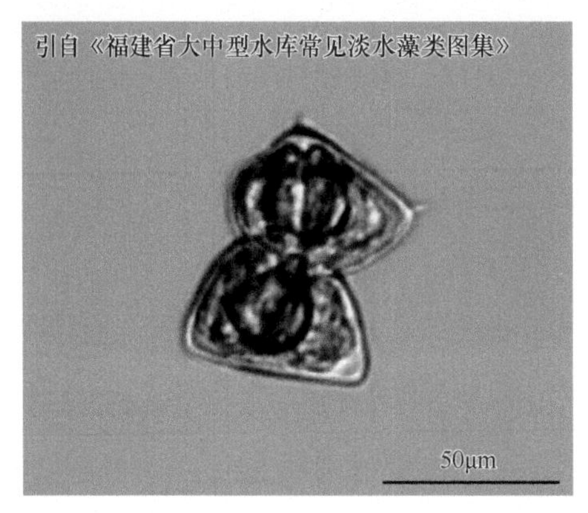

具小角叉星鼓藻（*Staurodesmus corniculatus*）

（11）多棘鼓藻属（*Xanthidium*）

形态特征：植物体为单细胞，多数种类中等大小，长常略大于宽（不包括刺），大多数种类两侧对称及细胞侧扁，少数呈三角形的种类为辐射对称，缢缝深凹或中等深度凹入，狭线形或向外张开；半细胞正面观椭圆形、梯形或多角形等，顶缘常平直，顶角或侧角（或顶角或侧角内）具4条或多条（罕为2条）单个或二叉的粗刺，半细胞中部具不同程度的增厚（少数例外），增厚区常具圆孔纹或瘤；半细胞侧面观近圆形或多角形；垂直面观椭圆形，两端中间常增厚；细胞壁平滑，具点纹或圆孔纹。半细胞具轴生或周生的色素体，许多小型种类每个半细胞具1个轴生的色素体，色素体中央具1个蛋白核，大的种类每个半细胞具4个色素体，每个色素体具1个蛋白核。

采集地：福建闽江流域、闽东南诸河流域、山东半岛流域（崂山水库）、苏州各湖泊。

1）美丽多棘鼓藻（*Xanthidium pulchrum*）

形态特征：细胞中等大小，长略大于宽（不包括刺），缢缝中等深度凹入，从顶端向外张开成锐角；半细胞正面观椭圆形，顶缘略凸起，侧缘圆，侧缘上部具3个短刺，侧缘中部到近基部约具10个不规则排列的短刺，缢部上端具1横列（12～14个）小圆孔纹；半细胞侧面观近圆形；垂直面观椭圆形，两侧具10个不规则排列的短刺，两端缘内各具3个短刺；细胞壁具点纹。细胞长54～58μm，宽50～54μm；缢部宽25～28μm，厚28μm，刺长3～4μm。

生境：生长于稻田、湖泊、沼泽中。

采集地：福建闽江流域、闽东南诸河流域、松花江流域。

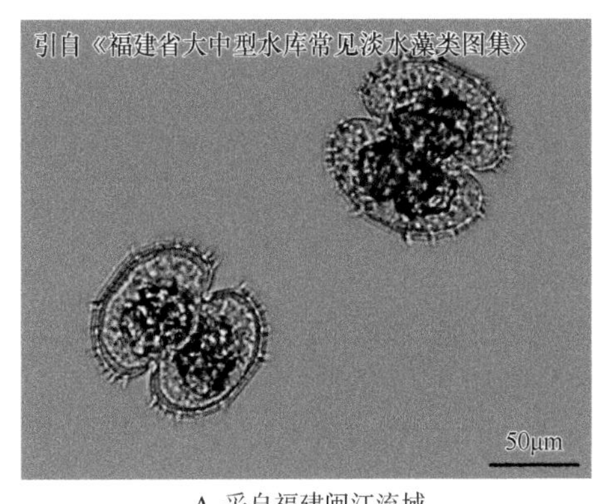

A. 采自福建闽江流域

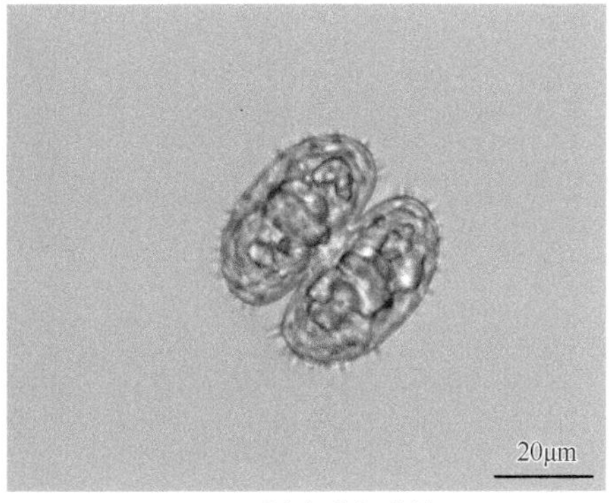

B. 采自松花江流域

美丽多棘鼓藻（*Xanthidium pulchrum*）

（12）角丝鼓藻属（*Desmidium*）

形态特征： 植物体为不分枝的丝状体，常为螺旋状缠绕，少数直，有时具厚的胶被；细胞辐射对称，三角形或四角形，但有些种类细胞侧扁，细胞宽常大于长，缢缝浅或中等深度凹入，半细胞正面观横长方形、横狭长圆形、横长圆到半圆形、截顶角锥形或桶形，顶部、顶角平直或具1个短的突起，与相邻半细胞的顶部或顶角的短突起彼此相互连接形成丝状体，相邻两个半细胞紧密连接无空隙或具1个椭圆形的空隙；垂直面观椭圆形，其侧缘具乳头状突起，有的为三角形或四角形，角广圆，侧缘中间略凹入。半细胞具1个轴生的色素体，缘边具几个辐射状脊片伸展到每个角内，每一脊片具1个蛋白核。

采集地： 福建闽江流域。

1）角丝鼓藻（*Desmidium swartzii*）

形态特征： 丝状体细胞螺旋状扭转缠绕，常无明显的胶被，细胞大、三角形，宽约为长的2.5倍，缢缝中等深度凹入，顶端线形，向外中度张开，半细胞正面观狭长圆形，顶部宽、平直，中间略凹入，侧缘上部斜截，向顶部辐合，下部斜向基部辐合，基角直角状圆形，每个半细胞的顶角具1个短的突起，与相邻半细胞的顶角的短突起彼此互相连接形成丝状体，相邻两个半细胞之间的空隙很小，常难以辨认；垂直面观三角形，角尖圆，侧缘中间略凹入。细胞长12～23μm，宽32～52μm；缢部宽22～42.5μm，顶部宽30～43μm。

生境： 对各种水环境有大的耐受能力，但在贫营养水体比在高营养水体中更适宜此种的生长，存在于稻田和长有丝状藻类或高等水生维管束植物的池塘、湖泊沿岸带和沼泽中，pH为5.3～8.6。

采集地： 福建闽江流域。

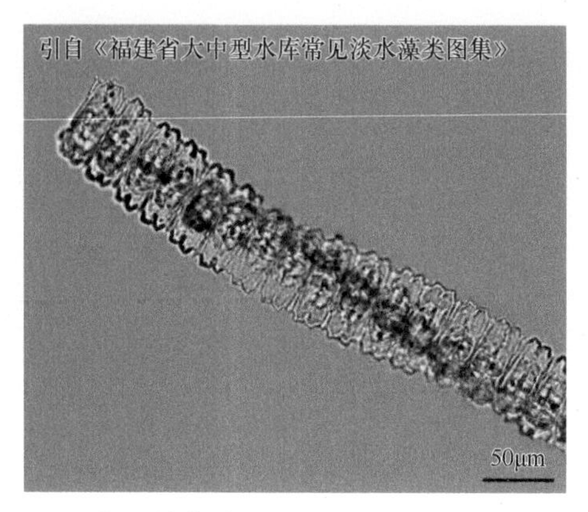

角丝鼓藻（*Desmidium swartzii*）

（13）圆丝鼓藻属（*Hyalotheca*）

形态特征：植物体为不分枝的丝状体，藻丝有时缠绕，具较厚的胶被；细胞圆柱形或圆盘形，长略大于或略短于宽，缢缝很浅；半细胞正面观梯形、近横长方形或横长圆形，顶缘宽、平直，侧缘平直或略凸起，半细胞的顶部与相邻半细胞的顶部彼此互相连接形成丝状体；垂直面观圆形；细胞壁平滑，具点纹或颗粒，半细胞近顶部有时具1或2轮横脊。半细胞具1个轴生的色素体，其中央具1个蛋白核。

采集地：福建闽江流域。

1）裂开圆丝鼓藻（*Hyalotheca dissiliens*）

形态特征：藻丝常具胶被，其厚度约等于藻丝的厚度；细胞圆柱形，中等大小，宽为长的1.2～2倍，缢缝极浅，细胞宽度仅略大于缢部；半细胞正面观横长圆形到圆柱状盘形，顶缘宽、平直，侧缘略凸出，半细胞的顶部与相邻半细胞的顶部彼此互相连接形成丝状体；垂直面观圆形。细胞长12～30μm，宽15～34μm；缢部宽14～33μm。

生境：生长在长有狸藻、莎草科等高等水生维管束植物的池塘、湖泊沿岸带、沼泽中，以及稻田、水坑、水沟、泉水等小水体中。此种是此属中最普通的种类，常大量存在。

采集地：福建闽江流域。

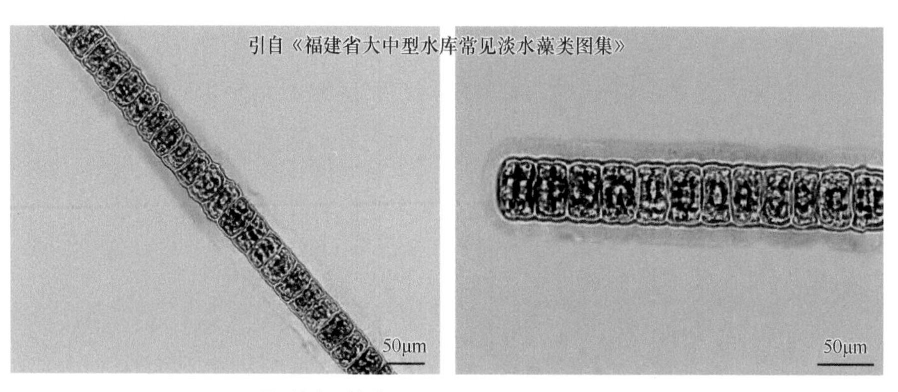

裂开圆丝鼓藻（*Hyalotheca dissiliens*）

（14）泰林鼓藻属（*Teilingia*）

形态特征：植物体为不分枝的丝状体，常缠绕和具胶被；细胞小，侧扁，缢缝深凹或中等深度凹入，狭线形或从内向外张开；半细胞正面观椭圆形、长圆形或近长方形，顶部具4个小颗粒、小圆瘤或短的头状突起，与相邻细胞的顶部互相连接形成缠绕的丝状体，侧缘圆、凹入或平截，侧缘或缘内具颗粒或刺；半细胞侧面观近圆形；垂直面观椭圆形；细胞壁平滑或具小颗粒。半细胞具1个轴生的色素体，其中央具1个蛋白核。

采集地：福建闽江流域、闽东南诸河流域、汀江流域。

1）颗粒泰林鼓藻（*Teilingia granulate*）

形态特征：细胞小，长约等于宽，缢缝深凹，从圆的顶部向外宽张开；半细胞正面观椭圆形、长圆形，顶缘平圆形，并具4个相距较宽的小颗粒，与相邻细胞顶部的小颗粒互相连接形成丝状体，侧缘广圆，具3个小颗粒，缘内中间具1个小颗粒，半细胞侧面观圆形，中央具1个小颗粒，围绕周围约6个小颗粒，垂直面观椭圆形。细胞长7～12μm，宽8～14μm；缢部宽4～6μm，厚5～9μm。

生境：生长在水坑、水沟、池塘、湖泊和沼泽中。

采集地：福建闽江流域、闽东南诸河流域、汀江流域、苏州各湖泊。

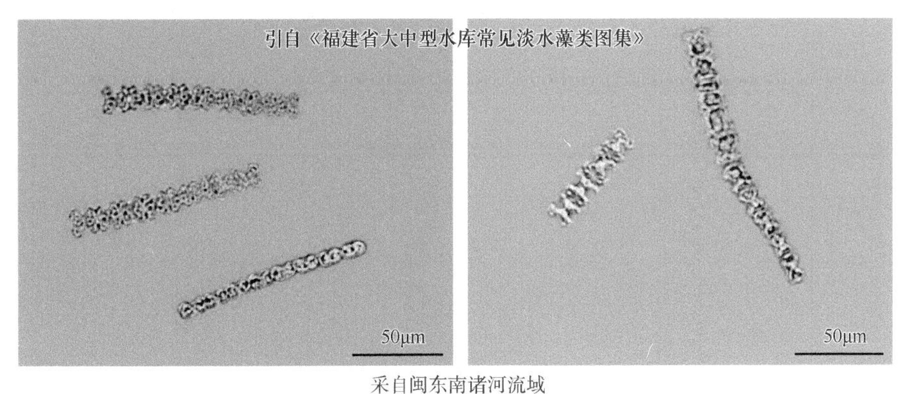

采自闽东南诸河流域

颗粒泰林鼓藻（*Teilingia granulate*）

（15）顶接鼓藻属（*Spondylosium*）

形态特征：植物体为不分枝的丝状体，藻丝长，有时缠绕，常具胶被，有时以基部短的胶质垫附着在水生植物上；细胞小或中等大小，侧扁，缢缝深凹或中等深度凹入，狭线形或从内向外张开；半细胞正面观椭圆形、三角形或长方形，顶缘平直、略凸起或略凹入，每个半细胞的顶部与相邻半细胞的顶部互相连接形成丝状体；半细胞侧面观圆形或近三角形；垂直面观椭圆形、三角形或四角形；细胞壁平滑或具点纹。半细胞具1个轴生的色素体，其中央具1个蛋白核。

采集地：苏州各湖泊、福建闽江流域、闽东南诸河流域。

1）项圈顶接鼓藻（*Spondylosium moniliforme*）

形态特征：藻丝有时缠绕，有时具透明的胶被；细胞小到中等大小，长为宽的1.5～2倍，缢缝深凹，顶端圆形向外张开成锐角，缢部短，有时略长；半细胞正面观近三角形，顶缘圆形或略平，侧缘广圆形，每个半细胞的顶缘与相邻半细胞的顶缘互相连接形成不分枝的丝状体；半细胞侧面观近三角形；垂直面观三角形，角广圆形，侧缘中间凹入。细胞长30～32.5μm，宽20～24μm；缢部宽9～10μm。

生境：生长在水坑、池塘、湖泊沿岸带、沼泽等水体中。

采集地：闽东南诸河流域、苏州各湖泊。

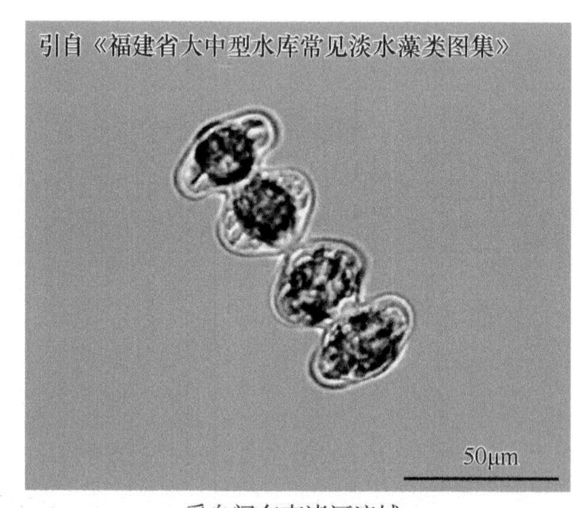

采自闽东南诸河流域

项圈顶接鼓藻（*Spondylosium moniliforme*）

2）平顶顶接鼓藻（*Spondylosium planum*）

形态特征：藻丝常不缠绕，不具胶被；细胞中等大小，宽约为长的1.2倍，缢缝深凹，顶端钝圆，向外张开成锐角；半细胞正面观横长圆形，顶缘平直，顶角圆，侧缘广圆，每个半细胞的顶部与相邻半细胞的顶部相连形成不分枝的丝状体；半细胞侧面观近圆形；垂直面观长椭圆形。细胞长9～19.5μm，宽11～25μm；缢部宽5～11.5μm，厚6～11μm。

生境：生长于贫营养到中营养的池塘、湖泊和沼泽中，常浮游，pH为4～7，少数达到9。

采集地：福建闽江流域。

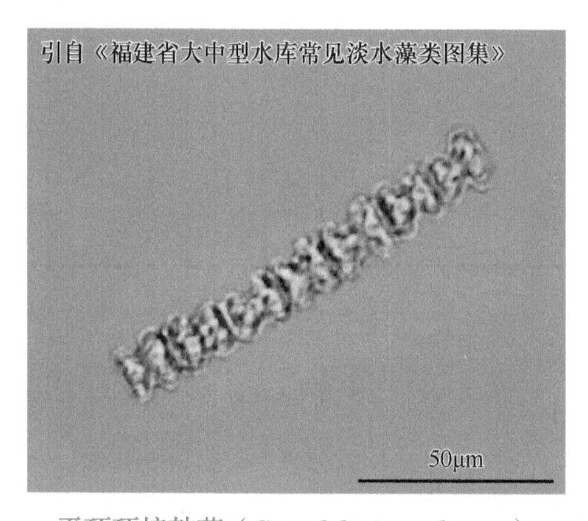

平顶顶接鼓藻（*Spondylosium planum*）